Avec le soutien du

CNL
Centre national du livre

La déformation des continents

EXEMPLES RÉGIONAUX

Laurent Jolivet

La déformation des continents

EXEMPLES RÉGIONAUX

HERMANN ÉDITEURS DES SCIENCES ET DES ARTS

Ouvrage publié avec le concours du Ministère de l'Enseignement Supérieur et de la Recherche (Direction de l'Information Scientifique et Technique et des Bibliothèques).

Nouveau tirage, 1997

ISBN 2 7056 6271 5

Table

Préface

Pour comprendre la Terre, il est important d'observer et de mesurer les manifestations des phénomènes que l'on étudie là où ils s'expriment le mieux. Seule une approche globale de ce type évite le piège des théories bâties à partir d'exemples marginaux, peu représentatifs ou mal compris parce que leur contexte est ignoré. Cela, les tectoniciens français des trente dernières années l'ont bien compris. Ils ont donc largement débordé le territoire français pour s'intéresser d'abord aux chaînes méditerranéennes, puis très vite aux chaînes péri-Pacifique, à l'Asie, etc. S'appuyant sur le cadre conceptuel de la tectonique des plaques, qui se précisait au cours des années, ils ont pu décrire les exemples les plus représentatifs des ensembles de déformations liés aux divers mouvements relatifs entre plaques ou à l'intérieur même des plaques.

Pour le faire, ils ont dû, de plus en plus, faire appel à d'autres techniques : la sismologie, bien sûr, mais aussi, de plus en plus, la géodésie, avec le développement prodigieux de la géodésie spatiale – sans compter toute la modélisation thermomécanique de la croûte et de la lithosphère. Il y a trente ans, un "pur" tectonicien pouvait ignorer la géophysique, la géodésie et même la mécanique des roches. Ceux qui pressentaient que cette attitude serait à terme indéfendable étaient bien rares, et la France peut là aussi s'honorer d'avoir eu en ce domaine un remarquable précurseur en la personne de Jean Goguel. Aujourd'hui, pour comprendre les structures étudiées par la tectonique, il faut non seulement resituer les objets étudiés dans le contexte d'une tectonique globale, mais aussi savoir tirer les enseignements essentiels qui viennent de ces disciplines sœurs que sont la sismologie, la géodésie et la modélisation thermomécanique.

C'est, à mon avis, le grand intérêt de ce manuel. Laurent Jolivet y présente une série d'exemples régionaux représentatifs des grandes structures tectoniques continentales, en les replaçant dans un cadre de tectonique globale. Ces exemples, sur un certain nombre desquels il a lui-même travaillé, en particulier en Extrême-Orient et en Méditerranée, sont ceux qu'il a utilisés à l'École normale supérieure dans des cours donnés aux étudiants de licence et de DEA. Leur valeur pédagogique a donc été testée. Ils sont clairement insérés dans le cadre de la tectonique globale et les apports des disciplines connexes sont présentés très simplement, sans aucun développement mathématique. Ils sont donc facilement compréhensibles sans formation géophysique particulière. Bien sûr, ceci amène à des simplifications qui paraîtront parfois un peu excessives aux spécialistes.

Surtout, me semble-t-il, le grand intérêt de ce manuel tient aux très nombreuses illustrations, toutes choisies avec soin et redessinées par l'auteur, qui fournissent un ensemble très complet caractérisant les grandes structures tectoniques terrestres dans le cadre de la tectonique globale. Je ne connais pas d'ouvrage qui présente l'équivalent.

XAVIER LE PICHON

À Geneviève, Romain, Louise et Clément.
À mes parents.

Remerciements

Ce manuel correspond aux notes des cours que j'assure à l'École normale supérieure au sein du Magistère interuniversitaire des sciences de la terre depuis 1987 et du DEA de géodynamique depuis 1990. Au cours de ces années les étudiants ont donc joué un rôle critique important, parfois inconsciemment, pour sa mise au point ; je les en remercie collectivement. Mon approche actuelle de la tectonique résulte des nombreux conseils dont j'ai bénéficié de la part de mes professeurs puis de mes collègues depuis mes premières années à l'université jusqu'à aujourd'hui. Ce sont les cours de Jean Aubouin à l'Université Pierre et Marie Curie qui ont forgé mon goût pour la tectonique à l'échelle des chaînes de montagnes ou des continents. Jean-Paul Cadet a ensuite guidé mes premiers pas sur le terrain au Japon ; son aide et son amitié m'y furent précieuses. C'est dans le laboratoire de Xavier Le Pichon à l'École normale supérieure que j'ai passé ces dix dernières années comme maître de conférences. J'y ai compris l'intérêt de la cinématique, sans laquelle la tectonique reste souvent bien triste. J'y ai appris également à distinguer les phénomènes de premier ordre des phénomènes secondaires. Avec Philippe Huchon, Siegfried Lallemant, Nicolas Chamot-Rooke et Serge Lallemand, j'ai partagé les premières étapes du programme Kaiko d'exploration des fosses du Japon sur le navire océanographique Jean Charcot, dans le Nautile et sur le terrain au Japon. Avec Bruno Goffé et Roland Dubois, j'ai parcouru certaines des régions décrites dans cet ouvrage dans le domaine méditerranéen et j'y ai compris l'apport du métamorphisme dans toute étude de la dynamique crustale. À l'extérieur du laboratoire, j'ai beaucoup appris sur la déformation au contact de mes collègues rennais tels Jean-Pierre Brun, Pierre Choukroune et Philippe Davy. Des étudiants thésards m'ont accompagné durant cette période à l'École normale, Marc Fournier, Jean-Marc Daniel, Martin Patriat, Pierre Gautier et Romain Bousquet. La vie du laboratoire doit beaucoup à Mireille Dellac, Francine Mion et François Farcy, dont l'aide me fut bien souvent indispensable. Francine a d'ailleurs dessiné une partie des figures de ce manuel. Je dois également remercier mes collègues japonais qui, au cours des nombreux séjours dans leur pays, m'ont fourni une aide précieuse aussi bien dans mon activité de chercheur que dans la vie de tous les jours. Je pense surtout à Takeo Bamba, Jean Iiyama, Sumio Miyashita et toute sa famille, Mitsuru Nakagawa, Norio Kito, Kensaku Tamaki, Kazuo Kobayashi, Gaku Kimura, Kaoru Kubokawa et ses parents et bien d'autres. J'ai débuté la rédaction de ce manuel au cours d'un stage à l'Université d'Oxford. Mes discussions avec John Dewey, Mike Searle, Torgeir Andersen et Dick Walcott, pour ne citer qu'eux, m'ont apporté une vision de la géodynamique de certaines régions différente de celle classiquement en vogue en France.

Introduction

Si la plus grande partie des déformations à la surface du globe est localisée dans les océans le long des limites de plaques majeures comme les rides médio-océaniques ou les zones de subduction, les déplacements relatifs des plaques tectoniques ont des conséquences très spectaculaires également au sein des continents et sur leurs bordures. La différence la plus frappante entre continents et océans (au sens de croûtes continentale et océanique) est la localisation de la déformation. Celle-ci est en général distribuée sur de plus grandes surfaces au sein de la croûte continentale à cause des ses propriétés rhéologiques particulières. Les matériaux acides (riches en quartz) qui la composent, comme les granites, lui confèrent une résistance moyenne plus faible. Ces matériaux acquièrent en effet un comportement ductile dès que la température dépasse quelques centaines de degrés, à partir de 10-15 kilomètres de profondeur. Les continents sont donc soumis à des déformations intenses aux limites de plaques ou dans les zones de création de nouvelles limites de plaques. L'un des objets de la tectonique est l'étude de ces déformations, que l'on peut aborder de nombreuses manières.

La technique du tectonicien

Si, autrefois, seul le travail sur le terrain pouvait fournir des informations sur ces zones déformées que sont, par exemple, les chaînes de montagnes, le tectonicien dispose aujourd'hui de nombreuses techniques d'observation et de quantification de la déformation. Les méthodes sismiques, réflexion ou réfraction, permettent de créer des images de la structure profonde de la lithosphère et d'appréhender certains paramètres physiques de la croûte (vitesse de propagation des ondes sismiques...). L'analyse moderne des roches métamorphiques associée à celle de la déformation à toute échelle fournit des données sur les paramètres thermodynamiques (pression, température) des différents événements enregistrés dans les roches. On peut par ailleurs dater ces événements par les diverses méthodes radiochronologiques. Le paléomagnétisme des roches donne des informations sur les déplacements par rapport au pôle magnétique au cours du temps (déplacements en latitude et rotations autour d'axes verticaux). L'anisotropie de susceptibilité magnétique est également un bon marqueur de la déformation finie quand les méthodes classiques sont prises en défaut. Enfin, la stratigraphie moderne et la sédimentologie permettent de contraindre dans le temps les événements superficiels et l'évolution géométrique des bassins sédimentaires qui répondent eux aussi aux sollicitations mécaniques crustales.

Le tectonicien aujourd'hui est avant tout un homme de terrain qui cherche à analyser les structures à toutes échelles, et qui doit être capable d'utiliser de manière critique les données fournies par les différentes techniques déjà évoquées, afin de les intégrer dans des schémas d'évolution cohérents qui renseignent sur les mécanismes de la déformation. Finalement, il a à sa disposition les résultats de nombreuses techniques que ses collègues pratiquent, mais il possède une technique en propre qui est l'observation sur le terrain.

Signal et bruit, le *filtre mental* du tectonicien

L'un des points fondamentaux du travail sur le terrain et de toute synthèse tectonique est de faire la part du signal et du bruit. En d'autres termes, faire la part de ce qui est significatif du problème étudié (quelque soit l'échelle) et de ce qui ne l'est pas, ce qui est du premier ordre et ce qui est du détail. Le détail à une certaine échelle peut devenir fondamental à d'autres échelles.

Pour comparer le travail du tectonicien «continental» à celui du géologue marin, prenons l'exemple d'une carte magnétique ou bathymétrique acquise depuis un navire océanographique ; celle-ci est un document objectif créé par la machine sans a priori. Tous les points de données étant caractérisés par une série de nombres, il est facile d'appliquer ensuite à cette carte un filtre dont les paramètres sont connus, et qui va faire ressortir des événements d'échelle comparable (un filtre fréquenciel va séparer les différentes longueurs d'ondes d'un signal sans interprétation a priori). Le terrain fournit au contraire une masse de données à toutes échelles, pas toujours quantifiables, sans que l'on sache a priori les classer de manière objective en terme d'échelle ou d'importance relative. C'est là qu'intervient le *filtre mental* que certains géophysiciens reprochent aux géologues, et qui n'est au bout du compte que de l'expérience du terrain.

Le transfert d'échelle

La collecte des données sur le terrain est difficile pour cette raison et le transfert d'échelle est certainement le point le plus délicat de ce travail. C'est souvent ce que les étudiants ont du mal à saisir, parce que sa formalisation est difficile voire impossible. La plupart des désaccords entre spécialistes vient d'approches différentes du problème de l'échelle. Dans ce livre, nous traiterons des phénomènes à l'échelle de la croûte continentale, mais nous utiliserons des données à toutes échelles, depuis la lame mince jusqu'à celle de la croûte entière.

Un tectonicien sur le terrain est confronté à un objet dont la taille le dépasse totalement. Pour l'étudier, il dispose de ses jambes et d'autres moyens de locomotion variés qui lui permettent d'embrasser une variété d'échelles différentes, mais ses observations sont en général limitées à quelques lames minces dans un grand affleurement, ou quelques affleurements au kilomètre carré, ou encore quelques régions étudiées en détail dans un continent vaste comme l'Asie. À chaque fois, un transfert d'échelle doit être fait. C'est souvent la carte qui permet ce transfert : cartographie des microstructures pour établir un champ de déformation régional, cartographie des unités structurales et sédimentaires. Les images envoyées par les différents satellites tels que Landsat ou Spot sont d'un grand secours, car elles permettent de visualiser d'un seul coup d'œil de vastes régions et de mettre en évidence des données qui sont significatives à l'échelle crustale.

Finalité

Le but de ce livre est d'illustrer les différentes modalités de la déformation de la croûte continentale à partir d'exemples régionaux traités en détail. Les exemples ont été choisis parce que chacun s'accorde à les trouver exemplaires (la collision Inde-Asie, l'obduction en Oman) et/ou parce que l'auteur les connaît en détail pour les avoir pratiqués (les bassins marginaux de l'Ouest Pacifique, la Méditerranée).

Nous nous contenterons d'objets récents (mésozoïques et cénozoïques) car la recherche des mécanismes de la déformation dans une région vaste suppose que les conditions aux limites soit connues avec précision. Ceci n'est en fait possible que pour la période récente (depuis le Jurassique supérieur) dont la cinématique globale est bien connue. Toutes les déformations dont nous parlerons dans cet ouvrage sont spectaculaires, mais elles correspondent à des mouvement relatifs beaucoup plus lents que les mouvements des plaques alentour. Le taux de raccourcissement au travers d'une chaîne de montagnes dépasse en effet rarement 1 à 2 cm/an. Nous supposerons donc que les déformations que nous étudions sont contraintes par une tectonique à plus grande échelle, qui est la tectonique des plaques. Celle-ci nous fournit un cadre général duquel nous ne pouvons pas échapper.

Ce qui précède ne signifie pas que les seules forces en présence sont les forces appliquées aux limites du système déformé, car les forces de volume ont une grande importance pour contrôler la géométrie de la déformation, cela implique seulement qu'en termes cinématiques (déplacements) nous restions à l'intérieur des bornes fournies par la cinématique globale, déduite principalement des séquences d'anomalies magnétiques préservées au fond des océans. Les anomalies les plus anciennes ont été trouvées récemment dans l'Ouest Pacifique, elles datent de 160 Ma.

L'un des premiers chapitres rappellera ce qu'il est utile de savoir à propos des techniques d'étude de la déformation sur le terrain dans les domaines cassant et ductile. Nous supposerons connues les bases de géologie structurale, de stratigraphie et de géochronologie que le lecteur pourra trouver dans d'autres ouvrages.

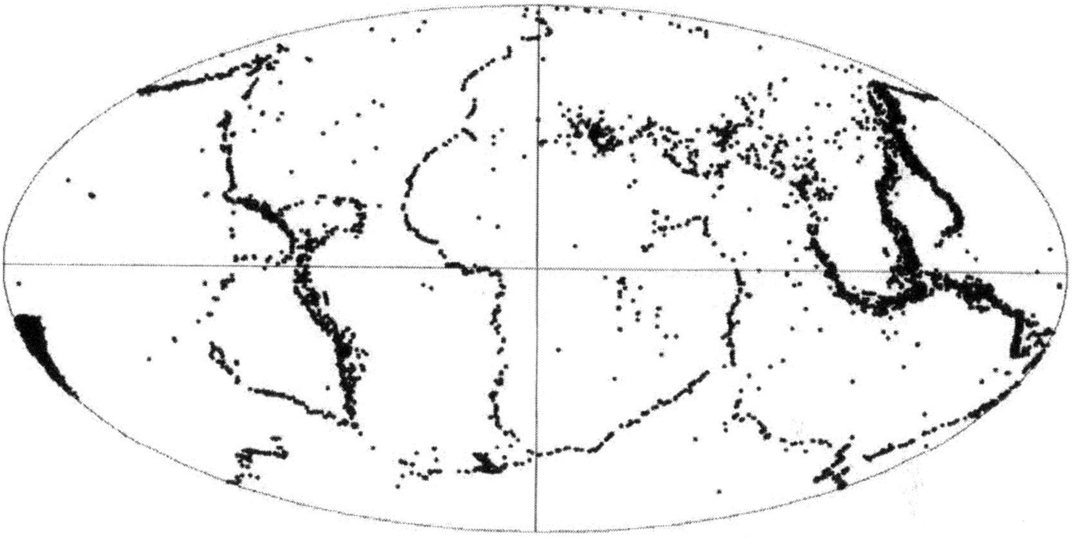

Figure I.1
Carte de la sismicité à la surface du globe, tous les séismes de magnitude supérieure à 5.

La cinématique des plaques

LE CONTEXTE CINÉMATIQUE DES ZONES DE DÉFORMATION RÉCENTES

Puisque dans cet ouvrage nous étudierons essentiellement des zones de déformation récentes, nous serons toujours placés dans le cadre d'une cinématique des plaques bien connue à l'échelle globale. Un des objets fondamentaux de la tectonique est de montrer comment les mouvements relatifs des grandes plaques induisent des déformations dans les régions de limite de plaques ou à l'intérieur des plaques, et si, oui ou non, il est possible de retrouver ces déplacements aux limites d'une zone déformée par addition des déformations au sein de celle-ci. Il est donc important dans un premier stade d'identifier les zones de déformation majeures et leur rapports avec les principales limites de plaques.

Dans ce premier chapitre nous décrirons donc succinctement les principales *limites de plaques* à la surface du globe actuel. Puis nous localiserons les zones de déformation affectant les bordures continentales (marges) ou l'intérieur des continents, dans ce contexte général. Cette première approche nous permettra de reconnaître différents types de chaînes de montagnes et de zones en extension selon leur position par rapport aux limites de plaques.

I.1 La dynamique actuelle des plaques

Dans cette partie nous supposerons connue la théorie de la *tectonique des plaques*, nous ne rappellerons que des faits marquants, importants pour la compréhension de la suite de cet exposé.

Comme on peut le voir sur la figure I.1, la déformation active, exprimée ici par la sismicité, est localisée le long de domaines étroits, qui sont les limites de plaques. On remarquera d'ors et déjà que certains domaines sont très étroits, la sismicité y étant très localisée le long d'une frontière mince : c'est le cas de la ride médio-atlantique ou des zones de subduction péri-Pacifique. En d'autres régions la sismicité est distribuée sur des surfaces plus importantes, comme en Méditerranée ou au nord de l'Himalaya. Ces

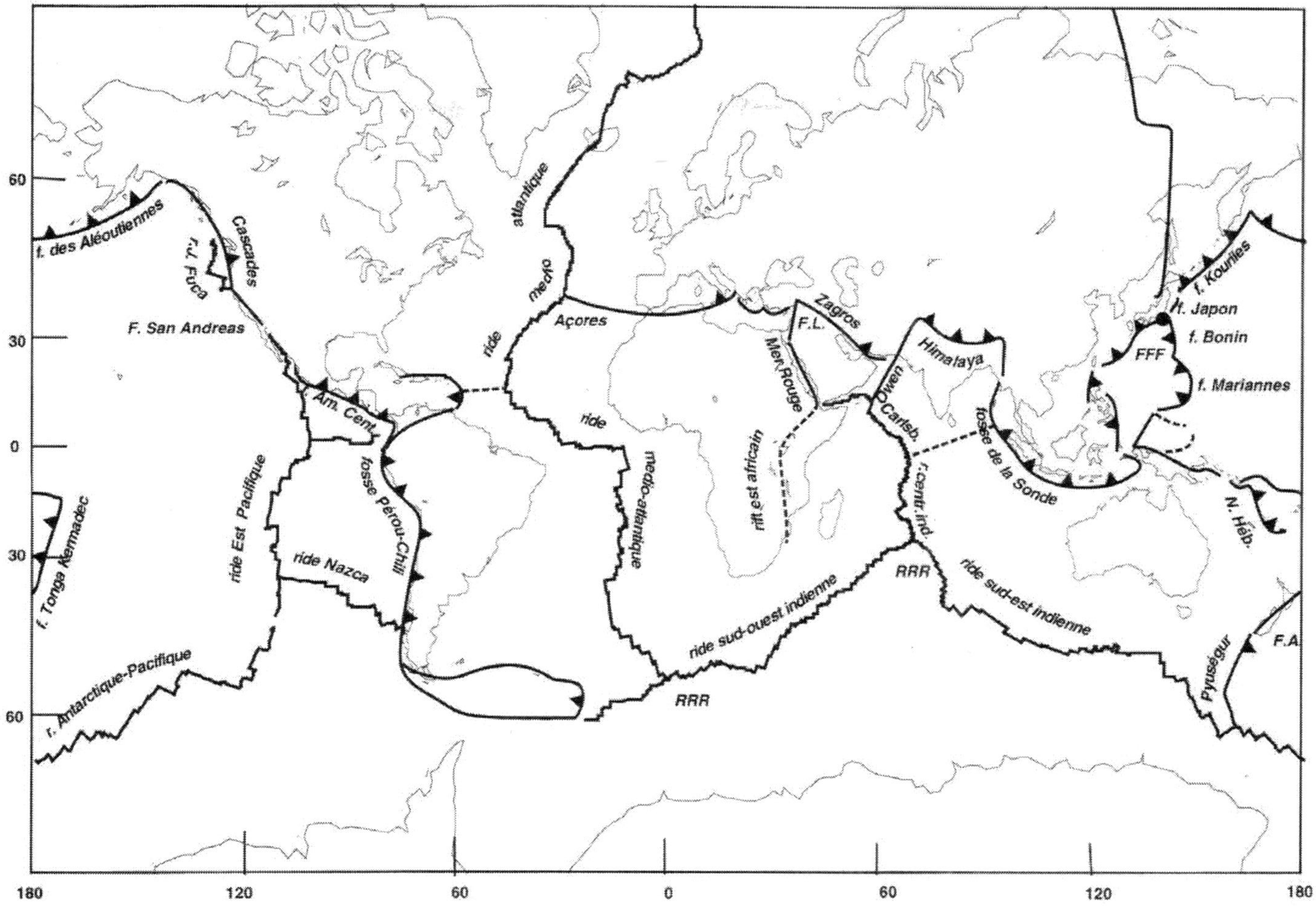

Figure I.2. Carte des principales limites de plaques.

régions à sismicité distribuée correspondent à des domaines continentaux soumis à une déformation intense sur de grandes surfaces.

Les figures I.2 et I.3 montrent la dynamique actuelle des plaques, les flèches indiquant les *directions de mouvements relatifs* au travers des frontières (direction et sens du vecteur), et les nombres les *vitesses relatives* en millimètres par an (module du vecteur). Les valeurs indiquées sur cette figure sont des valeurs moyennes sur les 3 derniers millions d'années.

I. 1.1 Directions de mouvements relatifs

Nous ne reviendrons pas ici en détail sur les méthodes utilisées pour obtenir ces directions et ces taux. Nous dirons seulement que les données sur les directions sont obtenues à partir de deux types de sources :

(1) les *directions des failles transformantes* recoupant les rides médioocéaniques sont parallèles au vecteur du mouvement relatif des plaques qu'elles limitent. Les failles transformantes sont parmi les structures les plus marquantes sur toute carte bathymétrique des océans.

(2) les *mécanismes au foyer des séismes* (voir plus loin) donnent également des informations sur la direction des mouvements relatifs. A partir du mécanisme au foyer on peut calculer facilement un *vecteur glissement* qui donne la direction et le sens du mouvement. La figure I.4 montre par exemple les vecteurs glissement le long des différentes fosses qui entourent la plaque Philippine.

I. 1.2 Taux de mouvements relatifs

Les *taux relatifs* (vitesses relatives) sont fournis par la distribution des *anomalies magnétiques* symétriques par rapport à la ride médio-océanique. Les vitesses sont moyennées sur une période (donc une distance déroulée sur le plancher océanique) de 3 Ma. C'est ce qu'on appelle la *cinématique instantanée*. Ces 3 Ma correspondent à la période la plus courte sur laquelle il est possible d'obtenir une mesure fiable de la vitesse (il faut un certain nombre d'anomalies pour avoir une mesure précise). Aujourd'hui, on sait également mesurer les déplacements des plaques par d'autres moyens, les *satellites géodésiques*, qui fournissent une mesure précise du déplacement sur une dizaine d'années. Quand le jeu de données géodésiques sera complet, on disposera d'une cinématique véritablement instantanée. Cependant, les quelques mesures publiées aujourd'hui montrent un très bon accord avec les vitesses déduites des anomalies magnétiques, sur 3 millions d'années. Ce résultat montre une grande *constance des vitesses de déplacement sur de grandes périodes de temps*. La moyenne obtenue sur 3 Ma est bien représentative des déplacements actuels, au moins pour les mouvements rapides entre plaques majeures. Nous considérerons donc que ce qu'on appelle traditionnellement cinématique instantanée est bien l'image de la cinématique actuelle.

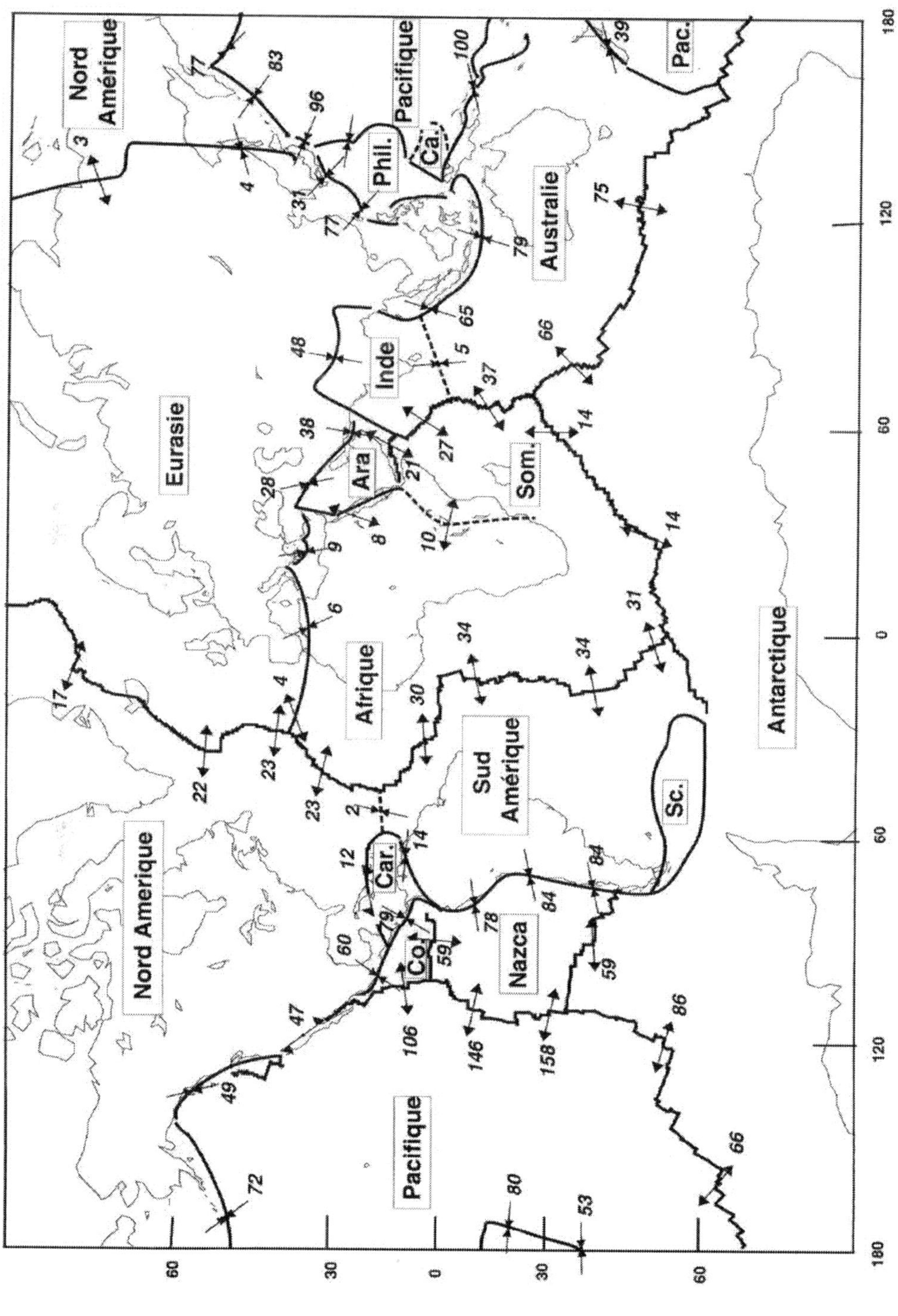
Nord Amérique
Eurasie
Pacifique
Phil.
Ca.
Australie
Pac.
Inde
Ara
Som.
Afrique
Sud Amérique
Sc.
Antarctique
Nord Amerique
Car.
Co.
Nazca
Pacifique
180
120
60
0
60
120
180
60
30
0
30
60

<

Figure I.3
Carte des limites de plaques avec vecteurs glissement et taux, calculés d'après le modèle NUVEL1 (DeMets *et al.*, 1990). Les flèches divergentes indiquent les frontières où se forme la nouvelle lithosphère océanique, les flèches convergentes celles où la lithosphère disparait (zone de collision ou de subduction). Les chiffres indiquent les valeurs de vitesse relative en millimètres par an.

Les anomalies magnétiques permettent de remonter plus loin dans le temps jusqu'au Jurassique, et les déplacements des grandes plaques sont bien calibrés depuis cette époque. On parle alors de *cinématique finie*. Nous aurons besoin de connaître cette cinématique pour mettre des bornes raisonnables dans l'espace et dans le temps autour des *systèmes déformés* que nous étudierons.

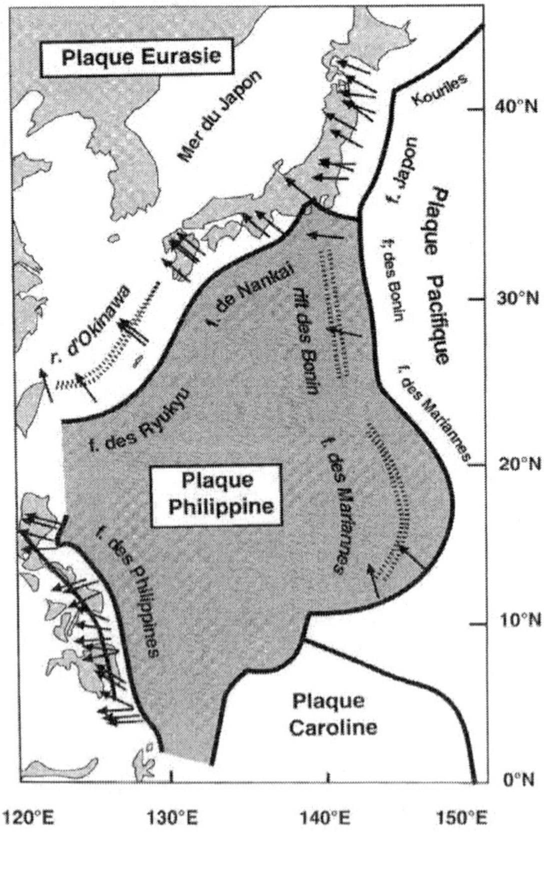

Figure I.4
Carte des vecteurs glissement des séismes le long des contacts interplaques, autour de la plaque Philippine (Ranken *et al.*, 1985) et les principales fosses de subduction.

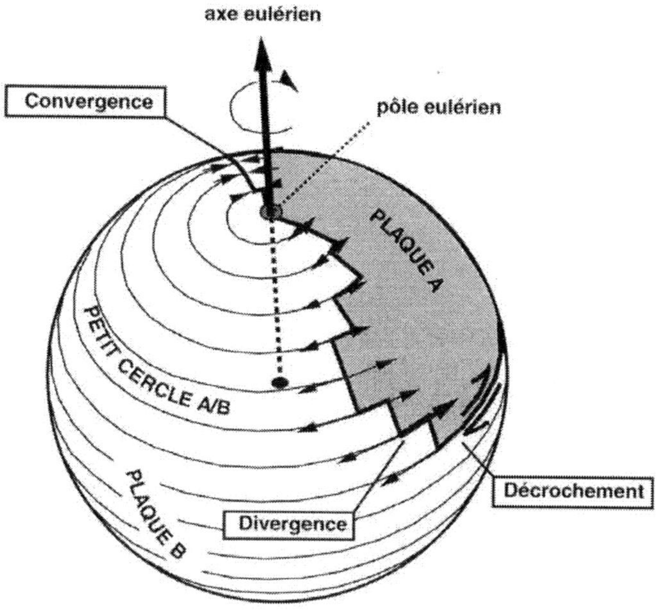

Figure I.5
Géométrie eulérienne, axe et pôle de rotation, petits cercles.

I. 1.3 Description géométrique des déplacements sur la sphère

On décrit les mouvements des plaques à la surface du globe, aussi bien en termes de cinématique finie qu'instantanée, de manière simple à l'aide de la *géométrie eulérienne*. Nous serons amenés fréquemment à utiliser cette description par la suite, nous en donnerons donc un bref aperçu ici.

Tout *déplacement instantané à la surface d'une sphère* peut être décrit par un *vecteur rotation qui passe par le centre de la terre et en perce la surface au pôle de rotation, dont le module est la vitesse angulaire de rotation* (souvent donnée en degré par millions d'années dans le cas des plaques) (fig. I.5). Le signe du module dépend du sens de rotation. C'est un moyen simple de décrire le mouvement relatif d'une plaque A par rapport à une plaque B. Un seul vecteur suffit à décrire le mouvement de tous les points de la plaque si celle-ci est rigide.

Par rigide on entend que les mouvements liés à la déformation interne de la plaque sont beaucoup plus lents (un ordre de grandeur au moins) que les mouvements aux limites. Pour connaître la vitesse linéaire en un point donné il suffit de multiplier la vitesse angulaire par la distance angulaire du point au pôle de rotation. La vitesse d'expansion le long de la ride médio-océanique de la figure I.5 augmente donc progressivement en s'éloignant du pôle. Elle est nulle au pôle et change de signe (la frontière devient convergente) de l'autre côté du pôle.

Comme le montre également la figure I.5, cette géométrie implique que les mouvements A/B se font le long de *petits cercles centrés sur le pôle de rotation* : L'intersection de tout plan avec une sphère est un cercle. Si ce plan contient le centre de la sphère, il s'agit d'un *grand cercle*, sinon il s'agit d'un *petit cercle*. Les méridiens et l'équateur sont par exemple des grands cercles. Les parallèles (sauf l'équateur) sont des petits cercles. Les petits cercles du mouvement de A par rapport à B, sont les équivalents de parallèles par rapport au pôle eulérien. Les failles transformantes étant parallèles au mouvement elles s'alignent le long de petits cercles ; les rides étant souvent perpendiculaires aux failles transformantes, elles sont souvent parallèles à des grands cercles passant par le pôle de rotation.

I.1.4 Modèles cinématiques globaux

Considérons trois plaques A, B et C. Connaissant le mouvement A/B et le mouvement B/C, le mouvement A/C est simplement la somme des deux vecteurs rotations. On peut alors calculer des modèles globaux qui vont permettre d'obtenir le vecteur complet (direction et module) en tout point des frontières. On pourra alors connaître les vitesses de convergence aux différents points des zones de subduction, alors que les données originales (les vecteurs glissement) ne fournissent en ces points que la direction du mouvement relatif. On fait pour cela la supposition raisonnable que la surface de la terre ne varie pas dans le temps et que donc la surface créée globalement à l'axe des dorsales doit compenser exactement la surface engloutie dans les zones de subduction. Cette hypothèse revient à considérer que la somme des vecteurs rotations des différentes plaques est nulle. On calcule donc, par différentes méthodes d'inversion des données, un modèle qui ajuste bien les données de départ. Bien sur, plus la liste des données s'allonge grâce au travaux d'observation récents, meilleur est le modèle. Depuis le premier modèle (Le Pichon, 1968), plusieurs modèles ont été utilisés comme références successives. Un modèle très utilisé fut celui de Minster et Jordan (1973). Le modèle le plus récent est celui de De Mets et al. (1990) (fig. I.3) qui met en jeu 10 fois plus de données que les premiers modèles.

I.1.5 Principales frontières de plaques

A. Frontières en expansion, rides médio-océaniques et rifts intracontinentaux.

a. La dorsale médio-atlantique

Elle sépare les plaques Eurasie et Nord Amérique au nord, et les plaques Afrique et Amérique du Sud au sud (fig. I.6). Le point triple Afrique-Eurasie-Nord Amérique

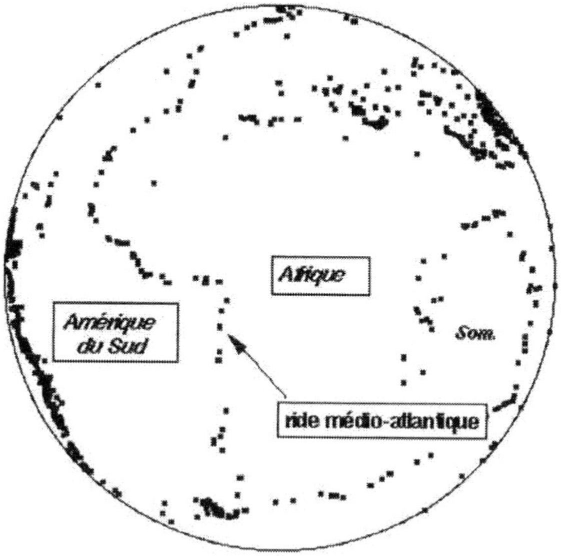

Figure I.6
Principaux séismes autour de la plaque Afrique et de la plaque Somalie.

est situé dans la région des Açores. Le point triple Nord Amérique-Sud Amérique-Afrique est beaucoup plus diffus. La frontière Nord Amérique-Sud Amérique est une zone de déformation diffuse qui joint la ride médio-Atlantique à la zone de subduction des Antilles.

Le pôle de rotation Nord Amérique-Eurasie se situe dans les hautes latitudes en Sibérie orientale. La figure I.7 montre la portion septentrionale de cette frontière. Après un trajet au milieu de l'Océan Atlantique, au cours duquel elle traverse l'Islande, la frontière NAM-EU pénètre dans l'océan Arctique. Elle se trouve alors au milieu d'un bassin océanique récent (il a commencé à s'ouvrir il y a 55 Ma), le Bassin Eurasien. La ride s'appelle alors la ride de Nansen. Elle pénètre ensuite le continent Eurasien à l'embouchure du fleuve Lena et se transforme alors en un système de rifts intracontinentaux jusqu'à l'approche du pôle de rotation. Le long de la frontière la vitesse décroît au fur et à mesure qu'on se rapproche du pôle de rotation, depuis 3 cm/an jusqu'à des valeurs très basses de quelques mm/an. Elle s'inverse ensuite de l'autre coté du pôle (du coté des zones de subduction péri-Pacifique) où on observe une déformation complexe à forte composante en raccourcissement qui se distribue autour de la mer d'Okhotsk. C'est un exemple de la géométrie décrite sur la figure I.5.

La partie sud de la dorsale est également une dorsale lente, les vitesses varient entre 3 et 4 cm/an du nord au sud. Elle rencontre la dorsale ouest-Indienne au point triple AFR-SAM-ANT.

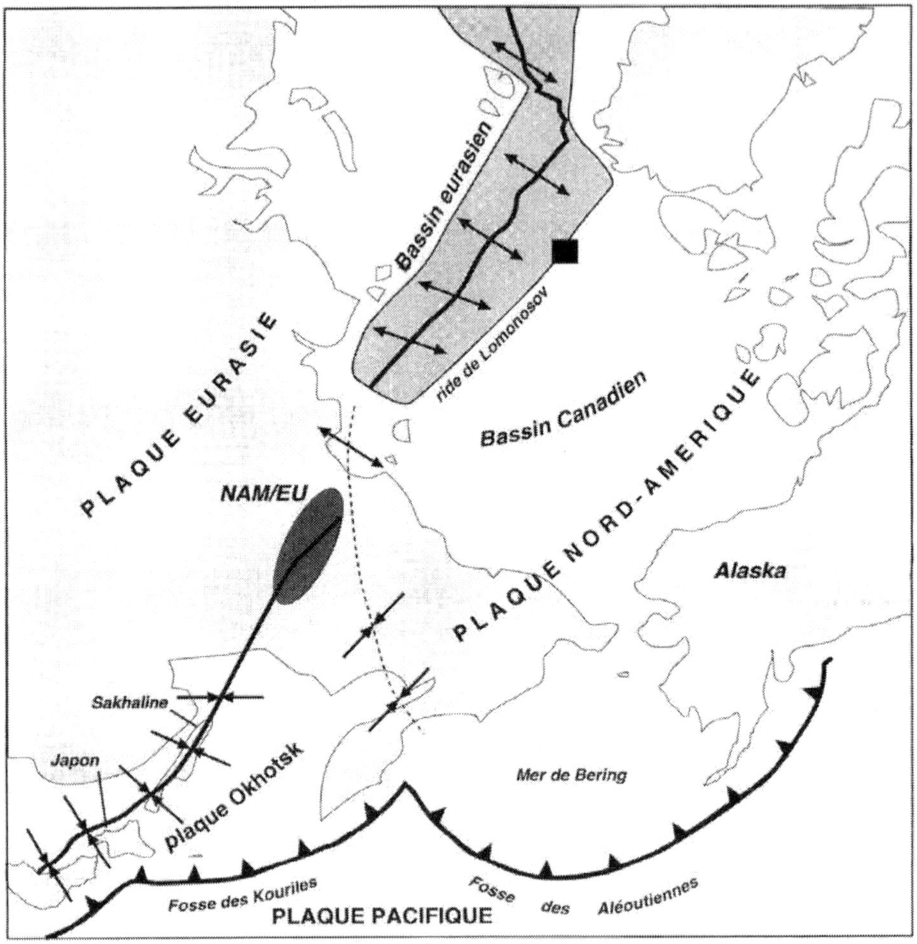

Figure I.7
Carte de la partie nord de la ride médio-atlantique, le pôle de rotation Nord Amérique-Eurasie en Sibérie et le passage à la compression du coté Pacifique. L'ellipse autour du pôle de rotation indique la marge d'erreur sur sa localisation (il peut être situé en tout point à l'intérieur de l'ellipse (Chapman et Solomon, 1976).

b. Les dorsales de l'océan Indien, la mer Rouge et le rift est-Africain

Les eaux de l'océan Indien recouvrent trois plaques principales : les plaques Somalie, Indo-Australie et Antarctique (fig. I.8). Elles se rencontrent au niveau du point triple de Rodriguez. La dorsale sud-ouest indienne est très lente, la vitesse d'ouverture ne dépassant pas 1.6 cm/an. La dorsale sud-est indienne et la dorsale ouest indienne sont plus rapides, la vitesse d'ouverture atteignant 7 cm/an au sud de l'Australie. Mais

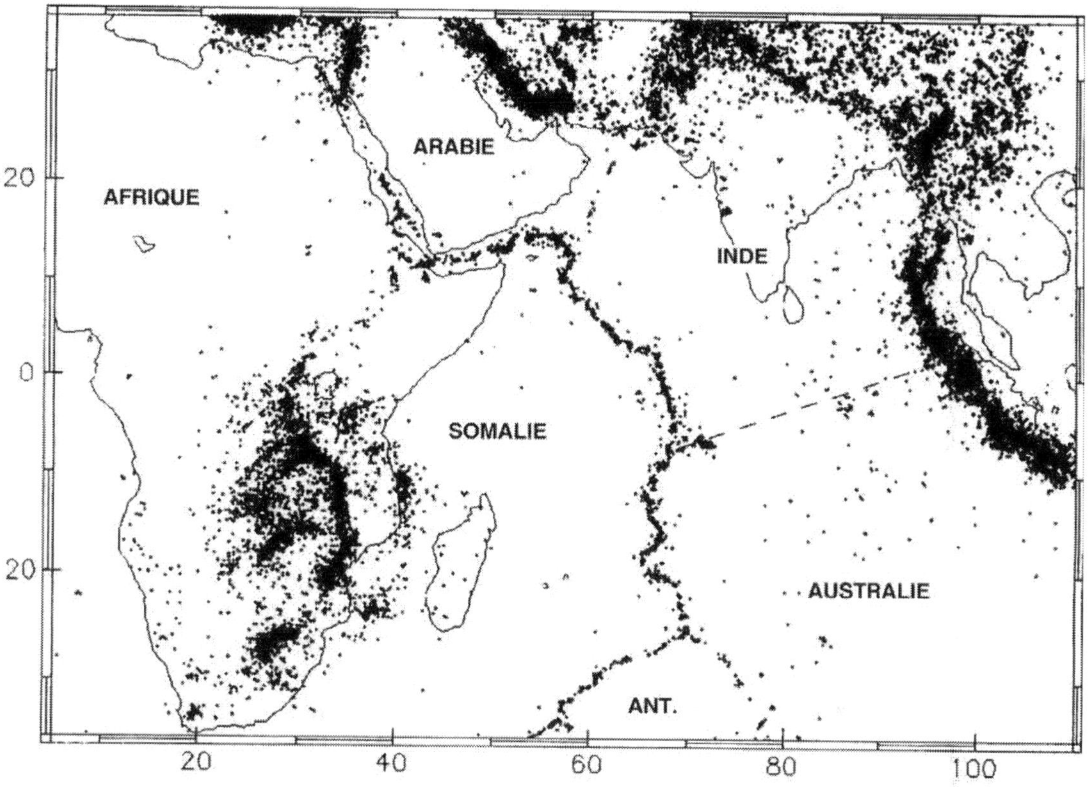

Figure I.8
Carte de la sismicité autour de la plaque Somalie (Jestin 1994). On notera la distribution de la sismicité sur une vaste surface le long de la limite Afrique-Somalie, par comparaison à l'extrême localisation le long de la ride Somalie-Inde. Ce constraste illustre d'une part la différence de comportement de la lithosphère continentale moins résistante et de la lithosphère océanique et, d'autre part la difficulté pour tracer une limite de plaque dans certains cas. PT= point triple de Rodrigez.

cette vitesse décroît rapidement lorsqu'on se rapproche du pôle de rotation Inde-Asie situé dans la région Méditerranéenne. A l'entrée du Golfe d'Aden les vitesses ne sont plus que de 2 cm/an. La dorsale pénètre dans le golfe d'Aden et se prolonge dans la Mer Rouge (fig. I.9). Dans le sud de celle-ci la ride rencontre le rift est-africain au niveau du point triple Arabie-Somalie-Afrique dans la région des Afars.

La ride de la Mer Rouge est la frontière entre les plaques Arabie et Afrique. Le domaine purement océanique est très étroit et les anomalies magnétiques assez mal définies. Une vitesse moyenne de 1.5 cm/an est estimée le long de cette ride. A l'entrée

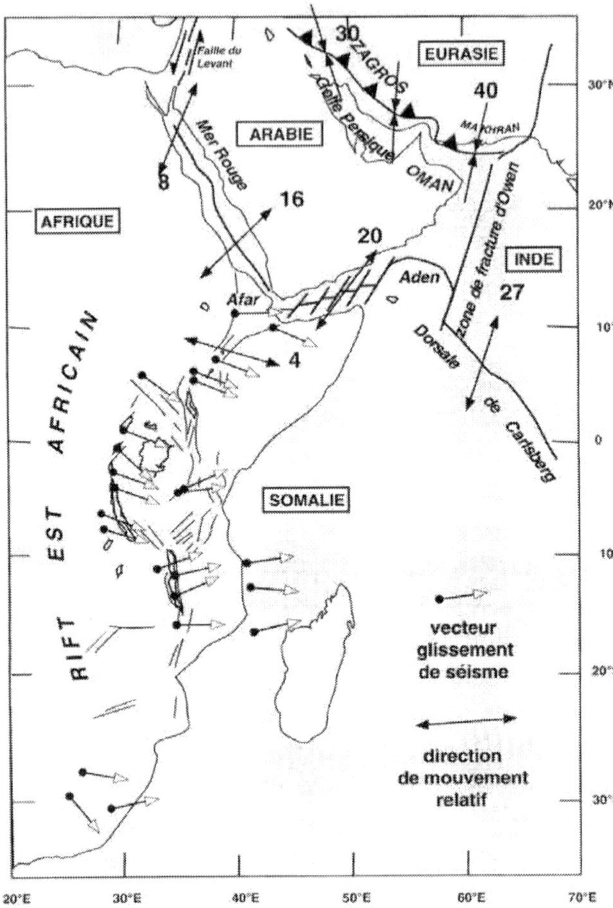

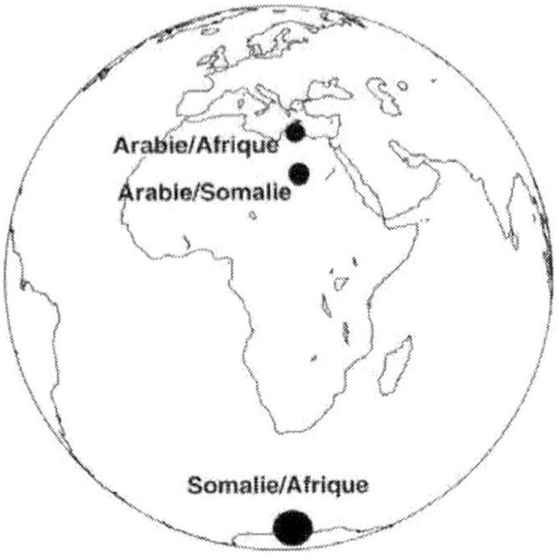

Figure I.9
Carte de la région du rift est africain, mer Rouge avec les vecteurs glissement des séismes en extension le long du rift est-africain et les vecteurs mouvements calculés à partir du modèle NUVEL1 et des données de Gaulier (1990). Cette figure montre également la position des pôles de rotation Arabie/Afrique, Arabie/Somalie et Somalie/Afrique (Jestin, 1994).

des golfes de Suez et d'Aqaba, la croûte océanique disparaît et la ride laisse la place à un rift intracontinental inactif dans le golfe de Suez, et à une faille transformante intracontinentale, la faille du Levant, (ou encore faille du Jourdain ou faille de la Mer Morte) qui forme la frontière occidentale de la plaque Arabie.

L'existence de la plaque Somalie est discutée, certains auteurs considérant le domaine limité par le rift est-africain à l'ouest et la ride ouest-indienne à l'est comme partie intégrante de la plaque Afrique. Le rift est-Africain est en effet un domaine de divergence intracontinentale assez lente. Vers le sud la déformation semble décroître et elle devient insignifiante au sud des côtes africaines à l'approche de la ride sud-ouest indienne. Selon les interprétations, ce rift est considéré soit comme une zone de déformation intraplaque le long de laquelle les déplacements sont très faibles par rapport aux mouvements des grandes plaques et donc qu'il n'y a pas lieu de distinguer une plaque Somalie, soit comme une limite de plaque à part entière. Dans la plupart des modèles globaux, les mouvements le long de ce rift ne sont pas pris en compte. D'autres auteurs cependant considèrent que les déplacements sont suffisamment importants (ils sont de l'ordre du cm/an) pour justifier l'existence d'une plaque supplémentaire, dite plaque Somalie, qui comprend la partie de la plaque Afrique située à l'est du rift. Selon la qualité des données utilisées et la méthode de calcul mise en oeuvre, la plaque Somalie sort ou ne sort pas des barres d'erreurs. On se situe à la limite du domaine d'échelle considéré dans la tectonique des plaques. Pourtant, à l'échelle que le géologue de terrain considère généralement, le rift est-africain est une structure majeure qui s'étend sur des milliers de kilomètres. Qu'il soit ou non une limite de plaque importe peu, mais il est important de bien contraindre les déplacements des blocs rigides aux limites de la zone déformée.

c. La dorsale Est-Pacifique

Elle constitue la frontière sud-est de la plaque Pacifique (figs I.10 et I.11). La vitesse de divergence varie rapidement depuis 6 cm/an au sud jusqu'à 17 cm/an au nord au large de l'Amérique du Sud. On rencontre deux points triples le long de cette dorsale. Le plus méridional est le point triple ANT-PAC-NAZCA, le plus septentrional NAZCA-COCOS-PAC. Deux rides rapides se séparent de la ride est-Pacifique pour rejoindre les zones de subduction qui bordent l'Amérique du Sud.

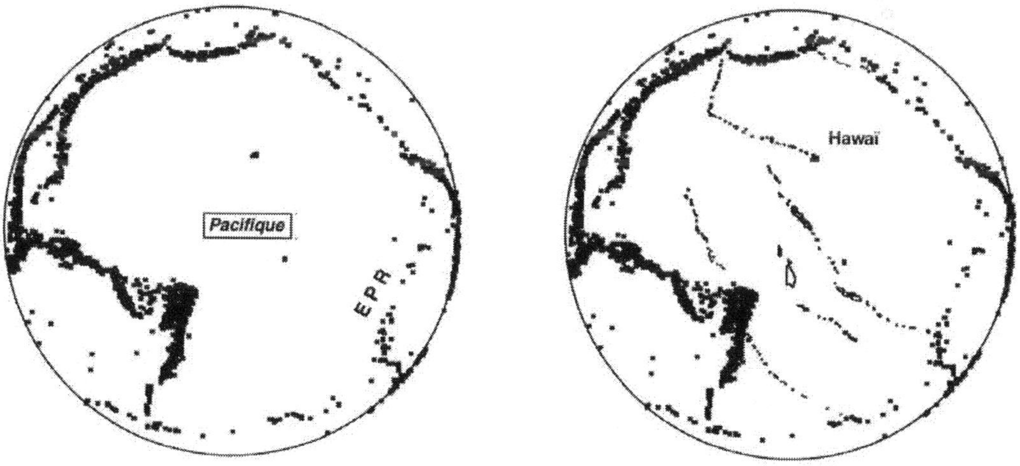

Figure I.10
Sismicité autour de la plaque Pacifique et position des chaines de volcans intraplaques suivant la trace des points chauds.

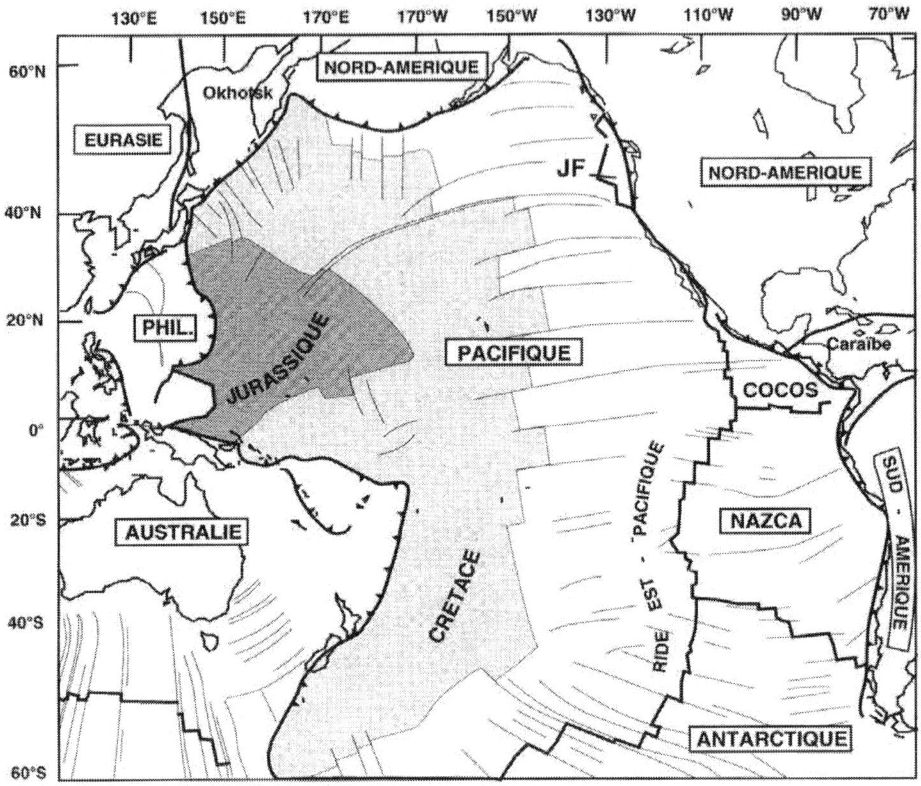

Figure I.11
La plaque Pacifique, et les plaques Nazca, Cocos, Juan de Fuca et Antarctique. Les traits fins représentent les traces des failles transformantes (Hilde *et al.*, 1977). Le grisé léger représente la croûte crétacé, le grisé plus dense la croûte jurassique. Le reste du domaine océanique est composé de croûte d'age cénozoïque.

La ride est-Pacifique a produit depuis le Jurassique toute la surface de la plaque Pacifique dont l'âge varie de 160 Ma à 0 Ma d'ouest en est. Les plaques Cocos et Nazca sont par contre des créations récentes. L'âge de la lithosphère qui subducte dans la région ouest-Pacifique est beaucoup plus ancien que dans l'est du Pacifique. Cette observation très simple aura des conséquences importantes sur le régime de déformation lié à la subduction sur les deux rives du Pacifique.

La ride Est-Pacifique se termine au nord dans le golfe de Californie par une série de bassins en échelon décalés par des décrochements dextres qui se prolongent à terre le long de la faille de San Andreas (voir le chapitre V). Le mouvement PAC-NAM est parfaitement parallèle à la frontière de plaques dans cette région. La figure I.12 montre

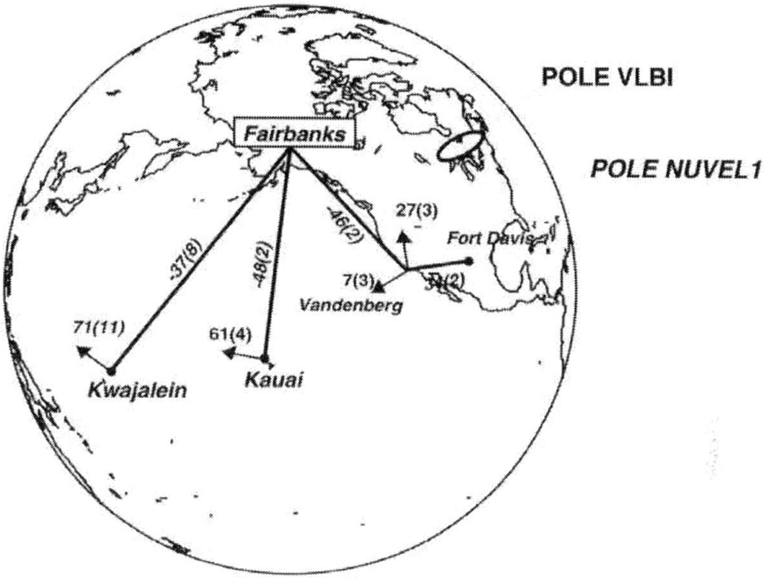

Figure I.12
Position du pôle NAM-PAC d'après la géodésie spatiale (VLBI, Very Long Base Interferometry) et le pôle obtenu par la cinématique classique (NUVEL1). On a représenté les déplacements parallèlement et perpendiculairement aux lignes qui joignent les stations de la plaque Pacifique à celle de Fairbanks sur la plaque Nord Amérique (Argus & Gordon, 1990).

la position du pôle de rotation NAM-PAC calculé d'après le modèle global le plus récent, et celui déduit des mesures de dérive faites à l'aide de la géodésie spatiale. On y voit un excellent accord.

La faille de San Andreas passe en relais à une ride médio-océanique d'extension limitée, la ride Juan de Fuca. Elle limite à l'ouest la petite plaque Juan de Fuca qui n'est qu'un reste d'une plaque beaucoup plus grande, la plaque Farallon, qui bordait les zones de subduction du nord Pacifique au cours du Mésozoïque et d'une grande partie du Cénozoïque. L'évolution des chaînes de montagnes situées au dessus des zones de subduction de cette région du Pacifique est en partie liée à la plaque Farallon.

B. Frontières en convergence

Les frontières convergentes sont avant tout les zones de subduction, où la lithosphère océanique disparaît dans le manteau. La convergence peut conduire également à la collision que nous étudierons en détail. Une part non négligeable de la convergence globale est absorbée dans les zones de collision qui sont importantes pour notre propos puisqu'elles sont associées à des déformations intracontinentales spectaculaires. Nous décrirons d'abord la cinématique des zones de subduction proprement dites puis des zones de collision.

a. Zones de subduction péri-Pacifique

Toutes les zones de subduction péri-Pacifique absorbent la lithosphère océanique de la plaque Pacifique ou des plaques Nazca et Cocos, à des taux relativement élevés qui atteignent ou dépassent fréquemment 10 cm/an (fig. I.3).

L'est

Les fosses de subduction de l'est Pacifique (Pérou, Chili et Amérique Centrale) absorbent une lithosphère jeune dont l'âge ne dépasse jamais 40 Ma. La subduction est à peu près frontale sur toute la longueur de ces fosses. La vitesse de convergence y varie entre 2 cm/an au sud du Chili et 9.5 cm/an à la latitude du Pérou. La subduction donne ici naissance au volcanisme de la Cordillère des Andes et induit la formation d'une des plus grandes chaînes de montagnes du globe.

Le nord

La plaque Juan de Fuca crée à l'axe de la dorsale du même nom disparaît en subduction sous la bordure occidentale de la plaque nord Amérique dans la fosse de l'Oregon, donnant lieu au volcanisme de la chaîne des Cascades (dont le tristement célèbre

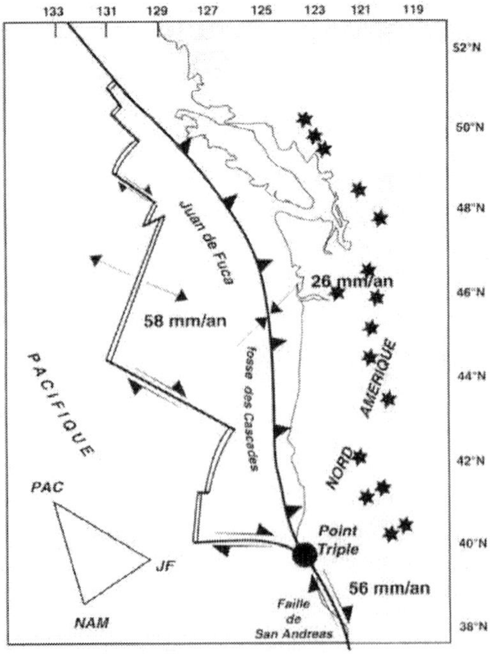

Figure I.13
La plaque Juan de Fuca et la cinématique du point triple Pacifique-Juan de Fuca-Nord Amérique. Les étoiles montrent les volcans actifs de la chaîne des Cascades (Cox & Hart, 1986).

Mont St Helens) (fig. I.13). Le point triple Juan de Fuca-Pacifique-NAM est à la jonction entre la Faille de San Andreas, la zone de fracture de Mendocino et la fosse de l'Orégon. La composition des deux mouvements décrochants le long des deux transformantes, chacun à un taux d'environ 5 cm/an, impose un mouvement convergent oblique le long de la troisième frontière à une vitesse plus lente de 2.5 cm/an.

Dans l'extrême nord du Pacifique la lithosphère océanique disparaît dans la fosse des Aléoutiennes à une vitesse qui augmente d'est en ouest depuis 6 cm/an jusqu'à 8.5 cm/an. La subduction est frontale à l'est au large de l'Alaska et très oblique à l'ouest à l'approche du Kamtchatka. L'arc volcanique des Aléoutiennes est la réponse magmatique de cette subduction.

L'ouest

La figure I.14 montre un détail de la région du Pacifique occidental. La plaque Pacifique s'y enfonce rapidement dans une succession de fosses pratiquement continue depuis le Kamtchatka jusqu'à la Nouvelle Zélande. Le système plus complexe de la région du Pacifique central, au large des Fiji et de la Nouvelle Guinée sera décrit plus en détail un peu plus loin, ainsi que celui des Philippines. Les vitesses de convergence peuvent atteindre 12 cm/an le long de ce système. L'âge de la lithosphère Pacifique varie le long de la frontière. Au deux extrémités du système, au large de l'arc des Kouriles et de la Nouvelle Zélande, c'est une lithosphère Crétacé qui aborde la marge active. L'âge atteint un maximum de 160 Ma au large de l'arc des Mariannes. Avec la région de l'Atlantique Central, nous avons ici la plus ancienne croûte océanique encore en place au fond des océans.

La plaque Pacifique subduit successivement, du nord au sud, dans les fosses des Kouriles, du Japon, des Bonins, des Mariannes, de Vityaz, des Tonga-Kermadec. Comme nous le verrons dans la suite, la subduction ici donne lieu à un volcanisme intense, mais aucune chaîne de montagnes comparable aux Andes n'est observée. La subduction conduit au contraire à l'ouverture de bassins en extension dans la plaque supérieure.

Vers le sud la subduction est prise en relai par une faille transformante dextre qui traverse la Nouvelle Zélande de part en part : la Faille Alpine. Celle-ci est elle-même

>

Figure I.14
Carte de la région ouest Pacifique avec les principales fosses et bassins marginaux. 1 : bassin des Kouriles, 2 : Mer du Japon, 3 : Bassin d'Okinawa, 4 : Bassin de Shikoku, 5 : bassin de Parece Vela, 6 : Bassin des Mariannes, 7 : Bassin Ouest Philippin, 8 : Mer de Chine méridionale, 9 : Mer d'Andaman, 10 : Mer de Sulu, 11 : Mer des Celebes, 12 : Bassin des Carolines, 13 : Mer de Banda, 14 : Rift de Bismark, 15 : Rift de Woodlark, 16 : Mer de Corail, 17 : Mer de Tasmanie, 18 : Bassin Nord Fiji, 19 : Bassin sud Fiji (Jolivet *et al.*, 1989).

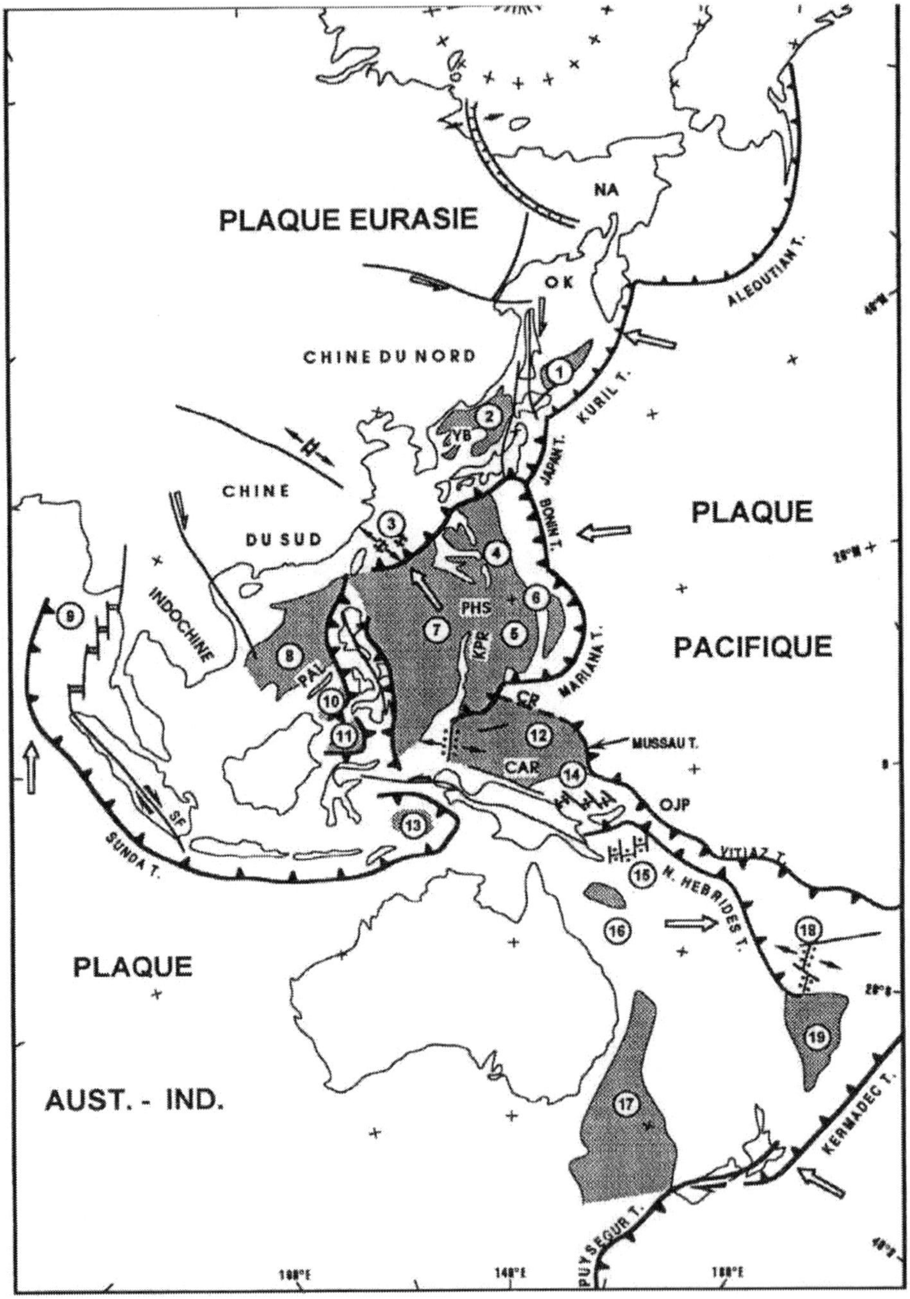
PLAQUE EURASIE
NA
OK
ALEOUTIAN T.
CHINE DU NORD
KURIL T.
YB
JAPAN T.
CHINE
DU SUD
BONIN T.
PLAQUE
PACIFIQUE
INDOCHINE
PHS
KPR
PAL
MARIANA T.
CR
CAR
MUSSAU T.
OJP
SF
SUNDA T.
VITIAZ T.
N. HEBRIDES T.
PLAQUE
AUST. - IND.
KERMADEC T.
PUYSEGUR T.

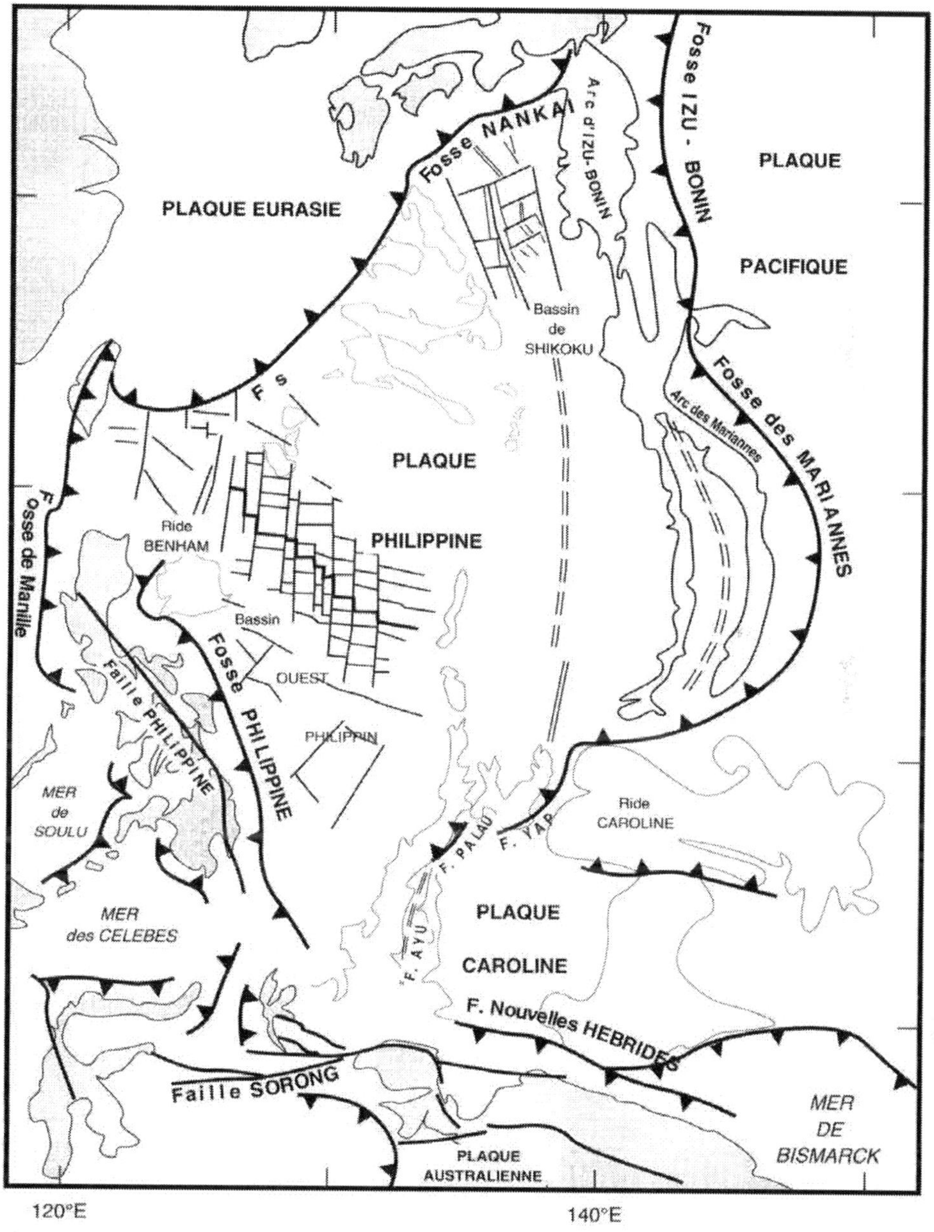
PLAQUE EURASIE
Fosse NANKAI
Arc d'IZU-BONIN
Fosse IZU - BONIN
PLAQUE
PACIFIQUE
Bassin
de
SHIKOKU
Fosse des MARIANNES
Arc des Mariannes
F s
PLAQUE
PHILIPPINE
20°N
Fosse de Manille
Ride
BENHAM
Bassin
OUEST
PHILIPPIN
Faille PHILIPPINE
Fosse PHILIPPINE
MER
de
SOULU
MER
des CELEBES
F. PALAU
F. YAP
F. AYU
Ride
CAROLINE
PLAQUE
CAROLINE
F. Nouvelles HEBRIDES
0°
Faille SORONG
PLAQUE
AUSTRALIENNE
MER
DE
BISMARCK
120°E
140°E

<
Figure I.15
Les principaux éléments de la plaque Philippine et des régions avoisinantes. (Hall *et al.*, 1994).

relayée au sud-ouest de l'archipel par une zone de subduction dont la polarité est inverse : la fosse de Pyuségur, le long de laquelle la plaque indienne s'enfonce sous la plaque Pacifique à un taux lent de 2 cm/an.

1. Japon-Philippines

La cinématique du domaine situé à l'arrière des subduction du nord-ouest Pacifique est très complexe. Elle implique la région prise dans l'étau entre Australie, Eurasie et Pacifique au sein de laquelle de nombreux bassins océaniques de petite taille se sont ouverts puis refermés au cours du Cénozoïque. Certains sont encore actifs, mais la plupart se referment aujourd'hui suivant des géométries complexes. Nous verrons dans un premier temps le système des fosses qui bordent la plaque Philippine vers le nord et vers l'ouest (figs I.14 et I.15).

La plaque Philippine est constituée essentiellement de lithosphère océanique récente mise en place pendant l'ouverture de bassins à l'arrière de la subduction des Bonins et des Mariannes. Cet ensemble est en rotation par rapport à l'Eurasie autour d'un pôle situé près du coin nord-est à l'est des côtes japonaises (fig. I.16).

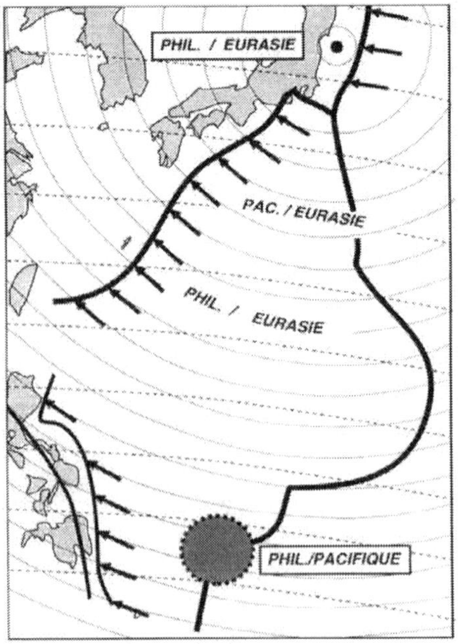

Figure I.16
La cinématique de la plaque Philippine, décrite par les petits cercles des mouvements relatifs Phil./Eurasie (traits pleins) et PAC/EURASIE (traits pointillés). On constate le parallélisme des directions dans la région du pôle de rotation Phil./Pacifique.

Au nord de la plaque Philippine, la subduction passe brutalement à une zone de collision entre l'arc volcanique des Bonins et le Japon Central. La subduction Pacifique sous la bordure orientale de la plaque Philippine y a construit en effet un arc volcanique imposant dont la largeur est de 400 km. L'épaisseur crustale y est importante, et les matériaux qui le constituent plus légers que ceux de la croûte océanique. L'arc ne peut donc subduire facilement. Cette géométrie a pour conséquence la collision de deux croûtes légères dans la région du Japon Central. Le pôle de rotation se situe dans une région proche de cette zone de collision, un peu plus au nord, comme si cette collision ancrait la plaque Philippine au Japon, ne lui laissant plus que la possibilité de tourner rigidement autour de ce point d'ancrage.

La plaque Philippine plonge en subduction sous le Japon sud-ouest dans la fosse de Nankai, sous la Chine dans la fosse des Ryukyu, et sous l'arc des Philippines dans la fosse des Philippines. La vitesse de convergence augmente très vite vers le sud depuis 2 cm/an à l'est de la fosse de Nankai jusqu'à plus de 8 cm/an dans la fosse des Philippines. La direction de convergence PH-EU est à peu près perpendiculaire à la fosse dans les régions de Nankai et des Ryukyu. Elle est par contre très oblique dans la fosse des Philippines.

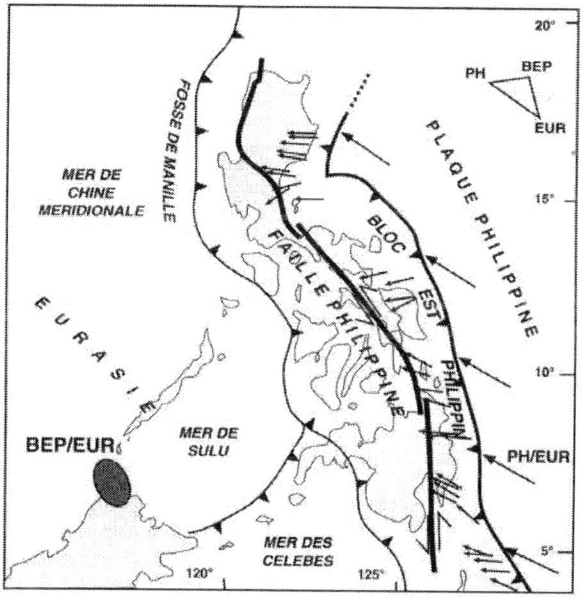

Figure I.17
Partition du mouvement PH-EU entre la fosse et la faille Philippine, vecteurs glissement des séismes interplaques et triangle des vitesses. La faille Philippine sépare de l'Eurasie un bloc indépendant Bloc Est Philippin, BEP) et la convergence est perpendiculaire le long de la frontière orientale de ce même bloc (Barrier *et al.*, 1991).

Cette obliquité se traduit par une partition du mouvement entre deux structures majeures : la fosse des Philippines elle-même le long de laquelle les vecteurs glissement des séismes sont presque perpendiculaires la direction de la fosse, et la Faille Philippine qui est un décrochement senestre pur (fig. I.17). On retrouvera fréquemment cette géométrie dans le cas de subduction obliques. Ici les 8 cm/an vers le NO du mouvement relatif PH-EU sont décomposés en 6 cm/an dans la fosse elle-même et 2 cm/an parallèles à la faille Philippine. Un bloc crustal constitué de la partie orientale de l'arc des Philippines (bloc est-philippin) migre parallèlement à la fosse à la vitesse de 2 cm/an ; la partie occidentale de l'arc est animée d'un mouvement très lent par rapport à l'Eurasie, ce mouvement étant absorbé dans la fosse de Manille. La composition géométrique des deux vecteurs PH-BEP et BEP-EU donne le mouvement PH-EU. La frontière PH-EU n'est pas ici une simple structure mais une zone large limitée par deux structures majeures. Toutes les subductions obliques conduisent à ce partage entre convergence pure et décrochement pur.

Ce partage de la déformation le long de la fosse des Philippines implique qu'il ne faut pas utiliser les vecteurs glissement observés le long de cette fosse pour déterminer le mouvement Philippine-Eurasie.

Vers le sud la vitesse de subduction de la plaque Pacifique sous la plaque Philippine diminue rapidement au sud des Mariannes, dans les petites fosses de Yap et de Palau. Au sud de l'île de Palau la fosse de subduction est remplacée par un fossé en extension, la fosse d'Ayu. Dans cette région les mouvements relatifs Pacifique-Philippine sont très lents, voire nuls. Les points de cette partie de la plaque Philippine se déplacent comme la plaque Pacifique par rapport à l'Eurasie. La figure I.16 montre le parallélisme des petits cercles du mouvement PAC-EU et ceux du mouvement PAC-PH dans cette région proche du pôle de rotation PAC-PH.

La plaque Philippine pose un problème particulier au cinématicien car elle est entourée de toutes parts par des zones de subduction. Seul le fossé d'Ayu est en extension le long de sa limite méridionale, mais aucune anomalie magnétique ne peut y être reconnue. Il est donc a priori impossible de relier la plaque Philippine aux plaques voisines en termes de vitesse relative. Seules des informations sur les directions de mouvement relatif sont fournies par les vecteurs glissement des séismes. Comment peut on obtenir alors les valeurs de vitesse citées plus haut ?

La figure I.16 montre les petits cercles des mouvements Pacifique-Eurasie et Philippine-Eurasie. Le mouvement Pacifique-Eurasie est déduit du modèle global, et est complètement déterminé en vitesse et en taux. Le mouvement Philippine-Eurasie n'est connu que par la position du pôle de rotation, déduit des vecteurs glissement le long de la fosse de Nankai. Comme il a été dit plus haut le mouvement Philippine-Pacifique passe de la convergence à la divergence entre la fosse de Palau et le fossé d'Ayu. Comme le montrait la figure I.5 ceci suggère que le pôle de rotation Philippine-Pacifique soit situé le long de la limite de plaque entre ces deux fossés. On remarquera que les petits cercles des mouvements Pacifique-Eurasie et Philippine-Eurasie sont tangents dans cette région alors qu'ils se recoupent avec une forte obliquité ailleurs le long des frontières. A l'endroit du pôle de rotation Philippine-Pacifique le mouvement relatif entre les deux plaques s'annule. Le mouvement Philippine-Eurasie étant la somme des mouvements Philippine-Pacifique et Pacifique-Eurasie, en ce point précis les mouvements Philippine-Eurasie et Pacifique-Eurasie sont égaux. Puisque le mouvement Pacifique-Eurasie est connu partout en direction et en vitesse, on connait alors en un point (le pôle de rotation Philippine-Pacifique) la direction et la vitesse du mouvement Philippine-Eurasie. Connaissant la vitesse en un point et la direction partout le mouvement est alors complètement déterminé.

2. INDONÉSIE ET BORDURE NORD DE L'AUSTRALIE

La plaque Pacifique se déplace de manière très oblique avec une forte composante senestre par rapport à l'Australie le long de cette frontière (fig. I.14). Le long de la frontière nord de l'Australie le mouvement relatif est absorbé par des structures variées : fosses de subduction, failles transformantes et bassins marginaux en extension. Une structure majeure est reconnue sur les cartes bathymétriques comme une fosse de subduction, bien qu'elle ne joue plus de rôle cinématique important, c'est la fosse de Vitiaz, qui a cessé de fonctionner il y a 10 Ma. La majeure partie de la convergence est absorbée aujourd'hui le long de la fosse des Nouvelles Hébrides de l'autre coté de l'arc insulaire avec une vergence opposée. La plaque australienne s'y enfonce sous la plaque Pacifique. La jonction entre les fosses des Tonga et des Nouvelles Hébrides se fait par l'intermédiaire d'une système transformant complexe, dans le bassin des Fiji. Une faille transformante E-W et un bassin océanique perpendiculaire absorbent le mouvement Pacifique-Australie à ce niveau. Le plateau des Fiji est donc situé sur un domaine en expansion le long de la limite de plaque AUS-PAC.

b. Zones de subduction de l'Océan Indien

Deux zones de subduction sont actives dans l'océan Indien : la fosse de la Sonde au sud de l'Indonésie, et la fosse du Makran à l'ouest de l'Inde.

La fosse du Makran résulte de la subduction de la partie océanique de la plaque Arabe sous la bordure de l'Eurasie. Le mouvement relatif est assez lent, de l'ordre de 2 cm/an. Comme nous le verrons un énorme prisme d'accrétion, dont la majeure partie affleure à terre, est construit progressivement par la subduction dans la région du Makran.

La subduction de la Sonde est plus importante (fig. I.18) : le taux de rapprochement entre la plaque indienne et l'Eurasie est d'environ 8 cm/an, ce qui en fait une fosse aussi active que les fosses du Pacifique. La subduction est pratiquement frontale

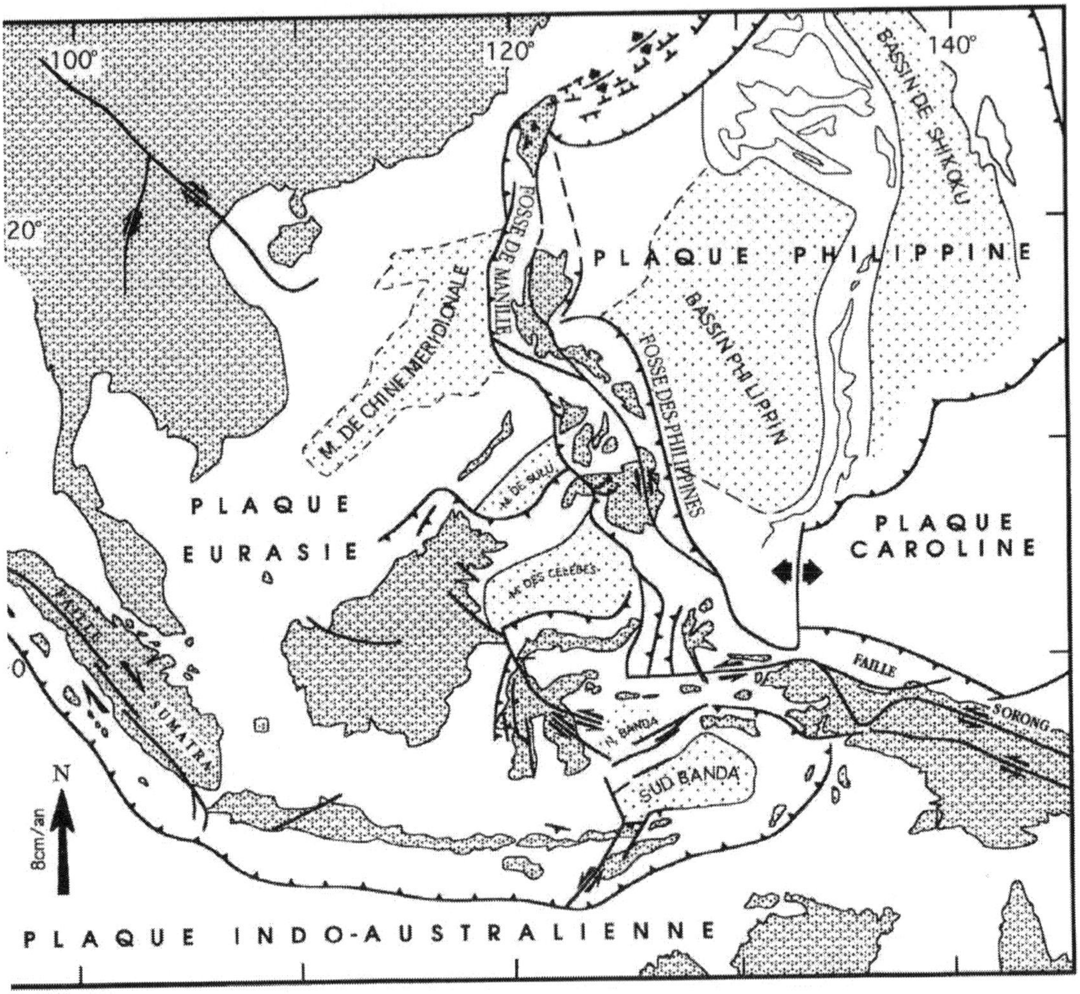

Figure I.18
Détail de la région Philippines, Indonésie, Mer de Chine méridionale (Rangin *et al.*, 1990).

dans la région médiane, et très oblique à l'ouest, dans la région du golfe du Bengale. Cette obliquité engendre la formation d'une faille décrochante dextre qui coupe en deux l'île de Sumatra. Environ 2 cm/an sont absorbés le long de la faille de cette faille.

Plus à l'ouest la zone de subduction passe progressivement à la zone de collision Himalayenne, le long des chaînes Indo-Birmanes. À l'est le passage à la collision entre l'Australie et l'Indonésie se fait assez brutalement au niveau de l'île de Timor.

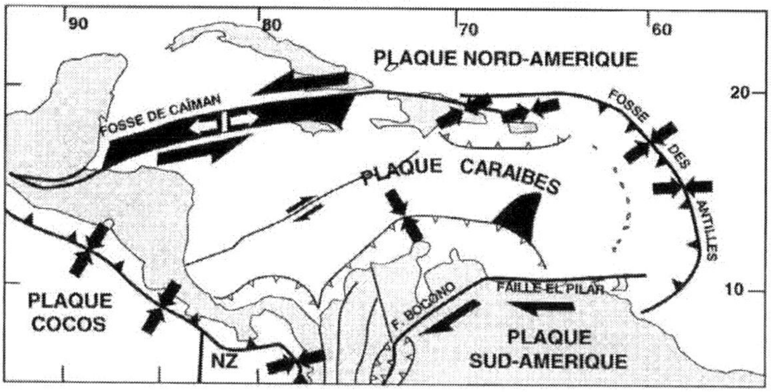

Figure I.19
La région des Caraïbes, avec la subduction des Antilles et les limites de la plaque Caraïbe (Mann & Burke, 1984).

c. Zones de subduction en Atlantique, Antilles du Nord et du Sud

Deux zones de subduction assez courtes sont actives dans l'océan Atlantique, la fosse des Antilles du nord et celle des Antilles du Sud. La première (fig. I.19) est située dans l'Atlantique central près de la zone de limite diffuse entre les plaques Nord Amérique et Sud Amérique. La lithosphère océanique de la plaque Nord Amérique subduit sous la bordure orientale de la plaque Caraïbes, prise en sandwich entre ses deux grandes voisines. Le taux de subduction est faible, de l'ordre de 2 cm/an. La convergence donne lieu à la formation de l'arc volcanique des petites Antilles. La fosse est alimentée en produits détritiques par les grands fleuves de l'Amérique du Sud, essentiellement l'Orénoque, et un gros prisme d'accrétion se construit à leurs dépends dans la fosse, le prisme de la Barbade. La zone de subduction des Antilles du Sud est beaucoup moins bien connue. Elle se situe le long de la frontière Amérique du Sud - Antarctique et présente une géométrie d'ensemble très semblable à son équivalent septentrional.

d. Zones de collision

Les zones de collision actives participent à la disparition de surface lithosphérique comme les zones de subduction. Mais les taux de convergence sont en général plus faibles, ne dépassant jamais quelques cm/an. Nous étudierons leur géométrie en détail, puisqu'à leur niveau les continents subissent les déformations importantes. Ici nous ne ferons que rappeler leur position et donner un ordre de grandeur des taux de convergence.

De manière générale la déformation y étant absorbée sur un domaine vaste, il est difficile de tracer une limite de plaque aussi précise que nous l'avons fait pour les zones de subduction. Les taux de convergence indiqués ici sont les taux résultants des mouvements relatifs entre les parties non déformées des plaques en présence, entre des points situés à l'extérieur de la zone déformée. Ces valeurs proviennent des modèles cinématiques globaux évoqués plus haut qui ne prennent en compte que les plaques majeures. Ces nombres seront importants plus loin car ils nous donnerons des bornes pour quantifier la déformation à l'intérieur des zones déformées. Toute la déformation que nous observerons devra rester dans ces limites imposées par la cinématique globale.

Collision Inde-Asie

C'est la plus spectaculaire, elle absorbe en moyenne 5 cm/an de convergence entre la plaque Indienne qui monte vers le nord, par rapport à l'Eurasie. Ses effets les plus évidents sont le plissement et le soulèvement de l'Himalaya, mais également la déformation d'une large partie du continent eurasiatique en arrière de la zone de collision (voir la sismicité sur les figs I.1 et I.8). Le pôle de rotation INDE-EUR étant situé à l'ouest de la zone de collision dans la région méditerranéenne, la vitesse de convergence augmente progressivement le long de la zone de collision depuis 3-4 cm/an à l'ouest jusqu'à 7 cm/an à l'est.

Collision Afrique-Europe

Elle absorbe les mouvements lents de rapprochement entre l'Afrique et l'Eurasie à un taux ne dépassant guère 1 cm/an (figs I.20 et I.21). Il s'agit essentiellement de la région méditerranéenne. La distribution de la sismicité sur un domaine large rend difficile le tracé d'une limite de plaques précise. Comme dans le cas précédent la vitesse de convergence augmente vers l'est depuis le pôle de rotation situé à l'ouest du Détroit de Gibraltar jusqu'à la Méditerranée orientale.

La convergence y est absorbée de diverses manières : zones de subduction de Calabre ou des fosses Helléniques, ou collision continent-continent comme dans les Alpes ou les Apennins. Les directions de raccourcissement y sont très variables et, sauf dans le cas des fosses Helléniques, rarement parallèles au mouvement Afrique-Eurasie. Les zones de subduction méditerranéennes donnent lieu aux arcs volcaniques des îles éoliennes et des Cyclades. Nous verrons qu'une déformation très active de la plaque supérieure se produit à l'aplomb de ces zones de subduction coincées dans un domaine en collision, aussi bien des déformations extensives que compressives ou décrochantes.

La déformation diminue d'intensité à l'approche du point triple des Açores. Les tremblements de terre de Lisbonne et d'El Asnam étaient localisés sur cette limite de plaque qui emprunte le détroit de Gibraltar. A l'ouest du point triple la déformation devient extensive, le long d'une ride d'expansion très lente le long de laquelle on reconnaît plus ou moins bien des anomalies magnétiques récentes. Il est à noter ici que ces

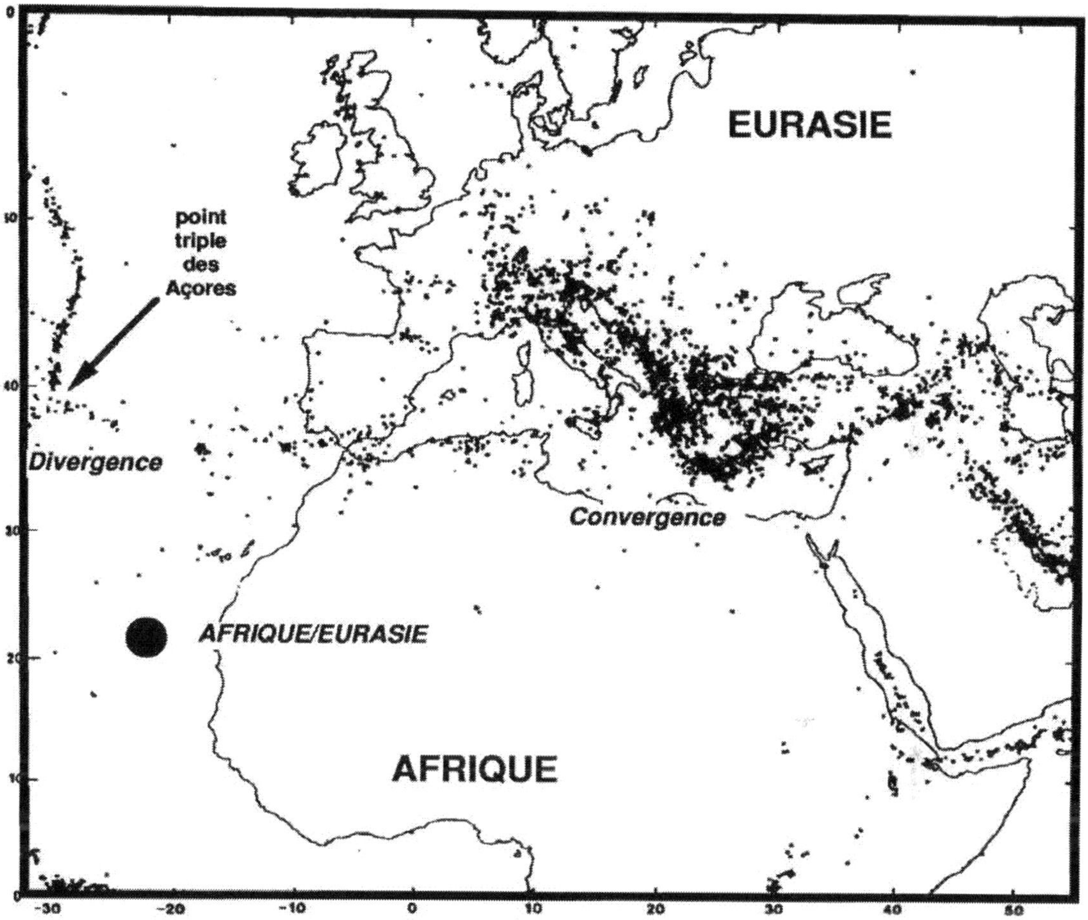

Figure I.20
La sismicité de la zone de collision Afrique-Eurasie depuis le point triple des Açores jusqu'au Zagros (Jackson & McKenzie, 1988).

anomalies sont les seules données qui permettent de déterminer la cinématique Afrique-Eurasie indépendamment du circuit global. On comprend que la cinématique Afrique-Europe fasse l'objet de controverses puisque les données directes sont rares et obtenues sur une distance très courte de la limite de plaque, ceci pour une vitesse de rotation relative faible, donc très sensible aux erreurs sur les données.

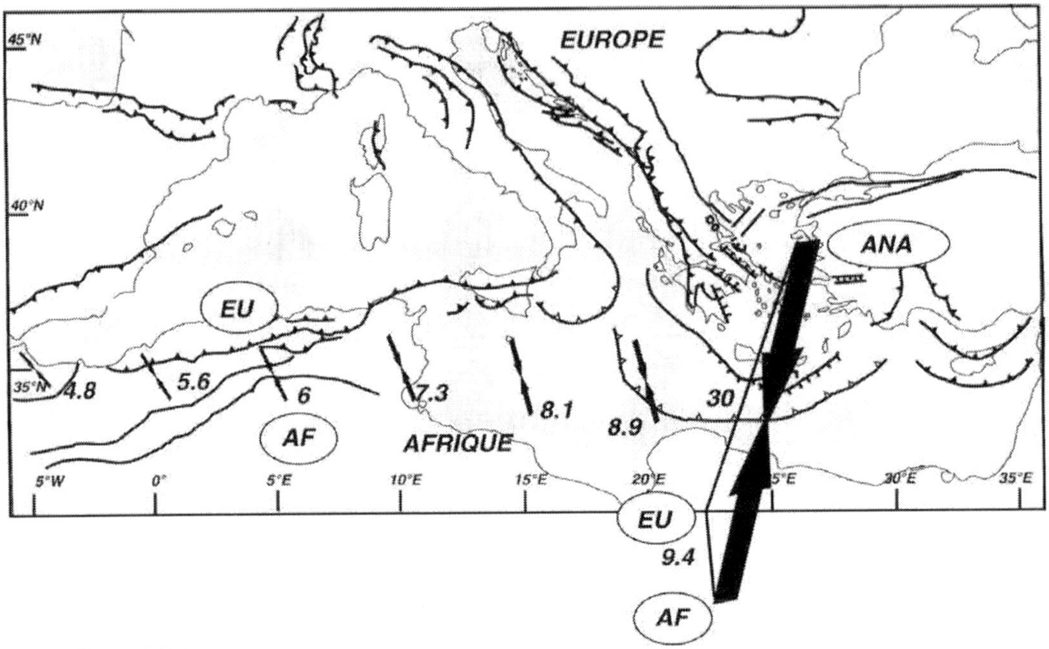

Figure I.21
Cinématique actuelle de la convergence en Méditerranée.
Les directions et taux indiqués (en mm/an) ont été calculés à partir du modèle NUVEL1 (DeMets *et al.*, 1990). La vitesse augmente progressivement avec l'éloignement du pôle de rotation. L'extrusion de l'Anatolie le long de la faille Nord Anatolienne induit une convergence beaucoup plus rapide dans les fosses Helléniques (calculé d'après le modèle de Le Pichon *et al.*, 1993).

Collision Arabie-Eurasie

Elle fait la jonction entre les zones de collision précédemment évoquées. La vitesse de convergence absorbée au niveau de la zone de collision du Zagros est d'environ 1 à 2 cm/an.

Collision Australie-Indonésie

Cette zone est très complexe parce que située dans la région du point triple AUS-PAC-EU. Les mouvements aux frontières de cette zone sont très rapides, de l'ordre de 8-10 cm/an imposés par les zones de subduction de la Sonde et du Pacifique. La collision est assez récente et s'applique sur un domaine déjà très fragmenté par l'ouverture de nombreux petits bassins océaniques au cours du Cénozoïque. De nombreuses microplaques peuvent être décrites dans cette région, nous verrons plus loin leur distribution et la manière dont est absorbée la convergence.

e. Une frontière convergente en formation au sud de l'Inde

La notion classique de plaque Indo-Australienne est aujourd'hui remise en cause. Il convient aujourd'hui de séparer ces deux plaques lorsque l'on traite de la cinématique instantanée. La raison en est la découverte récente d'une nouvelle zone de déformation active au sud de l'Inde dans l'Océan Indien, où de nombreux séismes sont enregistrés. Une ondulation du géoide (période d'environ 200 km) a d'abord été reconnue et fut rapidement interprétée comme des plis affectant l'ensemble de la lithosphère océanique. Sur une largeur d'environ 2000 km celle-ci est affectée par une déformation compressive qui génère plis et chevauchements qui traversent l'ensemble de la croûte (fig. I.22).

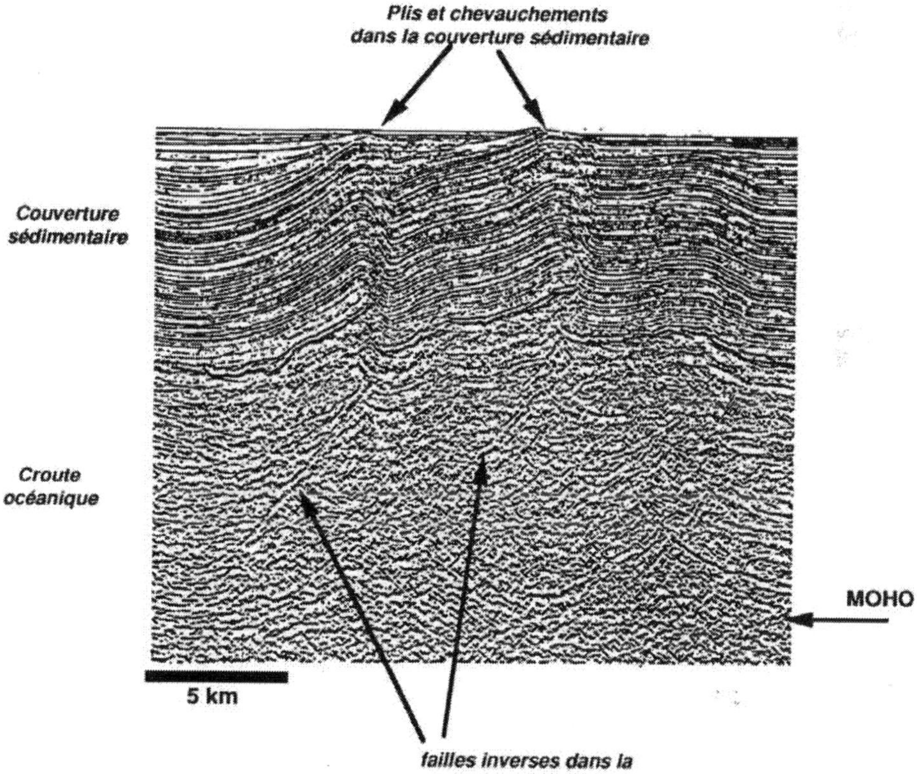

Figure I.22
Un profil sismique au travers de la zone de déformation du sud de l'Inde montrant les chevauchements intraocéaniques (Bull & Scrutton, 1990).

Les données de la stratigraphie obtenues en forage laissent supposer que cette zone de déformation est née récemment, au cours du Miocène supérieur (7 Ma environ). Elle sépare le domaine indien du domaine australien et est interprétée comme une nouvelle limite de plaques prise en compte dans les modèles globaux (fig. I.3). On estime à 1 cm/an (au maximum) la convergence INDE-AUS le long de cette frontière diffuse. La large distribution de la sismicité fait qu'elle fut longtemps ignorée dans les modèles cinématiques globaux qui considéraient en général une seule plaque Indo-Australienne. La déformation est pour l'instant distribuée sur une région très vaste, mais pourrait aboutir à la formation d'une nouvelle zone de subduction dans le futur. On peut estimer en première approche, que la collision Inde-Eurasie est arrivée à un tel stade, qu'il est plus facile de former une nouvelle zone de subduction au sud de l'Inde que de continuer la déformation dans la zone de collision.

f. Grandes failles transformantes intracontinentales

Faille de San Andreas

Elle borde la plaque nord Amérique à l'ouest et rejoint la ride est-Pacifique et la ride Juan de Fuca. Le mouvement est purement décrochant le long de cette frontière et de l'ordre de 5 cm/an. Nous verrons cet exemple en détail dans un prochain chapitre où nous traiterons de la manière d'utiliser les séismes pour comprendre la déformation d'une région.

Faille Alpine de Nouvelle Zélande

Elle fait la jonction entre la fosse des Kermadec où la plaque Pacifique plonge sous la plaque Australie, et la fosse de Pyuségur, où la situation inverse est observée. Le déplacement le long de cette transformante fosse-fosse est dextre et partiellement compressif, et donne lieu au soulèvement rapide des Alpes de Nouvelle Zélande. La vitesse relative de part et d'autre de la faille est de l'ordre de 5 cm/an.

Faille du Levant

Cette faille très active borde la plaque Arabie à l'ouest. Elle sert de guide décrochant sénestre au mouvement vers le nord de l'Arabie. Le déplacement est assez lent, de l'ordre de 1 cm/an. Elle transforme le mouvement d'ouverture océanique de la Mer Rouge en collision dans la chaîne du Zagros au nord-est de l'Arabie. Le Mer Morte s'ouvre le long de cette faille comme un bassin lozangique au niveau d'un relais extensif.

C. Les plaques principales

Eurasie

Elle est constituée essentiellement de lithosphère continentale depuis sa bordure orientale sous laquelle subduit le Pacifique. Sa portion la plus occidentale comprend la

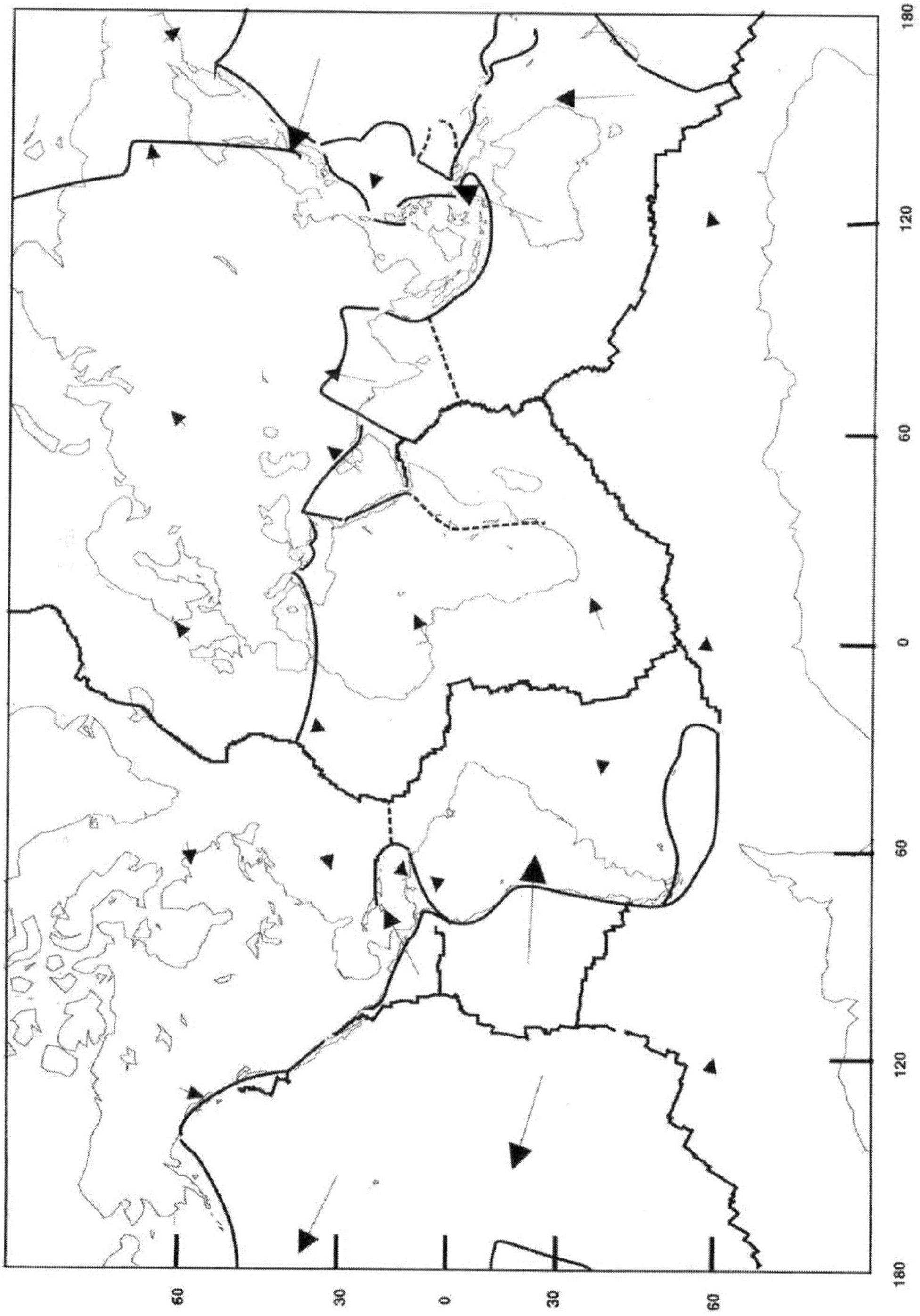
180
120
60
0
60
120
180
60
30
0
30
60

<
Figure I.23
Les déplacements absolus actuels calculés d'après Gordon & Jurdy (1986).

moitié de l'Atlantique nord, jusqu'à la ride médio-Atlantique. Elle se déplace relativement lentement par rapport au manteau inférieur. La figure I.23 montre les vecteurs mouvements absolus des principales plaques. Comme la plupart des grandes plaques essentiellement continentales, la plaque Eurasie dérive lentement dans le repère absolu. Elle est soumise à des contraintes compressives tout au long de sa bordure méridionale, le long des différentes zones de collision alpine, du Zagros, ou de l'Himalaya (fig. I.24). Elle est peu déformée loin de ces zones de collision mais peut parfois subir des déformations très importantes, les plus spectaculaires étant celles de l'Asie en réponse à la collision avec l'Inde.

Elle est également déformée sur sa bordure orientale, derrière les zones de subduction Pacifique où des bassins océaniques se sont ouverts au cours du Tertiaire et s'ouvrent encore comme le Bassin d'Okinawa.

Son histoire anté Cénozoïque est très complexe, et consiste en une succession de collisions depuis le paléozoïque. La plaque Eurasie est faite d'une mosaïque de blocs accrétés à différentes périodes. Cette histoire confère à cette plaque une certaine fragilité qu'on ne retrouve pas dans d'autres plaques comme la plaque indienne par exemple.

Sa limite septentrionale est mal définie à l'approche du pôle de rotation NAM-EU.

Afrique et Somalie

Comme la précédente cette plaque est stable dans le repère absolu. Elle est entourée de rides médioocéaniques sur les trois quarts de son pourtour : La ride médio-Atlantique à l'ouest, et les rides indiennes à l'est, incluant la ride du golfe d'Aden et de la Mer Rouge. Seule sa bordure nord est soumise à compression le long de la zone de collision avec l'Eurasie. Elle est coupée en deux par le système des rifts est-africains.

La sous-plaque Somalie est limitée à l'ouest par le rift est-africain, au nord par la ride du golfe d'Aden et à l'est par les rides de l'océan Indien. Sa limite méridionale est mal définie à l'approche du pôle de rotation SOMALIE-AFRIQUE. Les mouvements relatifs SOM-AFR sont très lents, ne dépassant jamais 1 cm/an.

Inde

La plaque indienne comprend le continent indien jusqu'à la zone de collision himalayenne, ainsi qu'une bonne part de l'océan indien à l'est de la dorsale ouest indienne. Elle monte vers le nord rapidement par rapport à l'Eurasie. La vitesse de convergence augmente rapidement depuis 2-3 cm/an à l'ouest, jusqu'à 8 cm/an à l'est

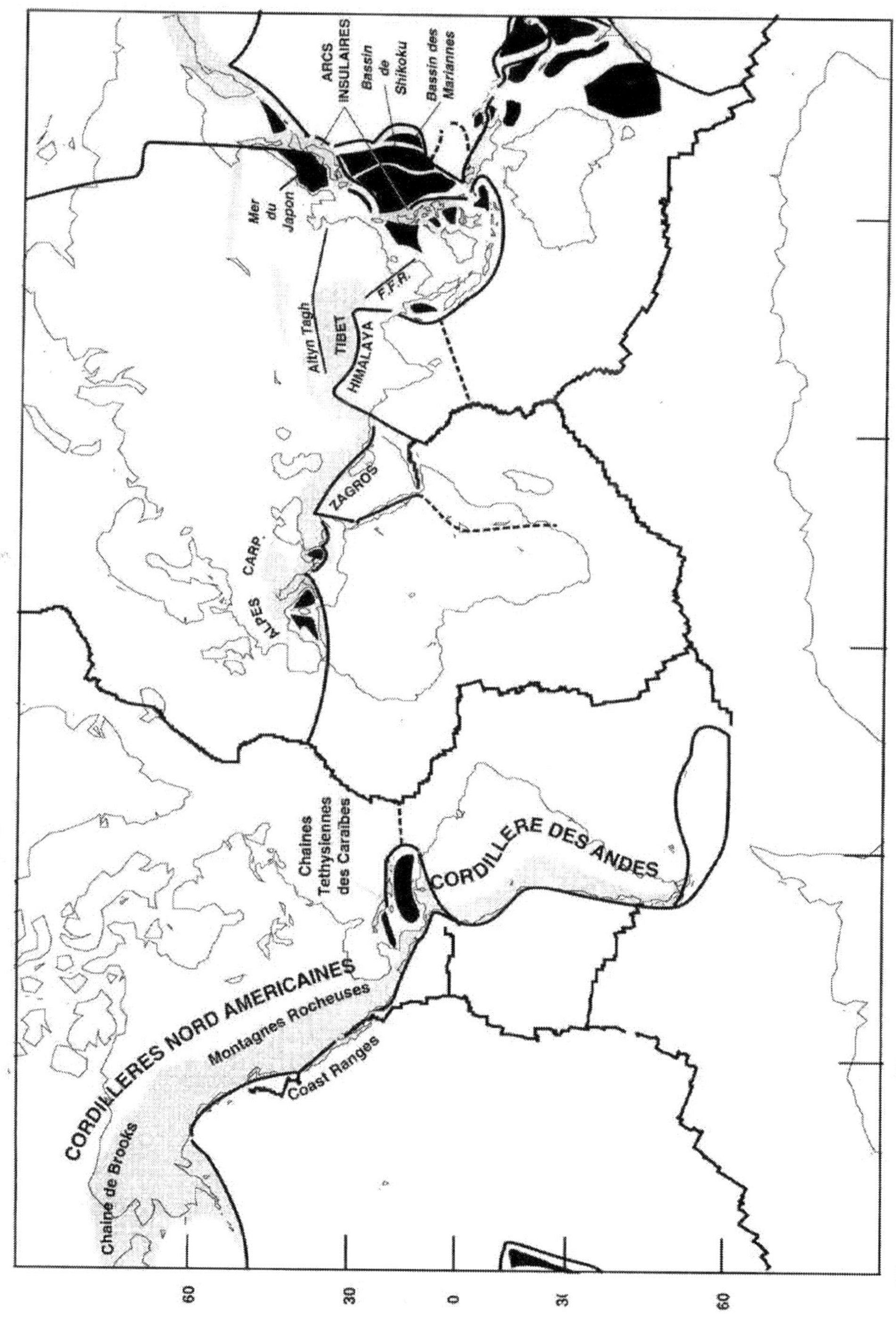
ARCS INSULAIRES
Bassin de Shikoku
Bassin des Mariannes
Mer du Japon
Altyn Tagh
TIBET
HIMALAYA
F.F.R.
ZAGROS
CARP.
ALPES
Chaînes Tethysiennes des Caraïbes
CORDILLERE DES ANDES
CORDILLERES NORD AMERICAINES
Montagnes Rocheuses
Coast Ranges
Chaîne de Brooks
60
30
0
30
60
180
120
60
0
60
120
180

<
Figure I.24
Les zones de déformation majeures Cénozoïques dans le contexte cinématique actuel. Les zones en noir sont les bassins océaniques ouverts dans les domaines convergents (bassins marginaux *sensu lato*) et les domaines en grisé sont les principaux domaines d'épaississement crustal.

dans la zone de subduction de la Sonde. Sa frontière nord est déformée sur une faible largeur pour donner naissance aux hauts sommets de l'Himalaya. Sa frontière sud est la zone de déformation diffuse intraocéanique décrite plus haut. Elle est souvent intégrée dans les modèles globaux classiques, à l'exception des plus récents dans une entité plus grande, la plaque indo-australienne.

Sa limite avec la plaque Arabie est traditionnellement placée sur la zone de fracture d'Owen à l'est du Golfe d'Aden. Cette zone de fracture est en fait peu active, et certains auteurs lient Arabie et Inde au sein d'une seule plaque Arabo-Indienne.

Arabie

Elle est donc bordée à l'est par la zone de fracture d'Owen, au nord est par la zone de collision du Zagros, au sud par la zone d'accrétion océanique de la Mer Rouge, et au nord ouest par la faille du Levant évoquée brièvement plus haut. Elle n'est intensément déformée que le long de la zone de collision.

Australie

Elle est bordée au nord-est par la zone de collision avec l'Indonésie, à l'est par le système des fosses du sud-ouest Pacifique, au sud par la ride Antarctique, au sud ouest par la dorsale sud-est indienne et au nord ouest par la zone de déformation diffuse du sud de l'Inde. Elle monte vers le nord rapidement par rapport à l'Eurasie, ainsi que dans le repère absolu. Elle s'est séparée récemment de l'Inde lorsque la nouvelle limite de plaque fut initiée au sud de cette dernière. Avec l'Inde, l'Afrique, L'Antarctique et l'Amérique du Sud, elle faisait partie du super continent Gondwana qui commença à se fragmenter au Permo-Trias. Tous ces fragments continentaux sont constitués d'une croûte continentale Précambrienne qui n'a pas subi de déformation majeure au Paléozoïque et au Mésozoïque. Elle est donc moins sensible à la déformation que la plaque Eurasie qui encaisse tous les effets de la collision.

La plaque australienne est cependant déformée sur sa bordure orientale par l'ouverture de plusieurs bassins marginaux à l'arrière des zones de subduction Pacifique.

Nord-Amérique

Elle est limitée à l'est par la ride médio-atlantique et à l'ouest par les zones de subduction des Cascades et des Aléoutiennes, ainsi que par la faille de San Andreas. Sa bordure occidentale est intensément déformée dans la région du *Basin and Range* et de la

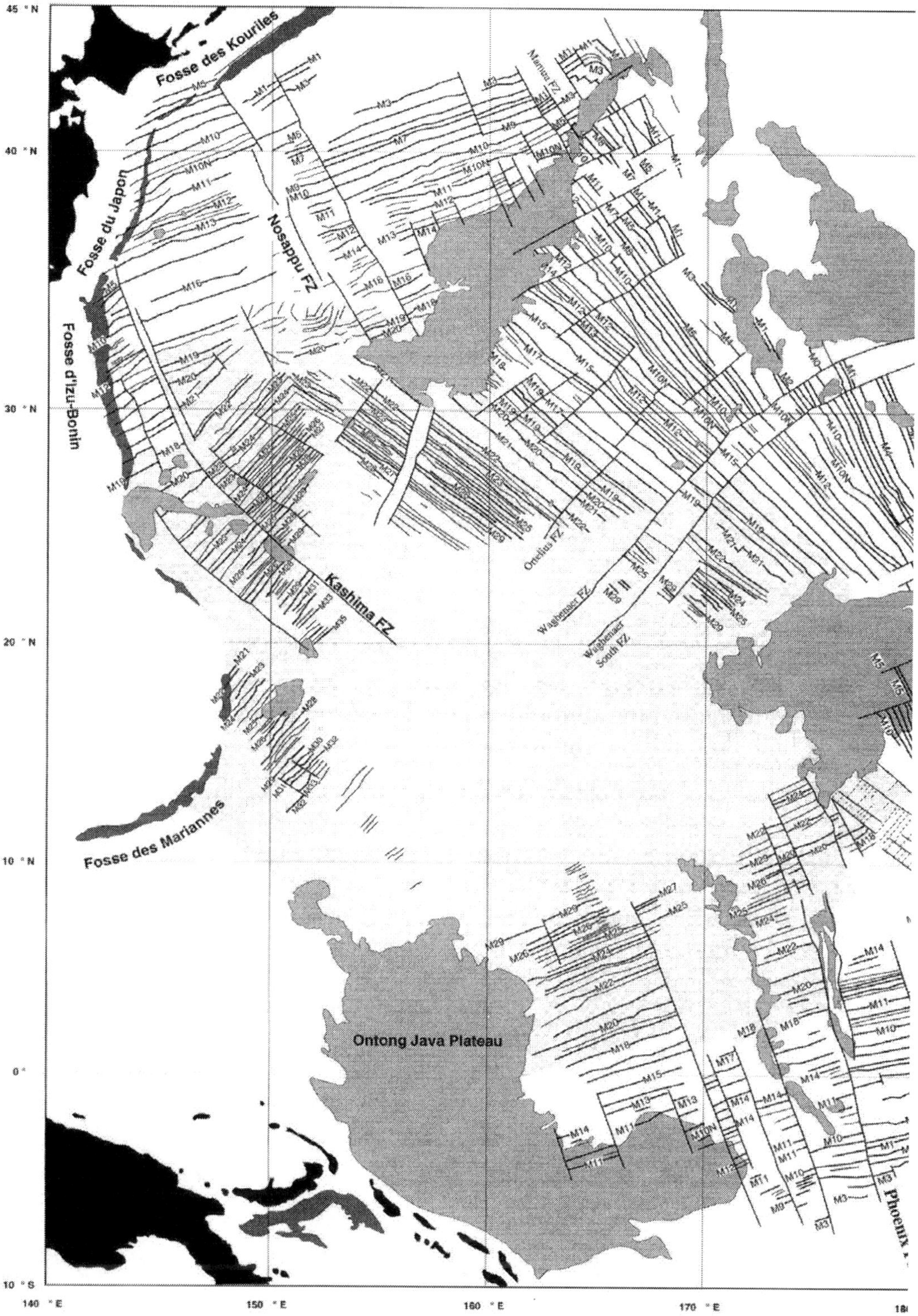
45 °N
40 °N
30 °N
20 °N
10 °N
0 °
10 °S
140 °E
150 °E
160 °E
170 °E
Fosse des Kouriles
Fosse du Japon
Fosse d'Izu-Bonin
Fosse des Mariannes
Nosappu FZ
Kashima FZ
Mamua FZ
Ortelius FZ
Wagbenaer FZ
Wagbenaer South FZ
Ontong Java Plateau
Phoenix

<
Figure I.25
Les anomalies magnétiques du «vieux Pacifique» au large des Bonins et des Mariannes (Nakanishi *et al.*, 1992).

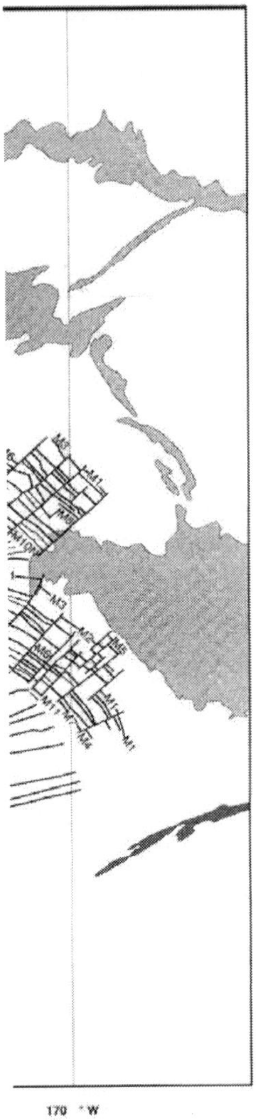

faille de San Andreas, par une déformation extensive et décrochante que nous étudierons en détail. Sa frontière sud avec la plaque Caraïbes est marquée par une zone décrochante senestre qui longe le fossé de Caïman et la fosse de Porto Rico, ainsi que par une zone diffuse de déformation intra-océanique à l'est de la subduction des Antilles.

Sud-Amérique

Elle est bordée à l'est par la ride médio-atlantique, au nord par des décrochements dextres comme la faille El Pilar, et à l'ouest par les fosses du Chili et du Pérou. La déformation le long de ces fosses est très importante et construit la chaîne des Andes.

Antarctique

Elle est entourée de toute part par des rides médio-océaniques comme la ride est Pacifique et les rides sud-ouest et sud-est indiennes. Elle se déplace très peu par rapport au repère absolu et semble peu déformée. Les différents modèles cinématiques utilisent une ou deux plaques antarctiques pour ajuster plus ou moins bien les données.

Pacifique

C'est une plaque entièrement océanique bordée à l'est par la ride est-Pacifique, la faille de San Andreas, la ride Juan de Fuca, au nord par la zone de subduction des Aléoutiennes, et à l'ouest par l'ensemble des zones de subduction de l'ouest Pacifique depuis la fosse des Kouriles jusqu'à celle de Puységur. Elle se déplace très rapidement par rapport au manteau sous-jacent, environ 10 cm/an vers l'ouest.
Son âge augmente rapidement vers l'ouest avec la distance à la ride est-Pacifique. L'âge de la plaque lorsqu'elle atteint les zones de subduction de l'ouest Pacifique varie depuis 80 Ma jusqu'à 160 Ma. Elle

porte les chaînes volcaniques d'Hawaii et des Tuamotu, traces de son mouvement absolu par rapport au manteau.

Son mouvement a été très constant dans la dernière partie du Cénozoïque, après un changement important, il y a 45 Ma, dont la trace est conservé dans les alignements de volcans et de guyots de la chaîne d'Hawai et des Tuamotu (fig. I.10). Elle se déplaçait alors rapidement vers le nord, et a brutalement changé de direction pour se mouvoir rapidement vers l'ouest. Ce changement brutal à des conséquences importantes sur le régime de déformation de la bordure orientale de l'Eurasie.

L'histoire la plaque Pacifique commence il y a 190 Ma (figs I.25 et I.26) quand une nouvelle plaque en forme de triangle apparaît au niveau du point triple Farallon-Izanagi-Phoenix. Les données récentes d'anomalies magnétiques sur le vieux Pacifique permettent de reconstituer son évolution de manière précise. Des plaques Izanagi et Phoenix il ne reste rien aujourd'hui, seule la plaque Farallon persiste sous la forme de la petite plaque Juan de Fuca. Les deux premières ont été totalement subduites dans les fosses de l'ouest et de l'est Pacifique. Les trois rides qui convergeaient en un point triple ont petit à petit formé la grande plaque pacifique que nous connaissons aujourd'hui. Les trente premiers millions d'années de l'histoire de la plaque Pacifique sont décrits par la figure I.26.

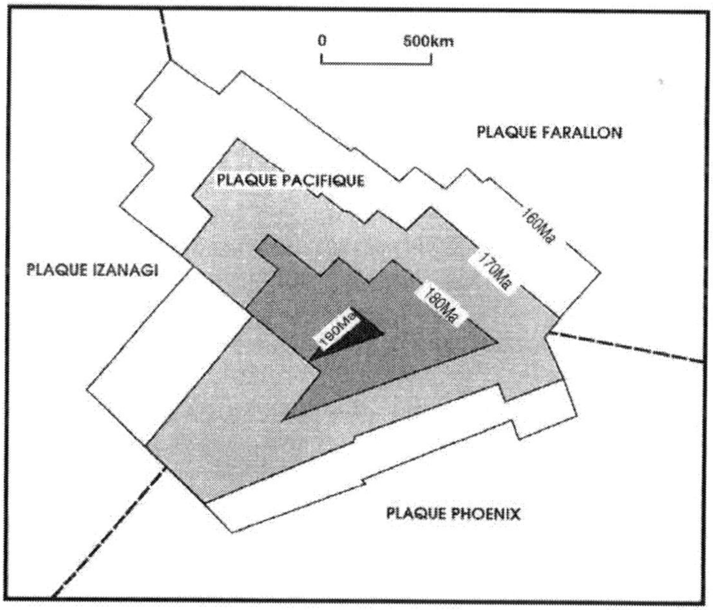

Figure I.26
La naissance de la plaque Pacifique au Jurassique supérieur (Nakanishi *et al.*, 1992).

Juan de Fuca

Cette petite plaque est limitée par la zone de subduction des Cascades et par la ride Juan de Fuca. Elle se déplace vers l'Amérique du Nord à environ 2,5 cm/an.

Philippine

Elle est bordée à l'est par les fosses des Mariannes et des Bonins, au nord par la zone de collision du Japon central et la fosse de Nankai, à l'ouest par la zone de subduction des Ryukyu et la zone de collision de Taiwan, au sud-ouest par la fosse des Philippines. Elle se déplace autour d'un pôle situé près de sa frontière nord. Sa frontière avec la plaque Pacifique devient diffuse vers le sud.

Caraïbes

Coincée entre les plaques Nord et Sud Amérique, elle est bordée au nord par un système décrochant senestre et au sud par un système décrochant dextre relativement lents. Sa bordure nord est constituée par la fosse de Porto Rico qui est une zone de subduction à forte composante décrochante, et le fossé de Caïman qui s'ouvre le long d'un relais extensif avec mise en place de croûte océanique. La bordure sud est marquée par de grands décrochements intracontinentaux à forte composante compressive, le long desquels se construisent des reliefs comme ceux du Venezuela ou de la Colombie. Les frontières orientale et occidentale sont respectivement les zones de subduction des Antilles et d'Amérique centrale.

Nazca

Elle s'éloigne de la plaque Pacifique à grande vitesse (17 cm/an) le long de la ride est Pacifique. Sa frontière nord est la ride des Galápagos qui la sépare de la plaque Cocos. 5 cm/an de divergence sont absorbé le long de cette ride. Sa frontière sud est également une ride médio-océanique, la ride Nazca qui produit une divergence de 6-7 cm/an. Ces deux rides atteignent les zones de subduction du Pérou et du Chili en formant deux points triples ride-fosse-fosse.

Cocos

Elle est limitée à l'ouest par la ride est Pacifique et au sud par la ride des Galápagos déjà évoquée. Sa frontière orientale est constituée de la zone de subduction d'Amérique centrale qui absorbe environ 7 cm/an de lithosphère océanique.

I.2 Principales zones de déformation récentes

Après avoir décrit le contexte cinématique actuel, nous décrirons brièvement la position des principales zones de déformation récentes par rapport aux principales limites de plaques précédemment définies. Ces zones déformées peuvent être des chaînes de montagnes aussi bien que des bassins océaniques ou des rifts intra continentaux ouverts à l'intérieur des continents ou sur leur bordure (fig. I.24).

La démarche que nous suivrons dans la suite de ce chapitre et de cet ouvrage est très simple : une chaîne de montagnes résultant de la déformation de la bordure d'un continent en régime convergent, c'est en général une paléomarge, passive ou active qui subit la première déformation. Le premier événement dans l'histoire d'une chaîne est en général l'obduction de croûte océanique sur la marge passive. En même temps, l'autre coté de l'océan subducte sous la marge opposée créant déjà éventuellement une chaîne de montagnes. La suite de l'histoire est la collision entre les deux marges déjà structurées par l'extension, l'obduction et la subduction.

Dans une chaîne de montagnes comme l'Himalaya ou les Alpes, tous ces événements se sont succédés et les plus récents ont oblitérés en partie les effets des événements antérieurs. Pour isoler les effets respectifs de la subduction, de l'obduction, de la collision, nous traiterons des exemples régionaux où l'un de ces processus domine ou est seul en cause. Il sera ensuite possible de traiter de cas plus complexes.

I.2.1 Marges passives et rifts intra continentaux

Elles bordent tous les continents sauf le long des zones de subduction. Elles représentent le domaine continental déformé lors du stade du rifting, avant l'ouverture océanique proprement dite. La largeur de la zone déformée est d'environ 150 km. La plupart sont submergées, et ne sont accessibles que par les moyens de la géophysique et du forage. Nous étudierons en détail l'une d'entre elles, la marge nord du Golfe de Gascogne, comme exemple de déformation extensive à échelle crustale dans le chapitre consacré à la stratification rhéologique de la croûte continentale. Nous ne ferons alors que décrire la géométrie de ces marges sans aborder les mécanismes de l'extension à l'échelle de la croûte.

Des marges en formation peuvent être observées dans les domaines de rift intracontinentaux. Nous étudierons le mécanisme du rifting à nouveau en détail dans le chapitre X où nous ferons une synthèse des mécanismes de l'extension. De nombreuses informations sur cette mécanique à l'échelle crustale proviennent d'observations de terrain dans les domaines particuliers que sont les chaînes de montagnes écroulées, comme la région égéenne ou le *Basin and Range*. Étant donné que les différents modèles publiés sur les marges passives tiennent compte de ces données, il est nécessaire de décrire d'abord les chaînes de montagnes, puis la manière dont elles s'écroulent, avant de traiter de l'extension en général et d'aborder de manière critique les modèles proposés.

I.2.2 Les chaînes de montagnes et la subduction

La plus longue chaîne de montagnes du globe s'étend depuis la Patagonie jusqu'à l'Alaska. Elle comprend la Cordillère des Andes et les Cordillères nord américaines. Son histoire complexe est faite d'une succession d'événements discrets, microcollision, ouverture de bassins, subduction. Mais le fait majeur en est la subduction. Ce sont les fosses de l'est du Pacifique qui ont absorbé la majeure partie de la lithosphère océanique depuis le Mésozoïque. Cette subduction a construit des montagnes importantes et épaissi la croûte de manière impressionnante. La géométrie actuelle des Andes est liée principalement à la subduction de la plaque Nazca. Nous utiliserons cet exemple pour montrer les effets de la subduction sur les bordures continentales en domaine compressif.

I.2.3 Les bassins marginaux et la subduction

Dans l'ouest Pacifique au contraire, la subduction donne lieu à une déformation extensive de la plaque supérieure. Sur toute la bordure eurasiatique et australienne, des bassins marginaux se sont ouverts au dessus du plan de Benioff. Nous étudierons le bord oriental de la plaque Philippine pour comprendre le mécanisme de ces ouvertures arrière-arc et pour aborder les raisons qui font que la subduction peut imposer soit un régime compressif, soit un régime extensif sur la bordure de la plaque chevauchante.

I.2.4 Obduction

Dans les Alpes ou en Himalaya, le phénomène le plus précoce est l'obduction de croûte océanique sur la marge passive. Nous utiliserons pour décrire les effets de l'obduction l'exemple de l'Oman. C'est un des rares exemples (le seul dans l'ensemble des chaînes téthysiennes) où l'obduction n'a pas été suivi d'une collision. La subduction du Makran est encore active pour quelques millions d'années, et les structures de l'obduction sont préservées sur les bords de la péninsule arabe.

I.2.5 Collision

Nous utiliserons comme exemples la zone de collision Inde-Asie et le domaine méditerranéen. La collision entre les continents gondwaniens (Afrique, Arabie, Inde) et l'Eurasie donne lieu à la formation d'une succession de chaînes de montagnes qui courent le long d'un parallèle depuis les Caraïbes jusqu'à l'Indonésie. La déformation est distribuée sur une grande largeur. Nous traiterons à la fois des mécanismes de l'épaississement crustal et de la déformation loin de la zone de collision, aussi bien que des mécanismes d'ouverture des bassins océaniques de la Méditerranée dans ce contexte convergent.

II

Rhéologie de la lithosphère continentale

La *rhéologie* désigne l'étude du *comportement des matériaux soumis à une contrainte.* Nous ne détaillerons pas ici les notions théoriques ni les différentes expériences de laboratoire qui sous-tendent les notions de déformation élastique, plastique. La rhéologie des matériaux de la croûte terrestre dépend de trois facteurs principaux, la *température*, la *pression hydrostatique* (donc la profondeur en première approximation), et la *vitesse de déformation.* La relation entre température et profondeur est définie par le *gradient géothermique* local qui peut varier grandement selon les contextes géodynamiques. L'évolution du comportement des matériaux en fonction de la profondeur peut donc de même varier énormément et engendrer des profils de résistance de la croûte très différents, et, partant, des styles tectoniques variés.

Nous rappellerons seulement que les mécanismes de déformation des roches avant rupture peuvent se ramener à deux types de comportement :

Le *comportement élastique* est celui d'une roche qui se déforme instantanément quand elle est soumise à une contrainte, et dont la déformation est réversible. La relation entre déformation et contrainte est souvent linéaire. Les matériaux élastiques accumulent une déformation qu'ils restituent lorsque la contrainte est relâchée.

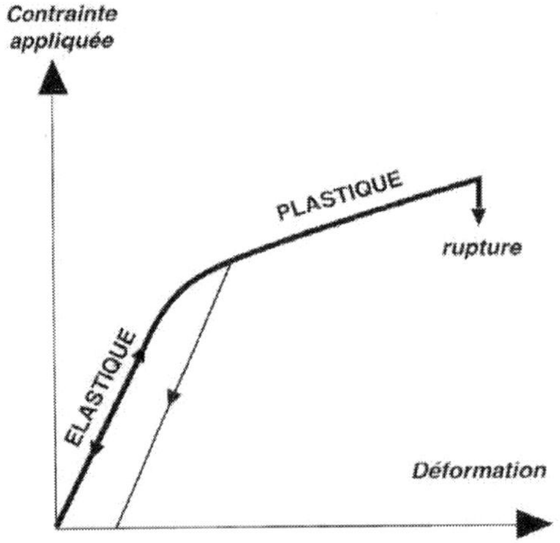

Figure II.1
Graphe des relations contraintes-déformation en compression uniaxiale (Mercier & Vergely, 1992).

Le *comportement plastique* est celui d'une roche dont la déformation en réponse à la contrainte n'est pas réversible et la relation entre contrainte et déformation n'est pas linéaire. Les matériaux plastiques ne restituent pas la déformation après relaxation de la contrainte.

Au cours d'une expérience de déformation en laboratoire (fig. II.1) la déformation élastique correspond aux faibles contraintes. Au dessus d'un certain seuil, la déformation devient plastique et la contrainte appliquée augmente moins vite. Si la contrainte n'augmente plus, on parle de *fluage*. La viscosité d'un matériau peut dépendre ou non de la contrainte (milieu newtonien ou non newtonien).

Deux notions différentes doivent être introduites ensuite : le comportement *cassant* et le comportement *ductile*. Dans le domaine cassant les roches ne subissent pas ou peu de déformation plastique avant la rupture. Dans le domaine ductile les roches subissent de grandes déformations plastiques. La transition entre élasticité et plasticité dépend fortement de la température, et de la vitesse de déformation, il en est donc de même pour la transition cassant (ou fragile)-ductile dans la croûte. Les déformations «froides» auront tendance à être cassantes ainsi que les déformations «rapides». Les séismes correspondent à une déformation à haute vitesse, souvent dans les domaines les plus superficiels de la croûte, donc les plus froids.

Les termes *cassant* et *ductile* sont employés de diverses manières dans la littérature, nous nous placerons ici dans l'optique du géologue de terrain, qui n'est pas tout à fait la même que celle du sismologue ou du mécanicien des roches.

II.1 Rappel des notions de croûte et de lithosphère

Bien que très différentes les entités recouvertes par les notions de *croûte* et de *lithosphère* sont souvent confondues par les étudiants. La base de la croûte (la discontinuité de Mohorovicic ou Moho) correspond à une interface de nature chimique ; les matériaux ne sont pas les mêmes de part et d'autre, alors que la base de la lithosphère correspond à une interface thermique et mécanique au sein de matériaux de même nature. La formation et l'évolution de la lithosphère océanique en fonction du temps à l'axe des dorsales, illustre parfaitement cette distinction. Nous allons donc quitter un instant le domaine continental pour passer en domaine océanique. Cette digression nous sera utile dans le chapitre VIII (Chaînes de montagnes et obduction) ainsi que dans le présent chapitre pour comprendre l'évolution thermique des marges passives.

La lithosphère est, de manière générale, l'entité rigide qui constitue les plaques. Sa base marque le passage entre des matériaux au comportement rigide, à l'échelle des plaques, et les matériaux au comportement moins rigide, de l'asthénosphère. Les données de la sismologie montre que la lithosphère transmet bien toutes les ondes sismiques, ondes P comme ondes S. L'asthénosphère correspond à une zone à faible vitesse des ondes S, donc à un domaine au comportement moins élastique. Cette transition se situe au sein du manteau. Elle correspond à un changement de comportement des péridotites du manteau au dessus d'une température qui est généralement donnée comme 1300 °C. Au dessus de l'isotherme 1300 °C les péridotites ont un comportement rigide et peuvent accumuler et transmettre des contraintes ; sous cette isotherme au contraire, elles ne peuvent pas transmettre les contraintes car elles ont un comportement plus plastique. La lithosphère est donc un ensemble mécanique et thermique.

La croûte océanique est formée *de novo* à l'axe des dorsales médio-océaniques où les produits de la fusion partielle du manteau sous jacent s'épanchent sous forme de coulées de basalte. Les conduits d'alimentation de ces coulées volcaniques constituent une partie plus profonde de la croûte océanique, le complexe de dykes doléritiques. Le contenu de la chambre magmatique où se produit une différenciation par cristallisation fractionnée et sédimentation des minéraux les plus lourds conduit à la construction de la couche la plus profonde faite essentiellement de gabbros. Cet ensemble constitue la séquence caractéristique de la croûte océanique, que l'on retrouve parfois au sein des chaînes de montagnes sous forme de nappes ophiolitiques. La base de la croûte, le Moho, est marquée par la transition entre les gabbros et les péridotites mantelliques sous-jacentes.

Cette stratification est mise en place à l'axe de la dorsale et n'est pratiquement pas modifiée par la suite. Sous l'axe de la dorsale, l'asthénosphère chaude qui atteint des températures voisines de 1300 °C (ici le manteau partiellement fondu) est directement au contact de la croûte. La lithosphère n'est alors constituée que de la croûte. Au fur et à mesure de la dérive de part et d'autre de la dorsale, la lithosphère nouvellement créée s'éloigne du domaine chaud et se refroidit peu à peu (fig. II.2). Le refroidissement d'un tel système est très bien décrit quantitativement par celui d'un espace semi-infini. Un gradient thermique s'établit au sein du demi espace, diminuant avec le temps. Le flux de chaleur résultant en surface varie avec le temps selon une fonction inverse de la racine carrée du temps. Ceci se vérifie très bien à l'aide des données de flux de chaleur sur la plupart des rides médio-océaniques. En s'éloignant de la ride, l'isotherme 1300 °C, qui marque la base de la lithosphère, s'enfonce au sein du manteau, et donc la lithosphère s'épaissit au dépend de l'asthénosphère. Cet épaississement et la contraction thermique des matériaux de la lithosphère alourdissent celle-ci. Son niveau d'équilibre isostatique (son niveau de flottaison sur l'asthénosphère) s'enfonce donc corrélativement. La surface de la plaque subside donc et la profondeur du fond augmente. Cette augmentation de profondeur théorique prédit exactement les profils de rides médio-océaniques observés.

Une conséquence importante est la forme générale des rides lentes et rapides comme le montre la figure II.2. La relation entre la profondeur et le temps peut être converti en une relation distance-profondeur si on connaît la vitesse d'expansion. Plus

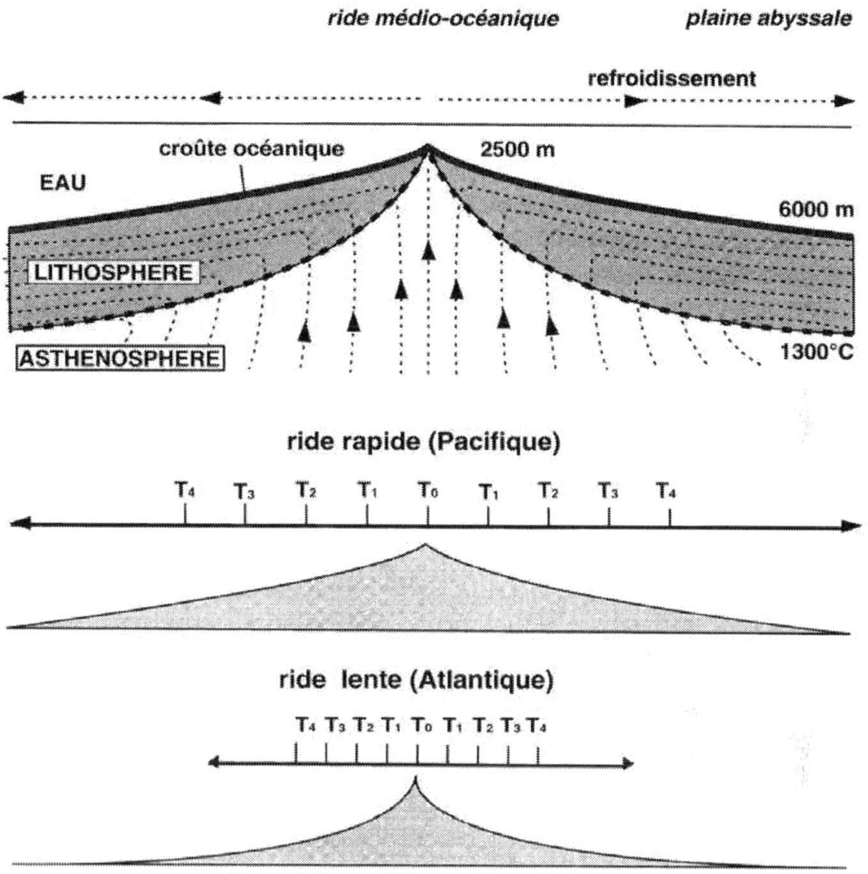

Figure II.2
Évolution de la lithosphère océanique en fonction de l'âge (Parsons & Sclater, 1977).

celle-ci est élevée plus la profondeur restera faible sur une grande distance. La pente de la courbe distance-profondeur sera plus élevée à distance égale dans le cas d'une ride lente. Ceci implique un volume global de la ride plus important pour une ride rapide que pour une ride lente.

Dans cet exemple océanique on voit que la croûte reste la même au cours du temps, alors que la lithosphère s'épaissit en conséquence du refroidissement.

La même différence tient également pour le domaine continental, et les variations thermiques sont liées aux variations d'épaisseur de la lithosphère. Ceci a des conséquences importantes lorsque l'épaisseur de la lithosphère varie fortement lors de processus d'amincissement ou d'épaississement.

II.2 Déformation cassante et déformation ductile

Pour un géologue sur le terrain la différence entre déformation ductile et déformation cassante est évidente, bien qu'aucun a priori sur le mécanisme intime de déformation de la roche ne soit postulé. Une déformation cassante est localisée le long d'un plan de glissement sans épaisseur, le plan de faille, tandis qu'une déformation ductile est distribuée sur un certain domaine qui est en général une zone de cisaillement (voir plus loin). On considère en général la déformation comme homogène au sein du domaine déformé, ce qui n'est pas toujours le cas.

Cette définition de la ductilité dépend de manière évidente de l'échelle d'observation. On peut par exemple considérer une grande faille comme la faille alpine de Nouvelle Zélande comme une déformation localisée. Mais l'observation sur le terrain révèle un domaine déformé large. Au sein d'un échantillon de gneiss dont chacun admet qu'il a subit une déformation ductile, la déformation est distribuée dans toute son épaisseur, mais l'observation de détail peut révéler que certains minéraux comme les feldspaths n'ont subi qu'une déformation cassante par glissement de blocs le long des clivages.

La transition élastique-plastique dépend de la température et de la nature du matériau. Pour le quartz cette transition a lieu aux alentours de 350 °C, pour les feldspaths, elle se fait plutôt autour de 500 °C. Dans une roche composée de quartz et de feldspath la transition ne se fera pas à la même profondeur pour les deux composantes. La transition se fera donc sur une zone d'une certaine épaisseur au dessus de laquelle tous les éléments de la roche ont un comportement cassant, et en dessous de laquelle tous les éléments ont un comportement ductile.

Cette définition de la ductilité, qui n'implique aucun mécanisme de déformation intime, est cependant importante car les techniques d'études de la déformation sur le terrain ne sont pas les mêmes dans le domaine cassant et dans le domaine ductile. Dans le domaine cassant on cherchera à déduire la direction et le sens de mouvement sur le plan de faille lui-même, alors qu'en domaine ductile, on devra déduire de la géométrie interne du domaine déformé, les déplacements des blocs aux limites de ce domaine.

II.3 Les enseignements de la sismologie

Un séisme est en général interprété comme le déplacement d'un volume rocheux de manière brutale lors de la rupture du matériau rocheux le long d'un plan de faille (voir le chapitre VI). L'intervalle entre deux séismes le long d'une même faille (période intersismique) correspond à une phase de déformation élastique et une augmentation des contraintes, le séisme lui-même (période cosismique) correspond à la rupture, et au relâchement des contraintes. Ce comportement est celui d'un matériau élastique, et caractérise la déformation cassante à échelle crustale.

La distribution des séismes en fonction de la profondeur dans les domaines actifs peut donner une idée assez précise de la position de la transition fragile-ductile :

II.3.1 Domaines à croûte épaissie

La figure II.3 montre la distribution des hypocentres des séismes en fonction de la profondeur en domaine intra continental dans le domaine affecté par la collision Inde-Asie, sous le plateau du Tibet, sous le Karakorum et le Haut Atlas. Les séismes sont clairement distribués en deux couches superposées :

La première couche correspond à la croûte supérieure, ici les 15-20 premiers kilomètres. La deuxième couche n'est pas toujours présente, elle correspond au manteau supérieur. On notera également qu'il n'existe pas de séismes dans les premiers 5 kilomètres.

Entre ces deux domaines il existe un niveau où les séismes sont rares, voire absents, à la base de la croûte, au dessus du Moho. Si on considère les séismes comme indices d'un comportement cassant, il apparaît alors une stratification rhéologique claire :

La croûte supérieure entre la surface et 15-20 km est dans le domaine cassant.

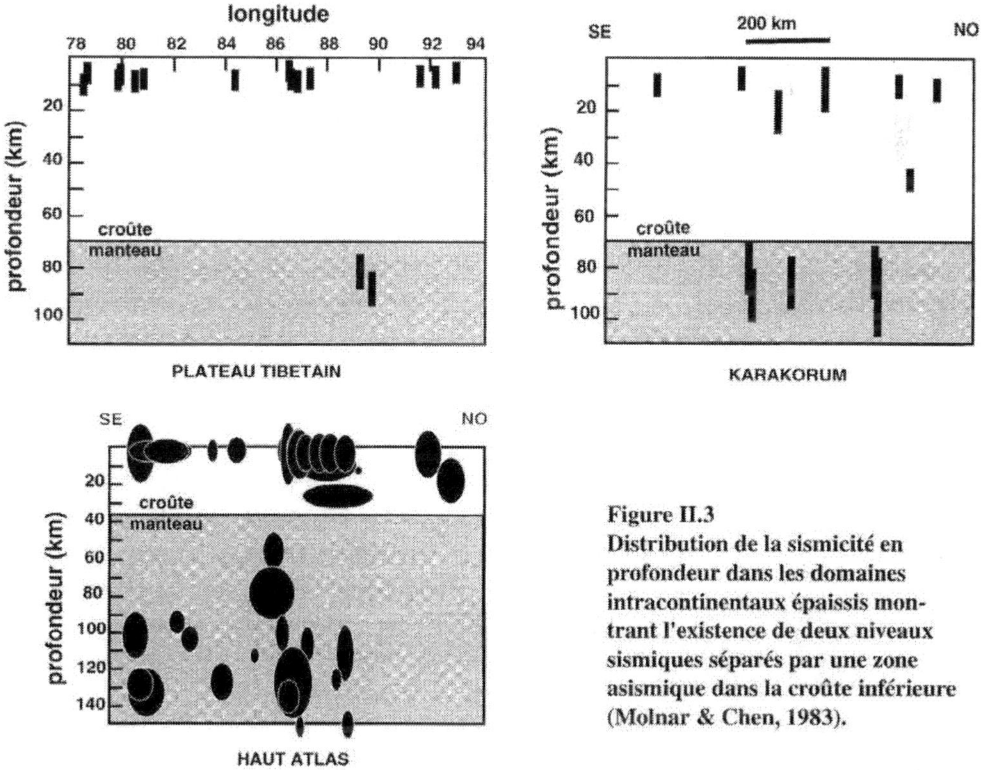

Figure II.3
Distribution de la sismicité en profondeur dans les domaines intracontinentaux épaissis montrant l'existence de deux niveaux sismiques séparés par une zone asismique dans la croûte inférieure (Molnar & Chen, 1983).

La croûte inférieure jusqu'au Moho est dans le domaine ductile.

Le manteau supérieur est dans le domaine cassant.

On peut d'ors et déjà prévoir une moindre résistance globale de la croûte inférieure où le régime plastique domine, et donc s'attendre à ce qu'elle localise une part importante de la déformation.

II.3.2 La faille de San Andreas

La figure II.4 montre avec encore plus de netteté que la sismicité n'affecte que la croûte supérieure. Cet exemple est celui de la faille de San Andreas dont la sismicité est très intense. La faille elle-même est une discontinuité majeure à l'échelle des plaques, et elle constitue la limite entre les plaques Pacifique et Nord Amérique. Le mouvement relatif entre ces deux plaques doit être absorbé le long du plan de faille sur toute l'épaisseur de la lithosphère. Même si la limite de plaque est vraisemblablement plus épaisse en profondeur qu'en surface, une déformation considérable doit affecter les parties profondes de la faille. Or aucune sismicité n'apparaît dans la croûte inférieure, suggérant encore une fois un comportement ductile.

Étant donné le caractère ambiguë de la définition des termes *cassant* et *ductile*, il est peut-être préférable de parler de croûte *sismique* et *asismique*, termes qui ont l'avantage de coller de plus près aux données sur la déformation active.

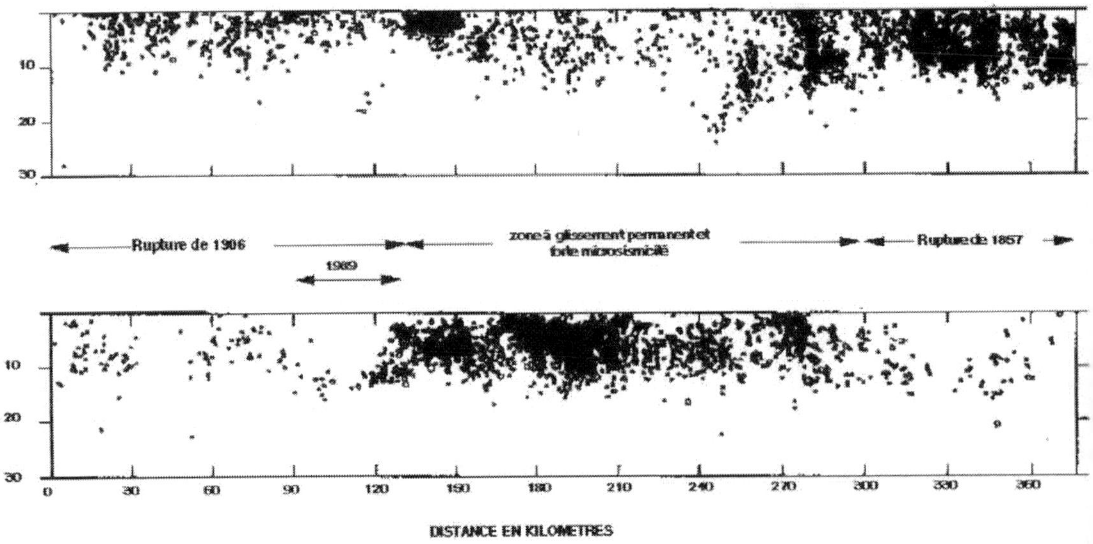

Figure II.4
Distribution de la sismicité le long de la faille de San Andreas. Seule la croûte supérieure présente une sismicité importante (Wallace, 1990).

II.3.3 Zones de subduction et zones de collision

On constate des variations importantes de la profondeur des séismes dans la lithosphère continentale au travers des zones de subduction. Comme le montre les figures II.5 et II.6, la transition cassant-ductile est en général plus profonde près de la

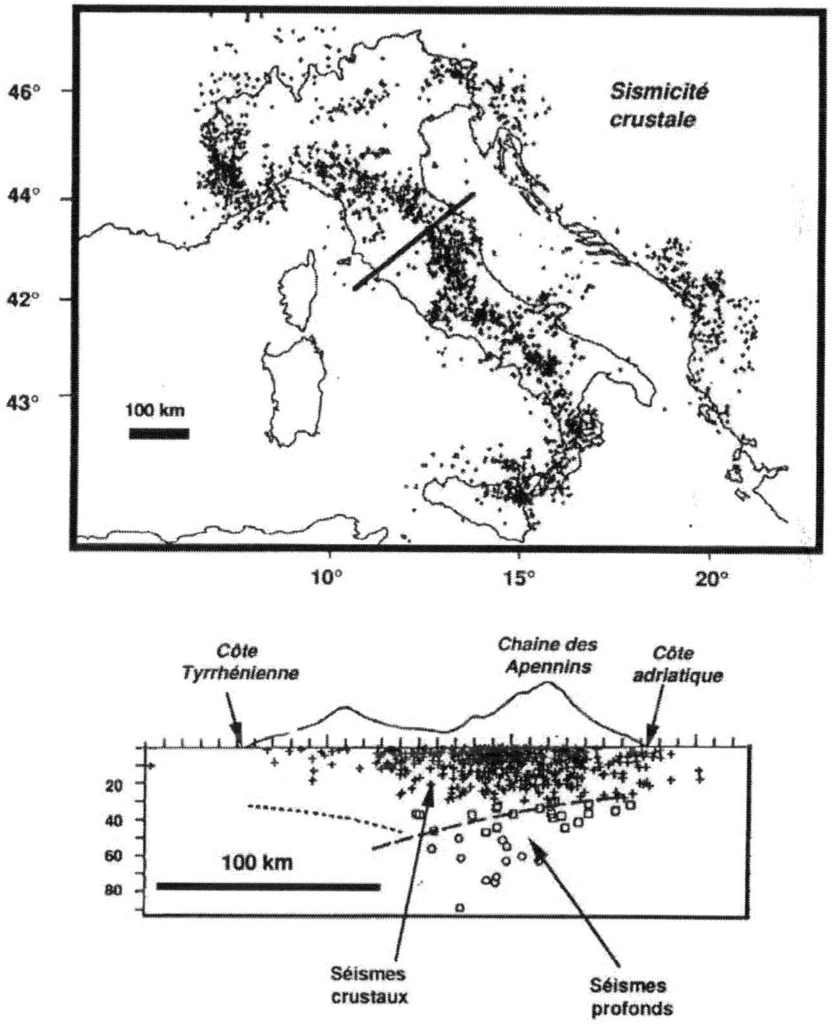

Figure II.5
Distribution de la sismicité dans la région des Apennins en carte et en coupe. On notera la variation de la profondeur des séismes le long d'un profil perpendiculaire à la chaîne. Du coté du bassin en extension, lieu d'un flux de chaleur élevé, les séismes sont très superficiels (Amato *et al.*, 1993).

zone de convergence (fossés helléniques ou avant pays des Apennins) que dans le domaine de l'arc volcanique ou du bassin arrière-arc. Cette variation est très nette au travers des Apennins où la profondeur varie de 100 km à 5 km sur une largeur de 200 km environ. De même une coupe de la sismicité au travers du Péloponnèse montre la

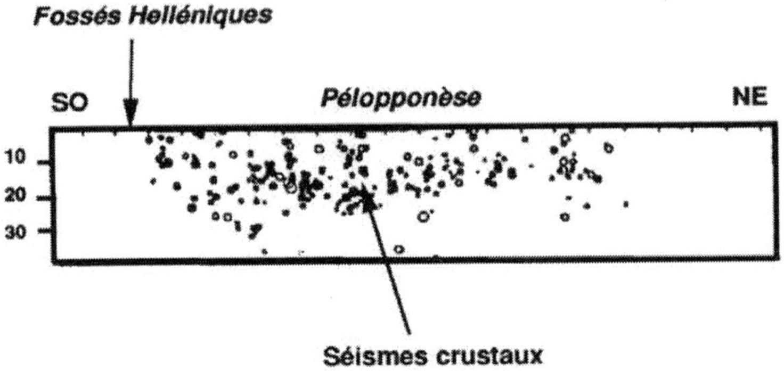

Figure II.6
Même évolution que sur la figure précédente au travers du Pélopponèse depuis les fossés Helléniques jusqu'à la mer Egée (Hatzfeld *et al.*, 1990).

même tendance avec cependant une variation moins grande. La sismicité sous l'arc du Japon montre aussi ce relèvement de la transition cassant-ductile à l'approche de l'arc volcanique. Sur cet exemple nous ne considérons que les séismes de la lithosphère continentale et non ceux portés par la lithosphère océanique plongeante qui est formée de matériaux différents.

Cette variation systématique du comportement mécanique de la lithosphère continentale est contrôlée par deux paramètres très différents :

(1) Le premier, et sans doute le moins important, est le taux de déformation : Comme nous l'avons vu plus haut, plus la déformation est «rapide» moins la déformation est ductile. Le taux de déformation étant plus important près de la zone de convergence il favorise le comportement cassant à plus grande profondeur.

(2) Le second est la température : l'enfoncement rapide d'une lithosphère froide en profondeur sous la lithosphère continentale crée localement une anomalie négative de température qui favorise le comportement cassant. Vers l'arrière cette anomalie diminue quand la distance avec la plaque plongeante augmente, et une anomalie positive apparaît à l'approche de l'arc volcanique (arc du Japon ou champ géothermique en bordure de la mer Tyrrhénienne).

Il existe donc une stratification mécanique de la croûte et de la lithosphère continentales, en deux niveaux sismiques (croûte et manteau supérieurs) encadrant un niveau asismique (la croûte inférieure). Les paramètres contrôlant cette stratification sont la forme du gradient géothermique et le taux de déformation. Nous allons maintenant chercher tout d'abord à justifier cette stratification en termes de rhéologie, puis à la visualiser par les méthodes de l'imagerie sismique.

II.4 Enveloppes rhéologiques

Diverses études expérimentales de résistance des matériaux permettent de prévoir le comportement des matériaux de la croûte et du manteau en fonction de la pression de confinement et de la température aussi bien pour le domaine ductile que pour le domaine cassant.

On choisit pour la croûte des matériaux représentatifs de sa composition riches en quartz et en feldspath, en présence ou non d'eau (l'eau ayant la propriété de faciliter la déformation plastique du quartz). Le manteau est représenté par l'olivine ou par des roches riches en olivine comme les dunites.

Le comportement cassant est bien illustré par les expériences conduites par Byerlee (1978) avec différents matériaux crustaux ou mantelliques. On observe en effet une relation linéaire entre contrainte normale et contrainte cisaillante sur le plan de faille au moment du glissement pour des échantillons préfracturés (ceci n'est plus valable à très faible pression de confinement). Cela signifie que si on soumet des échantillons pré-

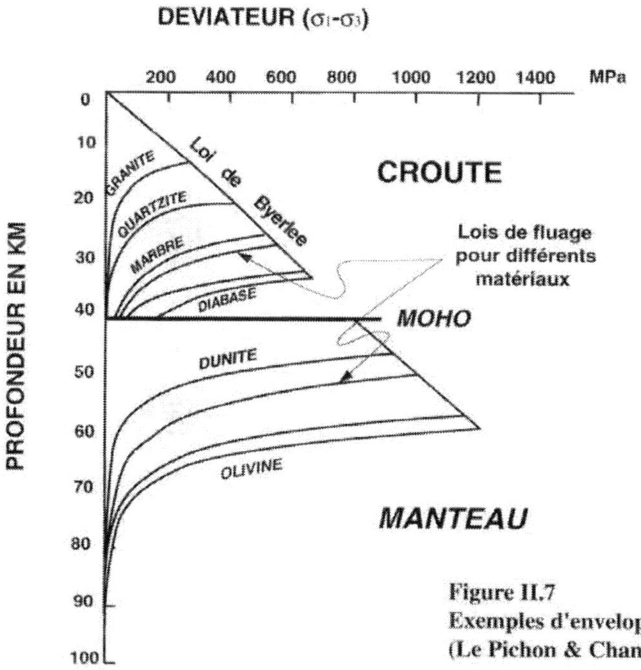

Figure II.7
Exemples d'enveloppes rhéologiques (Le Pichon & Chamot-Rooke, 1991).

fracturés à une pression de confinement variable, la contrainte déviatorique nécessaire pour provoquer le glissement augmente avec la pression de confinement, et ceci de manière linéaire. La loi reliant la résistance à la pression de confinement est la même pour tous les matériaux testés, elle est connue sous le nom de loi de Byerlee (fig. II.7).

Le comportement ductile est obtenu à plus haute température. La résistance varie avec la pression de confinement et de manière très importante avec la température. Les lois sont différentes pour les différents matériaux utilisés. De manière générale les matériaux basiques sont plus résistants que les matériaux acides.

La figure II.7 montre les courbes obtenues pour différentes roches en domaine cassant et ductile. Sur cette figure les points situés à gauche des courbes dans l'espace résistance-profondeur sont en dessous du seuil de rupture ou de déformation plastique. C'est le domaine élastique. A droite des courbes, les roches se fracturent ou se déforment de manière plastique. La surface contenue à gauche des courbes (qui représente l'intégrale de la résistance par rapport à la profondeur) est la résistance totale de la croûte. Pour un matériau donné le point d'intersection entre la courbe du régime ductile et la droite de Byerlee est le passage fragile-ductile.

Les matériaux mantelliques, comme l'olivine, restent dans le domaine cassant à grande profondeur, et la transition cassant-ductile pour ces matériaux est beaucoup plus profonde que celles des matériaux crustaux. Ceci peut conduire à la présence d'un domaine cassant au sommet du manteau sous la croûte ductile. La figure II.7 montre effectivement le sandwich de croûte ductile encadré par les domaines cassant du manteau et de la croûte supérieure.

L'épaisseur de ce domaine ductile dépend (1) de la composition des matériaux crustaux et (2) de la température. Les figures II.8 et II.9 montrent les variations possibles de l'enveloppe rhéologique en fonction du gradient géothermique en contexte

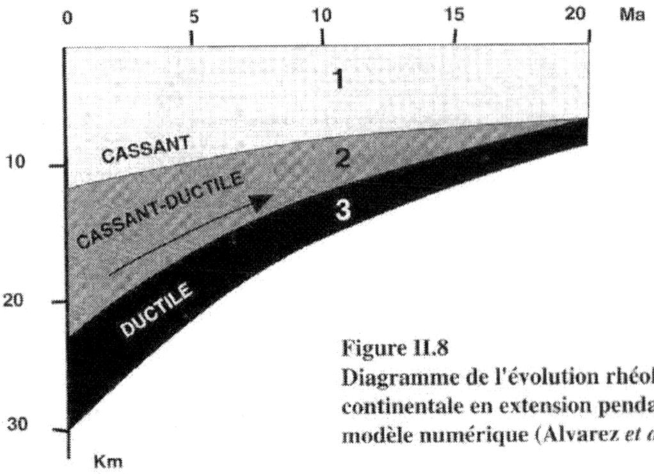

Figure II.8
Diagramme de l'évolution rhéologique d'une croûte continentale en extension pendant 20 Ma, d'après un modèle numérique (Alvarez *et al.*, 1984).

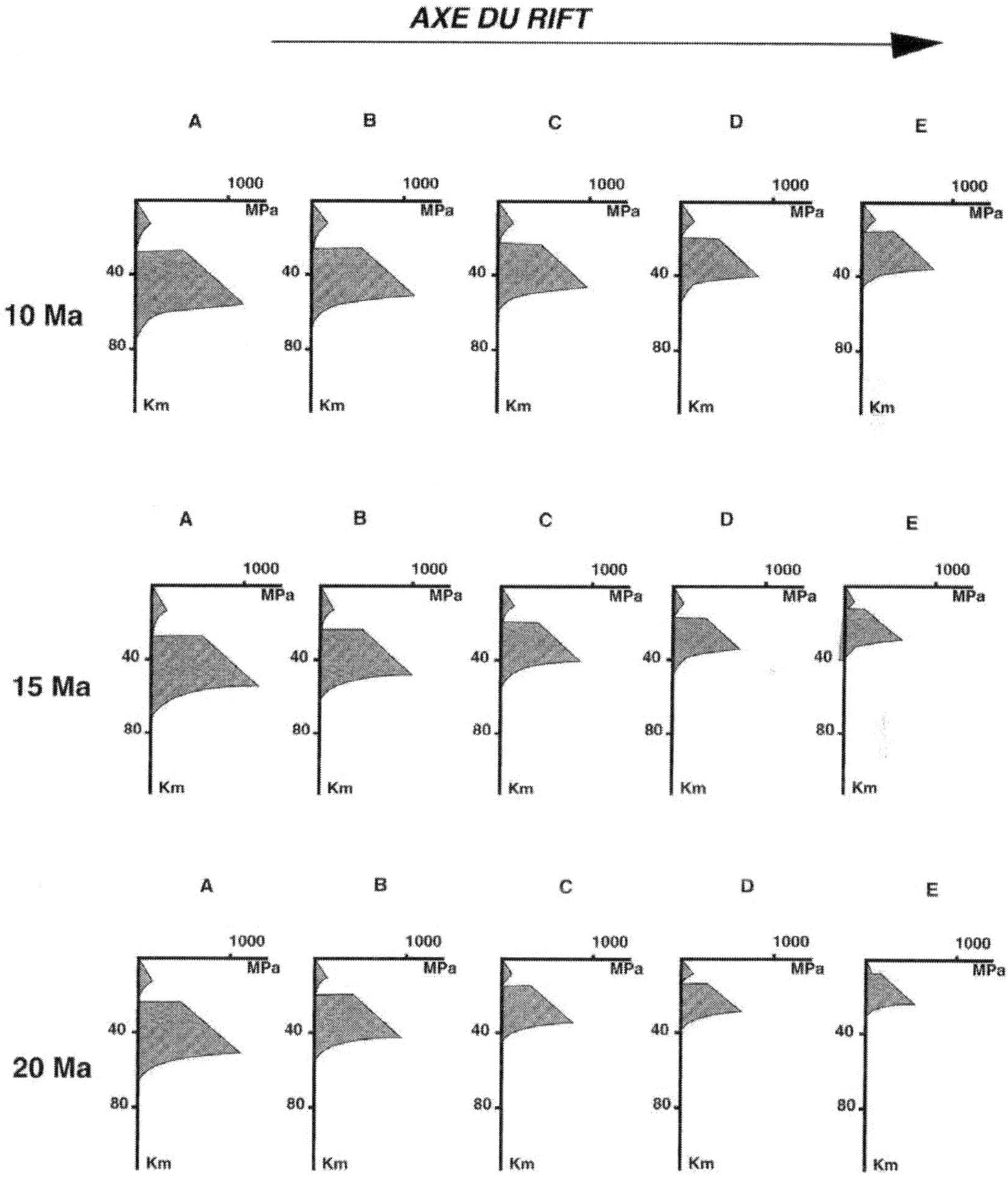

Figure II.9
Variations spatio-temporelles de la rhéologie crustale pendant l'extension. Le comportement ductile devient prépondérant à l'approche de l'axe du rift (Alvarez *et al.*, 1984).

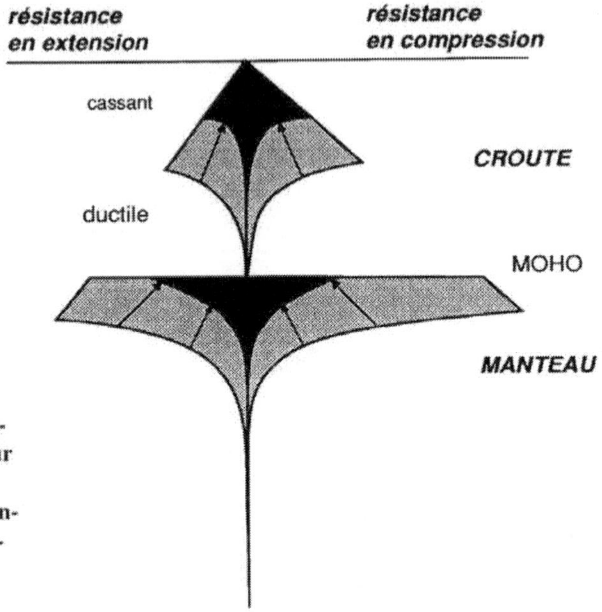

Figure II.10
Schéma de l'effet d'une augmentation du flux de chaleur sur les enveloppes rhéologiques d'une croûte continentale, en extension et en compression.

extensif. Le cas présenté est celui d'un modèle de lithosphère continentale en extension ; l'épaisseur de la lithosphère était constante au début du calcul. Après 20 Ma d'extension un amincissement de toute la lithosphère s'est produit au centre du modèle ; la figure montre également la variation latérale du profil de température et de la forme du profil de résistance. Les transitions cassant-ductile au sein de la croûte et du manteau se rapprochent de la surface quand la température augmente. La profondeur de la transition cassant-ductile au sein de la croûte dépend fortement du gradient géothermique (fig. II.10). La résistance totale de la croûte dépend donc aussi de ce gradient. Pour une même épaisseur une croûte «chaude» possédera une plus forte épaisseur de ductile qui la rendra moins résistante qu'une croûte «froide». Ce «rapport fragile-ductile» a une grande importance dans la géométrie de la déformation et sa distribution, comme nous le verrons plus loin.

La croûte inférieure apparaît d'autre part globalement moins résistante que la croûte supérieure, elle aura donc tendance à localiser la déformation.

II.5 Les enseignements de l'imagerie sismique

II.5.1 Domaines de marges passives

Ce paragraphe illustre toujours la notion de stratification rhéologique de la croûte à l'aide d'un exemple régional, celui de la marge sud-armoricaine. Le domaine océanique du golfe de Gascogne (figure II.11) s'est ouvert au cours du Crétacé supérieur le long d'une ride tributaire de la ride médio-atlantique. La durée de vie de cette ride fut courte. Seules deux anomalies magnétiques parallèles sont reconnues dans la partie méridionale du golfe. Ce sont deux anomalies 34 qui encadrent la paléoride. L'ouverture s'est faite par rotation de l'Ibérie par rapport à l'Eurasie autour d'un pôle proche situé sur le continent. Dans le même temps des grabens s'ouvraient dans le domaine pyrénéen sans formation de croûte océanique. L'asymétrie de la position de la ride est sans doute le résultat des événements Éocène qui ont conduit à la formation des Pyrénées et au raccourcissement de la marge sud du golfe.

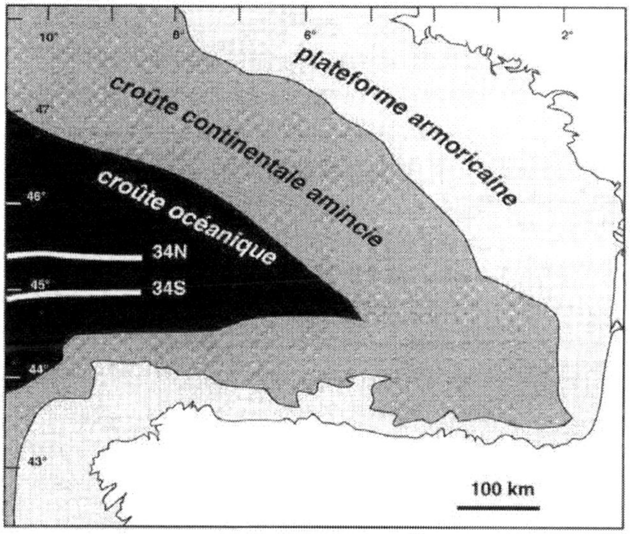

Figure II.11 Schéma simplifié du golfe de Gascogne.

La marge septentrionale du golfe a, par contre, échappé à cette déformation compressive cénozoïque et montre les structures héritées du rifting. La partie étirée de la marge correspond grossièrement au domaine situé entre le rebord de la plate forme armoricaine et la transition continent-océan. De nombreux profils de sismique réflexion et réfraction ont été tirés dans cette région et des forages réalisés à plusieurs reprises.

La figure II.12 est un profil de sismique réfraction au travers de la marge qui donne des informations sur les vitesses sismiques des niveaux superposés dans la croûte, donc indirectement sur leur nature. La figure II.13 est une portion de profil de sismique réflexion le long du même transect, qui permet de visualiser des interfaces à fort contraste de vitesse sismique sous forme de réflecteurs plus ou moins horizontaux. La sismique réflexion donne la position relative des contacts entre unités lithologiques avec une grande finesse, la sismique réfraction donne des informations sur la nature des matériaux traversés.

La figure II.12 permet de bien visualiser l'amincissement crustal à l'approche de la transition continent-océan. Les deux domaines sont caractérisés par une stratification de vitesses sismiques différentes ; la croûte continentale possède en particulier un niveau, situé sous les sédiments (2 à 4.5 km/s), caractérisé par une vitesse de 6.0 km/s, que l'on ne rencontre pas du coté océanique. La disparition de ce niveau vers le sud marque la transition entre le domaine continental et le domaine océanique. La croûte continentale comporte, sous les sédiments, deux niveaux, à 6.0 et 6.5 km/s, qui correspondent respectivement à la croûte supérieure et à la croûte inférieure. Des deux cotés la base de la croûte est marquée par le passage à des vitesses très grandes de l'ordre de 8 km/s qui sont celles du manteau.

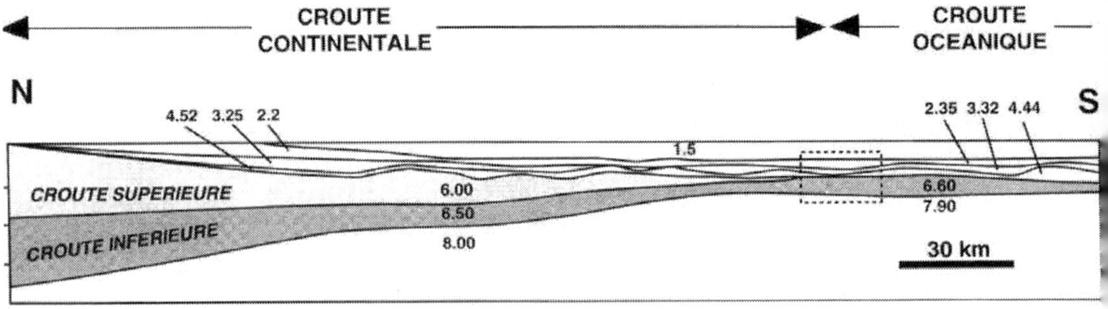

Figure II.12
Interprétation d'un profil de sismique réfraction au travers de la marge sud-armoricaine (Barbier, 1986, Le Pichon & Barbier, 1987). Les nombres indiquent les vitesses sismiques en kilomètres par seconde.

L'amincissement général de la croûte continentale est bien illustré par ce profil. L'épaisseur crustale diminue régulièrement du nord au sud depuis plus de 35 km jusqu'à environ 10 km. La croûte a donc été amincie dans son ensemble par un facteur 3.5. On constate que les deux niveaux croûte supérieure et inférieure ont été amincis, le facteur d'amincissement étant plus élevé pour la croûte supérieure, qui disparaît totalement.

La figure II.13 montre plus en détail les structures responsables de l'amincissement dans la croûte supérieure. Sous une couverture de sédiments horizontaux qui semblent remplir une topographie antérieure, le profil montre des blocs crustaux limi-

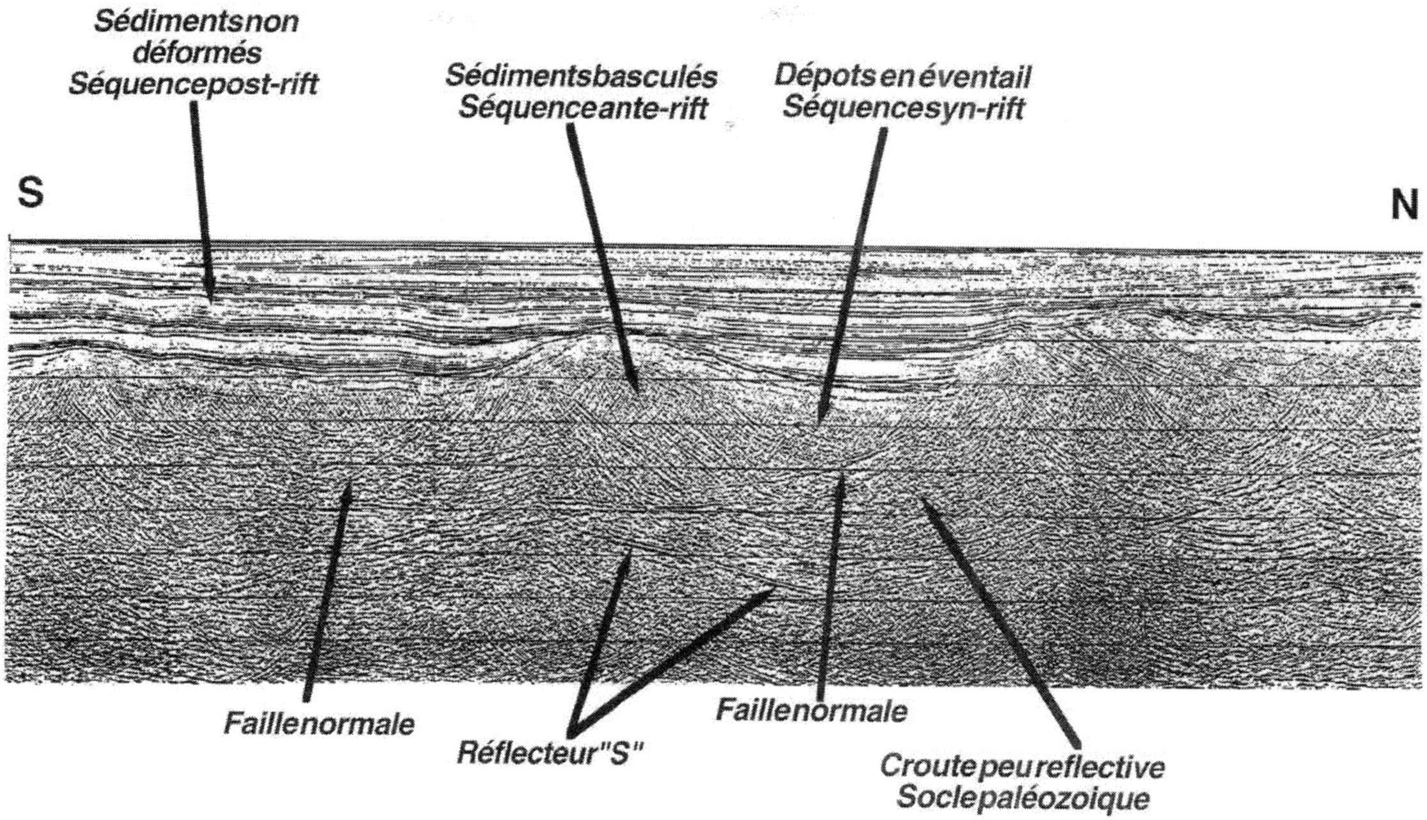
Sédiments non déformés
Séquence post-rift
Sédiments basculés
Séquence ante-rift
Dépots en éventail
Séquence syn-rift
S
N
Faille normale
Réflecteur "S"
Faille normale
Croute peu reflective
Socle paléozoique

<
Figure II.13
Échantillon d'un profil de sismique réflection au travers de la même marge (Barbier, 1986, Le Pichon & Barbier, 1987).

tés par des failles normales. Ces blocs sont connus sont le nom de blocs basculés. Ils sont formés à leur base d'un matériau homogène qui ne donne aucun réflecteur net, et à leur sommet de niveau stratifiés parallèles. Il s'agit du socle paléozoïque qui affleure dans le Massif Armoricain et de sa couverture mésozoïque. Les deux sont basculés le long des failles normales avec un pendage de la stratification (vers le nord) opposé à celui des failles normales (vers le sud). Entre la série sédimentaire faillée et basculée (ante-tectonique) et la série sédimentaire horizontale et non faillée (post-tectonique), on observe un coin de sédiments au sein duquel les réflecteurs sont en éventail, les plus récents étant horizontaux, les plus anciens basculés et parallèles à ceux de la série ante-tectonique. Cet éventail s'est déposé pendant le basculement des blocs (série syntectonique). Cette distribution des sédiments permet de dater avec précision la déformation par forages. La série ante-tectonique se termine au Barrémien et la série post-tectonique débute à la fin de l'Aptien. Cet intervalle de 10 Ma correspond à la période de formation des failles normales.

Les basaltes forés dans le domaine océanique proche de la transition continent-océan ont l'âge de la fin de la déformation extensive. C'est-à-dire que la mise en place de la croûte océanique s'accompagne ici d'un arrêt de la déformation extensive sur la marge qui correspond donc uniquement à la phase de rifting intracontinental. On parle donc plus généralement de séries anté-, syn- et post-rift. Ce profil montre donc les structures associées à l'amincissement de la marge, celui-ci ayant duré quelques 10 Ma. La déformation se produit essentiellement de manière cassante, le long de failles normales d'échelle crustale.

Un réflecteur très proéminent marque la base du profil, il est connu sous le nom de réflecteur «S». Sans préjuger de la nature de ce réflecteur on remarquera, dans une première approche, que les failles normales ne le traversent pas et semblent se paralléliser à lui. L'aspect ondulé du réflecteur «S» n'est qu'un artefact due à la technique de la sismique réflexion. En effet le profil de la figure II.13 est un profil «temps», c'est à dire que l'axe vertical est gradué en «secondes temps double», le temps mis par les ondes sismiques pour faire le trajet aller-retour entre l'émetteur et le récepteur. Ce temps dépend de la vitesse des ondes et donc des propriétés mécaniques des matériaux traversés. Un sédiment peu consolidé, riche en eau, va ralentir les ondes sismiques. Donc, à la verticale des colonnes sédimentaires épaisses (entre les blocs basculés), un même réflecteur apparaîtra plus «profond» qu'à la verticale des colonnes sédimentaires minces. On peut transformer ce profil en un profil «profondeur» en attribuant des vitesses sismiques raisonnables au différents niveaux traversés, ce qui peut être fait à

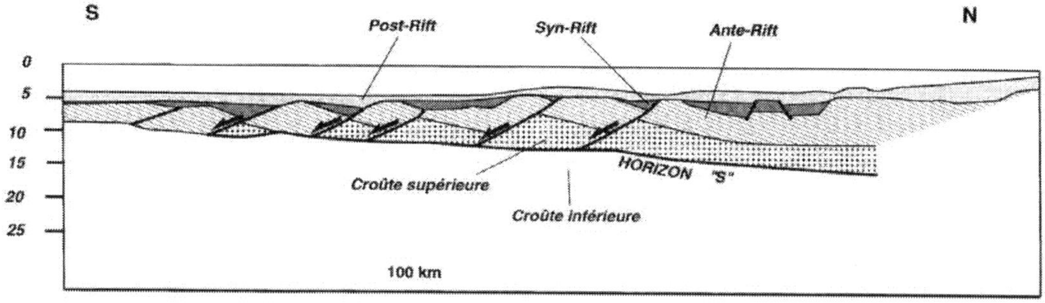

Figure II.14
Interprétation et conversion temps-profondeur du profil de la figure précédente (Barbier, 1986, Le Pichon & Barbier, 1987).

l'aide des données de la réfraction. Une fois ce traitement réalisé, le réflecteur «S» apparaît plan (figure II.14).

Les failles normales vues sur ce profil ne traversent donc pas un certain niveau marqué ici par le réflecteur «S». L'amincissement sous ce réflecteur se produit en l'absence de failles, donc vraisemblablement de manière ductile. Le réflecteur «S» marque donc apparemment la transition fragile-ductile de l'époque du rifting.

Dans la croûte supérieure l'amincissement est obtenu par les jeux de failles alors qu'il est distribué et ductile dans la croûte inférieure.

II.5.2 Autres domaines en extension

Les nombreux profils de sismique réflexion transcontinentaux ont fourni récemment de bonnes images de la croûte et du manteau supérieur. Les groupes de recherches constitués autour de ces profils ont imagé des réflecteurs jusqu'à des profondeurs de 50-60 km dans le manteau supérieur (fig. II.15). Comme nous le verrons par la suite, certains de ces réflecteurs sont aujourd'hui interprétés comme des failles normales réactivant des contacts chevauchants antérieurs (fig. II.16). Si cette interprétation doit être confirmée, elle montrerait la présence de structures cassantes, ou en tout cas très localisantes dans le manteau supérieur, confirmant le caractère cassant de celui-ci évoqué plus haut.

Les failles chevauchantes ou normales connues en surface sont en général bien corrélées avec des réflecteurs de la croûte supérieure, qui apparaît, ceci mis à part, peu réflective. La croûte inférieure montre par contre de nombreuses réflexions courtes mais très énergétiques que l'on ne sait pas encore interpréter avec précision (figures II.17 et II.18). Pour certains auteurs elles correspondent à une foliation mylonitique, pour d'autre à des intrusions basiques, pour d'autres enfin à des contrastes forts de vitesse sismiques dus à la présence de fluides chenalisés. Quoiqu'il en soit on ne voit que

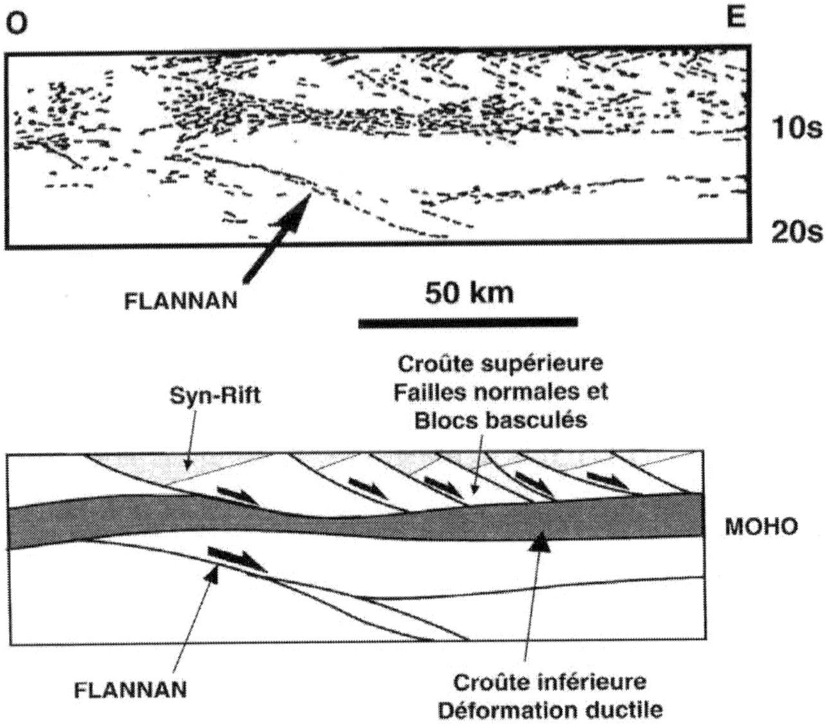

Figure II.15
Pointé du profil de sismique réflection MOIST (nord de l'Écosse) et son interprétation (Brewer & Smythe, 1984 ; Reston, 1990).

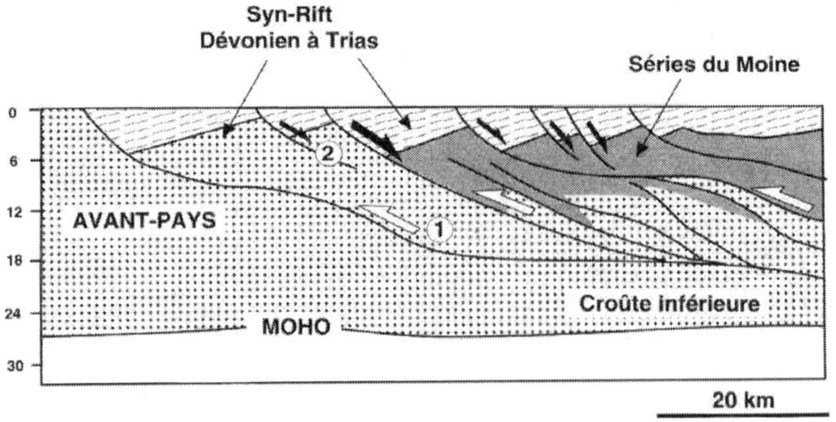

Figure II.16
Interprétation en termes de chevauchements réactivés d'une portion du profil de la figure II.15 (Brewer & Smythe, 1984).

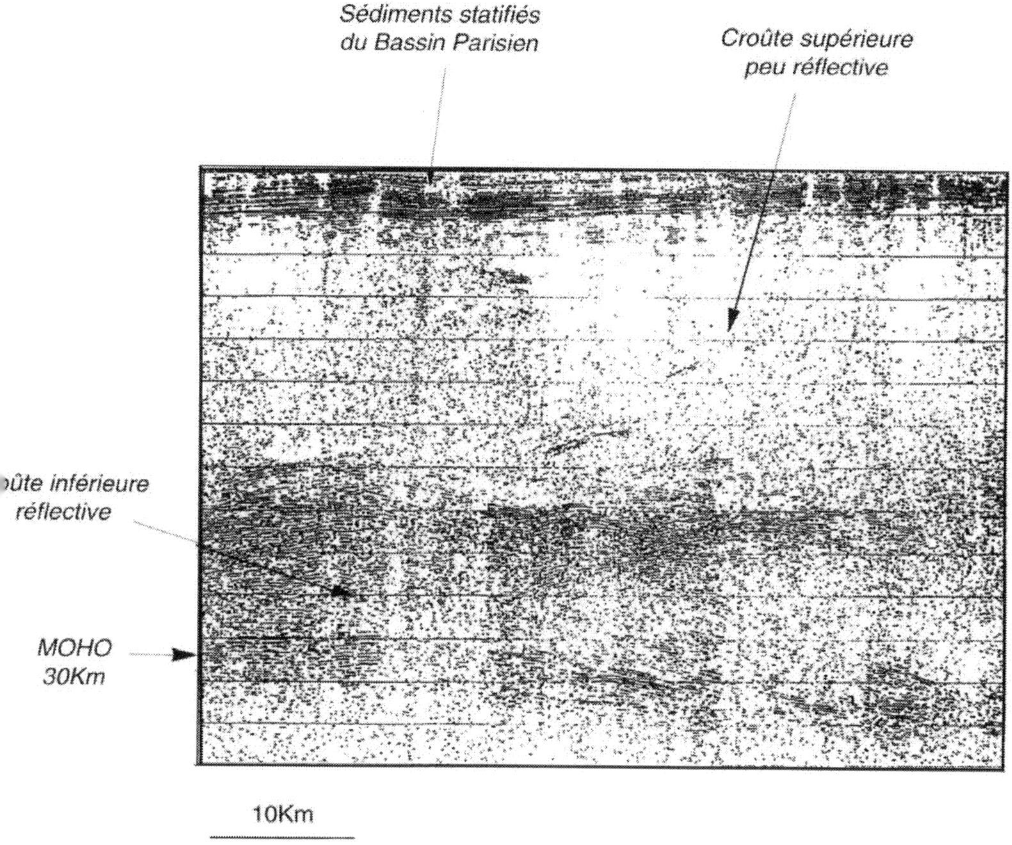

Figure II.17
Exemple des réflections de la croûte inférieure litée (profil Ecors du Bassin de Paris) (Marthelot & Bano, 1990).

rarement les failles de la croûte supérieure traverser la croûte inférieure litée. Cela implique que la déformation cassante de la croûte supérieure est transmise à la déformation cassante du manteau supérieur par l'intermédiaire d'un niveau de décollement dans la croûte inférieure, le long duquel la déformation n'est pas localisée, mais plutôt distribuée sur une grande épaisseur. Cette interprétation est en bon accord avec la stratification évoquée plus haut d'une croûte ductile prise entre deux niveaux cassants. Nous reviendrons dans le chapitre X sur la géométrie de l'extension et sur le rôle de décollement joué par la croûte inférieure.

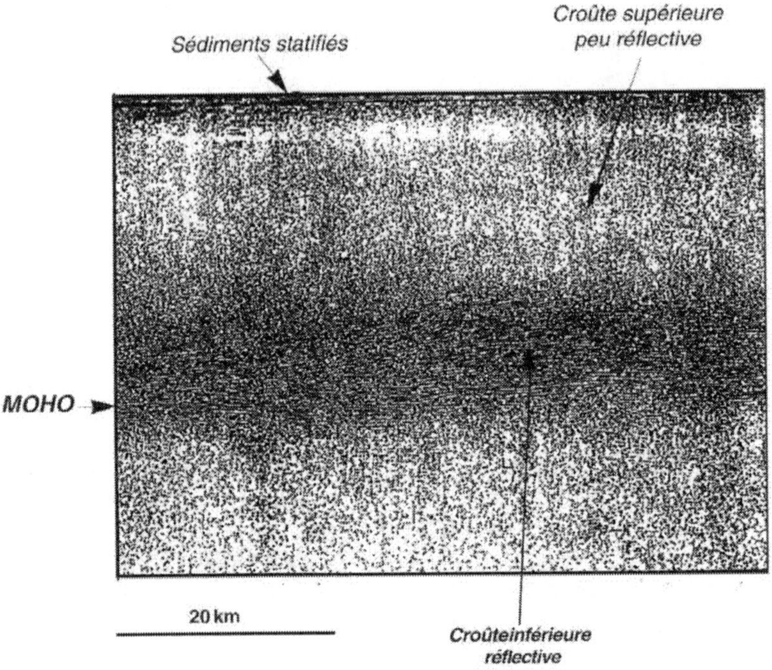

Figure II.18
Exemple des réflections de la croûte inférieure litée (marge Atlantique) (Warner, 1990).

II.6 Modèle analogique de l'extension d'une croûte stratifiée

Nous décrirons dans ce paragraphe un premier exemple de modèle analogique. Nous serons amenés à donner d'autres exemples de ce type de modèle au cours de cet exposé, il est bon d'en définir les bases dès maintenant.

II.6.1 Que sont les modèles analogiques ?

On a depuis longtemps essayé de reproduire les déformations naturelles à partir de matériaux de faible résistance permettant de travailler sur des temps courts et dans les conditions de laboratoire. Les matériaux utilisés sont variés, depuis les argiles, le plâtre, jusqu'aux hydrocarbures. La mécanique de la fracturation a été très étudiée par cette méthode. Une équipe (au Centre Armoricain d'Études Structurales des Socles de Rennes) a plus particulièrement développé ce genre d'étude avec succès à partir de matériaux comme le sable de Fontainebleau et les gel de silicone. Le modèle que nous décrivons ici fut le premier de ce type et a suscité de nombreuses études par la suite, en extension comme en compression.

Un modèle analogique peut être réalisé en suivant deux optiques différentes : (1) reproduire les déformations naturelles, en se focalisant sur des exemples régionaux ; on compare alors l'image obtenue grâce au modèle, à l'image réelle, quelque soit l'échelle, (2) étudier un processus physique comme la fracturation, le plissement, à l'aide de matériaux de laboratoire en faisant varier les facteurs régissant la déformation de manière systématique comme dans tout travail expérimental. Les deux approches sont utilisées en général conjointement, la similitude du modèle et de la réalité étant souvent utilisée comme «preuve» de la validité des paramètres physiques utilisés, même si ce n'est pas toujours exprimé de cette manière par les auteurs.

On choisit des matériaux qui représentent le mieux possible les propriétés physiques que l'on veut étudier. Le sable de Fontainebleau sec est un très bon milieu pour faire apparaître des failles, et son comportement est celui d'un matériau fragile, à faible cohésion. Les failles apparaissent en suivant le critère de Coulomb comme dans les matériaux de la croûte supérieure. Les silicones ont un comportement qui varie fortement avec la température, la contrainte appliquée et le taux de déformation. En utilisant des vitesses raisonnables, son comportement est ductile, elle peut donc servir à modéliser la croûte inférieure. La figure II.19 illustre une comparaison entre le profil de résistance du modèle et celui d'une croûte continentale «naturelle» telle que celle décrite plus haut. Nous verrons l'utilisation d'autres matériaux dans les prochains chapitres.

Les limites de ces modèles sont (1) les transferts d'échelle qui sont très délicats (la mise à l'échelle d'un phénomène tectonique d'échelle crustale est pratiquement impossible avec précision) et (2) l'aspect thermique n'est pas considéré. Il est très diffi-

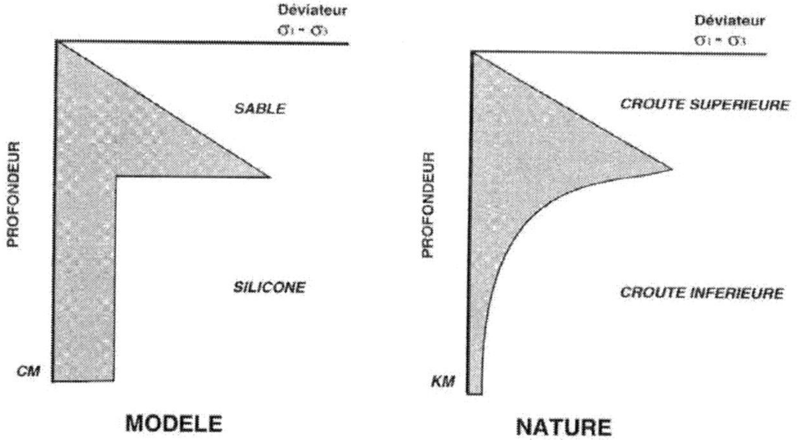

Figure II.19
Schéma d'une enveloppe rhéologique naturelle et celle utilisée dans les modèles analogiques sable-silicone. Parce qu'il n'y pas de gradient thermique dans l'expérience il n'y a pas non plus de gradient de résistance de la silicone (Faugères, 1985 ; Faugères & Brun, 1984).

cile de réaliser des modèles incluant un gradient de température au sein de la lithosphère. L'ensemble du modèle est donc à la même température ce qui est une grande différence avec la nature. On utilise donc en général une stratification caractérisée par des niveaux de rhéologies différentes séparés par des transitions abruptes. Le caractère ductile de la silicone est marqué par une résistance plus faible, constante sur l'ensemble du profil parce que la température ne varie pas le long de l'axe vertical.

II.6.2 Un exemple, une croûte stratifiée sable-silicone soumise à extension.

Faugères et Brun (1984) ont réalisé le premier modèle utilisant la stratification de la figure II.19 dans le but de modéliser la géométrie de l'extension des marges passives. Les deux couches de silicone et de sable de Fontainebleau sont superposées l'une à l'autre dans une boite rectangulaire entre un des bords fixes et un piston mobile.

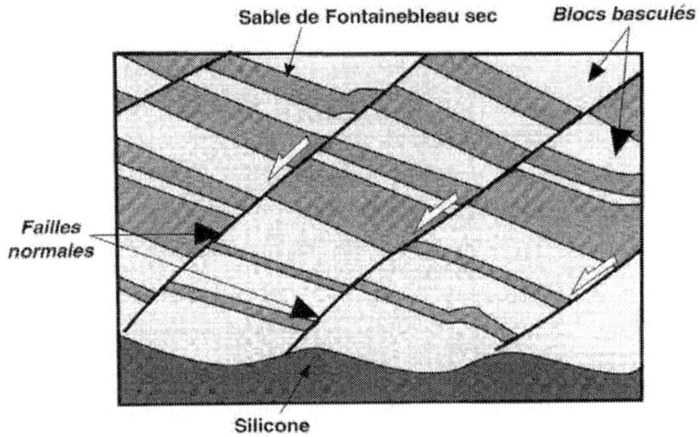

Figure II.20
Schéma des blocs basculés obtenus dans un des modèles analogiques sable-silicone en extension (Faugères, 1985 ; Faugères & Brun, 1984).

De nombreuses failles normales apparaissent dans le sable perpendiculairement à la direction d'extension, délimitant des blocs «crustaux» de taille a peu près régulière. Des coupes peuvent être réalisées dans le modèle (figs II.20 et II.21). Elles montrent très clairement un comportement très différent du sable et de la silicone. Les failles normales vues en surface se prolongent jusqu'à la base du sable et l'interface sable-silicone est défléchie à leur approche. Les blocs crustaux sont basculés de manière très régulière le long des failles, et leur espacement est également régulier. On retrouve ici l'image des blocs basculés décrits plus haut sur l'exemple de golfe de Gascogne et dans de nombreuses autres marges passives ou rifts intracontinentaux.

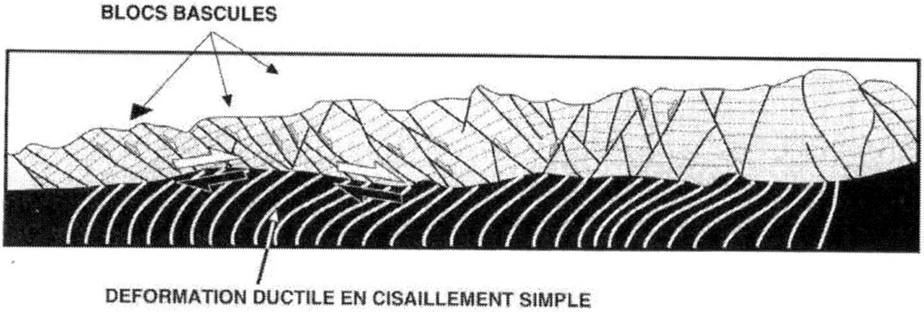

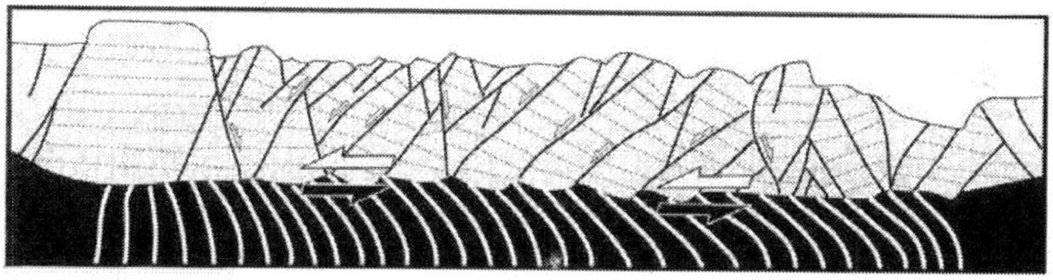

Figure II.21
Schéma en coupe de deux expériences montrant la déformation cassante dans le sable de Fontainebleau et la déformation ductile dans la silicone. Les marqueurs en pointillés étaient initialement horizontaux dans le sable (Faugères, 1985 ; Faugères & Brun, 1984). Leur déplacement montre le basculement des blocs le long des failles normales. Les marqueurs blancs étaient initialement verticaux dans la silicone. Leur déformation montre le cisaillement à l'interface cassant-ductile synthétique du sens de déplacement sur les failles majeures dans le sable.

La distribution de la déformation dans la silicone est intéressante également : la figure II.21 montre comment des marqueurs verticaux sont défléchis après déformation à l'approche de l'interface sable-silicone. La déformation ductile est très nettement localisée près de cet interface, ceci étant lié aux conditions de glissement à la base du modèle. Plus intéressante encore est la relation constante entre le sens de cisaillement dans la silicone et le sens de basculement des blocs : les failles normales du sable sont toujours, quelque soit l'expérience, synthétiques du cisaillement à l'interface cassant-ductile. Ces expériences permettent de proposer l'idée que le sens de cisaillement sous le réflecteur «S» soit également synthétique du sens de glissement le long des failles normales.

La déformation est accommodée de manière différente dans les deux niveaux crustaux et une relation géométrique simple est observée entre les deux. L'amincissement ductile de la croûte inférieure vu sur les profils sismiques pourrait être relié de la même façon à l'amincissement cassant de la croûte supérieure.

Nous verrons dans les prochains chapitres que c'est bien le cas à partir de données de la sismologie et d'observations de terrain sur des domaines ductiles aujourd'hui à l'affleurement.

II.7 Conclusion

Nous avons vu dans ce chapitre comment la croûte continentale est stratifiée, en utilisant différents types de données (sismologie, sismique, mécanique des roches). L'exemple de la marge armoricaine nous montre comment cette stratification influe sur la géométrie de la déformation à l'échelle de la croûte. La croûte inférieure apparaît comme un niveau ductile de résistance inférieure au reste de la lithosphère, capable donc de localiser la déformation et d'accommoder des différences de comportement mécanique entre les niveaux qui l'encadrent. Nous retrouverons ces caractéristiques dans d'autres exemples aussi bien en extension qu'en compression. La croûte inférieure joue de manière générale le rôle d'un décollement.

L'épaisseur relative des niveaux ductile et cassant va conditionner la résistance globale de la croûte continentale. Le gradient thermique est donc un facteur fondamental de la tectonique et comme nous le verrons, ce gradient peut varier dans des proportions très notables selon le contexte géodynamique.

III

Déformation et géométrie finie

L'étude des déformations de la croûte continentale met en jeu différentes approches : la première consiste en une série d'observations des structures et de leur géométrie à toutes échelles. Ces structures résultent d'une succession d'événements au cours desquels l'objet a été déformé, au sein d'un ensemble plus vaste lui-même compris entre deux blocs rigides se déplaçant l'un par rapport à l'autre (fig. III.1). De cette étude géométrique le tectonicien tentera de déduire la géométrie des déplacements aux limites de la zone déformée. Cette étude peut être réalisée sur des objets en cours de déformation : la plupart du temps la sismicité sera l'outil utilisé pour déduire le champ de déformation ou de contraintes actuel, associée à la mesure des déplacements en continu par la géodésie. Les méthodes d'études de la déformation active feront l'objet du chapitre V qui nous montrera qu'il est possible de retrouver au travers d'une zone déformée active les déplacements relatifs des blocs aux limites de la zone déformée par sommation des petites déformations observées au sein de celle-ci. Cette conclusion est possible si on connaît à la fois *les déplacements aux limites*, donnés par la cinématique des plaques, et *les déformations internes*, données par la sismicité et la géodésie. Mal-

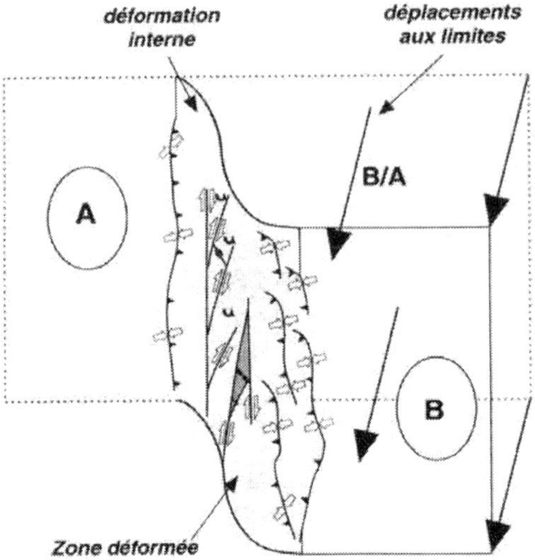

Figure III.1
Schéma de principe reliant déformation interne et déplacements aux limites d'une zone déformée entre deux blocs rigides.

heureusement dans la plupart des cas que le géologue étudie on ne connaît pas, ou très mal, les déplacements des blocs aux limites de la zone déformée, soit parce que le système est trop complexe (région méditerranéenne), soit parce que ces déplacements ne sont plus actifs.

Les objets anciens montrent différents niveaux de la croûte déformée. La sismologie et la géodésie cèdent alors le pas à la géologie structurale. Le présent chapitre lui est consacré. Il est impossible en quelques pages de faire un tour complet de ses méthodes, le lecteur est donc renvoyé à d'autres manuels très détaillés en la matière. Notre but ici est simplement de montrer comment ces observations de la déformation des roches peuvent être intégrées au niveau d'objets très grands comme une chaîne de montagnes ou un continent. Nous nous en tiendrons aux notions les plus fondamentales sous-tendant les études de tectonique cassante et ductile.

Une troisième approche consiste à associer déformation et métamorphisme ce qui permet de quantifier en termes de pression et de température (et souvent de dater) les déformations observées, donc d'ajouter la dimension verticale et le temps à la géométrie vue sur le terrain. Les relations déformation-métamorphisme feront l'objet du chapitre IV.

III.1 Déformation et déplacements

III.1.1 De la déformation interne aux déplacements aux limites de la zone déformée

De manière générale le but du tectonicien est de reconstituer l'évolution géométrique de l'objet étudié en trois dimensions et au cours du temps, et de déterminer un mécanisme de déformation à échelle crustale. L'objet qu'il étudie est en général une zone déformée comprise entre deux domaines moins déformés (une limite de plaques ou de blocs, quelque soit l'échelle, un contact de nappe...). Les observations faites sur le terrain concernent la déformation à l'intérieur de la zone déformée et le but est de conclure en termes de déplacements relatifs des blocs de part et d'autre de cette zone (fig. III.1).

Quelque soit l'échelle d'observation, la déformation d'un objet quelconque peut être décrite en termes géométriques par la somme d'une composante en cisaillement simple et d'une composante en cisaillement pur (fig. III.2). Le cisaillement simple décrit la composante de cisaillement parallèle aux limites de la zone déformée, le cisaillement pur décrit la composante perpendiculaire à ces limites. Quelque soit le domaine étudié le travail de terrain se résume souvent à (1) établir la géométrie tridimensionnelle de l'édifice étudié pour identifier les zones déformées (c'est le travail général de cartographie) et (2) étude de la déformation dans ces zones déformées à partir des affleurements et des échantillons. A toute échelle on cherche à déterminer les parts

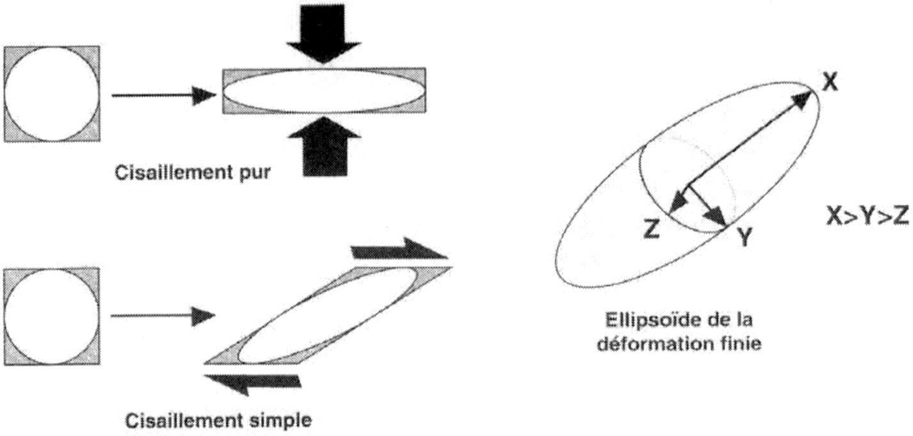

Figure III.2
Schéma des différentes composantes de la déformation, cisaillement simple et cisaillement pur.

respectives de cisaillement pur et simple, et à déterminer le sens du cisaillement simple. Il faut ensuite extrapoler ces observations à l'échelle de la zone étudiée pour en déduire le régime de déformation à l'échelle de cette zone. Cette approche ne décrit que partiellement la déformation, car la magnitude des déplacements fait souvent défaut. Le transfert d'échelle est donc le problème le plus délicat.

On doit ajouter une composante de la déformation crustale très importante qui n'est pas visible dans la structure intime des roches : les rotations de blocs rigides autour d'axes verticaux, souvent mises en évidence par le paléomagnétisme, et qui sont plus faciles à quantifier.

On peut vouloir obtenir des informations également en termes de contraintes. La déformation résulte de l'application de contraintes anisotropes sur un volume de roche. La seule pression lithostatique qui résulte de l'enfouissement de la roche ne peut conduire à des déformations notables car elle est isotrope, comme le serait une pression hydrostatique. Seule une anisotropie du régime de contrainte (le *déviateur des contraintes*) induit par des forces d'origine tectonique peut créer des déformations significatives. Les méthodes d'analyse de la tectonique cassante permettent de remonter à une approximation du régime des contraintes.

Lorsque la déformation est intense il est facile en général d'identifier les zones de localisation de la déformation, et des considérations géométriques simples permettent de reconstituer l'ensemble du régime de déformation avec seulement quelques données sur les magnitudes de déplacement. C'est en général le seul moyen de procéder. Dans les domaines superficiels faiblement déformés, où seules de petites failles sont présentes, on peut supposer que le matériel crustal n'a pas subi de déplacements relatifs notables, il est possible d'utiliser la fracturation des roches pour remonter au régime des contraintes responsables de cette déformation.

III.1.2 Transfert d'échelle et filtrage des données de terrain

Le problème qui est posé au tectonicien peut être posé en termes simples de la manière suivante : nous trouvons en présence (1) un (ou plusieurs) tectonicien (s) dont la taille est comprise entre 1.60 m et 2.00 m (des extensions sont prévues de par et d'autre de cet intervalle), (2) un objet dont la taille peut être celle de la Corse, des Alpes, de l'Himalaya ou de l'Asie. Pour étudier cet objet, le tectonicien dispose d'un grand nombre d'outils qui lui permettent d'appréhender différentes échelles : l'image Landsat ou Spot lui permet d'embrasser d'un seul coup d'œil l'ensemble de l'objet (échelle de 100 à 1000 km), les photos aériennes lui donnent des détails d'échelle hectométriques ou kilométriques, les affleurements sont d'échelle métrique à hectométrique, les échantillons sont d'échelle décimétrique à pluridécimétrique, les lames minces d'échelle millimétrique à inframillimétrique. Si les images satellites permettent de voir l'ensemble du système d'un coup, la plupart des autres échelles ne permettent que des observations partielles du problème. Il est bien sûr impossible de couvrir une chaîne de montagnes complète avec des lames minces, et même si les affleurements sont très bons il est impossible de passer partout et d'observer tous les affleurements. Il y a donc d'ors et déjà un problème de transfert d'échelle.

Ce problème lié à l'échantillonnage est aggravé par la difficulté de filtrer le signal observé sur le terrain. Si le problème étudié est celui de la formation d'une chaîne de montagnes à l'échelle de la croûte, il est nécessaire de ne prendre en compte que les faits de terrain significatifs à l'échelle crustale, donc de filtrer les données. Nous verrons que ceci ne se résume pas à fixer une certaine échelle d'observation. En effet il est par exemple nécessaire d'étudier les recristallisations métamorphiques en détail, ou la déformation ductile sous le microscope, pour comprendre la formation d'une chaîne de montagnes. Il faut savoir choisir parmi les données celles qui sont significatives du problème étudié. Ceci ne peut être fait de manière systématique comme on le fait pour les données géophysiques, car les données sont trop nombreuses et souvent pas complètement quantifiables. C'est là qu'intervient l'expérience du géologue de terrain qui est si difficile à enseigner, c'est de là également que viennent les interminables discussions entre géologues ou avec leur collègues géophysiciens.

III.2 Observations

III.2.1 Géométrie des roches déformées

Comme nous l'avons dit plus haut la déformation d'un objet quelconque peut se ramener à la somme d'une composante en cisaillement simple et d'une composante en cisaillement pur. Le but de l'analyse structurale est souvent de retrouver ces deux composantes et leurs intensités respectives. Nous verrons dans la suite de ce chapitre les marqueurs les plus importants de ces deux composantes, mais dans un premier temps il est bon de rappeler quelques propriétés géométriques simples des cisaillements pur et simple.

Pour la déformation comme pour les contraintes on se ramène souvent aux composantes principales du tenseur que l'on décrit simplement sous la forme d'un ellipsoïde, dont les trois axes sont reliées simplement aux composantes diagonales du tenseur. Pour la déformation on nomme en général ces axes X, Y et Z, avec X>Y>Z ou encore $\lambda 1$, $\lambda 2$, $\lambda 3$ avec $\lambda 1 > \lambda 2 > \lambda 3$. On cherche à déterminer par des observations de la roche déformée soit (1) la position dans l'espace de ces trois axes et leur valeur relative de manière qualitative, ou mieux (2) leur position dans l'espace et leur valeur absolue, ce qui n'est pas toujours possible quand l'objet étudié est de grande taille et que le travail doit être fait rapidement. Cette étude est basée sur l'observation de marqueurs anté- à syndéformation (voir paragraphe III.2.3).

On se trouve souvent (ou on se ramène souvent) dans le cas où Y est invariant (déformation plane). On peut alors décrire la déformation en deux dimensions. C'est ce que l'on fait lorsqu'on décrit une zone décrochante seulement en vue cartographique, ou une chaîne de montagnes seulement à l'aide de coupes perpendiculaires à son allongement. Cette approximation est souvent justifiée mais doit être utilisée en connaissance de cause.

En deux dimensions les deux types de déformation conduisent à des géométries différentes (fig. III.3) :

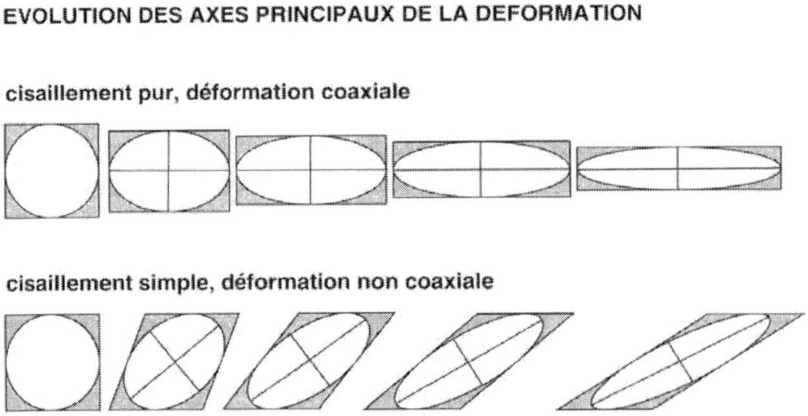

Figure III.3
Différents incréments de la déformation montrant la rotation des axes de l'ellipsoïde en cisaillement simple par rapport aux déplacements imposés aux limites.

Cisaillement pur et cisaillement simple conduisent à la transformation d'un cercle en une ellipse dont le rapport des axes peut être le même, la différence tient à la position de l'ellipsoïde par rapport aux lignes de mouvement des blocs aux limites de la zone déformée et à son évolution quand la déformation augmente.

Le cisaillement pur conduit à une ellipse allongée perpendiculairement à la direction de raccourcissement. Quand la déformation augmente le grand axe de l'ellipse s'allonge mais reste parallèle à lui même. Quelque soit l'intensité de la déformation les axes de l'ellipse restent selon les mêmes directions de l'espace, on parle de déformation *coaxiale* ou *non rotationnelle.*

Dans le cas du ***cisaillement simple***, les axes de l'ellipse sont obliques par rapport aux lignes de mouvement. Le grand axe de l'ellipsoïde X fait un angle avec la direction de cisaillement dans le plan XZ d'observation. Quand la déformation augmente l'axe X s'allonge et se rapproche de la direction de cisaillement. On parle de déformation *rotationnelle* ou *non coaxiale*. Le cisaillement simple conduit à une structure asymétrique par rapport aux lignes de mouvement et à une rotation des axes de l'ellipsoïde.

La rotation des axes de l'ellipsoïde évoquée ici ne doit pas être confondue avec la rotation de lignes antérieures à la déformation qui se produit quelque soit le type de déformation (fig. III.4) et dont le sens et la magnitude dépend de la position initiale de l'objet. La rotation des objets antétectoniques est utilisée pour déterminer la

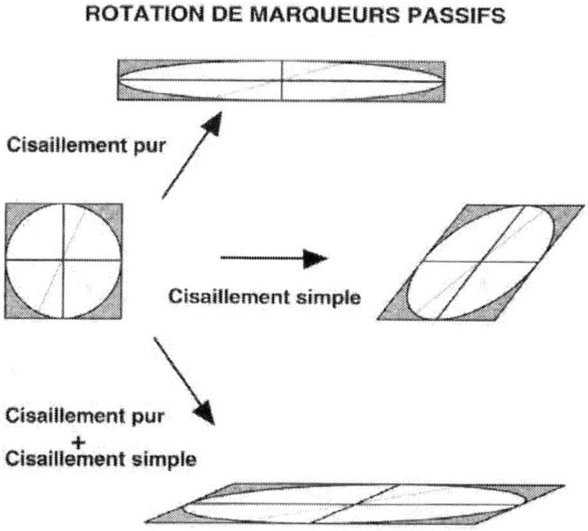

Figure III.4
Rotation de marqueurs passifs et rotation des axes de l'ellipsoïde de déformation finie en cisaillement pur et cisaillement simple.

forme de l'ellipsoïde et le régime de déformation, comme nous le verrons dans le paragraphe III.2.3.

III.2.2 Déformation finie et déformation instantanée

On déduit la forme de l'ellipsoïde de la géométrie de la roche. Cette géométrie résulte d'une succession d'événements, elle est la somme de déformations incrémentales. Cette géométrie finale, ou géométrie finie donne l'ellipsoïde de *déformation finie*. Les événements incrémentaux relèvent de la déformation dite *instantanée*.

Le travail du structuraliste consiste d'abord à définir la forme de l'ellipsoïde de déformation finie, puis à étudier le chemin suivi par la roche pour atteindre cet état fini. Tous les critères montrant le caractère rotationnel ou non rotationnel de la déformation (comme nous le verrons les critères d'asymétrie de la structure finie) donnent des informations sur la déformation instantanée.

La déformation finie peut aussi être la somme d'événements incrémentaux au cours d'un même processus de déformation (la même «phase tectonique») ou de différentes phases tectoniques bien distinctes dans le temps et correspondant à des événements géodynamiques différents, chacune d'entre elles étant la somme d'événements incrémentaux. Il appartient au structuraliste de faire clairement la différence entre ces différents événements. Nous verrons qu'une superposition de structures (interférences de plis, superposition de système de failles...) peut correspondre à une même phase tectonique, un même continuum de déformation. On parle alors de *déformation progressive*. Un des moyens de séparer les événements qui structurent une roche est d'étudier les relations entre la déformation et le métamorphisme, la succession des paragénèses métamorphiques permettant de placer chaque structure sur un chemin pression-température et souvent de les dater (voir chapitre IV).

III.2.3 Marqueurs de la déformation

Dans cette partie nous illustrerons les différentes techniques d'observation de la déformation aussi bien dans le domaine ductile que cassant, dans le but de déterminer un régime de contraintes ou un régime de déformation.

A. Principaux régimes de déformation

On observe souvent dans les zones actives une tendance à la partition de la déformation entre différents groupes de structures purement compressives, purement extensives ou purement décrochante. Comme nous l'avons vu sur l'exemple de la faille Philippine, une subduction oblique conduit en général à la formation dans le domaine arrière-arc d'un décrochement pur qui absorbe la composante parallèle à l'arc de la convergence, la fosse de subduction ne prenant en compte que la composante perpendiculaire (fig. I.18). Cette observation est assez générale, et les failles à jeu oblique sont assez rares. Elles apparaissent cependant dans certains cas comme nous le verrons. On peut de manière simple classer les régimes de déformation en trois grands groupes, raccourcissement, extension et décrochement. Nous ne parlons à ce stade que de régime de déformation à échelle crustale. Dans un régime compressif il est possible de rencontrer des structures locales compressives, extensives ou décrochantes ; il en est de même pour les deux autres régimes.

Raccourcissement

Il conduit à l'épaississement de la croûte et à la formation d'une chaîne de montagnes. Il correspond à un régime de contrainte tel que $\sigma 1$ (contrainte compressive maximale) et $\sigma 2$ (contrainte intermédiaire) sont horizontaux. Plis et chevauchements accommodent l'épaississement (fig. III.5). La déformation affecte de manière différente les différents niveaux crustaux. La géométrie générale est celle d'un prisme d'accrétion construit au dessus d'un décollement basal qui coupe obliquement la croûte en longeant les niveaux faiblement résistants, et coupant avec un angle fort les niveaux de résistance élevée.

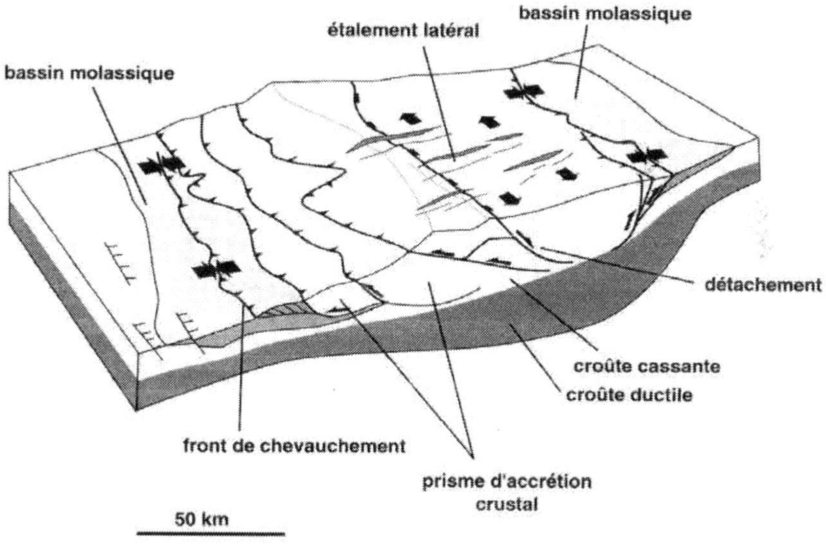

Figure III.5
Schéma d'une chaîne de montagnes montrant les principales structures et leurs relations géométriques.

La géométrie de la zone épaissie est régie par le régime des forces suivant (fig. III.6) en deux dimensions, en un point donné de la chaîne de montagnes : une force compressive horizontale est transmise au travers du contact entre les deux «plaques» et donne lieu à la contrainte maximum horizontale $\sigma xx = \sigma 1$. La magnitude de cette force dépend du degré de couplage entre les deux plaques en présence. Cette force est impo-

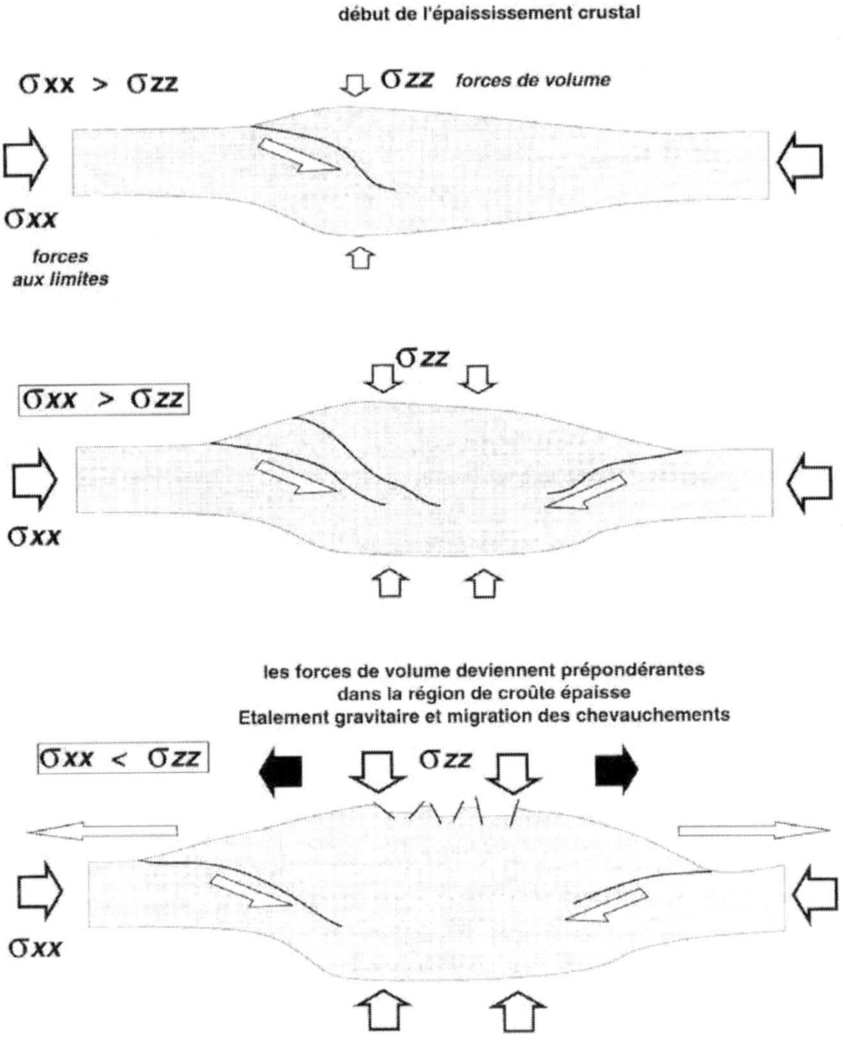

Figure III.6
Schéma d'une chaîne de montagnes en cours de formation et évolution du régime de contraintes. Évolution du rapport forces aux limites/forces de volume.

sée par la cinématique des blocs de part et d'autre de la zone déformée, on parle de *forces aux limites*. Une autre force verticale est le poids de la colonne de roche située au dessus du point choisi, elle dépend de la position du point dans la chaîne de montagne, on parle de *forces de volume*. Cette force verticale donne lieu à la contrainte verticale $\sigma zz = \sigma 3$. En trois dimension il faut rajouter une contrainte intermédiaire $\sigma yy = \sigma 2$, qui ne joue pas de rôle important dans les cas simples de déformation plane, mais devient critique dans certains cas comme celui du Tibet que nous étudierons. σyy est imposé par les conditions aux limites.

Le régime de déformation est le résultat des valeurs relatives de ces différentes forces. La contrainte horizontale a tendance à provoquer un épaississement, la contrainte verticale a tendance à lutter contre cet épaississement. On peut décrire de manière simple l'évolution théorique d'une chaîne de montagnes en cours de formation de la manière suivante (fig. III.6) : dans un premier stade l'altitude moyenne de la chaîne est basse, et $\sigma xx > \sigma zz$, l'épaississement suit son cours sur une zone relativement étroite. Dans un second stade l'altitude atteinte par la chaîne est telle que son poids tend à équilibrer la force horizontale, il n'est alors plus possible d'augmenter l'épaisseur de la chaîne sur la même verticale. La seule solution pour augmenter le volume de la chaîne, et accommoder le raccourcissement, est d'augmenter ses dimensions horizontales, ce qui conduit à la migration du front de chevauchement vers l'avant. Selon les conditions aux limites, et les valeurs de σxx et σyy, la haute chaîne peut passer en extension ou non. Nous verrons différents exemples de ce comportement.

Extension

À échelle crustale elle conduit à un amincissement et à la formation de grabens et de rifts (fig. III.7). Elle correspond à un régime de contraintes tel que $\sigma 1$ est vertical. La

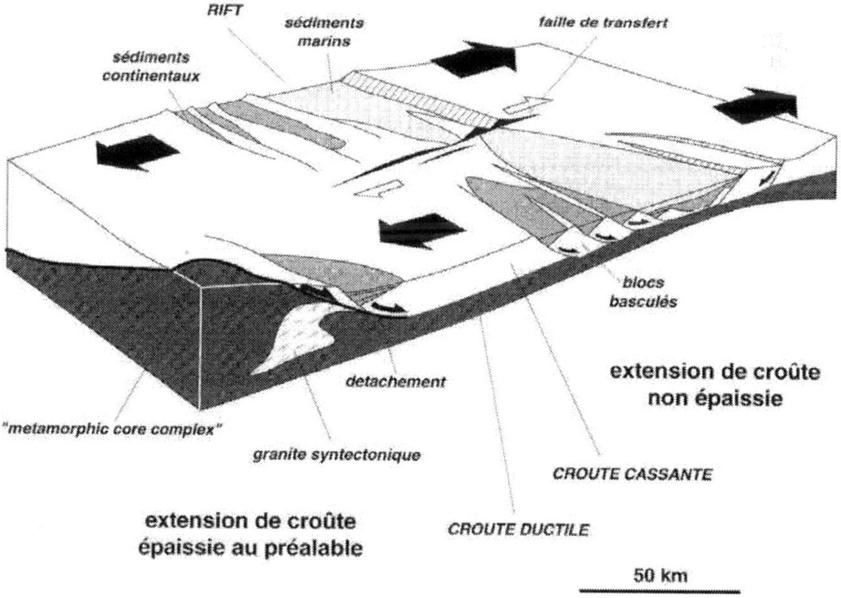

Figure III.7
Schéma d'une zone en extension.

croûte est soumise à une force aux limites extensive imposée par la cinématique, et aux forces de volume. La déformation se caractérise essentiellement par des failles normales et des décrochements assurant les transferts entre différents domaines extensifs.

Décrochement

Il conduit seulement au déplacement relatif des deux blocs horizontalement (fig. III.8). Il correspond à une régime de contraintes tel que σ2 est vertical. On observe rarement des structures purement décrochantes sur de longues distances car la moindre obliquité conduit à la formation de structures compressives ou extensives associées aux structures décrochantes. Un décrochement partiellement extensif est dit *transtensif*, un décrochement partiellement compressif est dit *transpressif*.

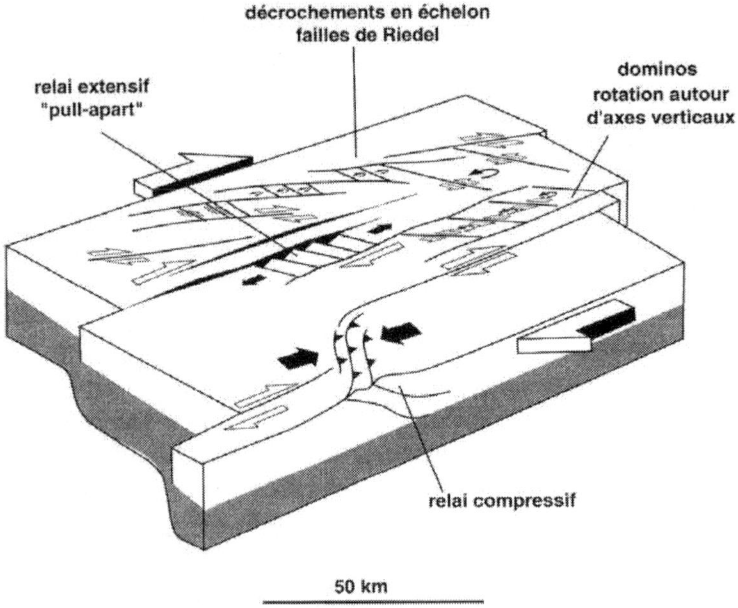

Figure III.8
Schéma d'une zone décrochante.

B. Déformation cassante et contraintes

Dans les domaines faiblement déformés, plus particulièrement les avant-pays de chaînes de montagnes, la déformation cassante permet d'obtenir des informations sur les régimes de contraintes. Une analyse systématique de la fracturation sur le terrain permet de calculer à chaque site mesuré un tenseur des paléocontraintes. Pour chaque plan de faille on mesure : (a) sa direction (b) son pendage (c) la direction de la strie et (d) le sens de mouvement le long de la strie. Chaque site mesuré est donc caractérisé par une population de failles données chacune par ces quatre paramètres. On note éga-

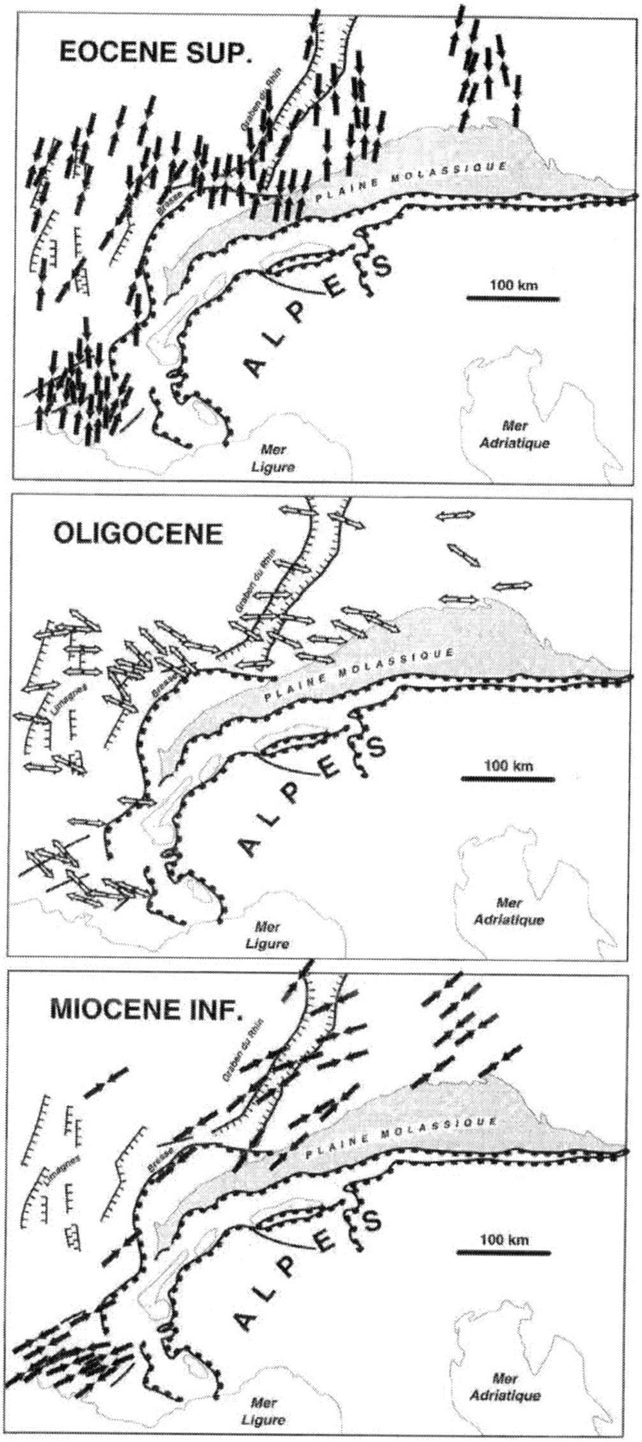
EOCENE SUP.
Graben du Rhin
Bresse
PLAINE MOLASSIQUE
ALPES
100 km
Mer Ligure
Mer Adriatique
OLIGOCENE
Graben du Rhin
Limagnes
Bresse
PLAINE MOLASSIQUE
ALPES
100 km
Mer Ligure
Mer Adriatique
MIOCENE INF.
Graben du Rhin
Limagnes
Bresse
PLAINE MOLASSIQUE
ALPES
100 km
Mer Ligure
Mer Adriatique

<
Figure III.9
Paléocontraintes dans la plateforme européenne à l'Éocène supérieur, à l'Oligocène et au Miocène inférieur (Bergerat, 1985).

lement les superpositions de stries qui renseignent sur les événements successifs. La datation des événements est faite par rapport à la stratigraphie en supposant seulement que la déformation observée est postérieure aux niveaux qu'elle affecte et antérieure aux niveaux indemnes de déformation. Les méthodes reposent sur deux principes simples de la fracturation :

(1) selon le modèle d'Anderson de rupture par cisaillement, la géométrie des failles reflète directement le régime de contraintes. Les failles se forment avec un angle constant sur la contrainte maximale qui est de l'ordre de 30°. Ce modèle décrit la néoformation des failles dans un milieu homogène. Mais les milieux naturels étant en général préfracturés on doit appliquer d'autres méthodes.

(2) Les diverses méthodes sont toutes basées sur le même principe d'inversion des données : on cherche un tenseur des contraintes qui minimise l'écart entre la strie calculée selon un critère de glissement sur un plan préexistant, et la strie mesurée. On minimise la somme des écarts pour les différentes failles de la population étudiée. On doit bien sûr pour ce faire séparer les différentes phases tectoniques successives et les traiter séparément. C'est sur le terrain que se fait cette séparation le plus souvent.

Ces méthodes ont été appliquées dans de nombreux exemples que nous verrons au cours de cet exposé. Un des plus beaux est sans doute celui de l'avant-pays alpin au front de la chaîne des Alpes. Une analyse très détaillée de l'ensemble de la plate forme européenne permet de reconstituer la succession de champs de contraintes de la figure III.9. Les différents tenseurs calculés peuvent être reportés sur des cartes successives de la même région montrant comment le champ de contrainte à l'extérieur de la zone de déformation majeure (ici les Alpes) a évolué au cours de la déformation.

C. Plis et chevauchements

En termes de déformation deux approches sont très complémentaires comme cela a été dit plus haut : la première consiste à déterminer la géométrie de l'ensemble du système déformé, par exemple à cartographier plis et chevauchements et en déduire une structure tridimensionnelle de la chaîne. Cette approche seule permet de connaitre avec assez de précision le régime de déformation car les axes de plis et les directions des chevauchements sont en général perpendiculaires à la direction de raccourcissement (fig. III.10). Moyennant des hypothèses simples sur la géométrie du chevauchement on peut souvent calculer des quantités de raccourcissement au vu des coupes. La deuxième approche consiste à étudier la déformation en détail là où elle est localisée, le long des zones de cisaillement (voir paragraphe D).

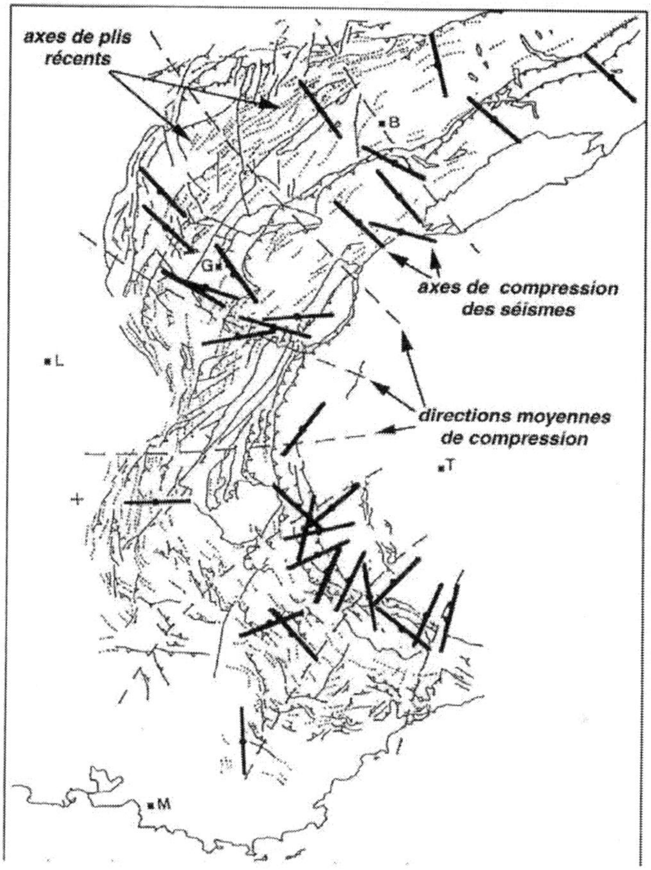

Figure III.10
Directions de compression déduites des mécanismes au foyer des séismes dans la région des Alpes occidentales, comparée à la direction des axes de plis récents (traits pointillés) (Pavoni & Roth, 1990).

La géométrie des plis et chevauchements est aujourd'hui interprétée de manière simple en termes de plats et de rampes (fig. III.11). La déformation est localisée le long de décollements plats qui suivent les niveaux de faible résistance et passent au niveaux supérieurs par des rampes plus inclinées. La propagation d'un chevauchement est souvent associée à la formation de plis au niveau de l'extrémité frontale du chevauchement. Les variations de pendage des décollements impliquent également des plis dans les niveaux sous-jacents. On construit souvent les coupes en utilisant cette géométrie simple et en supposant une déformation plane sans déplacement en dehors du plan de coupe. On suppose également qu'il n'y a pas de changement de volume, et on garde

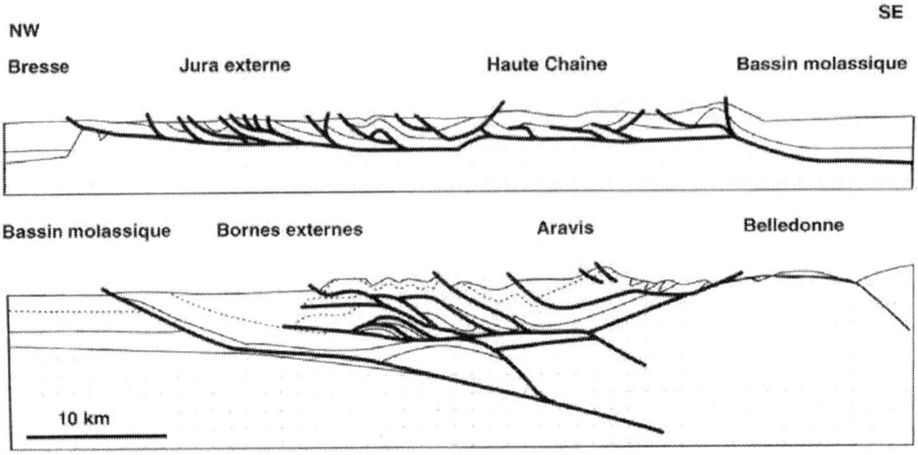

Figure III.11
Coupes équilibrées dans les chaînes subalpines septentrionales (Guellec *et al.*, 1990).

constantes les longueurs et les surfaces au cours de la déformation. Ceci permet de construire des coupes dites *équilibrées* qu'il est possible de déplier. La figure III.11 montre ce type de coupe dans la zone frontale des Alpes. Toutes ces hypothèses s'appliquent relativement bien dans les zones frontales des chaînes de montagnes qui ne montrent qu'une déformation superficielle. Elles sont beaucoup plus difficiles à appliquer dès lors que les roches sont métamorphiques et que l'on perd les repères stratigraphiques. A échelle crustale l'exercice consistant à équilibrer la coupe est intéressant mais peu contraignant car il suffit de conserver des surfaces. Cette technique devient inutile dès que l'on suspecte que la déformation n'est pas plane.

D. Zones de cisaillement ductiles

Sans détailler l'ensemble des critères donnant le sens de cisaillement dans une zone de cisaillement, j'introduirai ici les notions fondamentales permettant d'interpréter rapidement la déformation ductile sur le terrain.

Comparaison entre une zone de cisaillement au sein d'un granite et une base de coulée volcanique

La figure III.12 montre un exemple de zone de cisaillement d'échelle métrique dans le granite de Monte Cristo. Ce granite fut mis en place en contexte extensif pendant l'ouverture de la Mer Tyrrhénienne au Miocène Supérieur (voir chapitre IX). La déformation est ici très localisée le long de cette zone, la majeure partie du granite ne présentant aucune structure particulière. Cet exemple montre donc une zone de déformation dans son entier qui a accommodé la totalité du déplacement relatif entre le

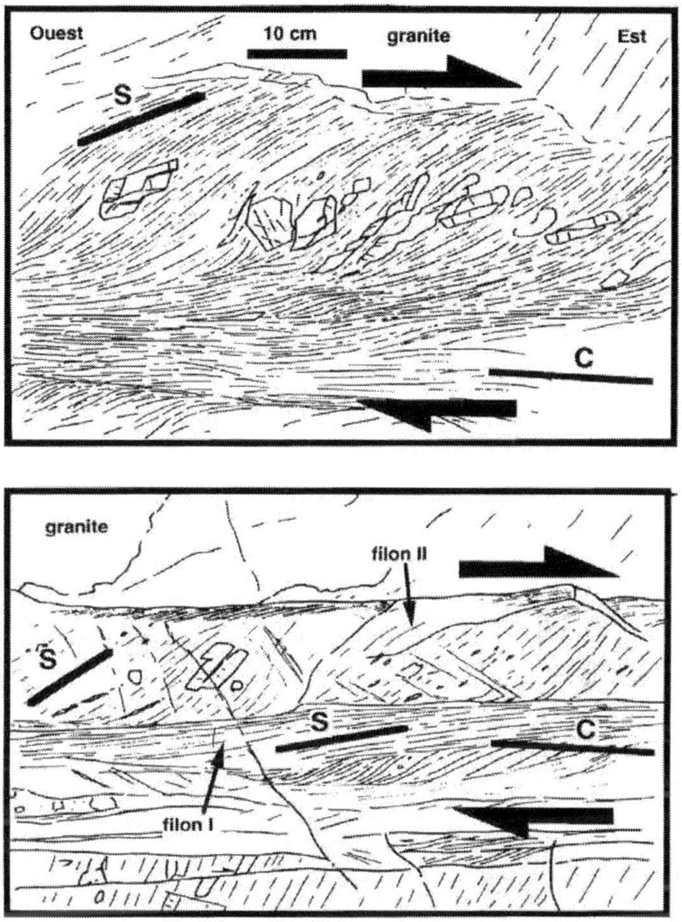

Figure III.12
Zone de cisaillement ductile dans le granite de Monte Cristo (archipel Toscan).

compartiment inférieur et le compartiment supérieur. La structure la plus évidente est ici la foliation S qui pend globalement vers l'ouest et dessine une sigmoïde. S fait d'abord un angle fort avec la zone de déformation maximale et lui devient progressivement parallèle en s'en approchant. La foliation est marquée par un aplatissement et un allongement des cristaux de feldspath. Une observation plus détaillée montre qu'il existe en fait plusieurs zones où la déformation est concentrée, et à chaque fois la foliation a le même comportement. En coupe cette structure est dans son ensemble asymétrique, la foliation étant oblique sur la zone de déformation maximale où de manière évidente la plus grande partie du déplacement a été absorbée.

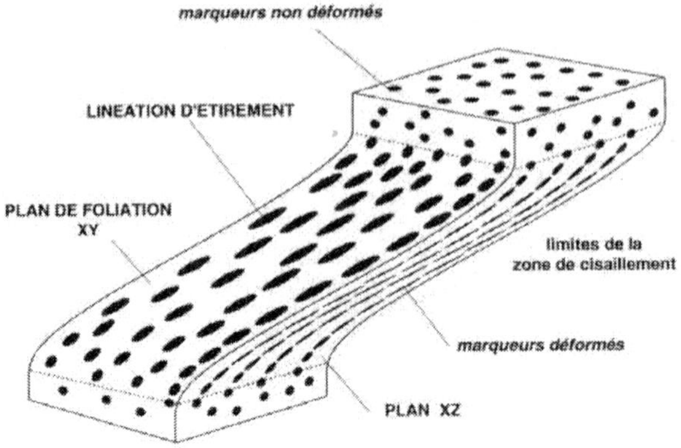

Figure III.13
Schéma tri-dimensionel d'une zone de cisaillement ductile.

En trois dimensions on constate également l'existence d'une linéation L portée par la foliation (fig. III.13). L est caractérisée par l'allongement des feldspaths et de fibres de quartz. La direction de la linéation est ici E-W. En termes d'ellipsoïde, L marque ici le grand axe X de la déformation finie, et S est perpendiculaire au petit axe Z.

La même zone de cisaillement a été réutilisée par des injections tardives de matériaux chauds (fig. III.12), ici une brèche hydraulique contenant les mêmes feldspaths que ceux du granite. Plusieurs injections successives ont eu lieu, les plus récentes étant moins déformées que les premières. La même injection montre parfois une structure équante, et parfois une foliation assez discrète qui présente les mêmes caractéristiques que la foliation décrite plus haut. Ces injections répétées sont des événements rapides qui découpent le processus de déformation en époques distinctes.

Nous interpréterons ces structures après avoir étudié un exemple totalement différent, celui de la base d'une coulée de lave. L'exemple choisi est celui d'une coulée de basaltes mise en place au Miocène sur la marge de la Mer du Japon (chapitre VIII). La stratification d'ensemble est horizontale (fig. III.14), la lave a coulé sur un plan grossièrement horizontal. L'ensemble de la coulée est parsemé de trous de forme plus ou moins régulière, qui sont autant de bulles de gaz. Vers la base de la coulée les bulles ont été déformées pendant l'avancée de la coulée sur son substratum froid qui produit un gradient de vitesse d'écoulement donc un cisaillement important parallèle à la base. La déformation est concentrée dans la base de la coulée et est maximum près de la base.

Les bulles originellement sphériques sont de parfaits marqueurs passifs de la déformation. On constate un changement progressif de forme des bulles vers la base de la coulée. Dans le plan d'observation vertical 1, de circulaires elles deviennent elliptiques et le grand axe de l'ellipse se couche progressivement dessinant une demi sigmoïde. Dans le même temps le rapport des axes change et le grand axe devient de plus en plus

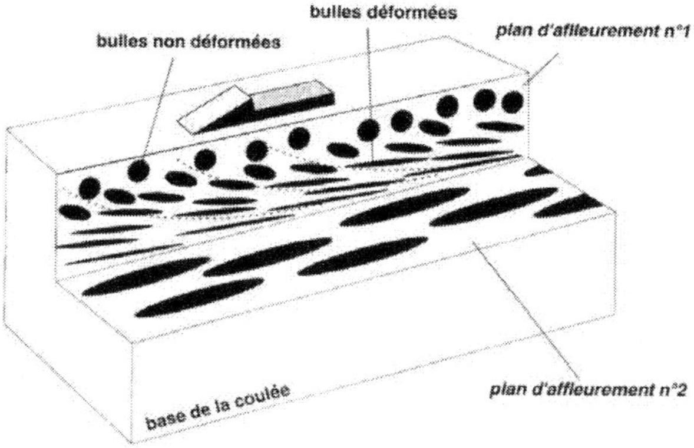

Figure III.14
Schéma de la déformation des bulles de la base de la coulée de lave décrite dans le texte.

grand devant le petit. Dans un plan d'observation horizontal perpendiculaire II, les bulles apparaissent également comme des ellipses allongées parallèlement au plan d'observation I.

Que peut-on déduire de ces observations ? Nous savons que le contexte général est celui d'un cisaillement simple parallèle à la base de la coulée. Reprenons la géomé-

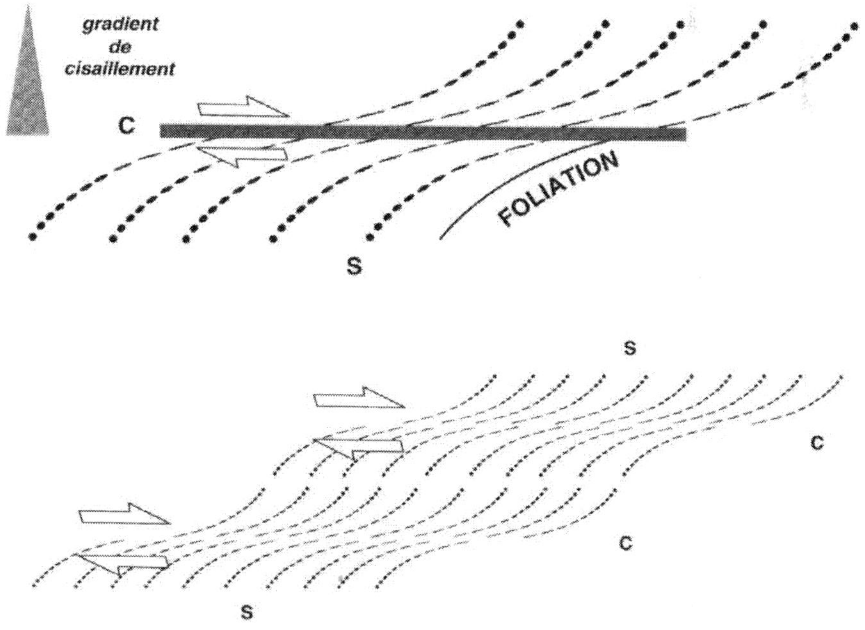

Figure III.15
Relation entre foliation (S) et plans de cisaillement (C).

trie du cisaillement simple évoquée plus haut (fig. III.15). En deux dimensions, l'ellipse de la déformation est allongée selon un axe oblique sur la direction de mouvement, l'angle diminuant quand le cisaillement augmente et le rapport des axes change. En supposant ici que la zone de cisaillement maximal est située vers le bas de la coulée, on constate qu'en effet le changement de forme des bulles vers le bas reproduit l'évolution de la géométrie de l'ellipse quand le cisaillement augmente, dessinant la demi-sigmoïde. On peut déduire de ces observations un sens de cisaillement et donc un sens de mise en place de la coulée.

En trois dimensions, le grand axes des bulles X est parallèle à la projection de la direction de cisaillement sur le plan de mouvement, et les bulles s'allongent dans un plan qui est toujours perpendiculaire à Z, le petit axe.

On peut interpréter la zone de cisaillement du granite de Monte Cristo de la même manière. On observe en effet les mêmes caractéristiques géométriques, si ce n'est qu'ici les deux compartiments, de part et d'autre de la zone de cisaillement sont déformés également, donnant une sigmoïde complète. Les cristaux de feldspath sont allongés selon X, *linéation d'étirement*, et aplatis selon S, *foliation*, qui dessine la sigmoïde. Par comparaison avec l'exemple précédent on en déduit un sens de cisaillement vers l'est. De manière générale on observe donc que la linéation représente le grand axe X de l'ellipsoïde de déformation finie, et S le plan d'aplatissement maximum XY perpendiculaire à Z. La linéation d'étirement donne la direction de cisaillement et les critères d'asymétrie de la structure (ici le sens de la sigmoïde) donne son sens. Le plan des zones de cisaillement contiennent la direction du mouvement et sont obliques sur la foliation (fig. III.15). On nomme en général les plans de cisaillement plans C.

Les injections successives dans le granite de Monte Cristo inégalement déformées possèdent les mêmes caractéristiques structurales. On en déduit que le cisaillement s'est produit pendant leur mise en place, les premières étant plus déformées que les suivantes. On a là un exemple de *déformation progressive*.

Dans ces deux exemples la déformation se résume à un cisaillement simple. Nous verrons plus loin d'autres exemples où une composante significative de cisaillement pur se rajoute au cisaillement simple. Notons toutefois que la composante en cisaillement simple est la plus importante à connaître car c'est elle qui détermine le sens de mouvement des unités les unes par rapport aux autres. La composante en cisaillement pur devient importante ou prépondérante dans certains cas d'extension que nous traiterons en détail (chapitre IX).

Comme nous l'avons vu l'asymétrie de la structure finie est reliée au sens de cisaillement. Mais un problème d'échelle se pose alors : la structure observée, asymétrique à une échelle donnée le reste-t-elle à une échelle plus vaste ? On peut illustrer ce problème de manière schématique par la figure III.16. Sur certains affleurements on n'observe qu'une seule famille de bandes de cisaillement qui confèrent une asymétrie

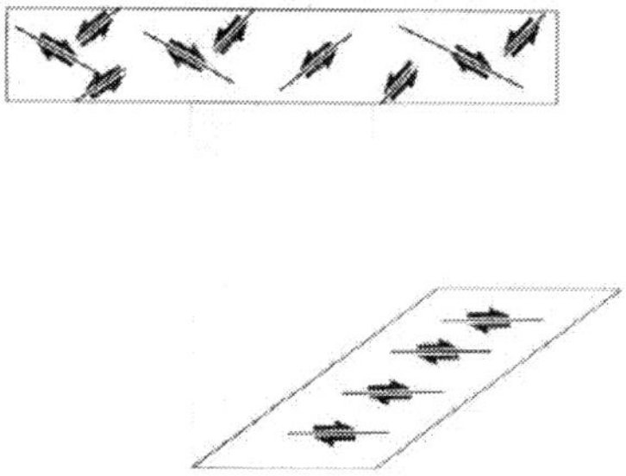

Figure III.16
Symétrie ou asymétrie de la structure finie et régime de déformation.

au système et permet de déduire un sens de cisaillement à l'échelle de cet affleurement. Certains affleurements montrent les deux familles, en densité plus ou moins égales. Dans ce cas on en déduira non plus un sens de cisaillement mais on fera intervenir une forte composante de cisaillement pur. Comment extrapoler ces conclusions à l'échelle de la région étudiée puisqu'il est impossible de recenser toutes les bandes de cisaillement ? Seule une carte des structures à l'échelle de la région permet de passer d'une échelle à l'autre (voir plus loin dans le même paragraphe). Nanti de ces notions simples on peut interpréter la plupart des exemples de déformation ductile.

Transfert d'échelle

L'exercice suivant consiste à intégrer ces données de direction et sens de cisaillement à l'échelle de la région étudiée. Ce transfert d'échelle est fait par l'intermédiaire d'une carte des microstructures montrant l'évolution dans l'espace de l'ellipsoïde de la déformation finie. Une carte des trajectoires de foliation et une carte des trajectoires de linéation avec les sens de cisaillement donne une image complète du «*champ de déformation finie*». La cohérence de la déformation sur une grande surface permet de déduire qualitativement un régime de déformation, en termes de direction et sens de cisaillement pour l'ensemble du massif. La carte permet de ne prendre en compte que les faits majeurs de la déformation et d'oublier certaines perturbations locales de ce champ. La carte permet également de visualiser les domaines qui ont localisé le cisaillement.

L'exemple classique des nappes helvétiques est particulièrement frappant (fig. III.17). La carte montre non seulement la direction du grand axe de l'ellipsoïde mais également sa forme générale au sein du système de nappes. Une direction NO-SE générale se dégage. En coupe une géométrie plus précise apparaît montrant des ellipsoïdes très allongés le long des contacts de nappes, et une forme générale en sigmoïde des trajectoires de linéation. L'asymétrie de la sigmoïde donne le sens de cisaillement,

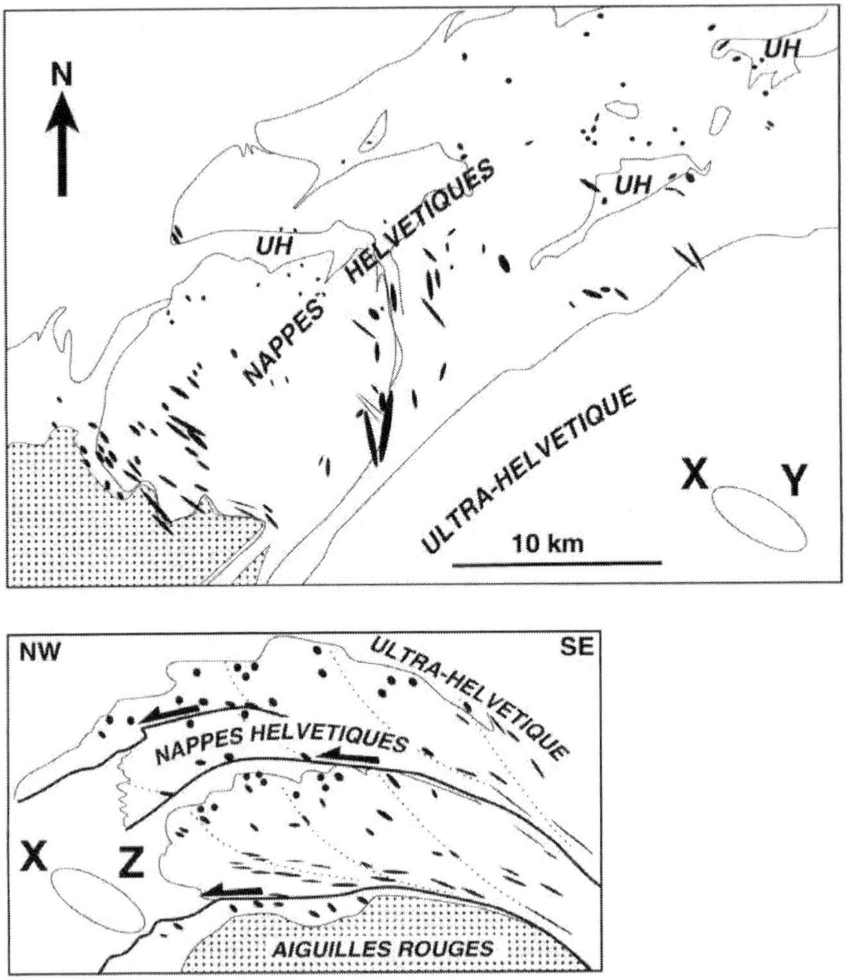

Figure III.17
Champ de déformation des nappes helvétiques. Les ellipses noires représentent la projection sur le plan horizontal de l'ellipsoïde de la déformation finie déterminé d'après des marqueurs structuraux. Le même champ de déformation en coupe montre le caractère cisaillant des contacts de nappes (Ramsay & Huber, 1989).

ici vers le NO, sans qu'il soit besoin d'étudier localement le sens de cisaillement sur chaque affleurement mesuré.

On peut également reporter simplement la direction de linéation et le sens de cisaillement sans donner d'indication cartographique de la forme de l'ellipsoïde. On suppose alors que l'ensemble de la zone déformée est une zone de cisaillement, et on

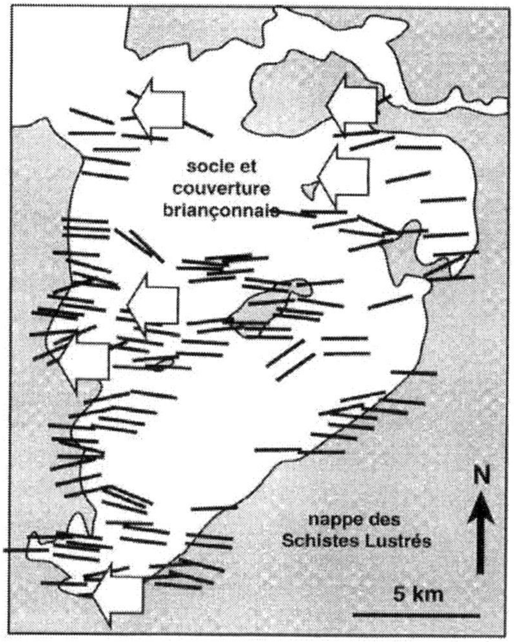

Figure III.18
Champ de déformation dans le Massif d'Ambin (Alpes occidentales). Chaque barre noire représente la direction du grand axe de l'ellipsoide de déformation finie. Les grosses flèches blanches représentent le sens de cisaillement régional (déplacement du compartiment supérieur) (Malavieille, 1982).

cherche la direction et le sens de cisaillement par des observations locales. Le contact entre la nappe des schistes lustrés et les nappes briançonnaises sous-jacentes dans le massif d'Ambin est très clair (fig. III.18). La linéation est très constante en direction et le sens de cisaillement également constant vers l'ouest. On en déduit un sens de cisaillement pour l'ensemble du contact entre les deux unités.

Cet exercice pratiqué à l'échelle des Alpes montre une grande constance de la direction d'étirement, radiale par rapport à la chaîne (fig. III.19). On considère alors l'ensemble de la chaîne alpine comme une vaste zone de cisaillement. Pourtant, une observation détaillée de cette carte montre un certain nombre de directions perpendiculaires à la direction générale particulièrement dans les zones internes. Ces linéations «anormales» correspondent elles à du bruit qu'on ne doit pas prendre en compte ou bien à une autre phase de déformation ? L'étude conjointe de la déformation et du métamorphisme montre qu'il s'agit de deux champs de déformation superposés, séparés dans le temps, et associés à des conditions pression-température différentes (voir chapitre IV).

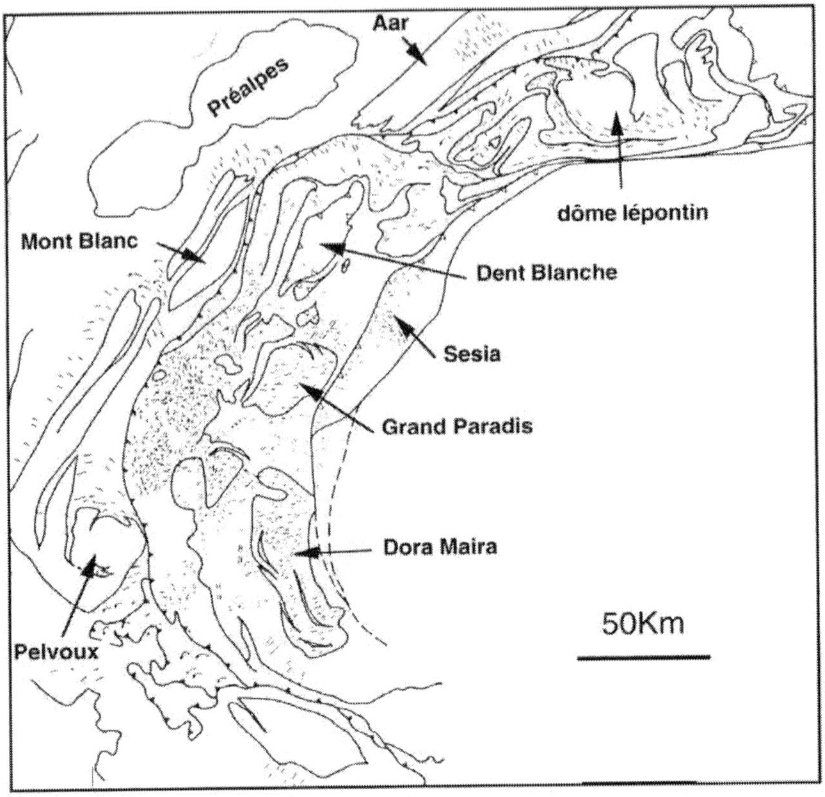

Figure III.19
Champ de déformation des Alpes occidentales (Choukroune *et al.*, 1986).

E. Rotations autour d'axes verticaux

Une autre composante du tenseur de déformation régional peut être fournit par le paléomagnétisme qui permet de reconnaître les rotations autour d'axes verticaux. Ces études intéressent surtout la croûte supérieure où le métamorphisme n'a pas effacé les directions du magnétisme rémanent. De nombreux exemples montrent des rotations très importantes de blocs de croûte supérieure en quelques millions d'années.

Un des exemples frappant est celui de la faille du Levant (fig. III.20). De nombreuses mesures montrent une déviation de la déclinaison dans le sens antihoraire ou horaire par rapport à la direction attendue pour l'époque de formation de la roche. C'est une caractéristique générale des zones décrochantes. Ce qui suit suppose bien entendu que soit connue indépendamment avec précision la courbe de dérive apparente du pôle magnétique pour la région considérée.

On remarque sur cette figure que les blocs ayant tourné dans le sens horaire sont limités par des failles sénestres, et que les blocs ayant tourné dans le sens antihoraire

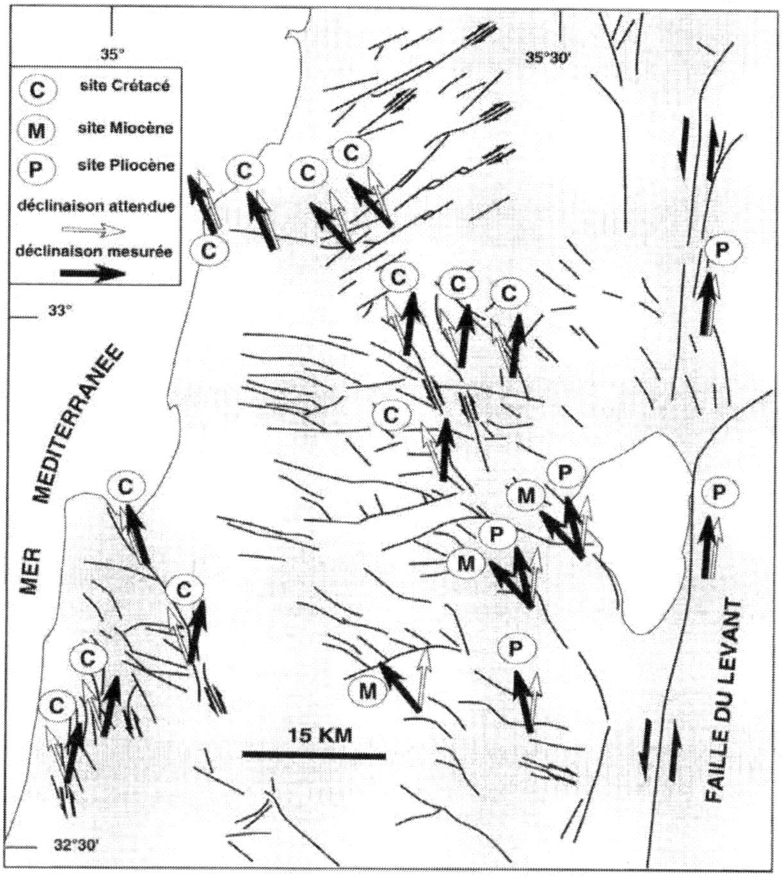

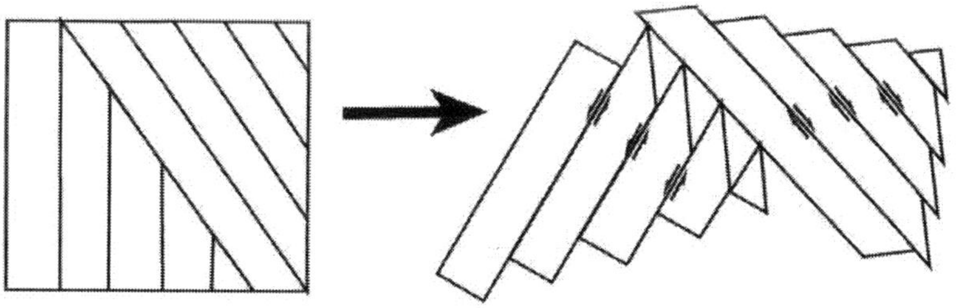

Figure III.20
Rotations paléomagnétiques dans la région de la faille du Jourdain et interprétation en terme de dominos (Ron *et al.*, 1984).

sont limités par des failles dextres. L'ensemble de ces rotations et mouvements décrochants accommodent une part du mouvement décrochant Arabie-Afrique le long de la faille du Levant.

On interprète souvent ces rotations en termes de blocs rigides glissant les uns sur les autres le long de décrochements. Le modèle le plus fréquemment utilisé est celui dit des dominos.

Nous verrons un autre exemple détaillé dans le chapitre V à propos de la faille de San Andreas. Seule une connaissance complète de la répartition des failles et leur sens, jointe à ces observations paléomagnétiques, autorise à en déduire des informations en termes de déformation de la région. Nous verrons avec d'autres exemples que le transfert d'échelle est parfois délicat dans ce cas, et que des rotations contradictoires peuvent apparaître à des échelles différentes.

Ces données sont fondamentales car ces rotations rigides font tourner l'ensemble des structures antérieures sans les distordre de manière significative, il est donc important de les remettre en position antérotation pour les interpréter.

IV

Métamorphisme et tectonique

Le tectonicien est de plus en plus souvent conduit à prendre en compte les données du métamorphisme pour contraindre en termes de profondeur et de température l'histoire tectonique qu'il propose. En fait le métamorphisme est une donnée capitale de la tectonique comme nous allons le voir dans ce chapitre, dont le but n'est pas de traiter du métamorphisme en détail, mais de montrer comment il est un bon marqueur des événements géodynamiques ayant affecté une roche. Nous supposerons connues ici les notions de base de minéralogie et de thermodynamique qui conduisent à l'établissement des diagrammes de phases et à la détermination de conditions pression-température. Nous discuterons en premier lieu des données du métamorphisme qui sont utiles au tectonicien. Nous chercherons ensuite quels chemins pression-température (P-T) on doit attendre en fonction du contexte géodynamique, à partir de quelques exemples théoriques.

Le métamorphisme des roches fournit des informations sur les domaines P-T traversés par les roches au cours de leur histoire. La température et la pression varient très vite avec la profondeur. Le *géotherme* , qui est la courbe qui relie température et profondeur, dépend très fortement du contexte géodynamique. Les mouvements verticaux de matière vont donc provoquer des variations importantes de la température et de la pression subies par les roches. Une roche enfouie à grande profondeur va avoir tendance à se réchauffer pour s'équilibrer avec le milieu environnant. La compétition entre les mouvements verticaux et la vitesse de rééquilibration conduit à des situations P-T très variables.

Une des données de base de la tectonique est que les déplacements de matière liés à la déformation sont beaucoup plus rapides que les transferts de chaleur au sein de la lithosphère. L'exemple du refroidissement de la lithosphère océanique évoquée plus haut montre qu'une période de 60 à 100 Ma est nécessaire pour atteindre un équilibre thermique. Il en est de même pour la lithosphère et la croûte continentale. Les mouvements tectoniques sont beaucoup plus rapides, puisque 10 à 15 Ma sont suffisants pour amincir et casser une lithosphère continentale lors du rifting, et quelques millions d'années seulement pour former une chaîne de montagnes culminant à 4000 m comme la chaîne de Taiwan. Cette affirmation devra cependant être modulée localement. Comme nous le verrons une lithosphère en extension rapide présente un géotherme chaud, alors qu'une zone convergente présente plutôt un géotherme froid. Le profil du flux de cha-

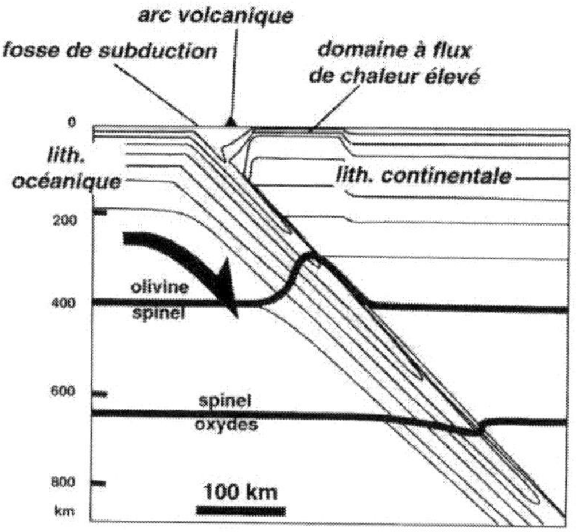

Figure IV.1
Géométrie des isothermes dans une zone de subduction (Schubert *et al.*, 1975).

leur au travers d'une zone de subduction est très symptomatique à cet égard. La figure IV.1 montre la distribution des températures au travers d'une zone de subduction le long de laquelle une plaque océanique en équilibre thermique plonge sous une plaque continentale. L'enfouissement de matériel froid à grande vitesse en profondeur le long du plan de Benioff conduit à une déflexion des isothermes vers le bas à l'aplomb de la fosse et donc à un géotherme froid. Par contre dans le domaine arrière-arc, un géotherme chaud est attendu. Cette distribution des températures est à l'origine des variations d'épaisseur de la croûte sismique évoquées dans le chapitre II.

On peut relier très facilement pression et profondeur en admettant que la pression orientée (contrainte déviatorique) liée aux mouvements tectoniques est très faible devant la pression totale, qui est elle-même à peu près égale à la pression lithostatique. On sait en effet que les roches, dans les conditions crustales, ne sont pas capables de supporter des contraintes déviatoriques supérieures à quelques centaines de bars. Sitôt atteintes ces valeurs, les roches réagissent en se déformant et relâchent immédiatement toute augmentation de la contrainte déviatorique. Les valeurs de la pression totale enregistrée dans les roches métamorphiques sont très fréquemment supérieures à 5 Kb, et peuvent atteindre 30 à 40 Kb. La pression totale ne dépend donc que du poids de la colonne de roche, et donc en première approche de la profondeur.

L' étude du métamorphisme va donc permettre de quantifier les déformations en pression et en température, et souvent de les dater par les différentes méthodes radiochronologiques. Comme nous le verrons le chemin P-T-t est significatif dans une certaine mesure de la géodynamique. Il faut bien sûr être capable de relier les observations pétrologiques et structurales. De nombreux critères que nous ne détaillerons pas ici permettent d'associer cristallisations métamorphiques et déformations.

D'autres facteurs que la pression et la température conditionnent les réactions métamorphiques et en particulier la concentration de la phase fluide, eau ou dioxyde de carbone. La position de la courbe de fusion partielle d'une roche de composition pélitique dépend par exemple de la présence ou l'absence d'eau, celle-ci facilitant la fusion. Nous avons vu de même que l'eau affaiblissait les minéraux comme le quartz et donc favorisait la déformation ductile des roches. La présence ou l'absence de fluides dans la croûte joue donc un rôle capital dans la résistance moyenne de celle-ci et dans la localisation de la déformation. Pourtant, les quantifications du rôle des fluides sont encore difficiles, et nous nous en tiendrons ici aux données de pression et de température. Nous considérerons ici que le premier ordre est sous la dépendance unique de ces deux paramètres et chercherons à relier ces variations de premier ordre au contexte géodynamique.

IV.1 Les données du métamorphisme utiles en tectonique

IV.1.1 Faciès métamorphique, grille pétrogénétique

Les faciès métamorphiques sont des domaines de l'espace pression-température limitées par des réactions métamorphiques importantes, caractéristiques de l'évolution

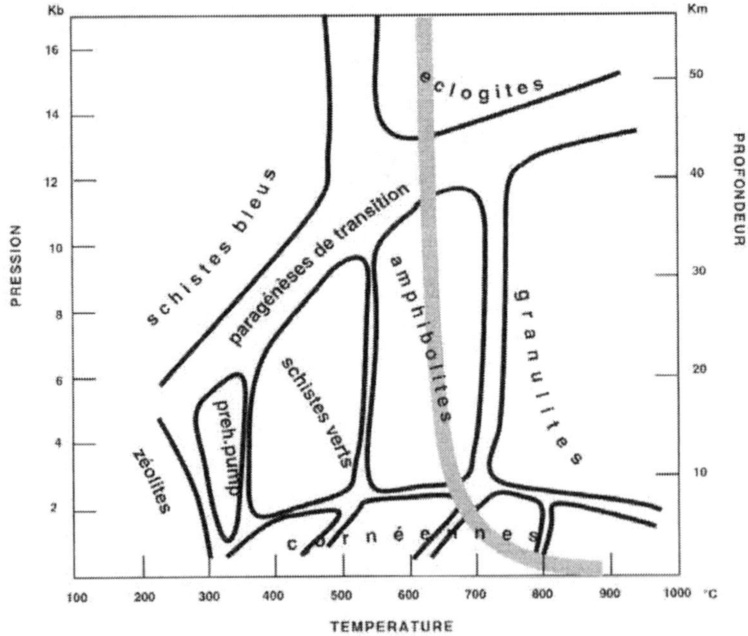

Figure IV.2
Les principaux faciès métamorphiques dans un diagramme pression-température et position du solidus granitique en présence d'eau (Yardley, 1989).

des roches basiques. La figure IV.2 montre ces différents faciès classiques et leur terminologie. Les noms de ces faciès trouvent leur origine dans le métamorphisme des roches basiques. Une pélite dans le faciès schiste bleu n'est pas bleue. Sur le terrain le tectonicien peu expérimenté dans le domaine de la pétrologie s'en tient souvent à ce vocabulaire (schiste bleu, schiste vert). Ces domaines P-T sont très vastes et on sait aujourd'hui quantifier de manière beaucoup plus précise les paragénèses métamorphiques en pression et en température.

Les différentes réactions dont les caractéristiques thermodynamiques sont bien établies permettent de positionner les paragénèses précisément dans l'espace P-T. Les roches rencontrées dans la nature peuvent enregistrer des pressions de 30 à 40 kb, et des températures de plus de 1000 °C. On rappellera ici que 1300 °C est la température rencontrée à la base de la lithosphère, et que 30 Kb correspondent à environ 100 km de surcharge. Les roches métamorphiques rencontrées sur le terrain permettent donc d'échantillonner l'ensemble de l'épaisseur de la lithosphère dans tous les contextes géodynamiques.

IV.1.2 Gradient P-T

La position d'une roche dans l'espace P-T température dépend comme nous l'avons vu de la vitesse relative des mouvements verticaux qui l'affectent et des transferts de chaleur qui tendent à rééquilibrer en permanence les isothermes. Une roche du faciès schiste bleu contenant de la lawsonite et de la jadéite en équilibre se sera rééquilibrée à, par exemple, 10 kb et 300 °C. Si on trace une droite entre l'origine du diagramme et le point représentatif de la roche, on obtient un gradient de l'ordre de 10 °C/km, ce qui est beaucoup plus faible qu'un gradient géothermique normal de l'ordre de 30 °C/km. On parle de métamorphisme haute pression-basse température (HP-BT). D'autres roches auront recristallisé le long de gradients HT-BP plus chauds que le gradient normal. Cette simple observation conduit à rechercher des contextes géodynamiques différents. Le gradient HP-BT correspond à un contexte où les roches sont emmenées en profondeur rapidement, plus rapidement que la rééquilibration thermique ne peut se faire, comme le long d'une zone de subduction.

IV.1.3 Chemins P-T-t

Les roches contiennent en général plus d'une paragénèse, et leur succession permet de construire un chemin dans l'espace P-T que la roche a suivit lors (1) de son enfouissement (chemin prograde) et (2) de son exhumation (chemin rétrograde). La figure IV.3 montre un exemple de chemin P-T obtenu dans les schistes lustrés de la fenêtre de Tauern dans les Alpes. On a pu placer trois phases de déformation sur ce chemin P-T, les deux premières correspondent au chemin prograde d'enfouissement, la dernière à l'exhumation.

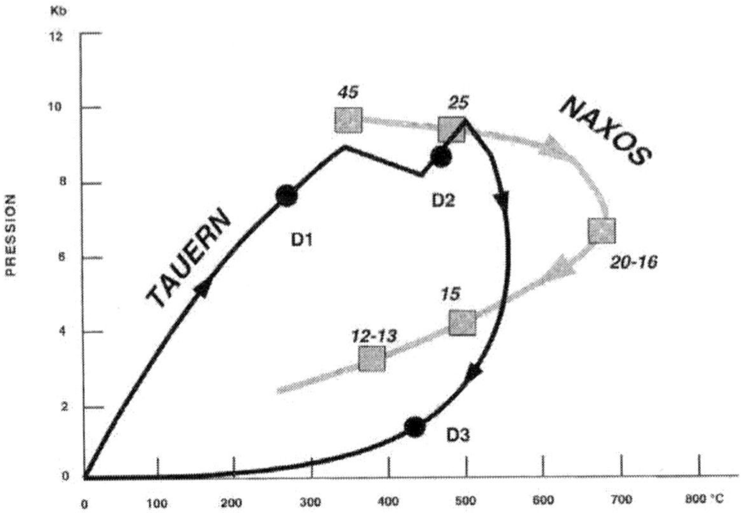

Figure IV.3
Chemins P-T de roches métamorphiques de la fenêtre des Tauern (Alpes autrichiennes) (Droop, 1985) et du dôme de migmatites de Naxos (Mer Egée, Grèce) (Wijbrans & McDougall, 1988). D1, D2, D3 représentent des épisodes de déformation reconnus sur le terrain. Les nombres représentent les âges radiométriques des paragénèses successives.

Le chemin rétrograde est souvent mieux contraint que le chemin prograde. La raison en est simple : les réactions métamorphiques voient leur cinétique accélérée par la température, et donc les réactions correspondant à la température maximale vont souvent effacer les réactions antérieures. Ceci explique que les chemins progrades soient mieux contraints dans les domaines métamorphiques HP-BT que dans les régimes plus chauds. La figure IV.3 montre également un chemin P-T obtenu dans le dôme de gneiss migmatitiques de Naxos dans le centre des Cyclades, seul le chemin rétrograde étant figuré ici (chapitre X). Sur ce même exemple on a pu positionner les différentes phases de déformation et dater certains points du chemin P-T qui devient un chemin P-T-t.

IV.2 Chemins P-T et contexte géodynamique

Nous étudierons quelques exemples régionaux en détail dans les chapitres suivants. Mais il est bon, avant de se lancer dans leur description, d'essayer a priori de prévoir des chemins P-T dans des contextes géodynamiques simples. Les résultats de cette analyse peuvent ensuite servir de guide à la réflexion sur les exemples naturels. Dans ce paragraphe nous traiterons de l'extension et de la convergence.

IV.2.1 Extension

Amincissement homogène

Le premier exemple choisi est celui de l'amincissement homogène d'une lithosphère continentale par étirement. C'est un modèle très simple qui rend très bien compte de l'évolution post-rift des marges passives. Comme nous l'avons vu, dès que la première croûte océanique est formée dans l'axe d'un rift, toute déformation cesse sur la marge qui ne subit par la suite qu'une subsidence régulière. La subsidence post-rift a été abordée de manière quantitative par D. McKenzie de manière simple et élégante. Une des observations de base sous-tendant ce modèle est que le rifting (10-15 Ma) est un événement très court par rapport à l'évolution post-rift (100 Ma). De même le rifting, donc l'amincissement lithosphérique, est très rapide par rapport aux transferts de chaleur dans la lithosphère. Partant d'une lithosphère composée d'une croûte continentale superposée à un manteau supérieur à l'équilibre thermique (la base de la lithosphère est à 1300 °C), le modèle suppose une évolution en deux temps (fig. IV.4) :

(1) amincissement instantané homogène (la déformation est également distribuée sur toute l'épaisseur de la zone amincie) de la lithosphère. *Instantané* signifie ici que la déformation est infiniment plus rapide que les transferts de chaleur. Les isothermes suivent donc les mouvements de matière. A la fin du rifting les isothermes sont resserrées à l'intérieur de la lithosphère amincie, le flux de chaleur est donc également plus élevé en surface.

(2) retour à l'équilibre thermique par refroidissement de la lithosphère et migration vers le bas des isothermes. Comme dans le cas de la lithosphère océanique, la lithosphère continentale s'épaissit en se refroidissant. La colonne finale est plus lourde que la colonne de départ parce que la proportion de manteau dense y est plus grande. La différence fait que la lithosphère refroidit possède un niveau d'équilibre isostatique plus bas que la lithosphère ante-rift. Ceci expliquant la subsidence progressive au cours du refroidissement. On parle de subsidence thermique.

On peut facilement de manière qualitative explorer le devenir en pression et température d'un certain nombre de points distribués sur une verticale dans la croûte continentale. Au départ les trois points A, B, et C sont alignés sur une droite qui représente le gradient géothermique à l'équilibre. Par souci de simplification nous supposons ici ce gradient linéaire. Après le rifting les trois points se sont rapprochés de la surface et les uns des autres proportionnellement au taux linéaire d'extension, puisque nous avons choisi un amincissement homogène. Ils se trouvent donc sur une droite dont la pente est plus faible, et qui correspond à un gradient géothermique plus fort. Puisque la déformation va infiniment plus vite que les échanges de chaleur, les points gardent une température constante, ils subissent donc une décompression isotherme. Pendant le retour à l'équilibre thermique post-rift les points choisis ne bougent pas dans l'espace mais leur température diminue régulièrement. Ils se retrouvent alors le long du gra-

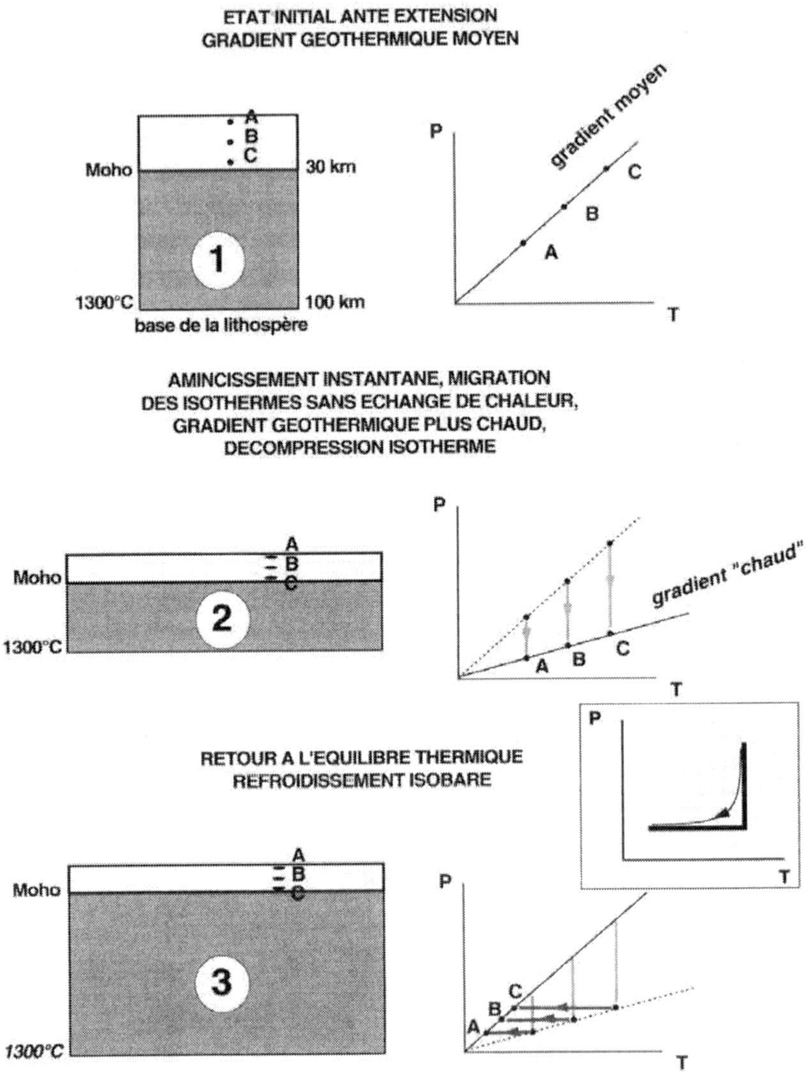

Figure IV.4
Évolution pression-température de trois points situés à différentes profondeurs dans la croûte dans le cadre du modèle d'amincissement homogène de la lithosphère.

dient thermique de départ mais plus proche les uns des autres et plus proches de l'origine. Ils ont subi un refroidissement à pression constante.

L'extension de la croûte a eu pour effet de les ramener vers la surface selon un chemin en deux temps, évoluant entre un gradient normal et un gradient chaud. Bien sûr, ce modèle est extrême et des échanges de chaleur se produisent pendant la déformation. C'est la compétition entre la tectonique et les transferts de chaleur qui donne l'allure précise du chemin P-T.

Extension et détachement

Une étude plus réaliste de l'extension demande de calculer les transferts de chaleur en même temps que les déplacements. Cela se fait pas à pas, nous n'en verrons que les résultats ici. Dans le modèle choisi comme dans de nombreux modèles du même type, on impose une cinématique des déplacements et on résout l'équation de la chaleur à chaque étape. Le modèle testé est celui d'une faille normale d'échelle crustale peu pentée (détachement) le long de laquelle les éléments du mur remontent vers la surface (fig. IV.5). On compare cette géométrie à celle de l'amincissement homogène. Nous verrons des exemples de terrain de cette géométrie dans les chapitres suivants. En amincissement homogène le chemin P-T ressemble à celui que nous avons déterminé qualitativement, il est simplement plus lisse à cause de la prise en compte des échanges de chaleur ; les roches ont donc tendance à se refroidir durant la décompression. Le chemin P-T obtenu avec le modèle avec détachement est plus rectiligne que celui obtenu en amincissement homogène et implique un refroidissement plus rapide. On peut donc espérer faire la différence entre les deux mécanismes à partir des roches

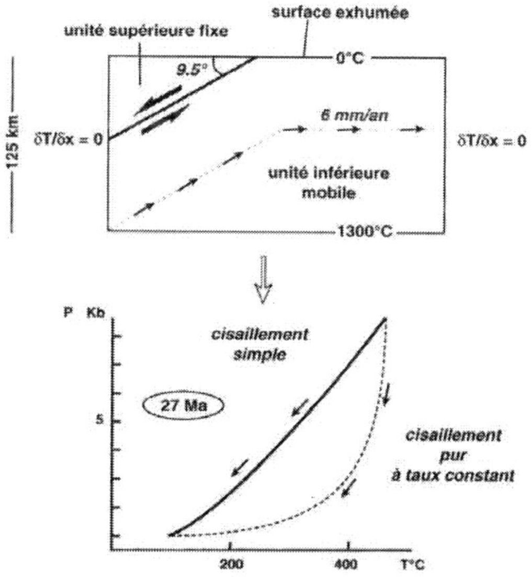

Figure IV.5
Modélisation numérique de l'évolution P-T de roches situées sous un détachement en extension (Ruppel *et al.*, 1988).

naturelles. Cette conclusion doit être tempérée par la conclusion des auteurs de cette étude qui reconnaissent que la différence entre les deux chemins P-T est peut être trop faible pour être reconnue par les moyens de la pétrologie.

IV.2.2 Convergence

Divers cas de convergence sont traités dans la littérature, subduction, chevauchement simple ou multiple, instantané ou progressif.

Chevauchement instantané

Une approche très simple consiste à considérer que le chevauchement d'une unité sur l'autre est instantané, c'est-à-dire beaucoup plus rapide que les échanges de chaleur comme dans le cas de l'extension homogène, et calculer un chemin P-T pour le retour vers la surface par érosion à un taux constant pendant la rééquilibration thermique (figures IV.6 et IV.7). Le point A dans l'unité 1 est porté instantanément en profondeur sous l'unité 2. Cet événement conduit à répéter en profondeur le gradient géothermique de surface. Il s'ensuit une rééquilibration thermique concomitante de l'érosion. Cette dernière a tendance à faire remonter A vers la surface et donc à le refroidir, alors que la rééquilibration thermique à tendance à le réchauffer tant qu'il est à une profondeur plus importante qu'avant chevauchement. Le chemin calculé dépend de la vitesse relative des transferts de chaleur et de l'érosion. Sur la figure IV.6 les

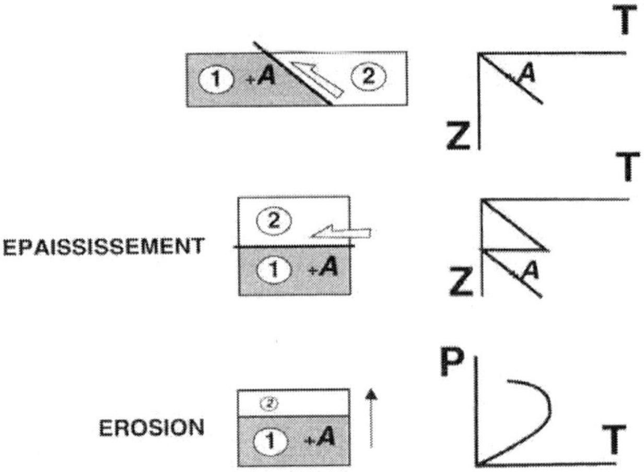

Figure IV.6
Évolution P-T d'un point situé dans l'unité inférieure après la superposition instantanée de deux unités crustales lors d'un chevauchement. On suppose le gradient thermique linéaire dans les deux unités. Le chevauchement instantané superpose les deux structures thermiques. Au début de son exhumation par érosion le point A est d'abord réchauffé par la proximité de la base de l'unité supérieure plus chaude. Il se refroidit ensuite en arrivant près de la surface (Davy & Gillet, 1986).

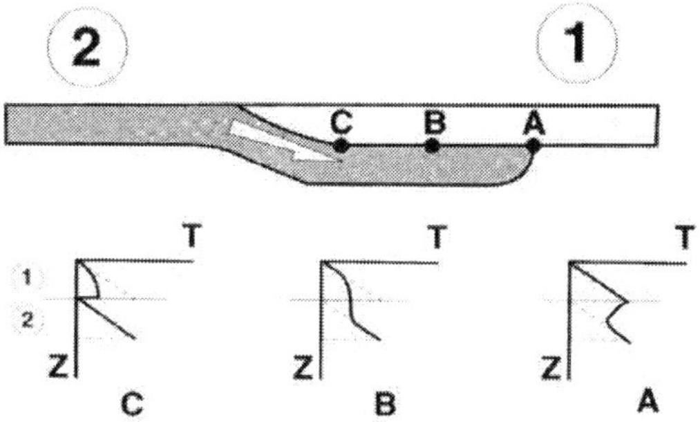

Figure IV.7
Profils de température en fonction de la profondeur en trois points de l'unité inférieure si le chevauchement n'est pas instantané (Davy & Gillet, 1986).

conditions choisies conduisent à un chemin rétrograde qui commence par un réchauffement important.

Si on introduit une troisième unité froide par sous charriage quelques 10 Ma après le premier chevauchement (fig. IV.8), le chemin P-T est modifié, et est décalé vers les basses températures brutalement au moment de l'introduction de la troisième unité. Le charriage conduit généralement à tirer les chemins P-T vers les gradients froids.

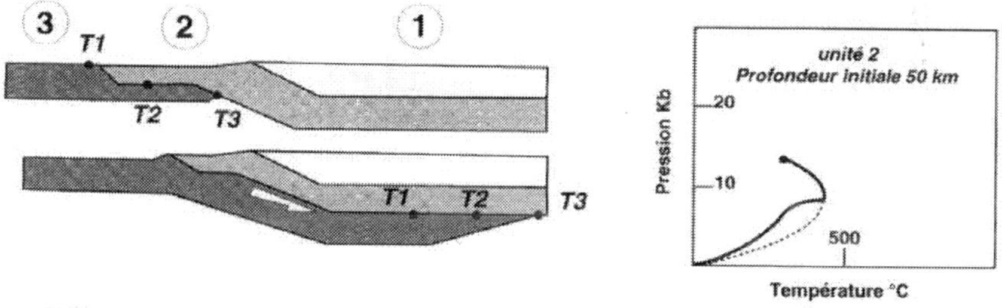

Figure IV.8
Évolution P-T d'un point de l'unité 2 pendant son exhumation lorsqu'on introduit une troisième unité sous l'ensemble au cours de la remontée. L'effet de refroidissement est très marqué dans le chemin P-T (Davy & Gillet, 1986).

Chevauchement avec transferts de chaleur

Prendre en compte les transferts de chaleur pendant le chevauchement se fait de la même manière que pour l'extension, et on peut tester différentes vitesses de chevauchements. La figure IV.9 montre la distribution des températures dans deux modèles avec deux vitesses très différentes. Le chevauchement très rapide ne fait que superposer les deux structures thermiques, le chevauchement lent défléchit seulement les iso-

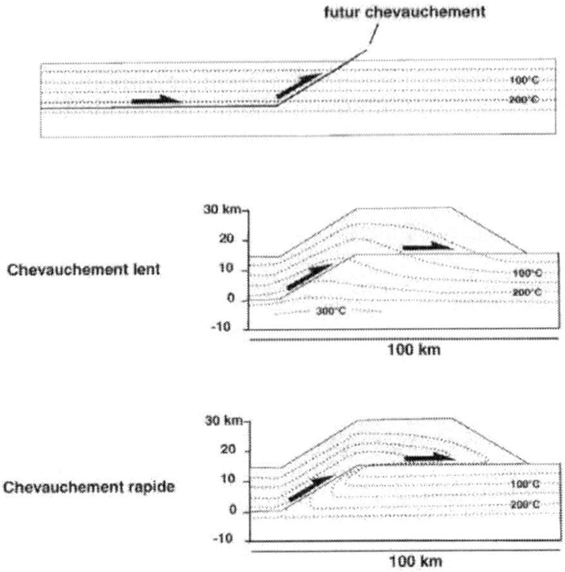

Figure IV.9
Compétition tectonique-thermique illustrée par la structure thermique à proximité d'un chevauchement à différentes vitesses de déplacement le long de la faille. Le chevauchement lent défléchit seulement les isothermes vers le haut créant localement un gradient géothermique plus faible, le chevauchement rapide superpose les structures thermiques anté-chevauchement (Shi & Wang, 1987).

thermes vers le haut le long du plan de chevauchement. Il y ici compétition entre la vitesse des transferts de chaleur et la vitesse du chevauchement. L'érosion n'est pas prise en compte dans ce modèle. Le calcul des chemins P-T montre que la prise en compte des transferts de chaleur réduit l'augmentation de température durant le trajet de retour, mais augmente la température maximale atteinte. Le modèle très rapide montre un chemin P-T très semblable au modèle instantané.

Subduction

La figure IV.10 illustre le même type de calcul pour une zone de subduction où on suppose que les matériaux crustaux sont entraînés en profondeur le long du plan de Benioff et retournent vers la surface par un mécanisme du type prisme d'accrétion. La distribution des températures est très semblable à celle de la figure IV.1. Les trajet P-T de plusieurs points ont été reportés dans un diagramme P-T avec les principaux faciès métamorphiques. Les chemins obtenus dessinent des boucles horaires qui restent le long de gradients froids, en passant par le faciès schiste bleu à glaucophane et lawsonite, très caractéristique des chaînes alpines ou péri-Pacifique.

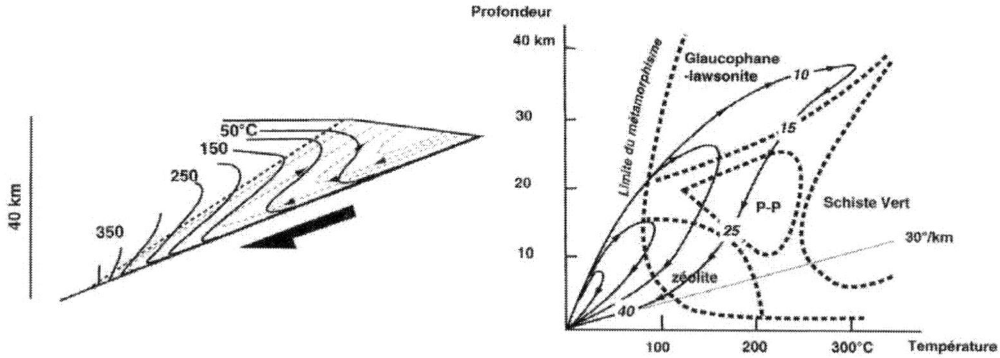

Figure IV.10
Chemins P-T au sein d'une zone de subduction. Le schéma de gauche montre le trajet des particules dans le prisme d'accrétion et la structure thermique. Le schéma de droite montre les chemins P-T de différents points emmenés à différentes profondeur, superposés aux faciès métamorphiques classiques (Wang & Shi, 1984).

IV.2.3 Modélisation quantitative d'une zone de chevauchement

La chaîne centrale de Taiwan résulte de la collision de l'arc de Luzon avec la marge continentale chinoise. La chaîne s'est construite rapidement en quelques millions d'années aux dépends de la marge continentale. La géométrie choisie par les auteurs de ce modèle est celle, très simple, d'un prisme qui s'épaissit linéairement à partir du front de chevauchement au dessus d'un décollement, poussé à l'arrière par

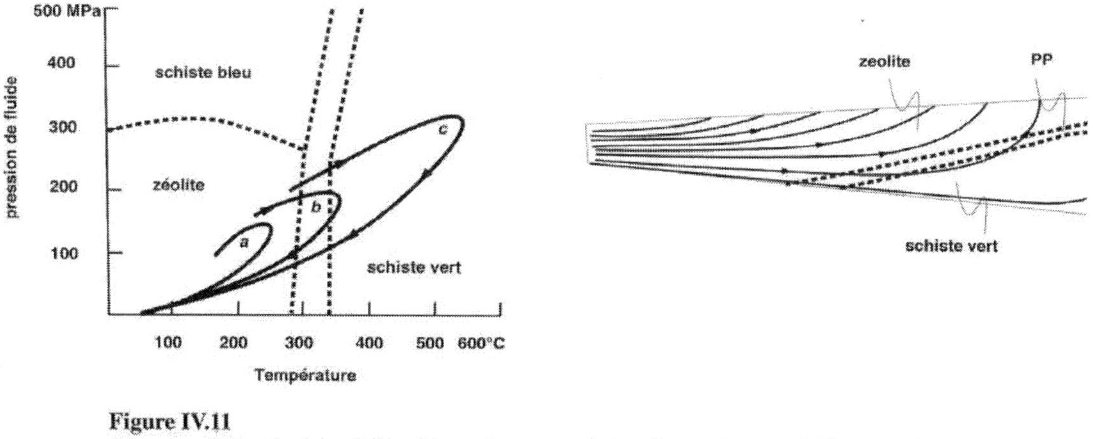

Figure IV.11
Chemins P-T et trajets cinématiques dans une chaîne de montagnes, ici Taïwan (Barr *et al.*, 1991).

l'arc de Luzon agissant comme un bulldozer. Ce modèle mécanique a été appliqué avec succès pour expliquer la mécanique des prismes d'accrétion dans les zones de subduction. Comme dans les autres modèles on impose une cinématique de déplacement des points du modèle et on calcule l'évolution thermique à chaque étape (fig. IV.11). Prenant en compte un flux de chaleur constant à la base et un apport additionnel de chaleur par frottement le long du décollement basal, on construit des chemins pression-température pour différents points du modèle. La superposition des chemins obtenus à une grille pétrogénétique montre qu'on ne passe pas dans le domaine des schistes bleus mais le long d'un gradient plus chaud. On peut déterminer également la position en profondeur des limites entre les différents faciès métamorphiques, et les transitions en surface, et les comparer à la réalité. Il y a un accord général entre le métamorphisme observé et le métamorphisme calculé. Il y a de même un bon accord entre le flux de chaleur calculé et le flux de chaleur mesuré. Le métamorphisme peut donc être utilisé également comme test d'un modèle cinématique produit indépendamment.

IV.3 Conclusions

L'étude conjointe du métamorphisme et de la déformation permet de quantifier en pression et température les épisodes tectoniques, donc d'avoir des informations sur le trajet des roches à l'intérieur de la lithosphère en cours de déformation. C'est le seul moyen de quantifier la composante verticale des mouvements tectoniques.

Le métamorphisme permet également de dater les épisodes tectoniques avec précision, là où la stratigraphie n'a plus son mot à dire. Il permet également de séparer clairement des phases de déformation, en faisant la part de ce qui est continuum de déformation et phases superposées.

L'évolution P-T-t des roches est très précisément liée à l'évolution géodynamique. En particulier nous avons pu prévoir en première approche qu'une tectonique convergente rapide sera plutôt caractérisée par un métamorphisme froid, et une tectonique extensive par un métamorphisme chaud. Cela peut nous servir de guide pour la suite, mais nous verrons également des exceptions notables.

V

Sismotectonique et déformation active

V.1 Introduction

Dans ce chapitre nous traiterons de la déformation active, non pour développer les méthodes utilisées par les spécialistes de ce domaine, mais pour montrer, sur des exemples actuels, à quelle vitesse la déformation à grande échelle se produit, comment elle est distribuée et comment on peut la relier à la cinématique des plaques avoisinantes. Nous utiliserons deux exemples de zones décrochantes très actives (1) la faille de San Andreas le long de la limite de plaque PAC-NAM et (2) le Nord de la Nouvelle Zélande, le long de la limite de plaque PAC-AUS.

Les outils à notre disposition sont variés, ils permettent d'obtenir des informations sur (1) les zones où la déformation est concentrée (sismicité, failles actives), (2) le type de déformation (failles actives, mécanismes au foyer), (3) le sens des déplacements le long de ces zones (sens de cisaillement) (géodésie, failles actives), (4) les taux actuels de mouvements (géodésie), (5) les rotations éventuelles de blocs autour d'axes verticaux (paléomagnétisme).

La figure V.1 montre quelques caractéristiques de failles actives au Tibet en contexte extensif et décrochant. L'étude des failles actives se pratique de manière tout à fait classique, mais un certain nombre d'informations supplémentaires peuvent être obtenues. On reconnaît une faille active, même si aucun séisme historique n'est connu dans la région à ce qu'elle affecte la morphologie des surfaces d'érosion ou de dépôt récentes. Il existe une compétition entre le jeu de la faille et les agents d'érosion qui tendent à effacer l'accident morphologique qu'elle introduit. En particulier les profils des cours d'eau sont déformés par les failles (décalages verticaux ou horizontaux des cours d'eau), et mettent un certain temps à retrouver l'équilibre. Ceci donne les facettes triangulaires caractéristiques des failles normales ou décrochantes, les décalages cartographiques des cours d'eau. L'état de fraîcheur de cette morphologie tectonique dépend de l'age de la déformation. Une stratigraphie détaillée du Quaternaire permet de dater précisément les jeux successifs de la faille et donc d'obtenir des informations sur les vitesses de déplacement. Ce type d'étude est fondamental pour la compréhension de la déformation active, mais ce n'est pas l'objet de cet ouvrage.

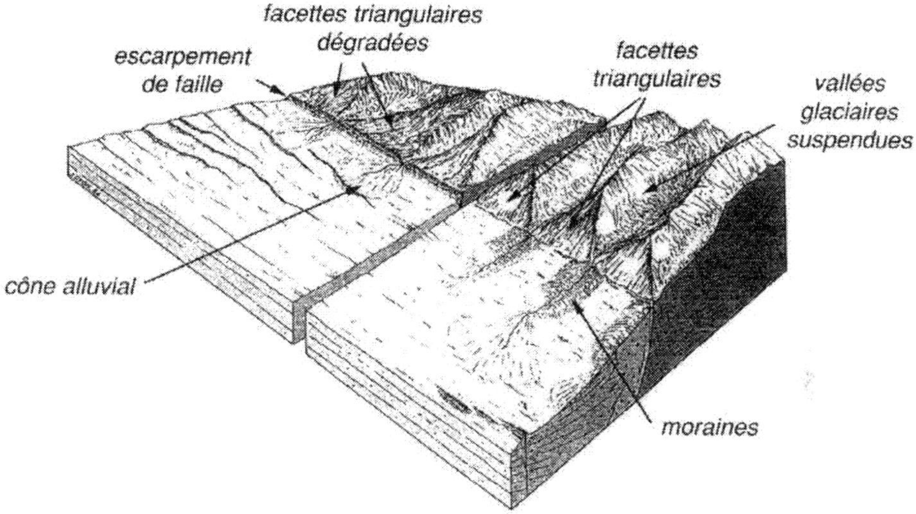

Figure V.1
Exemple de faille active et de la morphologie caractéristique du plateau du Tibet (Armijo *et al.*, 1986).

V.2 Mécanismes au foyer

Les séismes sont les outils fondamentaux pour étudier la déformation active. Ils indiquent bien sûr les zones où cette déformation est concentrée, mais également quel type de déformation y est actif. De nombreux documents que nous utiliserons par la suite montrerons des mécanismes au foyer de séismes, nous ferons donc un court rappel sur ce sujet.

Un mécanisme au foyer donne le type de mouvement à l'origine du séisme, en supposant que celui-ci correspond au jeu d'une faille sur une surface finie. Nous ne discuterons pas ici des autres mécanismes possibles à l'origine des séismes, car, pour ce qui est de la déformation crustale, c'est la formation de failles qui prédomine.

Nous discuterons tout d'abord du jeu d'une faille décrochante très théorique comme le montre la figure V.2. La figure V.3 montre un sismogramme correspondant au séisme de Loma Prieta le long de la faille de San Andreas (1989). Les deux composantes horizontales et la composante verticale du mouvement sont représentées ici. La théorie du mécanisme au foyer utilise les informations obtenues sur le premier mouvement à la station d'enregistrement pour en déduire le jeu à l'hypocentre du séisme (au foyer). Les ondes qui arrivent les premières à la station sont les ondes P, ondes de com-

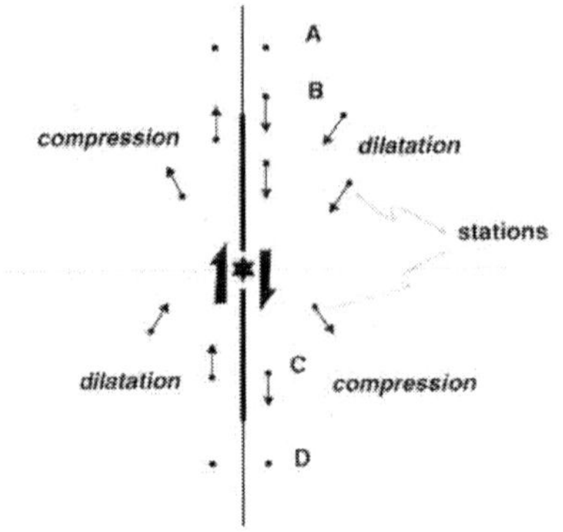

Figure V.2
Déplacements des stations d'enregistrement d'un séisme vers ou en s'éloignant de l'épicentre, et distribution en quadrants compressifs et extensifs. Le séisme est marqué par une étoile, la portion de faille activée pendant le séisme par un trait épais.

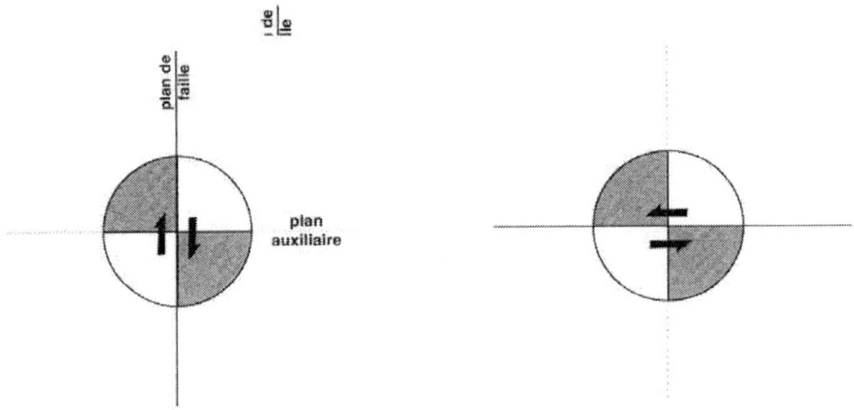

pression, suivies de près par les ondes S, ondes de cisaillement. On constate sur cet enregistrement une différence importante entre les différentes composantes. Les ondes P sont enregistrées clairement sur les composantes verticale et E-W, mais très peu sur la composante N-S. Les ondes P vibrant parallèlement à leur direction de propagation entre la source et la station, cette première observation indique que les séisme s'est produit à l'est ou à l'ouest de la station. On constate également que le premier mouvement est vers le haut sur la composante verticale, et vers l'est sur la composante E-W. Le premier mouvement de la station est donc un soulèvement et un déplacement vers l'est. La station étant située sur la côte est des États Unis et l'épicentre dans la région de San Francisco, la station s'est donc éloignée de l'hypocentre lors du premier mouvement.

Lors d'un séisme, de nombreuses stations distribuées à la surface du globe l'enregistrent, et on peut déterminer le premier mouvement de chacune d'entre elles. La distribution spatiale des stations qui s'éloignent et des stations qui se rapprochent de l'hypocentre n'est pas aléatoire mais obéit à une distribution en quadrant comme le montre la figure V.2.

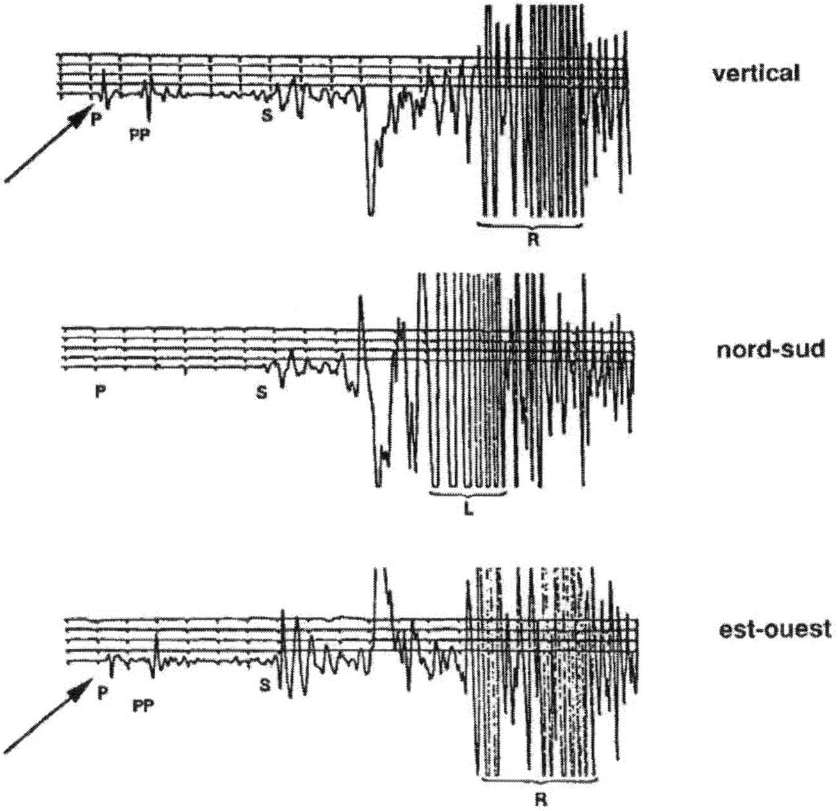

Figure V.3
Exemple de sismogramme enregistré dans une station de l'est des USA (séisme de Loma Prieta, aout 1989, Barker & Salzberg, 1990).

Cette distribution s'explique assez facilement en faisant l'hypothèse que le séisme est le résultat du jeu d'une portion de faille limitée dans l'espace. Le séisme de Loma Prieta correspond au jeu d'une portion de la faille de San Andreas que nous étudierons plus en détail dans ce chapitre. La visualisation en carte et en coupe de la sismicité de la région (figs V.4 et V.5) montre que le séisme correspond à l'activation d'une portion de la faille d'une cinquantaine de kilomètres de long sur une certaine surface, en gros limitée par la transition fragile-ductile en profondeur. Les répliques du séisme majeur remplissent exactement un espace peu sismique avant le séisme, qui n'avait donc pas joué de manière significative depuis 1969. De manière général la faille de San Andreas fonctionne de manière discontinue, et chaque séisme correspond au jeu d'une portion limitée de la faille. La figure V.2 montre une interprétation simple dans le cas d'une faille décrochante dextre : le trajet des particules suit grossièrement les chemins tracés sur la figure. La faille étant bloquée aux deux extrémités de la zone activée par le séisme, les points situés dans les deux quadrants NE et SO ont tendance à s'éloigner des points fixes situés en dehors de la zone déformée dans les mêmes quadrants, et on doit attendre un état de contrainte extensif dans ces quadrants. Les deux autres quadrants sont au contraire compressifs. On remarque que le système est le même que la faille soit nord sud ou est-ouest. Au vu de la distribution en quadrants il est donc a priori impossible de distinguer entre le plan de faille et l'autre plan, nommé *plan auxiliaire*. Seules les données de terrain montrant la faille active, ou le contexte tectonique d'ensemble, ou encore la distribution des répliques sur le plan de faille, permettent de choisir entre les deux plans.

On représente les quadrants sur une projection stéréographique qui représente le mécanisme au niveau de l'hypocentre, projetée sur la surface de la terre ou dans un plan vertical d'observation choisi (fig. V.6). On utilise souvent la convention suivante :

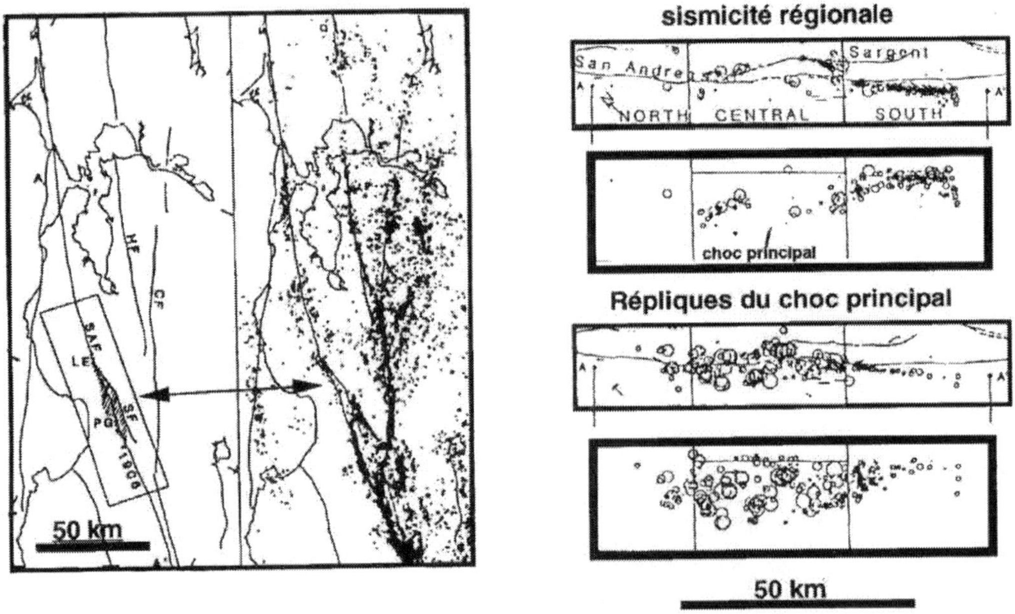

Figure V.4
Séisme de Loma Prieta, la sismicité avant et pendant le séisme en carte et en coupe parallèle à la faille (Michael *et al.*, 1990 ; Olson, 1990 ; Dietz & Ellsworth, 1990).

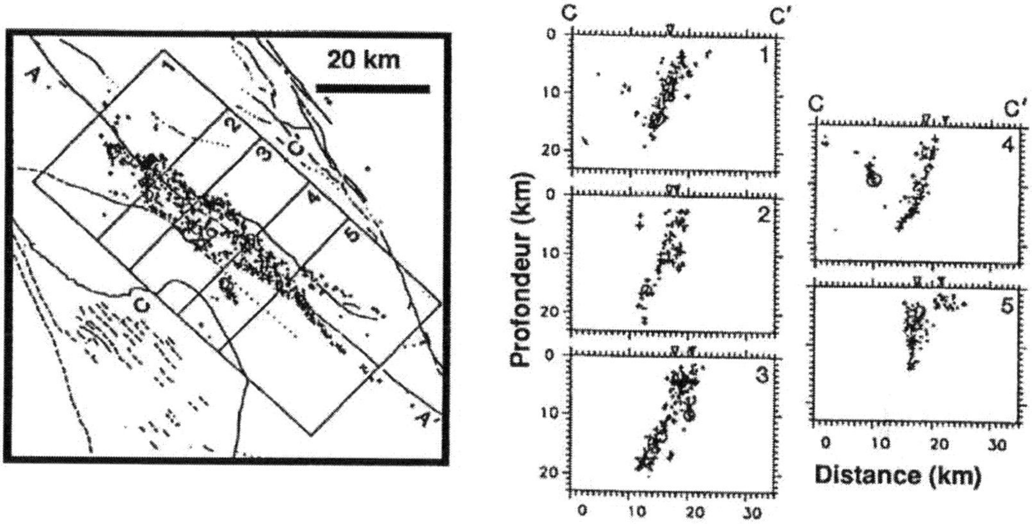

Figure V.5
Distribution des répliques du séisme de Loma Prieta en coupes perpendiculaires à la faille de San Andreas ((Michael *et al.*, 1990 ; Olson, 1990 ; Dietz & Ellsworth, 1990).

les quadrants compressifs sont blancs et les quadrants extensifs en noirs. La figure V.7 montre différents types de mécanismes au foyer, en faille normale, inverse ou décrochante.

On remarquera que la contrainte compressive maximale σ1 se trouve dans la cadran extensif. On doit faire attention à cette ambiguïté apparente, et savoir que l'on raisonne ici en termes de déformation et non de forces. Si dans une région vaste on n'a que les mécanismes au foyer et pas les failles, on peut utiliser les mécanismes au foyer pour déterminer de manière grossière le champ de contrainte, en supposant que σHmax se trouve le long de la bissectrice des deux plans nodaux dans le cadran extensif. En combinant plusieurs mécanismes au foyer sur la même région on peut encadrer assez précisément la direction de σ_{Hmax}.

Cette technique a été utilisé à grande échelle pour obtenir une carte du champ de contrainte actuel à la surface du globe. La figure V.8 montre la carte obtenue par Zoback et al. (1989). Plusieurs types de données ont été utilisés comme les mécanismes au foyer, les mesures de contraintes in situ, les données de puits de forages et les données géologiques, mais sur la carte obtenue 50 % des données correspondent à des mécanismes au foyer. On peut tirer plusieurs enseignements de cette carte :

(1) la direction de σ_{Hmax} (σ_1 ou σ_2) est constante sur des surfaces très vastes (l'est des États Unis, l'ouest de l'Europe par exemple),

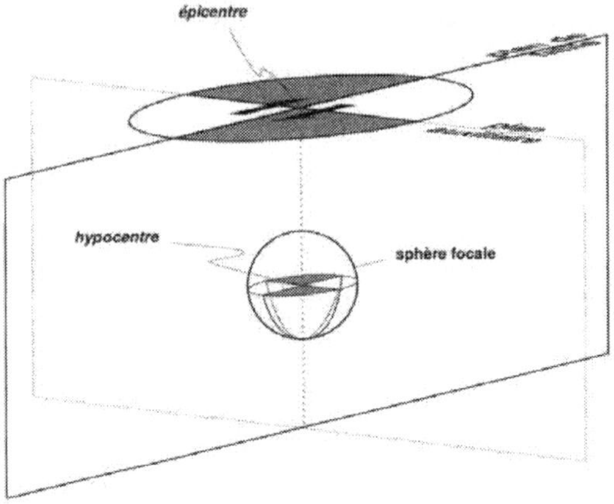

Figure V.6
Schéma de la projection sur un diagramme stéreographique de la sphère focale centrée sur l'hypocentre.

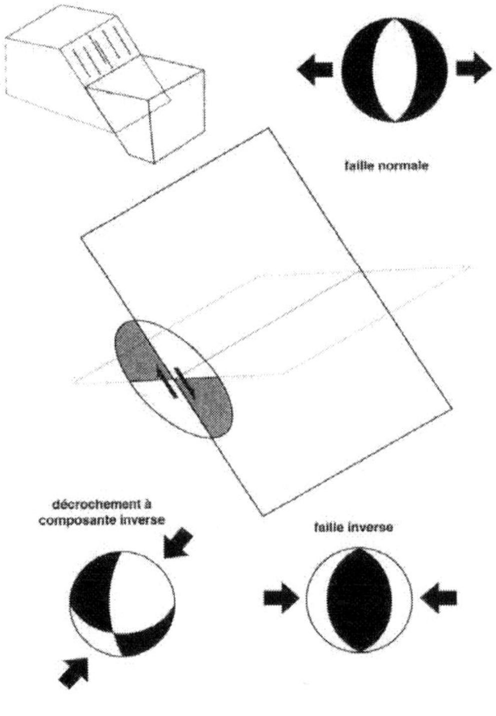

Figure V.7
Mécanismes au foyer typiques de failles normales, inverses ou mixtes.

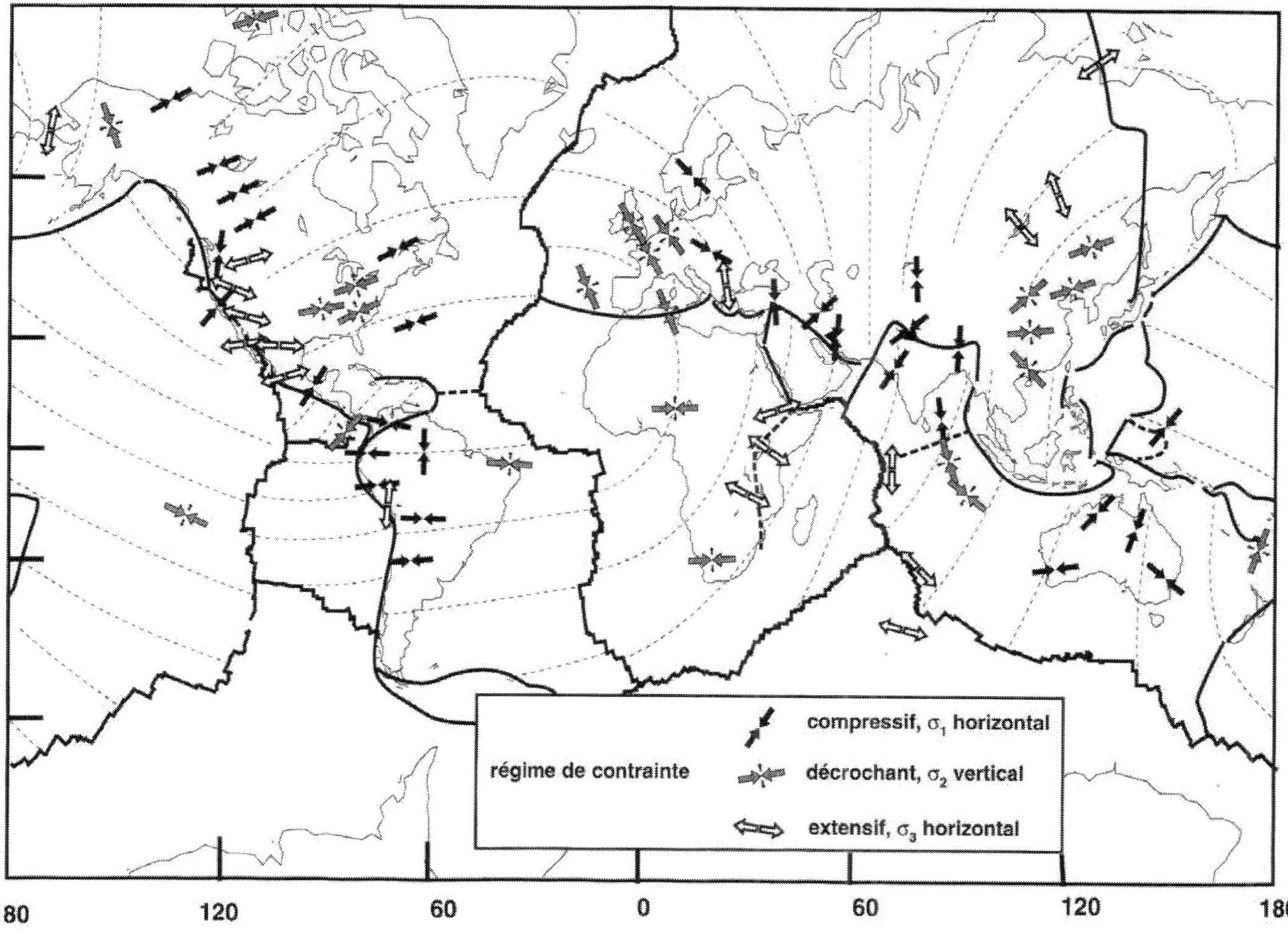

60
30
0
30
60
180
120
60
0
60
120
180
régime de contrainte
compressif, σ_1 horizontal
décrochant, σ_2 vertical
extensif, σ_3 horizontal

<
Figure V.8
Carte du champ de contrainte global (Zoback, 1992).

(2) la direction de σ_{Hmax} dans une plaque est souvent parallèle à la direction de mouvement absolu de la plaque,

(3) les régions en extension intracontinentale correspondent souvent à des domaines d'altitude élevée.

On peut également utiliser les mécanismes au foyer pour déterminer le sens du déplacement le long d'une faille connue, c'est ce que nous ferons le plus souvent par la suite.

On dispose également d'un autre type de données proche du mécanisme au foyer, le *tenseur des moments*. Il contient en plus des informations sur la position du plan de faille et du plan auxiliaire, des informations sur la magnitude du séisme, c'est à dire l'énergie mise en jeu par le déplacement relatif des blocs. Le mécanisme au foyer ne donne que le sens et la direction du mouvement. Il ne permet donc pas de raisonner en termes de déformation puisque la magnitude des déplacements n'est pas prise en compte. Le tenseur des moments permet une approche en termes de déformation. La seule information qui manque encore est la composante rotationnelle de la déformation. En (1) supposant que la sismicité représente une part significative de la déformation totale, ce qui est une approximation très discutée, et (2) en imposant la déformation sur une des frontières du modèle on peut ajouter les tenseurs des moments sur une région donnée et obtenir une image de la déformation d'ensemble, y compris la composante rotationnelle.

V.3 La faille de San Andreas

V.3.1 Contexte géodynamique et histoire cinématique

Le système de la faille de San Andreas est situé le long de la limite de plaque NAM-PAC et fait le relais entre les mouvements d'expansion océanique de la ride Est Pacifique et ceux de la ride Juan de Fuca (fig. V.9). La ride est-Pacifique pénètre le Golfe de Californie sous forme de segments de dorsale courts décalés par des transformantes dextres parallèles au golfe. Les derniers segments de dorsale sont situés à terre sous la fosse de Salton (fig. V.10) caractérisée par un flux de chaleur élevé et une grande densité de phénomènes hydrothermaux. Plus au nord, le mouvement, essentiellement décrochant dextre, est absorbé dans une zone déformée, large d'une centaine de kilomètres, et concentré le long de la faille de San Andreas proprement dite. Dans la région du Cap Mendocino la faille de San Andreas atteint le point triple Juan de Fuca-PAC-NAM où elle rencontre la fracture de Mendocino et la fosse des Cascades (chapitre I).

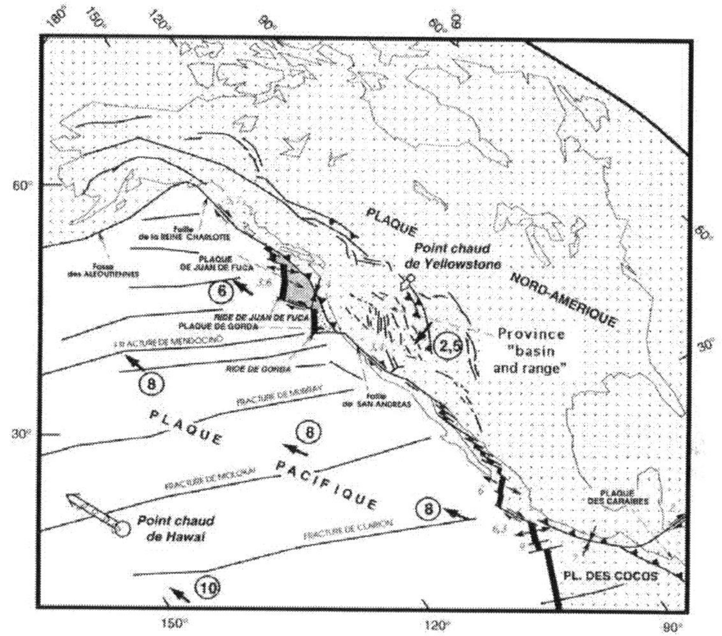

Figure V.9
Cadre géodynamique générale de la faille de San Andreas (Wallace, 1990).

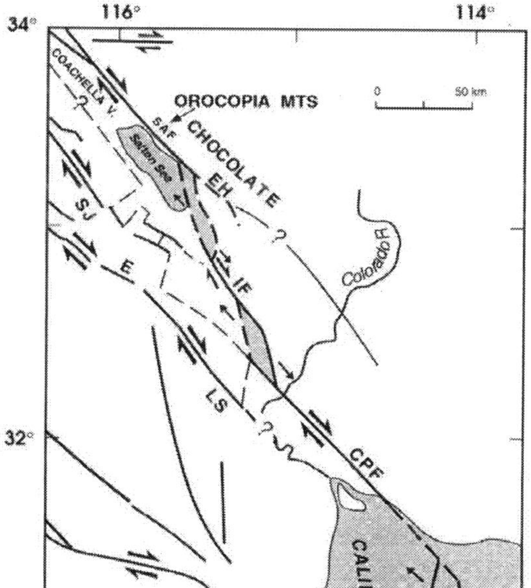

Figure V.10
La fosse de Salton et la faille de San Andreas à son débouché dans le golfe de Californie (Wallace, 1990).

Les modèles cinématiques globaux imposent un mouvement de 5 cm/an le long du système de San Andreas au cours des trois derniers millions d'années. Mais l'histoire de la faille de San Andreas remonte au Miocène inférieur (20 Ma). La figure V.11 illustre le déplacement d'un point situé aujourd'hui sur la plaque Pacifique près du cap Mendocino par rapport à la plaque nord Amérique. Trois positions correspondant aux anomalies 6 (20 Ma), 5 (10 Ma) et 3 (5 Ma) sont représentées. La direction moyenne de la faille de San Andreas est également représentée. Le point choisi s'est déplacé depuis le Miocène inférieur d'environ 850 km vers le nord parallèlement à la faille et de 180 km perpendiculairement à celle-ci, en s'éloignant de l'Amérique du Nord. On remarquera que depuis 5 Ma la composante perpendiculaire est au contraire plutôt dans le sens d'un rapprochement. On doit donc attendre une déformation extensive et décrochante (transtension) entre 20 et 5 Ma, et une déformation décrochante et compressive (transpression) pour la période récente.

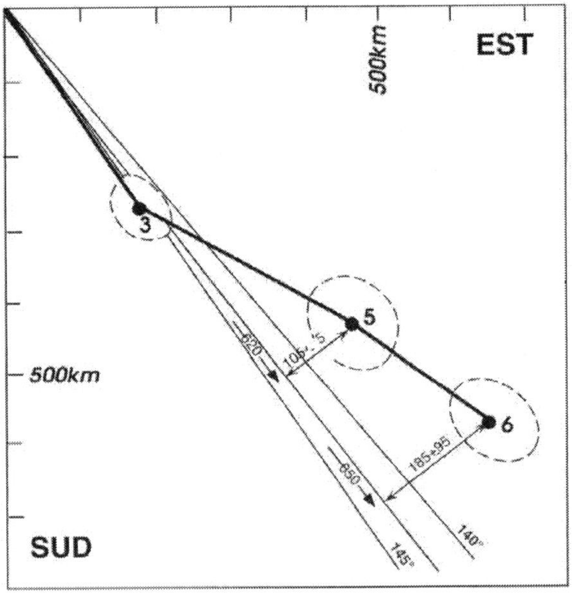

Figure V.11
Déplacement d'un point situé près du Cap Mendocino depuis 20 Ma par rapport à la plaque nord amérique (Walcott, 1993).

La figure V.12 montre l'évolution progressive de la région depuis 30 Ma. La disparition progressive par subduction de la plaque Farallon sous le continent américain est le moteur de cette histoire Miocène. Une zone de subduction continue de la plaque Farallon bordait le continent nord américain jusqu'au début du Miocène. L'arrivée d'un

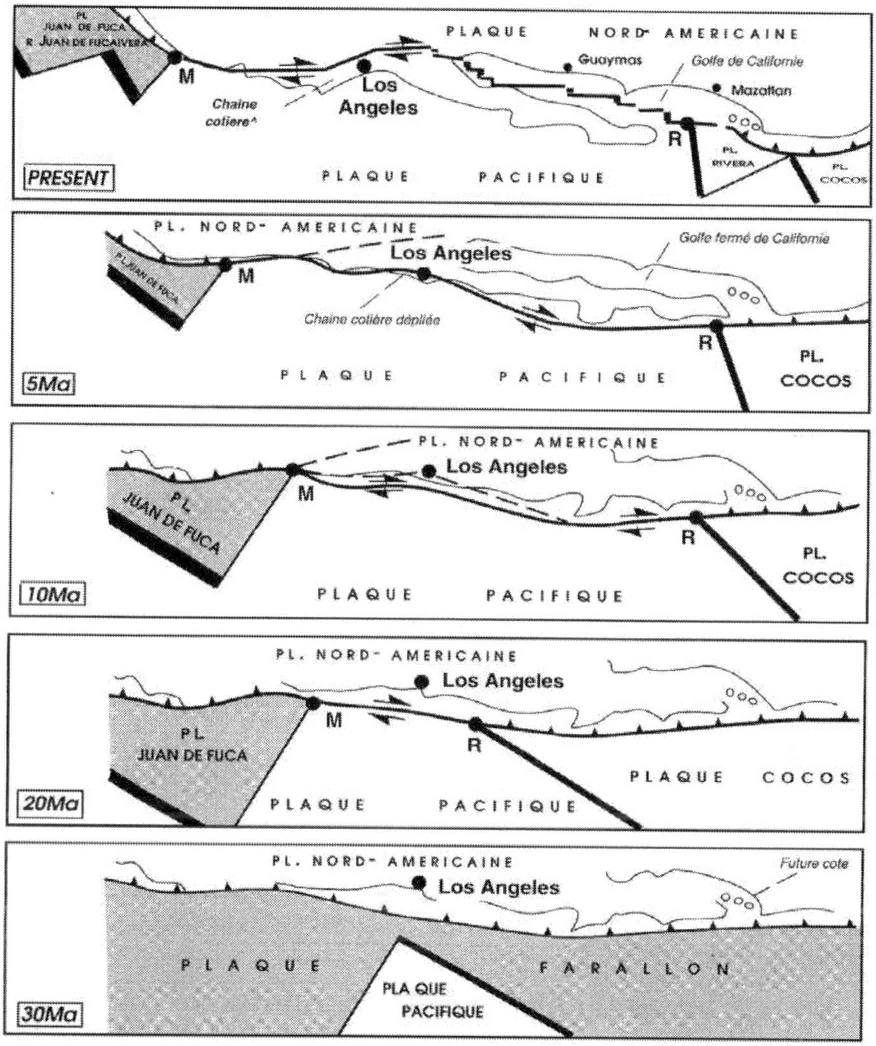

Figure V.12
Histoire tectonique du système de San Andreas depuis 30 Ma (Wallace, 1990).

coin de la plaque Pacifique dans la zone de subduction provoque la formation de deux points triples qui vont s'éloigner progressivement l'un de l'autre au fur et à mesure du déplacement de la plaque Pacifique. Ces deux points triples se trouvent aujourd'hui aux deux extrémités du système de San Andreas, près du Cap Mendocino et au débouché du golfe de Californie séparés par plus de 2000 km. Entre les deux se développe le système de San Andreas dont la longueur augmente régulièrement avec le temps.

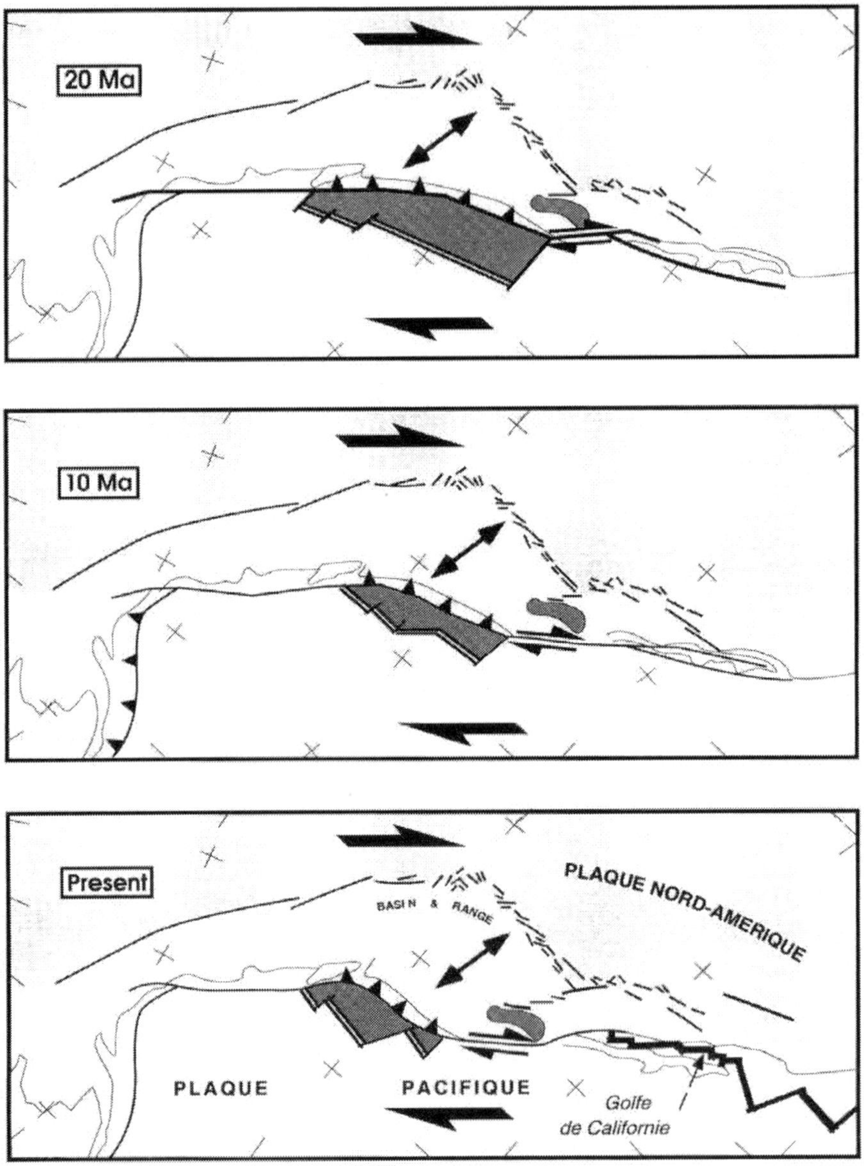

Figure V.13
Histoire tectonique du système de San Andreas depuis 30 Ma (Walcott, 1993).

Comme nous le verrons plus loin, environ 70 % du mouvement PAC-NAM est absorbé à l'heure actuelle le long de la faille de San Andreas proprement dite. Les 30 % manquants sont absorbés par des structures annexes au sein de la zone de déformation. De même, le déplacement fini depuis 20 Ma n'est qu'en partie absorbé le long de la faille de San Andreas. Sur les 850 km de déplacement parallèle à la faille on ne retrouve que 350 km (au maximum 500) sous forme de décalages mesurables d'objets ante-tectoniques. Une part significative du déplacement a été absorbée le long de failles aujourd'hui inactives et submergées. Une part significative du mouvement, et en particulier sa composante extensive a été accommodée sur une très vaste région caractérisée par une déformation extensive, le Basin and Range. La déformation extensive est ici distribuée sur une largeur d'environ 1000 km dans une zone qui borde les USA et une partie du Mexique à l'ouest. L'extension, encore active aujourd'hui, est surimposée à une tectonique compressive d'age Crétacé-Paléogène, responsable de la formation des Montagnes Rocheuses (orogène Laramien). L'extension du *Basin and Range*

Figure V.14
Le système de failles de San Andreas depuis la frontière entre la Californie et le Mexique jusqu'au Cap Mendocino (Wallace, 1990).

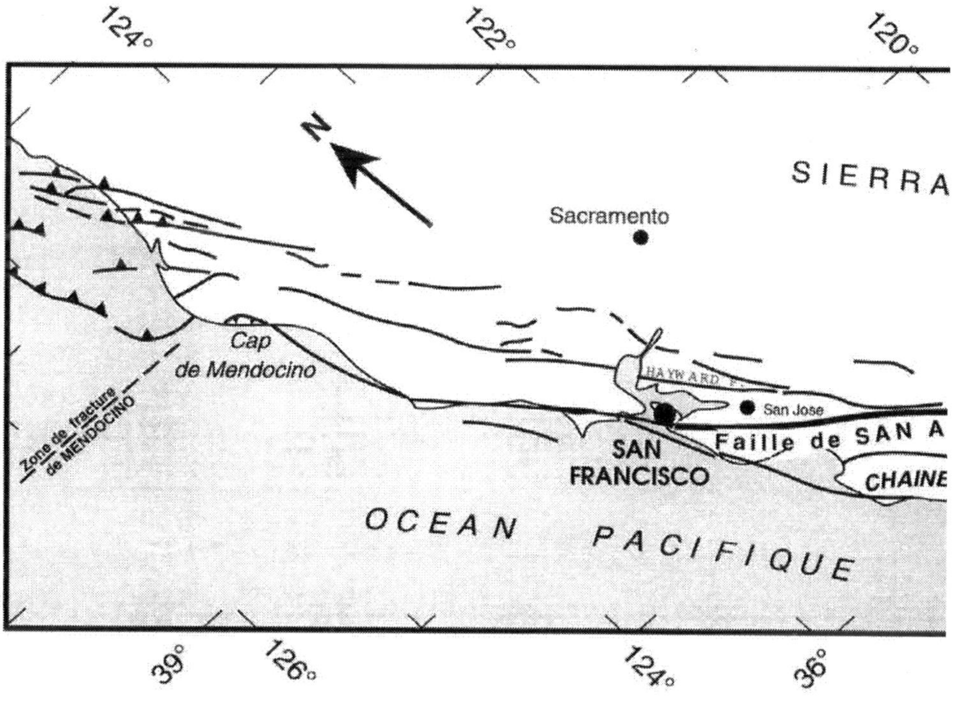

résulte de l'effondrement de cette chaîne de montagnes à partir du Miocène inférieur, vraisemblablement quand le système de San Andreas s'est initié. La figure V.13 montre comment une partie du mouvement relatif PAC-NAM est absorbée par la déformation du *Basin and Range*.

V.3.2 Distribution des failles le long du système de San Andreas

La faille de San Andreas *sensu stricto* est entourée d'un grand nombre de failles moins importantes qui toutes participent au déplacement relatif PAC-NAM. La plupart sont des failles purement décrochantes. La figure V.14 montre les failles majeures. La faille de San Andreas *ss* est continue depuis la fosse de Salton jusqu'à Point Arena près du Cap Mendocino. Sa direction n'est pas constante. Elle subit une courbure importante (Big Bend) entre le Mojave Desert et les Transverse Ranges. Dans cette région oblique sur le mouvement relatif PAC-NAM la déformation est partiellement compressive et de nombreuses structures accommodent un raccourcissement important. La plupart des autres failles de la région sont parallèles à la faille de San Andreas et sont toutes dextres. Une exception notable est la faille senestre de Garlock qui rejoint la faille majeure dans la région du Big Bend. Comme nous le verrons toutes les failles ne sont pas actives avec les mêmes taux et n'accommodent pas le déplacement de la même façon. Une part non négligeable de la déformation est accommodée en mer par

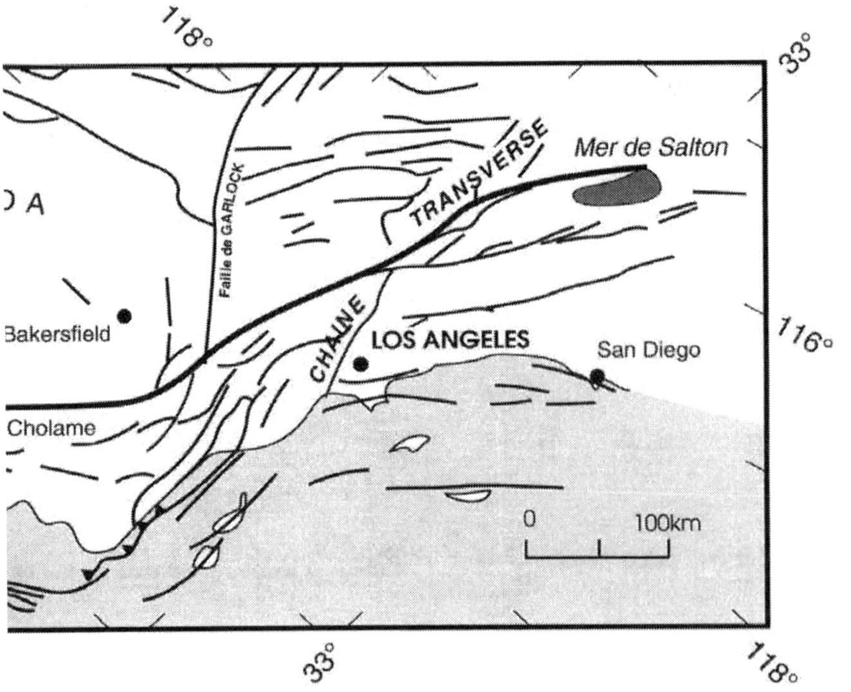

exemple dans la région de la baie de Santa Monica. La majeure partie de la déformation actuelle est concentrée le long du système de San Andreas, mais une certaine activité sismique existe dans le *Basin and Range* sous la forme de mécanismes extensifs et décrochants.

V.3.3 Sismicité

C'est sans contexte la sismicité qui illustre le mieux la déformation le long du système de San Andreas. Comme le montrent les figures V.15 et V.16, les séismes de magnitude supérieure à 1.5 entre 1980 et 1986 sont distribués très largement dans tout

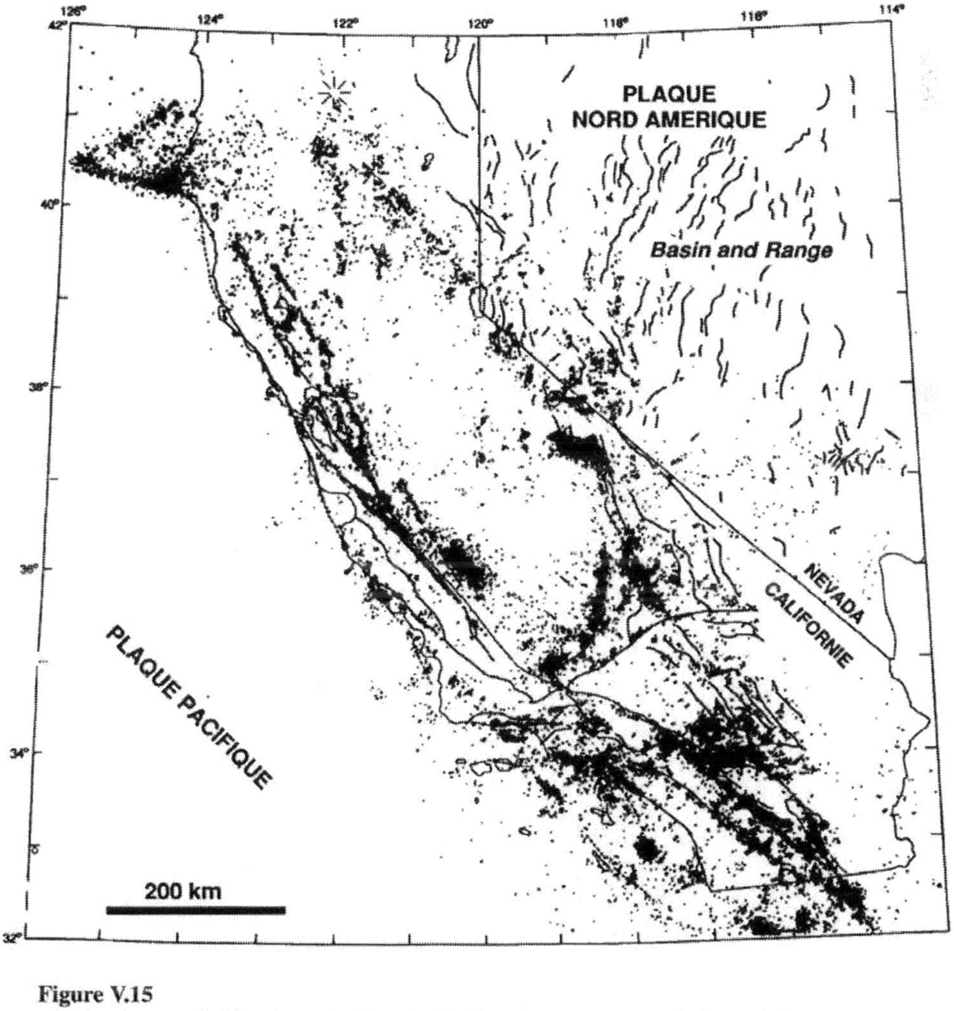

Figure V.15
Sismicité de la Californie et du Nevada (1980-1986) (M>1.5) (Wallace, 1990).

l'état de Californie et une partie du Nevada. La faible activité de la tectonique extensive du *Basin and Range* comparée à celle de la région de la faille de San Andreas est frappante.

À l'intérieur de ce domaine déformé la sismicité est par ailleurs concentrée le long de certaines failles majeures comme la faille de San Andreas ou les failles de Hayward et Maacama. Mais on observe également des groupes de séismes très importants en dehors des failles majeures comme dans la région de Coalinga.

Certaines portions de failles sont apparemment moins actives que d'autres, par exemple la partie nord de la faille de San Andreas dans la région de la baie de San

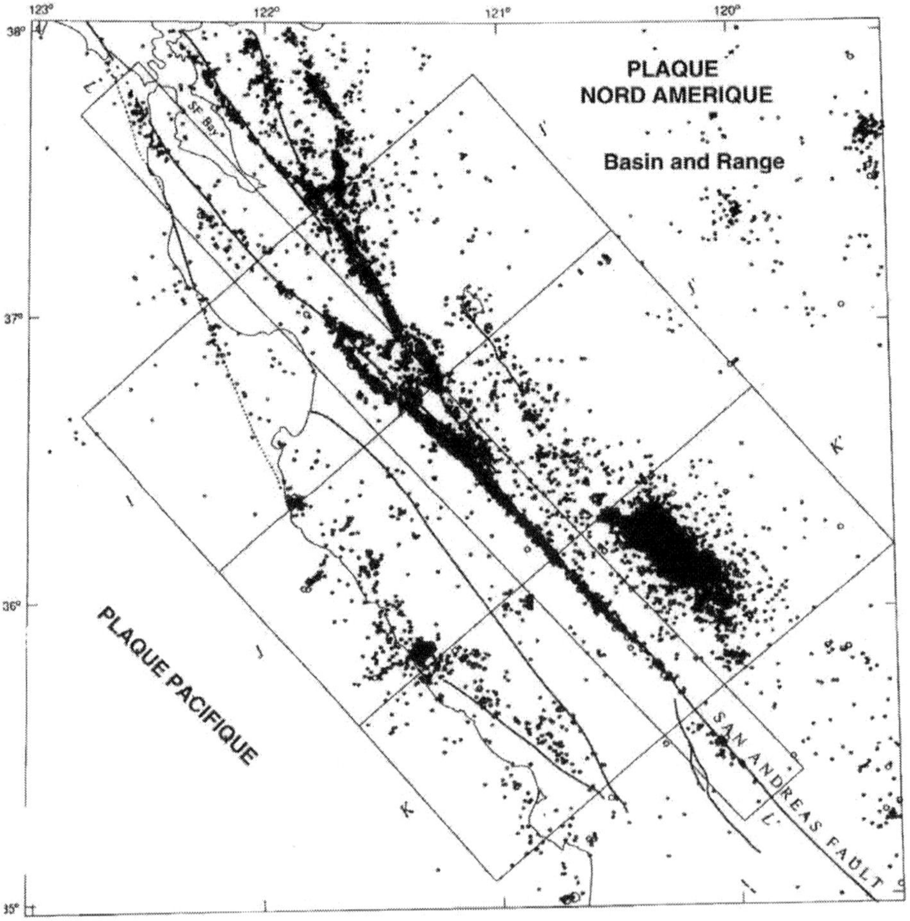

Figure V.16
Sismicité de la Californie et du Nevada. Détail de la région centrale (Wallace, 1990).

Francisco. Mais cette différence ne signifie pas qu'elle n'accommode plus de mouvement. En effets tous les séismes sont représentés sur les figures V.15 et V.16 quelque soit leur magnitude. La région de San Francisco a subi durant le vingtième siècle plusieurs gros séismes le long de la faille de San Andreas, comme celui de 1906, ou celui plus récent de 1989 (Loma Prieta). Comme nous le verrons loin, ceci traduit une différence très grande dans la manière dont le déplacement est accommodé.

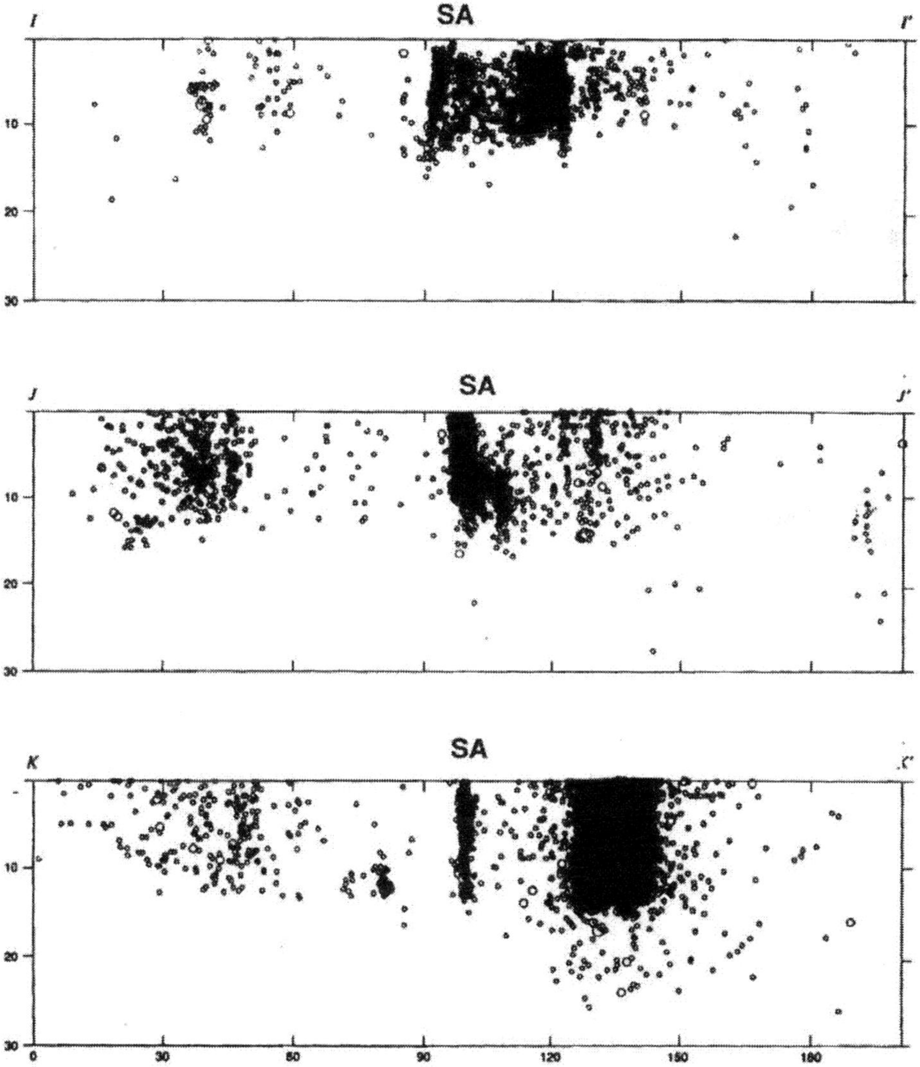

Figure V.17
Sismicité en coupe (voir aussi figure II.4 pour la coupe parallèle à la faille) (Wallace, 1990)

Les coupes de la figure V.17 montrent comment la sismicité est localisée le long de domaines de rupture verticaux dont la profondeur ne dépasse pas 15 km. Ceci est à rapprocher de la figure II.4 qui montrait les mêmes données projetées dans un plan parallèle à la faille de San Andreas et que nous avions utilisé pour illustrer la stratification rhéologique de la croûte en un niveau cassant-sismique et un niveau ductile-asismique. Ces coupes montrent également la différence entre les essaims de séismes localisés le long de la faille de San Andreas et ceux localisés en dehors comme ceux de Coalinga. Ces derniers sont distribués sur une plus courte distance parallèlement à la faille mais sur une plus grande largeur perpendiculairement à celle ci. Nous reviendrons sur leur signification un peu plus loin.

V.3.4 Mécanismes au foyers

Après avoir localisé la déformation majeure par la détermination des failles actives holocènes et la distribution de la sismicité nous devons maintenant déterminer le type de déformation qui affecte la région ; une première approche consiste à étudier les mécanismes au foyer qui sont très nombreux. La figure V.18 montre un certain nombre de ces mécanismes le long du golfe de Californie. Les portions de la limite de plaque

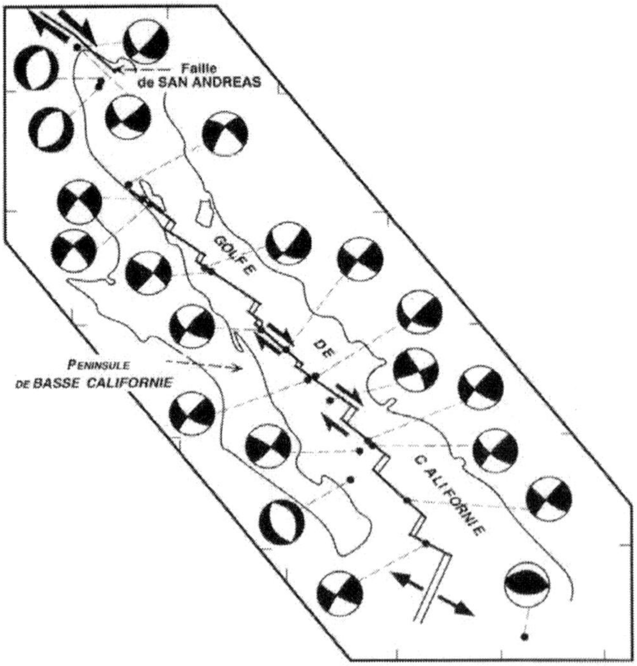

Figure V.18
Mécanismes au foyer le long du golfe de Californie (Goff *et al.*, 1987).

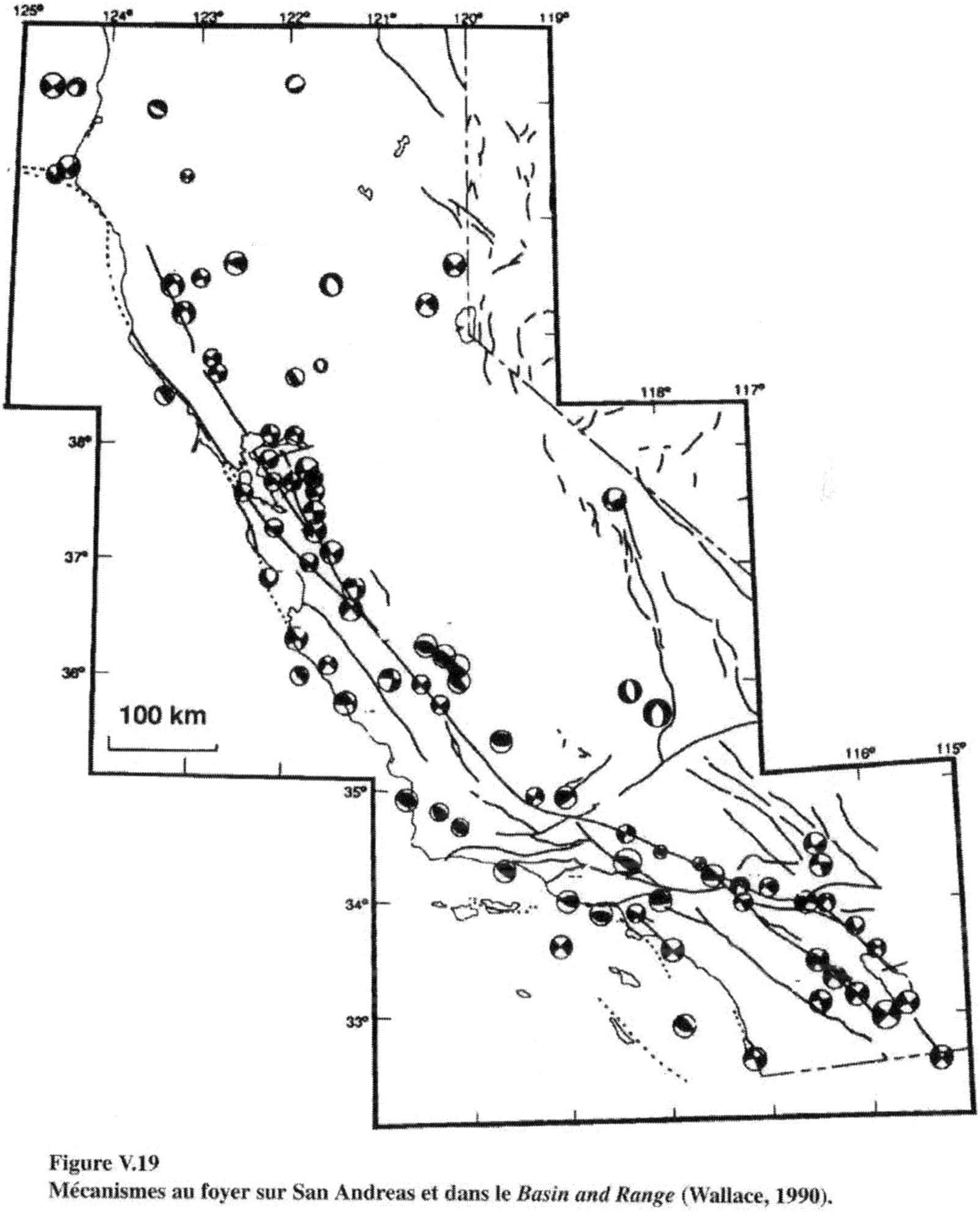

Figure V.19
Mécanismes au foyer sur San Andreas et dans le *Basin and Range* (Wallace, 1990).

les plus actives sismiquement sont les portions transformantes. Tous les mécanismes ou presque sont de type décrochant, et un des deux plans nodaux est parallèle à la faille qui a jouée. On en déduit facilement un jeu dextre le long de ces failles, tout à fait cohérent avec le jeu extensif le long de failles perpendiculaires au fond du golfe. Cette

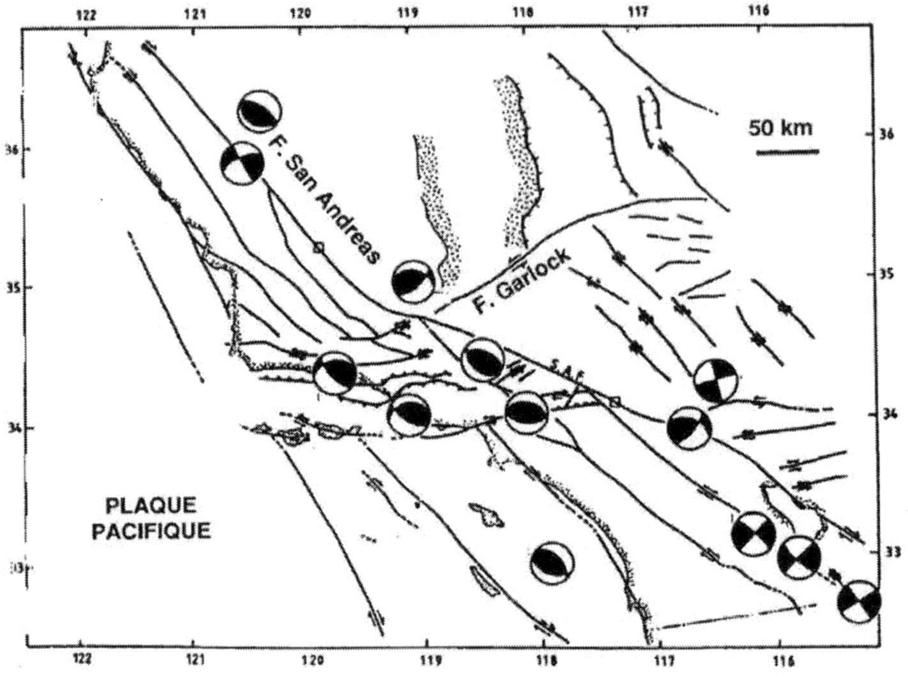

Figure V.20
Mécanismes au foyer dans les *Transverse Ranges* (Jackson & Molnar, 1990).

géométrie très simple devient plus complexe dès que l'on aborde le domaine continental et le système de San Andreas proprement dit (fig. V.19).

Une majorité de mécanismes sont de type purement décrochant et un des plans nodaux est parallèle au système de San Andreas. Tous ces mécanismes sont compatibles avec un mouvement dextre. On remarquera les mécanismes décrochants très différents à l'ouest du Cap Mendocino, associés à la zone de fracture de Mendocino.

Un certain nombre de mécanismes sont de type extensif, on les trouve du coté oriental de la Sierra Nevada, ils traduisent la déformation extensive du *Basin and Range*. Les deux plans nodaux sont en général N-S et sont parallèles aux failles normales majeures du *Basin and Range*.

Si les mécanismes purement décrochants sont localisés le long de la faille de San Andreas, une certain nombre de mécanismes en faille inverses sont observés de part et d'autre de la faille. Certains correspondent à des domaines où la dislocation principale change de direction, comme dans la région des *Tranverse Ranges* (fig. V.20). D'autres par contre se produisent près des portions purement décrochantes de la faille, à quelques dizaines de kilomètres de celle-ci. C'est le cas du groupe de séismes de la région de Coalinga. On remarque (1) qu'il ne sont associés à aucune faille majeure en surface et (2) que les plans nodaux sont parallèles à la faille de San Andreas, bien qu'ils s'agissent de mécanismes purement compressifs pour la plupart.

Une étude régionale détaillé de ce groupe de séismes a montré qu'on pouvait les relier à des failles «cachées» correspondant à l'extrémité d'un décollement profond en cours de formation et associé à des anticlinaux de rampes en surface.

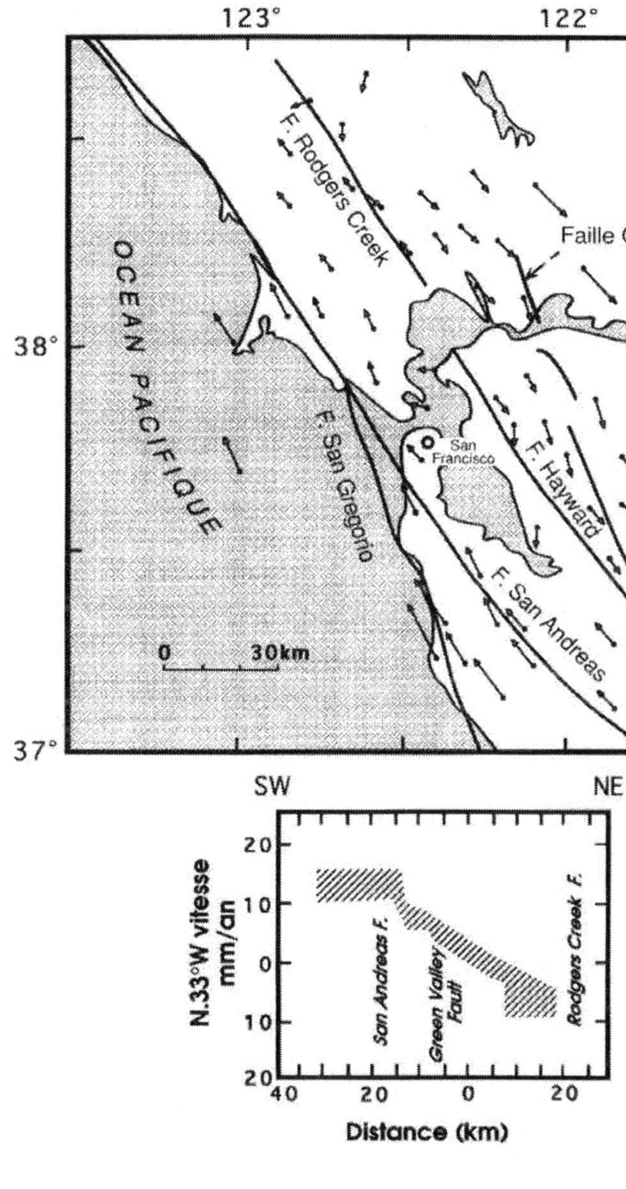

Figure V.21
Mesures géodésiques et déplacements autour de la faille de San Andreas (région nord) (Lisowski *et al.*, 1991).

Comme le montre la figure V.8, la direction de la contrainte compressive maximale dans la région de San Andreas est pratiquement perpendiculaire à la faille. Comme dans de nombreux endroits la déformation est ici accommodée par deux ensembles de structures distinctes : la composante décrochante est accommodée par la faille de San Andreas, décrochement pur, et la composante compressive est accommo-

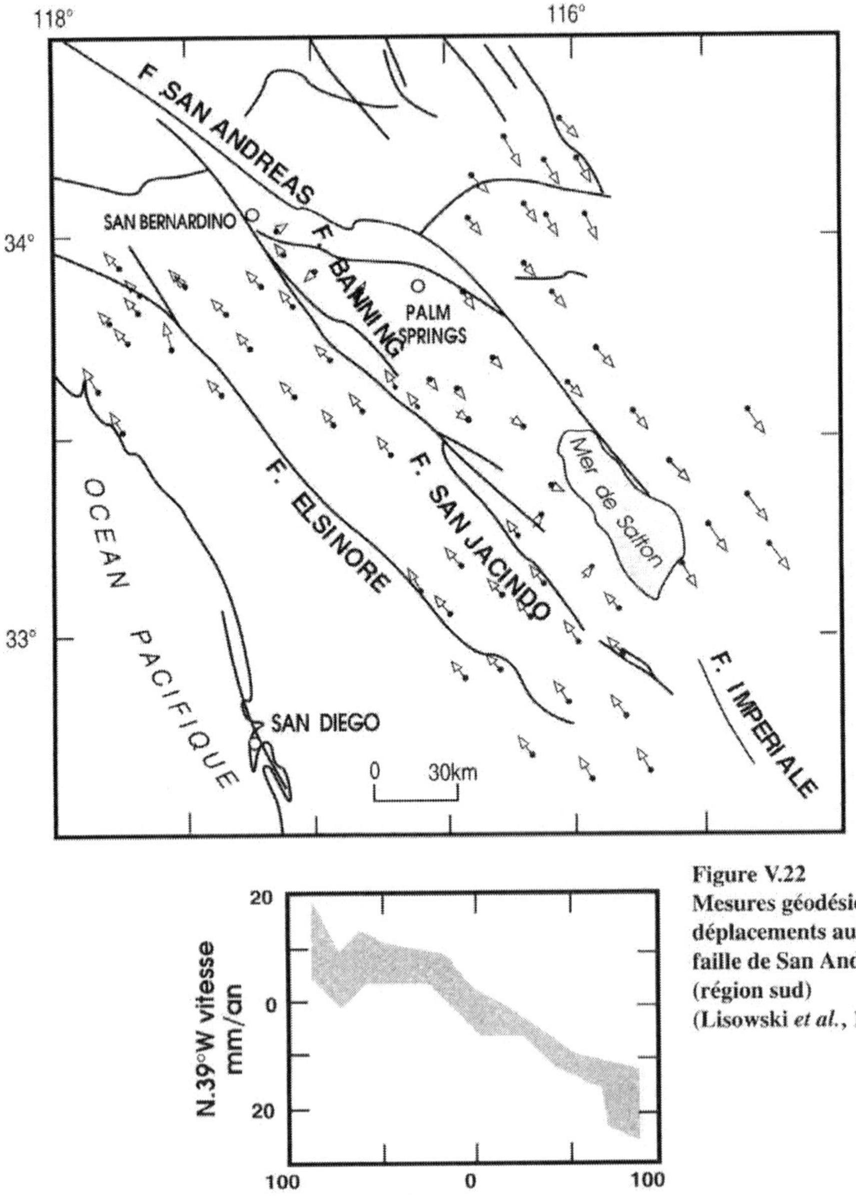

Figure V.22
Mesures géodésiques et déplacements autour de la faille de San Andreas (région sud) (Lisowski *et al.*, 1991).

dée par des failles inverses pures hors de la zone décrochante. On retrouve ici dans la croûte supérieure sismique, le phénomène déjà évoqué à propos des subductions obliques, de partition de la déformation.

V.3.5 Géodésie

L'ensemble de la région fait l'objet d'une surveillance géodésique permanente, et on a aujourd'hui une connaissance précise de la géométrie des déplacements actuels au sein de la zone déformée, par triangulations répétées. Les figures V.21 et V.22 montrent le champ de déplacements pour la période couvrant les années 70 et 80. Les directions de déplacements sont de manière très constantes parallèles à la faille de San Andreas et les deux compartiments se déplacent dans des sens opposés. Les profils montrant les

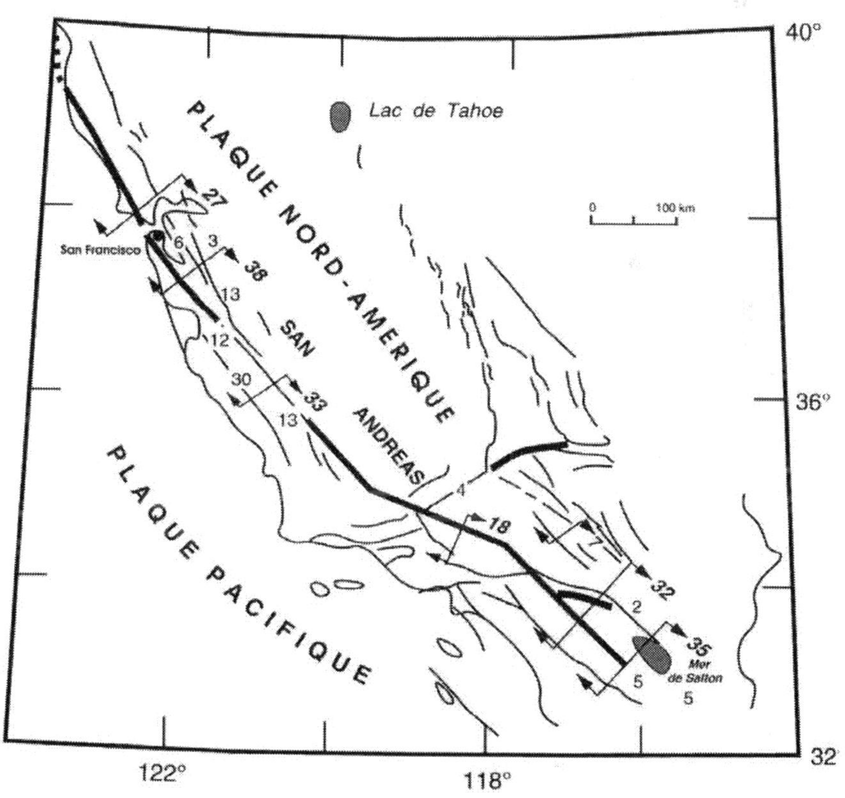

Figure V.23
Comparaison des taux régionaux et locaux de déplacements le long de la faille, et domaines bloqués (séismes rares mais de forte magnitude, traits épais) et domaines de glissement libre – fault creep – (séismes nombreux et de faible magnitude, traits fins) (Wallace, 1990).

vitesses parallèles à la faille en fonction de la distance à celle-ci montrent que le cisaillement est distribué sur une largeur de 20 à 30 km. Au-delà de cette distance il n'y a plus de gradient de vitesse.

Selon les portions de la faille, la déformation n'est pas accommodée de la même manière. La figure V.23 montre une comparaison entre les taux de mouvement dextre absorbés au travers de l'ensemble de la zone déformée et les mesures de déplacements au voisinage immédiat de la faille. Deux types de régions apparaissent après cet exercice. La région centrale de la faille de San Andreas (autour de 36 °N) semble absorber l'ensemble du déplacement (30 mm/an contre 33 mm/an) (glissement libre le long de la faille), d'autres portions comme dans la Baie de San Francisco, n'absorbent qu'une faible part du mouvement total (pas de glissement le long de la faille). Dans ce second cas le déplacement est distribué sur une large zone. La comparaison avec la carte de la sismicité est instructive : les portions de failles le long desquelles se produit un glissement libre sont très sismiques, les portions bloquées sont peu sismiques en terme de nombre de séismes. Mais les plus gros séismes se produisent en fait le long des portions apparemment peu sismiques de la faille et mettent en jeu une énergie beaucoup plus importante que la somme des petits. On a donc des portions de faille où le glissement se fait facilement, et donne lieu à de nombreux petits séismes (fault creep), et des portions où le glissement se fait plus difficilement, la déformation étant distribuée sur une grande largeur, et où de gros séismes dévastateurs se produisent de temps à autre pour relâcher les contraintes accumulées.

La quantité totale de déplacement au travers de la zone (33-37 mm/an) ne correspond qu'à une partie du déplacement cinématique déduit des modèles globaux (50 mm/an environ) entre les plaques Nord Amérique et Pacifique. La part restante est sans doute pour partie absorbée dans le *Basin and Range* comme nous l'avons discuté plus haut.

V.3.6 Paléomagnétisme

Les données paléomagnétiques sur les dépôts récents (Miocène à Actuel) montrent des rotations très importantes dans la région des *Transverses Ranges*, où la faille de San Andreas subit une courbure importante. La figure V.24 montre les directions paleomagnétiques en un certain nombre de sites, et pour des sites d'âges différents. Les courbes reliant déclinaison et âge montrent qu'une grande partie de la rotation horaire (50 à 60°) s'est produite au cours du Miocène moyen entre 15 et 10 Ma. Depuis le Miocène la rotation a continué dans le même sens dans les *Transverse Ranges*, et une rotation antihoraire de 15° est reconnue dans le bloc de San Gabriel. On se rappellera ici que la première période de rotation horaire rapide correspond à une partie transtensive de la cinématique de la faille de San Andreas, et que la période plus récente à une partie transpressive de cette même histoire. La figure V.24 montre également comment on

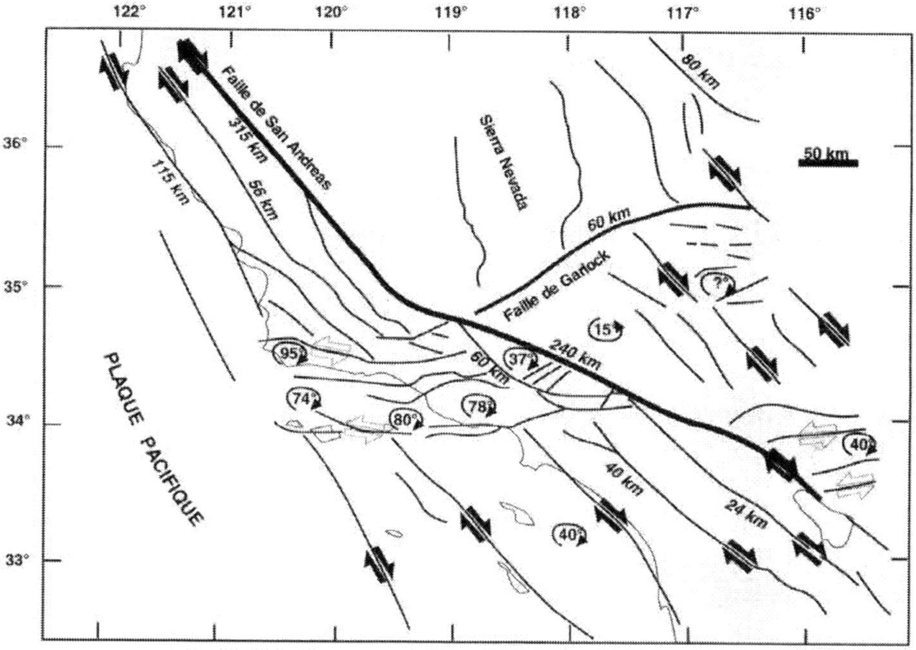
122°
121°
120°
119°
118°
117°
116°
36°
35°
34°
33°
Faille de San Andreas
315 km
56 km
115 km
Sierra Nevada
80 km
50 km
60 km
Faille de Garlock
240 km
60 km
40 km
24 km
PLAQUE PACIFIQUE

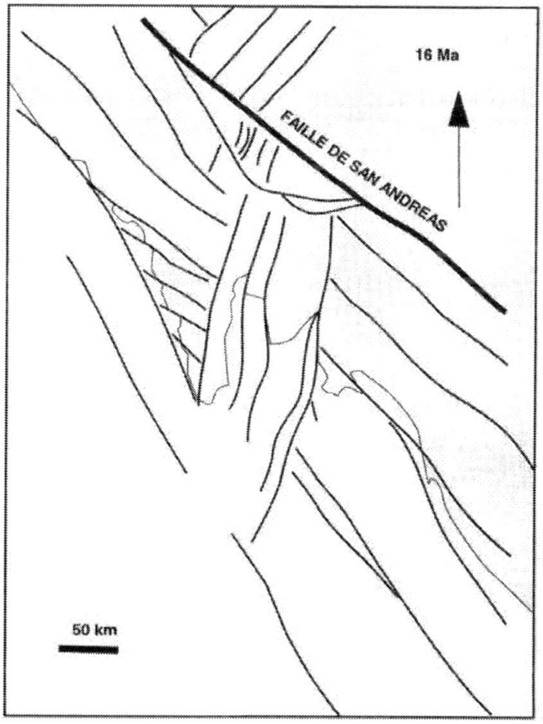
16 Ma
FAILLE DE SAN ANDREAS
50 km

<
Figure V.24
Quantité de rotation autour d'axes verticaux pour différents blocs dans la région des *Transverse Ranges*, déterminés par les mesures paléomagnétiques. Reconstruction de la même région il y a 16 Ma compte tenu de ces mêmes données (Luyendyk *et al.*, 1985).

peut accommoder ces rotations paleomagnétiques par rotation de blocs rigides limités par des failles décrochantes. Les reconstructions impliquent un jeu supplémentaire de 200 km dans le sens dextre au travers de la zone de faille, que l'on doit rajouter au décalage des structures de part et d'autre de la faille de San Andreas elle-même. Les rotations récentes impliquent un décalage supplémentaire au Plio-Quaternaire de 30 à 60 km. Ces rotations prennent donc en compte 250 km du déplacement cinématique NAM-PAC depuis 20 Ma.

V.3.7 Conclusion

La région de San Andreas montre comment un déplacement cinématique bien contraint par les modèles globaux entre la plaque Nord Amérique et la plaque Pacifique, est accommodé dans une zone de déformation assez large. Tous les types de structures, décrochants, extensifs ou compressifs, sont observés dans la zone déformée. On observe une partition de la déformation entre des failles purement décrochantes et des failles purement inverses. Le déplacement peut être concentré le long de la faille ou distribué sur une grande largeur. Une grande part de la déformation est prise en compte par des rotations de blocs rigides. On réussit enfin à trouver au sein de la zone déformée l'ensemble du déplacement relatif requis par les modèles cinématiques globaux.

V.4 Nouvelle Zélande

V.4.1 Histoire cinématique

La Nouvelle Zélande est située sur la limite de plaques PAC-AUS au niveau d'un relais entre deux zones de subduction de sens opposés (fig. V.25). Au nord la fosse des Tonga-Kermadec se prolonge dans la fosse d'Hikurangi qui borde l'île septentrionale de la Nouvelle Zélande à l'est. La plaque Pacifique subduit sous la plaque Australienne à une vitesse de 5 à 6 cm/an. La limite de plaque passe à terre le long de la faille alpine, décrochement dextre, qui accommode un déplacement relatif de 4 cm/an. Elle assure le rôle d'une faille transformante entre la fosse d'Hikurangi et celle de Pyuségur, au sud-ouest de la Nouvelle Zélande, le long de laquelle la plaque australienne s'enfonce à son tour sous la plaque Pacifique, avec une vitesse relative de l'ordre de 3 cm/an. La proximité du pole de rotation PAC/AUS fait que les vitesses de convergence varient rapidement le long de la limite de plaques.

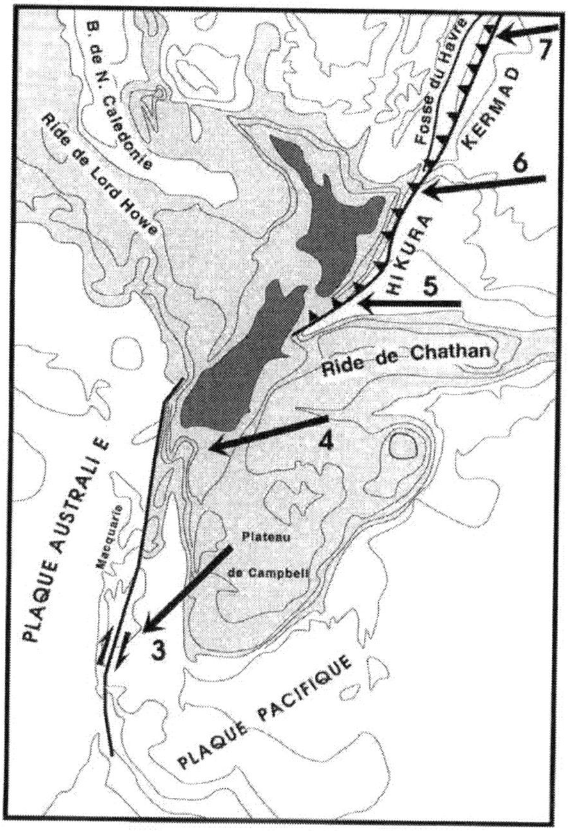

Figure V.25
Cinématique et toponymie autour de la Nouvelle Zélande, position du pôle de rotation PAC-AUS et vecteurs mouvements instantanés (Walcott, 1978).

Les structures continentales de la Nouvelle Zélande se prolongent en mer vers le nord-ouest en direction de la Nouvelle Calédonie, et vers le sud-est dans le plateau sous marin de Campbell et la ride de Chatham, tous deux portés par la plaque Pacifique. Les différentes positions du pole de rotation depuis 40 Ma et différentes données paleomagnétiques permettent de reconstituer l'évolution cinématique de la région avec une bonne précision. L'ensemble des mouvements successifs conduit à un rapprochement progressif des deux moitiés de la Nouvelle Zélande, la moitié Pacifique et la moitié australienne, ainsi qu'une forte composante de décrochement dextre.

De nombreuses études détaillées de la déformation active et récente ont été réalisées sur la partie nord de la Nouvelle Zélande. La déformation liée au mouvement PAC-AUS est accommodée sur l'ensemble de l'île de manière variée.

La fosse d'Hikurangi est occupée par un prisme d'accrétion sédimentaire qui se prolonge à terre sur la marge (figs V.26 et V.27). La marge est affectée par la déformation compressive liée à la subduction et à la terminaison septentrionale de la faille alpine. Toute la moitié orientale de l'île du nord a subit cette déformation. Là où la limite de plaque passe à terre dans la région de Kaikoura, la déformation tend à se concentrer

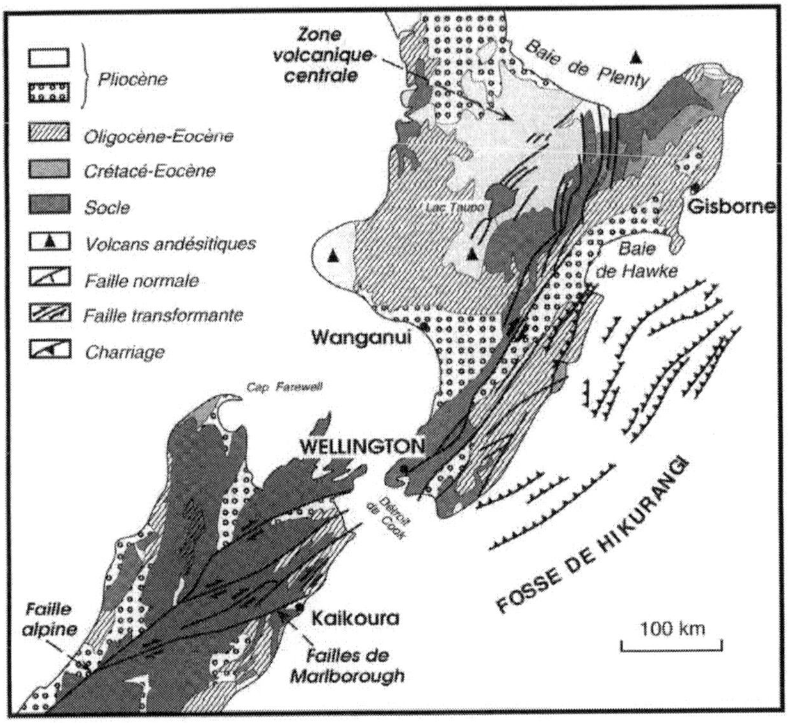

Figure V.26
Carte tectonique du nord de la Nouvelle Zélande (Walcott, 1987) .

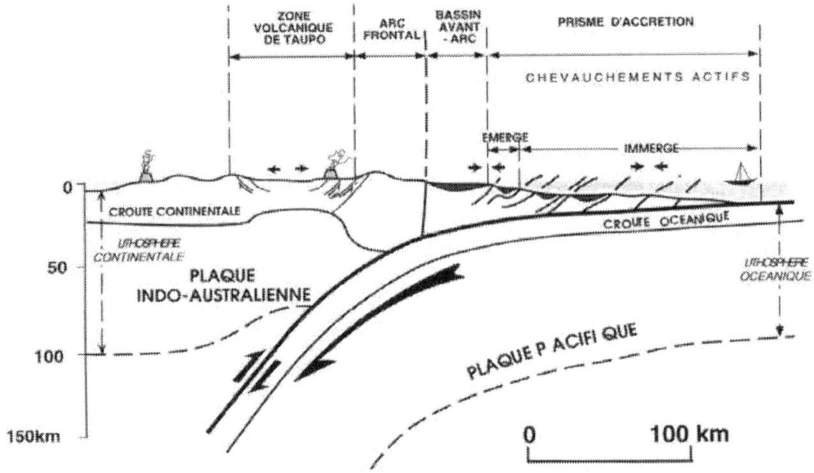

Figure V.27
Coupe lithosphérique de la région nord de la Nouvelle Zélande depuis la fosse d'Hikurangi jusqu'à la région de l'arc volcanique (Ferrière & Chanier, 1992).

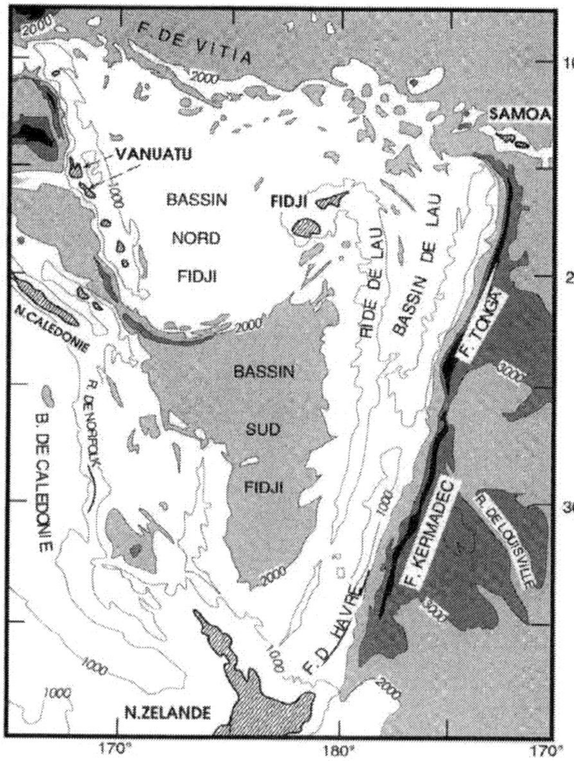

Figure V.28
Les bassins marginaux au nord de la Nouvelle Zélande, carte bathymétrique (Malahoff *et al.*, 1982).

le long de la faille alpine. La partie centrale de l'île nord est occupée par une dépression où plusieurs centres volcaniques sont actifs (Central Volcanic Zone). Les données géophysiques montrent que la croûte continentale est amincie considérablement sous cette dépression puisqu'elle ne fait plus que 15 km environ, contre 35 km de part et d'autre. Une tectonique extensive est assez active dans cette zone, qui se termine en pointe vers le sud au cœur de l'île nord. Cette zone volcanique est la prolongation à terre du fossé du Havre, situé lui en position de bassin arrière-arc derrière la fosse des Kermadec (fig. V.28). Les anomalies magnétiques reconnues dans le fossé du Havre montrent que l'ouverture arrière-arc remonte à environ 5 Ma, c'est à peu près à cette époque qu'a commencé la tectonique extensive et l'amincissement dans la zone volcanique centrale. Le fossé du Havre fait partie d'un ensemble de bassins arrière-arc que l'on suit tout le long de la fosse des Tonga-Kermadec et dans la région des îles Fiji. Plusieurs bassins importants se sont ouverts depuis le début du Cénozoïque à l'arrière de la subduction Pacifique. Un des plus anciens est le bassin Sud-Fiji (Oligocène). Le bassin de Lau et le bassin nord-Fiji se sont ouvert au Plio-Quaternaire comme le fossé du Havre.

V.4.2 Distribution de la déformation

La transition entre la fosse de Hikurangi et la faille alpine se fait au travers d'une zone complexe où un faisceau de failles décrochantes parallèles et de plis et chevauchements accommodent la déformation. Au nord la déformation compressive du prisme d'accrétion se prolonge à terre et la région côtière se soulève (*Axial Range*) assez rapidement. Cette zone en raccourcissement est coupée à l'arrière par une première faille décrochante dextre qui borde également la zone en extension de la Zone Volcanique Centrale. On est donc dans le cas assez classique d'une subduction oblique avec un bassin arrière-arc en cours de développement. Le mouvement oblique de convergence est partagé entre les structures purement compressives au front et des structures purement décrochantes à l'arrière. Quand la fosse se rapproche de la côte les structures décrochantes prennent le pas sur les structures compressives et on passe à un faisceau de failles dextres qui se rejoignent pour former la faille alpine. La déformation est distribuée sur 150 km au nord et concentrée sur une zone très étroite au sud.

V.4.3 Sismicité

Comme le montre la figure V.29 la sismicité crustale n'est pas aussi clairement localisée que dans la région de San Andreas. L'ensemble de la région nord est soumise à une intense activité sismique jusqu'au cœur de la Zone Volcanique Centrale. La sismicité devient beaucoup plus réduite le long de la faille alpine et devient importante à nouveau à la jonction avec la fosse de Pyuségur. Comme nous l'avons vu dans le cas de

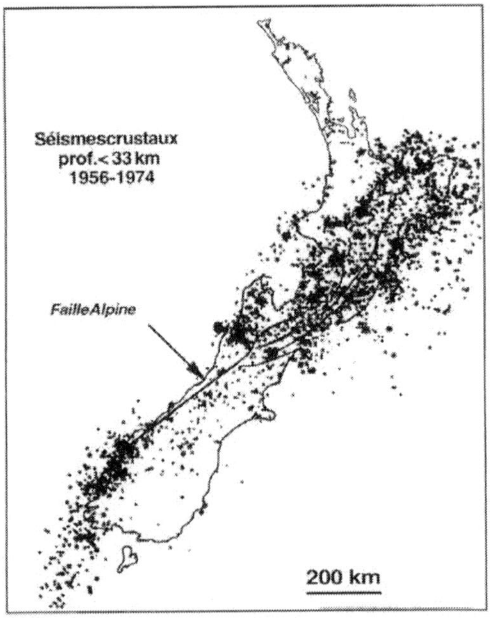

Figure V.29
La sismicité de la Nouvelle Zélande (1956-1974) (Walcott, 1978).

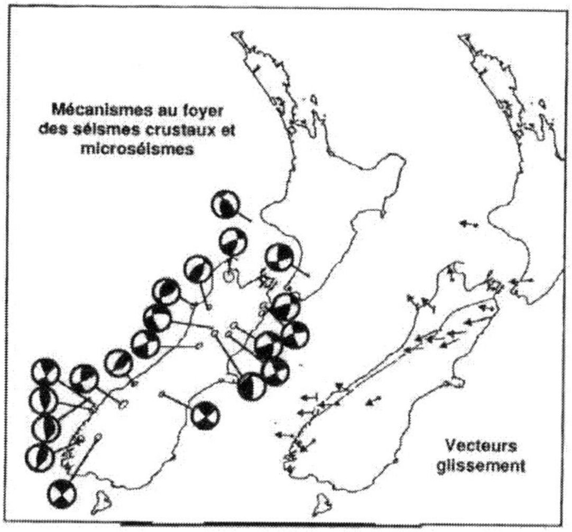

Figure V.30
Mécanismes au foyer et vecteurs glissement correspondant en Nouvelle Zélande (Walcott, 1978).

la faille de San Andreas il n'y a pas de relation directe simple entre la sismicité et le taux de déformation, tout dépend de la manière dont les déplacements sont accommodés. Les mécanismes au foyer (fig. V.30) sont, soit décrochants, soit compressifs et un certain nombre de mécanismes intermédiaires sont reconnus. Les directions de mouvement relatif déduites des mécanismes au foyer sont tout à fait compatibles avec les données de la cinématique, elles conduisent à une déformation transpressive le long de la faille alpine.

Figure V.31
Rotations paléomagnétiques et courbe âge-déclinaison, dans le nord de la Nouvelle Zélande (Walcott, 1987).

V.4.4 Rotations

Comme le long de la faille de San Andreas dans la région transpressive des rotations de blocs sont mises en évidence par le paléomagnétisme (fig. V.31). Depuis 20 Ma on observe une rotation assez régulière de 4°/Ma, avec une possible accélération dans l'époque récente. Les rotations sont concentrées dans la zone proche de la limite de plaque.

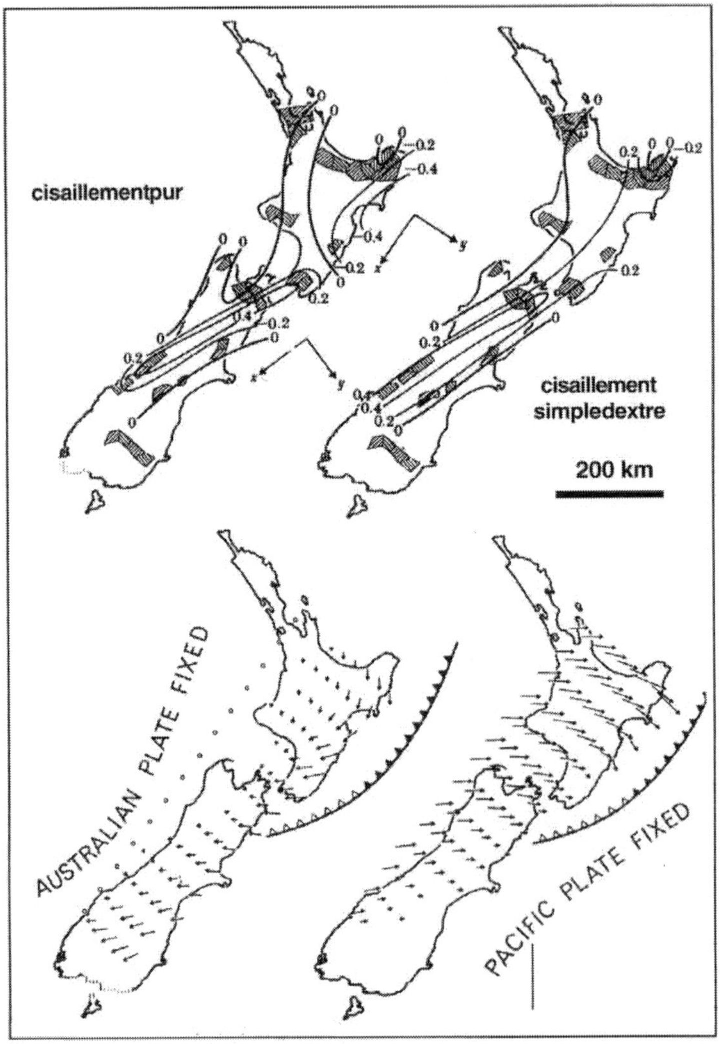

Figure V.32
Champ de déplacements et de déformation déduit des mesures géodésiques en Nouvelle Zélande (Walcott, 1987).

V.4.5 Géodésie

Des triangulations répétées le long de l'ensemble de la limite de plaque fournissent une connaissance précise du régime de déformation actif. La figure V.32 montrent les valeurs contourées des taux de cisaillement mesurés par la géodésie. Les valeurs sont en millionième de radians par an. La figure de gauche montre les valeurs de la composante du tenseur de la déformation qui représente le cisaillement pur (positif si raccourcissement, négatif si extension parallèlement à y), et la figure de droite les valeurs correspondant au cisaillement simple (positif si cisaillement dextre parallèle à x). À l'aide de ces deux composantes on peut reconstituer les déplacements en deux dimensions. Une première surprise est de constater que la faille alpine, qui ne montrait pas de sismicité très intense, concentre en fait la déformation, aussi bien en raccourcissement qu'en cisaillement dextre. Son comportement rappelle celui de certaines portions bloquées de la faille de San Andreas. Les cartes cinématiques du bas de la figure ont été interpolées sur des points de grille régulièrement espacés, en considérant, soit la plaque pacifique, soit la plaque australienne fixe. On retrouve le cisaillement dextre au travers de la faille alpine. Le régime de déformation de l'île du nord est assez particulier, raisonnons sur la carte à Australie fixe : la partie nord montre très clairement l'ouverture de la Zone Volcanique Centrale, la direction de déplacement (ici vers le sud) est très différente de la direction du mouvement relatif PAC/AUS. Il y donc un découplage important le long de la zone de subduction le long de laquelle les deux plaques glissent l'une par rapport à l'autre. À l'approche de la zone où la limite de plaque passe à terre, la direction des mouvements a tendance à se rapprocher de celle du mouvement relatif PAC/AUS et la plaque supérieure accommode l'ensemble du mouvement relatif par déformation interne (comparer le module du vecteur PAC/AUS et ceux des déplacement internes à la plaque supérieure. La zone de subduction est donc bloquée dans sa partie sud. La carte à Pacifique fixe montre cela de manière claire également.

V.5 Conclusions

Les deux exemples choisis ici, la région de San Andreas et la Nouvelle Zélande montrent à partir de déformations actuelles (1) comment la déformation est distribuée le long des limites de plaques actives (2) à quelle vitesse se produisent les déformations au sein de ces limites de plaques et (3) qu'on peut retrouver les quantités de déplacement données par la cinématique globale dans la déformation réellement observée le long de la limite.

Nous devons garder ces données en mémoire pour étudier les exemples plus anciens pour en particulier éviter de proposer des modèles cinématique purement locaux qui ne tiennent pas compte de la cinématique globale.

VI

Déformation continentale et subduction

VI.1 Introduction

La subduction est un mécanisme très efficace pour faire disparaître des surfaces importantes de lithosphère océanique. Les fosses de l'ouest-Pacifique où les vitesses de convergence atteignent 10 cm/an et celles de l'est-Pacifique, sont les lieux où disparaît la plus grande partie de la lithosphère formée à l'axe des dorsales du globe. D'un point de vue tectonique, la subduction est le phénomène majeur à la surface du globe même s'il ne conduit pas toujours à des déformations aussi spectaculaires en apparence que la collision. Le but de ce chapitre est l'étude des déformations produites par la subduction dans les plaques chevauchantes. C'est toute la tectonique des marges actives qui est concernée ici. On n'abordera que brièvement la formation des prismes d'accrétion dont toute l'histoire se produit dans la fosse sur la plaque plongeante. Nous traiterons cependant rapidement un exemple de prisme, celui de Nankai, car la structure des prismes aide à comprendre celle des chaînes de montagnes.

Ce chapitre sera centré sur une comparaison entre les deux marges du Pacifique, subduction dans les fosses du Pérou et du Chili d'une part, et subduction dans les fosses des Mariannes, des Bonins et du Japon d'autre part. Ces deux exemples montrent des styles tectoniques très dissemblables (construction d'une chaîne de montagnes ou ouverture de bassins arrière-arc) qui sont le résultat de régimes de couplage entre les deux plaques très différents. La Cordillère des Andes résulte de la subduction de la plaque Nazca sous le continent sud américain. Les contraintes compressives transmises au travers du contact des deux plaques provoquent un raccourcissement intense de la marge active et soutiennent une des chaînes de montagnes les plus hautes du globe. Au contraire, la région des Mariannes, autant dans l'arc insulaire que dans le domaine arrière-arc, est en extension, alors que la vitesse de convergence est très semblable à celle du Pérou et du Chili.

On traitera dans les deux cas de la partie récente de l'histoire de ces deux régions, les dix derniers millions d'années pour les Andes, et le Néogène pour l'ouest Pacifique. Seuls les bassins marginaux «simples» comme le bassin de Shikoku seront traités ici. D'autres bassins comme la mer du Japon ou la mer de Chine méridionale, installés sur la marge de l'Eurasie feront l'objet d'une étude détaillée dans un chapitre ultérieur (chapitre 8).

Avant de décrire ces exemples régionaux nous consacrerons les paragraphes suivants à quelques caractéristiques générales de la subduction : son rôle dans la dynamique des plaques, le régime de contrainte associé à deux types extrêmes de zones de subduction, et nous décrirons un exemple d'interaction entre les deux plaques sur l'exemple de la fosse des Ryukyu.

VI.2 La subduction moteur de la tectonique des plaques

La subduction étant considérée comme le moteur principal des mouvements de plaques, nous allons nous attacher tout d'abord à décrire le régime des forces qui agissent sur les plaques. De nombreux travaux ont été consacrés à cette approche mais l'article le plus souvent cité sur ce problème et qui a généré de nombreuses études par la suite est certainement celui de Forsyth et Uyeda. La figure VI.1 montre l'ensemble des forces agissant sur une plaque océanique depuis la ride jusqu'à la zone de subduction. On peut diviser ces forces en deux groupes, les forces qui sont distribuées sur toute la plaque et des forces agissant aux frontières :

(1) forces distribuées :

(a) La plus difficile à quantifier est la force introduite par la résistance au déplacement à l'interface lithosphère-asthénosphère. Elle joue contre le mouvement de la plaque.

(b) La force de poussée à la ride (ridge push) comme son nom ne l'indique pas, est également une force distribuée sur toute la plaque. Elle provient de la variation latérale de densité de la plaque océanique quand on s'éloigne de la ride. Ce gradient est lié au refroidissement progressif de la plaque. Cette force correspond donc à un gradient de pression intégré sur l'ensemble de la plaque et est une fonction de l'âge de la plaque.

(2) forces aux limites :

(a) La plus importante est la traction exercée par la plaque plongeante («slab pull») dans le manteau moins dense. Cette force est également une fonction de l'âge de la plaque plongeante.

(b) Une autre force difficile à quantifier est la résistance à la pénétration dans le manteau qui s'exerce sur l'extrémité du panneau plongeant.

(c) D'autres forces sont actives comme la résistance liée à la friction latérale le long des failles transformantes.

Parmi ces forces seules le «ridge push» et le «slab pull» aident au déplacement de la plaque, toutes les autres concourent à le freiner. Tous les calculs faits jusqu'ici donnent le rôle majeur à la force de traction exercée par la plaque plongeante.

La figure VI.2 montre une illustration de cet effet. Ce modèle calculé par C. Vigny et Y. Ricard a pour but de tester l'influence de la distribution connue des hétérogénéités de masse dans le manteau sur le déplacement des plaques. L'idée de départ est simple : toute anomalie de masse dans le manteau a tendance à se déplacer vers le haut ou vers le bas en fonction de son contraste de densité avec le milieu environnant (principe d'Archimède). Les auteurs ont travaillé sur une terre sphérique à la surface de laquelle ils ont placé des plaques rigides ayant la forme des plaques actuelles. En profondeur ils ont placé les anomalies de masse déduites des études de tomographie sismique (inversion des temps d'arrivée des ondes ayant traversé le manteau pour obtenir un modèle d'anomalies de vitesse qu'on peut enfin convertir en un modèle d'anomalies de température ou de masse). Ils ont placé en sus les partie plongeantes des plaques océaniques connues par ailleurs et que la tomographie ne résout pas en détail. L'effet de l'introduction de ces plaques plongeantes est spectaculaire. Sur la figure VI.2 on compare les données actuelles de déplacement des plaques dans un repère point chaud

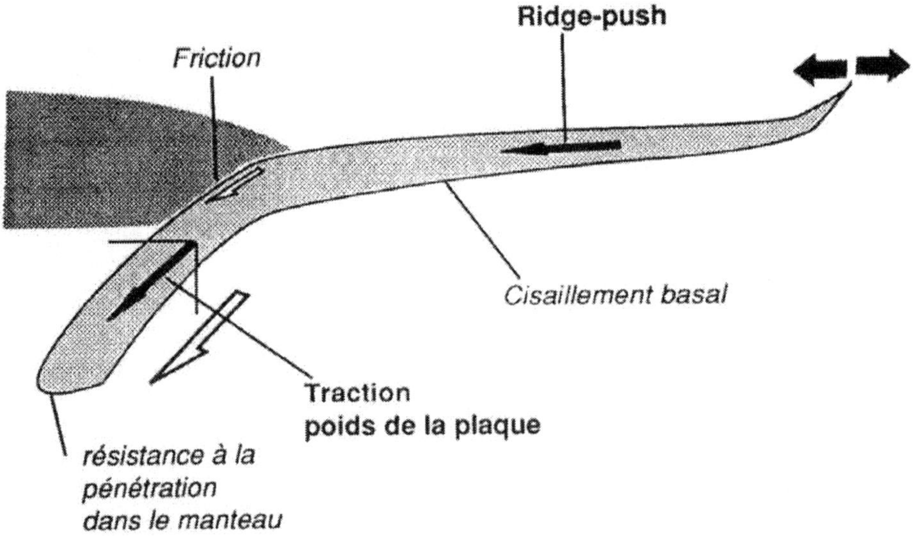

Figure VI.1
Revue des principales forces agissant sur les plaques depuis la ride jusqu'à la zone de subduction. Les forces motrices sont en caractères droits, les forces luttant contre le déplacement de la plaque en caractères italiques (Forsyth & Uyeda, 1977).

avec le modèle calculé à partir de la distribution des anomalies de masse. On constate en général un bon accord dans les directions de mouvement et parfois un bon accord sur la magnitude de ces déplacements. Sans l'introduction des plaques plongeantes le modèle n'est pas en très bon accord avec la réalité.

VI.3 Mouvements absolus et états de contrainte de la croûte

C'est donc la subduction qui régit le régime de déplacement à la surface du globe. Comme le montre la figure V.8 la direction des contraintes principales est très souvent directement liée au mouvement absolu des plaques en première approche. Sur cette figure les lignes continues sont les petits cercles du mouvement de la plaque sur laquelle ils sont portés par rapport aux points chauds. Si on met de côté des exceptions notables comme la région du Pérou ou la partie centrale de l'océan indien, l'accord général est très bon. Ce qui signifie que le régime tectonique d'ensemble des bordures et de l'intérieur des plaques est finalement la conséquence de la géométrie des zones de subduction.

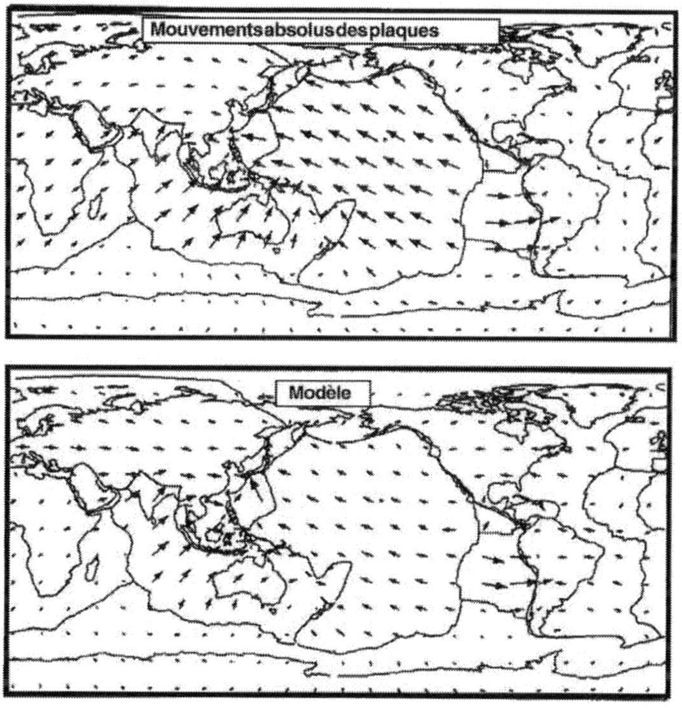

Figure VI.2
Comparaison du champ de déplacement actuel des plaques (repère absolu) et celui d'un modèle numérique sur une terre spérique dans lequel le moteur est le contraste de densité entre les différentes masses vues en profondeur dans les données de la tomographie sismique ainsi que les panneaux plongeants des zones de subduction. Le rôle joué par les panneaux plongeants est de premier ordre dans ce modèle (Ricard & Vigny, 1989).

Cette observation suggère également que la déformation à l'intérieur des plaques est contrôlée par les déplacements de la lithosphère par rapport au manteau inférieur et que la force de cisaillement basal joue un rôle important.

VI.4 Deux types extrêmes de subduction

Uyeda et Kanamori ont les premiers mis le doigt sur une différence fondamentale entre le régime de subduction dans la fosse des Mariannes et dans les fosses d'Amérique du Sud. Ils ont défini deux types de subduction (type Mariannes et type Chili) que nous allons décrire par la suite ; ces deux types ne sont que les extrêmes d'un ensemble de régimes variés, mais leur étude montre quels sont les paramètres fondamentaux qui régissent la déformation de la plaque supérieure.

Un régime compressif en faille inverse prédomine dans la plupart des zones convergentes, et en particulier dans les zones de subduction, sauf les fosses des Bonins et des Mariannes. La subduction dans la fosse des Mariannes se fait sans gros séismes compressifs à la différence de la fosse du Chili. La figure VI.3 d'après Kanamori répertorie les séismes de magnitude supérieure à 7.5 enregistrés entre 1904 et 1985. La fosse des Mariannes est encore une fois vide de tout événement significatif alors que de nombreux événements très violents ont eu lieu le long des fosses d'Amérique du Sud.

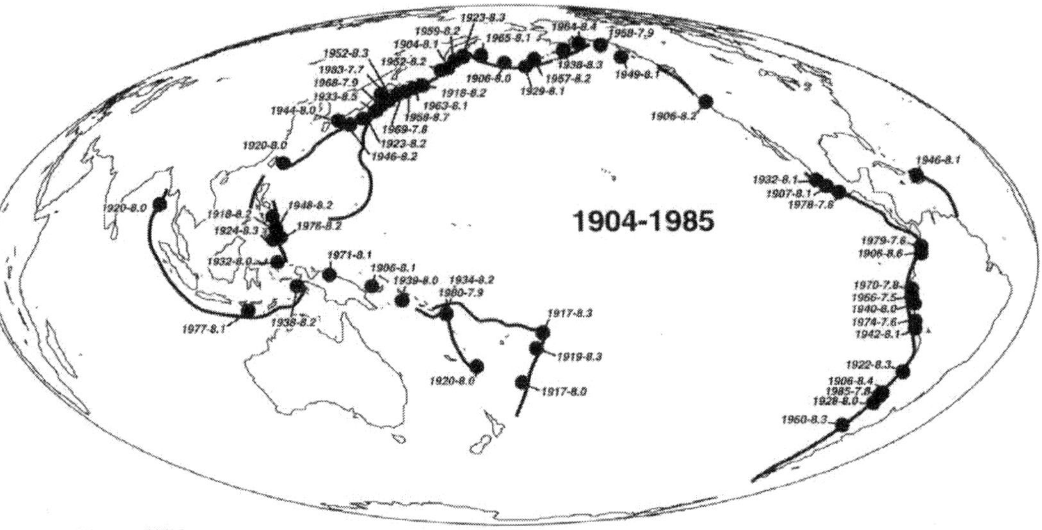

Figure VI.3
Localisation et magnitude des séismes majeurs autour du Pacifique entre 1904 et 1985. La fosse des Mariannes est vide de tout séisme majeur (Kanamori, 1986).

Cette première différence s'accompagne d'une géométrie de la plaque plongeante très différente. La figure VI.4 montre des profils de plusieurs zones de subduction, les plans de subduction étant définis par la sismicité (plan de Benioff). Le pendage des plans de Benioff varient beaucoup depuis des pendages verticaux jusqu'à des pendages pratiquement horizontaux. Les deux extrêmes sont les Mariannes (pendage pratiquement vertical) et la fosse du Pérou (quelques degrés seulement de pendage).

Ces géométries différentes sont de plus associées à des régimes tectoniques dans la plaque supérieure très différents et qui font l'objet de ce chapitre. L'arc des Mariannes est en extension, et un bassin océanique s'ouvre depuis 10 Ma dans le domaine arrière-arc. La marge du Chili est en compression et un épaississement crustal considérable a conduit à la formation d'une chaîne de montagnes, la Cordillère des Andes.

Uyeda et Kanamori ont simplement fait le rapprochement entre ces caractères variables et l'âge de la lithosphère océanique en subduction. Dans la fosse des Mariannes l'âge de la lithosphère Pacifique est au moins de 150 Ma, alors que celui de la plaque Nazca n'est que de 40 Ma au maximum. Nous avons vu en effet que la force de slab pull est une fonction de l'âge de la lithosphère plongeante ; plus celle-ci est âgée plus la force qui la tire vers le bas est grande et donc plus le pendage du panneau plongeant sera fort. En d'autres termes une lithosphère jeune et légère aura plus de difficultés à s'enfoncer dans le manteau qu'une lithosphère âgée et lourde qui tombera rapidement sous son propre poids. On s'attend donc à ce qu'une lithosphère jeune résiste à l'enfoncement et ait tendance à rester «collée» à la plaque supérieure. Les deux plaques seront donc couplées efficacement et les contraintes compressives liées à la convergence transmise à la plaque supérieure. Dans le cas d'une plaque âgée au contraire, la composante verticale du mouvement de la plaque plongeante sera forte et le couplage moins efficace. Si la plaque est suffisamment âgée le point de courbure de la plaque plongeante aura même tendance à reculer en s'éloignant de la plaque supérieure donnant lieu à des contraintes extensives dans la plaque supérieure. On nomme ce phénomène «retrait de la fosse» ou «trench retreat» ou encore «roll-back». C'est un phénomène que l'on constate même si on ne l'explique pas encore parfaitement.

La figure VI.5 illustre ces deux types de subduction. Il existe également des différences dans le type de volcanisme associé à ces deux grands types que nous ne détaillerons pas ici.

VI.5 Rotation d'ensemble de la lithosphère

Il est difficile voire impossible de quantifier le retrait de la fosse d'un point de vue cinématique et de tester cette hypothèse. Il est par contre possible de montrer une différence flagrante entre les régimes cinématiques des deux rives du Pacifique dans le repère point-chaud. La figure VI.6 est tirée d'un article de Chase (1978). Elle montre

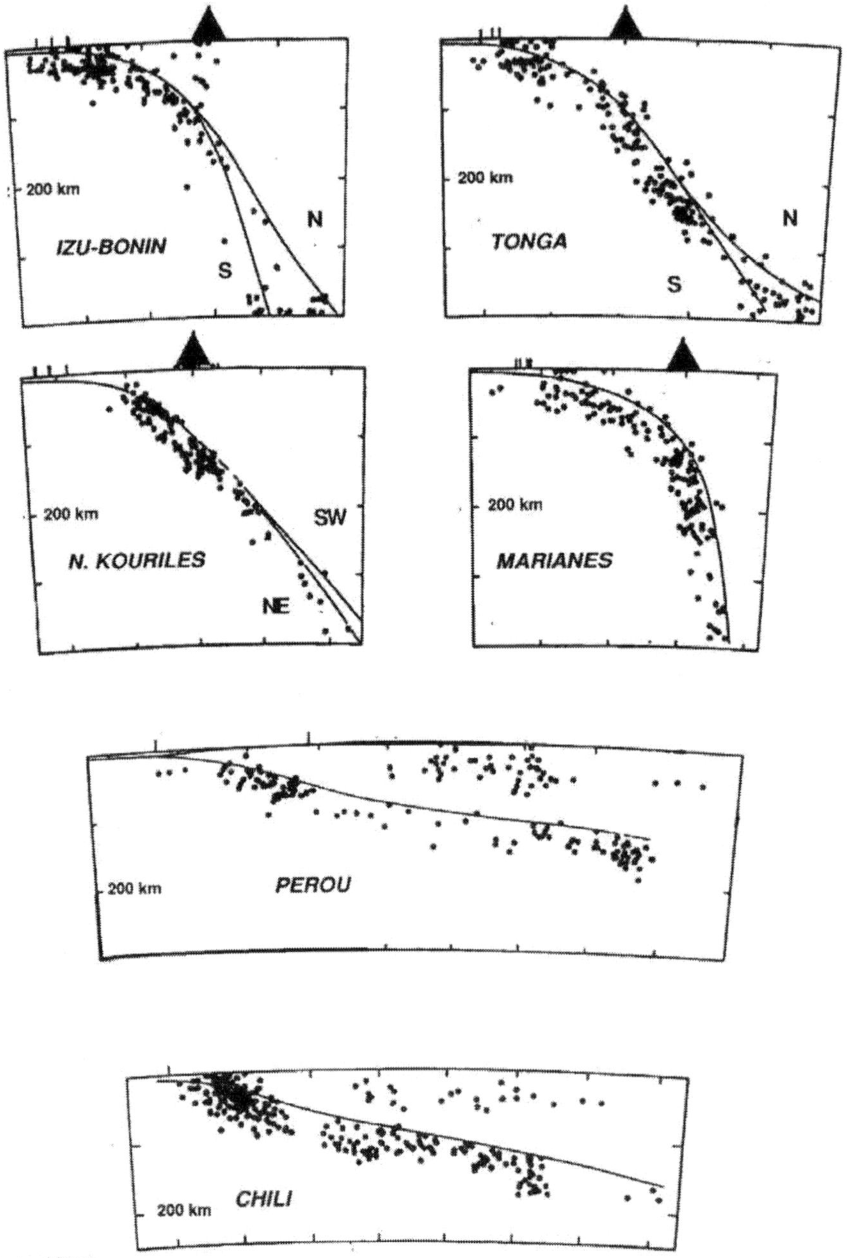

Figure VI.4
Différents profils de panneaux plongeants illustrés par leurs plans de Benioff. Tous les profils sont à échelle 1/1 et sont vus de telle manière que le panneau plongeant s'enfonce vers la droite de la figure. L'arc volcanique est représenté par un triangle noir (Isacks & Barazangi, 1981).

les mouvements absolus de points situés sur les plaques plongeantes ou sur les plaques chevauchantes à proximité immédiate des zones de subduction. Le modèle cinématique utilisé est celui de Minster et Jordan (1978). Les différences entre ce modèle ancien et les modèles plus récents sont trop faibles pour modifier de manière sensibles les conclusions de Chase. On remarque que les bassins marginaux actifs sont situés dans des régions convergentes où la plaque supérieure et la plaque plongeante se déplacent toutes deux dans la même direction, vers l'ouest. De l'autre côté du Pacifique, dans la

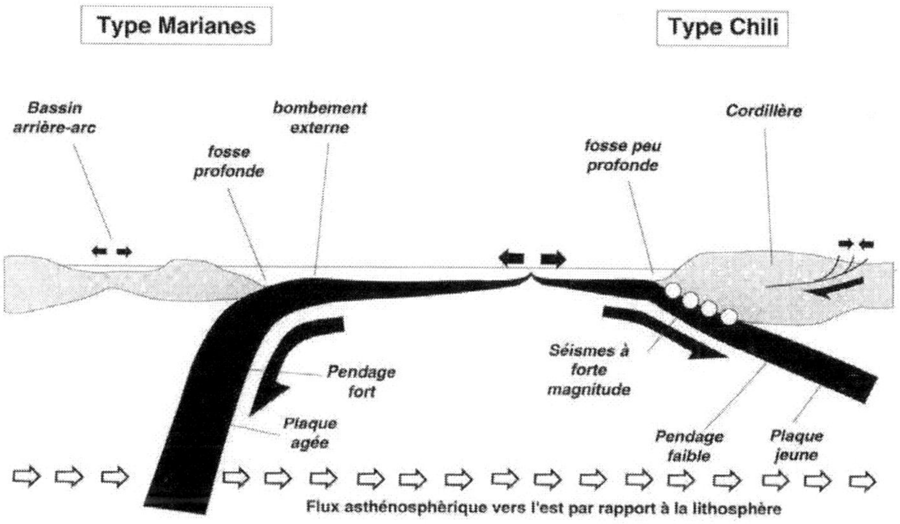

Figure VI.5
Les deux types extrêmes de subduction, type Mariannes et type Chili en fonction du degré de couplage mécanique entre les deux plaques. Faible couplage dans le cas des Mariannes avec un fort pendage du plan de Benioff, absence de séismes de forte magnitude et ouverture arrière-arc ; fort couplage dans le cas du Chili, avec un faible pendage du plan de Benioff, présence de séismes de forte magnitude et raccourcissement intracontinental. Le flux asthénosphérique vers l'est est le résultat de la rotation d'ensemble de la lithosphère globale (Uyeda & Kanamori, 1979 ; Ricard *et al.*, 1991).

>
Figure VI.6
Comparaison des déplacements absolus des plaques dans les régions convergentes. Les flèches tiretées représentent le mouvement de la plaque plongeante et les flèches en trait plein le mouvement de la plaque supérieure. Les bassins marginaux s'ouvrent seulement dans les régions où les deux mouvements sont dans le même sens (Chase, 1978).

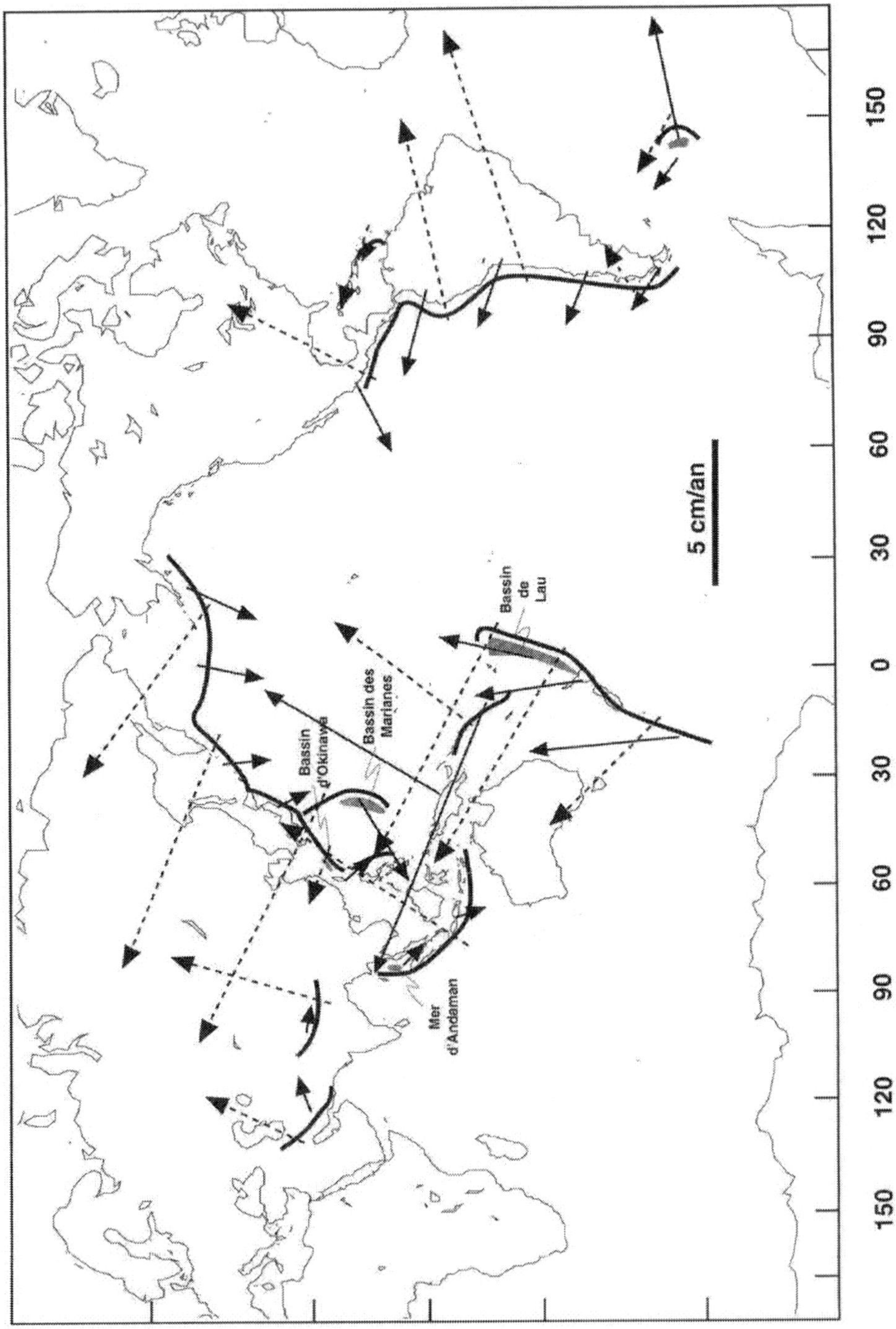
Bassin d'Okinawa
Bassin des Marianes
Bassin de Lau
Mer d'Andaman
5 cm/an
60
30
0
30
60
150
120
90
60
30
0
30
60
90
120
150

région des Andes plaque supérieure et plaque plongeante se déplacent dans des directions opposées.

Cette observation fondamentale doit être rapprochée d'un autre fait mis en évidence récemment. La plupart des plaques se déplacent avec une composante vers l'ouest dans le repère point-chaud. Les exceptions sont la plaque Indo-Australienne et la plaque Nazca. On peut montrer que la dynamique actuelle des plaques, dans un repère absolu, comporte une composante de mouvement d'ensemble de la pellicule superficielle (la lithosphère) vers l'ouest autour d'un pôle eulérien situé à 84 °E et 56 °S, avec une vitesse angulaire de 0.15°/Ma. (fig. VI.7). La position du pôle dans les latitudes extrêmes conduit à des déplacements essentiellement latitudinaux. Ce déplacement d'ensemble était suspecté depuis de nombreuses années et attribué à différentes causes. Il peut expliquer bien des caractéristiques des zones de subduction à grande échelle et, en particulier, la différence entre les subductions à pendage ouest (comme les Mariannes) et celles à pendage est (comme celle du Pérou-Chili). La figure VI.5 montre comment les parties plongeantes des plaques subductant vers l'ouest vont résister au déplacement d'ensemble vers l'ouest (ou au déplacement vers l'est du manteau par rapport à la lithosphère). Cette résistance force le panneau plongeant vers le bas et explique son fort pendage. Elle explique aussi le retrait de la fosse par rapport à

Figure VI.7
Rotation d'ensemble de la lithosphère
(Ricard & Vigny, 1989).

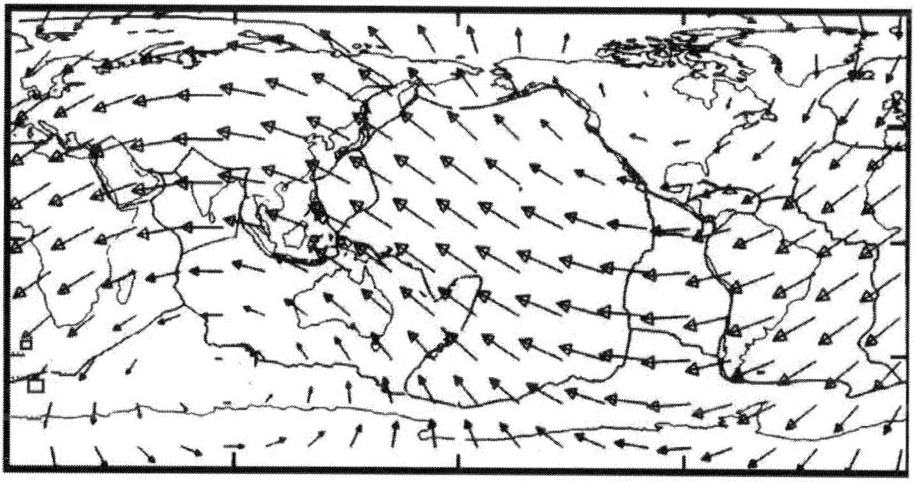

la plaque supérieure qui se déplace continûment vers l'ouest, et l'ouverture d'un bassin marginal. De l'autre côté du Pacifique au contraire le déplacement du manteau vers l'est force la plaque plongeante vers le haut et augmente donc le couplage avec la plaque supérieure qui subit un épaississement.

Ce modèle simple explique de manière élégante les différences entre les subductions de type Mariannes et de type Pérou-Chili. Comment peut-on alors expliquer la relation entre le pendage du panneau plongeant et l'âge de la plaque plongeante qui semble indéniable en première approche ? Ce modèle impliquant un déplacement d'ensemble vers l'ouest peut expliquer la dissymétrie de l'océan Pacifique dans son ensemble : il implique une subduction plus efficace à l'est qu'à l'ouest et donc un déplacement progressif de la ride Est-Pacifique vers l'est du bassin, et corrélativement la subduction de matériel plus jeune du côté oriental. La différence de poids des lithosphères en fonction de leur âge va jouer dans le même sens pour augmenter le pendage du panneau plongeant à l'ouest.

Ces observations à grande échelle permettent d'expliquer les caractères de premier ordre des zones de subduction. Nous allons maintenant nous attacher à une description plus détaillée de l'interaction entre les deux plaques et des régimes tectoniques au sein de la plaque supérieure.

VI.6 Un exemple d'interaction entre plaque plongeante et plaque supérieure, la subduction des Ryukyu

Rappelons que la fosse des Ryukyu correspond à la subduction de la plaque Philippine sous l'Eurasie. Un bassin marginal est en cours d'ouverture dans la plaque supérieure, le bassin d'Okinawa. Une étude détaillée de la sismicité liée à l'interaction des deux plaques est résumée sur les figures VI.8 à VI.10. La projection en plan des mécanismes au foyer étudiés ici révèle une grande variété de type de mécanismes, normaux, inverses ou décrochants. Une projection le long d'une coupe au travers de la partie nord de l'arc des Ryukyu montre la position exacte de ces différents événements en profondeur. La figure VI.10 synthétise ces observations.

La sismicité n'est enregistrée qu'au delà d'une profondeur de 10 km. Les séismes le plus superficiels correspondent à des failles normales formées à l'extrados de la plaque plongeante lorsqu'elle se ploie pour passer en subduction. Ces séismes sont fréquents également sur le mur externe de la fosse du Japon ou de la fosse des Mariannes.

On doit ajouter quelques séismes extensifs superficiels dans la région arrière-arc dans la partie sud. Ils correspondent à l'ouverture du bassin d'Okinawa.

Le long du plan de Benioff proprement dit la sismicité est active entre 20 et 50 km. Les mécanismes au foyer en faille inverse ont un plan nodal parallèle au contact des deux plaques et sont compatibles avec le glissement de la plaque Philippine sous l'Eurasie. Deux mécanismes cependant, les plus superficiels, situés un peu au-dessus du contact interplaque indiquent un jeu inverse le long de failles conjuguées du plan de Benioff.

Les séismes les plus profonds se produisent vraisemblablement à l'intérieur de la plaque plongeante. On remarquera qu'aucun des deux plans nodaux n'est parallèle au contact interplaque. Ils indiquent, soit une extension, soit une compression le long de la ligne de plus grande pente du panneau plongeant, selon la région, nord ou sud. Au nord, tout se passe comme si le panneau plongeant était attiré vers le bas sous son propre poids et avait tendance à s'allonger, et au sud comme s'il rencontrait une résistance rendant plus difficile sa pénétration dans le manteau. La raison de la différence de comportement du panneau plongeant en profondeur au nord et au sud n'est pas claire, mais peu sans doute être reliée à la collision entre l'arc de Philippines et la marge chinoise à Taiwan.

On doit ajouter un certain nombre de séismes intraplaques enregistrés sous les séismes interplaques à environ 50 km de profondeur. Ils correspondent à une compression parallèle à l'arc, donc un raccourcissement le long de l'arc qui n'est pas expliqué.

Figure VI.8
Mécanismes au foyer dans la zone de subduction des Ryukyu (bordure nord-ouest de la plaque Philippine) (Kao & Chen, 1991).

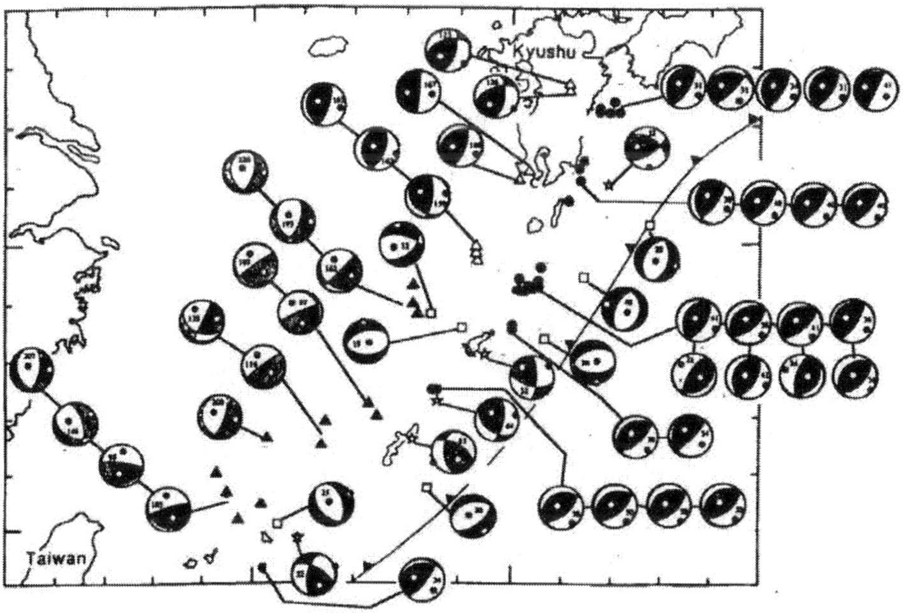

Cet exemple un peu complexe met en évidence les phénomènes importants de l'interaction des deux plaques dans une zone de subduction. L'un des faits importants est que la sismicité n'existe qu'en-dessous de 20 km le long du plan de Benioff, montrant que le couplage mécanique n'est efficace qu'à partir de cette profondeur. La déformation compressive qui se produit au-dessus et conduit en particulier à la formation d'un prisme d'accrétion se fait donc avec des niveaux de contraintes faibles, et n'influence pas le régime de déformation de la plaque supérieure. Bien que spectaculaire, la formation des prismes d'accrétion ne sera que brièvement évoquée dans cet ouvrage.

Figure VI.9
Mécanismes au foyer dans la zone de subduction des Ryukyu (projection des plans nodaux sur un plan méridien de la sphère focale (Kao & Chen, 1991).

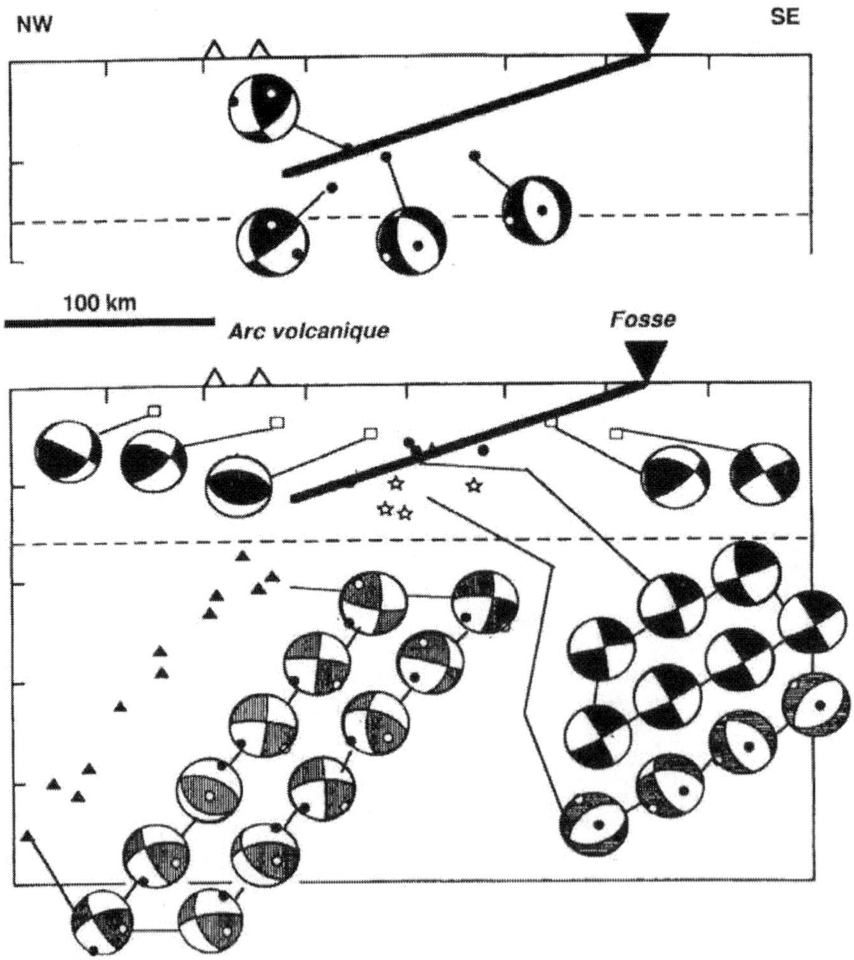

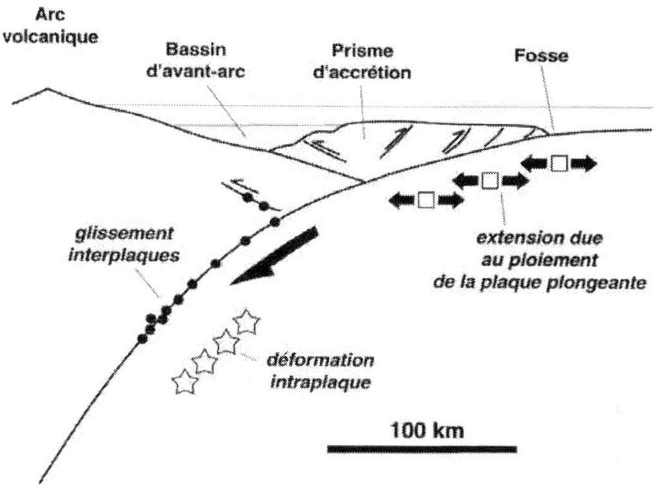

Figure VI.10
Synthèse des observations précédentes dans la zone de subduction des Ryukyu. Les séismes se répartissent en plusieurs groupes : séismes interplaques, ceux-ci seront utilisés pour calculer les vecteurs glissement du mouvement Philippine-Eurasie, déformation intraplaque en extension ou en raccourcissement parallèle au panneau plongeant, déformation d'extrados liée au ploiement de la plaque Philippine avant la fosse (Kao & Chen, 1991).

VI.7 Compression, exemple des Andes

VI.7.1 Caractères généraux de la Cordillère des Andes

La Cordillère des Andes s'étend sur plus de 60° de latitude le long de la bordure orientale de l'Amérique du Sud (fig. VI.11). Elle constitue un bourrelet formé à partir des matériaux de la plaque Sud Amérique au-dessus de la subduction de la plaque Nazca. C'est en effet principalement cette dernière qui subduit sous les Andes, entre la ride des Galápagos et celle du Chili. La ride de Nazca passe en subduction sous les Andes du Pérou au niveau d'un rentrant de la bordure continentale. L'histoire de cette chaîne, pourtant une des plus importantes du globe après l'Himalaya n'est pas connue avec la même précision que son homologue d'Amérique du Nord par exemple. Nous nous en tiendrons ici à la période récente (depuis 10 Ma).

>

Figure VI.11
Schéma d'ensemble de la Cordillère des Andes, montrant les principaux volcans actifs ainsi que les domaines non-volcaniques où le socle est soulevé. Les lignes tiretées représentent l'isobathe 150 km du toit du panneau plongeant (Wilson, 1989).

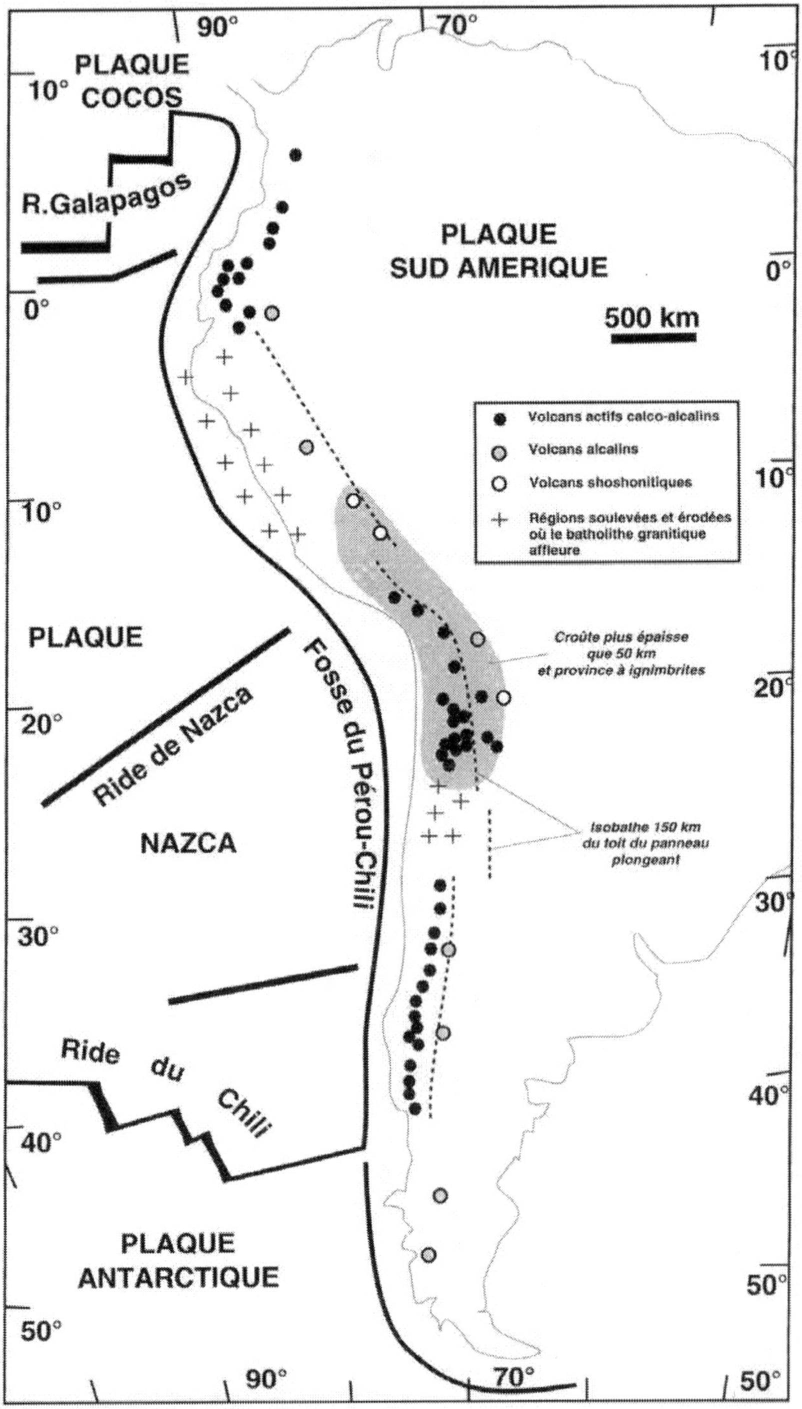
90°
70°
PLAQUE COCOS
10°
R.Galapagos
PLAQUE SUD AMERIQUE
0°
500 km
Volcans actifs calco-alcalins
Volcans alcalins
Volcans shoshonitiques
Régions soulevées et érodées où le batholithe granitique affleure
10°
PLAQUE
Fosse du Pérou-Chili
Ride de Nazca
Croûte plus épaisse que 50 km et province à ignimbrites
20°
NAZCA
Isobathe 150 km du toit du panneau plongeant
30°
Ride du Chili
40°
PLAQUE ANTARCTIQUE
50°
90°
70°
50°

La chaîne s'étend sur une largeur de plus de 500 km depuis la fosse de subduction jusqu'à l'avant-pays andin. Contrairement à toute attente, les chevauchements les plus importants, du moins les plus visibles, se trouvent du côté oriental de la chaîne qui chevauche sur le craton brésilien.

La géométrie de la chaîne varie considérablement du nord au sud, de même que l'activité volcanique. Comme le montre la figure VI.11 la chaîne se décompose en segments volcaniques et non-volcaniques. Les volcans actifs se situent (1) en Colombie et au nord du Pérou, (2) au sud du Pérou, en Bolivie et dans le nord du Chili et de l'Argentine, et (3) le long de la frontière Chili-Argentine. Les régions non volcaniques sont en soulèvement rapide et sont soumises à une forte érosion qui met à nu le socle granitique de la Cordillère. Comme le montre également la figure VI.11, les segments volcaniques sont aussi ceux sous lesquels la plaque plongeante a le plus fort pendage. On considère en général que l'isobathe 150 km de la plaque plongeante est le lieu où se forme le magma calco-alcalin, ou bien, le lieu d'où est exprimée l'eau qui provoque la fusion du manteau supérieur. C'est donc au-dessus de cet isobathe que se situent en général les chaînes de volcans. Cet isobathe est situé plus loin à l'intérieur du continent sud-américain dans les segments non-volcaniques. Ceci est dû au fait qu'une plaque plongeante peu pentée reste «collée» à la plaque supérieure sur une plus grande distance, et qu'il n'existe donc pas de coin de manteau au-dessus de la plaque plongeante qui se déshydrate à 150 km. Il n' y a donc pas de matériel à fondre et donc pas de volcanisme.

La figure VI.12 montre que la chaîne est plus large aux confins du Pérou, de la Bolivie et du Chili que plus au nord ou plus au sud. C'est également à cette latitude que les chevauchements sont les mieux exprimés. Comme nous le verrons plus loin, la déformation liée à la convergence est accommodée de différentes façons et partagée entre diverses structures, chevauchements, failles normales et décrochements.

La direction de convergence NAZCA/SAM est très constante sur toute la longueur de la chaîne. L'irrégularité de la marge fait que la convergence est parfois frontale, parfois oblique.

VI.7.2 Coupe lithosphérique de la Cordillère

La figure VI.13 est une coupe à l'échelle depuis la fosse de subduction jusqu'au plateau subandin. La largeur totale de la chaîne est ici de 800 km à la latitude de la Bolivie. L'altitude atteint 7000 m au sommet de l'Aconcagua, et se maintient à 5000 m sur tout le plateau de l'Altiplano. Une des caractéristiques majeures de la chaîne est la très grande épaisseur de la croûte qui atteint 70 km sous l'Altiplano. La lithosphère, par contre, est moins épaisse sous la partie haute des Andes que sous le craton brésilien. L'altitude élevée est donc due à deux causes qui jouent dans le même sens : une croûte épaisse à forte flottabilité et un manteau supérieur peu épais à faible flottabilité.

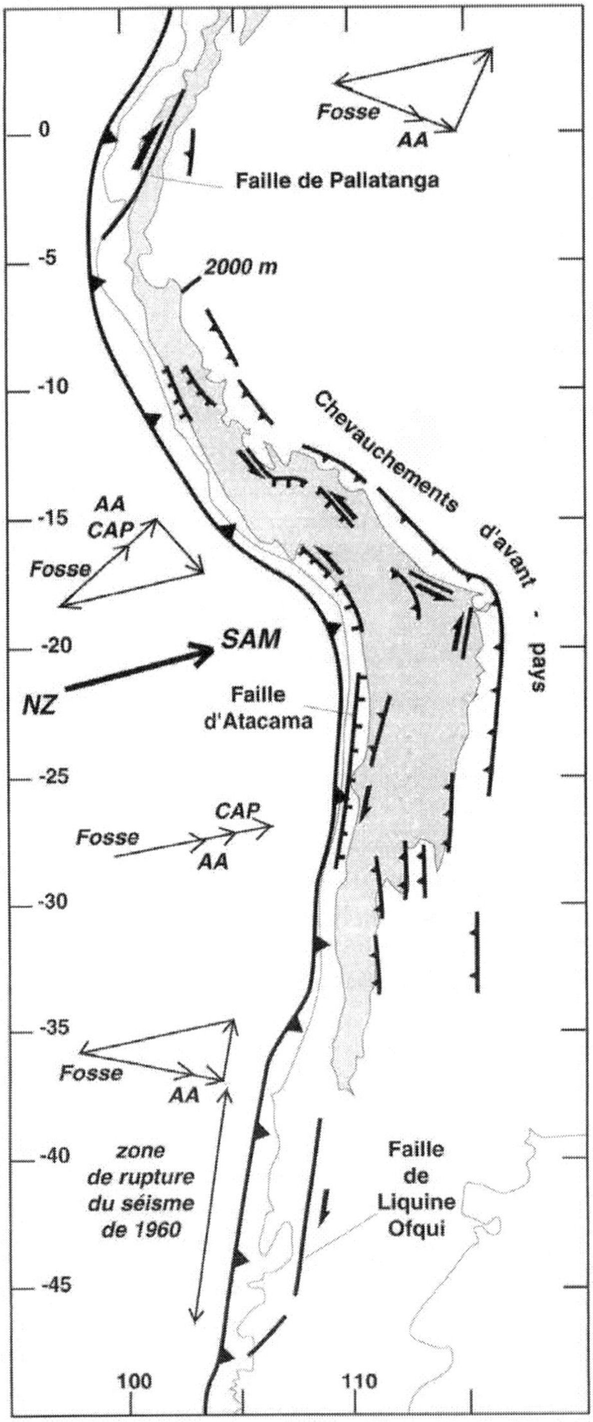

Figure VI.12
Tectonique et cinématique dans la Cordillère des Andes. On a représenté les chevauchements sur le craton amazonien ainsi que les failles normales décrochements principaux. Le partage de la déformation due à l'obliquité de la convergence est illustré par les sommes géométriques des vecteurs vitesse au travers des principales structures : la fosse, les chevauchements d'avant-pays (CAP), le domaine avant-arc (la marge continentale) (AA) (Dewey & Lamb, 1992).

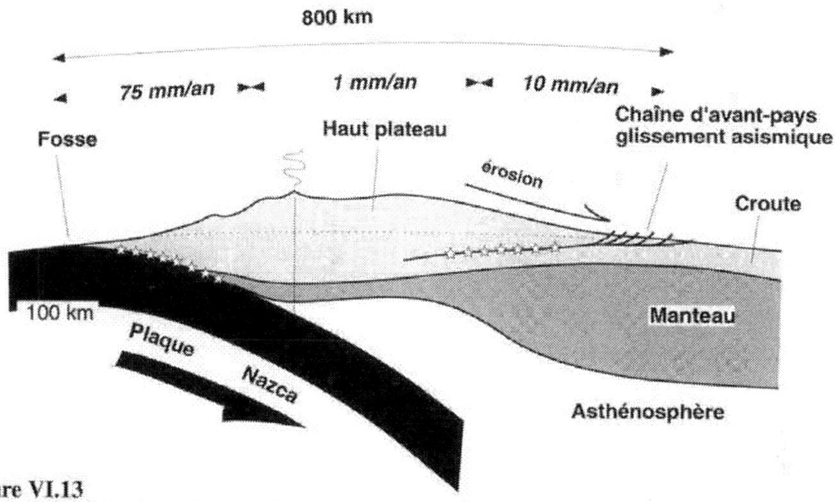

Figure VI.13
Coupe lithosphèrique de la Cordillère des Andes et les principaux domaines de déformation. Les valeurs portées au-dessus de la coupe sont déduites de l'analyse des tenseurs des moments sismiques (figure VI-16 et VI-17). Les étoiles représentent les séismes (Lamb, communication personnelle).

L'ensemble de la chaîne est en soulèvement, alors que l'avant-pays a tendance à s'enfoncer sous les Andes sous l'effet de la surcharge.

Cette zone de croûte continentale épaisse est encadrée par deux systèmes chevauchants : la zone de subduction elle-même à l'ouest, et les rétro-chevauchements sur le bassin subandin, à l'est. Les taux de raccourcissement sont variables le long de la coupe. Le raccourcissement le plus important est de l'ordre de 75 mm/an à l'ouest près de la zone de convergence de plaque, seulement de 1 mm/an dans la zone haute centrale, et de l'ordre de 10 mm/an le long du chevauchement oriental.

La déformation est localisée principalement dans la fosse et au front de chevauchement sur le bassin subandin. La géométrie varie avec la latitude. La coupe de la figure VI.13 correspond aux Andes de Bolivie, c'est-à-dire à la section la plus large. La zone de chevauchement sur le bassin subandin est large d'environ 100 km. Les données géophysiques montrent le socle du craton brésilien sous la chaîne subandine et sous la Cordillère orientale. Il s'enfonce progressivement sous un empilement d'unité sédimentaires charriées vers l'est, formant un coin tectonique semblable à un prisme d'accrétion. Comme le toit du socle, le Moho s'approfondit pour atteindre une profondeur de 60 km sous la Cordillère orientale. Cette structure est très semblable à celle que l'on rencontre dans d'autres chaînes alpines.

Dans la région haute de la Cordillère la déformation totale est, par contre, vraisemblablement assez faible. La tectonique principale y est soit en compression (comme dans la partie centrale de la chaîne) avec des failles inverses assez raides, soit en extension (comme plus au nord) avec de grandes failles normales.

La déformation de la partie occidentale de la chaîne est caractérisée par de grandes failles normales parallèles à la côte. C'est dans cette région que s'observent le socle de la Cordillère et ses plutons. Cette région a de toute évidence subi un soulèvement et une érosion intense.

Un des problèmes importants soulevés par cette coupe est l'origine de l'épaississement crustal. Comme le montre la coupe de la figure VI.13 la tectonique compressive qui pourrait expliquer un raccourcissement important et un épaississement n'est localisée que dans le domaine subandin. Il n'y a pas de preuve d'un doublement tectonique de l'épaisseur crustale sous l'Altiplano. On peut résumer ceci par deux possibilités : la grande épaisseur est soit due à un chevauchement de grande ampleur dont on ne verrait que l'émergence dans le domaine subandin, soit aux apports magmatiques exprimés sous forme de plutons et du volcanisme.

VI.7.3 Extension des régions de haute altitude

A la latitude du Pérou, les régions hautes sont caractérisées par une tectonique extensive de grande ampleur. La figure VI.14 montre les mécanismes au foyer de cette région ainsi que les résultats d'une étude de la fracturation récente sous forme de tenseurs de contraintes. Aussi bien les données géologiques à grande échelle que ces données de détails montrent la localisation de la déformation compressive dans les zones basses, à la fois du coté de la fosse et du coté subandin. Les zones hautes sont soumises à une déformation extensive dans la Cordillère centrale. Les directions d'extension sont en gros N-S, pratiquement perpendiculaires à la direction de compression.

Cette géométrie peut être expliquée de manière simple en considérant le bilan des forces auxquelles est soumise la croûte continentale des Andes. Nous avons déjà traiter de ce problème dans le chapitre III (fig. III.6). L'épaississement progressif de la croûte conduit à une augmentation des forces de volume qui tendent à faire écrouler l'ensemble. Cette explication peut s'appliquer à toute croûte épaisse et nous aurons l'occasion d'en reparler à propos du Tibet ou des chaînes écroulées de la Méditerranée. Nous verrons également un peu plus loin dans ce chapitre une autre explication d'ordre cinématique.

VI.7.4 Déformation dans la fosse

La marge est caractérisée par (1) une tectonique extensive qui tend à écrouler le mur interne vers la fosse et (2) une tectonique compressive en pied de marge qui forme un prisme d'accrétion. Comme le montre la sismicité cette déformation extensive n'est pas caractéristique de l'ensemble de la croûte de la marge. Mais comme nous le verrons également sur l'exemple de la fosse du Japon, elle est confinée à la partie superficielle, et correspond à des glissements gravitaires. La figure VI.15 montre une coupe de la fosse du Pérou avec les deux domaines, prisme d'accrétion et marge en extension. Une des caractéristiques marquantes de nombreuses marges actives est une subsidence rapide. Des niveaux sédimentaires Miocène, originellement déposés près de la surface, sont aujourd'hui à plus de 4 km de profondeur, recouverts par d'épais dépôts plus récents. Une subsidence de 500 m/Ma a donc affecté la marge depuis le Miocène. Cette subsidence joue pendant la formation de failles normales qui affectent l'ensemble de la marge et dont certaines sont marquées dans la morphologie par des escarpements très importants. Elles conduisent à écrouler la marge dans la fosse, où elle est alors intégrée au prisme d'accrétion. Nous verrons, dans le cas de la fosse du Japon, un bilan de ces effets de subsidence et d'érosion de la marge par écroulement gravitaire.

VI.7.5 Distribution de la déformation active

Grâce aux séismes il est possible de connaître grossièrement la cinématique de la déformation actuelle et de contraindre la manière dont le raccourcissement de la chaîne est accommodé. De manière générale, environ 80% du rapprochement entre les plaques Nazca et Sud-Amérique, sont accommodés le long du plan de Benioff. Les 20% restants sont accommodés à l'intérieur de la chaîne, qui joue le rôle d'une limite de plaque épaisse.

Les figures VI.16 et VI.17 montrent les résultats du calcul de la cinématique de la déformation à partir des moments des séismes. Le tenseur du moment d'un séisme est similaire au mécanisme au foyer, mais il contient en plus des informations sur la magnitude du séisme (chapitre V). Il est donc possible de quantifier la déformation à partir de ces données en supposant que toute la déformation est exprimée sismiquement. Les segments numérotés de 1 à 4 sont des boîtes, choisies arbitrairement pour leur cohérence interne, à l'intérieur desquelles les moments des séismes ont été sommés. On a distingué à l'intérieur de chaque segment des sous-ensembles correspondant à l'avant-arc et à la chaîne. Le champ de vitesse est ensuite obtenu en supposant une continuité de la déformation. Un résultat marquant de cette étude est la différence entre les segments perpendiculaires à la direction de convergence et les segments obliques.

Dans le segment 2, perpendiculaire à la direction de convergence, la cinématique de la déformation est partout parallèle au vecteur convergence. C'est dans cette région également que la chaîne est la plus large. Partout ailleurs il existe une forte obliquité entre la cinématique de la déformation dans l'avant-arc et dans la chaîne. Cette obliquité conduit à une composante décrochante qui est toujours celle du vecteur convergence. Un certain nombre de failles décrochantes parallèles à la fosse accommodent cette composante. Nous retrouvons ici le problème de la partition de la déformation

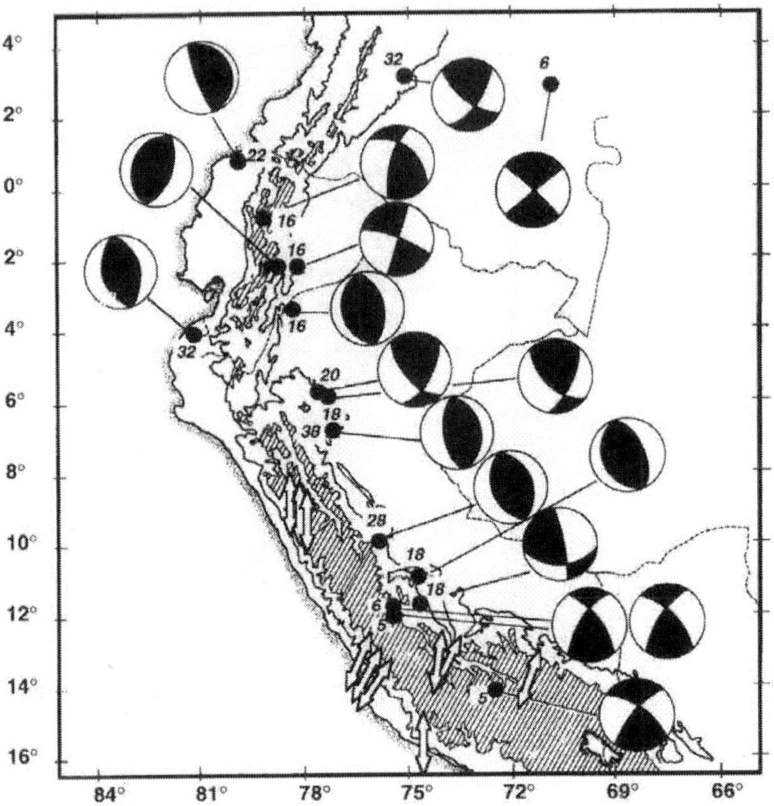

Figure VI.14
Mécanismes au foyer crustaux au Pérou. On remarquera que les mécanismes compressifs correspondent à des épicentres en altitude basse. En altitude plus haute les mécanismes au foyer sont décrochants. On a représenté également les directions d'extension déduites de l'analyse de la fracturation quaternaire (Molnar & Lyon-Caen, 1988 ; Sebrier *et al.*, 1985).

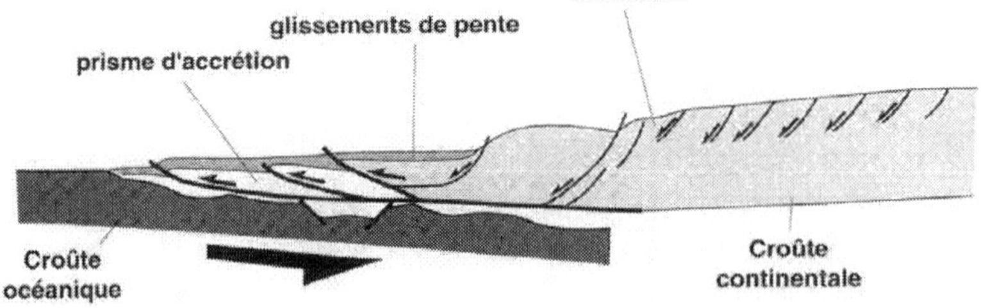

Figure VI.15
Coupe de la fosse du Pérou montrant l'extension et l'effondrement vers la fosse, ainsi que le prisme d'accrétion développé en pied de marge (Von Huene *et al.*, 1989).

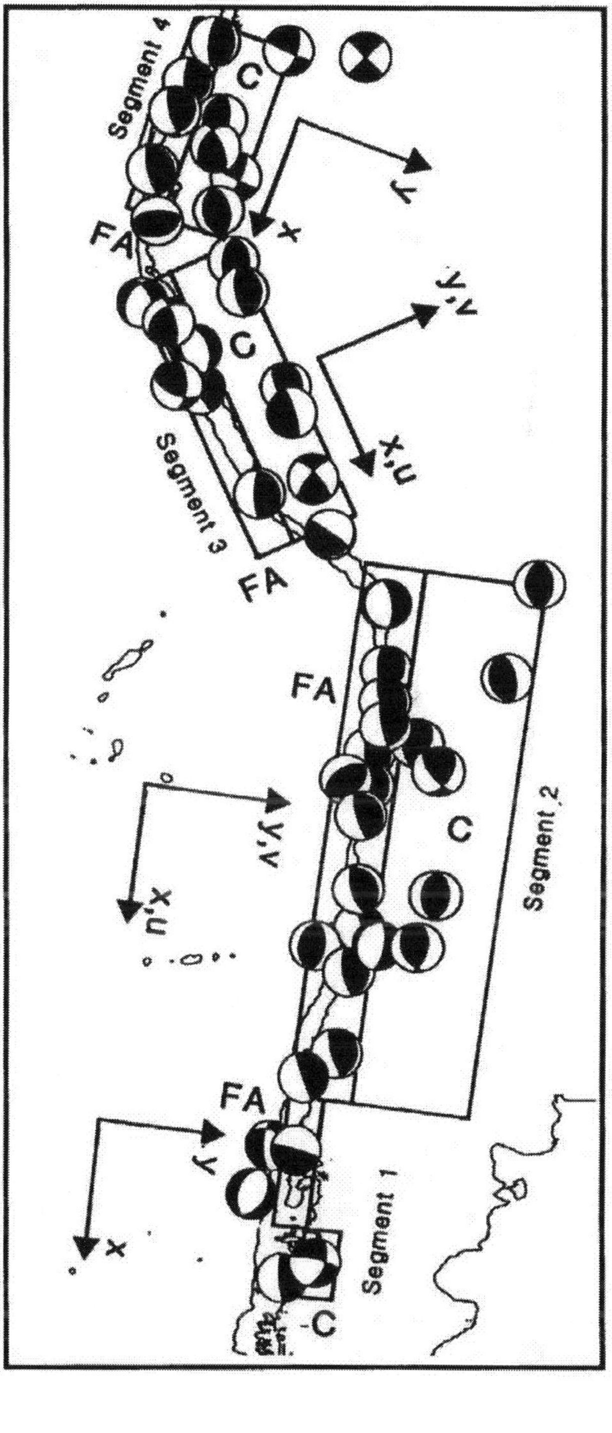

Figure VI.16
Les mécanismes au foyer utilisés dans l'analyse cinématique de la figure suivante. On a divisé la région en domaines rectangulaires (C : chaîne, FA : avant-arc) au sein desquels on fait la somme des tenseurs des moments sismiques. Le tenseur des moments sismiques est un mécanisme au foyer qui comprend en plus des informations sur la magnitude, donc sur les déplacements (Dewey & Lamb, 1992).

dans les zones de convergence oblique déjà évoqué à propos des Philippines dans la première partie de cet ouvrage.

Les auteurs de cette étude proposent également que la déformation extensive, des Andes du Pérou, est le résultat de la composante senestre de la convergence à ce niveau. Il est difficile de faire la part des deux phénomènes (écroulement gravitaire et cinématique) dans cette déformation, l'un étant probablement aidé par l'autre.

VI.7.6 Conclusion

La déformation liée à la convergence de plaques dans les Andes donne lieu à un épaississement crustal important et à la formation d'une chaîne de montagnes énorme. Il est difficile de savoir quelle part joue l'apport de matière par le magmatisme dans l'épaississement crustal, mais il est clair qu'une part importante est due au raccourcissement dans le domaine subandin. Les structures compressives les plus spectaculaires ont une vergence opposée à celle de la subduction. La déformation est accommodée de manière complexe au travers de la chaîne. La géométrie dépend fortement de l'obliquité du vecteur du mouvement relatif Nazca/Sud Amérique et de la marge. C'est au niveau où la marge est exactement perpendiculaire à ce vecteur que la chaîne est la plus large. Ceci suggère un couplage très fort entre la plaque plongeante et la plaque supé-

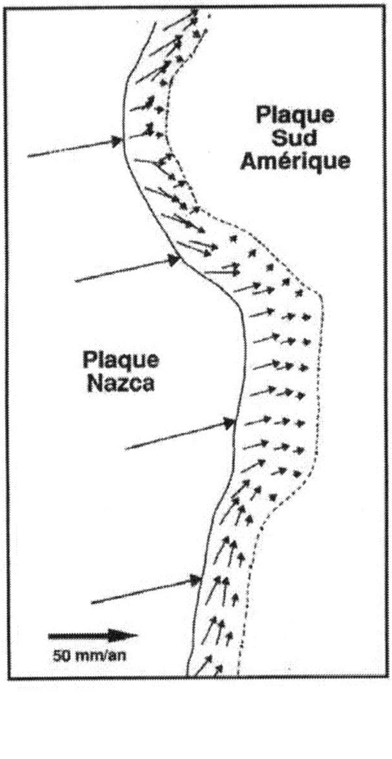

Figure VI.17
Résultat de la sommation des tenseurs des moments sismiques. Seule la région centrale, où la chaîne est la plus large montre des vecteurs colinéaires et perpendiculaires à la chaîne. Partout ailleurs l'obliquité de la subduction impose une composante cinématique parallèle à la chaîne. Comparer avec la carte des structures majeures, en notant en particulier le sens des décrochements (Dewey & Lamb, 1992).

rieure. Les contraintes compressives liées à la convergence sont transmises efficacement à la plaque supérieure qui réagit en se déformant de manière intense.

Il existe des régions en extension dans les partie hautes de la chaîne. L'origine de cette extension est, soit une compétition entre les forces compressives imposées par la cinématique, et les forces gravitaires, soit une conséquence de la partition de la déformation dans les segments obliques.

VI.8 Subduction et extension

Les marges occidentales de l'Océan Pacifique sont, comme nous l'avons vu, caractérisées par un régime tectonique différent où l'extension prédomine. Nous ne reviendrons pas ici sur les causes de cette extension, que nous avons déjà explorées au début de ce chapitre. Nous décrirons un certain nombre de contextes régionaux depuis les Tonga dans le sud-ouest Pacifique, jusqu'au Japon.

VI.8.1 Tonga

Comme le montre la figure VI.18, le mouvement de convergence entre les plaques Pacifique et Australie est absorbé le long d'une limite de plaque complexe dans la région des Fiji. L'ouverture océanique des Fiji se produit le long d'un relais transformant entre les fosses des Tonga et des Nouvelles Hébrides de polarités opposées. Derrière la fosse des Tonga, le bassin de Lau s'étend de manière continue depuis 16°S jusqu'au nord de la Nouvelle Zélande où on peut le retrouver à terre sous la forme du fossé de Taupo.

La figure VI.19 montre sur la même région une compilation des mécanismes aux foyers superficiels dans la région des Tonga, à l'exclusion des séismes interplaques. C'est une représentation de la déformation interne de la plaque australienne. On remarque que la majeure partie des séismes sont de type extensif ou décrochant. Un seul séisme en faille inverse est enregistré dans le centre du bassin de Lau. Les autres sont en accord avec une direction d'extension perpendiculaire au bassin, c'est-à-dire parallèle à la direction de convergence dans la fosse. Cette géométrie est très typique de l'ouest Pacifique.

L'ouverture en ciseau vers le sud du bassin de Lau est accompagné de la mise en place d'un plancher océanique dont la nature varie du nord au sud. Les premiers basaltes mis en place sont plutôt de type alcalin, et dérivent vers un pôle tholéiitique de ride médioocéanique plus typique au fur et à mesure de l'ouverture.

VI.8.2 Bonins-Mariannes

L'histoire de l'ouverture arrière-arc sur la plaque Philippine a commencé à la fin de l'Oligocène par l'ouverture du bassin de Shikoku-Parece Vela (fig. I.16). Elle se

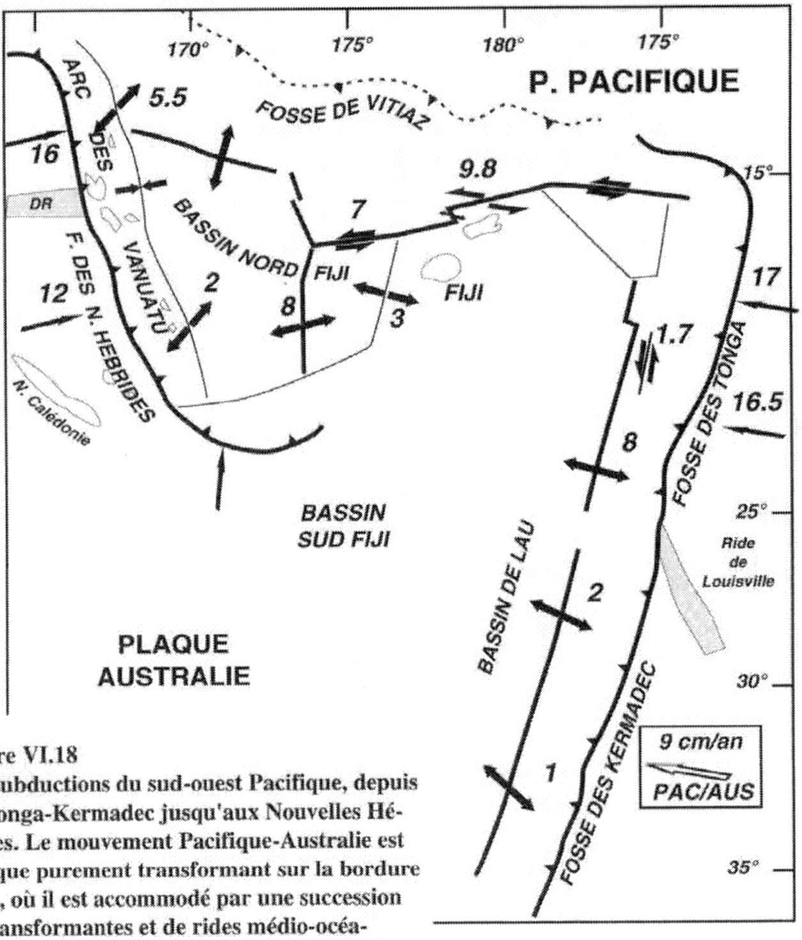

Figure VI.18
Les subductions du sud-ouest Pacifique, depuis les Tonga-Kermadec jusqu'aux Nouvelles Hébrides. Le mouvement Pacifique-Australie est presque purement transformant sur la bordure nord, où il est accommodé par une succession de transformantes et de rides médio-océaniques. Les valeurs de convergence et de divergence sont données en cm/an. On notera l'ouverture rapide dans le bassin arrière-arc de Lau (Pelletier & Louat, 1989).

poursuit aujourd'hui avec l'ouverture du bassin des Mariannes et le rift des Bonins. Le scénario est très simple (figs VI.20 et VI.21). Il y a environ 30 Ma, la bordure orientale de la plaque Philippine se situait immédiatement à l'est de la ride Palau-Kyushu qui était l'arc volcanique actif au dessus de la subduction Pacifique. Différentes géométries ont été proposées pour l'initiation de la subduction. La plupart des auteurs considèrent que la ride Palau-Kyushu était autrefois une faille transformante. La raison en est sa direction perpendiculaire aux anomalies magnétiques du bassin occidental de la mer des Philippines. Ce bassin, s'est ouvert au cours de l'Éocène et de l'Oligocène inférieur. La

Figure VI.19
Mécanismes au foyer dans la région de la fosse des Tonga-Kermadec et du bassin arrière-arc de Lau. La plupart des séismes sont décrochants ou en extension (Pelletier & Louat, 1989b).

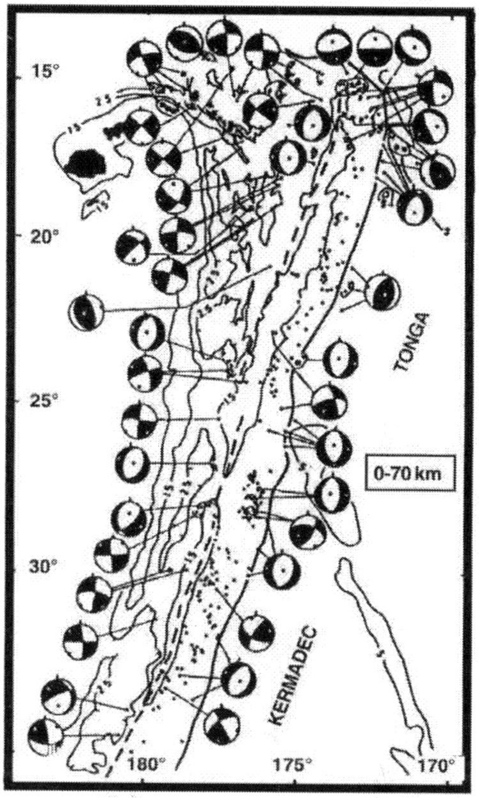

Figure VI.20
Histoire cinématique de la plaque Philippine entre 40 et 10 Ma (voir la figure I-15 pour la situation actuelle. On remarquera l'ouverture progressive des bassins de Shikoku-Parece Vela puis des Mariannes sur la bordure orientale de la plaque Philippine. Cette histoire est contrainte par les anomalies magnétiques de ces différents bassins, pour ce qui est de la cinématique interne à la plaque, et par les données du paléomagnétisme pour ce qui est de la dérive d'ensemble de la plaque. Le domaine hachuré est celui qui a disparu par subduction aujourd'hui (Hall *et al.*, 1994).

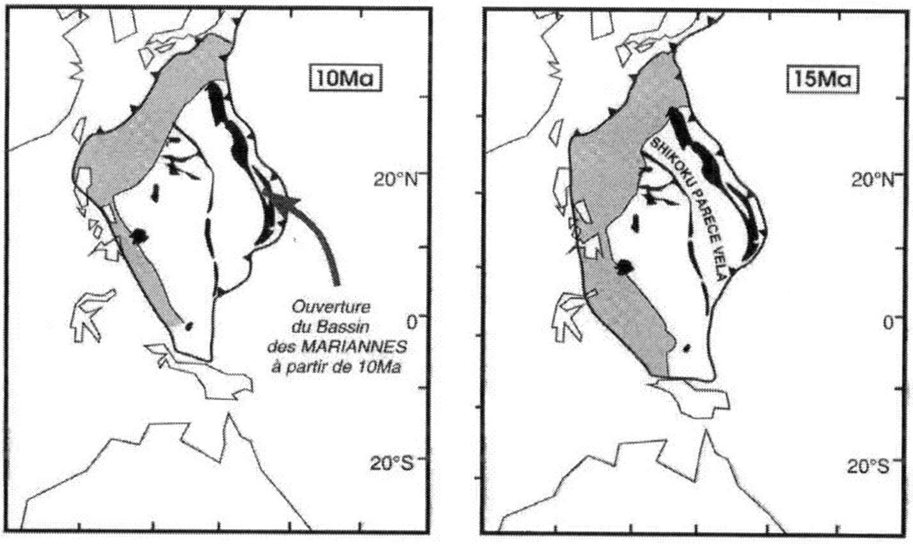

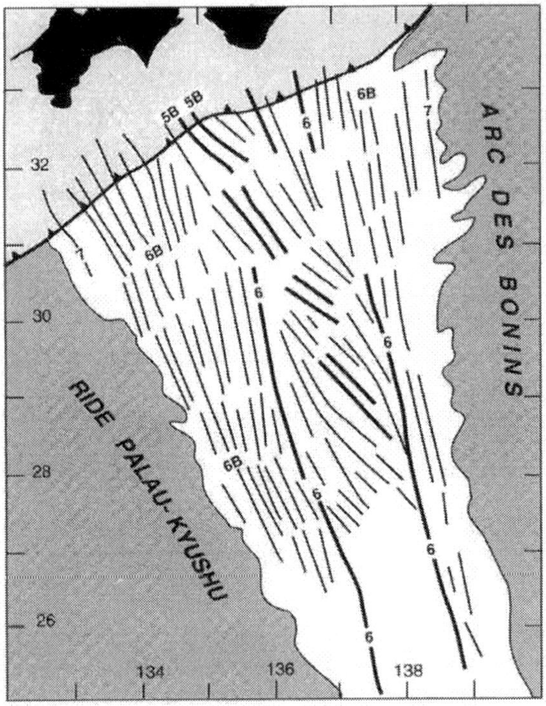

BASSIN DE SHIKOKU

Figure VI.21
Les anomalies magnétiques du bassin de Shikoku entre l'arc actif des Bonins et l'arc rémanent de la ride Palau-Kyushu. Les numéros portés sur les anomalies correspondent à la nomenclature internationale dans ce domaine. An 5B : 15 Ma, 6 : 20 Ma, 7 : 27 Ma (Chamot-Rooke *et al.*, 1987).

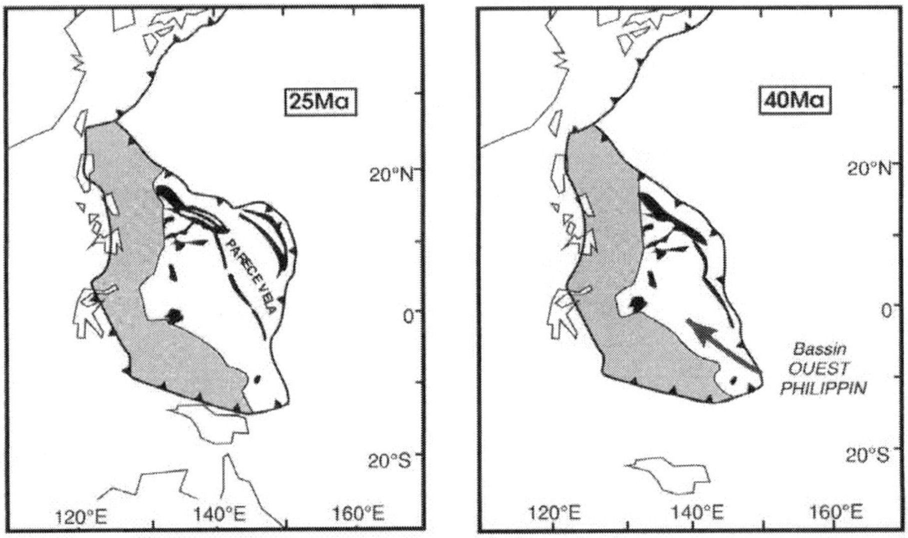

fin de l'ouverture du bassin se produit le long de petits segments de rides décalés par de nombreuses failles transformantes, géométrie que l'on retrouve souvent dans la dernière période de vie des bassins arrière-arc. Ce bassin résulte donc de la capture d'une partie de l'océan Pacifique (*sensu lato*) au moment du changement de mouvement absolu de la plaque Pacifique il y a 45 Ma. L'histoire de la plaque Philippine commence ici.

A partir de 30 Ma (au sud) et 25 Ma (au nord) la ride Palau-Kyushu cesse de fonctionner comme un arc insulaire quand l'arc des Bonins-Mariannes s'en détache par l'ouverture des bassins de Parece Vela et de Shikoku. La ride Palau-Kyushu (arc rémanent) reste en arrière et subside progressivement. Enfin à partir de 10-8 Ma l'arc des Mariannes se fragmente à son tour en deux en conséquence de l'ouverture du bassin des Mariannes, encore actif aujourd'hui, laissant derrière un arc rémanent. L'arc des Bonins lui-même est en cours de division dans la région du rift Sumisu depuis quelques millions d'années.

VI.8.3 Shikoku

Une cartographie détaillée des anomalies magnétiques du bassin de Shikoku est représentée sur la figure VI.21. Comme dans le bassin occidental de la mer des Philippines, plusieurs réorganisations cinématiques sont visibles. La plus importante se produit après l'anomalie 6 (20 Ma) ; la direction d'ouverture devient plus oblique par rapport aux bordures du bassin, et la ride se fragmente. La fin de l'ouverture il y a 15 ma est marquée par la formation d'une chaîne de volcans sous-marins assez typique des rides très lentes (les monts Kinan) ; nous retrouverons une chaîne de ce type dans la mer du Japon ou la mer de Chine méridionale dans un chapitre ultérieur. La figure VI.21 permet également de visualiser l'enfoncement de la croûte océanique du bassin sous le prisme d'accrétion de Nankai. Les anomalies magnétiques sont encore identifiables sur une distance d'environ 50 km à l'intérieur de la marge.

Les anomalies magnétiques sont plus complètes du côté occidental du bassin. En effet de l'autre côté, l'activité volcanique continue de l'arc des Bonins a «débordé» sur le bassin et détruit les anomalies magnétiques. Une observation de détail de la marge occidentale révèle l'histoire précoce de l'ouverture du bassin de Shikoku. On constate en effet que les anomalies magnétiques les plus anciennes sont biseautées par la marge. L'anomalie 7 par exemple (27 Ma) est observée seulement au nord, elle vient buter sur la marge à 30°N. L'anomalie 6C3 qui lui est parallèle se poursuit plus au sud jusqu'à 29°30', etc... Cette géométrie peut être expliquée par une ouverture en ciseau du bassin et une progression vers le sud de l'extrémité du rift océanique au sein de l'arc insulaire. Cette migration est très rapide, de l'ordre de 10 cm/an.

Entre 20 et 26 Ma un rift océanique progressait donc rapidement à l'intérieur de l'arc de Palau-Kyushu et donnait naissance au bassin océanique de Shikoku. La géométrie d'ouverture du bassin de Parece Vela est moins bien connue dans le détail, mais la même histoire est vraisemblable.

VI.8.4 Bonins

Le rift intra-arc du bassin de Shikoku n'est bien sûr plus observable à l'heure actuelle puisqu'il a donné naissance à un bassin océanique. Mais un rift semblable se développe depuis le Pliocène dans l'arc des Bonins, à l'est du bassin de Shikoku (fig. VI.22). L'ensemble de l'arc est en extension, depuis le mur interne de la fosse jusqu'au domaine arrière-arc, à l'exception notable de la zone de collision du Japon central sur laquelle nous reviendrons plus loin. Un rift bien individualisé, le rift de Sumisu, se forme immédiatement à l'ouest de l'arc volcanique (fig. VI.23). D'autres rifts du même type existent plus au nord et plus au sud (fig. VI.24). Le rift de Sumisu est constitué de deux bassins assez plats situés 1000 m plus bas que l'ensemble de l'arc des Bonins. Ces deux bassins sont limités par des failles normales parallèles à l'arc, le long desquelles une activité volcanique se manifeste, contrôlée également par des structures transverses (fig. VI.25). Ces deux bassins sont situés dans la région volcanique proprement dite ou immédiatement à l'ouest. De nombreuses failles normales parsèment la région attestant de la déformation extensive qui affecte l'ensemble de l'arc. Les profils sismiques de la figure VI.26 au travers de l'arc dans la région d'Aoga Shima montrent un grand nombre de failles normales aussi bien dans le rift lui même que dans la région avant-arc. Les forages dans le rift de Sumisu montrent que la subsidence est un phénomène très récent (quelques millions d'années).

Cet exemple montre que le rifting des bassins marginaux démarre à l'aplomb de l'arc volcanique. On retrouve le même phénomène dans la plupart des bassins de ce type. L'arc volcanique est une zone de faiblesse de la croûte de l'arc insulaire pour deux raisons : la première est que l'altitude et l'épaisseur crustale y sont maximales, et la contrainte verticale y est également la plus forte, la deuxième est que le flux de chaleur y est élevé à cause de l'activité volcanique. Ce flux de chaleur élevé peut contribuer à élever la transition fragile-ductile dans la croûte et à diminuer corrélativement sa résistance totale.

VI.9 Accrétion ou érosion tectonique, Japon et Kouriles

Le régime de la subduction sous le Japon met en jeu une structure tri-dimensionnelle complexe (fig. VI.27). Les plaques Pacifique, Eurasie et Philippine convergent toutes dans la même région. La plaque Philippine subduit sous la plaque Eurasie le

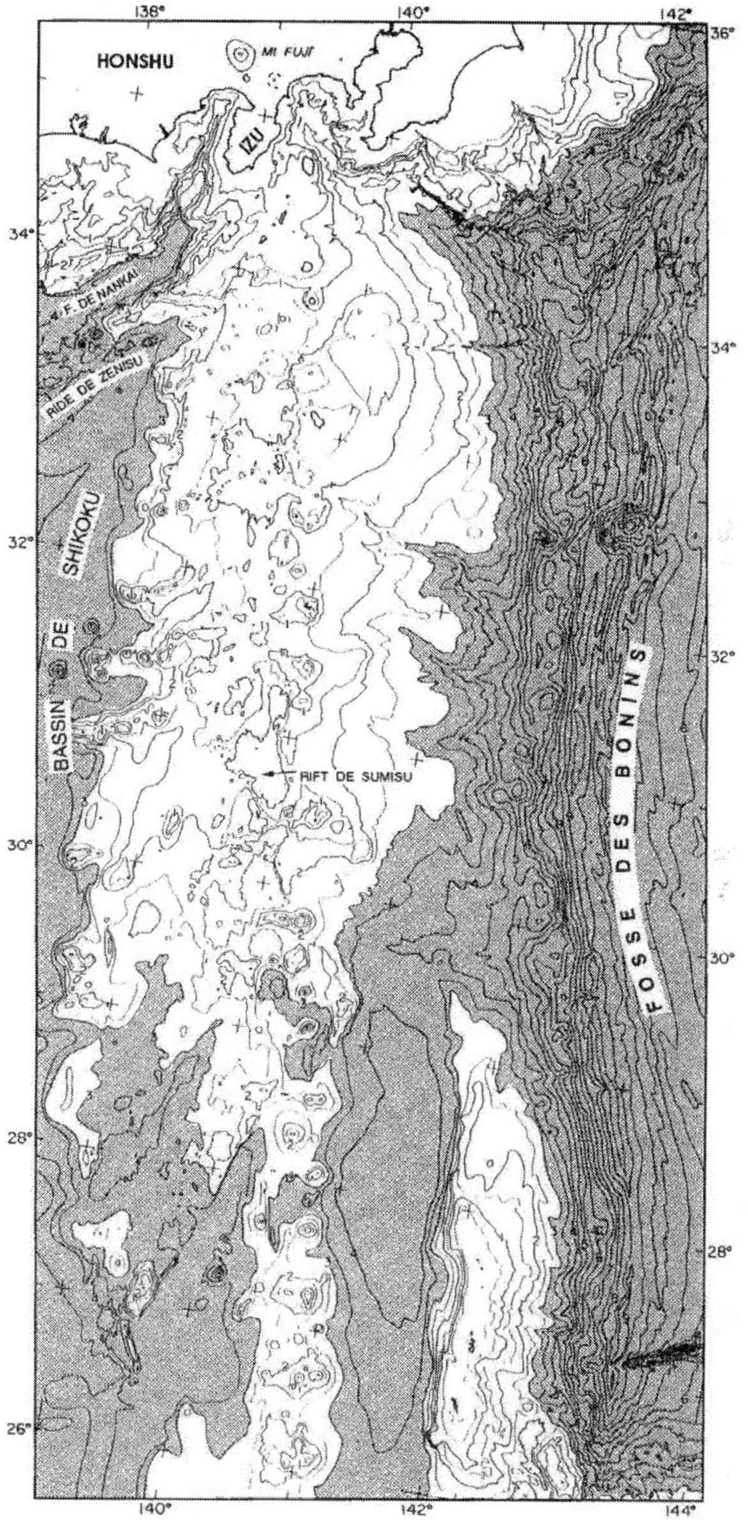
HONSHU
Mt FUJI
IZU
F. DE NANKAI
RIDE DE ZENISU
BASSIN DE SHIKOKU
RIFT DE SUMISU
FOSSE DES BONINS
138°
140°
142°
144°
36°
34°
32°
30°
28°
26°

<
Figure VI.22
Morphologie de l'arc des Bonins. Les régions de profondeur supérieure à 3000 m sont grisées (Taylor, 1992).

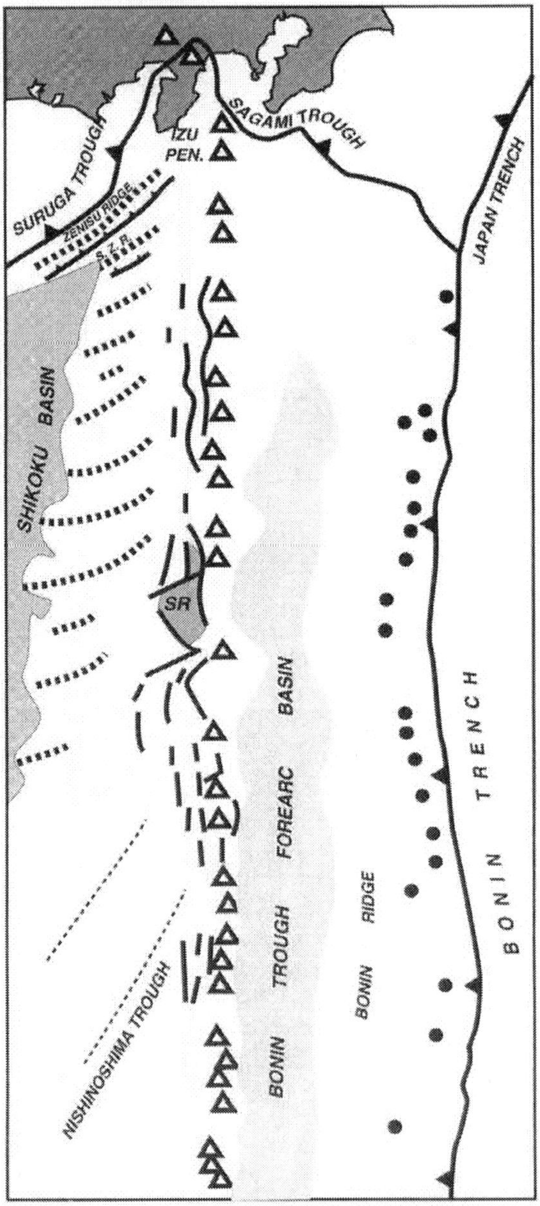

Figure VI.23
Les principaux éléments de l'arc des Bonins. Les volcans actifs sont représentés sous forme de triangles. Les rides volcaniques en échelon par des traits tiretés, les failles normales du rift des Bonins sous forme de traits épais. On notera également les chevauchements au pied de la ride de Zenisu et de la ride Sud Zenisu. Les ronds noirs représentent les diapirs de serpentine de la région avant-arc (Taylor, 1992).

>
Figure VI.25
Détail du rift de Sumisu, un des rifts individuels du rift des Bonins. Le domaine hachuré représente le fond du graben et ses sédiments quaternaires (Taylor *et al.*, 1991).

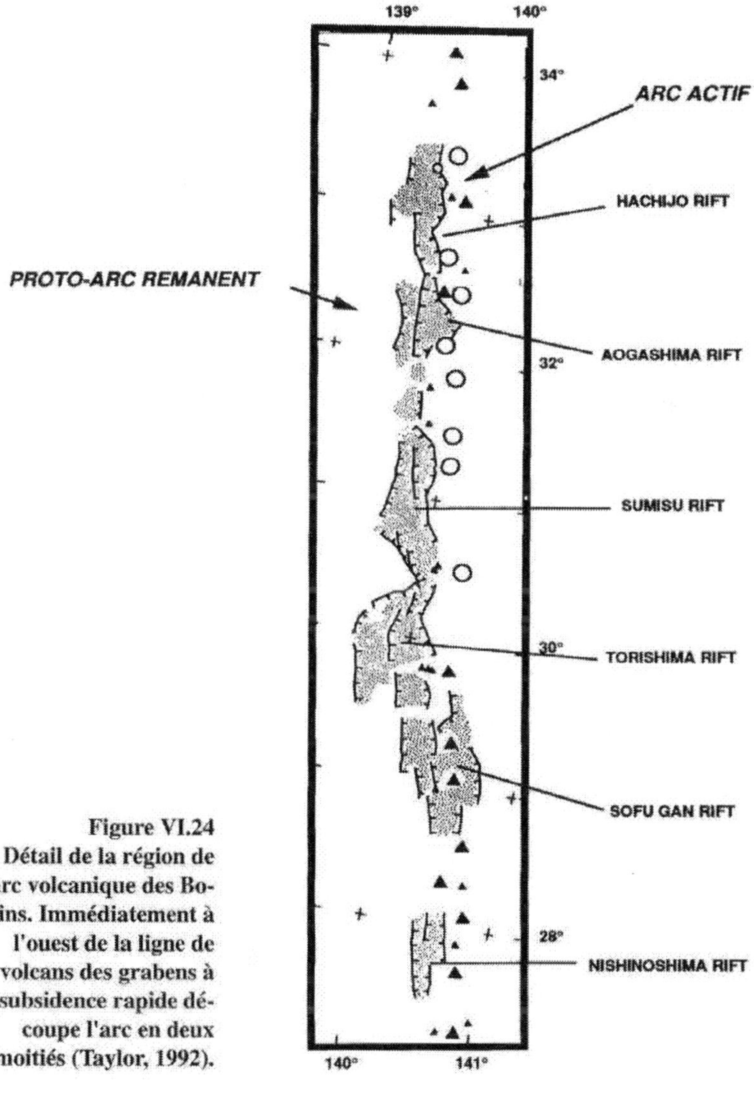

Figure VI.24
Détail de la région de l'arc volcanique des Bonins. Immédiatement à l'ouest de la ligne de volcans des grabens à subsidence rapide découpe l'arc en deux moitiés (Taylor, 1992).

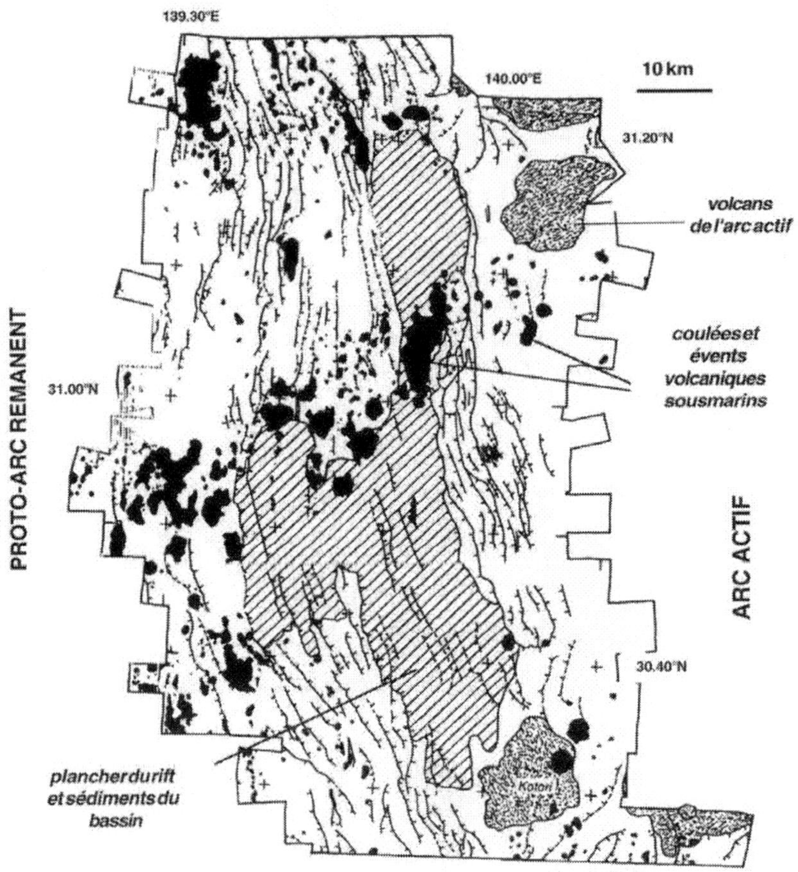

Figure VI.26
Interprétations de profils sismiques au travers de l'arc et du rift des Bonins (Taylor, 1992).

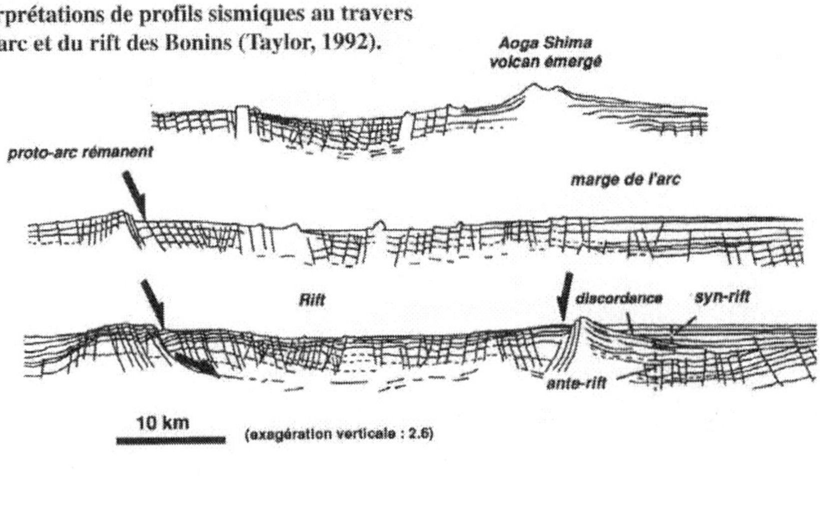

long des fosses de Nankai, de Suruga et de Sagami. La plaque Pacifique subduit sous la plaque Eurasie dans la fosse de Japon et la fosses des Kouriles, et sous la plaque Philippine dans la fosse des Bonins. Ces deux zones de subduction qui se rejoignent au point triple du Japon central, ont des caractères très différents que nous allons explorer.

Les conditions cinématiques sont d'ors et déjà très dissemblables :

(1) la fosse du Japon correspond à la subduction d'une plaque âgée (130-140 Ma), donc lourde à grande vitesse (environ 10 cm/an). La géométrie du plan de Wadati-Benioff est connue depuis longtemps. Les données les plus récentes conduisent à la géométrie de la figure VI.28. Cette figure illustre bien également l'augmentation du pendage du panneau plongeant Pacifique du sud au nord, le pendage étant minimum au

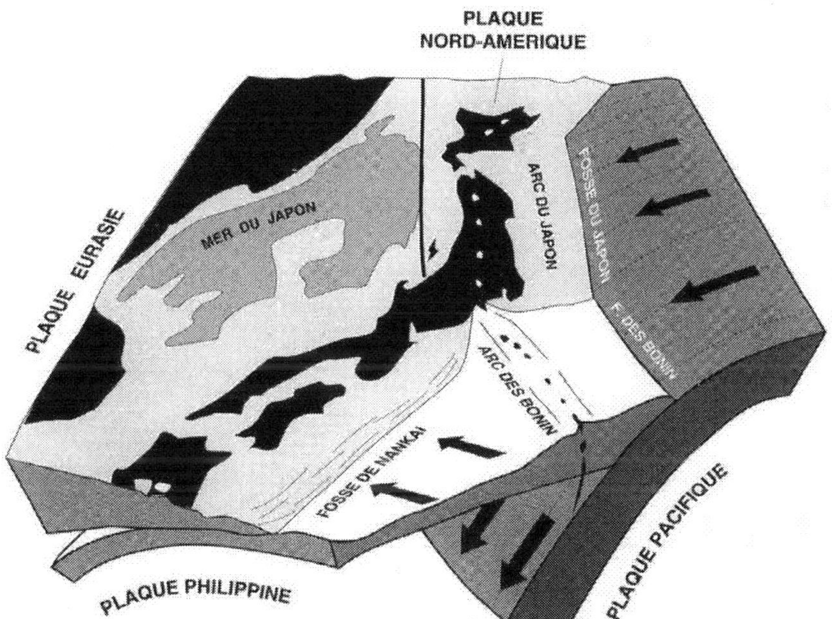

Figure VI.27
Bloc diagramme de la région du point triple Eurasie-Pacifique-Philippine. La plaque Philippine porte l'arc des Bonins et s'enfonce dans la fosse de Nankai sous la plaque Eurasie. La plaque Pacifique plonge sous les deux précédentes dans les fosses du Japon et des Bonins. Le nord du Japon appartient en fait à la plaque Nord-Amérique mais les mouvements relatifs Nord Amérique-Eurasie sont lents.

Figure VI.28 Cartes des isobathes du toit des panneaux plongeants Pacifique et Philippin (Uyeda, 1991).

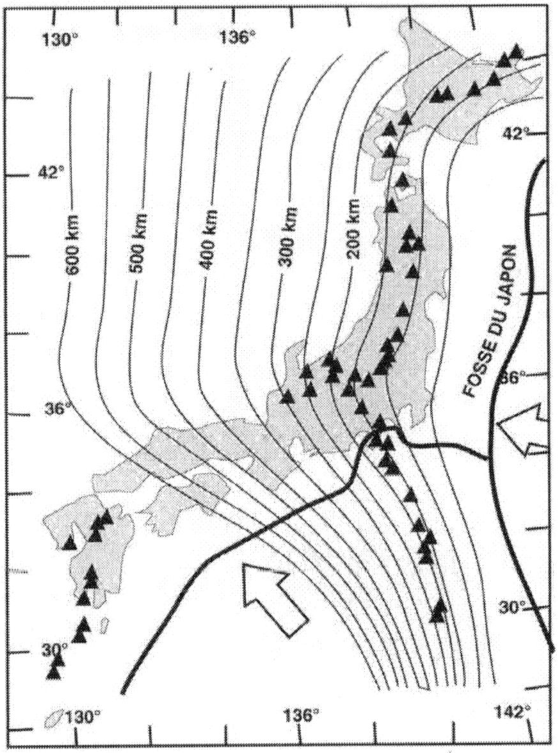

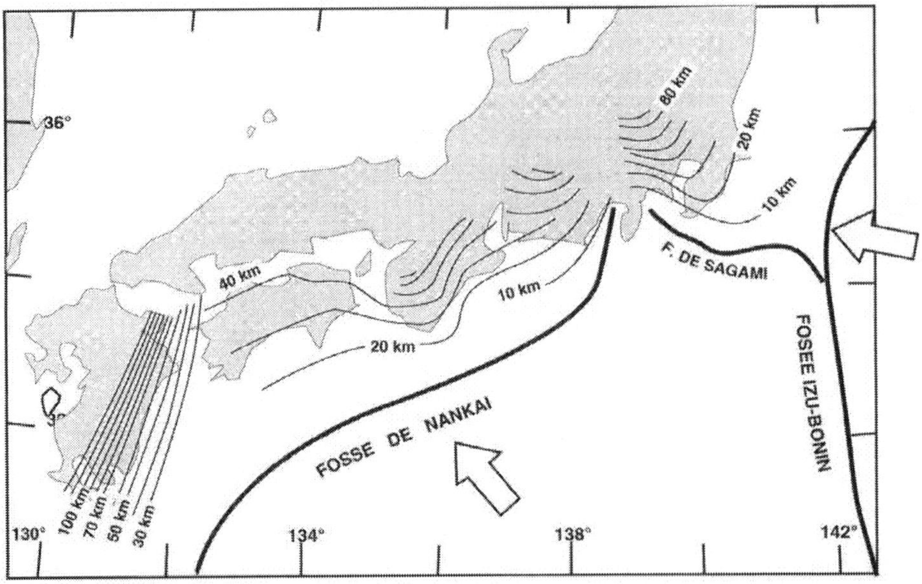

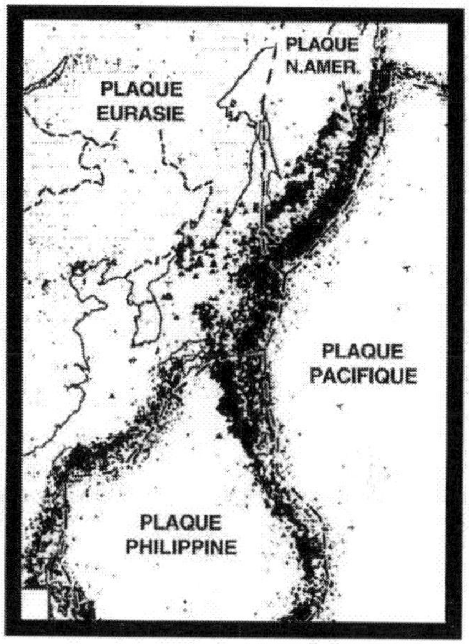

Figure VI.29
Sismicité dans la région du point triple Eurasie-Pacifique-Philippine (van der Hilst *et al.*, 1993).

niveau du Japon et maximum au niveau des Bonins. La grande quantité de séismes enregistrés dans cette région permet de connaître avec une grande précision la géométrie des plaques plongeantes (figs. VI.29 et VI.30).

(2) la fosse de Nankai correspond à la subduction d'une plaque jeune (15 à 45 Ma), donc légère, à vitesse lente (entre 1 et 4 cm/an). La géométrie du plan de Benioff est très différente de celle de la fosse du Japon. On reconnaît un plan de Benioff court et peu profond, faisant un angle faible avec l'horizontale.

Le volcanisme actif n'est connu que dans le nord du Japon à l'aplomb de la plaque Pacifique jusque dans le Japon central (Mont Fuji), et à l'extrême ouest du Japon sur l'île de Kyushu. Tout le domaine intermédiaire, qui correspond à la subduction du bassin de Shikoku est dépourvu de volcanisme actif. Il y eut cependant des volcans actifs au Quaternaire dans cette région du côté de la mer du Japon.

Comme nous l'avons vu précédemment, le pôle de rotation PHSP/EU est situé près du point triple. C'est également dans cette région que l'arc des Bonins entre en collision avec le Japon central, tout se passant comme si la plaque Philippine était bloquée au niveau de la zone de collision, qui sert alors de pivot.

Le régime de déformation actuel dans la plaque Eurasie est illustré par la figure VI.31 qui représente les mécanismes au foyer des séismes superficiels. On reconnaît de nombreux séismes compressifs le long de la fosse du Japon, compatible avec une compression E-W parallèle à la direction de convergence. Ces séismes sont observés tout le long de la fosse du Japon et de la partie nord de la fosse des Bonins. Dans la région où

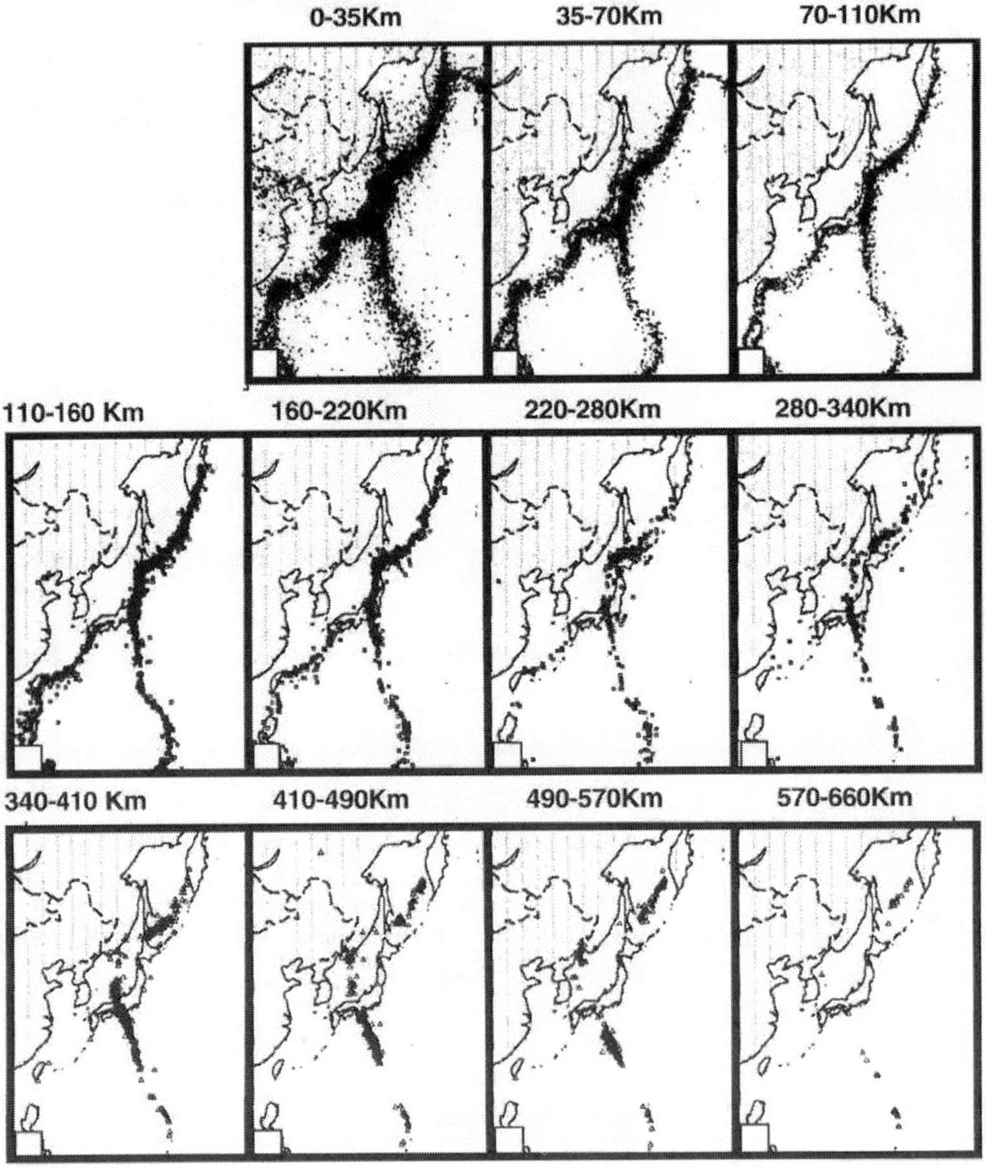

Figure VI.30
La sismicité dans la région du point triple Eurasie-Pacifique-Philippine par tranches de profondeur (van der Hilst *et al.*, 1993).

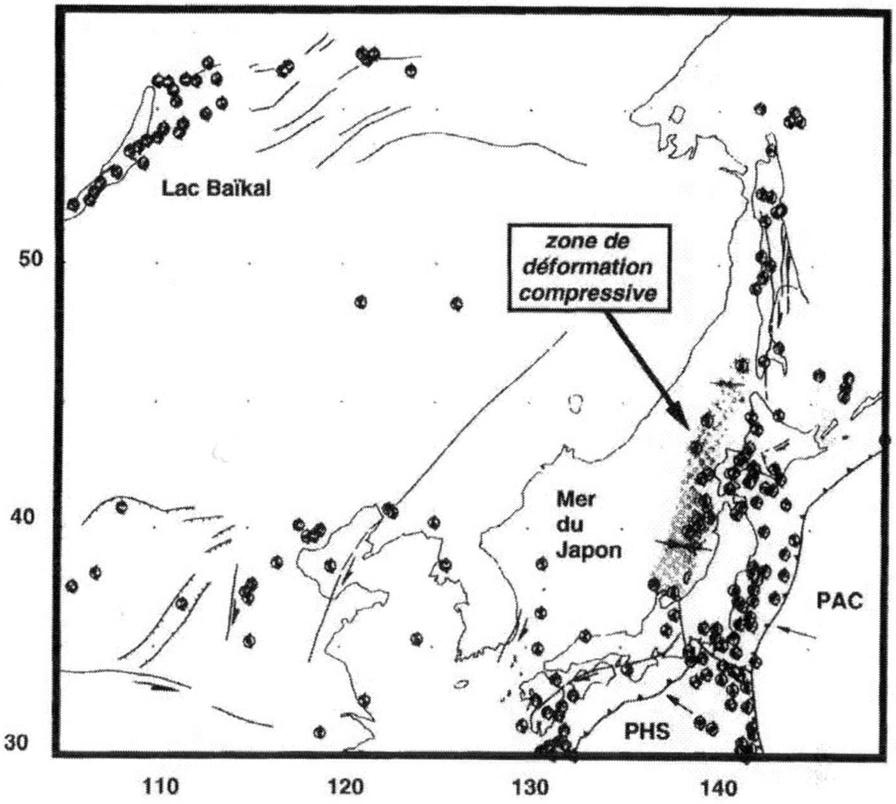

Figure VI.31
Mécanismes au foyer dans la région allant du point triple Eurasie-Pacifique-Philippine au lac Baïkal (Jolivet *et al.*, 1992).

l'arc des Bonins entre en collision avec le Japon central, on observe un certain nombre de séismes compressifs indiquant une compression N-S et des séismes décrochants compatibles (voir plus loin). La fosse de Nankai est relativement calme sismiquement. L'activité sismique reprend au sud de Kyushu.

Des séismes violents (magnitude supérieure à 7) se manifestent le long de la marge orientale de la Mer du Japon. Ces séismes, sur lesquels nous reviendrons dans un chapitre ultérieur, indique une compression E-W parallèle à la direction de convergence et correspondent à une zone de déformation initiée il y a 2 Ma le long de la transition continent-océan dans la mer du Japon. Il s'agit d'une zone de chevauchement de l'arc du Japon sur la croûte océanique de la Mer du Japon, correspondant à l'initiation probable d'une zone de subduction. La Mer du Japon s'est ouverte au cours du Miocène, et le processus conduisant à sa fermeture s'est initié il y a 10 Ma.

L'ensemble de la région est donc en compression, et les structures extensives Miocène sont reprises par une déformation en raccourcissement. Nous reviendrons dans le détail sur l'histoire récente et ancienne de la Mer du Japon dans le cadre du chapitre 8, qui traite de la déformation du continent asiatique.

VI.9.1 La fosse de Nankai

Cette fosse est relativement peu profonde (5000 m) et le fond en est occupé par une importante accumulation de sédiments détritiques issus de l'arc insulaire voisin. La marge continentale (le mur interne de la fosse) montre des reliefs allongés parallèlement à la fosse.

Figure VI.32
Coupes schématiques dans un prisme d'accrétion à différentes échelles. En haut : construction du prisme à partir des turbidites progradantes de la fosse. En bas : distribution de la sismicité, le glissement sous le prisme d'accrétion est asismique parce que les matériaux du prisme n'ont pas une résistance suffisante pour générer des séismes. La sismicité apparaît le long du contact entre le butoir rigide derrière le prisme et la plaque plongeante (Lallemant, 1992).

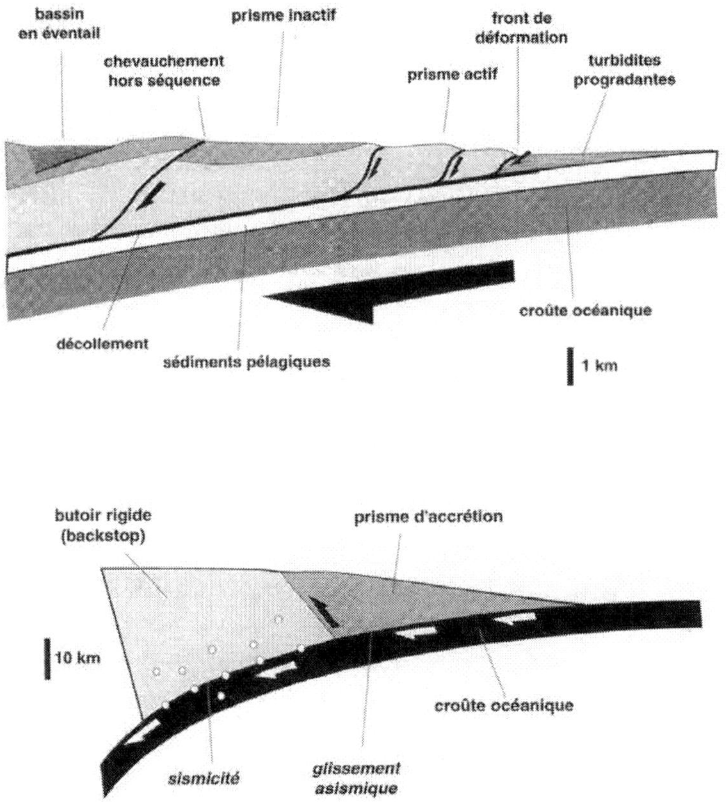

Ils correspondent à un système de plis et de chevauchements qui forment le prisme d'accrétion de Nankai. La figure VI.32 résume les structures d'un prisme d'accrétion typique. Le prisme est construit à partir des sédiments portés par la plaque océanique qui va passer en subduction. Tout ou partie de cette colonne sédimentaire est raclée au passage sous la marge continentale et s'accumule sous la forme d'un bourrelet dans la fosse. En général l'accrétion concerne seulement la partie supérieure de la colonne entrant dans la fosse (figs. VI.33 et VI.34). Un décollement sépare les sédiments qui vont passer en subduction, de ceux qui seront accrétés. Ce prisme se développe le plus souvent aux dépens des sédiments turbiditiques déposés dans la fosse par les fleuves qui drainent la marge active. Il n'y a donc en général pas d'apport de matière supplémentaire à la plaque supérieure par ce mécanisme. Ce qui est ôté par l'érosion, est réintégré à la plaque par l'accrétion dans la fosse.

Les primes d'accrétion sont de taille très variable. Le prime de Nankai fait 50 km de large, certains atteignent plusieurs centaines de kilomètres, et forment parfois

Figure VI.33
Détails du prisme d'accrétion de Nankai. Profils de sismique réflexion montrant la subduction de la croûte océanique et des sédiments pélagiques ainsi que la déformation dans le prisme depuis le front de déformation (Moore *et al.*, 1990).

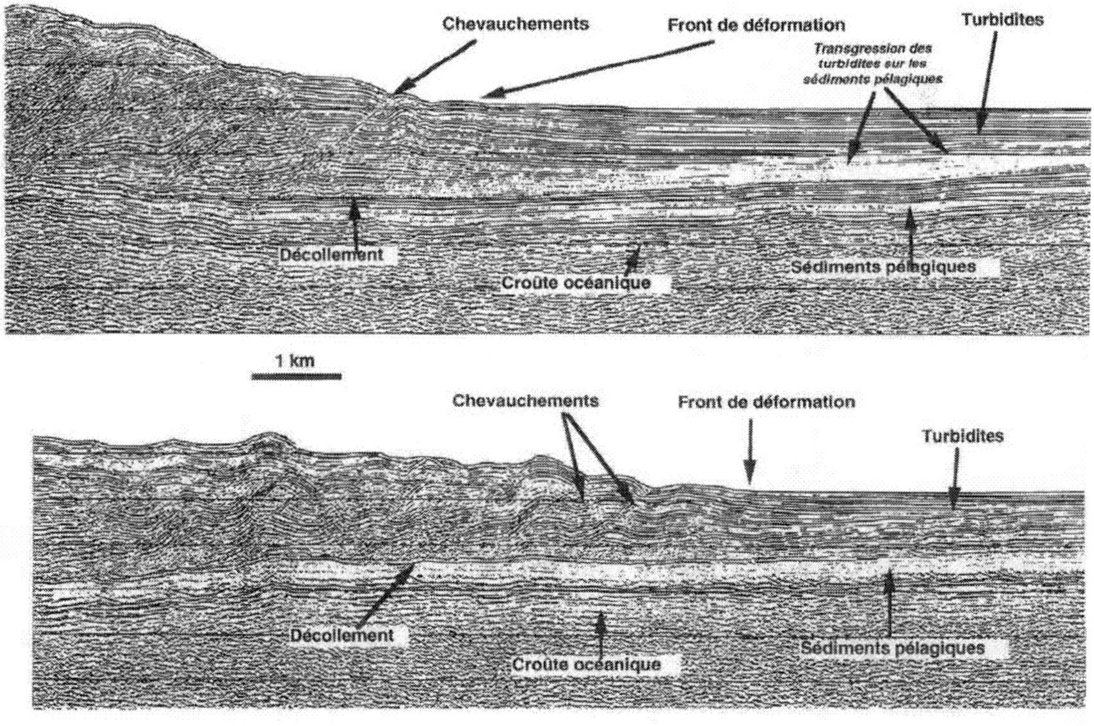

des chaînes de montagnes (Makhran). Leur étude est intéressante dans le cadre de ce livre, parce que leur géométrie est une bonne image, à une échelle plus facilement accessible, de la déformation des chaînes de montagnes.

Comme le montre la figure VI.32, la déformation dans le prisme n'est pas sismique, car elle n'affecte que des sédiments gorgés d'eau, sans résistance. La sismicité apparaît plus profondément le long du plan de Benioff, à une profondeur où les roches ont suffisamment de résistance pour accumuler des contraintes élastiques. Il n'y a donc pas de raison pour que la déformation compressive du prisme d'accrétion soit le reflet d'un régime général compressif dans la plaque supérieure. Nous verrons plus loin sur l'exemple de la Méditerranée orientale qu'un prisme de grande taille peut se développer au front d'un système de subduction où la plaque supérieure est en extension.

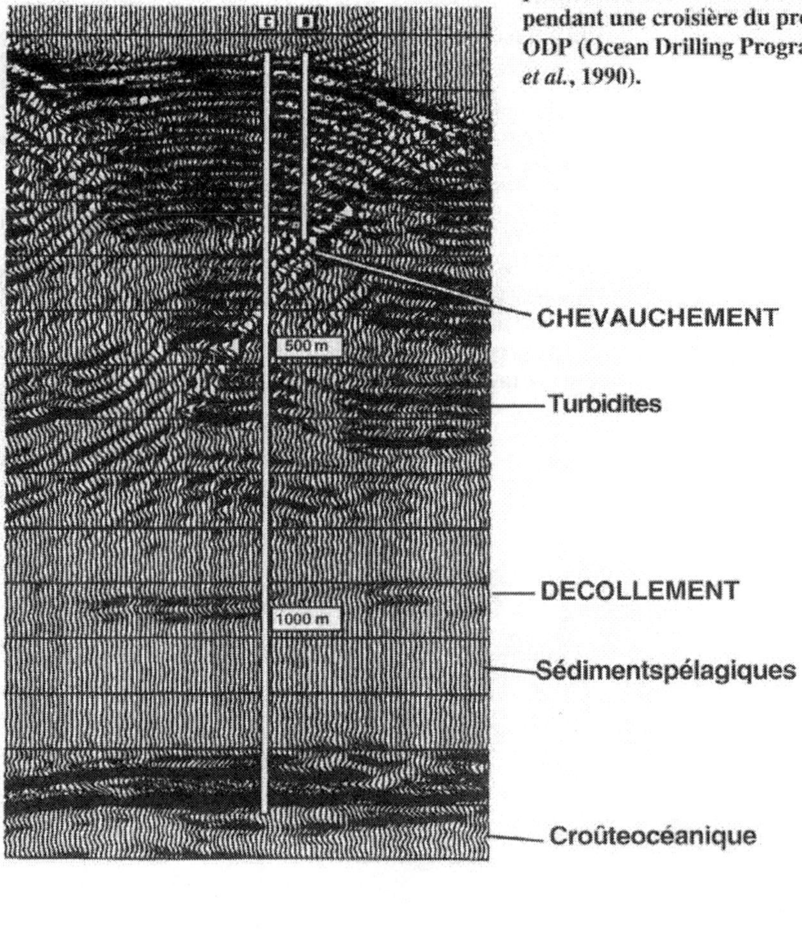

Figure VI.34
Détail du front de déformation du prisme de Nankai traversé en forage pendant une croisière du programme ODP (Ocean Drilling Program) (Moore *et al.*, 1990).

La figure VI.33 illustre la géométrie du prisme de Nankai sous la forme de deux profils de sismique réflexion multitrace.

Ces deux profils montrent en particulier très bien la croûte océanique portant une couche de sédiments pélagiques peu réflectifs, s'enfonçant sous la prisme avec un angle faible. Au dessus de ces réflecteurs, la colonne sédimentaire s'épaissit progressivement par une succession de chevauchements pentés vers le continent. On notera déjà un épaississement avant le premier pli frontal. Ceci reflète la forme en coin du bassin sédimentaire déposé dans la fosse au fur et à mesure que la plaque océanique se courbe pour passer en subduction. Cette géométrie rappelle celle des bassins d'avant-pays. Le front de déformation est constitué par un pli à grand rayon de courbure qui affecte les turbidites bien stratifiées de la fosse. Puis, une série de chevauchements et de plis raccourcissent cette série, alors que la partie pélagique des sédiments et la croûte océanique passent en subduction sans déformation apparente. Ce découplage entre une unité superficielle déformée et une unité profonde non déformée implique la présence d'un décollement général à la base de l'unité déformée. Plus en arrière une série discordante vient recouvrir des structures de même type plus anciennes (fig. VI.32), attestant du fait que cette déformation dure depuis un certain temps. Enfin un bassin sédimentaire en éventail repose sur un bloc soulevé par un chevauchement «hors séquence». L'allure en éventail des sédiments du bassin montre la rotation progressive du bloc pendant le dépôt.

Figure VI.35
Pointé et interprétation d'un profil de sismique réflexion au travers de la fosse du Japon. Au-dessus de la discordance Oligocène supérieur des sédiments déposés à très faible profondeur sont portés aujourd'hui à plus de 6000 m dans la fosse. Cette subsidence, la présence de roches volcaniques proches de la fosse et l'observation de réflecteurs tronqués au-dessus du décollement, plaident en faveur de l'érosion tectonique (Von Huene & Lallemand, 1990).

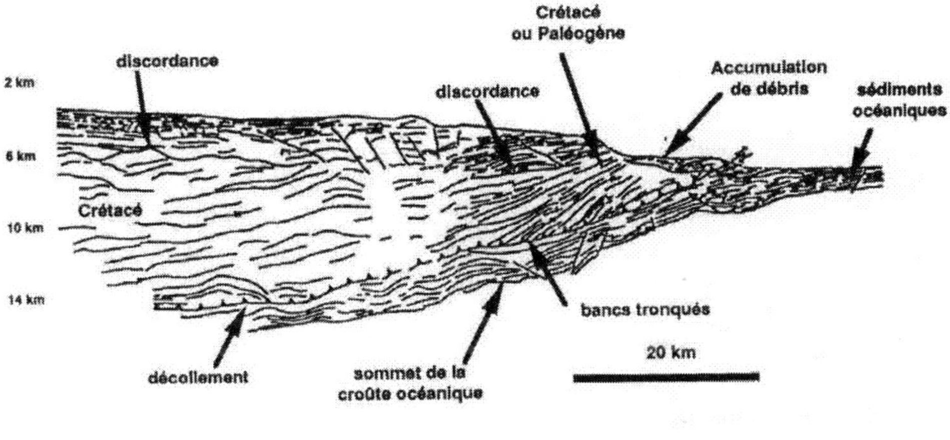

Des structures chevauchantes de polarité inverse viennent perturber l'agencement simple décrit plus haut. Ces structures de rétrocharriage se forment dès le front de déformation en même temps que les chevauchements vers l'avant. Elles réduisent l'asymétrie du système déformé et prennent en compte une partie du raccourcissement perpendiculaire à la fosse. Il existe une corrélation entre le nombre de ces structures et le taux de couplage le long du décollement. Plus le couplage est fort (moins le décollement est lubrifié), plus le cisaillement le long du décollement est fort, et moins les rétro-chevauchements sont fréquents.

Un forage au front du prisme de Nankai a traversé l'ensemble des structures (fig. VI.34), depuis la surface jusqu'à la croûte océanique du bassin de Shikoku. Un profil sismique très détaillé de cette zone révèle la présence d'un chevauchement principal. Ce chevauchement a été traversé lors du forage et un redoublement des séries sédimentaires Pléistocène observé. Une déformation intense de tous les niveaux est observée au-dessus du décollement. La direction de compression déduite de l'étude des microstructures dans les carottes, est très proche de la direction de convergence. Le décollement lui-même est une zone de surpression de fluides. En-dessous du décollement les sédiments hémipélagiques ne sont pratiquement pas déformés et reposent tranquillement sur la croûte océanique.

Le prisme d'accrétion de Nankai n'intéresse donc que la partie très superficielle de la croûte de la plaque Philippine. Ce type de géométrie permet la subduction de la majeure partie de la croûte océanique et d'une partie des sédiments qui la recouvrent. Nous retrouverons le même phénomène dans les chaînes de montagnes comme les Alpes, et nous verrons le décollement descendre vers les niveaux profonds à l'intérieur de la chaîne.

VI.9.2 La fosse du Japon et des Kouriles

Ces deux fosses sont très différentes de la fosse de Nankai. La différence principale en première approche est leur pauvreté en dépôts turbiditiques comme le montre le profil sismique de la figure VI.35. La croûte océanique et sa couverture de sédiments pélagiques, affectée par des failles normales régulièrement espacées, atteint la fosse où elle est recouverte par un bassin turbiditique très limité. Le mur interne présente une pente très forte, lieu de glissements gravitaires massifs. Cette région, comme la région de Nankai, a été l'objet de nombreuses campagnes de géophysique marine, de forages et de plongées. C'est une des zones de subduction les plus explorées, et sûrement les mieux connues.

La figure VI.36 résume l'ensemble des caractéristiques de cette région du nord-ouest Pacifique. Ce bloc diagramme a été dessiné à partir des données de la bathymétrie et de la sismique pendant la campagne franco-japonaise Kaiko. On y reconnaît la fosse du Japon et la fosse des Kouriles faisant un angle au sud d'Hokkaido. La croûte océanique Pacifique n'est recouverte par des turbidites que de manière très locale dans la fosse du Japon et dans la fosse des Kouriles. Elle est recoupée par de nombreuses failles normales selon deux directions. L'une est parallèle à la fosse du Japon, l'autre à la fosse des Kouriles. Ces failles normales correspondent à une déformation extensive fréquente dans ce type de contexte. La plaque océanique, qui se ploie pour passer en subduction sous la marge continentale présente des fentes d'extrados parallèles à l'axe du pli (voire l'exemple de la fosse des Ryukyu décrit plus haut). Dans la fosse du Japon ces failles normales sont de plus parallèles aux anomalies magnétiques Crétacé de la plaque Pacifique. Elles réactivent d'anciennes failles normales contemporaines de la formation de la croûte océanique.

La plaque Pacifique porte plusieurs volcans sous-marins (ou guyots) qui datent également du Crétacé. Ils sont les équivalents Crétacé des volcans d'Hawaii. Les campagnes de dragages et de plongées ont révélé la présence à leur sommet d'une couverture de calcaire récifaux crétacés reposant sur un socle basaltique. La couverture réci-

Figure VI.36
Bloc diagramme de la région des fosses du Japon et des Kouriles dessiné à partir des données bathymétriques de la campagne Kaiko. On notera l'absence de prisme d'accrétion et l'écroulement de la marge vers la fosse (Cadet *et al.*, 1987).

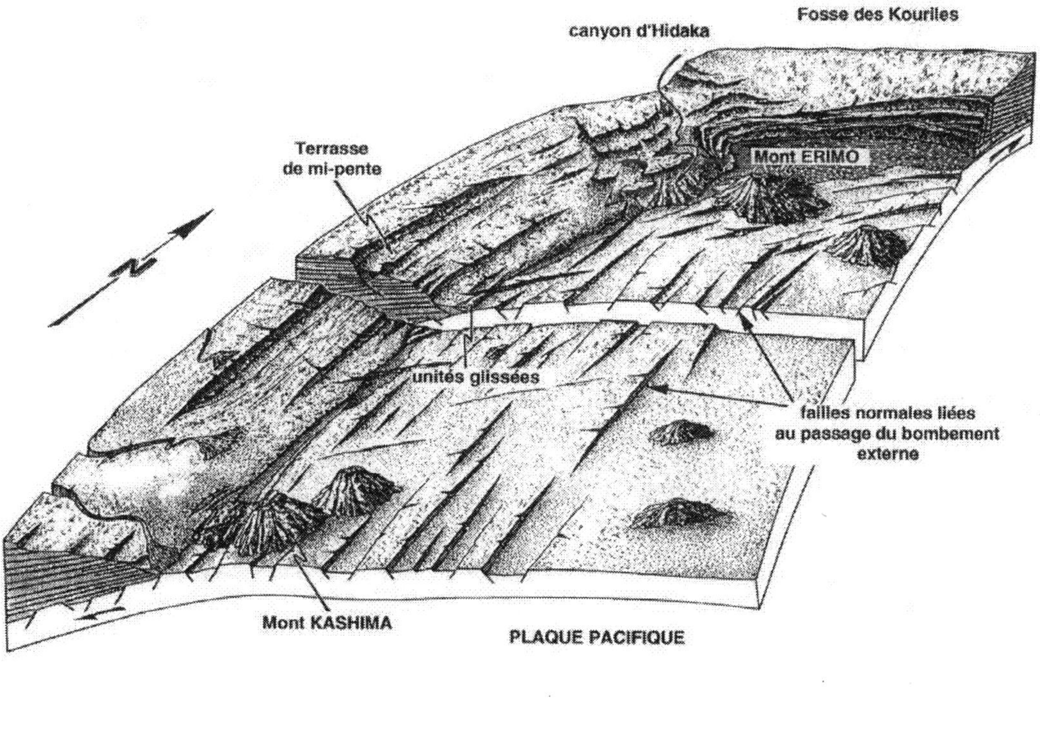

fale s'est formée lorsque le volcan était encore affleurant à la surface, formant un atoll. Le déplacement de la plaque Pacifique vers l'ouest, fut accompagné d'une subsidence régulière. Ces guyots se trouve maintenant à grande profondeur (le sommet des plus grands d'entre eux est à 4000 m de profondeur, soit 4000 m au-dessus de la fosse). Certains sont déjà engagés dans la zone de subduction, d'autres sont encore en arrière. Un examen rapide de la carte bathymétrique de cette région montre qu'ils sont suivis d'un grand nombre de guyots identiques, et qu'ils ont sans doute eu un grand nombre de prédécesseurs, lesquels ont été avalés par la zone de subduction. L'étude de deux d'entre eux, le Mont Kashima et le Mont Erimo permet de décrire le mécanisme de leur passage sous la marge et son effet sur la géométrie de la bordure continentale (figures VI.37 et VI.38).

Le mur interne de la fosse, est caractérisé par des failles normales parallèles à la fosse qui écroulent de grands pans de matériel de l'arc vers la fosse. Certains écroulements se marquent dans la morphologie par des escarpements et des bassins sédimentaires au toit des blocs basculés. Les plongées dans la fosse du Japon et des Kouriles ont montré que ces glissements de terrain se produisent en permanence à toutes échelles. Pourtant, la fosse est pratiquement vide de sédiments. Cette observation implique que les produits de ces glissements gravitaires soient rapidement et efficacement absorbés par la zone de subduction. Contrairement à la fosse de Nankai, où le matériel apporté par les courants de turbidité est réintégré à la marge par accrétion tectonique, le matériel du mur interne de la fosse du Japon est transporté en profondeur par la subduction. Ce type de marge est donc destructeur et la marge continentale raccourcie dans le processus.

La figure VI.38 montre le volcan Erimo approchant de la fosse des Kouriles. Sa base est en cours d'entrée dans la fosse. La marge continentale présente la trace d'un glissement de terrain gigantesque qui a précédé l'arrivée du mont Erimo et qui est interprétée comme le résultat du passage d'un autre guyot sous la marge. L'étude du Mont Kashima (fig. VI.37) permet de décrire un stade intermédiaire où un guyot est en cours de digestion par la subduction. La figure VI.39 montre l'interprétation d'un profil sismique dans la même région. La forme circulaire du guyot est bien reconnaissable avec son sommet relativement plat correspondant à la couverture de calcaires récifaux. L'ensemble est recoupé par des escarpements parallèles à la fosse du Japon, qui sont autant de failles normales abaissant le compartiment NO. La plus importante de ces failles recoupe l'ensemble de l'édifice volcanique et son rejet est de l'ordre de 1500 m. Un petit graben asymétrique s'est formé entre les deux parties du volcan.

Du côté interne de la fosse la morphologie est plus molle mais on remarque que les canyons sous-marins qui dévalent le long de la marge divergent à l'approche de la région du Kashima révélant la présence d'un soulèvement du mur interne en face du mont Kashima. La géométrie complète est décrite sur la coupe de la figure VI.39. Le

Figure VI.37
Carte bathymétrique de la fosse du Japon autour du Mont sous marin Kashima (voir également la figure précédente). Le volcan est coupé en deux par un escarpement de faille normale de plus de 1000 m de rejet. Le mur interne est soulevé au passage du volcan (divergence des canyons sous-marins) (Cadet *et al.*, 1987).

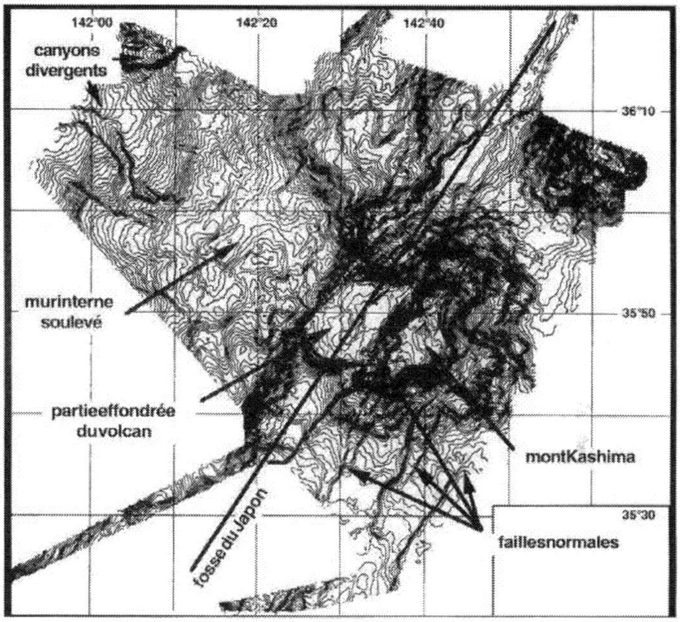

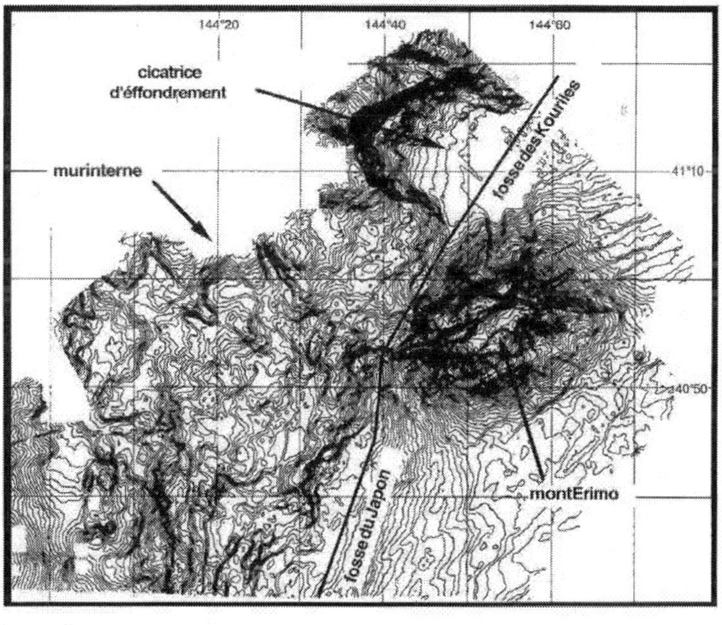

Figure VI.38
Carte bathymétrique de la jonction des fosses du Japon et des Kouriles. Approche du mont sous-marin Erimo (voir également figure VI-36) (Cadet *et al.*, 1987).

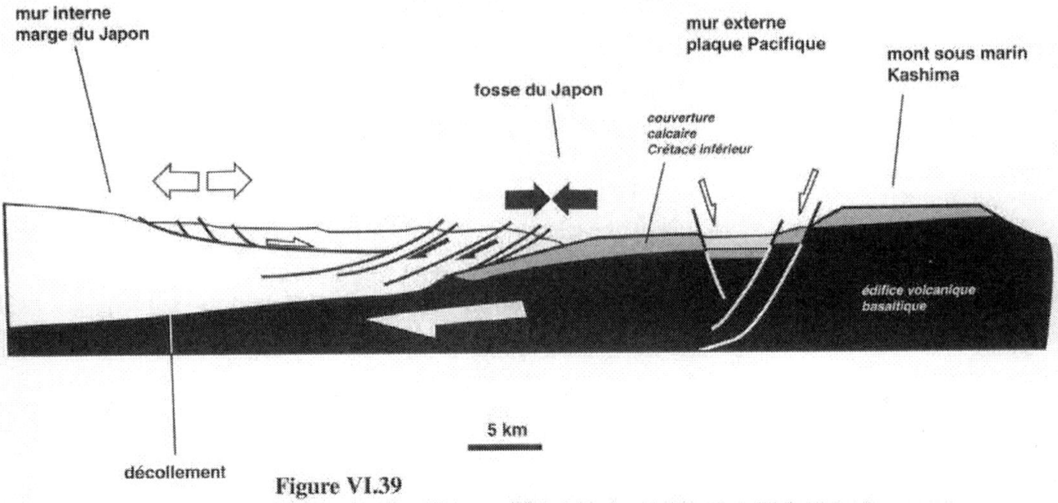

Figure VI.39
Interprétation d'un profil de sismique réflexion au travers du mont Kashima et de la fosse du Japon. On notera les failles normales coupant le volcan en deux moitiés, la déformation compressive affectant le pied du mur interne de la fosse, ainsi que les glissements vers la fosse donnant lieu à une déformation extensive (Lallemand *et al.*, 1989).

Figure VI.40
Les différents stades de la subduction d'un volcan sous-marin depuis le stade Erimo jusqu'à disparition complète. Le passage du volcan a pour effet de fracturer les roches de la marge et donc de provoquer des glissements en masse de ces matériaux ayant perdu leur cohésion après le passage du volcan .

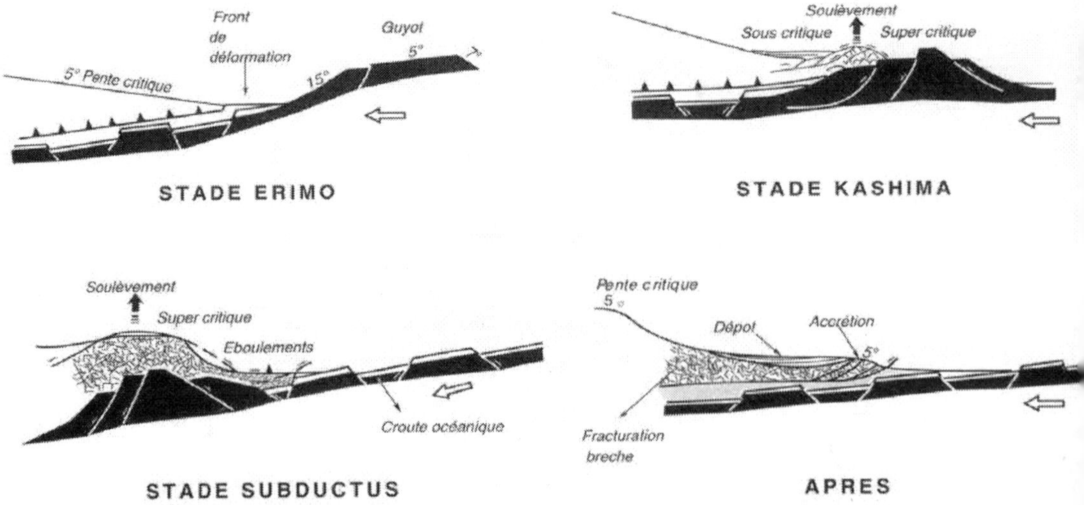

passage du mont Kashima sous la marge continentale induit la formation de structures compressives dans la zone frontale et un soulèvement. Dans le même temps, les parties les plus hautes de la marge sont soumises à la même tectonique extensive par glissements gravitaires que l'on observe tout le long de la marge du Japon. La croûte océanique descend en gradins dans la zone de subduction sans problèmes majeurs et le passage d'une aspérité comme le Mont Kashima provoque des désordres locaux. La figure VI.40 résume l'évolution de la marge au cours du passage d'un volcan sous-marin. Le premier stade est celui du Mont Erimo approchant de la marge déjà soumise à des glissements gravitaires. Ces glissements permanents révèlent une instabilité de la marge. La pente est trop forte pour la résistance au glissement des matériaux la constituant. Le stade suivant est celui du Mont Kashima. Le dernier stade est celui du prédécesseur du Mont Erimo, complètement avalé sous la marge. Les matériaux de la marge ont été fracturés pendant le passage du volcan et s'écroulent après son passage, formant la grande loupe de glissement vue dans la marge des Kouriles.

Figure VI.41
Érosion tectonique et subsidence à l'échelle de la fosse et de la lithosphère (Von Huene & Lallemand, 1990).

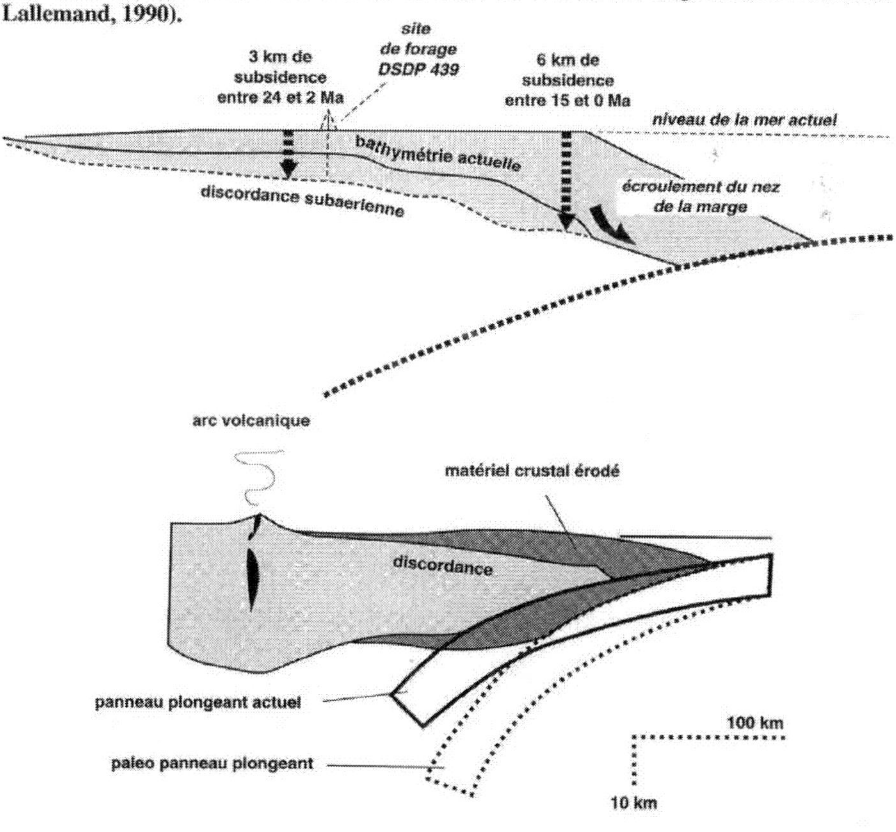

Cette histoire montre que de manière générale, ce type de subduction conduit à la destruction progressive de la marge active. Une observation antérieure avait déjà permis de mettre le doigt sur ce problème. Les forages réalisés dans cette région ont révélé la présence de roches volcaniques calco-alcalines Oligocène supérieur à faible distance de la fosse actuelle (50 km). Or, le front volcanique dans les arcs est en général situé au dessus de l'isobathe 150 km du toit de la plaque plongeante, et dans le cas de la fosse du Japon à au moins 200-300 km de la fosse actuelle. Cette découverte a posé un problème nouveau : une partie du matériel de la marge a été enlevé par la subduction, on parle d'érosion tectonique (fig. VI.41). Cette découverte était antérieure aux caractéristiques évoquées plus haut, mais est tout à fait en accord avec elles. Elle permet également de quantifier de manière grossière la quantité de matériaux érodés par la subduction depuis l'Oligocène supérieur.

Une autre caractéristique de cette marge est une subsidence intense depuis cette période. La même campagne de forages a montré une évolution rapide de la profondeur de dépôts, depuis un conglomérat néritique discordant contenant des restes de gastéropodes, jusqu'au hémipélagites actuelles. Cette subsidence atteint plus de 3000 m au site de forage 439 (fig. VI.41). Elle est en bon accord avec le phénomène d'érosion tectonique. Dans un modèle simple, l'amincissement de la marge par écroulement gravitaire, et également par troncature basale, conduit à une augmentation de la densité moyenne de la colonne crustale, puisqu'on enlève du matériel continental léger et que l'on maintient l'épaisseur du matériel lourd océanique sous-jacent. Ce modèle simple doit conduire à une subsidence plus importante vers la fosse, ce qui est effectivement observé.

VI.10 De la subduction à l'obduction et à la collision, le Japon central.

Comme nous l'avons dit plus haut la pointe septentrionale de l'arc des Bonins est en collision avec le Japon central (fig. VI.42). La collision s'est déroulée en plusieurs étapes, ses premiers effets sont enregistrés dans le Miocène moyen, il y a environ 10-15 Ma. Un épisode précoce a conduit à la mise en place d'un ensemble ophiolitique, nommé ophiolite de Mineoka. Trois blocs sont entrés en collision successivement avec le Japon central. Ils sont séparés aujourd'hui par des chevauchements à vergence sud. La zone de collision active (la limite de plaque actuelle) est le chevauchement de Kannawa sous lequel les conglomérats quaternaires sont inversés et très déformés. La déformation est en cours de progression vers le sud à l'intérieur de la croûte de l'arc des Bonins. La presqu'île d'Izu est en fait une partie de cet arc, accrétée au Japon central le long du chevauchement de Kannawa. Plus au sud une déformation compressive diffuse est enregistrée dans l'arc des Bonins sous forme de séismes superficiels. De part et

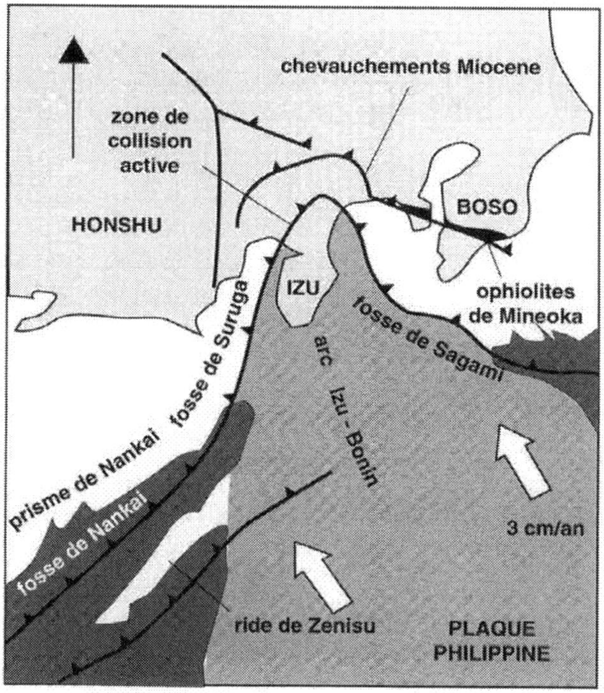

Figure VI.42
Contexte géodynamique de la zone de collision d'Izu entre l'arc des Bonins et du Japon central, et l'initiation de chevauchements intraocéaniques au pied de la ride Zenisu.

Figure VI.43
Coupe interprétative de la déformation intraocéanique au travers de la fosse de Nankai et de la ride de Zenisu (Lallemant, 1992).

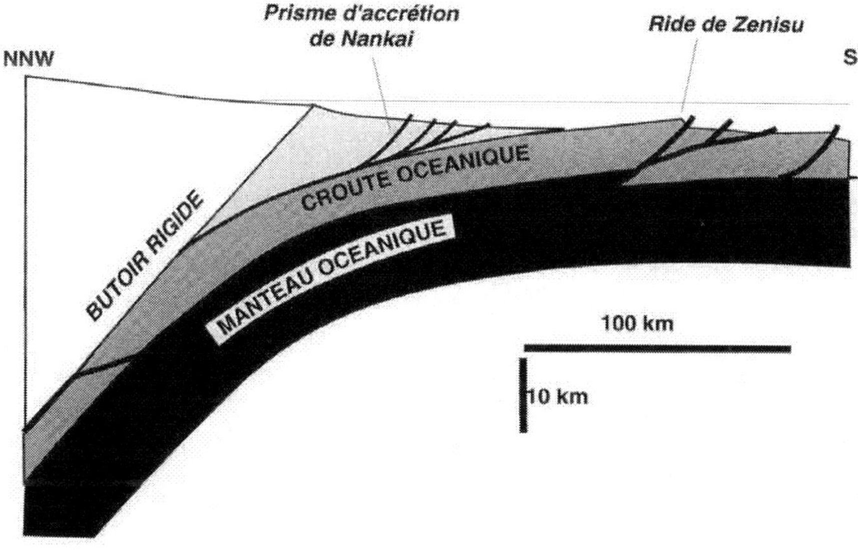

d'autre de la zone de collision d'Izu la croûte océanique du bassin de Shikoku et la croûte de l'arc s'enfonce sous le Japon.

Du côté occidental de l'arc la transition entre la subduction de Nankai et la collision d'Izu est marquée par un déformation intense de la croûte océanique. A l'avant de la fosse de Nankai proprement dite, la ride de Zenisu émerge des sédiments turbiditiques. Cette ride est parallèle à la fosse et vient se connecter à l'arc des Bonins. Il s'agit d'un panneau de croûte océanique du bassin de Shikoku soulevé par une série de failles inverses qui affleurent sur son flanc sud (fig. VI.43). La ride chevauche sur un bassin sédimentaire rempli de turbidites, le bassin sud-Zenisu. Des plongées sur le flanc sud de la ride ont mis en évidence les structures compressives vues sur les profils sismiques. On interprète le chevauchement de Zenisu comme l'émergence d'un chevauchement coupant l'ensemble de la croûte océanique. La déformation compressive très diffuse dans l'arc des Bonins se manifeste donc sous la forme d'un chevauchement très localisé dans la croûte océanique du bassin de Shikoku. L'existence de sutures ophiolitiques antérieures plus au nord comme l'ophiolite de Mineoka permet d'envisager l'évolution ultérieure de la ride de Zenisu de la même manière. Cet exemple est l'un des très rares cas de déformation compressive intraocéanique pouvant conduire à la mise en place d'une nappe ophiolitique. On remarquera que le contexte est très particulier, à la transition entre une subduction et une collision, et n'est donc pas forcément applicable aux grandes nappes ophiolitiques comme celle de l'Oman, qui sera décrite dans le prochain chapitre.

VI.11 Conclusion

La subduction de lithosphère océanique induit une variété de phénomènes tectoniques d'échelles variées qu'il faut pouvoir reconnaître dans les chaînes de montagnes plus évoluées où la collision a remodelé les structures.

VI.11.1 Phénomènes d'échelle crustale ou lithosphérique

Ces phénomènes sont contrôlés par la cinématique globale et les caractéristiques mécaniques (épaisseur, densité) de la lithosphère océanique.

Compression arrière-arc et formation d'une chaîne à croûte épaisse comme la Cordillère des Andes. Cette déformation est surtout localisée dans l'arrière-pays et conduit au rétrochevauchement de la chaîne sur le craton. La partie centrale de la chaîne subit une déformation plus ou moins intense, extensive ou compressive selon les conditions aux limites. L'épaississement extrême peut conduire à la formation de failles normales en haute altitude. Les causes de l'altitude élevée sont (a) l'épaississement crustal par chevauchement, (b) l'amincissement lithosphérique sous la haute chaîne dont les raisons sont mal connues.

Extension intra-arc et formation de bassins océaniques arrière-arc. Ces bassins peuvent être très vastes et leur structure interne est semblable à celles des grands océans. Dans l'ouest Pacifique l'histoire de la formation de ces bassins est progressive et continue depuis le début du Cénozoïque. L'extension et le rifting démarrent au cœur de l'arc volcanique dont seule une moitié reste active. Le domaine en extension est donc ensuite dans le domaine «arrière-arc». Les bassins portés par la plaque Philippine ou la plaque Indo-Australienne sont de géométrie simple et peuvent servir de modèles pour les autres grands bassins comme la mer de Chine méridionale ou la mer du Japon.

VI.11.2 Phénomènes locaux d'échelle crustale

Dans un certain nombre de contextes particuliers de transition à la collision, une déformation compressive intraocéanique est observée et peut conduire à l'obduction de matériel ophiolitique.

VI.11.3 Tectonique de la fosse, accrétion ou érosion

La subduction conduit d'autre part à des phénomènes dont la portée est restreinte à la fosse proprement dite. Un prisme d'accrétion se forme aux dépens des sédiments portés par la plaque océanique et dérivant de l'érosion de la plaque continentale. Toute la colonne sédimentaire est accrétée à la marge au-dessus d'un décollement qui sépare un domaine déformé d'un domaine non déformé qui passe en subduction.

La subduction peut être érosive. Une part importante de la marge peut être enlevée par glissements gravitaires et érosion sous-crustale et entraînée dans la zone de subduction. Cette érosion est accentuée par le passage d'aspérités comme les monts sous-marins.

Ces différents phénomènes ne sont pas directement reliés au régime tectonique général de la plaque supérieure et ne sont significatifs que de la déformation au front de la subduction.

Ces deux types de marges apparemment opposés ne sont en fait pas incompatibles. L'exemple du Pérou montre qu'il est possible de développer un prisme d'accrétion important au front d'une subduction érosive de type Japon. Le matériel accrété est le produit des glissements gravitaires érodant la marge.

VII

Déformation continentale et obduction

Des nappes ophiolitiques de plus ou moins grande extension jalonnent la plupart des chaînes de montagnes alpines. On y reconnaît depuis plus de 20 ans les traces de sutures d'océans passés, fermés pendant la formation des chaînes de montagnes, qu'elles soient associées à la subduction ou à la collision. Le lecteur pourra trouver un historique de la notion d'ophiolite dans l'ouvrage détaillé de A. Nicolas. On y trouvera également une étude précise des structures proprement océaniques de l'ophiolite d'Oman. Nous nous attacherons ici à décrire la géométrie de la mise en place de cette nappe sur la plateforme arabe et ses effets tectoniques et métamorphiques.

Nous avons choisi l'exemple de l'Oman pour plusieurs raisons. La première est que le contexte cinématique depuis le Crétacé terminal a préservé la région omanaise. La collision n'a pas été atteinte le long du transect Oman-Makhran. On peut donc y étudier les structures de l'obduction non déformées par une collision ultérieure. La deuxième raison est un corollaire de la première : l'obduction en Oman représente sans doute une bonne image de celle qui s'est produite avant la collision sur la transversale de l'Himalaya. La troisième raison est que la nappe ophiolitique d'Oman est sans conteste la plus étudiée.

VII.1 Contexte tectonique actuel

La nappe ophiolitique d'Oman a été mise en place sur la plateforme arabe à la fin du Crétacé. Elle fait partir d'un chapelet d'ophiolites longeant la suture téthysienne depuis les chaînes Indo-Birmanes jusqu'aux Alpes occidentales (fig. VII.1). Les ophiolites de la Méditerranée occidentale jusqu'au sud des Hellénides furent mises en place à la fin du Jurassique. De la Turquie jusqu'à l'est de l'Himalaya, les nappes ophiolitiques furent obductées à la fin du Crétacé.

L'Oman est un jalon entre les ophiolites du Zagros et celles de l'Himalaya, et l'obduction y eut lieu durant la même période. Toutes ces nappes ophiolitiques sont intéressantes pour contraindre les premiers épisodes de la collision entre les continents sud et nord Téthysiens, mais l'Oman offre un avantage inestimable sur les autres régions, car la collision finale ne s'y est pas encore produite.

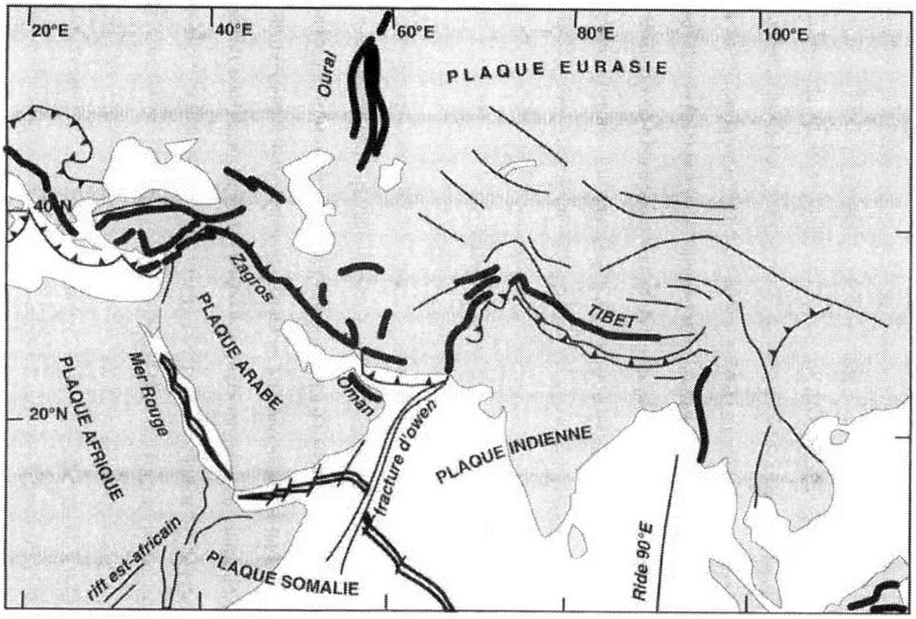

Figure VII.1
Les principales ceintures ophiolitiques de la région téthysienne (traits épais) dans le contexte cinématique actuel. On notera que seule l'ophiolite d'Oman est située en avant d'une zone de subduction active, toutes les autres sont prises dans des zones de collision entre blocs continentaux (Coleman, 1981).

La nappe ophiolitique d'Oman recouvre une large part de la bordure de la plate forme arabe (fig. VII.2). Elle disparaît en mer dans le golfe d'Oman. Comme nous l'avons vu dans le premier chapitre, la partie orientale du golfe d'Oman fait partie du bassin d'Owen, et possède un plancher océanique qui passe en subduction sous la bordure sud de l'Eurasie dans la région du Makran (figures VII.2 et VII.3). On y reconnaît tous les ingrédients d'une subduction classique, en particulier un prisme d'accrétion très développé qui affleure largement à terre. Plus à l'arrière on trouve un ensemble de volcans qui constituent un arc volcanique classique.

La nappe ophiolitique d'Oman fut mise en place sur la marge passive de l'Arabie à la fin du Crétacé et l'âge de la croûte océanique obductée est également Crétacé supérieur. Cette nappe fait face à un système actif où une croûte océanique, Crétacé elle aussi, subducte sous l'Eurasie. La collision téthysienne n'a donc pas encore eu lieu le long de ce transect. La nappe de l'Oman fut obductée sur la marge passive du sud de la Téthys au large d'une zone de subduction qui se poursuit à l'heure actuelle. Les structures de l'obduction sont donc ici intégralement préservées. C'est le seul endroit de la Téthys où la nappe ophiolitique et son substratum autochtone n'ont pas été remobilisés par la collision plus tardive.

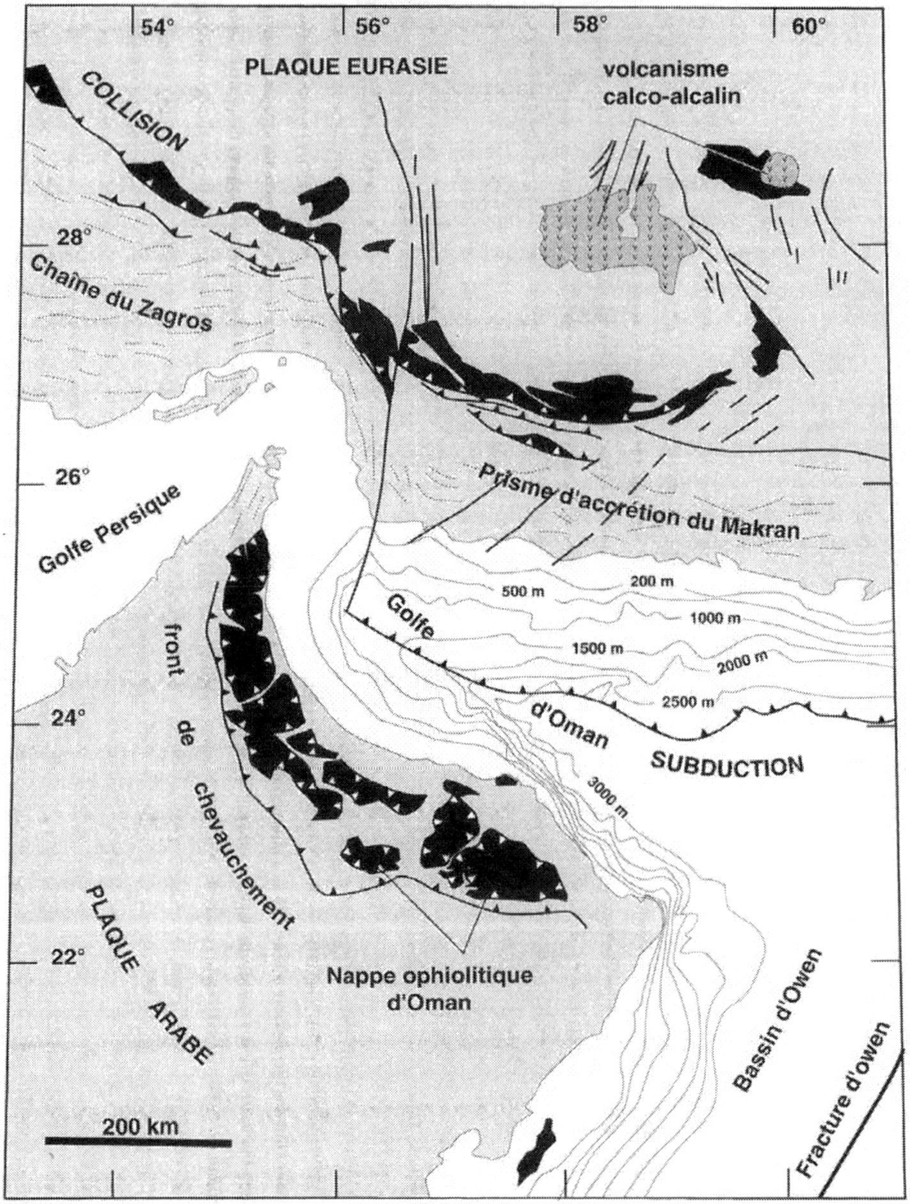

Figure VII.2
Les ophiolites de la région omanaise face à la zone de subduction du Makran et son prisme d'accrétion. Les ophiolites du Zagros, mises en place à la même époque que celles d'Oman, sont aujourd'hui impliquées dans la collision Arabie-Eurasie (Coleman, 1981).

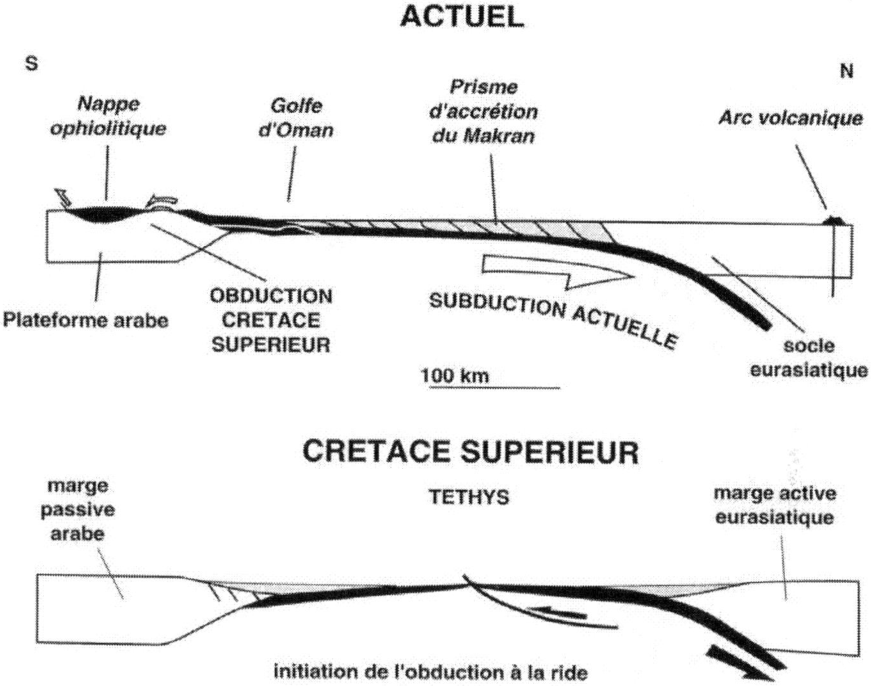

Figure VII.3
Schémas en coupe de la situation actuelle et de la situation au Crétacé supérieur dans l'hypothèse où l'obduction démarre à la ride (Coleman, 1981).

VII.2 Géologie d'ensemble de la région Omanaise

La nappe ophiolitique d'Oman (ou nappe de Semail) constitue l'unité la plus élevée d'une pile de nappes bordant la péninsule arabe depuis l'entrée du Golfe d'Oman jusqu'au détroit d'Ormuz. On observe du haut en bas (figs VII.4 et VII.5).

(1) Des dépôts néritiques discordants dont la base est datée du Maestrichtien, scellant les déformations principales.

(2) La nappe ophiolitique recouvre une large part de la région. Elle est en général préservée au cœur de larges synformes. Les unités sous-jacentes qui appartiennent au domaine de la marge mésozoïque arabe, affleurent dans des fenêtres au cœur des antiformes ou au front de la chaîne.

(3) La nappe de l'Hawasina est située immédiatement sous la nappe ophiolitique. On l'observe bien développée au front de la chaîne, et également pincée entre la nappe ophiolitique et les unités sous-jacentes dans les fenêtres de l'Hawasina ou de Saih

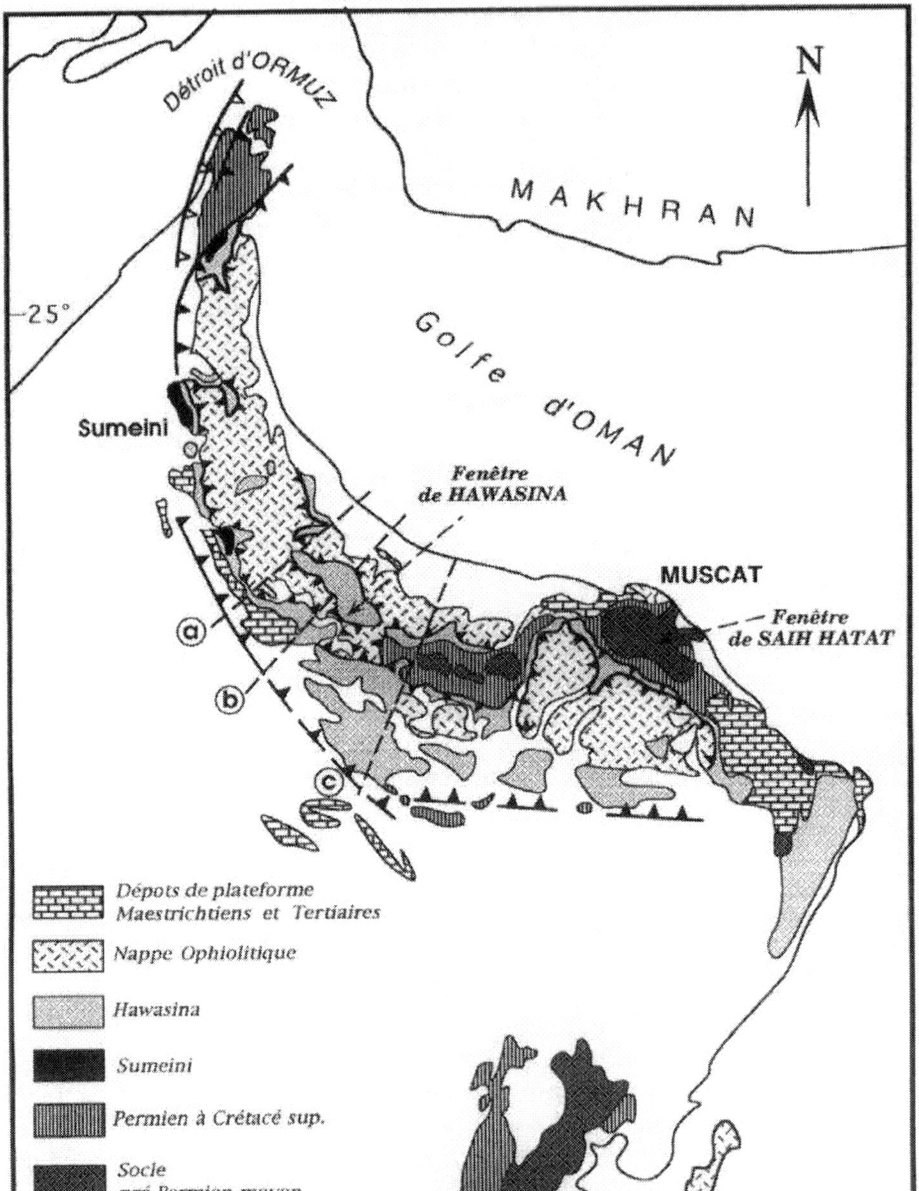

Figure VII.4
Carte géologique simplifiée de la région omanaise (Searle, 1985).

Hatat. Elle représente les dépôts de la marge arabe amincie. Elle comprend une unité olistostromique (complexe de Haybi) en position structurale supérieure.

(4) Deux unités tectoniques majeures constituent l'autochtone. Le Groupe Sumeini constitue la partie la plus proximale de la marge. Il repose tectoniquement sur la série sédimentaire arabe (Permien à Crétacé supérieur) et son socle anté-Permien qui affleure principalement au cœur de deux fenêtres en position interne.

Comme le montre la figure VII.5, l'ensemble de ces unités a subit un raccourcissement important. Les contacts chevauchants les plus importants séparent les unités que nous venons de décrire et de nombreux chevauchements plus locaux résultent d'une déformation interne à chaque unité. Chaque unité se présente donc sous la forme d'un prisme d'accrétion encadré par deux décollements à la base et au sommet. La nappe ophiolitique elle-même n'échappe pas à ces chevauchements.

Les sédiments les plus jeunes impliqués dans les nappes sont d'âge Crétacé supérieur. Les sédiments océaniques, transportés avec la nappe ophiolitique sont également d'âge Crétacé supérieur. Étant donné l'âge Maestrichtien de la discordance sommitale, la mise en place de la nappe et le métamorphisme associé sont des événements Crétacé terminal.

VII.3 Coupe schématique, les différents ensembles et leur degré métamorphique

La coupe de la figure VII.5 au travers de la fenêtre de Saih Hatat résume la structure d'ensemble et montre la position des unités métamorphiques.

Dans la nappe du Semail la structure interne de la croûte océanique est bien préservée, malgré la déformation interne évoquée plus haut. La fenêtre de Saih Hatat correspond à un vaste anticlinal de rampe formé lors de la propagation du chevauchement sur la plateforme arabe, et qui transporte l'ensemble des unités métamorphiques et la nappe ophiolitique vers le sud-ouest. La plate forme plonge sans déformation majeure sous l'ensemble de l'édifice de nappe.

La base de la nappe ophiolitique est très déformée à haute température. Immédiatement sous la nappe, on trouve une lanière discontinue de roches métamorphiques, la semelle métamorphique. Elle contient essentiellement des roches d'origine océanique (basaltes et radiolarites) métamorphisées dans des conditions de haute température et de basse pression. L'épaisseur de cette unité ne dépasse pas quelques centaines de mètres.

Les unités sous-jacentes (Hawasina et autochtone) présentent des paragénèses métamorphiques totalement différentes. La fenêtre de Saih Hatat a fait en particulier l'objet d'études détaillées du point de vue de la pétrologie métamorphique. On y reconnaît des paragénèses typiques de conditions de haute pression et de basse température avec un gradient de pression vers le cœur de la fenêtre, c'est-à-dire vers les unités les plus profondes. Le gradient est donc apparemment normal puisque les unités ayant enregistré les pressions les plus élevées sont situées en-dessous. Mais on passe en quelques kilomètres de roches peu ou pas métamorphiques, au faciès des schistes bleus, puis au faciès des éclogites. Une fourchette de pression de plus de 20 kbar

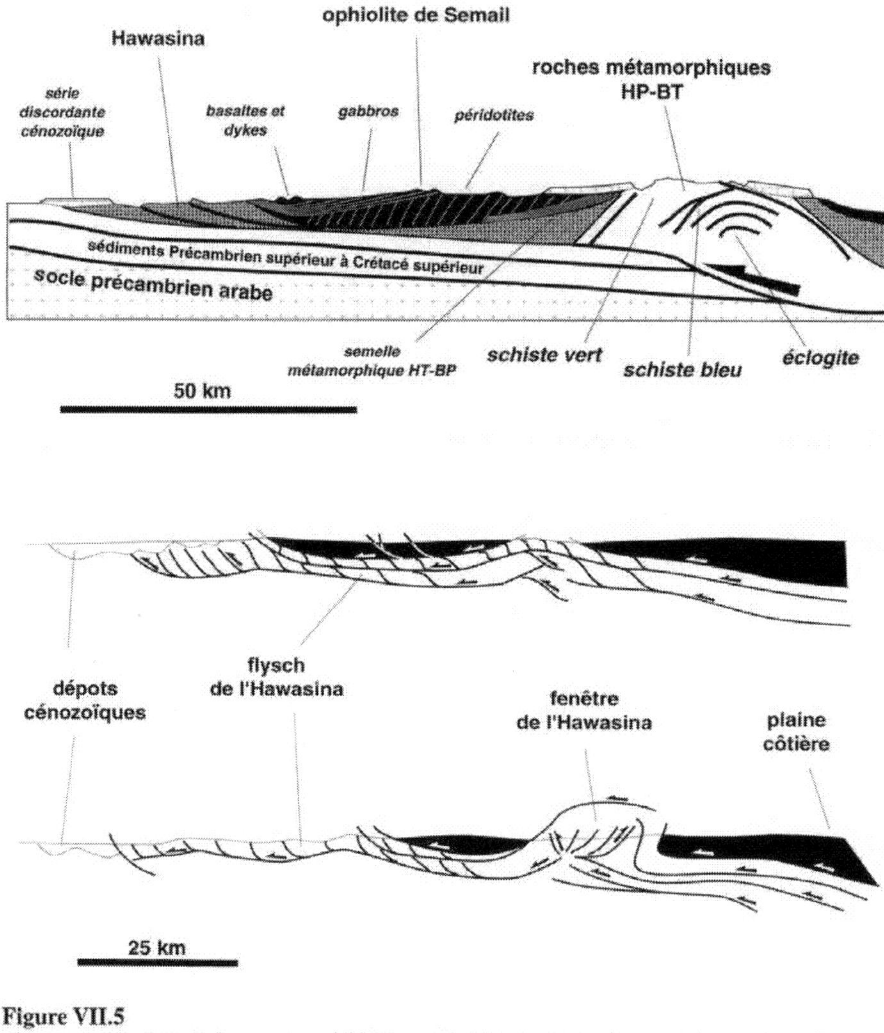

Figure VII.5
Coupes au travers de la nappe ophiolitique. En haut : coupe d'ensemble montrant les principaux éléments de la série ophiolitique et des nappes sous-jacentes (Goffé et al ;, 1988). En bas : détail de la structure en écailles de la nappe de l'Hawasina sous la nappe ophiolitique (Searle, 1985).

(60 km) est reconnue dans ces différentes unités et les contacts sont brutaux, sans gradient progressif. Les unités superposées dans la fenêtre sont juxtaposées aujourd'hui mais étaient séparées par de grandes épaisseurs de croûte au moment des recristallisations métamorphiques.

L'empilement de nappes de l'Oman juxtapose donc sur une très faible épaisseur des unités métamorphiques ayant subi, soit des conditions HT-BP (la semelle métamorphique), soit des conditions HP-BT. Il manque d'autre part une grande partie de l'épaisseur de croûte qui était présente lors du métamorphisme de haute pression. Les âges du métamorphisme sont en accord avec le contexte géologique d'ensemble, et tombent tous dans le Crétacé supérieur (fig. VII.6). Il faut donc, dans un intervalle de temps assez bref, obducter la nappe ophiolitique, créer les conditions du métamorphisme HP-BT (donc épaissir la croûte) et ramener ces roches à la surface en supprimant de l'épaisseur très rapidement avant le dépôt de la série discordante.

UNITES LITHOLOGIQUES	METHODES	AGES
Socle autochtone et couverture carbonatée	biostratigraphie	**Permien moyen (260 Ma) à Cénomanien (95 Ma)**
Dépots hémipélagiques de pied de marge	biostratigraphie	**Coniacien (88 Ma) à Campanien (80 Ma)**
Hawasina, pied de marge, sédiments pélagiques	biostratigraphie	**Permien moyen (260 Ma) à Cénomanien (95 Ma)**
Basaltes de l'Hawasina	K/Ar sur biotite	**218 Ma**
Sills alcalins	K/Ar sur biotite	**162 à 92 Ma**
Tuffs alcalins de l'Hawasina	K/Ar sur biotite	**96 Ma**
Gabbros lités	Sm/Nd	**100 à 150 Ma**
Plagiogranites	U/Pb	**95 Ma**
K-granite	K/Ar sur biotite	**85 Ma**
Dykes de gabbro à amphiboles	K/Ar sur amphibole	**81 à 114 Ma**
Unité volcanique et sédiments interstratifiés	biostratigraphie	**Cenomanien inférieur (97 Ma) à Turonien inférieur (91 Ma)**
Radiolarites supraophiolitiques	biostratigraphie	**Campanien (81 Ma)**
Semelle métamorphique (amphibolite)	K/Ar sur amphibole	**105 à 89 Ma**
Semelle métamorphique (schiste vert)	K/Ar sur muscovite	**85 à 70 Ma**
Schistes bleus	K/Ar sur phengite	**101 à 80 Ma**
	K/Ar sur glaucophane	**68 Ma**
	K/Ar sur crossite	**79 à 76 Ma**
Eclogites	K/Ar sur glaucophane	**103 Ma**
	K/Ar sur phengite	**131 Ma**
Sédiments discordants	biostratigraphie	**Maestrichtien (75 Ma à Miocène inférieur (20 Ma)**

Figure VII.6
Âges radiométriques ou biostratigraphiques des principales unités de la région omanaise (Nicolas, 1989).

La structure actuelle des montagnes d'Oman est donc le résultat de l'évolution tardive de la pile de nappe. Tous les contacts entre ces unités de degré métamorphiques différents, sont donc post-métamorphiques.

VII.4 Paléogéographie

L'étude des séries sédimentaires déformées dans les nappes inférieures et dans l'autochtone de la plate forme arabe permet de reconstituer la géométrie et l'évolution paléogéographique de la région Omanaise depuis le Trias.

La stratigraphie mésozoïque de l'autochtone et de l'Hawasina fait l'objet de discussions de détail, mais un accord général existe sur le fait que ces unités appartiennent à une marge passive dont l'histoire débute au Trias et se poursuit jusqu'au Crétacé moyen. Les unités tectoniques les plus élevées dans la pile de nappe représentent les partie les plus distales de la marge, les plus proches de la transition continent-océan. La sédimentation est très complète sur la plateforme arabe proprement dite depuis le début du Paléozoïque. Les dépôts sont toujours néritiques.

Dans la région omanaise, la sédimentation débute au Permien et se poursuit sans interruption jusqu'au milieu du Crétacé. On peut reconstituer une structure de marge passive assez typique avec une transition depuis des faciès néritiques jusqu'à des faciès profonds dès le Trias. Les dépôts de la nappe de l'Hawasina représentent la partie profonde de la marge. Des points hauts, caractérisés par une sédimentation de plateforme, émergent au cœur de l'Hawasina. Il s'agit sans doute de horst créés lors de la phase de rifting.

Un volcanisme intense est actif pendant le rifting. On le retrouve principalement dans les unités les plus distales, l'olistostrome de Haybi, situé immédiatement sous la nappe ophiolitique. D'après Searle et Malpas (1980) ce volcanisme correspond à la mise en place d'une croûte océanique dès le Trias.

La nappe ophiolitique elle-même fait l'objet d'une controverse assez typique de l'ensemble des nappes ophiolitiques du globe. La question débattue est la suivante : s'agit-il d'une croûte océanique «normale» sans autre modification que celles liées à l'obduction, ou d'une croûte océanique sur laquelle s'est installé un arc insulaire, pendant une subduction qui prélude à l'obduction ? (fig. VII.7).

VII.4.1 Obduction démarrant à la ride

En Oman les tenants de la croûte océanique «normale» proposent que l'obduction ait démarré par un chevauchement intra-océanique à l'axe de la dorsale comme le montre la figure . Cette hypothèse s'appuie principalement sur le fait, non contesté, de l'extrême jeunesse de l'ophiolite lors de l'obduction. Pour obducter une croûte océa-

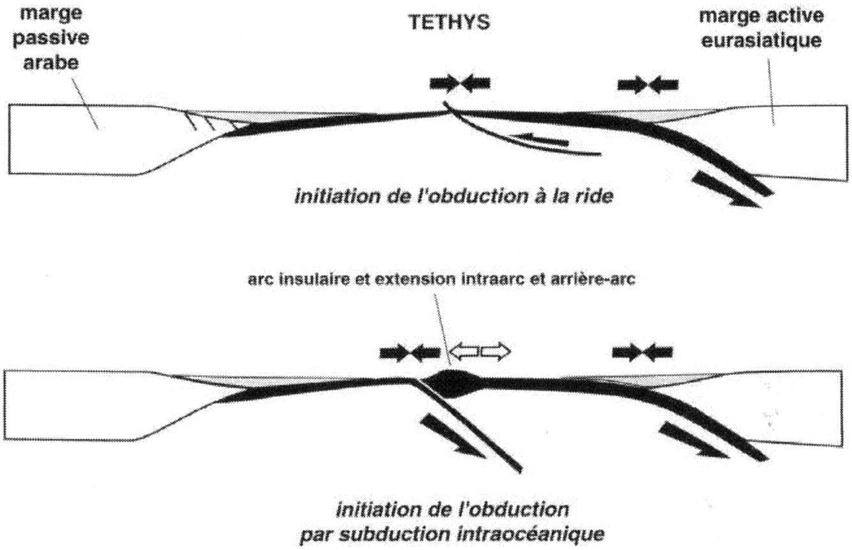

Figure VII.7
Deux interprétations différentes de l'initiation de l'obduction (Nicolas, 1989 ; Pearce *et al.*, 1981).

nique jeune, il faut démarrer le chevauchement près de la ride active. Les âges des premières déformations intra-océaniques (âges des amphibolites de la semelle métamorphique, figure VII.6) (105-89 Ma) sont proches des âges des sédiments pélagiques (radiolarites 81 Ma) déposés sur l'ophiolite. Des considérations thermomécaniques suggèrent également que la ride est l'endroit le plus favorable où localiser le chevauchement.

Cette hypothèse se heurte à une difficulté importante : il est difficilement concevable que la ride de l'océan Téthysien ait été reprise en chevauchement sur plusieurs milliers de kilomètres depuis l'Himalaya à l'est, jusqu'à la Turquie à l'ouest (rappelons que toutes ces nappes furent mises en place à peu près au même moment). Il n'existe pas d'exemples actuels d'une moitié d'océan chevauchant l'autre moitié de cette manière. Toutes les déformations compressives intraocéaniques naissantes se produisent près d'une marge, et sans rapport avec la ride active. Certaines reconstructions publiées par cette école supposent l'ouverture de petits bassins océaniques le long de la marge arabe, à l'intérieur du domaine océanique triasique (voir le chapitre sur la Méditerranée). Le moteur d'ouverture de ces bassins n'est pas clair.

La même hypothèse explique par contre relativement bien la géométrie et les conditions P-T des déformations HT-BP précoces comme nous le verrons plus loin.

VII.4.2 Subduction puis obduction

La deuxième école fait jouer un rôle majeur aux roches volcaniques qui terminent la séquence ophiolitique et qui sont caractéristiques d'un arc insulaire immature d'un point de vue géochimique et pétrologique. Pour ces auteurs l'ophiolite d'Oman correspond à la croûte d'un arc insulaire très jeune installé sur une croûte océanique plus ancienne. L'âge de cette croûte est attribué au Trias sur la base des âges des basaltes alcalins de l'unité olistostromique de Haybi. Cette conclusion a l'avantage d'être plus en accord avec l'âge du rifting sur la marge arabe et de manière générale sur les marges de la Téthys. L'arc insulaire se forme au-dessus d'un plan de subduction initié au Crétacé supérieur à l'intérieur du domaine océanique téthysien sans rapport avec la ride. Cette subduction fait disparaître l'espace océanique situé au sud-ouest de l'arc et annonce l'obduction de la région avant-arc et de l'arc lui-même sur la marge. Le domaine arrière-arc proprement dit se trouve aujourd'hui dans le golfe d'Oman et a pour l'instant échappé à toute déformation. L'activité volcanique se traduit (1) par la formation de volcans sous-marins de type arc insulaire et (2) par l'ouverture de bassins océaniques à l'intérieur de l'arc ou en arrière. On peut comparer la géométrie Crétacé supérieur avec la région des Mariannes actuelles. La jeunesse de l'ophiolite lors de sa mise en place n'oblige pas à démarrer l'obduction à la ride, ni à créer un nouveau bassin océanique *de novo* près de la marge passive. Il suffit de créer une zone de subduction dans l'océan Téthysien au sein de la lithosphère triasique. L'ophiolite elle même correspond à la croûte océanique nouvellement formée au sein de l'arc. Cette hypothèse implique que l'ensemble des ophiolites mises en place au Crétacé terminal depuis la Turquie jusqu'à l'Indonésie corresponde à un système d'arcs insulaires et de bassins arrière-arc. Il est plus facile d'imaginer une zone de subduction prenant en écharpe l'ensemble de la Téthys d'est en ouest, indépendamment de l'âge de la lithosphère initiale, que la localisation d'un chevauchement à la ride sur plusieurs milliers de kilomètres.

Nous aurons l'occasion de traiter à nouveau des ophiolites téthysiennes dans le cadre de la collision himalayenne et de discuter à nouveau ce problème.

Après avoir situé le cadre géodynamique complexe de l'obduction en Oman, nous nous attacherons à décrire la géométrie de détail de la chaîne, aussi bien dans l'autochtone déformée, que dans la nappe de Semail elle-même.

VII.5 Coupes de détail, géométrie du raccourcissement de la plateforme arabe

Les montagnes d'Oman ne sont pas très différentes d'une chaîne alpine classique et comme nous le verrons, la géométrie de mise en place des différentes unités charriées est très semblables à celle des Alpes occidentales par exemple. La mise en place de la nappe ophiolitique crée un raccourcissement important dans la marge passive et les structures qu'elle engendre sont très proches de celles formées lors de la collision.

VII.5.1 Le front

La déformation affecte la plateforme arabe au front de la nappe ophiolitique. Au fur et à mesure de son avancée sur la marge, la nappe ophiolitique était précédée d'un front de chevauchement qui progressait vers le sud-ouest. Les structures obtenues sont assez semblables à celles observées dans les prismes d'accrétion comme celui de Nankai.

La figure VII.8 montre des profils du front de chevauchement dans la partie septentrionale des montagnes d'Oman. Ces coupes sont contraintes par des données sismiques et par des puits de forages pétroliers. Les dépôts cénozoïques sont affectés par la déformation compressive sous la forme de failles inverses assez raides dont la plupart

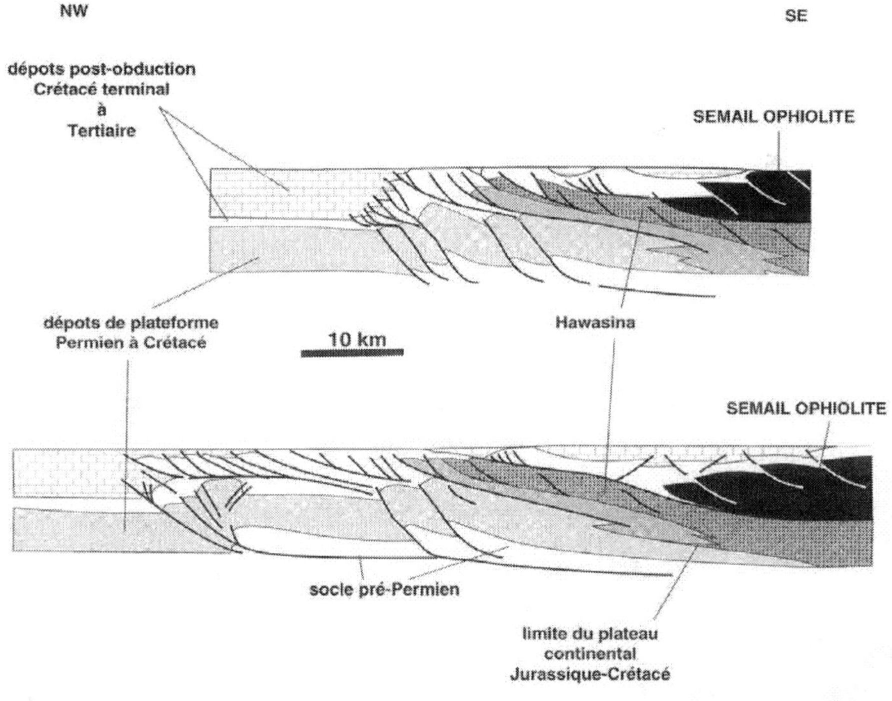

Figure VII.8
Détail de la structure du front de chevauchement de la nappe ophiolitique d'après des profils de sismiques réflexion (Dunne, *et al.*, 1990).

pendent vers l'est. La majeure partie de la déformation s'est cependant produite pendant le dépôt du bassin d'avant-pays Crétacé supérieur. Les différents niveaux stratigraphiques et les différentes unités tectoniques, couverture Permien-Crétacé, socle anté-Permien, nappe de l'Hawasina et nappe ophiolitique sont déformées de manière indépendante et leurs contacts agissent comme des décollements. Les redoublements de la pile tectonique sont rares et le déplacement horizontal associé assez faible. La figure VII.9 montre un schéma d'évolution du bassin Crétacé supérieur qui a enregistré les différents épisodes de chevauchement. Des discordances internes marquent la flexure progressive du socle du bassin au fur et à mesure de l'avancée des nappes sur la marge. C'est il y a environ 85 Ma que les premiers effets de l'obduction se font sentir dans ce bassin. Les nappes successives sont mises en place progressivement jusqu'à l'arrivée de

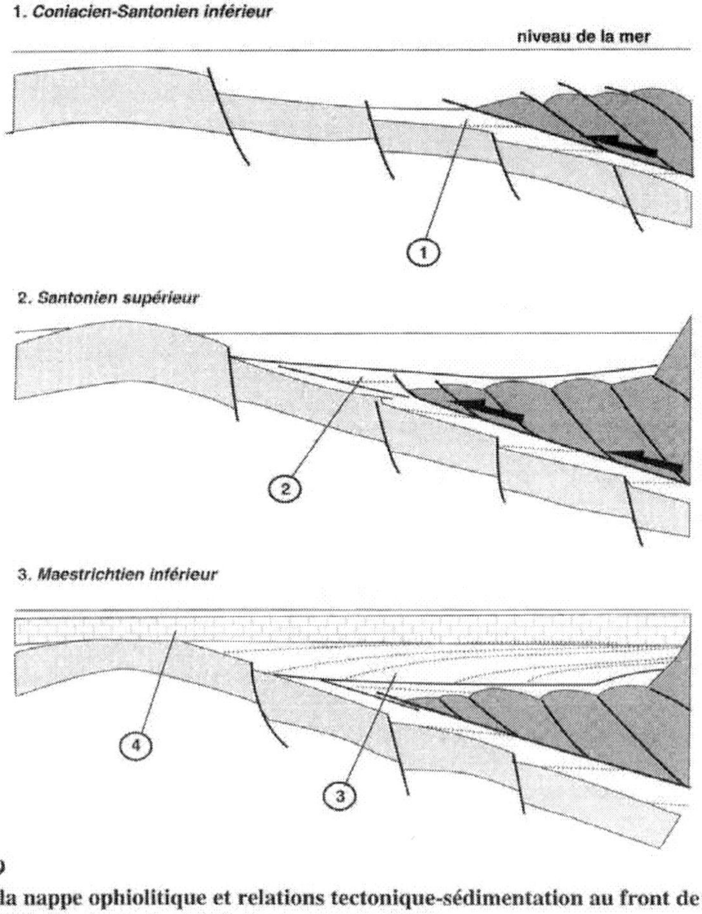

Figure VII.9
Avancée de la nappe ophiolitique et relations tectonique-sédimentation au front de chevauchement à la fin du Crétacé (Warburton *et al.*, 1990).

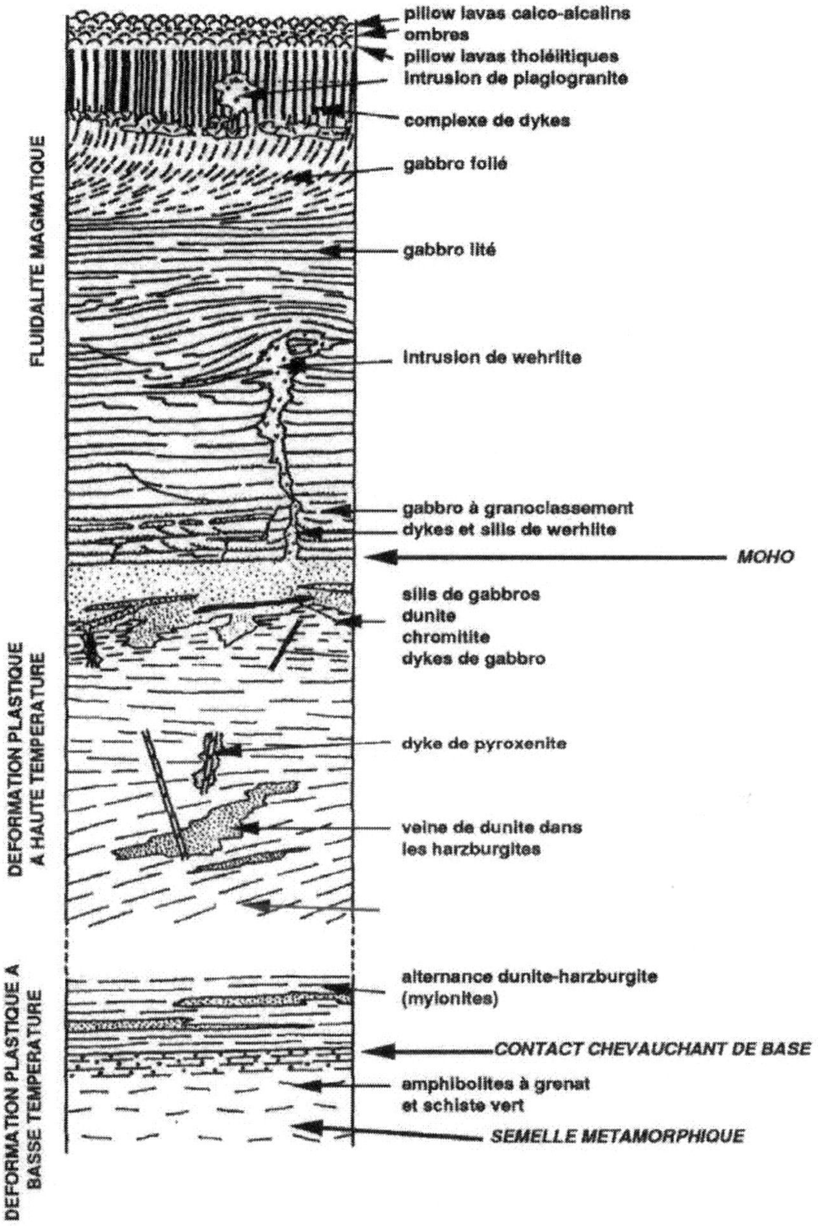

Figure VII.10
La série ophiolitique d'Oman depuis les mylonites ultrabasiques de base jusqu'aux pillow lavas calco-alcalins du sommet. Sous le contact de base, la semelle métamorphique contient des paragénèses de haute température et de basse pression (Nicolas, 1989).

la nappe ophiolitique au Campanien (75 Ma). Les dépôts Maestrichtien scellent les déformations majeures, mais la déformation compressive continue jusque dans la base du Cénozoïque. Les raccourcissements mesurés dans la zone frontale de la couverture autochtone, ne dépassent pas 10 à 20 km. Ils sont par contre beaucoup plus importants pour les unités plus internes, les parties plus distales de la marge (Hawasina et Sumeini) comme le montre la structure des fenêtres comme celle de l'Hawasina (fig. VII.5).

VII.5.2 Les fenêtres

Les fenêtres ouvertes sous la nappe ophiolitique montrent une structure en nappes superposées complètement déracinées. La nappe de l'Hawasina en particulier repose à plat sur les nappes autochtones ou parautochtones par un contact plat replissé tardivement. Ces antiformes tardifs qui permettent la formation de fenêtres sont des culminations liées à la formation d'antiformes de rampes le long de chevauchements profonds coupant au travers de l'ensemble de la pile de nappe. Comme dans la zone frontale les contacts majeurs de nappes sont des décollements qui séparent des unités très déformées par des chevauchements internes. On reconnaît la succession verticale classique des unités paléogéographiquement les plus «internes» (les parties les plus distales de la marge) sur les unités «externes». La nappe ophiolitique tronque tous ces contacts, ce qui est une autre expression du caractère tardif du contact de base de la nappe ophiolitique comme la description brève du métamorphisme nous l'avait déjà montré.

VII.6 Les ophiolites

Une séquence ophiolitique complète est reconnue en Oman depuis les harzburgites mantelliques jusqu'aux basaltes émis au fond de l'océan sous forme de pillow lavas. Nous ne détaillerons pas ici la pétrologie, ni les structures internes de la séquence ophiolitique (figs VII.10 et VII.11). Nous ne retiendrons que les faits importants pour notre propos ; une part importante de la déformation reconnue dans la séquence, en particulier sous le paléo-Moho, s'est faite à très haute température (1300°) dans le manteau avant obduction. De même, l'empilement des différents termes de la séquence et leur relation trouvent leur origine dans la géométrie de la chambre magmatique sous la ride médio-océanique. La partie purement océanique de l'histoire de l'ophiolite n'est pas dans le sujet de cet ouvrage. Seuls les faits significatifs de l'obduction seront décrits. Le lecteur trouvera une description détaillée de l'évolution intra-océanique dans l'ouvrage de A. Nicolas.

La figure VII.11 montre que la structure de la croûte océanique est préservée dans la nappe de l'Oman. Il est possible de cartographier le contact entre les unités

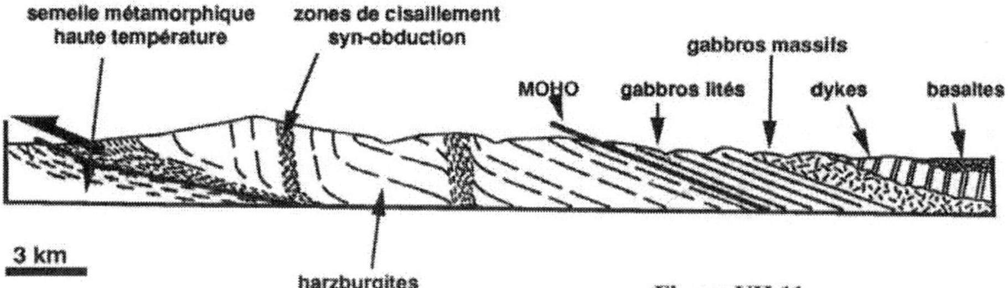

Figure VII.11
Coupe de détail de la nappe ophiolitique montrant les principaux niveaux de la croûte océanique préservés dans leurs position relatives initiales (Nicolas, 1989).

basiques et ultrabasiques (le Moho). De manière générale la série basique constitue le sommet de la nappe et la série ultrabasique sa base. C'est donc en bloc que la croûte océanique et le sommet du manteau ont été obductés sur la marge. La nappe ophiolitique représente un panneau complet de croûte océanique.

Aux déformations chaudes intra-océaniques sont superposées des zones de cisaillement plus froides (faciès amphibolite et schiste vert) qui recoupent l'ensemble des structures antérieures. Le même type de structure jalonne la base de la nappe et surmonte la semelle métamorphique haute température. Ces zones de déformation tardives sont contemporaines de la mise en mouvement de la nappe et représentent des couloirs de déformation ductile associées à l'obduction. Elles sont plus fréquentes vers la base de la nappe.

De nombreuses datations radiométriques viennent appuyer les observations structurales. Tous les âges sont dans une fourchette étroite entre 95 et 100 Ma. Des âges plus récents autour de 80 Ma correspondent aux déformations les plus froides dans le faciès schiste vert. Ces données révèlent à nouveau le caractère rapide de l'obduction mais aussi son caractère progressif, puisqu'un refroidissement est observé pendant la déformation, c'est-à-dire pendant la montée de la nappe sur la marge, quelque soit le contexte invoqué.

Comme l'illustre la figure VII.12 la durée totale de l'obduction est de 20-25 Ma. Cette figure correspond aux conclusions de l'école française qui prône un cisaillement initié à la ride. La géométrie d'ensemble serait peu différente dans l'hypothèse opposée avec subduction intraocéanique. Une grande partie de l'histoire de la nappe se produit avant son arrivée sur la marge. Elle correspond soit au doublement de la croûte océanique soit à la formation de la zone de subduction. Ceci raccourcit d'autant plus la durée de l'obduction proprement dite quand la nappe arrive sur la marge continentale.

On remarquera que la subduction dans le Makhran commence quand la mise en place des nappes s'arrête en Oman. Le passage en subduction de la marge continentale est de plus en plus difficile et la convergence omanaise cesse. Elle est relayée plus au nord par la subduction sous le Makran. Les âges des premiers indices de volcanisme d'arc à l'arrière du prisme du Makran sont en accord avec cette histoire tectonique.

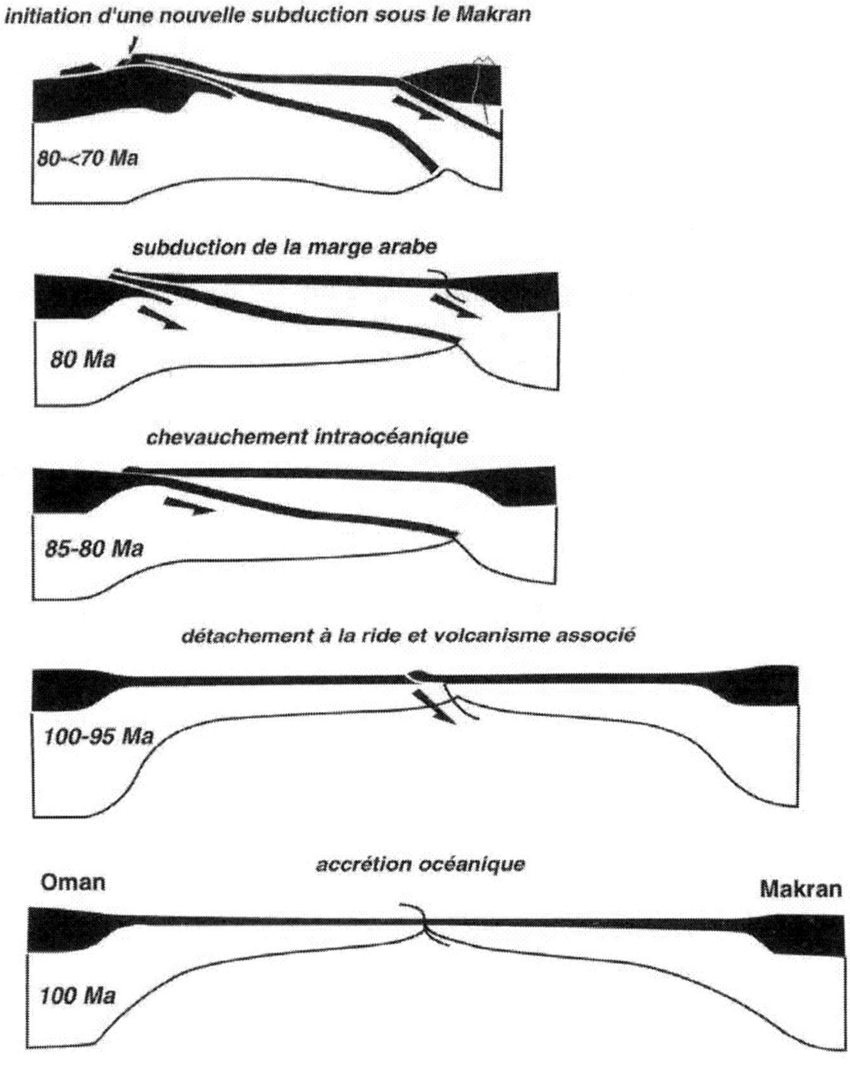

Figure VII.12
Histoire de l'obduction depuis l'initiation du chevauchement intracoéanique à la ride jusqu'à l'arrivée sur la marge passive arabe (Nicolas, 1989).

VII.7 Évolution métamorphique

Deux types de métamorphisme bien distincts ont été reconnus sous la nappe ophiolitique. La semelle métamorphique a subi des conditions de haute température et de basse pression, les nappes sous-jacentes ont subi des conditions haute pression-basse température. Ces deux types de métamorphisme correspondent à deux épisodes distincts de l'histoire de l'obduction. L'épisode HT-BP est lié à la déformation précoce avant l'arrivée de la nappe sur la marge. L'épisode HP-BT est lié à l'épaississement crustal et à la formation des nappes au sein de la marge continentale lors de l'arrivée de la nappe ophiolitique. La nappe elle-même ne présente pas de métamorphisme autre que le métamorphisme intraocéanique. Elle n'a donc jamais été soumise à de fortes pressions, ni avant ni pendant sa mise en place.

VII.7.1 Semelle amphibolitique

Le métamorphisme haute température-basse pression est localisé sous la nappe dans une ceinture étroite et discontinue. Sur quelques centaines de mètres on reconnaît une bande d'amphibolites basiques et de métaradiolarites qui surmontent une unité de schistes verts. Au sein des amphibolites le grenat n'est observé qu'au sommet. Les températures maximales déduites des paragénèses des amphibolites à grenat sont de l'ordre de 800 °C. La pression est assez difficile à estimer mais ne dépasse pas 5 Kb. Ces conditions caractérisent un régime de haute température et de basse pression. On notera que les températures les plus élevées sont enregistrées immédiatement sous la nappe, et qu'un gradient inverse de température est reconnu. Cette géométrie est assez typique de toutes les semelles métamorphiques de nappe ophiolitique. Le gradient inverse est attribué à un effet de «fer à repasser» de la nappe ophiolitique sur son substratum. Les âges plus récents de la déformation schistes vert dans l'ophiolite suggèrent que cet effet a diminué au fur et à mesure de l'avancée de la nappe et de son refroidissement. Le schéma évolutif de la figure VII.12 retrace cette évolution précoce. Les unités de la semelle métamorphique haute température sont arrachées au passage de la nappe sur le toit de la croûte océanique inférieure et transportées jusque sur la marge continentale.

Une modélisation numérique en éléments finis, couplant mécanique et thermique de l'histoire précoce de l'obduction permet de retrouver les conditions de température et de pression observées sur le terrain ; la figure VII.13 montre tout d'abord la géométrie des isothermes au fur et à mesure du chevauchement. Dans le cas illustré ici le chevauchement est initié dans une lithosphère âgée de 2 Ma. C'est clairement le modèle du cisaillement à la ride ou près de la ride qui est testé dans ce cas. Deux phénomènes sont observés qui collent de près à la réalité géologique ; (1) dès que le chevauchement fonctionne et amène un matériel chaud (la base de la nappe) sur la croûte océanique

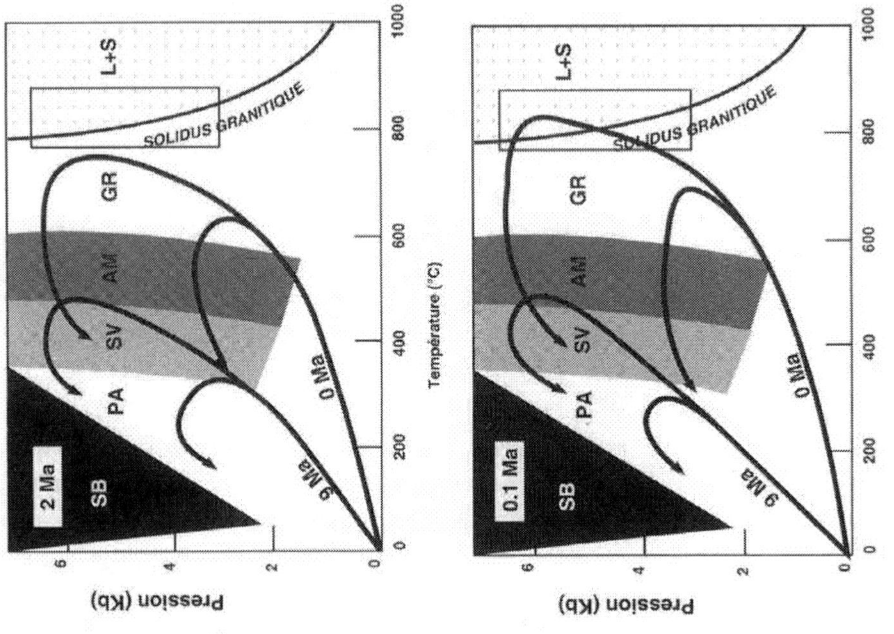

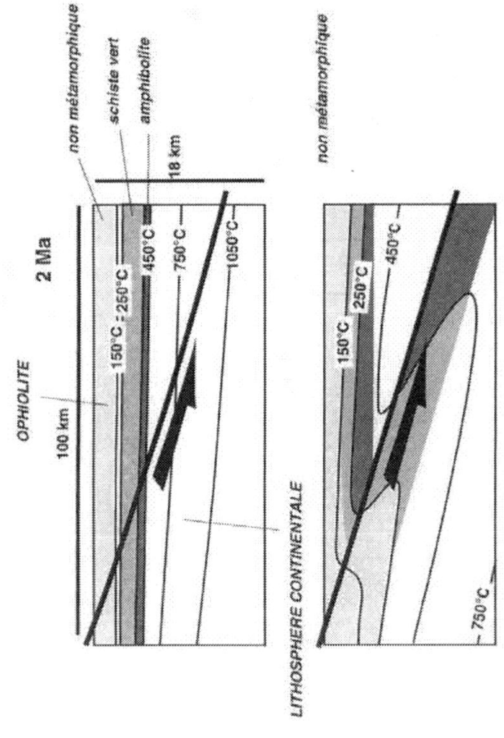

Figure VII.13
Résultats d'une modélisation numérique de l'effet "fer à repasser" de la nappe ophiolitique chaude sur les roches de l'unité sous-jacente (Hacker, 1991).

plongeante, la partie supérieure de celle-ci est réchauffée. Son comportement mécanique est donc transformé et la zone de déformation maximale descend dans la plaque inférieure dont des fragments sont incorporés à la plaque supérieure et constituent la semelle métamorphique ; (2) on observe un gradient de température inverse avec les amphibolites au-dessus des schistes verts. Comme le montre les chemins P-T calculés sur différents points du modèle, on atteint facilement les conditions de température et pression reconnues sur le terrain, pour les premiers points engagés dans le chevauchement et pour une lithosphère très jeune de 0,1 Ma. Un modèle antérieur par le même auteur testait l'hypothèse de la zone de subduction (la différence était essentiellement dans le pendage de la zone de chevauchement). Les températures maximales atteintes étaient un peu plus faibles que celles observées dans la nature, mais il n'est pas sûr que la différence soit significative.

On doit retenir de ce paragraphe que le chevauchement intraocéanique (quelque soit le modèle choisi) d'une croûte océanique sur une autre conduit à des faciès métamorphiques «chauds» (faciès amphibolite) et à la formation d'un gradient de température inverse. Nous sommes ici en contexte de convergence, mais la température élevée des unités en présence empêche le développement d'un métamorphisme HP-BT.

L'étude des nappes d'autochtone dans la fenêtre de Saih Hatat montre une pétrographie totalement différente.

VII.7.2 Métamorphisme de haute pression

La figure VII.14 montre la distribution des faciès métamorphiques dans la fenêtre de Saih Hatat ainsi que les directions de linéation d'étirement reconnues sur le terrain. Le métamorphisme étudié est anté- à syn-déformation. La direction NE-SW du transport est en accord avec les données décrites auparavant sur les régions frontales. Les contacts entre unités tectoniques sont souvent également des contacts entre unités de degrés métamorphiques différents (fig. VII.15).

(1) Les paragénèses rencontrées sont toutes de haute pression-basse température (8 Kb – 300 °C à 11 Kb – 450 °C).

(2) Les unités de plus haute pression et de plus haute température sont situées au cœur de la structure antiforme (éclogites de As-Sifah), ce sont les unités structurales profondes. Il n'y a pas ici de gradient inverse de température.

(3) les minéraux de haute pression assez fragiles comme la carpholite et la lawsonite sont souvent bien préservés ce qui indique qu'aucune augmentation significative de la température ne s'est produite pendant la remontée des roches métamorphiques.

(4) Les chemins P-T sont soit de type «horaire» soit de type «antihoraire». Les chemins antihoraires sont les plus aptes à préserver les associations HP-BT puisqu'ils n'impliquent pas de réchauffement pendant la rétromorphose.

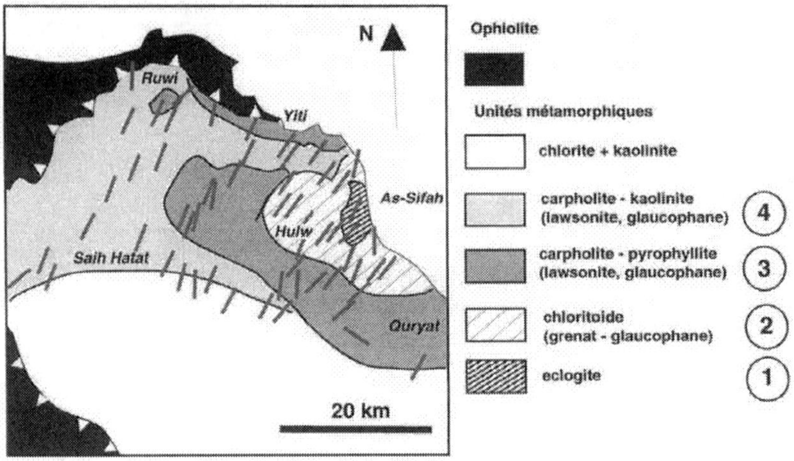

Figure VII.14
Carte métamorphique de la fenêtre de Saih Hatat (voir localisation sur la figure VII-4). Les barres grises représentent la direction de la linéation d'étirement (Goffé *et al.*, 1988). Entre parenthèses, paragénèses des roches basiques.

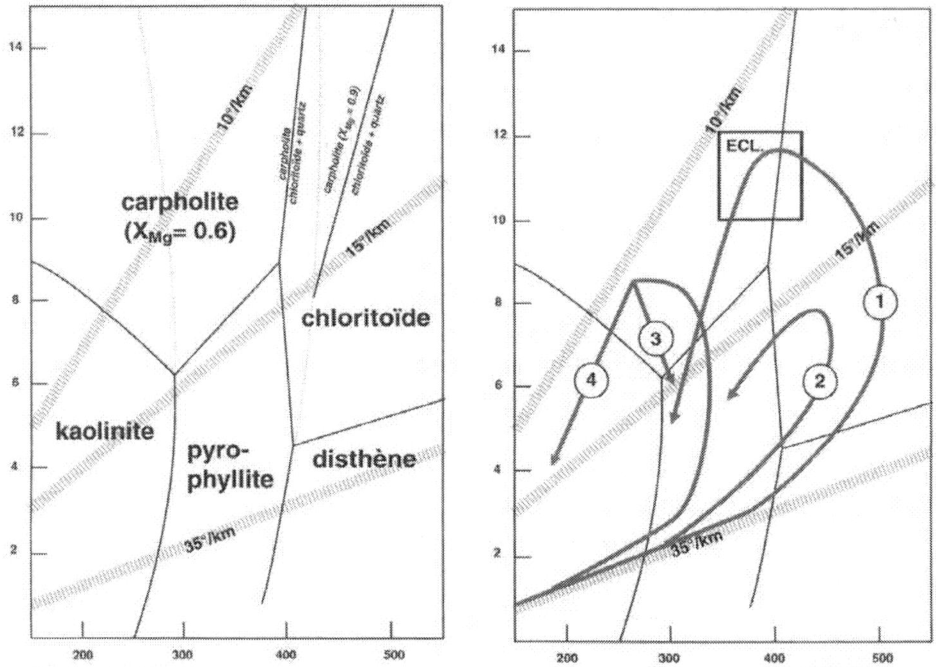

Figure VII.15
Champs de stabilité des minéraux index de la figure précédente (roches pélitiques) et chemins P-T enregistrés dans les différentes unités (Goffé *et al.*, 1988 ; Vidal *et al.*, 1992).

(5) Les montées brutales en pression des différentes unités se font à partir de températures et de pressions variées distribuées le long d'un gradient de l'ordre de 35 °C/km, ce qui est proche d'un gradient géothermique normal. Il ne s'agit pourtant pas d'un gradient vertical anté haute pression puisque les différentes unités étaient situées au départ dans des positions variées sur la marge, les plus «chaudes» étant les plus proches de l'océan.

Le métamorphisme HP-BT est de toute évidence lié à l'épaississement crustal de la marge en réponse à l'obduction. Cette fois, le matériel impliqué dans les chevauchements est froid. Le fait d'amener rapidement en profondeur des roches froides induit un gradient HP-BT.

Chaque unité étant caractérisée par un chemin P-T distinct on peut utiliser ces chemins pour construire un modèle d'évolution de la marge en cours d'épaississement.

Les auteurs de cette étude proposent l'évolution décrite par la figure VII.16, se basant sur les faits et hypothèses suivants :

(1) le gradient observé au départ d'une unité à l'autre (35 °C/km) est lié à la structure précoce de la marge, plus chaude là où elle a été plus amincie. Cette hypothèse n'est pas justifiée entièrement puisque le rifting est beaucoup plus ancien que l'obduction et que ce gradient aurait eut le temps de disparaître. Il y a cependant des évidences de réactivation du rifting au cours du Crétacé qui pourrait justifier l'hypothèse.

(2) La propagation des chevauchements vers le sud-ouest amène les unités internes sur les unités externes plus froides et empêche un réchauffement. Cet épaississement se fait suffisamment rapidement pour limiter les transferts latéraux de chaleur d'une unité à l'autre. La montée en pression est pratiquement isotherme.

(3) La décompression intervient alors que les chevauchements continuent leur propagation vers l'avant. La croûte lourde et épaisse constituée par la superposition d'une croûte continentale épaissie et d'une croûte océanique, devient gravitairement instable. La partie supérieure de l'édifice s'amincit donc par glissement de pans entiers de la nappe ophiolitique vers l'avant ou vers l'arrière. Les unités profondes remontent donc alors que la température diminue.

VII.8 Où sont passés les 15 km manquants ?

L'évolution métamorphique des montagnes d'Oman se divise donc en deux périodes très différentes. La première est le déplacement de la croûte océanique obductée depuis le lieu de sa formation jusqu'au pied de la marge. Ce déplacement implique une croûte océanique jeune et chaude. L'évolution métamorphique conduit à la cristallisation de paragénèses HT-BP avec une diminution de la température au cours du temps. La deuxième période correspond à la montée de la nappe ophiolitique sur la marge continentale qui s'épaissit. La nappe ophiolitique s'est alors suffisamment refroidie pour ne plus créer l'effet de «fer à repasser» de la première période. L'épaississement de la marge conduit à des conditions HP-BT qui seront préservées tout au long de l'histoire de la marge.

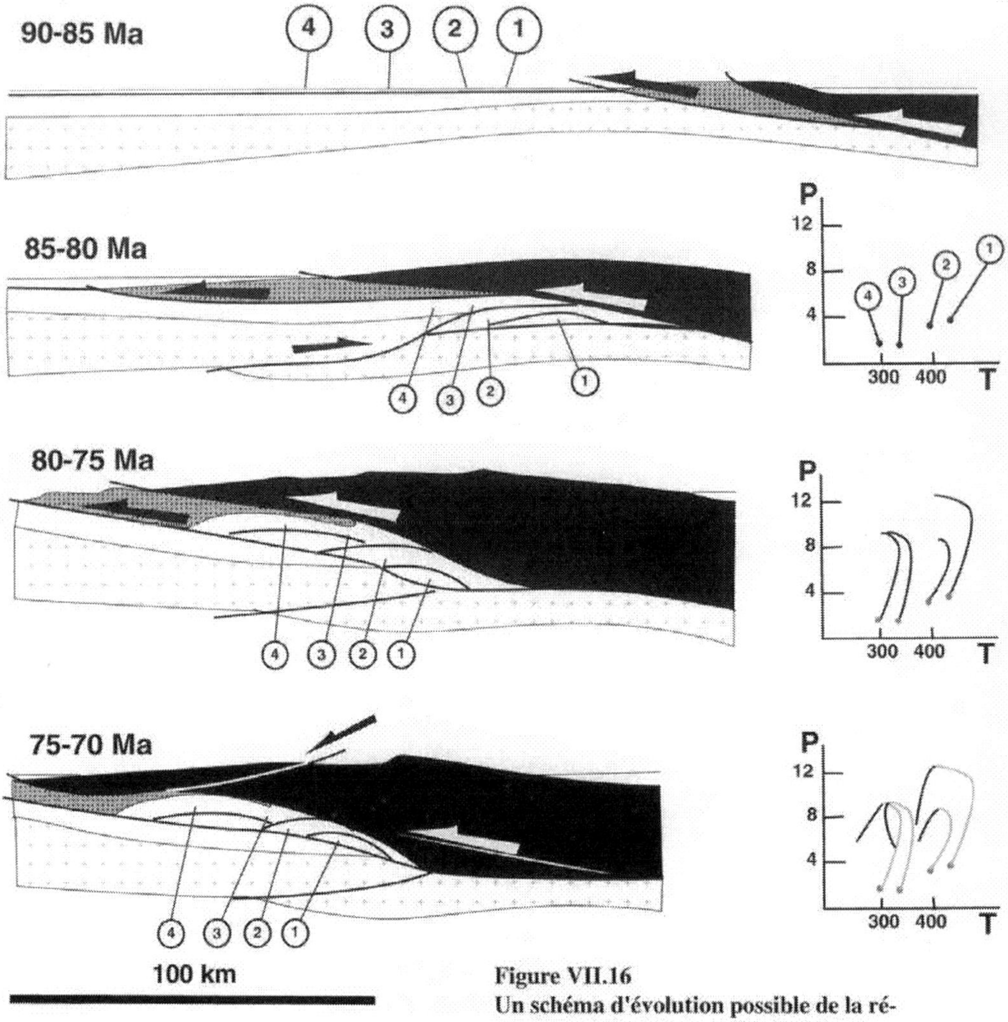

Figure VII.16
Un schéma d'évolution possible de la région omanaise pendant l'obduction et comportement en pression et température de quatre points caractérisés par les chemins P-T de la figure précédente (Goffé *et al.*, 1988).

Les conditions éclogitiques rencontrées au cœur de la fenêtre de Saih Hatat (11-12 Kb) ou plus au nord (20-23 Kb) impliquent une surcharge de 30 à 60 km au-dessus des unités métamorphiques les plus profondes. Les sauts de métamorphisme entre les différentes unités de la fenêtre impliquent un amincissement important au cours de la tectonique, après le pic du métamorphisme. Des panneaux entiers de croûte manquent donc dans la colonne observée à l'heure actuelle. D'autre part, la nappe ophiolitique n'est pas plus épaisse que 5-6 km ; elle n'a pas pu créer les conditions nécessaires au métamorphisme HP-BT. Il manque environ 15 km d'épaisseur crustale par rapport aux conditions qui prévalaient pendant le métamorphisme, et cette épaisseur manque dans le prisme d'accrétion crustal. Celui-ci a donc été aminci de manière très importante pendant les stades tardifs de l'obduction. On ne dispose pas pour l'instant de modèle précis ni de données structurales permettant de connaître la géométrie ni les causes de cet amincissement. Le modèle de la figure VII.16 utilise des glissements gravitaires pour amincir l'ensemble de la colonne. Ce n'est clairement pas suffisant puisque l'amincissement se produit *au sein* de la colonne crustale et non seulement à son sommet.

VII.9 Contexte actuel de mise en place d'ophiolite, la zone de déformation du sud de l'Inde

Un des problèmes majeurs concernant le mécanisme de l'obduction est son initiation. Le moyen le plus simple de répondre à la question serait d'observer la géométrie d'obductions naissantes. Il y a malheureusement peu d'exemples actuels, ou du moins peu de structures actives interprétées comme telles.

L'initiation de l'obduction requiert la formation d'un chevauchement intraocéanique, que celui-ci évolue en zone de subduction ou non. On connaît un petit nombre d'exemples de déformations intraocéaniques compressives en cours de formation. Dans le chapitre précédent nous avons décrit la région de la ride de Zenisu au large de la zone de collision du Japon central. La géométrie de cette région peut conduire à la mise en place de petites nappes ophiolitiques comme celle de Mineoka ou d'autres du même type caractéristiques de nombreux orogènes péri-Pacifique. Mais on doit rechercher un exemple de plus grande ampleur pour le comparer à la nappe de l'Oman et aux nappes ophiolitiques téthysiennes mises en place à la même période. L'obduction Crétacé terminal est clairement un événement à l'échelle de l'ensemble de la Téthys, enregistré au même moment sur des milliers de kilomètres.

Une zone intéressante, déjà évoquée dans le premier chapitre, est située dans le centre de l'Océan Indien. De nombreux séismes sont distribués au sein de la plaque Indo-Australienne dans une zone large d'environ 2000 km du nord au sud et d'est en ouest (fig. VII.17). Comme nous l'avons vu dans le premier chapitre cette zone de déformation est aujourd'hui considérée comme une limite de plaque diffuse, et

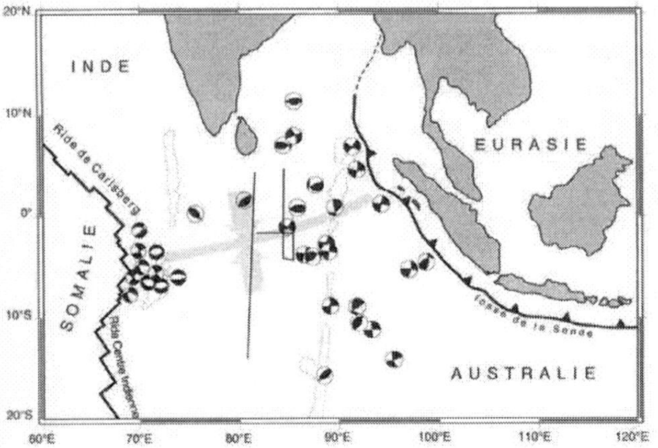

Figure VII.17
Contexte cinématique et mécanismes au foyer de la région centrale de l'océan Indien entre la ride Carlsberg et la fosse de la Sonde (Jestin, 1994).

prise en compte dans les modèles cinématiques globaux. Il s'agit de la seule zone connue à l'heure actuelle d'une déformation compressive intraocéanique dont l'échelle soit comparable à celle des nappes ophiolitiques Crétacé supérieur.

L'ensemble de la lithosphère est déformée sous forme d'ondulations dont la longueur d'onde est d'environ 200 km. Comme le montrent les figures VII.18 et VII.19 la région est également affectée par des failles inverses décalant les sédiments récents, mais aussi le socle océanique, et sans doute le Moho. On observe donc la formation de cisaillements d'échelle crustale.

On peut supposer raisonnablement que cette initiation d'une nouvelle zone de convergence au sud de l'Inde est due au fait que la convergence himalayenne a atteint un stade de blocage. On peut s'attendre à ce que la convergence stoppe complètement au nord et soit prise en relais par la zone de déformation du sud de l'Inde dans un avenir proche. L'Inde fera alors partie de la plaque Eurasie.

La nouvelle zone de convergence peut alors évoluer en une zone de subduction intraocéanique ou simplement un chevauchement intraocéanique comme ceux décrits en Oman. La croûte située au nord de la nouvelle limite de plaque pourrait éventuellement finir obductée sur la marge australienne.

Tout ceci n'est bien sûr que de la prospective facile, mais cet exemple est, encore une fois, le seul qui rappelle un tant soit peu les modèles proposés pour la mise en place de la nappe ophiolitique en Oman. On remarquera que dans cet exemple le chevauchement intraocéanique ne se forme pas à la ride mais au sein du domaine océanique dans une lithosphère déjà âgée.

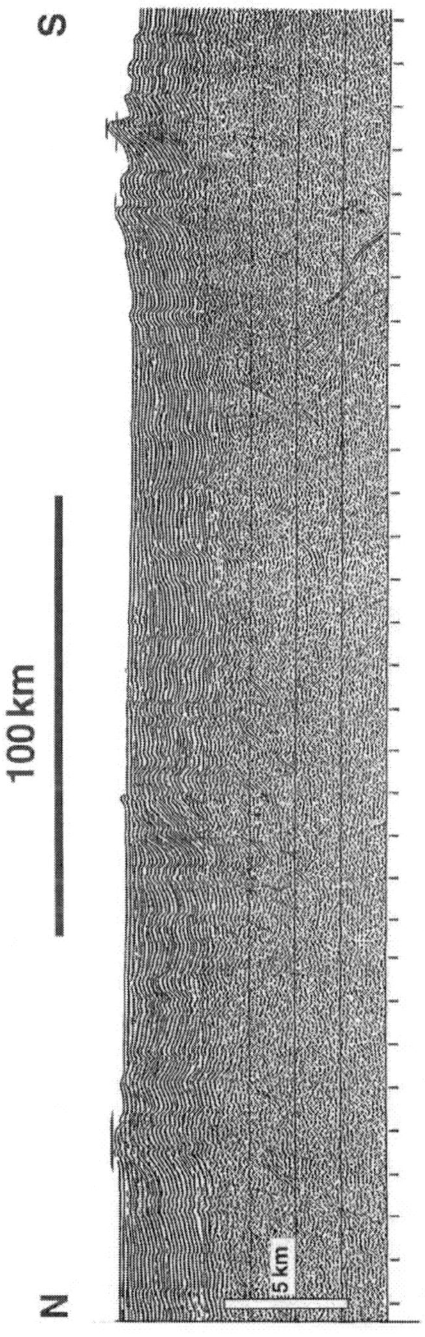

Figure VII.18
Portion d'un profil de sismique réflexion au travers de la zone déformée du sud de l'Inde montrant les ondulations du socle et les plis et chevauchements dans la couverture sédimentaire (Jestin, 1994).

Figure VII.19
Extraits de profils sismique réflexion au travers de la zone déformée du sud de l'Inde montrant les failles inverses dans la croûte océanique et les chevauchements ou plis associés dans la couverture sédimentaire (Jestin, 1994).

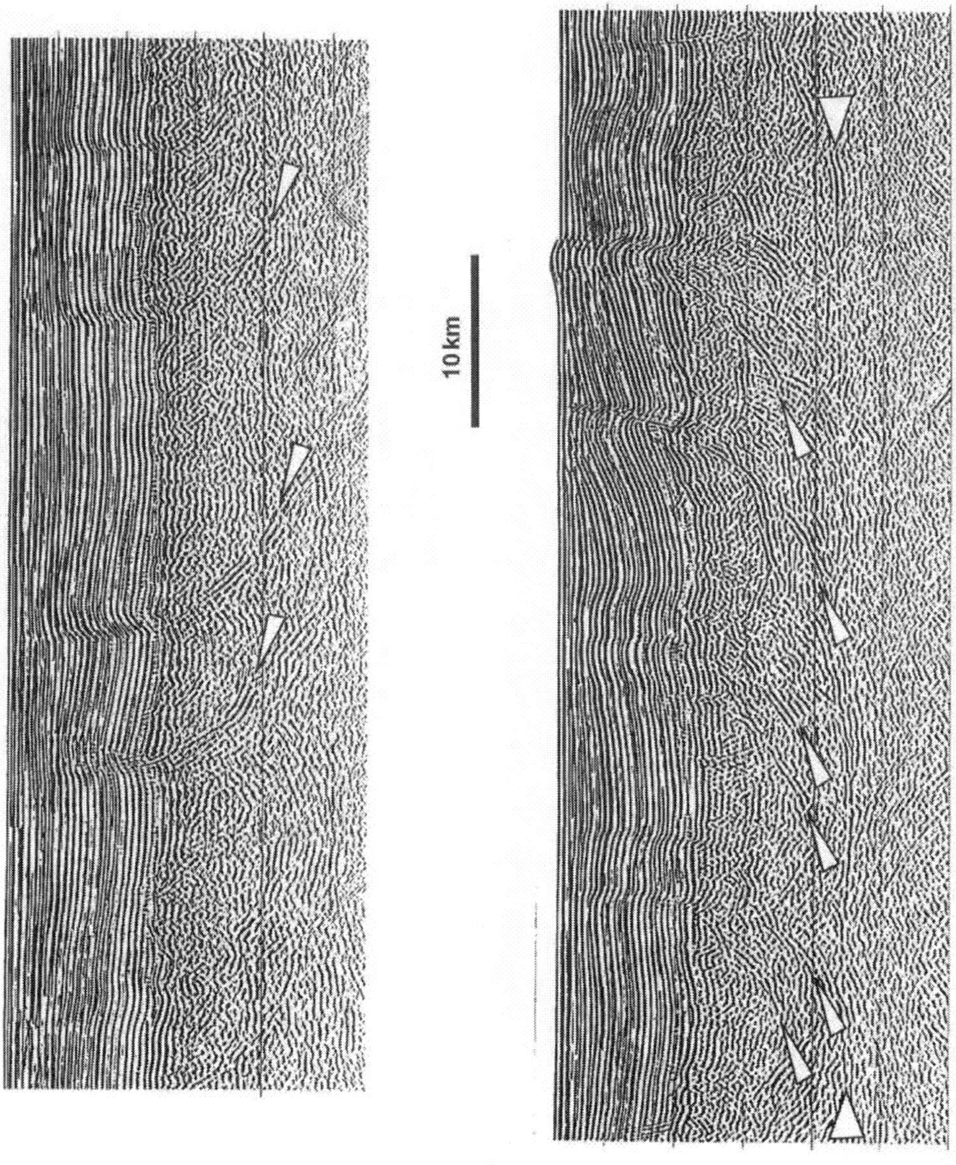

VIII

La collision et la déformation d'un continent, l'Asie

Après qu'un océan ait été entièrement fermé le long de zones de subduction, qu'éventuellement une partie de la croûte océanique ait été obductée sur une des deux marges, les deux masses continentales qui convergent, entrent en collision. La déformation engendrée peut être distribuée sur des milliers de kilomètres au-delà de la ligne de suture proprement dite. La collision crée les structures sans doute les plus spectaculaires qui soient, mais aussi les plus variées. Comme nous le verrons, l'épaississement crustal aux dépens de la marge passive, n'est qu'un des effets de la collision, il est accompagné par des coulissements de grande ampleur, extrusion de blocs continentaux, ouverture de bassins océaniques et plus généralement amincissement lithosphérique dans les domaines éloignés de la suture.

L'exemple choisi est celui de la collision Inde-Asie parce qu'il est le plus étudié, parce qu'il est encore actif, et que l'on peut discuter ses effets en fonction d'un cadre cinématique précis aux limites de la zone déformée.

VIII.1 Rappel du contexte cinématique actuel

Comme nous le verrons, la déformation engendrée par la collision depuis le début du Cénozoïque est distribuée depuis le front de chevauchement au pied de l'Himalaya jusqu'au nord de la Mongolie, depuis les chaînes d'Asie centrale et le lac Baikal jusqu'à la bordure Pacifique et Philippine, ainsi que dans la région Indonésienne (figures VIII.1, VIII.2 et VIII.3). Il importe donc de bien contraindre les déplacements aux limites de cette zone déformée très vaste.

La plaque Indienne se déplace vers le nord par rapport à l'Eurasie à une vitesse variant de 3 à 5 cm/an d'ouest en est (fig. I.3). La frontière de plaques est le chevauchement frontal himalayen ainsi que deux grands décrochements respectivement senestre et dextre à l'ouest et à l'est. Le pôle de rotation Inde-Eurasie est situé à l'ouest de la zone de collision en Méditerranée orientale. Les vecteurs du mouvement relatif changent légèrement de direction et de module en s'éloignant du pôle le long de la frontière. Au sud de la zone

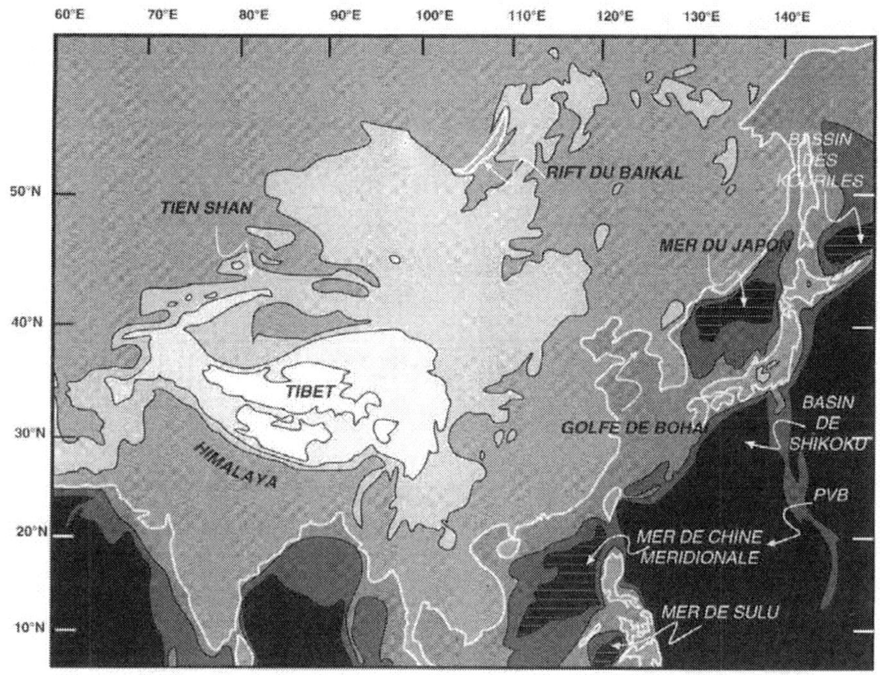
60°E
70°E
80°E
90°E
100°E
110°E
120°E
130°E
140°E
50°N
40°N
30°N
20°N
10°N
RIFT DU BAIKAL
TIEN SHAN
BASSIN DES KOURILES
MER DU JAPON
TIBET
HIMALAYA
GOLFE DE BOHAI
BASIN DE SHIKOKU
PVB
MER DE CHINE MERIDIONALE
MER DE SULU

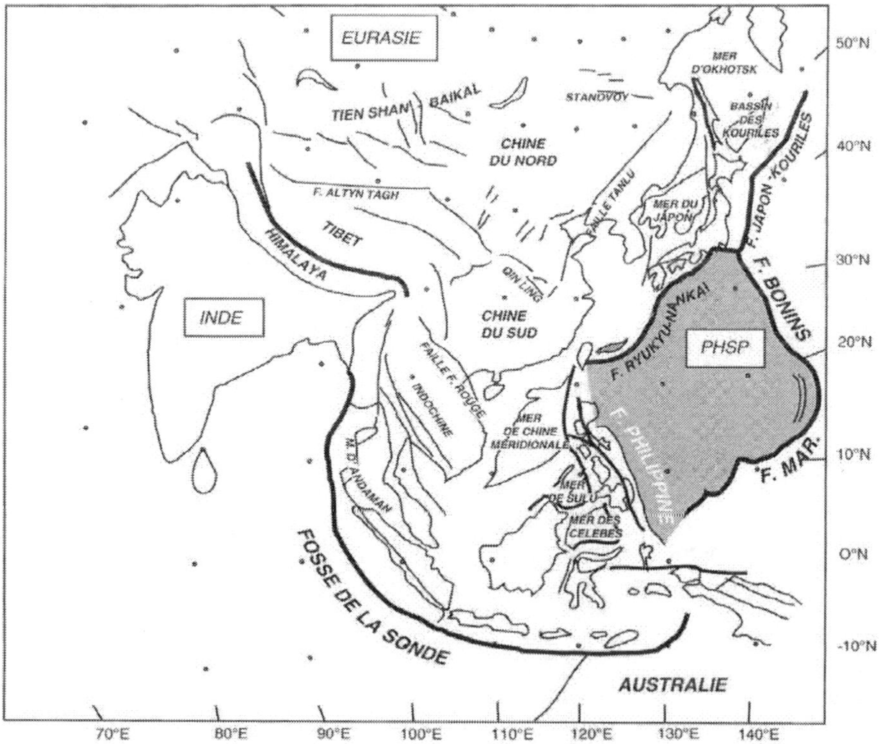
EURASIE
MER D'OKHOTSK
TIEN SHAN
BAIKAL
STANOVOY
BASSIN DES KOURILES
CHINE DU NORD
F. ALTYN TAGH
FAILLE TANLU
MER DU JAPON
TIBET
HIMALAYA
QIN LING
F. JAPON - KOURILES
F. BONINS
F. RYUKYU-NANKAI
INDE
CHINE DU SUD
PHSP
FAILLE F. ROUGE
INDOCHINE
MER DE CHINE MERIDIONALE
F. PHILIPPINE
F. MAR.
M. D'ANDAMAN
MER DE SULU
MER DES CELEBES
FOSSE DE LA SONDE
AUSTRALIE
50°N
40°N
30°N
20°N
10°N
0°N
-10°N
70°E
80°E
90°E
100°E
110°E
120°E
130°E
140°E

<
Figure VIII.1
Topographie et bathymétrie autour de la zone de collision. Les intervalles d'altitude représentés, du plus profond (noir) au plus élevé (blanc) sont limités par les niveaux suivants (en mètres) : – 3000, – 1000, 0, 1000, 3000, 5000. Les bassins profonds des mers marginales comme la mer du Japon sont hachurés horizontalement.

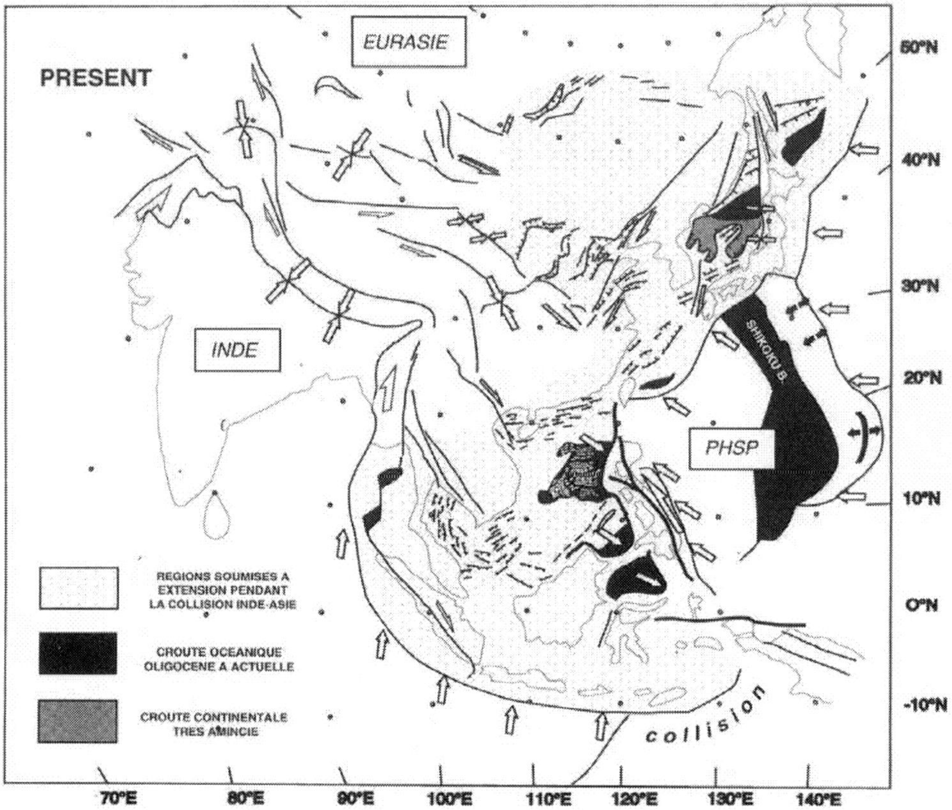

Figure VIII.3
Carte de la tectonique actuelle de l'Asie. On a représenté également le domaine affecté par l'extension depuis le début de la collision et la croûte océanique mise en place dans le même temps dans les bassins marginaux.

<
Figure VIII.2
Localisation des principales structures utilisées dans ce chapitre.

de déformation du sud de l'Inde la fosse de la Sonde fait la limite entre les plaques Australie et Eurasie. La lithosphère océanique de l'océan Indien s'enfonce vers le nord à une vitesse qui croît vers l'est depuis 6 jusqu'à 8 cm/an. La direction de subduction oblique à l'ouest de Sumatra engendre un décrochement dextre dans l'arc , la faille de Sumatra. La partie orientale de la limite de plaque est une zone de collision entre le plateau continental australien et l'Indonésie. Cette collision fut initiée il y a environ 20 Ma.

La frontière entre l'Eurasie et la plaque Philippine est complexe. C'est une zone de convergence oblique où une partie du mouvement est absorbée dans les fosses des Philippines, de Sulu, de Cotabato et de Manille, et une partie le long du décrochement senestre de la faille Philippine (fig. I.18). La vitesse de convergence au travers de cette frontière large est de l'ordre de 8 cm/an au sud et diminue rapidement vers le nord en se rapprochant du pôle de rotation, situé près de la zone de collision Izu-Bonin. Une subduction presque frontale à 4-5 cm/an est reconnue au sud-est des Ryukyu. La vitesse n'est plus que de 2-4 cm/an dans la fosse de Nankai.

La subduction frontale de la plaque Pacifique sous l'Eurasie ne se produit que dans la fosse du Japon et des Kouriles à une vitesse de 10 cm/an.

Ce contexte cinématique était vraisemblablement très différent il y a 20 Ma avant la collision de l'Australie et l'installation du point triple PA-EU-PHS dans sa position actuelle. Pour comprendre l'évolution de la déformation en Asie il importe de connaître au moins approximativement l'évolution des conditions aux limites cinématiques, sinon mécaniques. Dans ce chapitre nous décrirons la distribution de la déformation sous ses différents aspects actuels et passés (déformation finie et instantanée) mais également les changements du contexte cinématique. La déformation active en Asie n'est pas forcément représentative de la déformation finie sur 50 Ma.

Nous traiterons de la déformation région par région car les différents régimes sont assez bien séparés dans l'espace : formation d'un prisme d'accrétion crustal aux dépens de la marge nord de l'Inde en Himalaya, doublement de l'épaisseur crustale distribuée au Tibet, décrochements localisés plus en arrière, ouverture de rifts et bassins océaniques le long de la bordure orientale et sud orientale.

Dans un premier temps nous observerons l'Asie dans son ensemble, en faisant l'hypothèse réductrice que la topographie est le résultat de la déformation interne de la croûte continentale en Asie.

VIII. 2 Distribution de la déformation à grande échelle, topographie

Comme le montre la figure VIII.1 la topographie varie rapidement en Asie depuis des altitudes élevées en Himalaya et au Tibet jusqu'à des domaines submergés et parfois profonds en Mer de Chine méridionale ou mer du Japon.

Une part non négligeable de l'altitude élevée de l'Asie centrale n'est pas directement le résultat de la déformation interne de l'Asie. Il est vraisemblable que la région septentrionale (Chine du Nord et Mongolie) est supportée par une lithosphère amincie. Un amincissement de la lithosphère, sans amincissement crustal concomitant, conduit à un allégement de la colonne lithosphérique et à une remontée isostatique; il est possible qu'il faille soustraire à l'altitude observée cet effet. Mais on ne connaît pas les causes de cet amincissement et on n'est pas encore capable d'en quantifier les effets. Il a été proposé que le volcanisme et la déformation extensive du Lac Baikal soit le résultat d'une plume asthénosphérique semblable à celle que l'on trouverait sous un point chaud comme celui d'Hawaii. Il est en fait bien difficile de faire la part de l'œuf et de la poule dans ce cas : la remontée asthénosphérique (et donc l'amincissement lithosphérique) est-elle la cause de l'extension, ou bien en est-elle le résultat ? En l'absence de données et de modèles convaincants, nous ne retiendrons donc ici que les variations majeures de la topographie, le premier ordre.

Les hautes altitudes sont donc limitées à la région située directement dans la zone de collision ou immédiatement au nord. La figure VIII.1 montre les régions dépassant 5000 m et 2500 m. Cette figure localise très bien les zones de déformation compressive, elles correspondent toutes à des régions élevées, et à une croûte épaissie. La plus importante est bien sûr l'ensemble Himalaya-Tibet qui s'élargit d'ouest en est et s'interrompt brutalement à l'est. Cette zone est limitée au sud par le front de chevauchement himalayen, au nord par la faille de l'Altyn Tagh et à l'est par la zone de chevauchement de Long Men Shan. Un chapelet de chaînons en échelon constitue la deuxième zone épaissie. Ces chaînes de montagnes, dont le Tien Shan et l'Altaï, sont toutes bordées par deux chevauchements de vergence opposée, au nord et au sud. Nous pouvons déjà noter que, si on accepte que ces chaînes indiquent une direction de raccourcissement local perpendiculaire à leur direction, elles jouent le rôle d'une zone décrochante senestre transpressive.

Une série de profils topographiques nord-sud au travers de la zone déformée (fig. VIII.4) montre bien la distribution de la déformation. La grosse masse est bien sûr l'ensemble Himalaya-Tibet et on remarquera que l'Himalaya ne se distingue pas sur ces profils lissés. L'altitude moyenne de l'Himalaya n'est pas différente de celle du Tibet. Les chaînes situées plus au nord sont d'altitude plus faible et surtout beaucoup moins larges. Elles sont séparées par des zones basses qui sont autant de bassins intracratoniques subsidents comme le bassin du Tarim chevauchés des deux cotés. Si on suppose (1) que l'altitude est reliée de manière simple à l'épaisseur crustale et (2) que l'épaisseur initiale avant collision était constante sur toute la zone déformée, on peut déduire facilement le raccourcissement le long des profils de la figure VIII.4 en supposant d'autre part que sa direction est parallèle aux profils. Cet exercice montre clairement que les chaînes d'Asie centrale n'ont absorbé qu'une

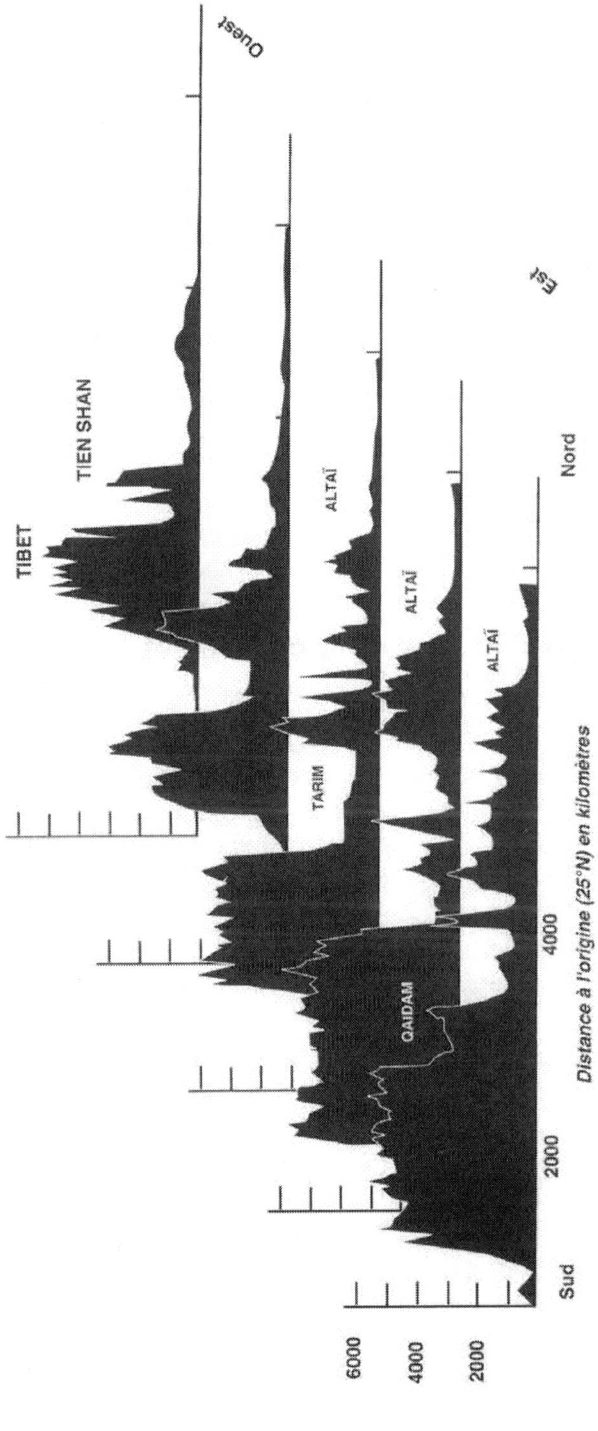

Figure VIII.4
Coupes topographiques nord-sud au travers de l'Himalaya et du plateau du Tibet (Le Pichon *et al.*, 1993).

faible part du raccourcissement total et que la majeure partie de la croûte est accumulée dans l'ensemble Himalaya-Tibet.

Comme le montre les figures VIII.1 et VIII.2 , la bordure orientale de la zone déformée, depuis le Japon jusqu'à l'Indonésie, est caractérisée par des régions à croûte continentale amincie ou à croûte océanique. L'ouverture de ces rifts et bassins est contemporaine de la collision. Il existe donc une distribution inégale de la déformation entre un domaine raccourci au front de la zone de collision et un domaine en extension loin de la zone de collision vers l'est et le sud-est. Comme nous le verrons, la transition se fait par l'intermédiaire de grands décrochements qui guident l'ouverture des bassins marginaux comme la mer du Japon.

Cette distribution de la déformation est symptomatique des conditions aux limites cinématiques : convergence et collision en Himalaya et extension arrière-arc du côté oriental. Nous nous interrogerons sur les rôles respectifs de ces deux conditions. Dans ce chapitre nous traiterons d'abord de la déformation compressive de l'Himalaya le long de la suture téthysienne, puis de la déformation en arrière jusqu'aux bordures Pacifique et Indonésienne.

VIII.3 Cinématique Inde-Asie, âge de la collision et volume déplacé

Un des points fondamentaux pour comprendre l'histoire de la collision Inde-Asie est de quantifier le raccourcissement indépendamment des données structurales obtenues dans la zone déformée. Cela est possible grâce aux données cinématiques globales et en particulier aux anomalies magnétiques de l'océan Indien. On cherche ensuite à déterminer l'âge de la collision. Compte tenu des quantités de raccourcissement estimées dans le continent Indien, on peut connaître approximativement la position de la bordure nord de l'Inde, et donc de la bordure sud de l'Asie au moment de la collision ; cet exercice permet d'estimer la surface d'Asie indentée par l'Inde depuis le début de la collision :

la figure VIII.5 montre les positions successives de l'Inde depuis 80 Ma obtenues à partir du jeu d'anomalies magnétiques de l'Océan Indien. Deux informations sur ce schéma permettent d'estimer la date approximative de la collision

(1) on remarque un ralentissement important de la montée vers le nord de 10 à 5 cm/an il y a 45 Ma. On peut attribuer ce freinage à la collision.

(2) Un brutal zig-zag autour de l'anomalie 20 (45 Ma) est attribué également à la collision.

Cette date de 45 Ma est en bon accord avec la plupart des données géologiques. C'est en particulier la date à laquelle disparaissent les sédiments marins le long de la zone de collision. La rencontre entre les deux masses continentales a pu en fait débuter

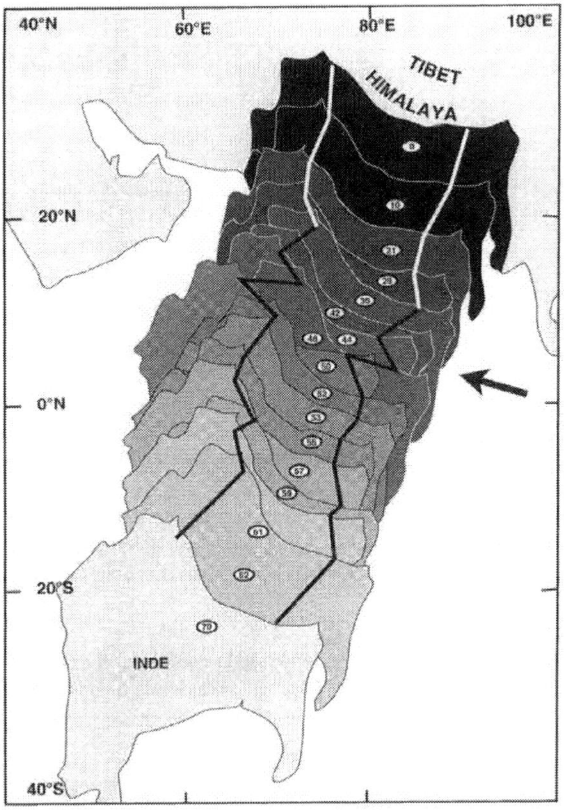

Figure VIII.5
Dérive du continent indien depuis 70 Ma, déduite des anomalies magnétiques océaniques. Chaque position de l'Inde porte un nombre correspondant à l'âge en millions d'années. La flèche noire montre le zig-zag autour de 45 Ma (Patriat & Achache, 1984).

plus tôt, 55 Ma suivant certains auteurs, mais il semble qu'elle ne soit mécaniquement efficace qu'à partir de 45 Ma.

On peut utiliser également les données du paléomagnétisme pour contraindre le rapprochement latitudinal de l'Inde et de l'Eurasie. La date de 45 Ma est en bon accord avec le paléomagnétisme.

On peut ensuite estimer le raccourcissement tectonique de la bordure nord de l'Inde en construisant des coupes équilibrées de la région au sud de la suture ophiolitique ; on arrive alors à la figure VIII.6 qui montre la position de l'Inde dans sa forme initiale (*greater India*) il y a 45 Ma au moment de la collision. Tout ce qui est compris entre une ligne NW-SE passant par le premier point d'impact et la suture actuelle donne une idée du raccourcissement intracontinental. 1500 à 2000 km de raccourcissement intracontinental ont été estimés par différents auteurs.

Ces essais de quantification fournissent un ordre de grandeur du volume de croûte asiatique déplacée par l'Inde depuis le début de la collision. Ces données très discutées et entachées d'erreurs importantes sont utilisées pour discuter des contribu-

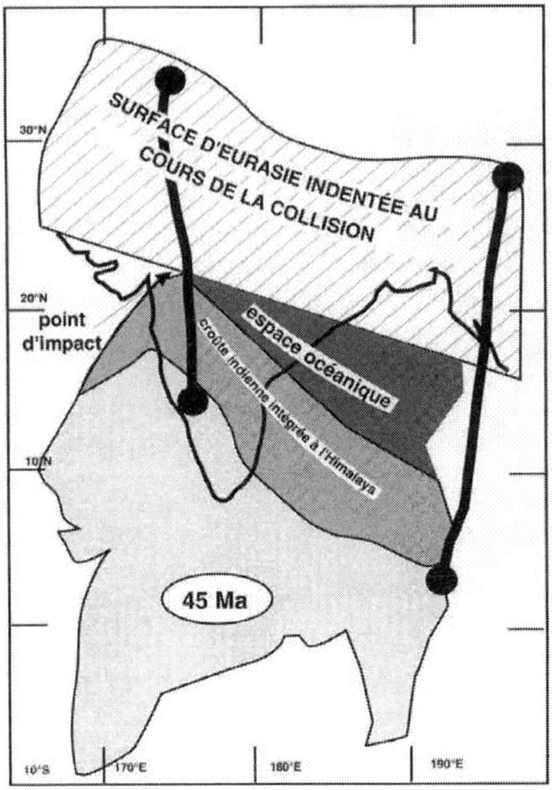

Figure VIII.6
Reconstructions de la position de l'Inde il y a 45 Ma au début de la collision. On a déplié la croûte indienne aujourd'hui intégrée à la chaîne himalayenne. Selon cette reconstruction le premier impact aurait eu lieu dans la région occidentale. Les traits noirs épais représentent le déplacement de deux points aujourd'hui localisés près des syntaxes ouest et est. On a hachuré la surface indentée depuis le début de la collision en supposant qu'il n'existait ni bosse ni trou de premier ordre avant la collision à ce niveau (Le Pichon *et al.*, 1993).

tions relatives de l'épaississement crustal au front de la zone de collision et de l'expulsion latérale de blocs continentaux. Nous ne reprendrons pas cette discussion ici car il n'y a pas d'accord sur le sujet, principalement parce que les erreurs sont trop grandes sur ces estimations.

VIII.4 Distribution de la déformation

Nous ferons d'abord une première description rapide des principales zones de déformation que nous détaillerons par la suite. La sismicité (figs VIII.7 et VIII.8) est distribuée largement dans toute la zone déformée. Il s'agit essentiellement d'une sismicité superficielle (entre 0 et 70 km) crustale à l'exception de deux régions, le Pamir et la Birmanie, où des séismes plus profonds que 200 km sont reconnus. Les séismes sont plus profonds vers l'est en Birmanie et vers le sud dans le Pamir. Le pendage du plan de chevauchement déduit de ces observations est en accord avec les données de terrain, chevauchement vers le nord dans le Pamir et vers l'ouest en Birmanie. Ces

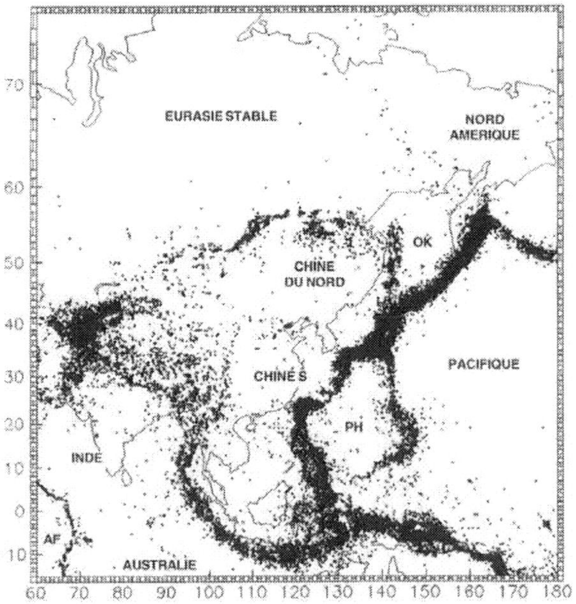

Figure VIII.7
Sismicité autour de la zone de collision (toutes magnitudes). OK : Okhotsk ; PH : Philippine (Fournier, 1994).

Figure VIII.8
Détail de la sismicité de la Chine (Center for analysis and prediction, State Seismological Bureau of China, 1992).

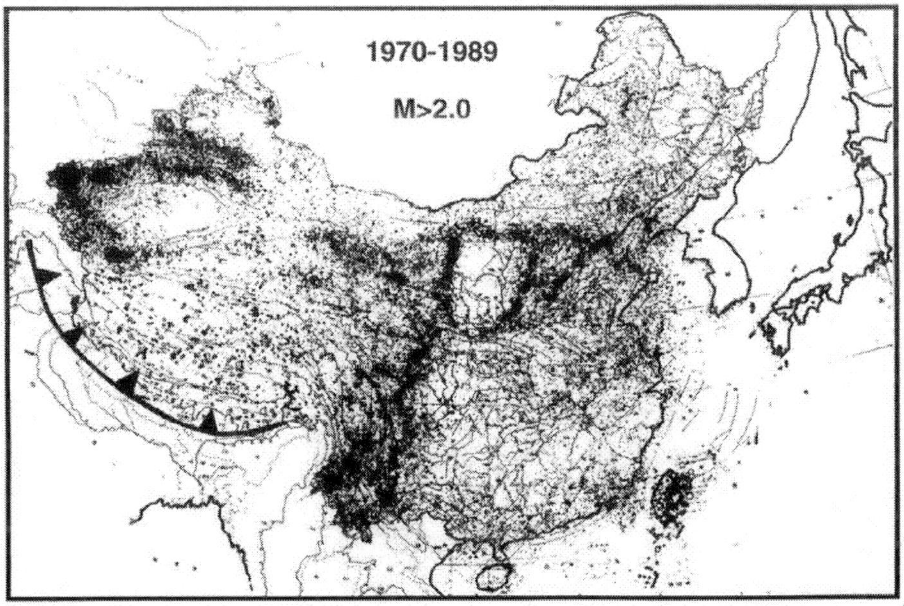

deux domaines sont interprétés comme des zones de subduction intracontinentales. Il est à noter que la zone de convergence principale, le domaine himalayen proprement dit, ne montre pas de séismes profonds, ce qui atteste d'un régime tectonique et thermique particulier.

Les séismes superficiels disséminés dans la zone de collision correspondent soit à des failles inverses dans la région du front de chevauchement (fig. VIII.9), soit à des failles normales ou décrochantes dans la région du Tibet. On remarquera que la direction de compression déduite des mécanismes au foyer est en gros compatible avec la direction de convergence, et que la direction d'extension au Tibet est perpendiculaire à la convergence.

Un séisme en faille normale dans la région de Delhi peut être interprété comme une faille normale à l'extrados de la plaque indienne qui se ploie pour passer en subduction sous l'Himalaya. On retrouve ici une géométrie déjà vue dans les zones de subduction.

La figure VIII.10 est tirée de l'article original de P. Tapponnier et P. Molnar qui furent les premiers à montrer que la déformation d'une région très vaste au nord du Tibet était sans doute le résultat de la collision Inde-Asie. Les faits principaux sont déjà

Figure VIII.9
Topographie et mécanismes au foyer du plateau du Tibet. Les régions basses sont caractérisées par une déformation compressive, les régions hautes par une déformation extensive (Molnar & Lyon-Caen, 1989).

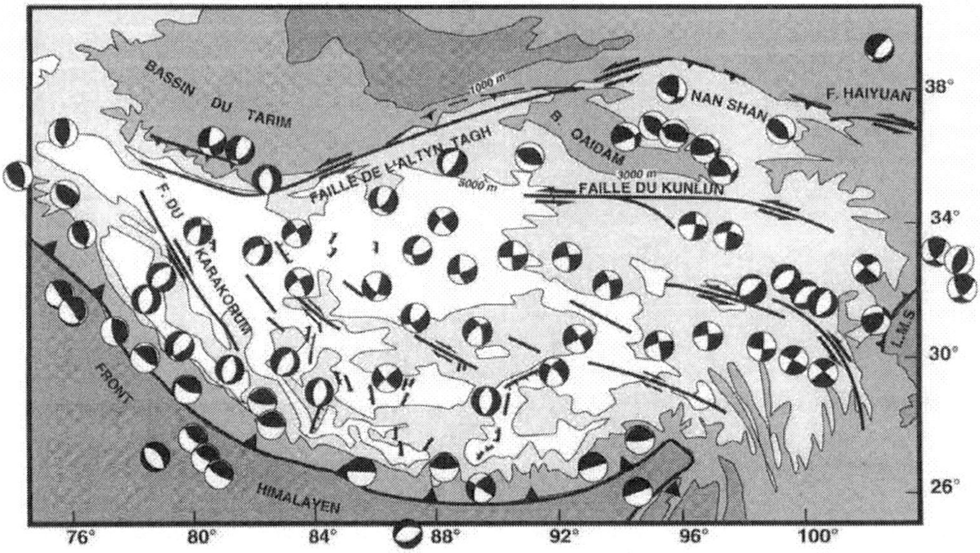

Figure VIII.10
Carte des principales structures associées à la collision (Tapponnier & Molnar, 1979).

sur cette carte pour la région centrale. Aux chevauchements de la région frontale, succèdent vers le nord de grands décrochements qui irradient à partir du coin nord-ouest du piston indien (la région du Pamir). Les décrochements partant vers le NE sont senestres et se prolongent sur plus de 1000 km. Les décrochements partant vers le nord-ouest sont dextres et beaucoup plus courts.

Cette asymétrie d'ensemble est aggravée par le fait que les décrochements senestres comme la faille de l'Altyn Tagh rejoignent des domaines en extension comme le système des graben du Shansi. Comme le montre la figure VIII.3, il existe d'autres décrochements N-S dextres le long de la bordure orientale au Japon qui contrôlent également l'ouverture de bassins comme la Mer du Japon.

On observe des structures extensives très loin à l'intérieur du continent asiatique, puisque le lac Baikal lui-même est un rift intracontinental.

De manière générale on observe le passage de la déformation compressive frontale (Himalaya) à une déformation extensive (bordure Pacifique) par l'intermédiaire de grands décrochements dextres et senestres du côté oriental.

Deux conclusions peuvent être tirées de ces observations :

(1) la déformation finie est très asymétrique. Ceci suppose une asymétrie des conditions aux limites que nous avons déjà évoquée à propos de la topographie, compression au sud, extension derrière les zones de subduction. Cette asymétrie des conditions aux limites explique également pourquoi les décrochements irradient à partir de la région du Pamir. Le poinçon indien possède deux coins qui vont créer des concentrations de contraintes à leur approche. C'est le coin qui est le plus loin de la bordure extensive, donc celui qui est le plus «compressif» qui va localiser le plus de déformation, et c'est dans cette région que vont se nucléer les failles majeures.

(2) le régime de contraintes évolue régulièrement entre un domaine compressif où σ_1 est horizontal (compression frontale) et un domaine où σ_1 est vertical (extension arrière-arc). Entre les deux on doit garder une des contraintes principales verticales (pesanteur) et on passe de l'un à l'autre par un domaine où σ_2 est vertical (régime décrochant). La distribution de la déformation à grande échelle est un autre indice que deux régimes de contraintes différents sont à l'œuvre, compression frontale et extension sur la bordure est.

La figure VIII.11 montre une coupe complète du système déformé depuis le front de chevauchement himalayen jusqu'au bassin du Tarim. Elle résume assez bien la géométrie avec les chevauchements frontaux et les décrochements plus localisés à l'arrière. Cette coupe N-S ne permet pas d'observer l'extension E-W du Tibet qui est pourtant un fait fondamental. Le fait marquant est la similitude entre la structure de l'Himalaya et celui d'un prisme d'accrétion. Ici le matériel accrété est

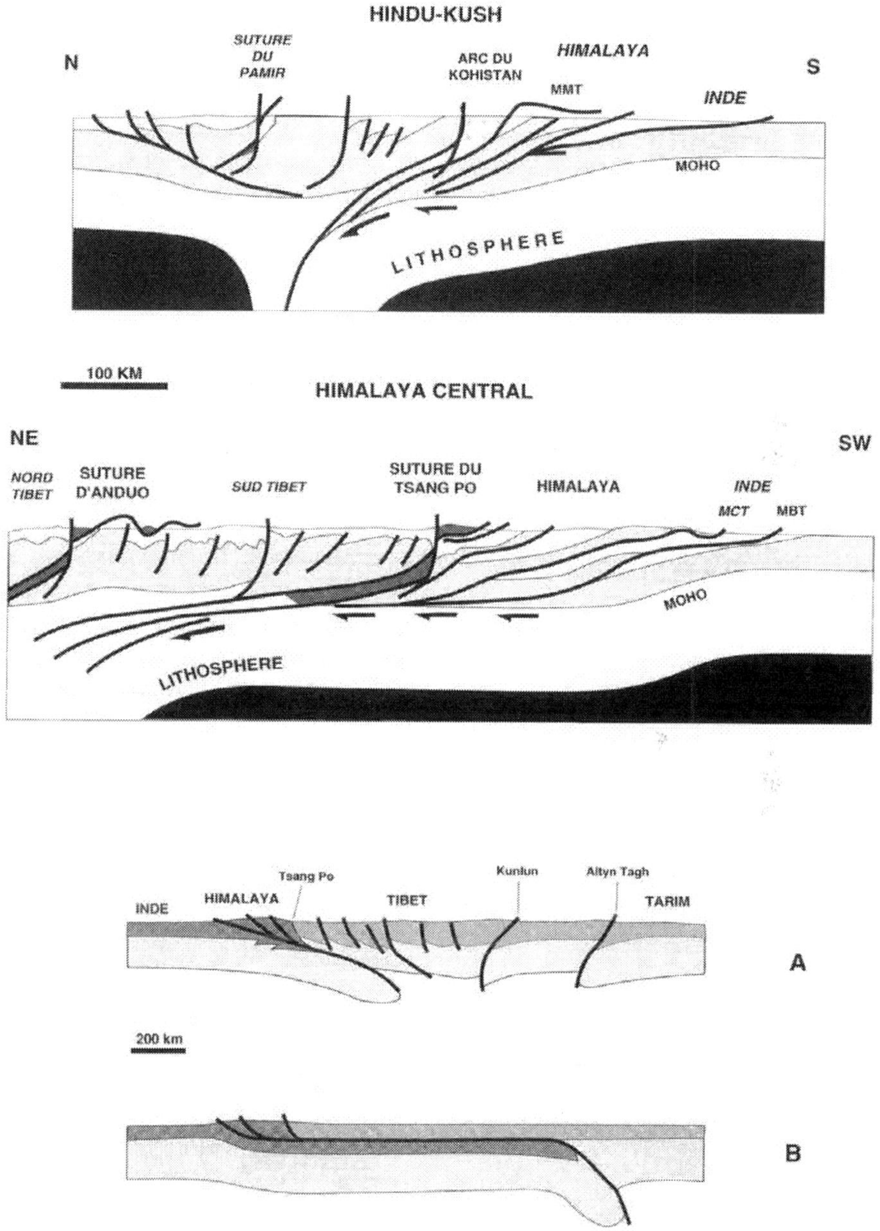

Figure VIII.11

Coupes au travers de la zone de collision. En haut : coupe dans la région occidentale au travers du Kohistan et du Pamir, au milieu : coupe dans la région centrale, en bas : deux interprétations possibles à l'échelle de la lithosphère de la déformation et de l'épaississement du plateau du Tibet (Mattauer, 1986 ; Barazangi & Ni, 1982).

l'ensemble de la croûte avec un niveau de décollement au Moho ou du moins dans la croûte inférieure.

La coupe montre également de manière schématique la distribution des épaisseurs crustales. Depuis la croûte épaisse de 40 km de l'Inde on passe rapidement à une croûte de 70 km sous l'ensemble du Tibet. On résume souvent la situation en considérant que la croûte est d'épaisseur double sous le Tibet, ce qui ne signifie pas nécessairement que l'on y trouve deux croûtes superposées. La figure VIII.11 montre deux coupes d'ensemble selon deux hypothèses diamétralement opposées. Dans la première, on considère que le doublement de l'épaisseur crustale est le résultat d'une déformation compressive distribuée sur toute la surface du Tibet. Selon la deuxième hypothèse, toute la déformation compressive est localisée au front de chevauchement en Himalaya. Plus en arrière la croûte continentale indienne s'enfonce à plat sous le Tibet.

Les résultats récents d'une campagne de sismique réflexion sous le sud du Tibet montrent la continuité entre un réflecteur à faible pendage sous le Haut Himalaya et les chevauchements actifs frontaux (figures VIII.12 et VIII.13). Ces données confirment qu'une part importante de la croûte indienne passe en subduction sous l'Himalaya, et que seule la partie supérieure de la croûte est incorporée au prisme d'accrétion crustal.

Il existe des modèles intermédiaires qui utilisent deux croûtes superposées également, la croûte «inférieure» étant fortement raccourcie et épaissie par déformation interne. Ce deuxième groupe d'hypothèses est justifié par les mesures de raccourcissement le long de coupes équilibrées au Tibet. Les raccourcissements obtenus sont très faibles (de l'ordre de 250 km seulement, moins de 20 %) et ne peuvent pas expliquer l'épaississement crustal observé (100 %).

Dans les prochains paragraphes nous décrirons les structures observées dans les différentes régions avant de discuter en termes de modèles et de régime de forces. Nous débuterons par la structure de la chaîne Himalayenne le long de deux transects, un dans la zone centrale dans la région de l'Everest, et un dans la zone occidentale, dans la région du Ladakh.

VIII.5 Himalaya

La figure VIII.14 montre les unités principales de la chaîne en carte et la figure VIII.15 en coupe. Le chevauchement frontal actif (Main Basal Thrust, MBT) amène l'ensemble de la chaîne sur les molasses de la plaine du Gange dans la région des Siwaliks. On le suit sur toute la longueur de la chaîne. Il supporte l'ensemble du moyen Himalaya. Le chevauchement central (Main Central Thrust, MCT) est aujourd'hui inactif et amène la Dalle du Tibet sur le Moyen Himalaya. Comme le MBT on suit le MCT sur toute la longueur de la chaîne. Plusieurs chevauchements du même type que le MCT découpent la région du Haut Himalaya et le sud du Tibet jusqu'à la suture du

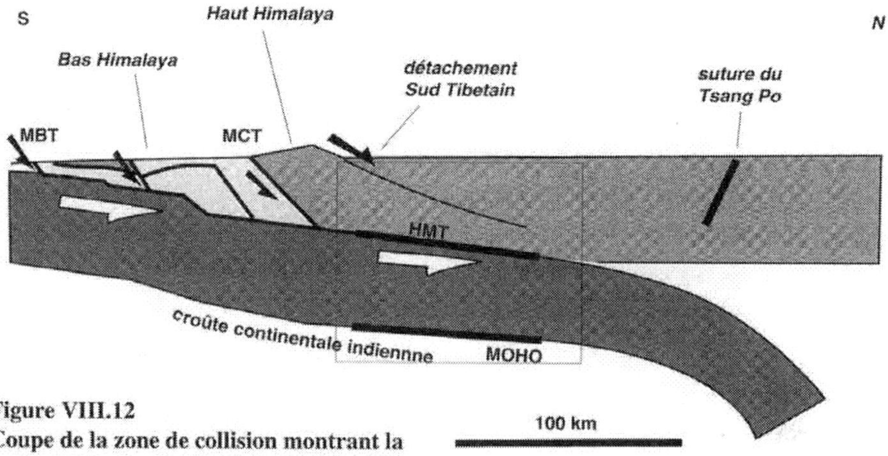

Figure VIII.12
Coupe de la zone de collision montrant la continuité entre le réflecteur HMT sous le Tibet et les chevauchements frontaux himalayens. Le rectangle est la localisation de la figure suivante (Zhao *et al.*, 1993).

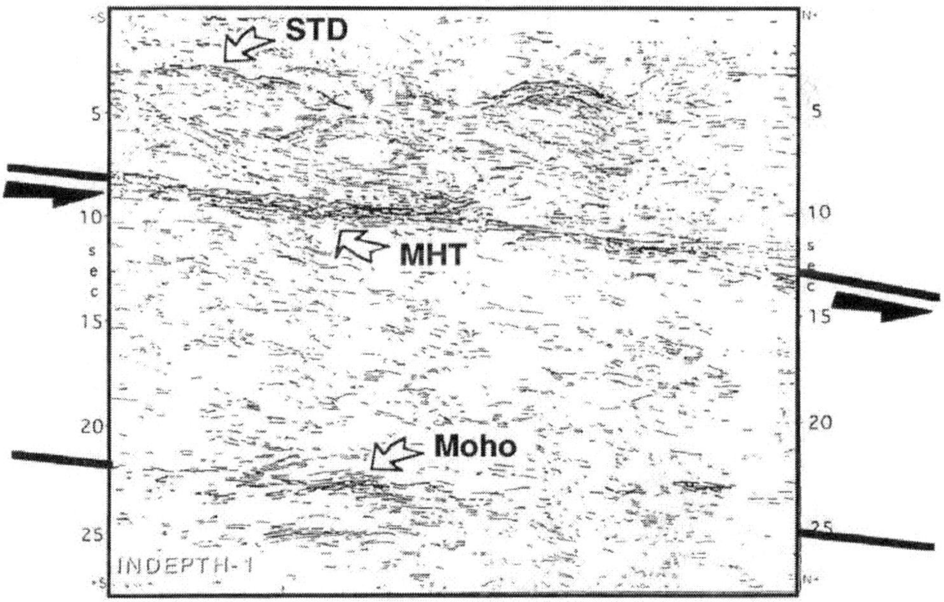

Figure VIII.13
Pointé d'un profil de sismique réflexion sous le plateau du Tibet montrant le Moho et le chevauchement principal de la figure précédente (Zhao *et al.*, 1993).

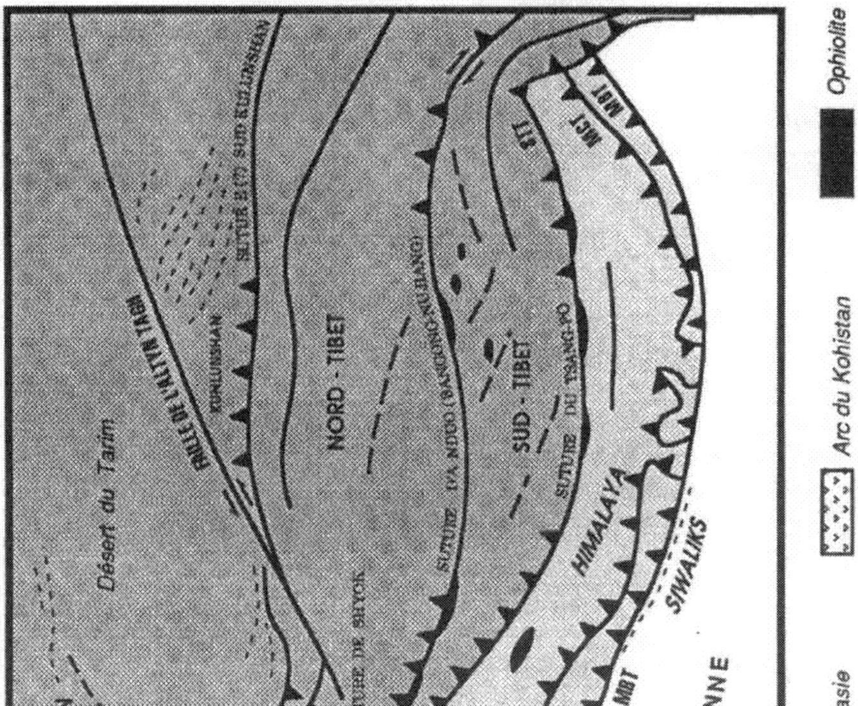

Figure VIII.14
Carte des principales structures de la zone de collision et leur origine paléogéographique.

Tsangpo où l'on rencontre des unités sédimentaires pélagiques et une nappe ophiolitique qui rappelle celle de l'Oman ; au nord de la suture se développe le bloc de Lhasa, marge sud de l'Eurasie avant la collision.

De manière générale toutes les unités situées au sud de la suture du Tsangpo appartenaient à la marge passive de l'Inde avant la collision, la nappe ophiolitique représentant le domaine océanique téthysien, et le bloc de Lhasa la marge active du sud de l'Eurasie.

VIII.5.1 Front de chevauchement actif

Si le MBT est une structure continue, cartographiable sur toute la longueur de la chaîne, il n'est pas actif partout, et il est, par endroits, d'ors et déjà relayé par un chevauchement plus frontal. La figure VIII.16 montre les failles actives en Himalaya. Les plus importantes sont le long du MBT ou parallèles à lui, légèrement plus en avant. Il existe aussi des failles perpendiculaires à la chaîne. Il s'agit de failles normales, formant des grabens N-S qui recoupent la structure de nappes de l'Himalaya.

Le chevauchement frontal se développe aux dépens des molasses de la plaine du Gange, qui résultent de l'érosion de la chaîne. L'épaisseur des dépôts augmente vers le nord à l'approche du chevauchement. Il s'agit d'un bassin d'avant-pays formé par flexure de la lithosphère indienne sous le poids de la chaîne. Ce bassin est analogue à une fosse de subduction.

Dans de nombreux cas les failles frontales actives sont situées à l'avant du MBT qui est alors inactif. Cette observation est particulièrement vérifiée dans l'ouest de la chaîne. Le plateau de Potwar (fig. VIII.17) est situé au sud du MBT. Il est constitué de la couverture décollée cambrienne à éocène du craton indien et des molasses cénozoïque des Siwaliks. Le chevauchement actif est ici situé au front de ce chaînon (Salt Range Thrust). Le MBT a été abandonné à l'arrière. A l'avant du front de chevauchement on observe dans les mollasses néogènes une déformation en antiformes de grande longueur d'onde qui correspondent à la progression du décollement dans le bassin molassique. Le front de déformation est donc situé en avant du front de chevauchement. On retrouve une géométrie observée au front des prismes d'accrétion ; le décollement de base se propage le long d'une interface peu résistante et périodiquement envoie vers le haut des chevauchements qui s'expriment en surface. La propagation de ces chevauchements dans les sédiments provoque la formation d'un pli anticlinal.

Le front de chevauchement himalayen n'est donc pas une structure continue mais un ensemble de structures, chevauchements ou plis frontaux, résultant de la propagation d'un décollement vers le sud au sein du bassin molassique.

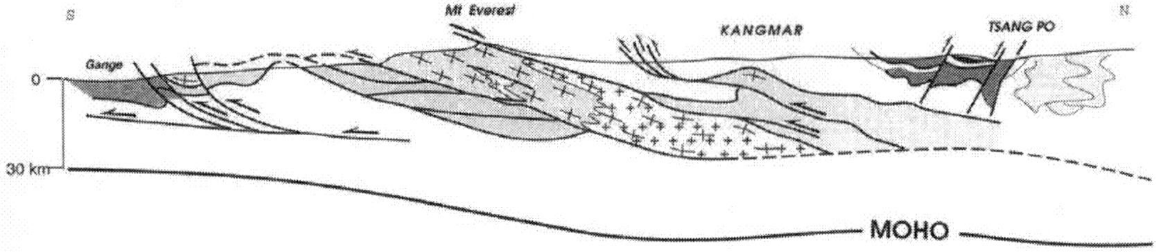

Figure VIII.15
Coupe au travers de l'Himalaya central (Burg, 1983).

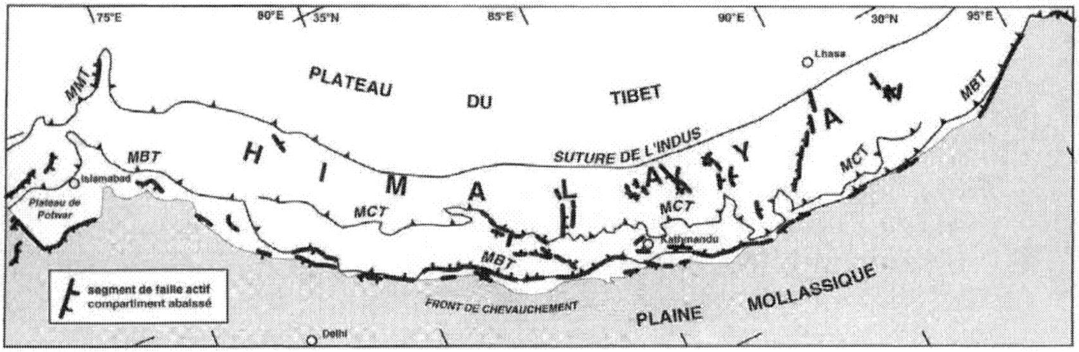

Figure VIII.16
Carte des failles actives en Himalaya et localisation des deux chevauchements majeurs MCT et MBT (Yeats & Lillie, 1991).

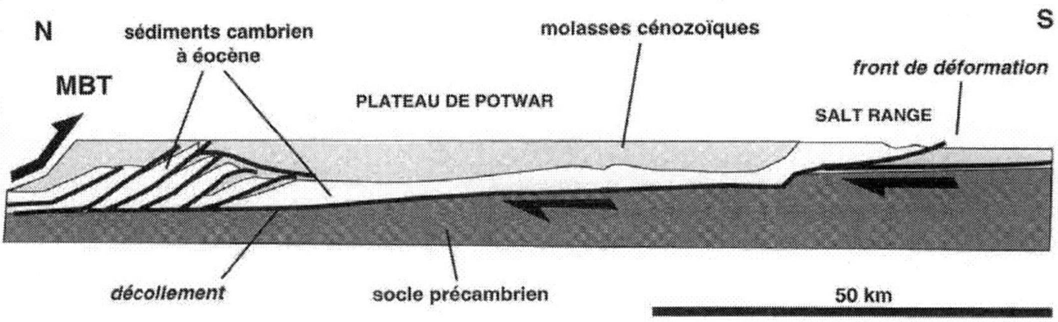

Figure VIII.17
Coupe du plateau de Potwar dans l'ouest de la zone de collision (voir carte précédente, Yeats & Lillie, 1991).

VIII.5.2 Coupe de la région centrale

La carte de la figure VIII.18 montre les principales unités tectoniques au nord du MCT dans la région de la suture du Tsangpo. Elle fut établie à partir d'observations de terrain et d'analyse d'images satellites dans le cadre des missions franco-chinoises au Tibet.

Marge nord de l'Inde

Deux unités principales sont charriées vers le sud au-dessus du MCT. Chacune comprend un socle paléozoïque et une couverture sédimentaire paléozoïque et mésozoïque. L'unité méridionale est supportée par le MCT lui-même, l'unité septentrionale par le chevauchement du Kangmar.

L'unité méridionale est constituée des orthogneiss de la Dalle du Tibet, recouverts par une série sédimentaire qui s'étage du Cambrien à l'Éocène. La Dalle du Tibet est elle-même intrudée par des leucogranites d'âge Miocène. L'épaisseur de la série sédimentaire atteint 10 km, et les faciès sédimentaires impliquent un contexte de plate-forme de la base jusqu'au sommet. On ne reconnaît aucune discordance ni lacune majeure dans la série. Le contact actuel entre les orthogneiss et la série sédimentaire est une faille normale dont le rejet est estimé à 8000 m. Un gradient de métamorphisme est d'autre part observé dans la Dalle du Tibet, il sera traité plus en détail plus loin.

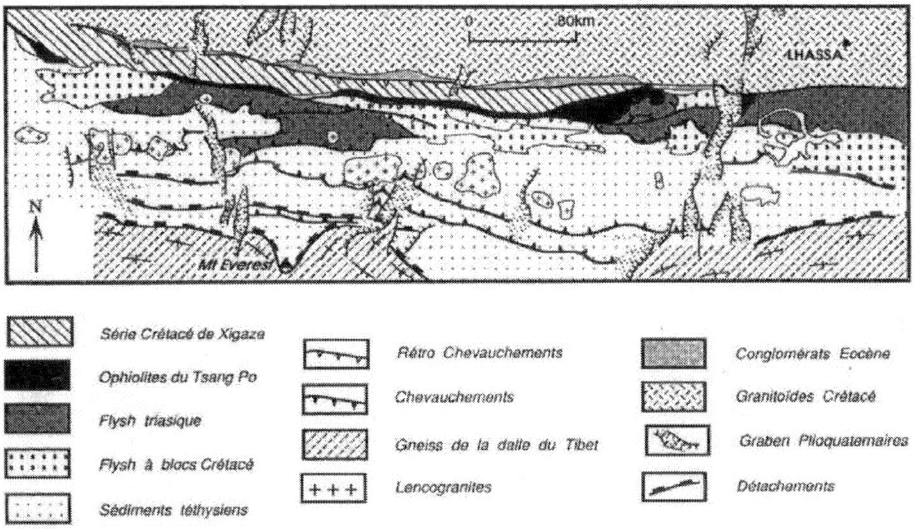

Figure VIII.18
Carte géologique des confins de l'Himalaya et du Tibet de part et d'autre de la suture ophiolitique (Burg, 1983).

L'unité septentrionale comprend, à sa base, des orthogneiss Ordovicien et une série métasédimentaire dans laquelle on reconnaît des calcaires permien. La série mésozoïque sus-jacente est un flysch calcaire épais dont la base est triasique et le sommet Turonien. Cette série est métamorphique et on y reconnaît une succession d'isogrades indiquant un gradient de température vers le bas. La figure VIII.19 illustre la série et son métamorphisme dans la boutonnière du Kangmar. Un flysch à blocs Crétacé terminal recouvre en discordance cette série ainsi que les nappes de flysch Trias-Lias de la suture.

Zone de suture

Plusieurs unités d'un flysch Trias-Lias sont charriées sur les sédiments de la marge nord de l'Inde. On les reconnaît également plus à l'ouest, où elles sont connues sous le nom de flysch de l'Indus ou de Lamayuru.

La série ophiolitique est dispersée le long de la vallée du Tsangpo. Elle est connue sous le nom d'ophiolite de Xigaze. La nappe est très dilacérée le long de la suture qui a été réutilisée récemment par un décrochement dextre. On y reconnaît cependant les éléments principaux d'une nappe ophiolitique de grande ampleur semblable à celle que nous avons décrite en Oman. La semelle métamorphique est ici constituée de radiolarites Crétacé supérieur et de coulées basaltiques.

Le groupe de Xigaze sus-jacent est une série sédimentaire turbiditique et calcaire comprenant des niveaux de conglomérats dont les galets de roches plutoniques ou volcaniques proviennent de la marge active du bloc de Lhasa. Les calcaires sont datés de l'Aptien et de l'Albien. L'ensemble de la série forme un synclinorium coincé entre la série ophiolitique et le bloc de Lhasa. Le flanc sud de cette série est constitué de radiolarites Apto-Albiennes reposant sur des pillow lavas. On considère qu'elle constitue la couverture de l'ophiolite de Xigaze mais qu'elle s'est déposée près de la marge du bloc de Lhasa.

Bloc de Lhasa

Il est formé d'un socle Précambrien recouvert de sédiments peu profonds Carbonifère à Crétacé supérieur. Une série Paléocène de sédiments peu profonds ou terrestres alternant avec des produits volcaniques ignimbritiques recouvre en discordance des plis affectant la série précédente. Les granodiorites de la ceinture transhimalayenne intrudent cet ensemble sur toute la longueur de la chaîne. Le bloc de Lhasa était avant la collision en position de marge active, sous laquelle subductait l'océan téthysien. Une série de conglomérats et de grès attribués à l'Éocène frangent sa limite sud.

Métamorphisme et déformation associés au MCT

Le MCT est souvent considéré comme le type même du chevauchement intracrustal. Son évolution P-T est cependant très différente d'un grand nombre de chevauchements de grande ampleur observés dans les chaînes alpines. Le MCT est associé à

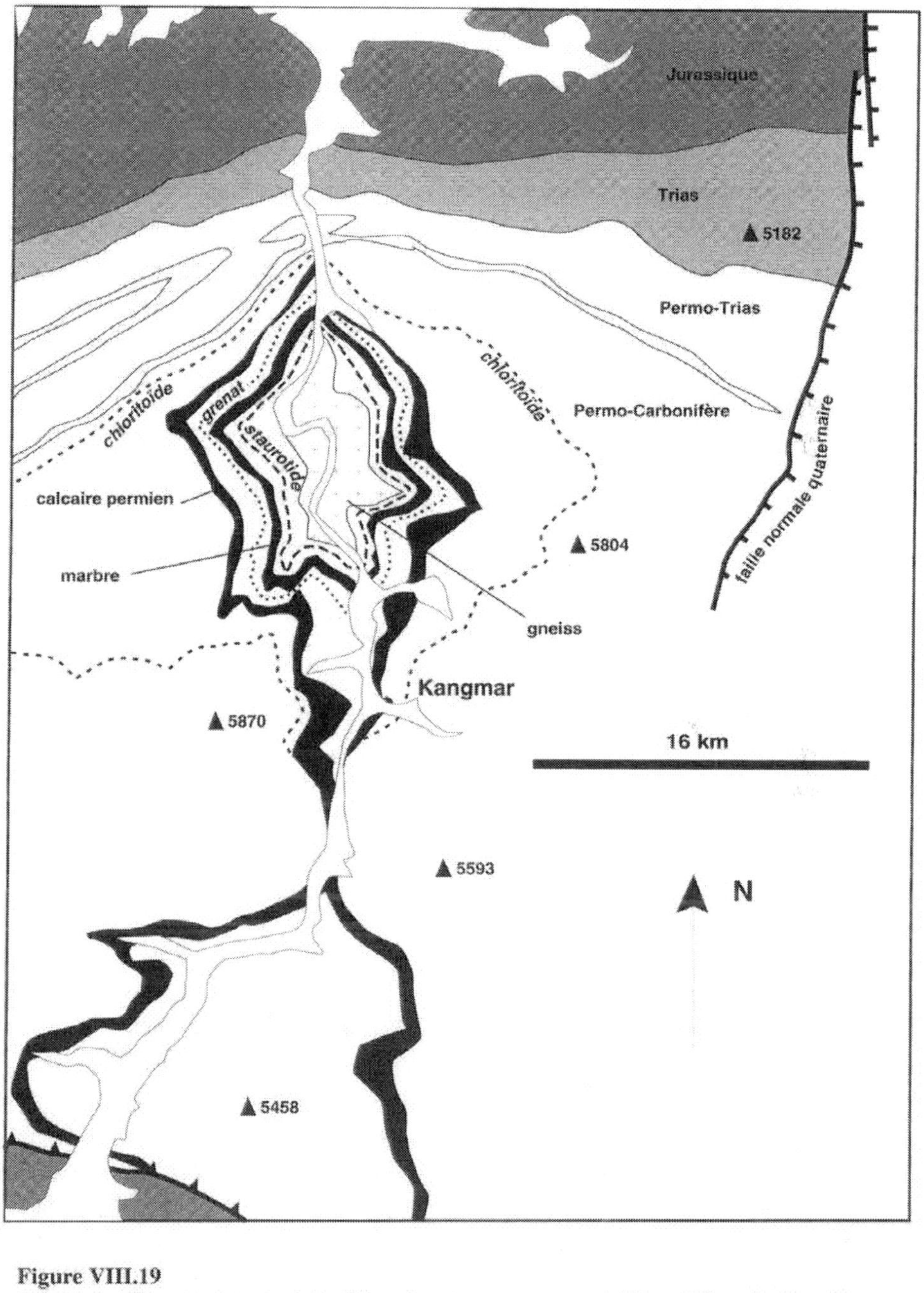

Figure VIII.19
Structure métamorphique de la région du Kangmar montrant le gradient de température vers le bas dans les gneiss de la dalle du Tibet et leur couverture paléozoique et mésozoique (Burg *et al.*, 1984).

un régime HT-BP sur toute sa longueur, et ces hautes températures provoquent la fusion partielle des orthogneiss de la Dalle du Tibet et la mise en place de leucogranites dans les parties hautes.

La figure VIII.20 montre que les isogrades du métamorphisme HT-BP sont approximativement parallèles au MCT.

Les chevauchements alpins sont en général associés à un régime HP-BT puisque la convergence emmène rapidement en profondeur des unités superficielles froides. Mais aucun de ces chevauchements n'a l'ampleur du MCT, et aucun ne mobilise une si grande épaisseur de croûte continentale. L'épaisseur totale de l'unité charriée (Dalle du Tibet et couverture sédimentaire) atteint ici 20 km. Le régime HT-BP est d'autre part restreint au voisinage immédiat du MCT (dessus et dessous), c'est-à-dire le long du plan de charriage de croûte profonde sur les unités sédimentaires du Moyen Himalaya. On trouve des évidences de métamorphisme HP-BT en Himalaya, mais elles sont plus anciennes que le MCT et situées dans les zones plus internes, dans la région occidentale. Ce métamorphisme HP-BT s'est formé pendant une période où la marge amincie du nord de l'Inde subductait facilement sous la marge sud de l'Eurasie. La mobilisation par un chevauchement de l'ensemble de la croûte supérieure indienne est une autre affaire. Nous verrons que la plupart des unités crustales des chaînes alpines sont très minces et que le métamorphisme HP-BT est précoce dans l'histoire des chaînes.

La déformation le long du MCT et au-dessus est très spectaculaire. Une linéation d'étirement très forte est portée par la foliation horizontale. Les coupes dans les plans XZ révèlent une asymétrie très cohérente et on en déduit un sens de cisaillement vers le sud cohérent avec le chevauchement des unités internes sur les unités externes. À l'échelle de la chaîne la direction de la linéation est toujours perpendiculaire au chevauchement (fig. VIII.21), et parallèle à celle de la convergence Inde-Asie au centre de la chaîne mais oblique partout ailleurs. Les sens de cisaillement s'inversent au sommet de la Dalle du Tibet, où les leucogranites sont cisaillés vers le nord.

Double gradient métamorphique

De part et d'autre du MCT on observe un gradient de température vers le chevauchement. La figure VIII.22 est une carte détaillée des isogrades du métamorphisme dans la région du MCT.

La Dalle du Tibet montre un métamorphisme biphasé.

(1) le premier épisode est daté de 30 Ma. Il est associé à un gradient de pression et de température croissant vers le bas. Les conditions de température et de pression à la base sont de l'ordre de 600-690 °C et 7-8.5 Kb. La pression maximale est compatible avec l'épaisseur totale de la Dalle du Tibet.

(2) le deuxième épisode est rétrograde (diminution de pression) et il est caractérisé par la croissance de sillimanite aux dépens du disthène. Il est daté à 20 Ma. Près du

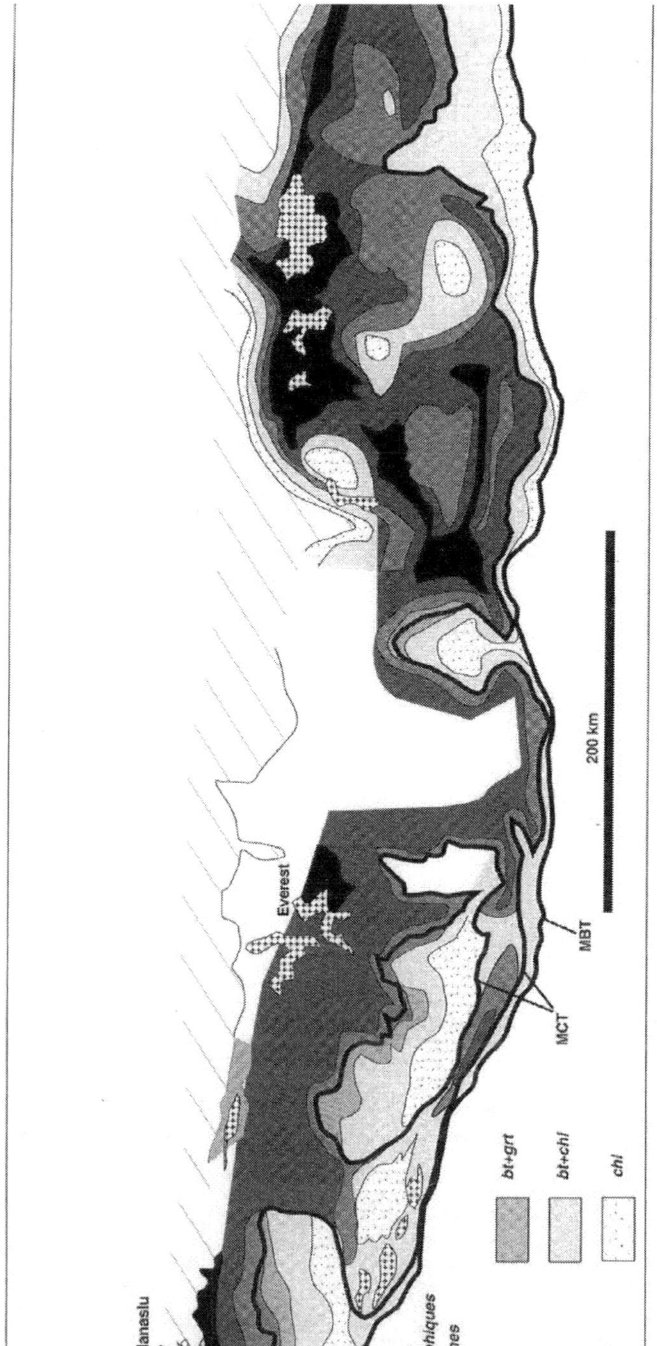

Figure VIII.20
Carte métamorphique de l'Himalaya central. Sill : sillimanite, Ky : disthène (Kyanite), ctd : chloritoïde, st : staurotide, bt : biotite, grt : grenat, chl : chlorite (Pecher, 1989).

Figure VIII.21
Carte des linéations d'étirement en Himalaya (Brunel, 1986).

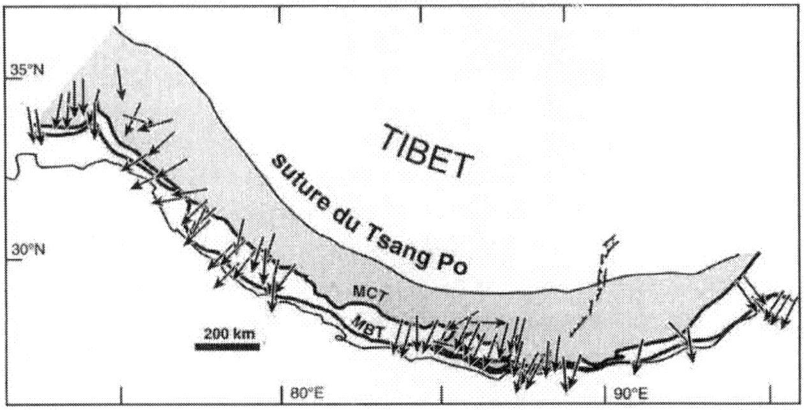

Figure VIII.22
Détail de la région du Manaslu montrant les isogrades métamorphiques superposées aux contacts géologiques et au champ de déformation. Les directions de linéation en traits plus épais représentent un événement plus tardif, de haute température, contemporain de la mise en place du granite du Manaslu (Caby *et al.*, 1983 ; Guillot *et al.*, 1993).

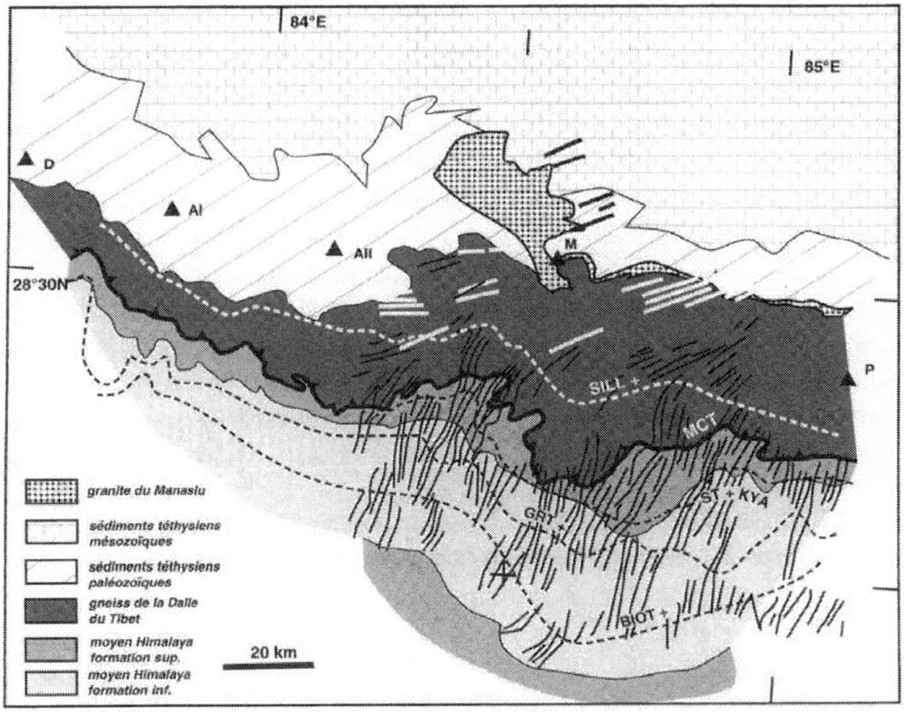

MCT les conditions P-T sont de l'ordre de 650-710 °C et <7 Kb. Cet épisode est associé à la fusion partielle et la formation de migmatites, source des leucogranites qui intrudent le sommet de la Dalle du Tibet.

Par contre, le métamorphisme inverse sous le MCT est toujours prograde. On y observe une évolution rapide depuis des paragénèses faiblement métamorphiques à chlorite, jusqu'à des associations à staurotide et disthène. La température au sommet est de l'ordre de 630 °C, c'est-à-dire proche de celle enregistrée pendant la rétromorphose de la base de la Dalle du Tibet. Des études détaillées des conditions thermobarométriques au travers du MCT révèlent une évolution progressive très claire de la température et de la pression vers le MCT et les évolutions P-T des deux unités se rencontrent à la température d'environ 630 °C dans la région du Manaslu.

Tous ces événements sont contemporains du cisaillement vers le sud décrit plus haut. Le MCT a donc fonctionné à cette température. L'évolution P-T est compatible avec le chevauchement et la remontée de la Dalle du Tibet le long de celui-ci (métamorphisme rétrograde) à partir d'un cisaillement intracrustal et le sous-charriage du Moyen Himalaya sous la Dalle du Tibet chaude (métamorphisme prograde et gradient inverse de température). On retrouve à une échelle plus vaste le mécanisme du «fer à repasser» invoqué pour les premiers stades de mise en place de l'ophiolite d'Oman.

Granites d'anatexie

Les leucogranites comme celui du Manaslu font partie d'un ensemble de plutons qui intrudent le sommet de la Dalle du Tibet et la série sédimentaire sus-jacente. Ils sont datés du Miocène inférieur (20 Ma). La figure VIII.20 montre leur localisation. La coupe de détail de la figure VIII.23 montrent qu'ils prennent naissance dans la Dalle du Tibet sous forme de filons qui collectent le jus migmatitique formé pendant la rétromorphose haute température. Les granites se forment ensuite par coalescence de nombreux filons.

Le liquidus du granite est dépassé lors de la décompression pendant le fonctionnement du MCT. Il semble que les fluides exprimés pendant la mise en pression de l'unité inférieure aient aidé à la fusion. Les modèles thermiques les plus récents suggèrent qu'un apport de chaleur supplémentaire lié à la friction le long du plan de chevauchement soit nécessaire pour expliquer métamorphisme et anatexie.

Reprise en faille normale

Le sommet de la Dalle du Tibet est caractérisé par une reprise en faille normale à faible pendage du contact stratigraphique originel. Cette déformation se fait dans des conditions ductiles et est surtout bien exprimée dans les leucogranites. Les données radiochronologiques suggèrent que cette déformation est subcontemporaine du chevauchement le long du MCT. La Dalle du Tibet était donc décapitée par une faille normale alors qu'elle chevauchait sur le Moyen Himalaya. Cette faille normale explique une partie de la décompression enregistrée pendant la phase rétrograde. On nomme ce type de faille normale à faible pendage un *détachement*. Comme le montre le champ de déformation dans la région du Manaslu (fig. VIII.22) le granite se met en place dans un domaine où la linéation d'étirement haute température subit une virgation brutale, de perpendiculaire elle devient parallèle à la chaîne. On doit prendre en compte ici la composante de déplacement dextre le long de la chaîne active entre le plateau du Tibet et l'Himalaya. Cette composante se manifeste par des décrochements dextres dans le sud du Tibet et dans la région de la suture du Tsang Po ainsi que par des cisaillements ductiles E-O un peu plus au sud. Le granite du Manaslu se met en place en contexte extensif dans une zone de cisaillement E-O.

VIII.5.3 Himalaya, région occidentale

La région du Ladakh et du Karakorum montre le même type de géométrie que la région centrale mais les reprises en faille normale y sont mieux exprimées. D'un point de vue paléogéographique la situation d'ensemble est peu différente. On y retrouve les unités de la marge sud de l'Eurasie et de la marge nord de l'Inde, encadrant la suture et l'arc du Kohistan. La région interne est réoccupée par une faille dextre majeure, paral-

Figure VIII.23
Coupe au travers de la dalle du Tibet et du MCT montrant le gradient de température inverse sous le MCT et l'expulsion des fluides vers la dalle du Tibet où ils vont favoriser la fusion partielle et le formation des leucogranites (Le Fort, 1981).

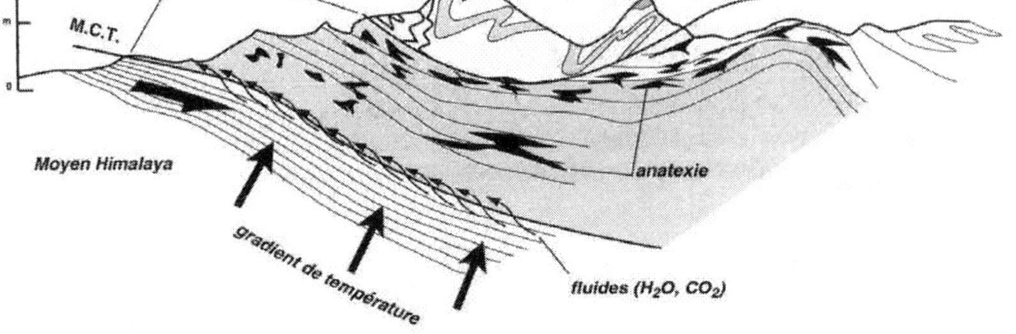

lèle au front de chevauchement, la faille du Karakorum. Le MCT est caractérisé par le même métamorphisme HT-BP et les mêmes cisaillements vers le sud. On retrouve deux structures semblables au détachement du sommet de la Dalle du Tibet, une dans la région du Zanskar, à la limite entre les formations gneissiques équivalentes à la Dalle du Tibet et les sédiments téthysien sus-jacents, et l'autre dans le Karakorum.

Les figures VIII.24 et VIII.25 montrent la structure métamorphique de la région. Le MCT affleure autour de la fenêtre de Kishtwar. Les isogrades y forment une structure concentrique. Les migmatites et leucogranites affleurent plus au NE dans la partie haute de la chaîne au cœur d'un antiforme d'unités métamorphiques. L'ensemble est ployé sous forme d'une nappe plongeante vers le sud-ouest contemporaine du fonctionnement du MCT. Vers l'arrière les isogrades sont resserrées et coupées de manière abrupte par une zone de cisaillement très importante en faille normale (la zone de cisaillement du Zanskar). Elle fait la limite avec les montagnes du Zanskar proprement dites constituées des sédiments téthysiens. On retrouve ici une structure semblable à celle de l'Himalaya central, un chevauchement actif à la base, et un détachement au sommet qui exhume le domaine métamorphique.

À l'arrière du Kohistan le même type de structure est répété avec la mise en place du batholite du Baltoro Karakorum. Le fonctionnement du MCT, la mise en place de tous ces plutons leucogranitiques ainsi que le jeu en détachement vers le nord sont tous datés de 20-21 Ma.

Figure VIII.24
Coupe tectonométamorphique dans l'ouest de l'Himalaya montrant la distribution des principaux faciès métamorphiques, des granites d'anatexie et les principales structures, chevauchements et failles normales (Searle & Tirrul, 1991).

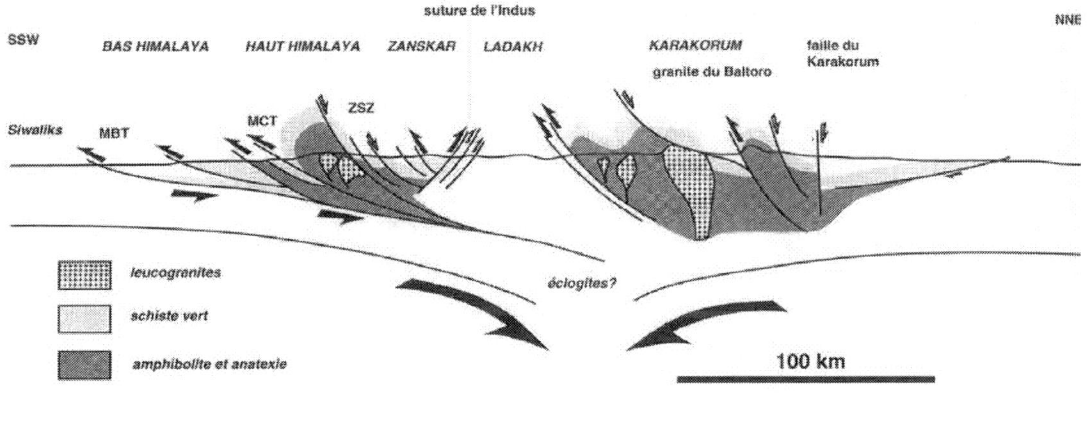

Figure VIII.25
Carte et coupe de la région du Zanskar montrant la distribution des paragénèses par rapport aux principaux contacts (Searle *et al.*, 1988).

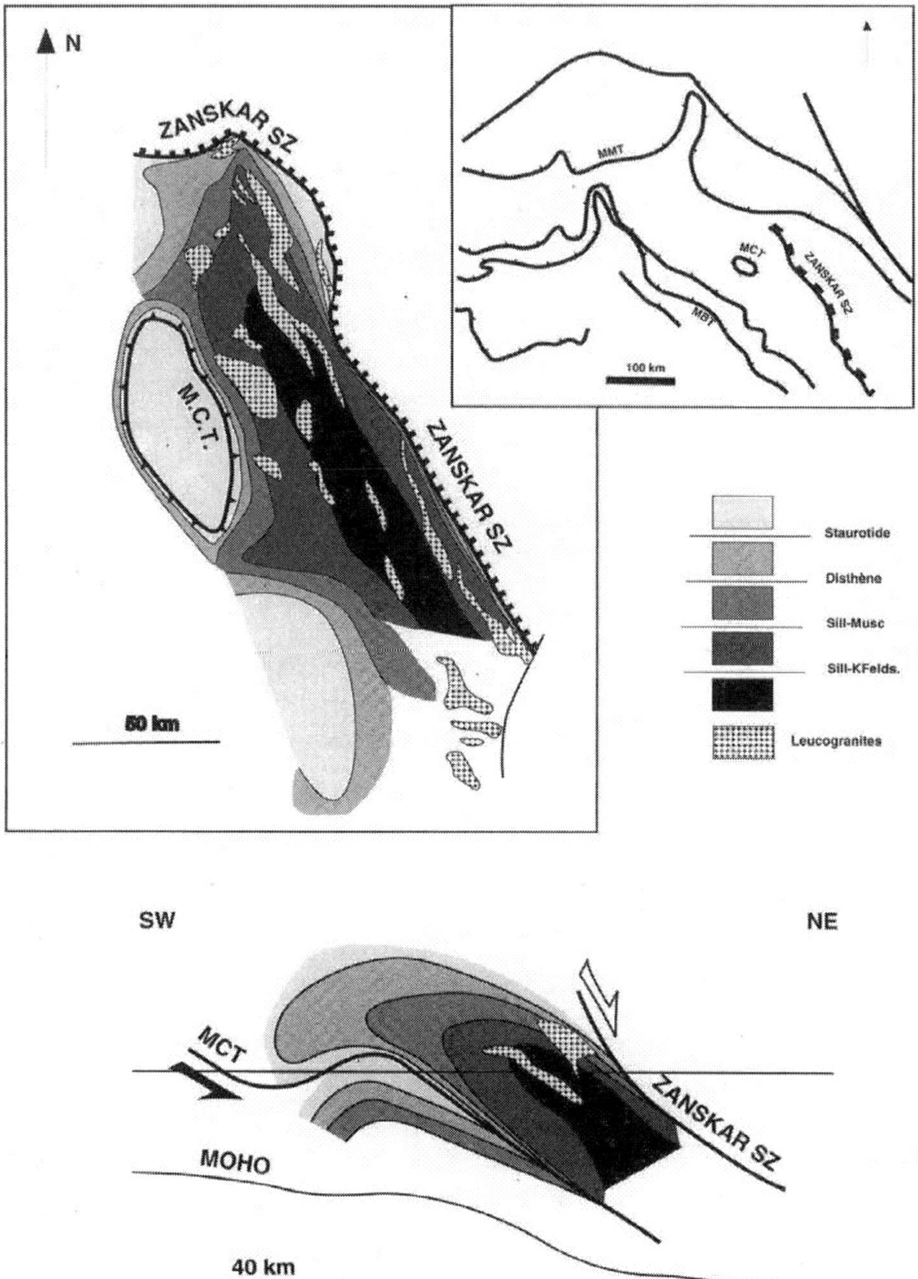

VIII.6 Évolution paléogéographique

Les différentes unités décrites dans la région centrale et leur histoire tectonique et métamorphique permettent de reconstituer une histoire en trois temps. Les âges cités ci-dessous font l'objet de discussions, nous présentons donc une fourchette raisonnable (fig. VIII.26).

(1) Crétacé supérieur : subduction de l'océan téthysien sous la marge sud de l'Eurasie (bloc de Lhasa). Cette période voit la mise en place du batholithe transhimalayen et des déformations compressives dans le bloc de Lhasa. On peut imaginer la marge eurasiatique comme une marge de type andin. La série de Xigaze se développe dans le domaine avant-arc sur un substratum océanique et reçoit des détritus de la marge active.

(2) Crétacé terminal à Paléocène : alors que la subduction continue sous la marge du bloc de Lhasa, les ophiolites téthysiennes sont obductées sur la marge nord de l'Inde. Les premiers indices en sont les blocs exotiques contenus dans le flysch discor-

Figure VIII.26
Évolution schématique de la zone de collision depuis l'obduction Crétacé supérieur à l'épaississement crustal actuel (Burg, 1983).

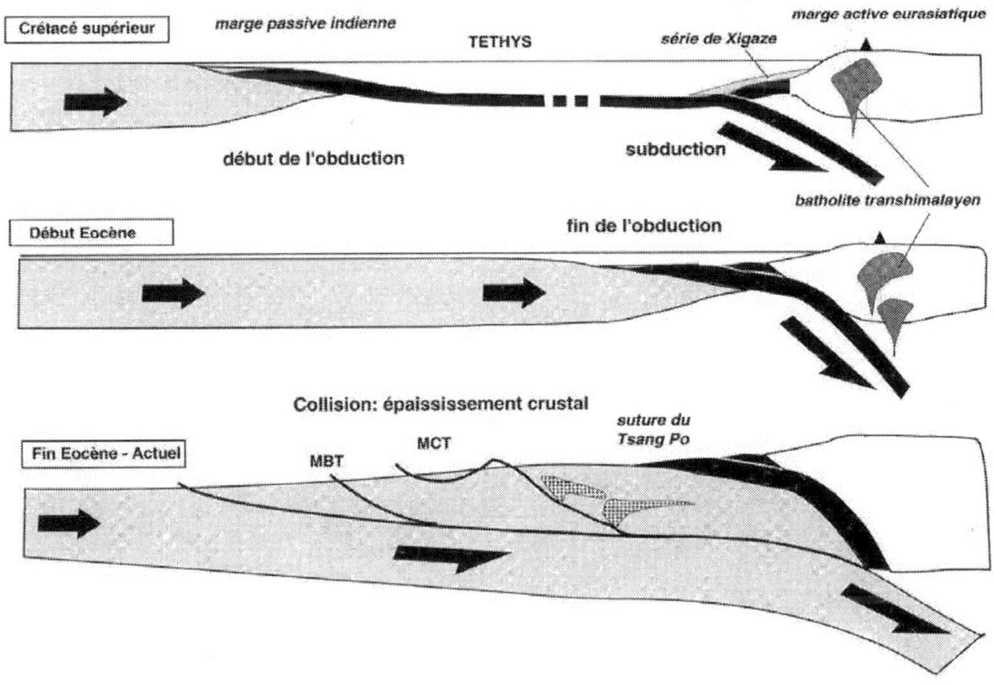

dant sur les unités charriées de flysch. Cette période est assez semblable à la situation actuelle de l'Oman.

(3) À partir de l'Éocène : collision des deux masses continentales, et formation de chevauchements intracontinentaux qui se propagent vers le sud dans la masse continentale indienne. La collision semble diachrone, plus précoce dans la région occidentale que dans la région centrale. Les unités de la suture sont reprises dans cette déformation tardive et rétrocharriées vers le nord. Le MCT se forme il y a 20 Ma, et est relayé par le MBT plus récemment.

Il est possible de reconstituer la géométrie de l'ensemble avant la collision moyennant un certain nombre d'hypothèses, en particulier sur les taux de raccourcissement dans chaque domaine paléogéographique. La figure VIII.27 montre une telle reconstruction il y a 50 Ma alors que des ophiolites étaient déjà obductées sur la marge

Figure VIII.27
Reconstruction de la zone de collision en dépliant toutes les structures et les raccourcissements accommodés pendant la convergence depuis le contact continent-continent (Searle *et al.*, 1987).

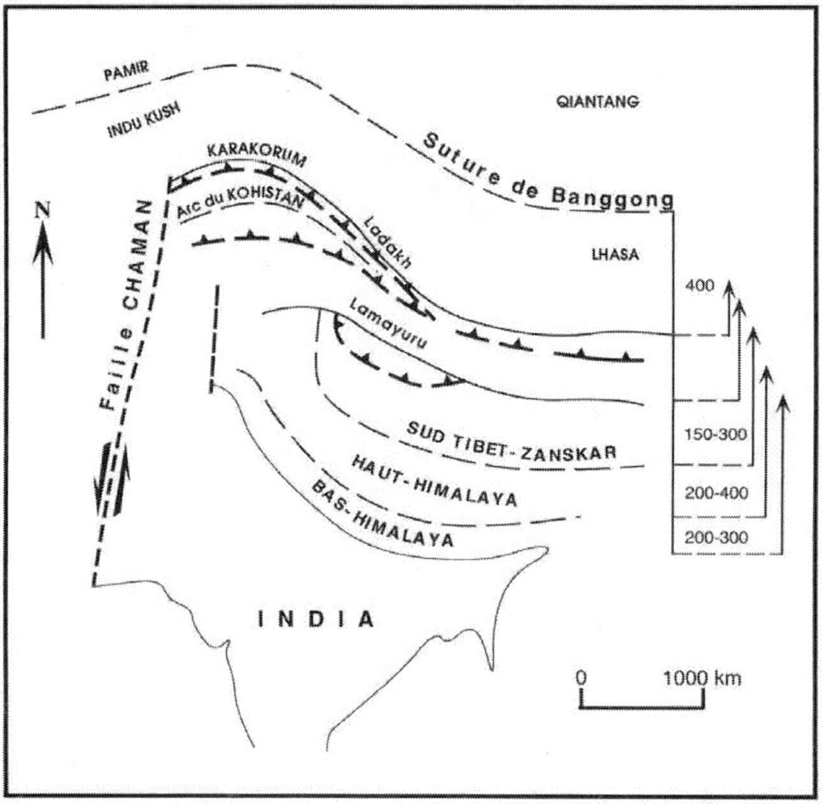

nord de l'Inde. Un raccourcissement total de 1000 à 1500 kilomètres est calculé dans ce schéma. La largeur de la marge indienne aujourd'hui déformée n'est qu'approximative. Cette largeur est très importante pour déterminer la date du premier impact entre Inde et Asie et quantifier le raccourcissement intracontinental, mais les incertitudes sur les taux de raccourcissement finis sont très importantes et on ne peut pas faire une grande confiance à ce type de quantification. Cette figure donne néanmoins une image approximative de la zone juste avant la collision.

VIII.7 Tibet, extension

Les structures actives les plus spectaculaires au Tibet sont les failles normales qui bordent des grabens N-S distribués dans l'ensemble du plateau Tibétain au nord et au sud de la suture du Tsangpo. La majeure partie des grabens est située au nord de la suture mais certains descendent très loin au sud, très près des chevauchements frontaux (fig. VIII.28).

Le plateau est bordé (fig. VIII.9) (1) par des zones de déformation compressives, le chevauchement frontal Himalayen, le chevauchement de Long Men Shan à l'est, les chevauchements de Nan Shan au nord, et (2) des systèmes décrochants, la faille de l'Altyn Tagh, la faille de Kunlun ou du Karakorum. Une série de décrochements dextres en échelon longe la suture au nord. Toutes ces structures sont compatibles avec un raccourcissement N-S et une extension E-W de l'ensemble du plateau.

Son altitude est très constante au dessus de 5000 m au nord du chevauchement frontal, elle descend en-dessous de 5000 m à l'est.

Le fait que la déformation soit très distribuée suggère que l'ensemble du plateau repose sur une croûte inférieure et un manteau très ductiles qui contribuent à étaler la surcharge topographique. Les données sismologiques semblent confirmer cette hypothèse, montrant une anomalie négative des vitesses sismiques (donc un environnement plutôt chaud en profondeur) sous le plateau.

La date de l'initiation de l'extension n'est pas connue avec précision mais n'est vraisemblablement pas plus ancienne que le Miocène supérieur. Le démarrage de l'extension semble concomitant d'une élévation rapide de la topographie de la région telle qu'on peut l'estimer à partir des données paléoclimatiques locales. On peut résumer les faits principaux de la manière suivante :

(1) l'extension démarre au même moment sur tout le plateau.

(2) l'extension est caractéristique des domaines d'altitude supérieure à 4000 m

(3) dans les domaines moins élevés la déformation est compressive et la direction de compression est plus ou moins radiale par rapport aux courbes de niveaux.

On peut alors mettre en avant une explication semblable à celle proposée pour les Andes précédemment : l'extension démarre quand la colonne crustale est suffisam-

Figure VIII.28
Les grabens du sud du Tibet et de l'Himalaya (Armijo *et al.*, 1986).

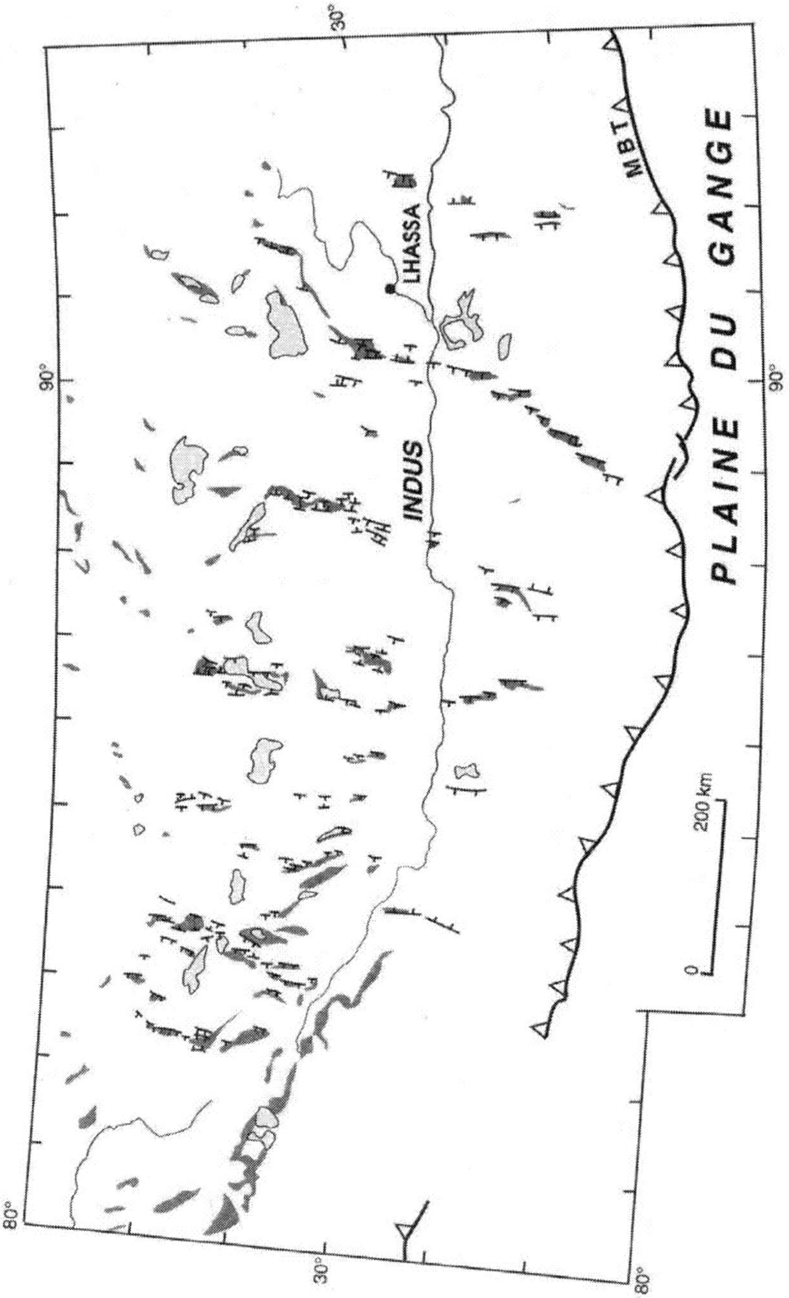

ment lourde pour contrer les effets de la contrainte maximale horizontale compressive transmise au travers de la limite de plaques. À partir de cette date le Tibet aurait tendance à s'étaler latéralement et à ne plus s'élever. De subtiles variations dans le taux de convergence ou le taux de couplage pourrait expliquer le passage en extension. La figure VIII.29 illustre les changements introduit dans le régime de déformation du plateau quand les conditions cinématiques aux limites changent. On peut suggérer que le changement MCT-MBT et la progression vers le nord-est du plateau tibétain au cours de la période récente soient les résultats de cette transition; ne pouvant plus augmenter son volume par épaississement crustal la chaîne augmente sa surface et les chevauchements migrent latéralement.

Cette explication est cependant très discutée aujourd'hui. On considère en effet que les courbes de paléoaltitudes déduites des informations paléoclimatiques ne sont pas fiables. Certains auteurs proposent une explication totalement différente qui rend compte des mêmes observations de premier ordre (fig. VIII.30). La construction de la chaîne conduit à un épaississement de la croûte et de la lithosphère dans son ensemble : on peut montrer que dans certaines conditions ce processus peut être auto-entretenu même sans force compressive aux limites, la racine crustale devenant rapidement suffisamment lourde pour entraîner la convergence comme dans les zones de subduction.

Figure VIII.29
Différents styles de déformation dans une région épaissie en fonction du rapport forces appliquées aux limites et forces de volume (England & Houseman, 1989).

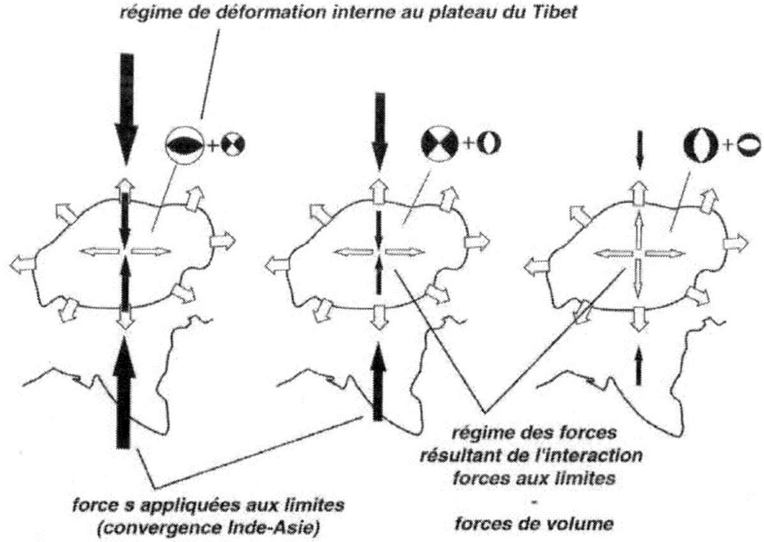

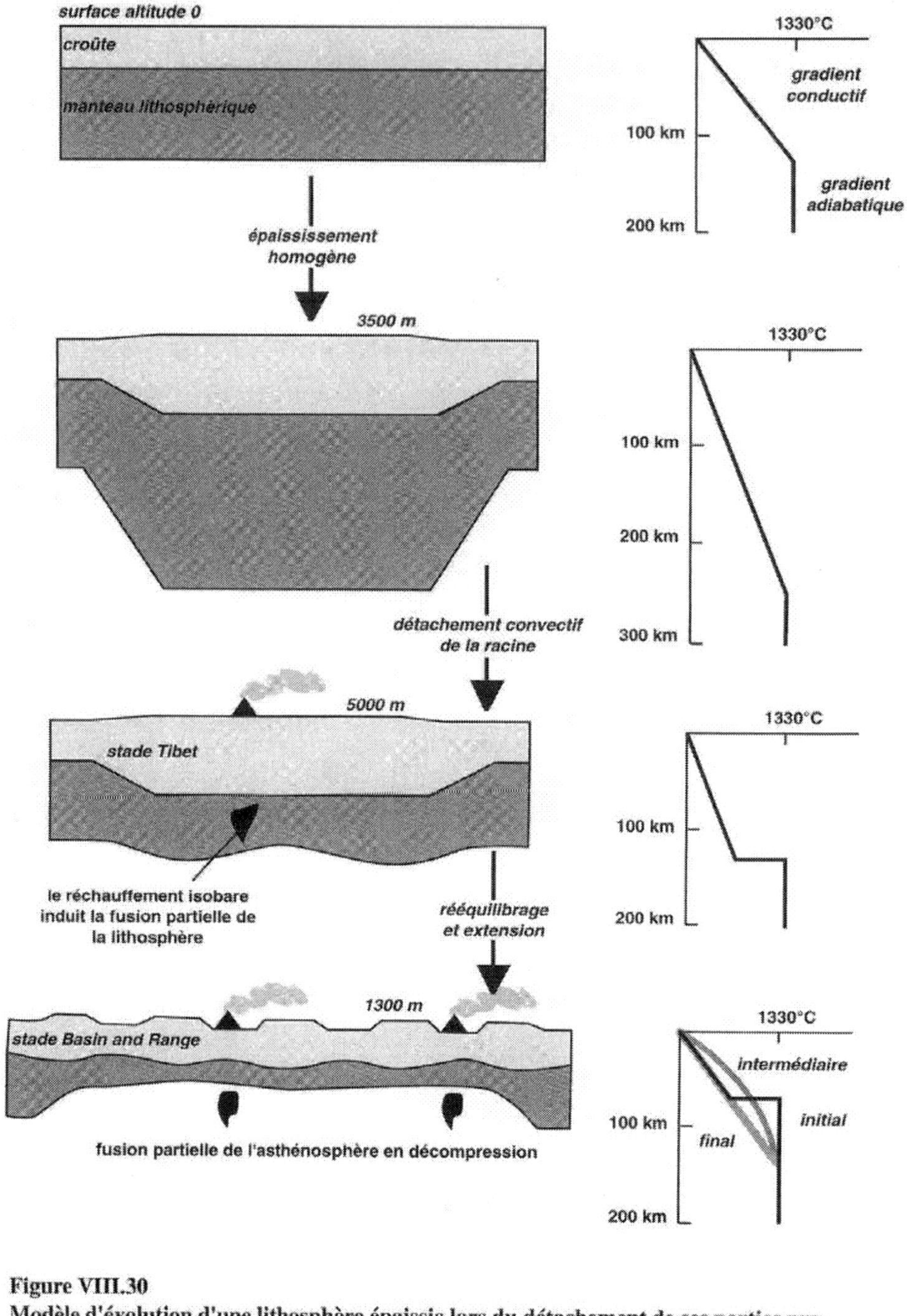

Figure VIII.30
Modèle d'évolution d'une lithosphère épaissie lors du détachement de ses parties profondes par convection. Le détachement conduit à un soulèvement brutal de la région et à une augmentation du flux de chaleur. Si les conditions aux limites le permettent l'ensemble s'amincit ensuite (Platt & England, 1994).

La lithosphère ainsi épaissie peut alors subir une délamination, c'est-à-dire perdre sa partie profonde qui se détache et plonge dans le manteau. Ce phénomène conduit à une colonne plus légère qui subit soudain une forte élévation, une extension et une augmentation brutale du flux de chaleur.

VIII.8 Déformation en arrière du Tibet

En arrière de l'Himalaya et du Tibet la déformation est très compressive à l'ouest et extensive à l'est. A partir du Pamir se développe un ensemble de chaînons en échelons, Tien Shan, Altai bordés par des chevauchements affectant l'ensemble de la croûte. Cet ensemble forme une zone déformée qui part du Pamir et rejoint la région du lac Baikal.

A l'est du Pamir naissent deux failles majeures : la faille du Karakorum et la faille de l'Altyn Tagh. La première est en général interprétée comme le résultat de la convergence oblique dans cette région de l'Himalaya. Le vecteur mouvement est partagé entre un vecteur perpendiculaire et un vecteur parallèle au front de chevauchement comme dans les zones de subduction oblique. La faille de l'Altyn-Tagh, quant à elle, longe la bordure méridionale du bassin du Tarim. Toutes les structures du Tibet sont tordues à son approche dans le sens senestre. De nombreux indices montrent qu'il s'agit d'une faille senestre active en décrochement pratiquement pur. Elle rejoint dans le nord-est du Tibet la région du Qilian Shan et autres chaînes parallèles qui correspondent à des chevauchements du plateau du Tibet sur le désert de Gobi. On y observe une propagation du plateau du Tibet vers le NE aux dépens des structures extensives antérieures. Cet ensemble compressif est relayé à l'est par la faille de Haiyuan qui est un décrochement senestre transpressif (fig. VIII.31).

Plus à l'est on entre dans un domaine caractérisé par une tectonique extensive, la région des grabens de Chine du Nord et de l'Ordos. Ces grabens orientés N-S ont une forte composante décrochante dextre (fig. VIII.32). Ils sont limités au sud par un système décrochant senestre qui reprend la chaîne mésozoïque des Qin Ling. Le jeu senestre est assez récent (Pliocène). Durant la majeure partie du Néogène le jeu était au contraire dextre transtensif. Les failles décrochantes senestres ne sont pas connues à l'est de la Faille de Tanlu également dextre. Cette rencontre d'un système dextre et d'un système senestre qui ne se décalent pas l'un l'autre implique une composante de rotation des failles. Le dispositif actuel suggère que les blocs comme ceux de l'Ordos, pris entre les grabens subissent une rotation antihoraire pour accommoder le jeu décrochant le long des Qin Ling.

Le Lac Baikal est un rift intracontinental limité par des failles décrochantes senestres au nord et au sud; la direction actuelle de l'extension est E-W. La région située plus au nord et à l'est est mal connue. On y décrit des jeux décrochants senestres

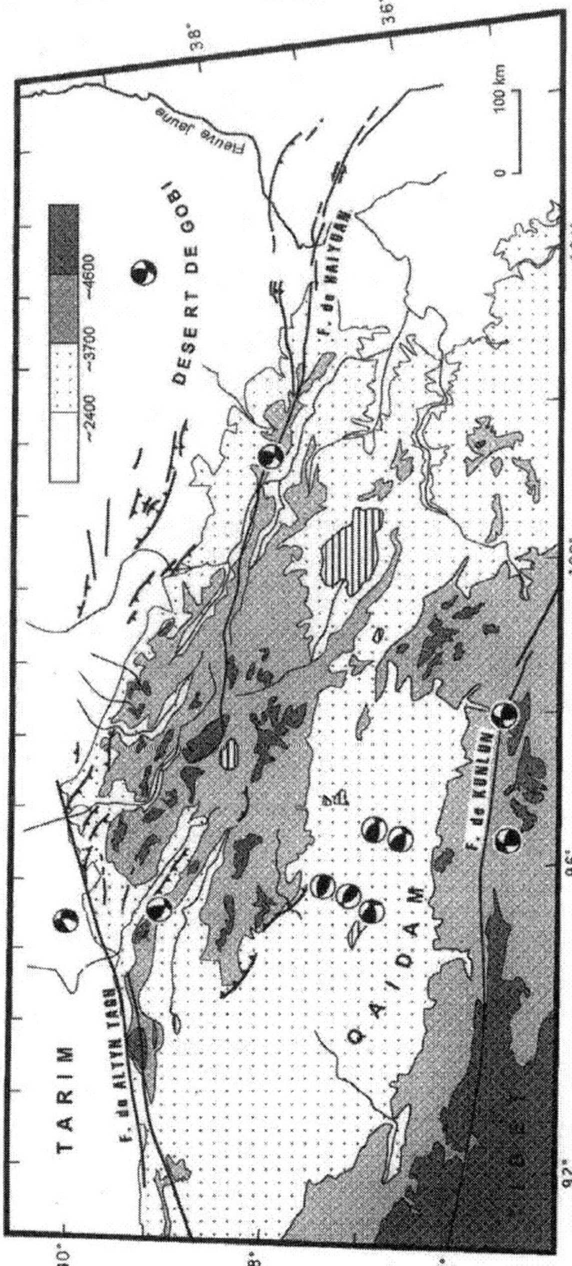

Figure VIII.31
Carte topographique de la bordure nord du plateau du Tibet et mécanismes au foyer des principaux séismes (Meyer, 1991).

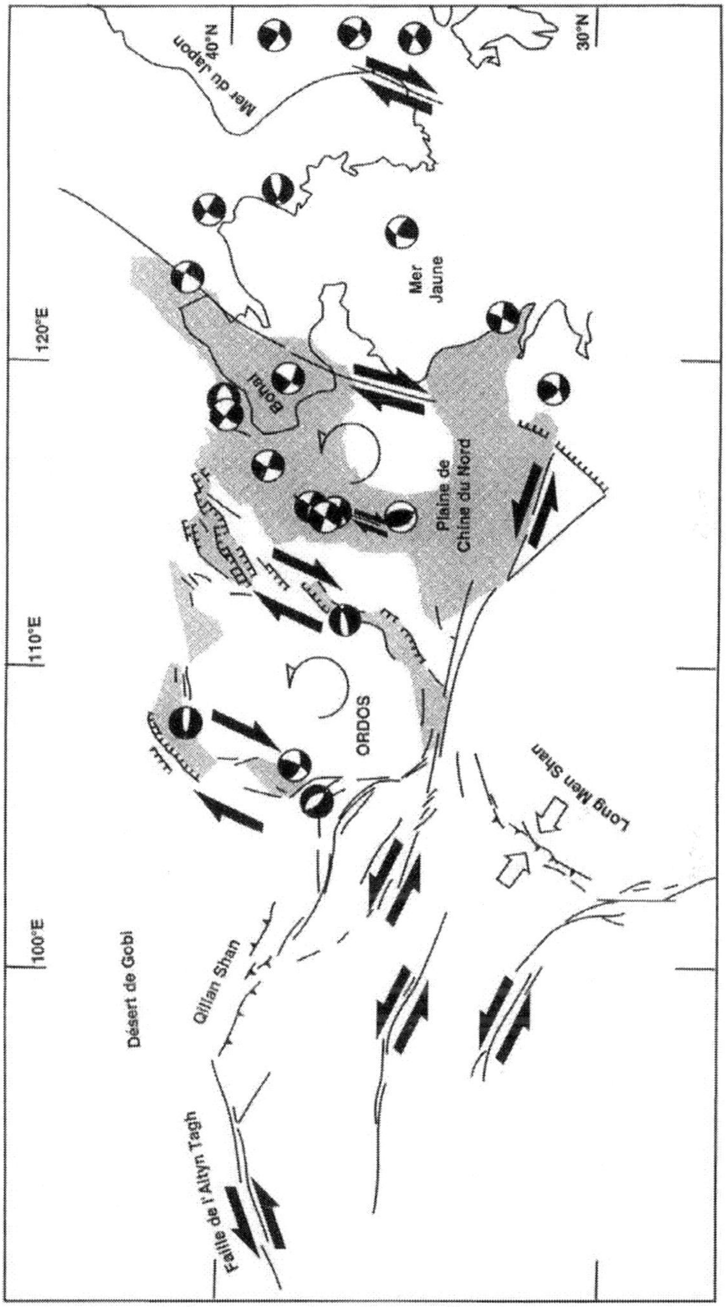

Figure VIII.32
Zone de transition entre le plateau du Tibet et la bordure Pacifique montrant les principales structures et les mécanismes au foyer des séismes majeurs. Le domaine grisé correspond aux régions amincies depuis le début de la collision (Briais *et al.*, 1993 ; Jolivet *et al.*, 1992).

le long des monts Stanovoy, mais aussi des séismes compressifs indiquant une composante de raccourcissement N-S.

La déformation de l'Asie n'est pas limitée à la région située au nord du poinçon indien mais s'étend jusqu'aux fosses de la Sonde et du Japon. Nous décrirons les régimes de déformation des régions arrière-arc dans les paragraphes suivants et tenterons de faire la part des structures liées à la déformation arrière-arc classique telle que nous l'avons décrite dans le chapitre VI, et celles liées à la collision.

VIII.9 Mer du Japon

La Mer du Japon est souvent considérée, à tort, comme le bassin arrière-arc typique. C'est en tout cas le bassin de loin le plus étudié sur le plan de la géophysique marine. On expliquait son ouverture comme un effet de la subduction seule jusqu'à ces dernières années. Nous avons pu montrer que sa géométrie était contrôlée par de grands décrochements dextres qui longent ses marges orientale et occidentale. La longueur totale de la zone décrochante est de 2500 km et le déplacement d'environ 400 km. Il s'agit donc d'une déformation considérable qui est contemporaine des autres jeux décrochants en Asie et que l'on doit intégrer dans un schéma d'ensemble.

VIII.9.1 Âge d'ouverture des bassins marginaux

La mer du Japon s'est ouverte au cours du Miocène comme le bassin de Shikoku, Parece Vela ou la Mer de Chine méridionale. De fait, tous les bassins de l'ouest Pacifique se sont ouverts au cours du Cénozoïque. On constate trois époques d'ouverture (fig. VIII.33). (1) Les bassins des Célèbes, de Corail et des Loyautés se sont ouverts au Paléocène et à l'Éocène, (2) le plus grand nombre de bassins (mer du Japon, bassin des Kouriles, mer de Chine méridionale, bassin de Shikoku, bassin sud Fiji) se sont ouverts entre la fin de l'Oligocène et le Miocène Moyen, et (3) les bassins aujourd'hui actifs sont tous très récents (Miocène supérieur pour les plus anciens). Comme nous l'avons vu certains bassins portés par la plaque Philippine ont été relayés par des bassins plus récents dans un processus continu de retrait de la fosse (Parece Vela et Mariannes) sans que les bassins éteints ne soient entrés en compression. La figure VIII.34 montre les anomalies magnétiques de la mer de Chine méridionale que l'on comparera à celles du bassin de Shikoku ouvert durant la même période (fig. VI.21).

Les bassins ouverts au Miocène sur la marge de l'Eurasie comme la mer du Japon ou la mer de Chine méridionale sont aujourd'hui en cours de fermeture. On constate donc deux périodes majeures sur la marge de l'Eurasie : (1) ouverture de bassins océaniques au Miocène inférieur, en même temps que s'ouvrent des bassins sur la bordure de la plaque Philippine, et (2) fermeture des bassins eurasiatiques, alors que l'ouverture arrière-arc sur la plaque Philippine se poursuit. Ce changement brutal, initié plus tôt au sud (20 Ma) qu'au nord (10 Ma) est significatif d'un changement de régime d'ensemble de la déformation de l'Asie que nous aurons à étudier.

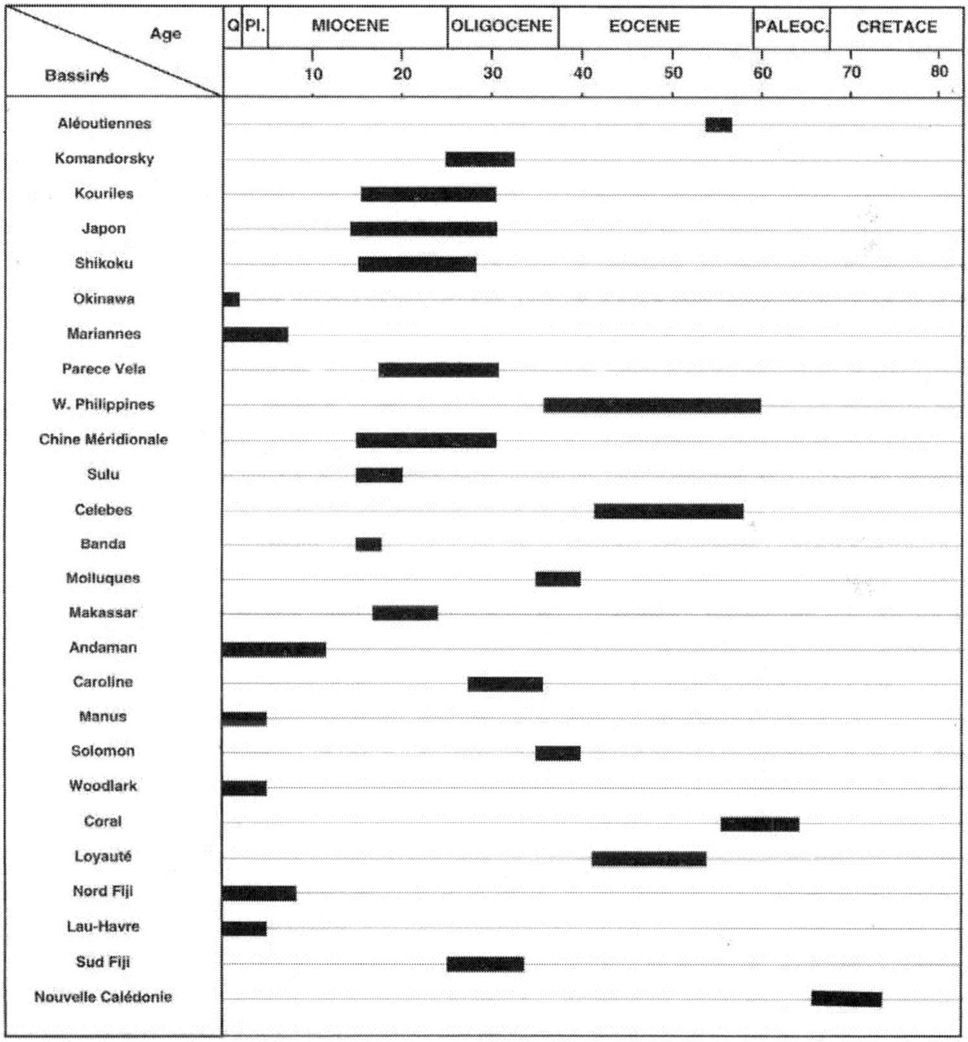

Figure VIII.33
Calendrier d'ouverture des principaux bassins marginaux de l'ouest Pacifique (Tamaki & Honza, 1991).

VIII.9.2 Contexte géodynamique actuel

La Mer du Japon est aujourd'hui située dans la région du point triple PAC-EU-PHS (voir chapitre VI). L'ouverture n'est plus active et une zone de séismes compressifs le long de sa marge orientale (figs VIII.35 et VIII.36, voir ausi fig. VI.31) traduit la naissance d'une zone de subduction de la mer du Japon sous l'arc japonais. Le socle de la mer du Japon est pour partie continental et pour partie océanique. Plus au nord, le long de Sakhaline, la déformation est concentrée à la fois dans le détroit des Tartares et dans le centre de l'île sous forme d'une zone décrochante dextre transpressive qui sépare la mer du Japon de la mer d'Okhotsk. Le bassin océanique des Kouriles est également inactif depuis le Miocène supérieur. Il possède une forme en triangle dont la pointe est près de l'extrémité sud du Kamtchatka. Le socle de la mer d'Okhotsk est partout ailleurs continental et sa subsidence date du Miocène. La marge orientale de la mer du Japon est le lieu de séismes compressifs à forte composante décrochante.

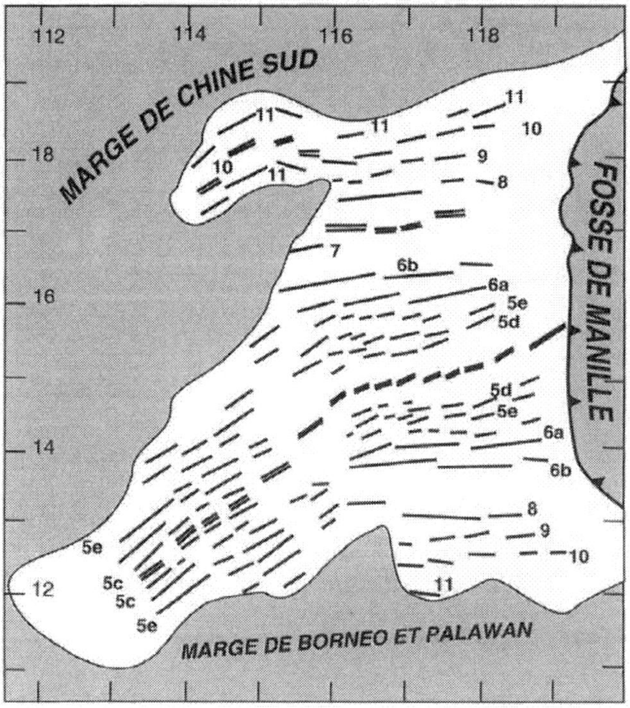

MER DE CHINE MÉRIDIONALE

Figure VIII.34 Anomalies magnétiques de la mer de Chine méridionale que l'on comparera avec celles du bassin de Shikoku (figure VI-21) (Briais *et al.*, 1993).

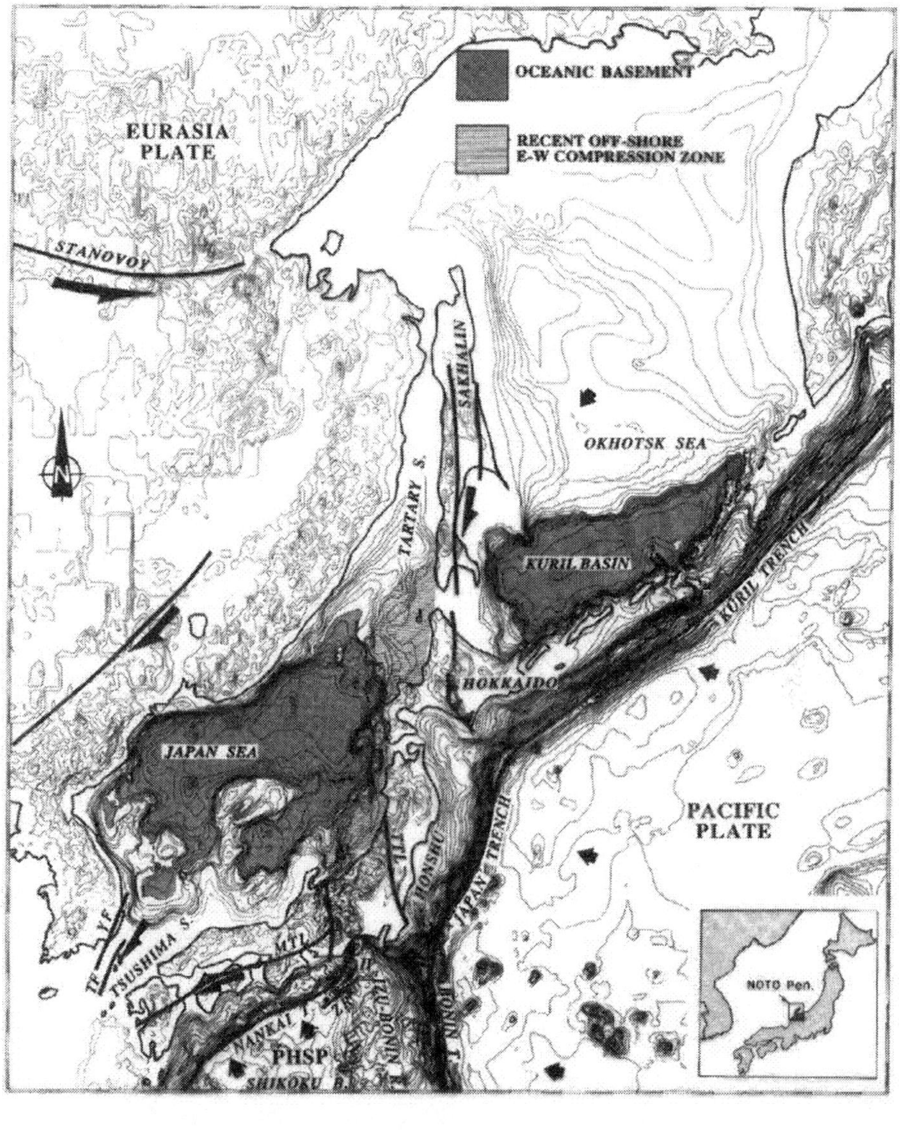

Figure VIII.35
Bathymétrie et topographie de la région de la mer du Japon et de la mer d'Okhotsk (Fournier *et al.*, 1994).

VIII.9.3 Structure crustale

La mer du Japon est divisée en trois bassins profonds (fig. VIII.36). Le bassin du Japon au nord est le plus grand et le plus profond (plus de 3000 m). Les bassins de Yamato et de Tsushima au sud sont plus étroits et moins profonds (2000 m). Plusieurs rides peu profondes correspondant à des blocs continentaux riftés séparent ces différents bassins. Le plus grand est la ride de Yamato, elle-même divisée en deux par un graben médian. La mer du Japon se prolonge vers le nord dans le détroit des Tartares à l'ouest d'Hokkaido et de Sakhaline. Une épaisse couche de turbidites recouvre tous les bassins profonds. Elle a longtemps empêché d'atteindre le socle par forage. De nombreuses campagnes de géophysique marine (sismique, magnétisme, gravimétrie) et de forage fournissent aujourd'hui une idée très précise de la structure crustale en mer du Japon.

On rencontre une croûte océanique typique dans le bassin du Japon, comme le prouve les données sismiques ainsi que la découverte récente d'une série d'anomalies magnétiques. Les autres bassins comportent une croûte plus épaisse qui ne possède ni les caractéristiques d'une croûte océanique typique (en particulier sa grande épaisseur) ni celle d'une croûte continentale (pas de niveau à 6.0 km/s). On l'interprète aujourd'hui comme la croûte de l'arc du Japon très amincie, où la croûte supérieure aurait disparue soit par injection de produits volcaniques soit par le jeu d'un détachement. Le détroit des Tartares est supporté par une croûte continentale amincie.

La croûte océanique est donc limitée à un bassin triangulaire dans le nord de la mer du Japon. Sa marge nord est très étroite au nord le long de l'Eurasie, très étroite également du côté est le long du Japon septentrional, et très large au sud. La déformation extensive est donc distribuée sur la marge sud et au contraire très localisée sur la marge orientale.

VIII.9.4 Âge d'ouverture

Jusqu'à ces dernières années on n'avait pas d'information directe sur l'âge de l'ouverture en l'absence d'anomalies magnétiques et de forages ayant atteint le socle océanique. Les études tectoniques de terrain et les forages dans les bassins pétroliers de la marge suggéraient une ouverture Oligo-Miocène ce qui était confirmé par les données du flux de chaleur. On utilisait cependant principalement les données du paléomagnétisme (fig. VIII.37) collectées à terre dans l'ensemble de l'arc japonais. Tous les résultats convergeaient pour montrer une rotation horaire du Japon SW et une rotation antihoraire du Japon NE. Comme le montre la figure VIII.38 la rotation du Japon SW est apparemment très brutale à 15 Ma, et celle du Japon NE plus progressive entre 30 et 15 Ma.

La rotation rapide du Japon SW était jusqu'ici considérée comme le meilleur indice d'une ouverture presque instantanée de la mer du Japon il y a 15 Ma, même si les autres données indiquaient une ouverture plus progressive. Le problème fut résolu par

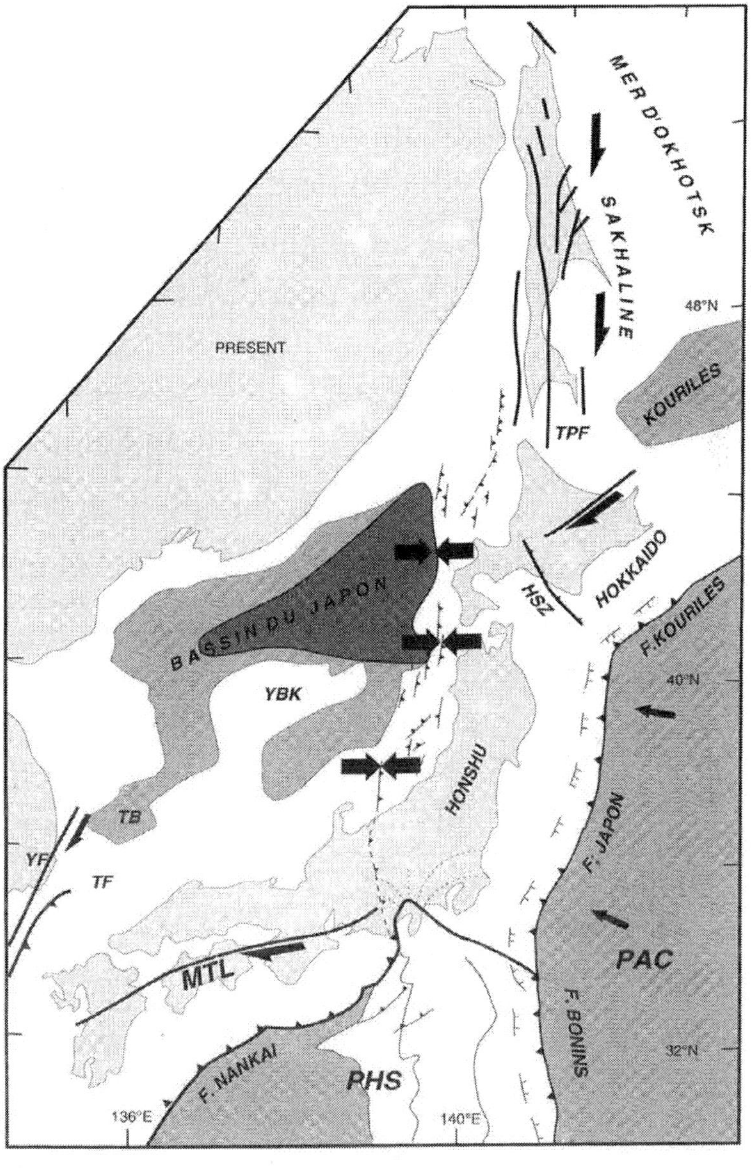

Figure VIII.36
Dynamique actuelle de la région du point triple Eurasie-Pacifique-Philippine et de la mer du Japon. Les lignes pointillées irradiant à partir de la zone de collision d'Izu représentent les directions de la contrainte compressive maximale. TPF : Faille de Tym-Poronaisk, HSZ : Hidaka Shear Zone, YBK : banc de Yamato, TB : bassin de Tsushima, YF : faille de Yangsan, TF : faille de Tsushima, MTL : Ligne Tectonique Médiane (Jolivet *et al.*, 1994).

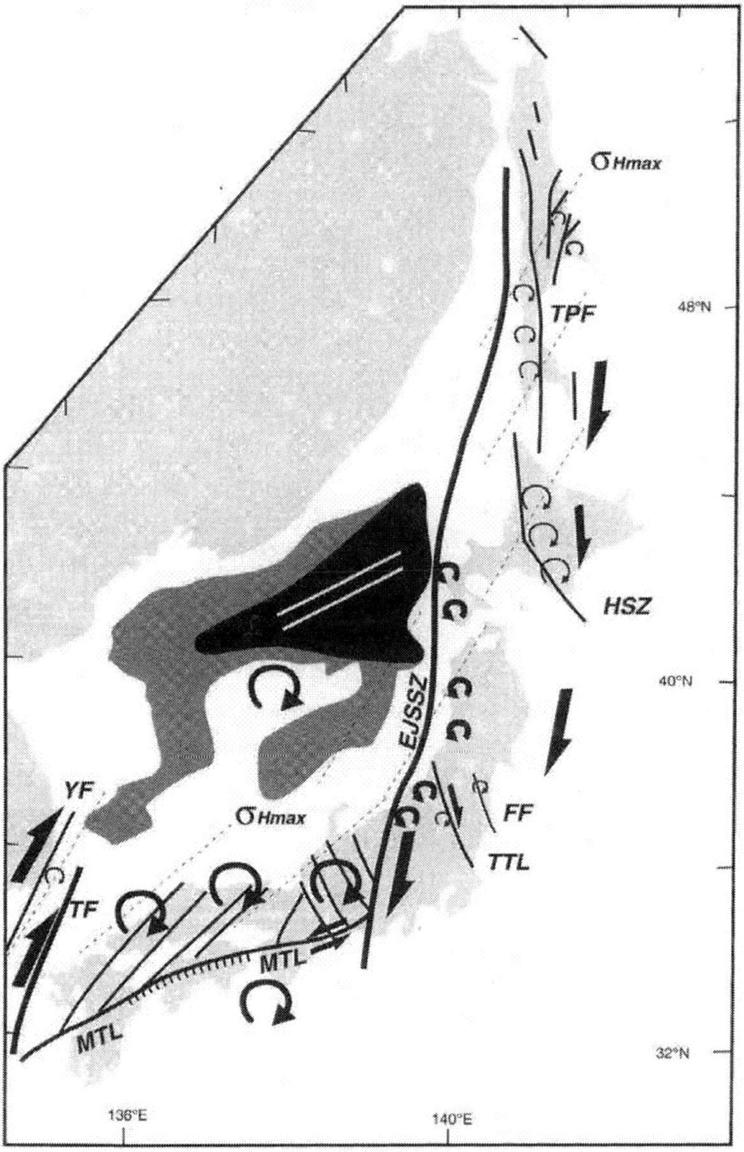

Figure VIII.37
Sens des rotations de blocs détectées par le paléomagnétisme au Japon et à Sakhaline. FF : Faille de Futaba, TTL : Ligne Tectonique Tanakura, EJSSZ : zone de cisaillement de l'est de la mer du Japon (Jolivet *et al.*, 1994).

les forages des deux campagnes ODP 127 et 128. Le socle océanique fut atteint en trois endroits distincts dans le bassin du Japon et le bassin de Yamato, il est partout daté du Miocène inférieur, et les données sédimentologiques indiquent sans ambiguïté que la mer du Japon était déjà largement ouverte et profonde au Miocène inférieur, c'est-à-dire avant la rotation rapide du Japon SW. On ne trouve nulle part de croûte océanique datant de 15 Ma comme on aurait pu l'attendre au vu des données paléomagnétiques. La rotation rapide du Japon SW n'est pas totalement expliquée aujourd'hui, elle n'est en tout cas pas simplement liée à l'ouverture de la mer du Japon. Les données les plus récentes suggèrent une déformation interne par rotation de blocs très importante au moment de la rotation rapide. Il n'est donc peut-être pas utile de faire tourner l'ensemble du Japon sud-ouest. Les anomalies magnétiques mises en évidence récemment confirment ces données, le bassin océanique du Japon s'est mis en place au Miocène inférieur. Elle montre d'autre part une propagation du rift océanique d'est en ouest au cours de l'ouverture.

La figure VIII.39 montre l'évolution en coupe du domaine arrière-arc depuis 25 Ma, date à laquelle les premiers indices de rifting et de spreading sont connus. L'évolution est différente au nord et au sud, la déformation étant plus distribuée au sud.

VIII.9.5 Déformation de l'arc du Japon pendant et après l'ouverture

Les rotations paléomagnétiques mises en évidence pendant l'ouverture impliquent une déformation importante de l'arc du Japon à cette époque. La géométrie de cette déformation est utile pour contraindre celle de l'ouverture de la mer du Japon en trois dimensions. Avant de décrire la déformation Oligo-Miocène il faut d'abord comprendre la déformation actuelle, un changement important de régime tectonique intervenant il y a 10 Ma.

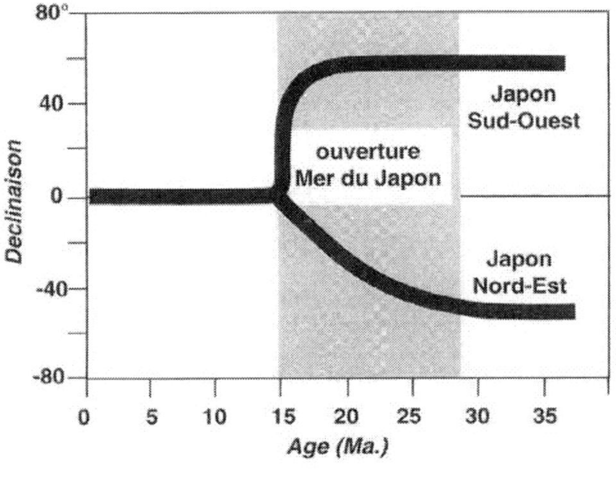

Figure VIII.38 Calendrier des rotations paléomagnétiques du Japon sud-ouest et du Japon nord-est (Otofuji *et al.*, 1985 ; Jolivet and Tamaki, 1992).

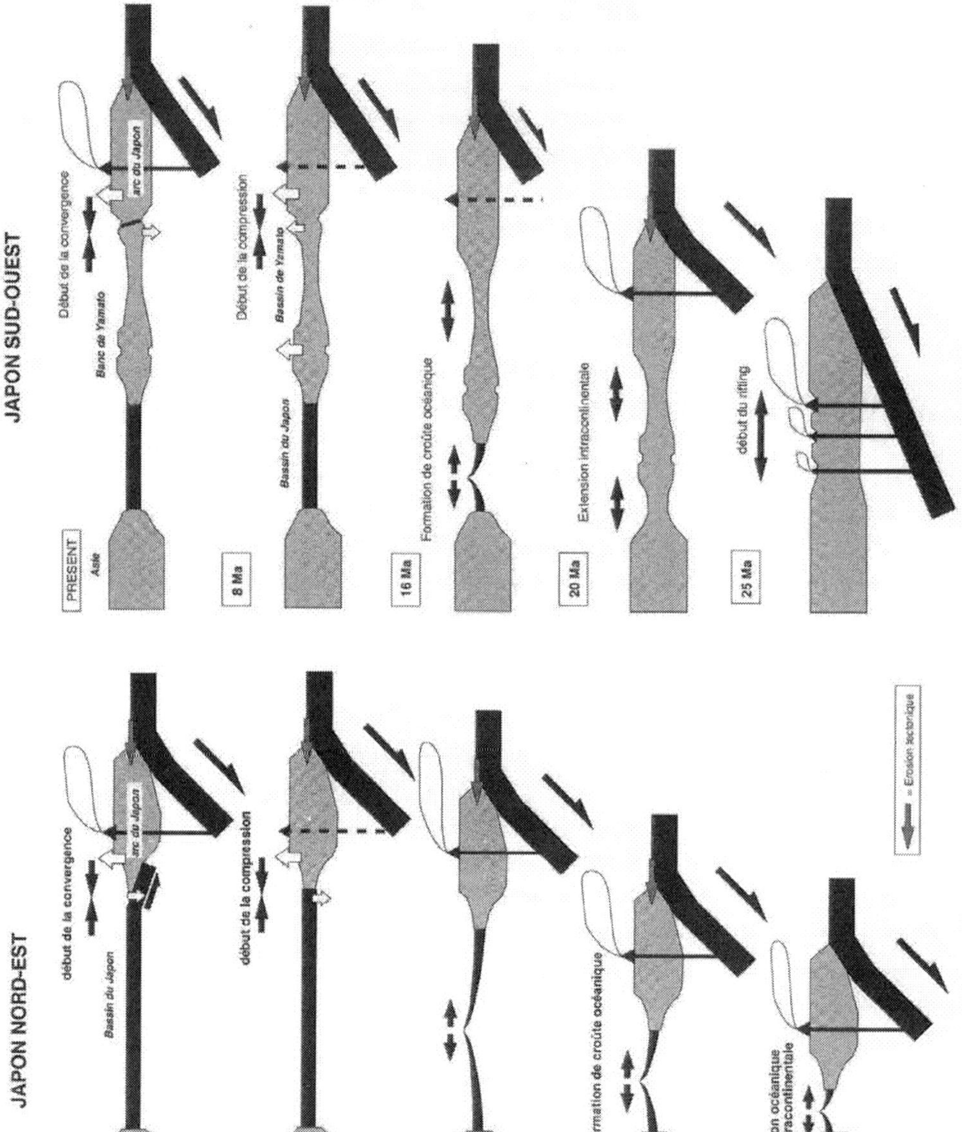

Figure VIII.39
Évolution en coupe de la mer du Japon (Jolivet & Tamaki, 1992).

Miocène supérieur et actuel, convergence

La figure VIII.36 montre les déformations principales qui affectent le Japon aujourd'hui. Nous avons déjà décrit les structures associées aux zones de subduction de la fosse du Japon (extension frontale et érosion tectonique) et de la fosse de Nankai (formation d'un prisme d'accrétion), ainsi que l'écaillage intra-océanique de la ride de Zenisu. Une déformation importante est associée à la collision de la presqu'île d'Izu le long du chevauchement de Kannawa (voir le chapitre subduction). Une déformation active est également reconnue le long de la bordure ouest de Tohoku (partie nord-est de Honshu) et la marge est de la mer du Japon sous forme de chevauchements. Les séismes compressifs de cette région sont liés à la réactivation de failles normales et décrochantes Miocène, en chevauchements à vergence ouest ou est. Cette réactivation est observée sur toute la longueur de la marge est de la mer du Japon en mer et à terre. Des plis d'axes N-S sont fréquents le long des coupes à terre dans l'ouest de Tohoku.

Cette déformation est associée à la formation d'un chevauchement crustal, mis en évidence par la microséismicité, à pendage est. On l'interprète comme la naissance d'une zone de subduction de la mer du Japon sous l'arc. Les forages dans cette région ont montré que les chevauchement dataient du début du Quaternaire (1.8 Ma). Il semble que la déformation compressive se soit localisée le long de la transition arc-océan à cette époque après une période de 5-6 Ma pendant laquelle l'ensemble de la région était en compression. On enregistre en effet un changement important depuis un régime extensif vers un régime compressif aussi bien dans la sédimentation, que dans le volcanisme ou dans les structures observées à terre, il y a 10 Ma.

Après le régime transtensif qui contrôle l'ouverture de la mer du Japon, un régime compressif s'installe donc il y a 10 Ma. Ce nouveau régime impose une subsidence accrue des bassins de la mer du Japon et un soulèvement des marges et des rides comme la ride de Yamato.

Les failles actives sont partout présentes au Japon depuis les fosses jusqu'au domaine arrière-arc, mais la région la plus active est la marge ouest de Honshu où la zone de déformation compressive passe à terre (fig. VIII.40). Elle se marque par une densité plus importante des glissements de terrain dans cette région.

Une déformation importante est enregistrée également dans le Japon sud-ouest. La faille majeure est la Median Tectonic Line (MTL) qui est un décrochement dextre. On peut l'interpréter comme un décrochement absorbant la composante oblique de la subduction de Nankai.

Oligo-Miocène, décrochement dextre

La figure VIII.41 reprend les structures actuelles superposées aux structures Oligo-Miocène. Ces dernières définissent une zone de cisaillement dextre qui s'étend du Japon central au nord de Sakhaline sur 2000 km.

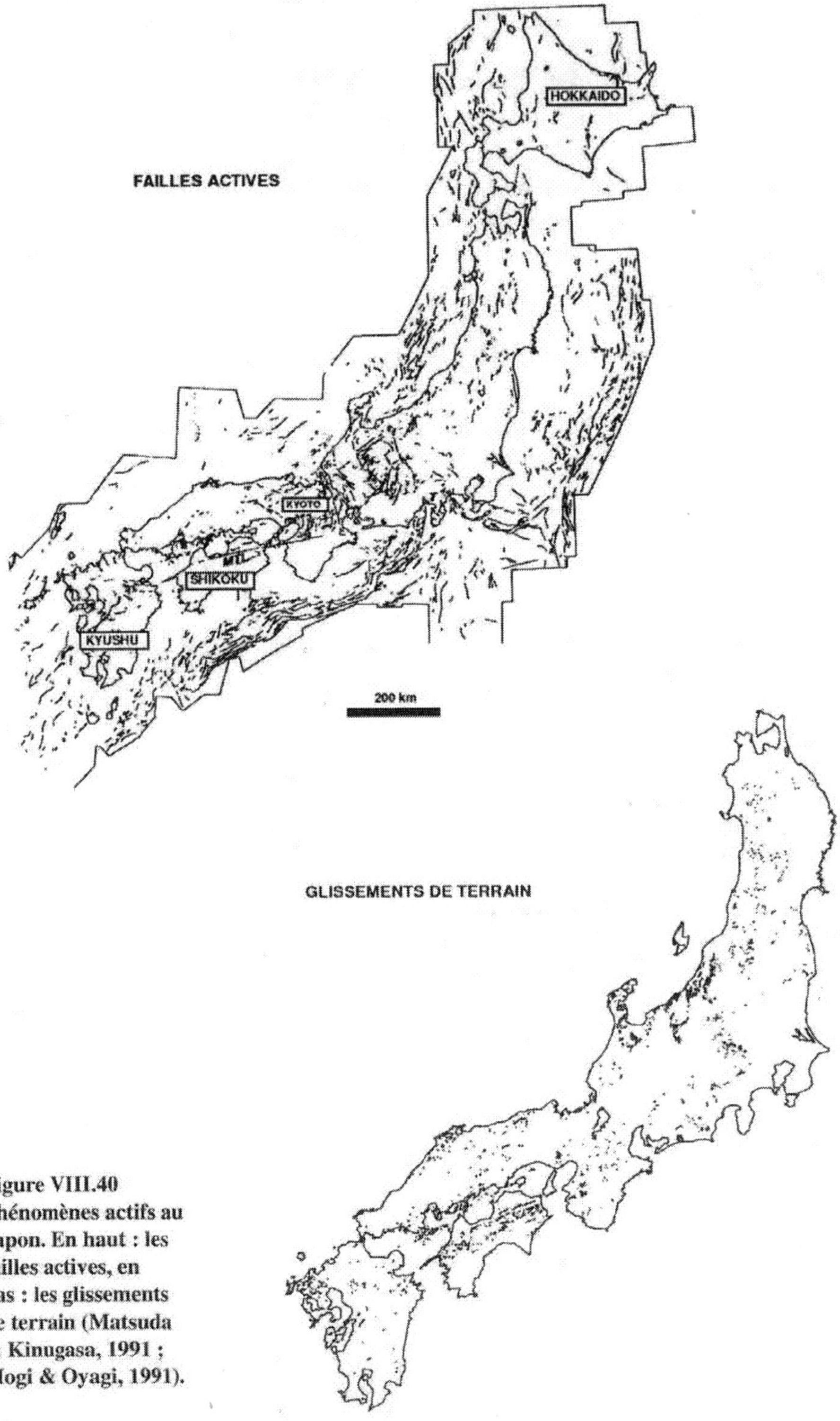

Figure VIII.40
Phénomènes actifs au Japon. En haut : les failles actives, en bas : les glissements de terrain (Matsuda & Kinugasa, 1991 ; Mogi & Oyagi, 1991).

La déformation évolue depuis un jeu dextre transpressif au nord, à un jeu dextre transtensif au sud. Dans le détail on y reconnaît deux zones de cisaillement en relais. La plus septentrionale comprend toute l'île de Sakhaline et la chaîne centrale d'Hokkaido. À la latitude d'Hokkaido et du sud de Sakhaline démarre ensuite une zone de cisaillement transtensive qui longe la marge est de la mer du Japon jusqu'au Japon central. C'est cette zone transtensive qui est reprise en compression depuis le Miocène supérieur.

La déformation transtensive est prise en compte par des failles décrochantes et des grabens en échelon, remplis de sédiments Miocène inférieur à moyen. Les tenseurs de paléocontraintes mesurés sur le terrain donnent une direction de σ_3 NW-SE et une direction de σ_2 NE-SW compatible avec un jeu dextre le long d'une zone déformée N-S.

La déformation transpressive est plus spectaculaire car elle affleure largement dans la chaîne centrale d'Hokkaido et à Sakhaline. Partout, les mesures de paléocontraintes sont compatibles avec un jeu dextre transpressif, σ_2 étant orienté NE-SW de manière très cohérente sur toute la longueur de la zone déformée.

À Hokkaido la déformation décrochante reprend un ensemble de nappes mis en place au cours du Mésozoïque. La déformation décrochante est localisée le long d'une zone de cisaillement ductile N-S. À l'extérieur de la zone ductile la déformation est plus cassante ou plicative. Elle se caractérise par des plis et chevauchements en échelon, ainsi que par la mise en place d'une nappe pendant le décrochement vers le sud-sud-ouest. Le soulèvement récent des monts Hidaka est lié à la compression E-W plus récente que 12 Ma et la formation de chevauchements frontaux vers l'ouest depuis le Miocène supérieur.

À Sakhaline la déformation est concentrée le long de la faille de Tym-Poronaisk qui longe l'île sur plus de 600 km. Il s'agit d'un décrochement dextre possédant une forte composante compressive. La déformation actuelle est du même type comme le montre les mécanismes au foyer des séismes assez fréquents le long de la faille, décrochants ou chevauchants. Le décrochement est également mis en évidence par une série de plis en échelon dans la partie ouest de l'île et par des décrochements en échelon dans la partie est. Chacun de ces décrochements montre des indices de décalage dextre des structures antérieures, ou sont associés à des bassins en pull-apart dextre.

L'ensemble de ces structures forment donc une zone décrochante dextre vue sur 2000 km du nord au sud, qui de transpressive dans le domaine intracontinental, devient transtensive dans le domaine arrière-arc.

VIII.9.6 Un modèle d'ouverture en pull-apart

D'autres données plus anciennes montrent qu'un décalage dextre s'est produit au cours du Cénozoïque le long de la faille de Yangsan et le détroit de Tsushima entre Japon et Corée du Sud. La direction des bassins à croûte amincie et des grabens de la

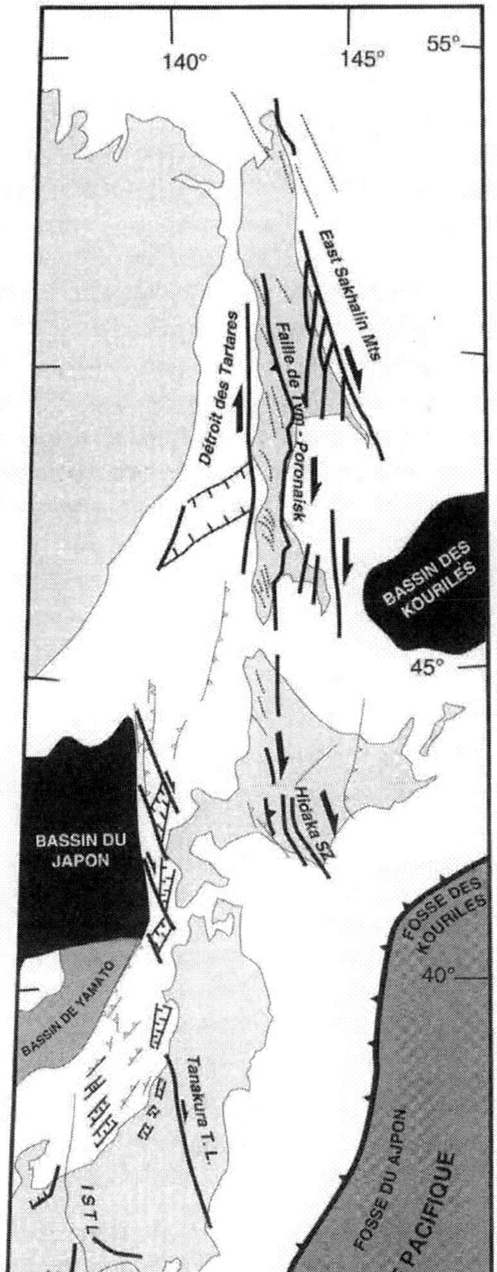

Figure VIII.41
Les principales structures de la zone décrochante de l'est de la Mer du Japon (traits épais) et structures compressives actuelles (traits fins) (Jolivet *et al.*, 1995).

mer du Japon est parfaitement compatible avec les directions de σ_{Hmax} mesurées à terre. Une étude de la fracturation du socle océanique observé en forage dans le bassin de Yamato donne la même direction de compression NE-SW.

La propagation du rift océanique mis en évidence grâce à la géométrie des anomalies magnétiques du bassin du Japon, est tout à fait cohérente avec la forme triangulaire du domaine océanique pointant dans la direction de la propagation.

On aboutit donc à la géométrie suivante (fig. VIII.42) pour les déformations Miocène. Un domaine en extension distribuée est encadré par deux zones décrochantes dextres transtensives. La direction de l'extension est compatible partout avec le jeu dextre. On obtient donc une géométrie d'ensemble de bassin en pull-apart. L'extension correspond à un relais extensif le long de la zone décrochante dextre. Au sein de ce domaine d'extension distribuée, une ride d'expansion océanique se localise très tôt au voisinage de la zone décrochante orientale. On remarquera que sa position d'ensemble

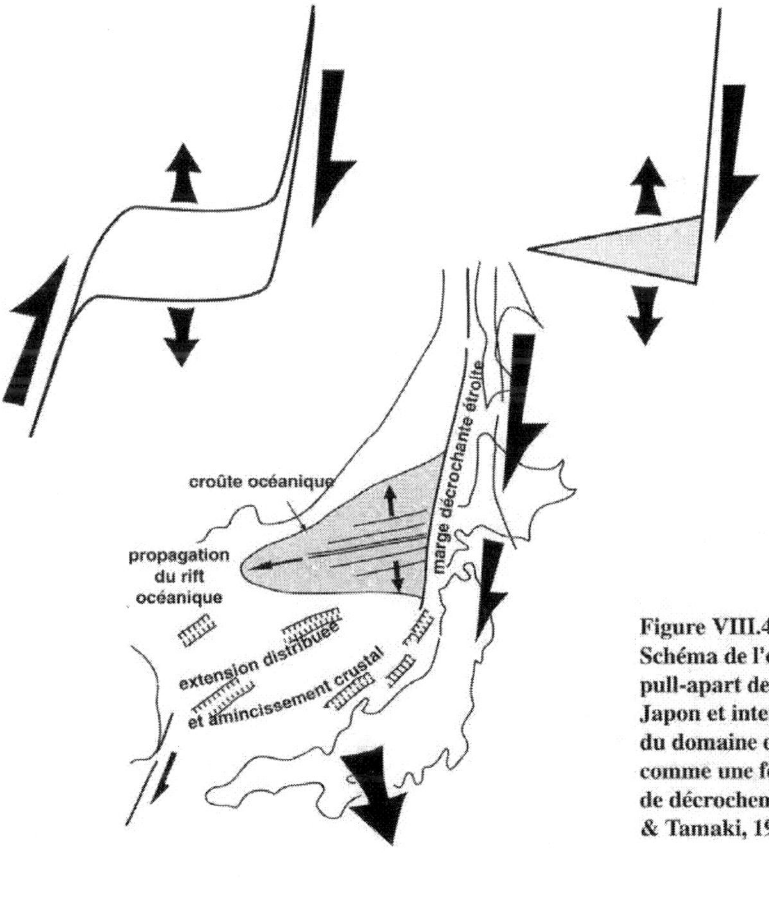

Figure VIII.42
Schéma de l'ouverture en pull-apart de la mer du Japon et interprétation du domaine océanique comme une fente en bout de décrochement (Jolivet & Tamaki, 1992).

et le sens de propagation sont compatibles avec une fente d'échelle lithosphérique en bout de décrochement dextre. Le jeu décrochant est actif pendant toute la période de l'ouverture. Pendant le même temps le Japon NE subit une rotation antihoraire et le Japon SW une rotation horaire.

La figure VIII.43 montre le principe de la cinématique utilisée dans les reconstructions décrites plus loin. L'ensemble est considéré comme une zone décrochante dextre et les blocs tournent dans la zone en extension autour de pôles eulériens proches. Pour reconstituer l'évolution de la mer du Japon depuis le Miocène inférieur, il faut également connaître l'évolution des régions voisines. Si le problème est simple le long de la fosse du Japon, puisque les mouvements de la plaque Pacifique n'ont pas changé de manière significative depuis 45 Ma, il n'en est pas de même le long de la frontière avec la plaque Philippine.

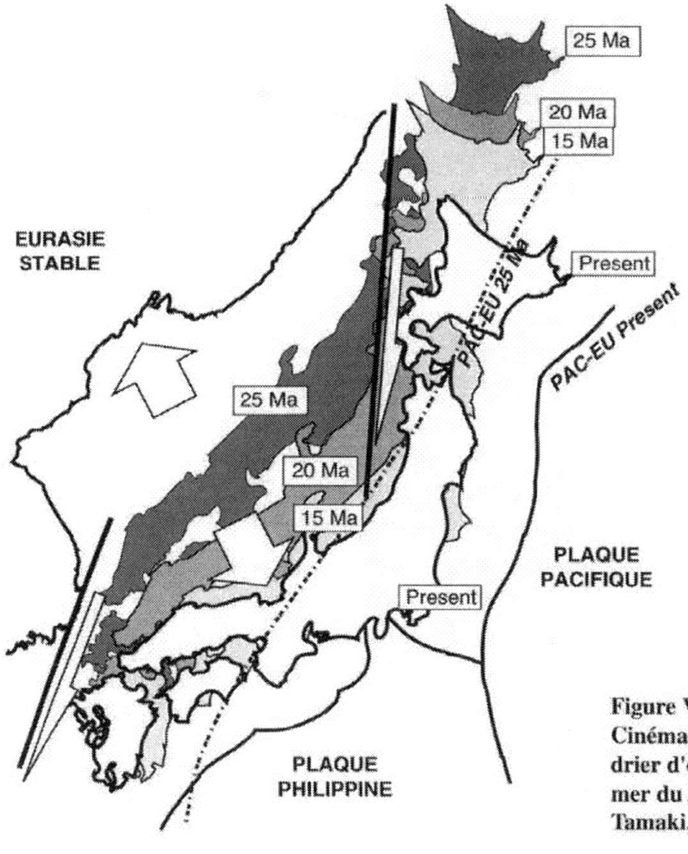

Figure VIII.43
Cinématique et calendrier d'ouverture de la mer du Japon (Jolivet & Tamaki, 1992).

VIII.9.7 Place dans l'ouest Pacifique, position de la plaque Philippine

La plaque Philippine pose un problème cinématique particulier puisqu'elle est entourée de toutes parts de zones de subduction (voir le chapitre I). Les vecteurs glissement des séismes permettent de déterminer la position du pôle de rotation actuel. Mais il est difficile de remonter dans le temps puisqu'aucune ride médio-océanique ne la sépare des plaques avoisinantes. Le problème est encore aggravé par les données de paléolatitude mesurées en divers points de la plaque Philippine. Toutes indiquent une position beaucoup plus méridionale au début du Cénozoïque et une remontée vers le nord rapide, ce qui n'est pas compatible avec la position actuelle du pôle eulérien, qui implique une rotation autour de la zone de collision d'Izu. Les données tectoniques le long des marges actives de Ryukyu et du Japon sont compatibles avec un changement de la direction de convergence il y a environ 2-3 Ma. On aboutit donc à une histoire en deux temps : migration vers le nord rapide avant 2-3 Ma, changement brutal de cinématique et déplacement du pôle vers la zone de collision. Cette histoire est compatible avec l'histoire précoce décrochante de l'archipel Philippin. En appliquant cette cinématique on obtient les différentes reconstructions de la figure VI.20. Le point important est que la position du point triple a migré avec le temps le long de la bordure de l'Eurasie. Il y a 20 Ma le point triple était situé au large de Taiwan et la plaque Pacifique subductait sous la bordure de l'Eurasie depuis Taiwan jusqu'au Kamtchatka. L'installation du point triple dans sa position actuelle date d'environ 10-15 Ma, date des premiers indices de collision dans le Japon central.

VIII.9.8 Reconstructions

En utilisant la cinématique décrite plus haut et les données tectoniques et stratigraphiques obtenues à terre et en mer il est possible de reconstituer l'histoire de la mer du Japon à des étapes clefs de son évolution (fig. VIII.44). Les lignes de côtes sont représentées schématiquement d'après les études sédimentologiques.

1.8 Ma : la géométrie d'ensemble est très semblable à la géométrie actuelle, on a seulement annulé la convergence le long de la marge orientale qui s'initie à cette époque. Au sud la collision avec l'arc des Bonins est active et le chevauchement de la ride de Zenisu est formé. Accrétion tectonique et érosion tectonique sont actives le long des fosses de Nankai et du Japon. La marge ouest du Japon est submergée et se soulève à partir de cette époque sous l'effet du raccourcissement actif dans cette région.

>

Figure VIII.44

Reconstructions de l'ouverture puis de la fermeture de la mer du Japon. VF : front volcanique. La croûte océanique est en noir et la croûte continentale amincie en grisé. Les lacs préludant à l'ouverture sont représentés en figuré pointillé (Jolivet & Tamaki, 1994).

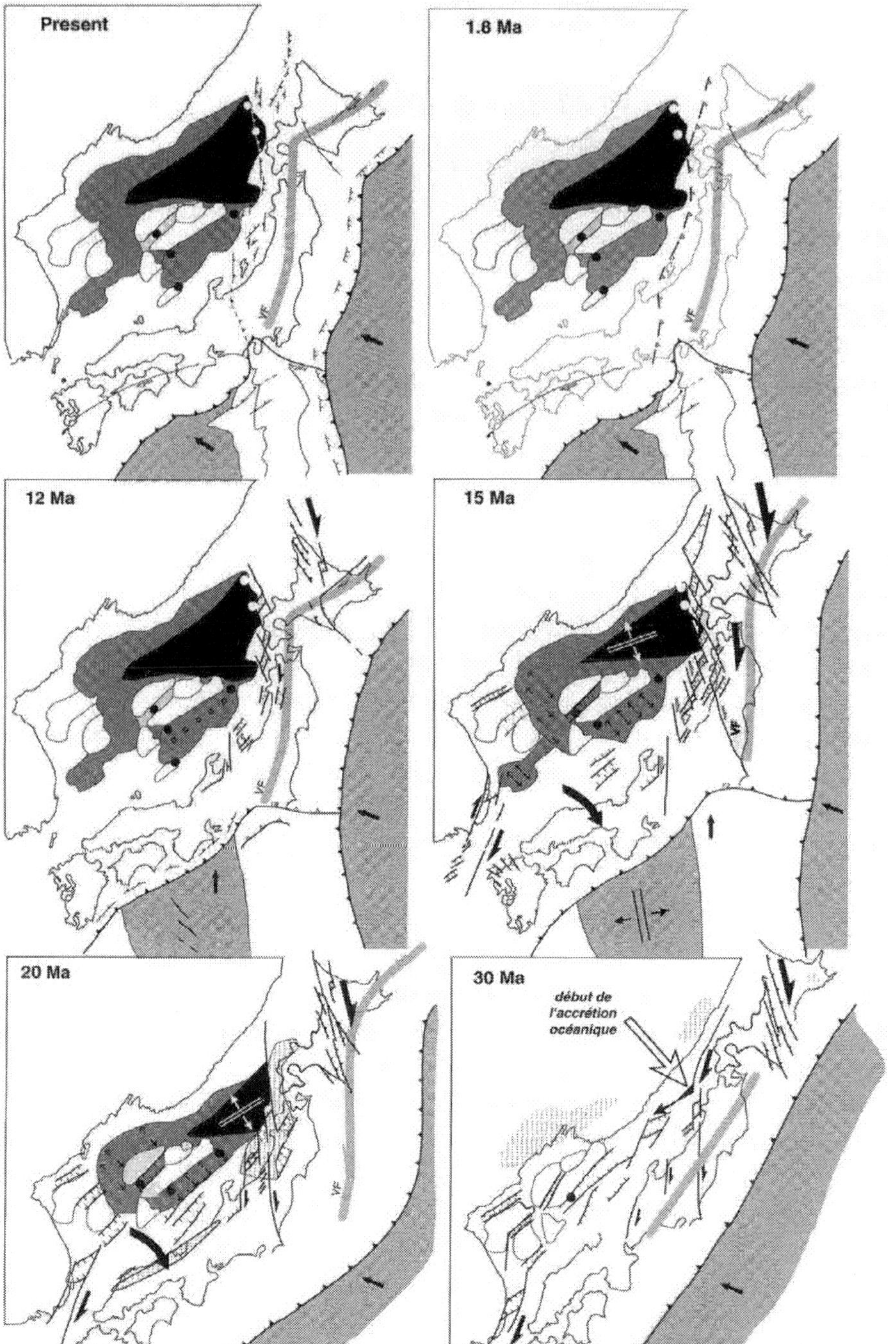
Present
1.8 Ma
12 Ma
15 Ma
20 Ma
30 Ma
début de
l'accrétion
océanique

12 Ma : les derniers stades de l'ouverture de la mer du Japon. La ride du bassin du Japon est éteinte à cette époque et les derniers mouvements décrochants sont enregistrés le long de la marge orientale. Le long de la zone de collision avec l'arc des Bonins, une petite nappe ophiolitique se met en place (Mineoka). L'expansion océanique s'arrête également dans le bassin de Shikoku. Dans ce bassin et le bassin de Yamato deux chaînes de volcans sous-marins se mettent en place dans les derniers stades de la distension. A cette époque la majeure partie du nord du Japon est submergée. L'installation de la compression qui se produit à cette époque conduit à un soulèvement progressif de tout l'arc qui émerge progressivement jusqu'à la période actuelle.

15 Ma : Le point triple est installé dans sa position définitive. Cette nouvelle configuration ralentit considérablement l'ouverture de la mer du Japon qui s'arrêtera définitivement 3 Ma plus tard. A cette époque la déformation décrochante est très active sur les deux marges. Les deux bassins principaux (Japon et Yamato) sont largement ouverts. La majeure partie du Japon est submergée à l'exception de la chaîne centrale d'Hokkaido où la déformation décrochante transpressive est active et de bandes parallèles E-W dans le Japon sud-ouest. Celles-ci dénotent l'existence de bassins et de rides perpendiculaires à la direction d'extension dans cette région.

20 Ma : stade principal de l'ouverture. Le rift du bassin du Japon est en propagation vers l'ouest. L'amincissement et l'intrusion de sills basaltiques est très actif dans le bassin de Yamato. Tous les grabens sont actifs le long des deux marges. Vers le nord le mouvement transpressif construit la zone de cisaillement de la chaîne centrale d'Hokkaido. La plaque Philippine est très au sud de sa position actuelle laissant toute liberté à l'arc japonais de dériver vers le Pacifique. La majeure partie du Japon est émergée sauf un domaine étroit qui sépare Japon sud-ouest et Japon nord-est et qui prolonge la zone décrochante dextre. Des lacs d'eau douce préfigurent les bassins marins du Miocène moyen et sont parallèles à la zone décrochante et aux grabens du sud-ouest.

25-30 Ma : Début du rifting et du spreading. Le Japon possède une forme rectiligne avant les rotations Miocène et les premiers grabens en échelon se forment au sein d'une zone décrochante large. Le raccourcissement oblique de la chaîne centrale d'Hokkaido est actif au nord.

Pendant cette histoire la croûte océanique se forme d'abord dans un petit triangle situé à la limite entre les domaines transpressif et transtensif et se propage ensuite vers l'ouest et s'élargit progressivement.

La comparaison des deux stades extrêmes permet une quantification grossière du déplacement dextre total : 400 km le long de la frontière orientale et 150 km le long de la frontière occidentale. La différence de déplacement fini entre les deux côtés de la zone décrochante est accommodée par les rotations horaires enregistrées dans le Japon sud-ouest.

Il est intéressant de comparer l'état de l'ensemble de la zone décrochante à l'actuel et il y a 20 Ma (figures VIII.36 et VIII.45) :

Actuel : les mouvements dextres transpressifs sont confinés aux régions éloignées de la zone de subduction (Sakhaline, Corée). Les régions proches des fosses du Japon et de Nankai sont en compression et la mer du Japon a commencé à subduire sous l'arc japonais. Le contexte est donc globalement compressif.

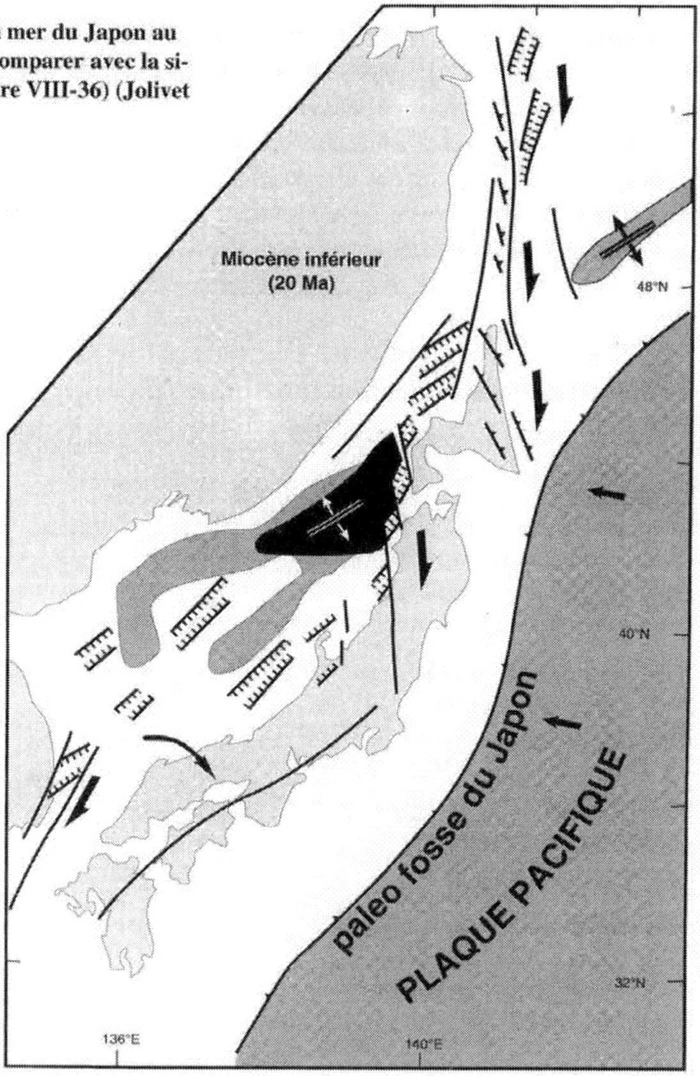

Figure VIII.45
Reconstruction de la mer du Japon au Miocène inférieur (comparer avec la situation actuelle, figure VIII-36) (Jolivet *et al.*, 1992).

20 Ma : Les mouvements décrochants sont actifs partout, transpressifs le long de Sakhaline et transtensifs dans la région arrière-arc, les rotations des blocs vers la zone de subduction sont permis par l'absence de la plaque Philippine.

Deux conclusions importantes peuvent être tirées à ce point :

(1) Les décrochements dextres ne sont pas cantonnés à la région arrière-arc comme c'est le cas dans les zones de subduction oblique. Au contraire, la zone décrochante pénètre profondément dans le continent asiatique le long de Sakhaline. On doit donc chercher leur moteur ailleurs que dans le régime de la subduction. Comme nous le verrons d'autres décrochements dextres du même type existent vers l'ouest.

(2) le régime cinématique des zones de subduction semble contrôler le régime mécanique de la région arrière-arc : transtension quand la plaque Pacifique subducte sous l'ensemble de l'arc japonais, compression quand la plaque Philippine entre en jeu et que la collision Izu-Bonin démarre.

La région Japon-Sakhaline est donc une zone de cisaillement dextre intracontinentale dont la portion située dans le domaine arrière-arc est contrôlée par le régime de la subduction. Cela donne un rôle important à l'extension arrière-arc classique telle que nous l'avons décrite sur les exemples plus simples des bassins des Mariannes ou de Shikoku. Mais celle-ci est modulée par la déformation intracontinentale.

VIII.10 Indonésie et Asie du Sud Est

Les données les plus récentes montrent que la majeure partie de la région du Sud-Est asiatique et de l'Indonésie possède des caractères paléogéographiques typiques de l'Eurasie (fig. VIII.46). On ne rencontre de caractères australiens qu'à partir de l'arc de Banda et dans la partie orientale de l'arc de la Sonde. Toutes les déformations de premier ordre comme l'ouverture Éocène à Miocène des bassins marginaux de la mer de Chine méridionale, de Sulu ou de Célèbes, ou leur fermeture plus récente, intéressent donc la bordure orientale de l'Eurasie. Leur étude rentre donc dans le cadre de notre problème, la déformation de l'Asie à l'époque de la collision avec l'Inde. Bien sûr, les déformations associées à la collision avec l'Australie à partir du Miocène inférieur viennent se greffer sur un champ de déformation déjà complexe. Mais il n'est pas possible de discuter de la déformation de l'Asie en laissant de côté la région indonésienne. L'état d'avancement des recherches dans cette région est très variable suivant les domaines. L'évolution de la mer de Chine méridionale et de la péninsule indochinoise est assez bien connue. Les données sur les autres régions sont plus fragmentaires du moins dans la littérature accessible. De nombreuses données ont été acquises par les compagnies pétrolières, mais du fait du potentiel productif élevée de la région, elles ne sont pas toujours publiées.

VIII.10.1 Domaine philippin

L'arc des Philippines est pris dans l'étau de la subduction vers l'ouest de la plaque Philippine et d'une série de zones de subduction vers l'est dans les fosses de Manille, Negros ou Cotabato (fig. VIII.47). Les déformations les plus actives sont liées au fonctionnement de la faille Philippine qui absorbe la composante oblique de la subduction dans la fosse des Philippines. Avant l'initiation de cette faille au Pliocène, l'archipel était déjà soumis à un contexte général décrochant senestre, le long duquel des morceaux de l'arc des Philippines entraient en collision oblique avec des blocs continentaux appartenant à l'Eurasie. Des ophiolites comme celle de Zambales sur l'île de Luzon furent mise en place lors de ces collisions. La suture est aujourd'hui décalée par la faille Philippine. L'ensemble de ces déformations s'est produit dans un contexte transpressif senestre résultant du mouvement de convergence oblique de la plaque Philippine et de l'Eurasie.

VIII.10.2 Domaine australien

Le plateau continental australien qui comprend également la partie sud et ouest de l'île de Nouvelle Guinée peut être reconnu par ses faciès dans les domaines déformés qui jalonnent la mer de Banda. La limite avec le domaine eurasien passe dans les bras méridionaux de Sulawesi. La mer de Banda est donc entourée de blocs continentaux appartenant à l'Australie. L'âge mésozoïque de la croûte océanique dans ce bassin en fait l'équivalent des bassins qui bordent l'Australie à l'ouest en dehors de la zone de collision. La mer de Banda est un bassin océanique ouvert au Mésozoïque dans la marge de l'Australie, aujourd'hui capturé dans la zone de collision. Ce n'est donc pas au sens propre un bassin marginal.

VIII.10.3 Domaine eurasien

La plate forme du sud-est asiatique comprend donc toute la péninsule indochinoise et la péninsule malaise, l'île de Sumatra, les îles de Bornéo et Palawan ainsi que les arcs de Sulu et du bras nord de Sulawesi.

Les déformations les plus importantes sont observées dans la région occidentale le long de l'archipel philippin. Les trois bassins marginaux de la mer de Chine méridionale, de Sulu et de Célèbes se sont ouverts au sein de la marge eurasienne depuis l'Éocène. Les âges d'ouverture sont aujourd'hui bien contraints par des anomalies magnétiques et des forages. La mer de Chine méridionale s'est ouverte entre l'Oligocène supérieur et le Miocène inférieur (32-15 Ma), le bassin de Sulu au Miocène inférieur et moyen, et le bassin des Célèbes à l'Éocène.

La géométrie d'ouverture de la mer de Chine méridionale est bien contrainte par des anomalies magnétiques bien exprimées, ce qui n'est pas le cas des autres bassins. Il

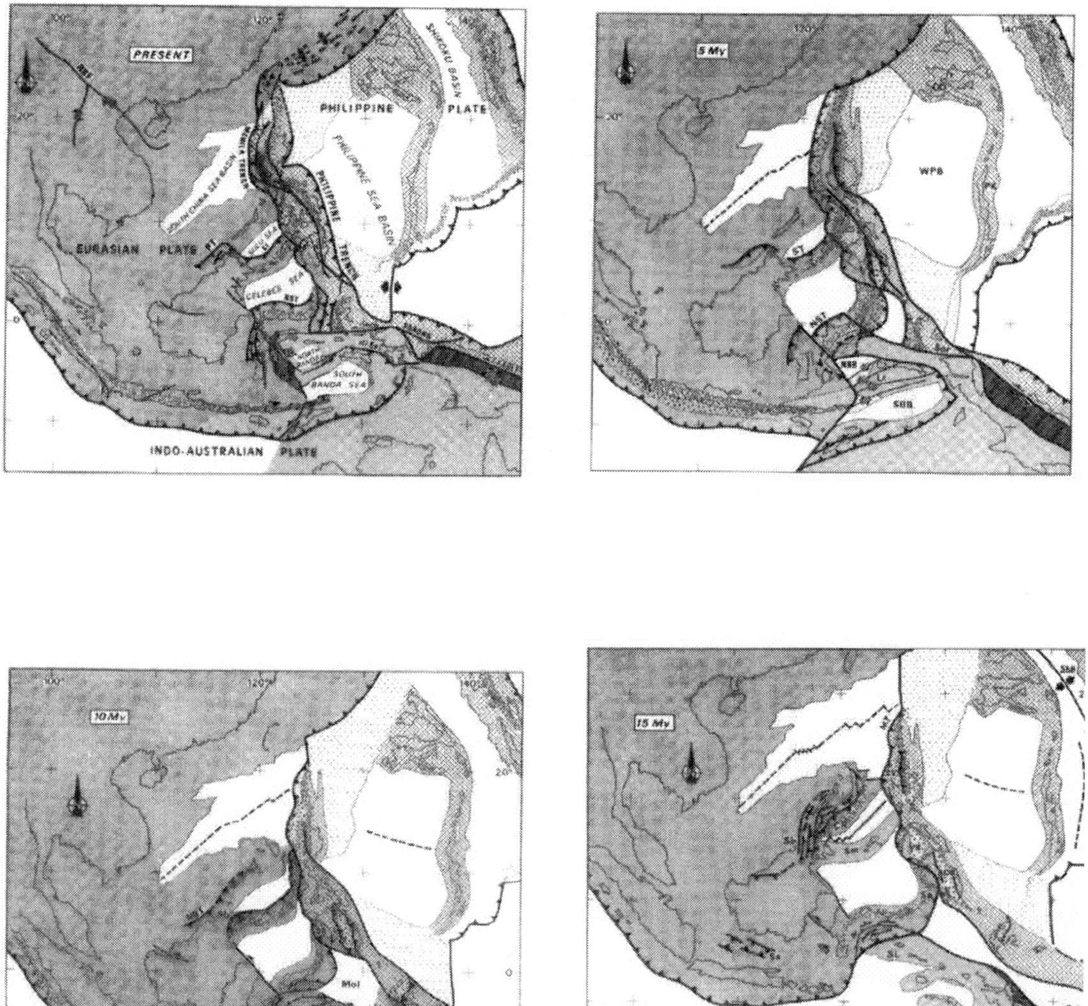

Figure VIII.46
Reconstructions de l'évolution de la région indonésienne et des Philippines depuis le début de la collision (Rangin *et al.*, 1990).

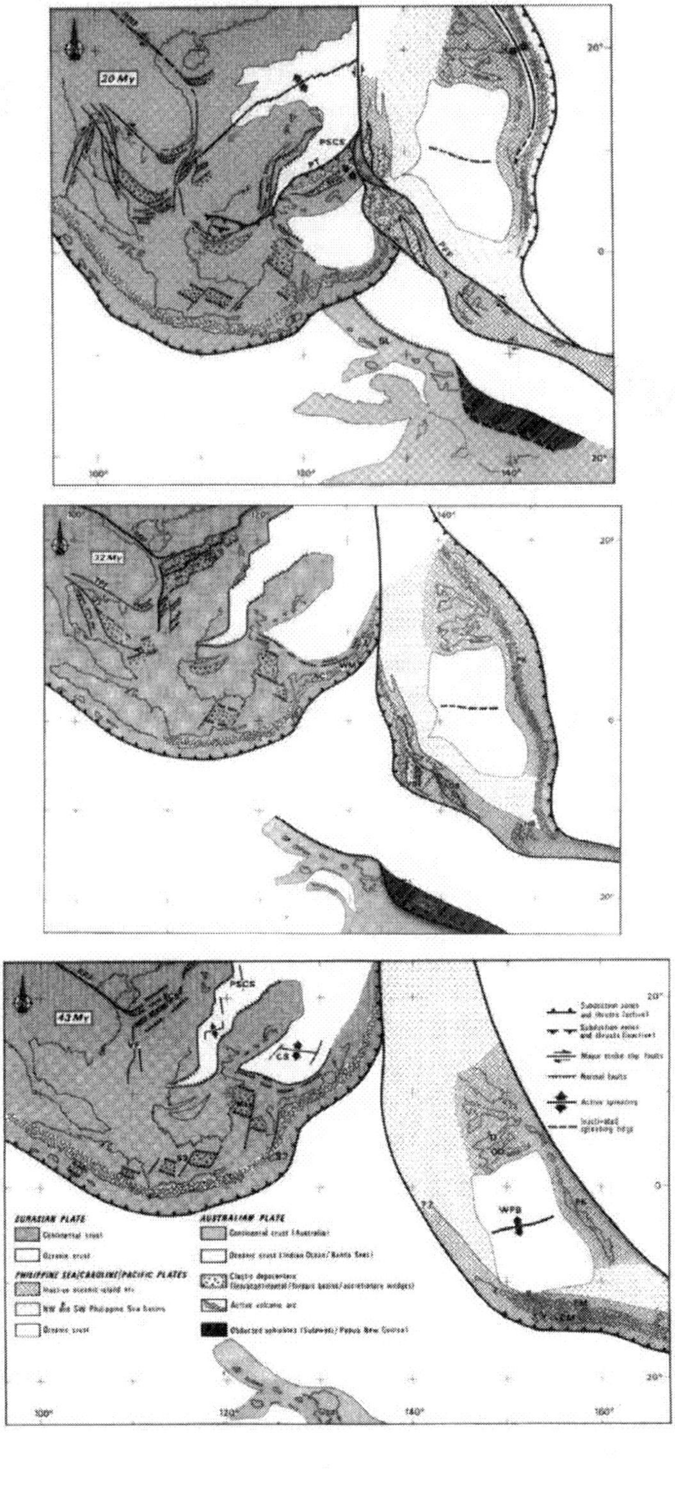
20 My
PSCS
32 My
43 My
PSCS
CS
WPB
EURASIAN PLATE
Continental crust
Oceanic crust
AUSTRALIAN PLATE
100°
120°
140°
160°
20°
0

est donc possible de reconstituer les déplacements de la marge sud de la mer de Chine méridionale indépendamment de toute autre donnée tectonique. C'est un grand avantage sur un bon nombre de bassins marginaux comme la mer du Japon. Nous discuterons de son évolution dans un premier temps et envisagerons les possibles conséquences tectoniques locales, puis décrirons un modèle d'évolution de l'ensemble de la région basé sur des reconstructions paléocinématiques. Ces dernières prennent en compte les données de la cinématique globale pour les déplacements des grandes plaques qui limitent la zone déformée, des données de la cinématique interne au do-

Figure VIII.47
Détail des principales zones de déformation de la région des Philippines et origine paléogéographique des différents blocs. Voir également les figures I-17 et I-18 (Rangin *et al.*, 1990).

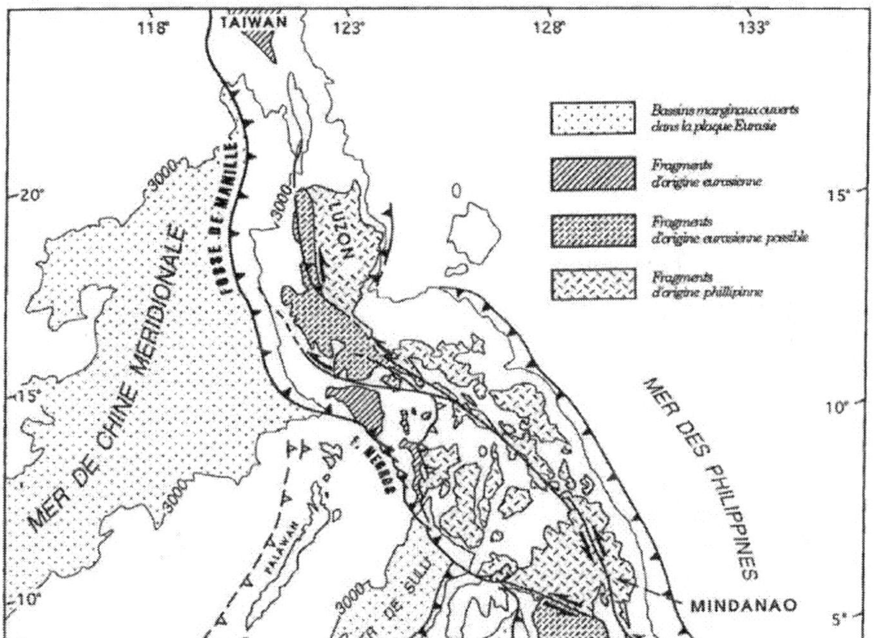

maine déformé (mer de Chine) et des données géologiques dans l'ensemble du domaine qui permettent de localiser les principales zones de déformation et de préciser le type de déformation.

VIII.10.4 Mer de Chine, Faille du Fleuve Rouge, extrusion

La mer de Chine méridionale est l'un des plus grands bassins marginaux après le bassin de Shikoku Parece Vela. Les structures contemporaines de l'ouverture sont préservées partout sauf le long de la limite est, où la mer de Chine subducte sous l'île de Luzon dans la fosse de Manille. L'initiation de cette subduction date d'environ 20 Ma. Le domaine océanique est séparé du domaine continental chinois par une marge continentale amincie très large. L'extension dans cette région est contrôlée par des grabens parallèles à la marge chinoise (fig. VIII.3). La région amincie s'interrompt brusquement le long de la marge nord-est de la presqu'île indochinoise sur un bassin allongé NW-SE entre l'île de Hainan et les côtes du Viet Nam et de la Chine.

Le domaine océanique révèle des anomalies magnétiques bien définies (fig. VIII.34). L'histoire de l'ouverture peut être décomposée en épisodes principaux :

(1) l'ouverture débute au nord à 32 Ma (anomalie 11) et forme un premier domaine océanique.

(2) Le premier centre d'accrétion est abandonné dès l'anomalie 7 (26 Ma) et un nouveau se forme plus au sud.

(3) A partir de l'anomalie 6b (24 Ma) l'ouverture se propage vers le sud-ouest à l'intérieur de la marge continentale chinoise. Après une nouvelle réorganisation cinématique à l'anomalie 6 (20 Ma) le spreading cesse après l'anomalie 5d à 15.5 Ma.

Cette cinématique implique un déplacement de la marge sud de la mer de Chine d'environ 600 km vers le sud. A partir de cette observation les interprétations divergent selon deux directions :

Selon la première interprétation le déplacement de la marge sud se fait le long d'un décrochement dextre qui longe les côtes orientales du Viet Nam (fig. VIII.48). Cette hypothèse tient compte de l'existence d'un escarpement très important que la plupart des auteurs interprètent comme un décrochement. Des données récentes sur la déformation de la marge vietnamienne semblent corroborer cette hypothèse bien que le calendrier de ces déformations soit encore vague.

La deuxième interprétation fait jouer un rôle majeur à la faille du Fleuve Rouge et à son extension en mer. Cette faille est connue sur plusieurs milliers de kilomètres depuis la région du Yunnan jusqu'au Golfe du Tonkin (figs VIII.2 et VIII.3). Elle est caractérisée par une très forte localisation de la déformation ductile le long d'un couloir de 10-15 km. On observe un gradient de déformation et de métamorphisme haute température à l'approche de la zone axiale. La zone de déformation maximale est constituée de dômes de gneiss allongés parallèlement à la faille. Les âges radiométriques de jus granitiques mis en place pendant la déformation sont tous groupés autour de 20 Ma. La faille du Fleuve Rouge est sans conteste un grand décrochement d'échelle crustale, pour partie d'âge Miocène. On ne connaît pas avec précision l'âge du début du mouvement, ni la manière dont la quantité totale de déplacement senestre est répartie dans le temps. On sait par contre que le sens de déplacement actuel est au contraire dextre, et que l'inversion du sens s'est produite entre le Miocène supérieur et le Pliocène (10-5 Ma). Les estimations de la quantité de déplacement fini sont peu précises, variant de l'ordre de 150 km à plus de 1000 km.

Il est possible de lier géométriquement le jeu décrochant senestre et l'ouverture de la mer de Chine sous forme d'un bassin en pull-apart (fig. VIII.48), ce qui implique un jeu senestre important, de l'ordre de 700 km et de prolonger la faille le long de l'escarpement du Viet Nam. Des données de terrain acquises récemment le long de l'escarpement du Viet Nam montrent au contraire que la limite occidentale de la mer de Chine est un décrochement dextre au moins depuis 20 Ma. Une série d'expériences analogiques de la collision suggèrent que le jeu senestre de la Faille du Fleuve Rouge est le résultat de l'extrusion du bloc indochinois lors de la collision (voir figure VIII.49 et discussion des modèles plus loin). D'autres expériences au contraire suggèrent qu'ouverture de la mer de Chine méridionale et jeu senestre de la faille du Fleuve Rouge sont deux phénomènes indépendants. Dans les reconstructions décrites dans le prochain paragraphe, la première hypothèse a été choisie.

VIII.10.5 Reconstructions

La figure VIII.50 décrit la cinématique choisie pour l'évolution de la région depuis 43 Ma. Les conditions aux limites cinématiques sont fournies par les données de la cinématique globale. La plaque Australie monte vers le Nord à un taux assez constant de 8 cm/an. Elle entre en collision avec l'extrémité sud-est de l'Eurasie, il y a 20 Ma. La plaque Pacifique se déplace vers l'ouest à 10 cm/an. Le mouvement de la plaque Philippine est contraint (voir plus haut) par la dérive latitudinale déduite des mesures paléomagnétiques et par le jeu décrochant le long de l'archipel Philippin. Le schéma le plus simple possible a été choisi pour décrire la déformation du sud-est asiatique dans ce contexte. Tous les blocs tournent autour d'un pôle moyen situé dans la mer d'Andaman qui permet à la fois le jeu senestre le long de la faille du Fleuve Rouge et l'ouverture N-S de la mer de Chine Méridionale. C'est un pôle moyen en accord avec les données des anomalies magnétiques décrites plus haut. Les reconstructions (fig. VIII.46) montrent la migration progressive vers le sud de la fosse de la Sonde jusqu'à la collision avec l'Australie au Miocène inférieur.

43 Ma : la collision Inde-Asie est en cours depuis quelques millions d'années ; la Faille du Fleuve Rouge guide l'extrusion de l'Indochine et les premiers événements extensifs affectent la marge sud chinoise au nord de la faille. Le bassin des Célèbes est

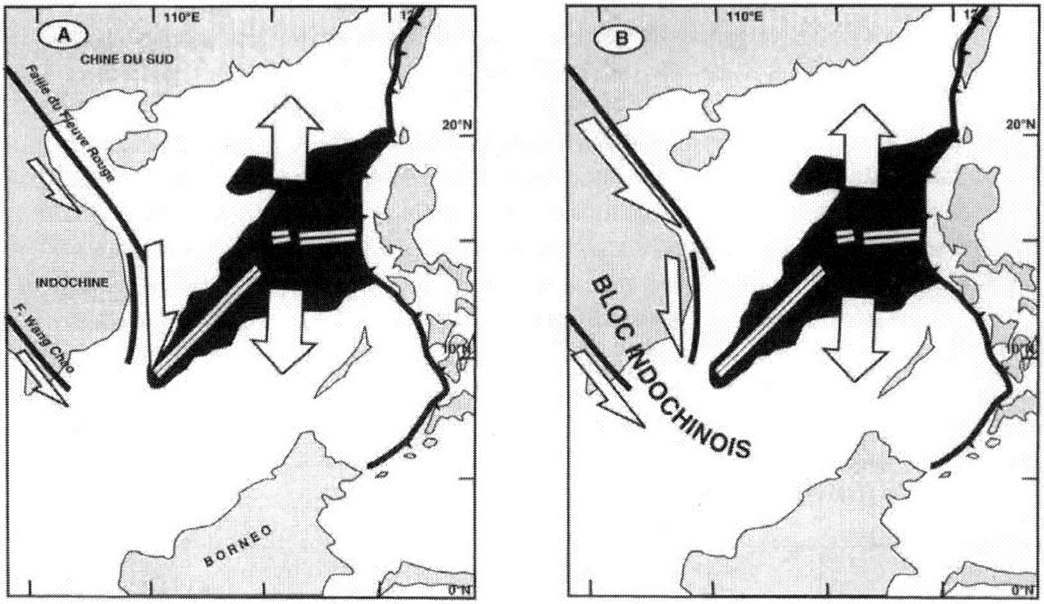

Figure VIII.48
Deux modèles cinématiques d'ouverture de la mer de Chine méridionale, en pull-apart le long de la Faille du Fleuve Rouge (B) ou indépendamment de celle-ci (A) (Taylor & Hayes, 1980 ; Tapponnier *et al.*, 1982).

Figure VIII.49
Dessins d'un modèle analogique de la collision Inde-Asie en plasticine (Tapponnier *et al.*, 1982).

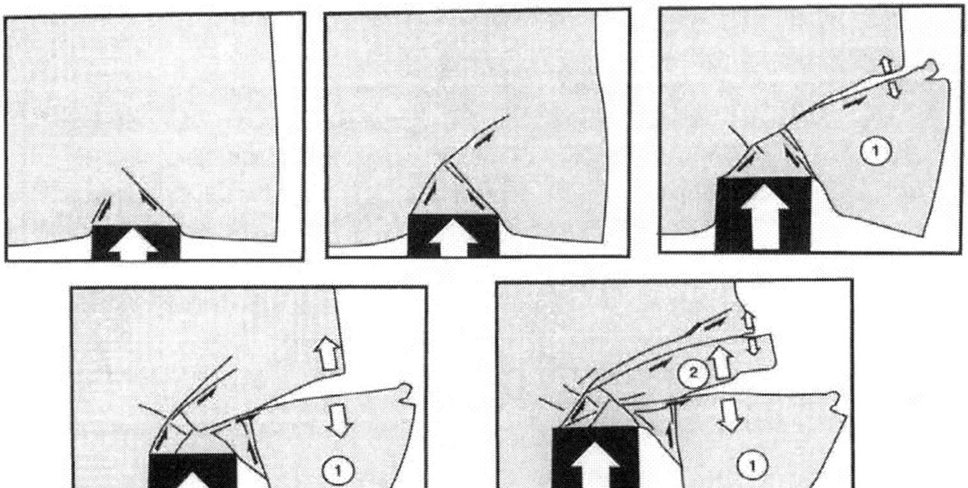

en ouverture active. Un bassin aujourd'hui disparu, la « Proto Mer de Chine » s'ouvre un peu plus au nord. Le bassin Ouest Philippin est en phase finale d'ouverture sur la plaque Philippine qui migre vers le NO.

32 Ma : Début de l'accrétion océanique en mer de Chine et jeu senestre le long de la faille du Fleuve Rouge et les failles du même type comme la faille des Trois Pagodes.

20 Ma : La mer de Chine est largement ouverte. La proto mer de Chine est en cours de fermeture. La suture est aujourd'hui visible dans la partie nord-est de Bornéo. Les premiers blocs australiens entrent en collision avec l'Indonésie. Le bassin de Shikoku est en ouverture sur le bord oriental de la plaque Philippine. Le rifting du bassin

Figure VIII.50
Cinématique de l'évolution de la région Indonésie-Philippines utilisée dans les reconstructions de la figures VIII-46 (Rangin *et al.*, 1990).

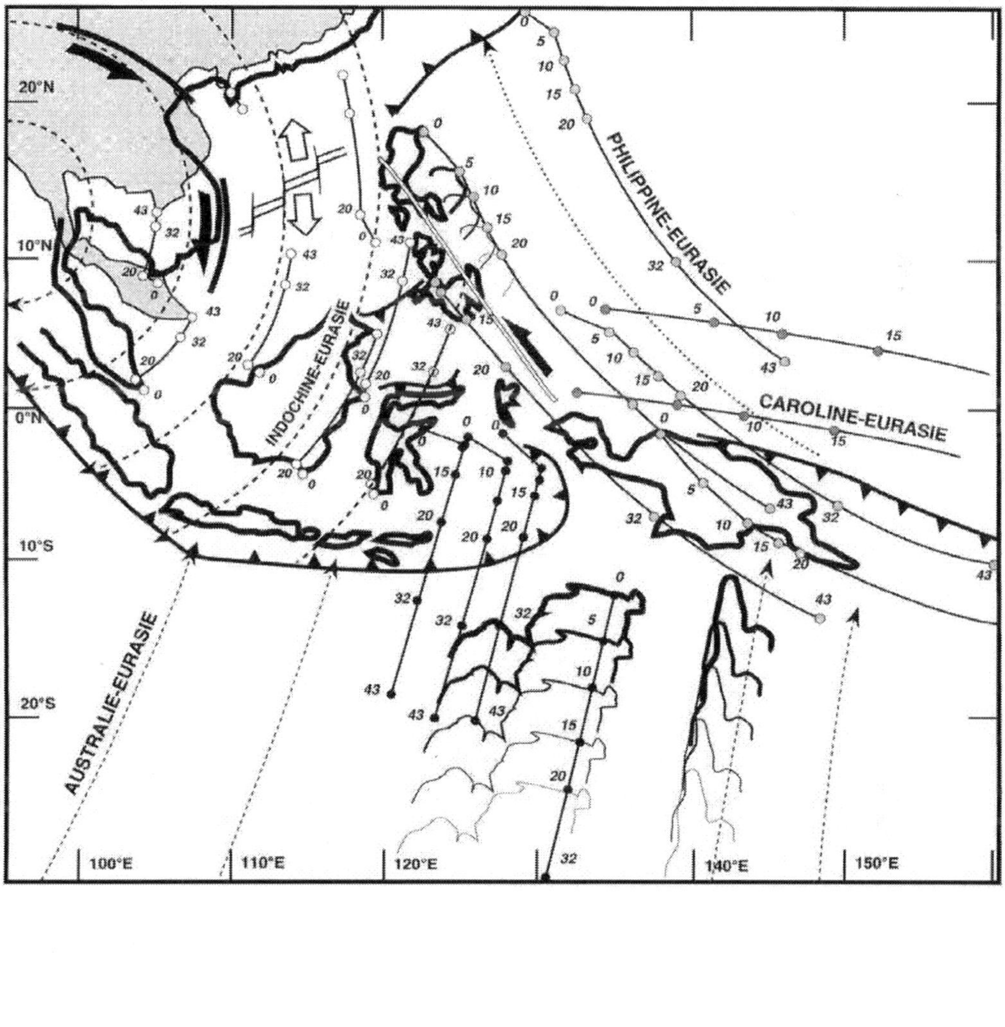

de Sulu démarre et les premiers indices de collision entre les blocs de l'arc Philippin et la marge eurasienne sont enregistrés.

15 Ma : La proto mer de Chine est totalement fermée et la compression continue pour former des chevauchements intracontinentaux le long de Palawan et du nord de Bornéo. Le bassin des Célèbes commence à subducter vers le nord ; le bassin de Sulu est en pleine ouverture. La ride meurt dans la mer de Chine méridionale. Les subductions s'initient sur la bordure ouest de l'archipel Philippin. L'espace océanique situé entre le bord nord de l'Australie et le bord sud de la plaque Philippine est résorbé entre deux subductions à vergence opposées qui sont encore actives aujourd'hui dans la mer des Moluques au sud de l'archipel Philippin.

10 Ma : La situation précédente se poursuit avec l'arrêt des déformations compressives au nord de Bornéo, et l'arrêt de l'ouverture du bassin de Sulu. La déformation compressive progresse le long de la zone de collision frontale de l'Australie.

5 Ma : la situation actuelle s'installe progressivement. Le bassin de Sulu et le bassin des Célèbes subductent sous leur marge sud. La faille Philippine s'initie. La mer des Moluques est presque totalement résorbée. La collision progresse dans la région de Timor et de la Mer de Banda.

VIII.11 Modèles de déformation de l'Asie

Nous avons décrit les principales zones de déformation de l'Asie depuis la zone de collision proprement dite jusqu'aux bordures orientale et sud-orientale. Nous devons maintenant chercher à comprendre les mécanismes généraux qui conduisent à ces structures.

Une des questions importantes concerne les rôles respectifs joués par la composante extensive des domaines arrière-arc et la compression frontale. S'il est clair que les déformations spectaculaires de l'Himalaya et du Tibet sont la conséquence directe de la collision, de même que les grands décrochements comme la faille de l'Altyn Tagh, les relations géométriques entre l'ouverture des bassins marginaux et certains grands décrochements ne sont pas aussi clairement liées à la collision. Nous avons vu également que les conditions aux limites cinématiques du côté Pacifique ont changé considérablement entre le début de la collision et la période actuelle. Ces changements permettent de tester l'influence de ces conditions aux limites sur le régime de déformation de l'ensemble de l'Asie. Nous décrirons dans un premier temps une série de modèles mécaniques numériques et analogiques de la collision puis traiterons de la cinématique des déformations à l'échelle de l'ensemble de l'Asie. Comme nous le verrons la complexité du problème fait que la cinématique utilisée par les différents auteurs n'est pas indépendante des idées choisies plus ou moins a priori sur le comportement mécanique de la lithosphère continentale.

VIII.11.1 Modèles expérimentaux et numériques

Quelque soit la méthode d'approche du problème on constate à la base une divergence d'opinion entre deux écoles. La première considère la lithosphère continentale comme un milieu continu où la déformation ne se localise pas, comme un fluide de très forte viscosité. Cette hypothèse ne va pas à l'encontre des observations de terrain qui montrent la présence de zones très déformées (les grandes failles de l'Asie par exemple) et de zones moins déformées. Elle suppose simplement que ces zones déformées sont si denses que l'ensemble se comporte comme un fluide quand on le considère à très petite échelle (c'est-à-dire vu de très loin). La deuxième école considère au contraire la lithosphère continentale comme très localisante, toute la déformation étant concentrée le long de quelques grandes failles majeures qui oriente la cinématique.

Quelque soit la méthode, le modèle comporte toujours un poinçon rigide (l'Inde) et un domaine déformable (l'Asie) en se basant sur le fait très simple que l'Asie est déformée et pas l'Inde. On peut comprendre cette observation en observant que l'Inde est formée d'une seule pièce d'un craton précambrien alors que l'Asie est formée d'une multitude de blocs accrétés au cours du Paléozoïque et du Mésozoïque. On entrevoit alors le rôle possible joué par des discontinuités préexistantes pour localiser la déformation.

Les modèles numériques et les modèles analogiques ont chacun leurs avantages et apportent tous leur contribution à la solution du problème. Dans chaque « expérience » numérique on considère connues les propriétés fondamentales de la lithosphère continentale (sa viscosité, ses constantes thermiques...) que l'on introduit sous forme de nombres dans le calcul. En appliquant des conditions aux limites cinématiques ou mécaniques variées, on peut tester différentes hypothèses sur la cinématique et les propriétés rhéologiques de la lithosphère. Dans une expérience analogique on utilise des matériaux qui a priori ont un comportement proche de celui de la lithosphère continentale (sable : cassant, silicone : ductile), et on applique des conditions aux limites variées. Le comportement rhéologique des matériaux utilisés ne peut être contrôlé totalement et une part importante de «hasard » entre en jeu. En particulier des instabilités locales vont souvent être amplifiées et localiser la déformation durant toute l'expérience. En général les expériences montrent une déformation plus proche de la « réalité » apparemment parce qu'elles donnent naissance à des structures connues des géologues comme des plis ou des failles. Le principal problème de ces expériences est leur mise à l'échelle. Il est en général impossible de mettre à l'échelle à la fois la rhéologie, les dimensions horizontales et verticale et le temps, et il est donc difficile de se faire une idée précise sur les rapports entre les structures crées pendant l'expérience et le problème géodynamique posé. Les modèles numériques qui supposent un comportement fluide de la lithosphère ne rencontrent pas ce problème.

La figure VIII.51 montre les résultats d'une modélisation numérique de la collision Inde-Asie comparée aux données réelles très lissées. Le modèle consiste en une lithosphère mince indentée par un poinçon rigide. Les courbes représentent les altitudes obtenues dans la zone de collision en kilomètres. Les directions des axes principaux du champ de contrainte sont représentées également et comparées aux directions de raccourcissement données par les mécanismes au foyer des séismes. On constate un accord général entre le modèle et la réalité sur les directions générales et les altitudes obtenues. Une différence majeure apparaît cependant : la zone de déformation obtenue est symétrique autour d'une direction parallèle à la direction de convergence, comparée à l'asymétrie totale du système naturel (on remarquera que la grille latitude-longitude a été tournée d'environ 30° pour que le système ressemble à la nature). Cette différence est très significative du fait que, dans le cas naturel, les conditions aux limites sont très asymétriques, compression au sud, extension à l'est et au sud-est. Le même type de modèle avec des conditions aux limites qui permettent l'étalement vers l'est et/ou une géométrie des frontières asymétriques permettent d'obtenir une asymétrie de la déformation finie.

Les modèles analogiques ont l'avantage de montrer des structures que l'on rencontre dans la nature (il faut cependant garder à l'esprit le problème de la mise à l'échelle évoquée plus haut). Clairement les modèles numériques tels que celui de la figure VIII.51 ne peuvent donner aucune indication sur le rôle joué par les grands décrochements, par exemple, puisque de telles structures ne sont pas prises en compte. Ils peuvent par contre donner des indications à très petite échelle sur la taille des domaines affectés par l'épaississement ou l'extension et les quantités d'épaississement ou d'amincissement fini que l'on peut attendre sur des périodes de temps géologiques sans rencontrer le problème de la mise à l'échelle. Mais si le géologue veut tester le rôle des structures qu'il voit sur le terrain telles que les grands décrochements seuls les modèles analogiques sont pour l'instant adéquats.

La figure VIII.49 montre les résultats d'une expérience qui fut le point de départ de nombreuses autres et qui lança l'idée que la collision pouvait conduire à l'extrusion de blocs continentaux rigides le long de décrochements. Les conditions expérimentales sont très simples : un bloc d'acier pénètre à vitesse constante un bloc de plasticine constitué de bandes parallèles de couleurs différentes. La bordure orientale est libre, c'est-à-dire que le modèle peut se déplacer librement vers l'est. La déformation commence par la formation de décrochements qui s'initient près des coins du piston rigide et se propagent au sein du domaine de plasticine. Ces décrochements sont d'abord symétriques, puis les décrochements senestres se propageant vers la bordure libre deviennent très rapidement prépondérants. L'accentuation de cette géométrie conduit à l'expulsion de blocs vers l'est le long de décrochements senestres. Deux blocs sont expulsés successivement. Il est alors facile de comparer le bloc du sud avec l'Indochine expulsée le long de la faille du Fleuve Rouge et le bloc du Nord avec la Chine du Sud expulsée le long de la faille de l'Altyn Tagh. Notons dès maintenant que cette géométrie était favorisée dans l'expérience par une plaque de verre posée sur l'ensemble du modèle qui empêchait l'épaississement. Seule l'extrusion était donc possible.

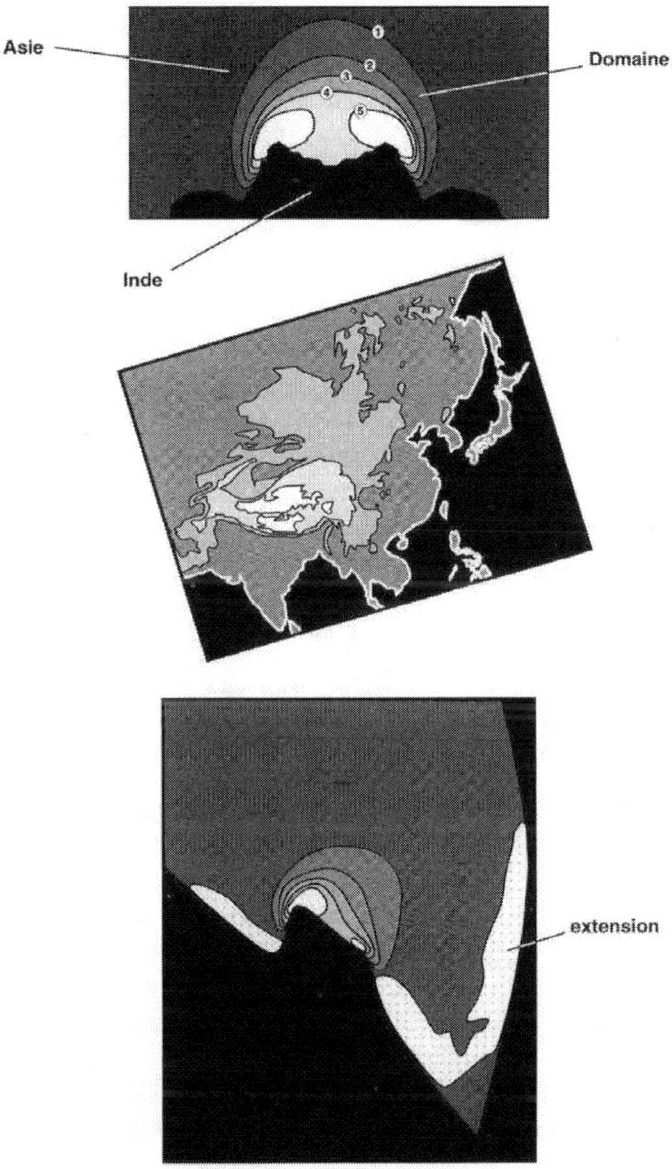

Figure VIII.51
Modèles numériques de poinçonnement d'une lithosphère par un piston rigide avec différentes géométries. Les chiffres portés sur le schéma du haut représentent les altitudes calculées dans le modèle en kilomètres (England & Houseman, 1986 ; Houseman & England, 1993).

Une discussion entre les tenants des modèles fluides symétriques et les tenants des modèles localisants asymétriques s'est alors engagée, pour ou contre l'extrusion. Nous pouvons constater que cette discussion roulait sur des bases peu solides puisque les modèles numériques ne pouvaient pas contraindre le rôle joué par les décrochements et le modèle analogique ne pouvait pas prendre en compte l'épaississement. Ce qu'apporte ce modèle analogique est totalement différent : il permet de se faire une idée de la géométrie de l'extrusion *si l'extrusion est le mécanisme prédominant*.

Un autre type de modèle analogique est illustré par la figure VIII.52. Les conditions aux limites cinématiques sont grossièrement les mêmes mais la rhéologie est totalement différente. L'Asie est ici constituée d'un bicouche de silicone et de sable (lithosphère) le tout flottant sur une asthénosphère faite de miel. Cette disposition permet une mise à l'échelle automatique par rapport aux forces gravitaires. L'isostasie va jouer sur le modèle comme dans la nature. L'épaississement est autorisé. Le modèle est

Figure VIII.52
Dessin d'un modèle analogique sable-silicone-miel de la collision Inde-Asie (Davy & Cobbold, 1988 ; Fournier, 1994).

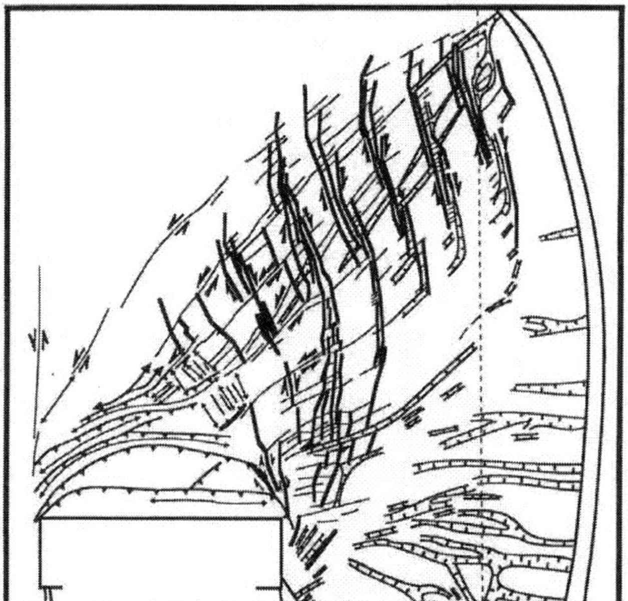

d'emblée très asymétrique et l'extrusion plus limitée que dans le cas précédent. Les conditions aux limites du modèle sont telles que la frontière est très extensive. L'extrusion est active le long d'une seule zone décrochante large au sein de laquelle des dominos tournent dans le sens antihoraire entre des décrochements dextres transtensifs parallèles à la marge orientale, qu'il est tentant de comparer à la mer du Japon ou au golfe de Bohai. La déformation évolue progressivement de compressive au front de la zone de collision à extensive le long de la bordure Pacifique comme dans le cas naturel. On ne forme pas de décrochements senestres ayant l'orientation de la faille du Fleuve Rouge.

On voit donc apparaître ici l'idée que la collision Inde-Asie puisse avoir des effets aussi lointains que l'ouverture de la mer du Japon, ou du moins sa composante décrochante dextre. Puisque d'autres bassins s'ouvrent au même moment sur la bordure orientale de la plaque Philippine, sans rapport avec la collision, une composante d'ouverture arrière-arc classique est également évidente. L'ouverture de la mer du Japon est donc sous le contrôle de la subduction et de la collision.

Comme le montre l'allure de la bordure orientale, les déplacements sont très largement distribués sur toute l'expérience ; il n'existe pas de discontinuité majeure dans le champ de déplacement même si des structures localisées sont bien développées dans la croûte cassante. C'est donc en première approximation une déformation très distribuée qui prédomine dans ces expériences au contraire des expériences avec la plasticine.

Pourtant on voit dans le détail apparaître des structures de déformation localisées comme les failles dextres ou senestres évoquées plus haut mais qui semblent du deuxième ordre par rapport à la déformation d'ensemble. Il est toujours délicat pour un géologue de terrain d'admettre que la belle déformation qu'il observe ne correspond pas forcément au premier ordre de la déformation du système étudié. Et pourtant en l'absence de quantification précise des déplacements finis le long des principales failles, on n'est pas capable de faire le choix entre premier et second ordre. Il est en effet très difficile de quantifier les déplacements finis le long des décrochements. On le fait en général indirectement à partir d'un modèle géométrique des relations du décrochement avec les structures voisines comme un bassin extensif. Dans le cas de la mer du Japon les relations géométriques sont bien établies, mais les reconstructions imprécises, on aboutit à un déplacement total de 400 km, mais avec une erreur sans doute de l'ordre de 100 km en plus ou en moins. Dans le cas de la mer de Chine méridionale et de la faille du Fleuve Rouge, le déplacement fini n'est connu qu'en supposant un lien direct entre ouverture océanique (bien connue) et le déplacement sur la faille, alors que les relations géométriques entre la faille et la bassin océanique sont très incertaines.

On peut en effet comprendre la faille du Fleuve Rouge et l'ensemble des décrochements senestres de la région très différemment : le système de décrochement senestre de la partie est du Tibet (Altyn Tagh, Kunlun, Xianshuihe) peut être interprétée de deux manières différentes (fig. VIII.53) : (1) si les failles ne tournent pas au cours de la déformation, leur jeu conduit à une extrusion nette vers l'est des blocs les plus méridionaux, (2) si les failles tournent dans le sens horaire elles constituent une zone de cisaillement dextre N-S et aucune extrusion nette n'est alors observée. La réponse à cette question n'est pas simple parce qu'on ne sait pas avec précision mesurer le champ de déformation total d'une région aussi vaste. Il faudrait connaître à la fois les taux de mouvement le long des failles et les sens et vitesses de rotation des dominos. Aucune de ces données n'est pour l'instant disponible. Les mesures instantanées de déplacement par les systèmes de positionnement par satellites apporteront peut être la réponse dans les années à venir.

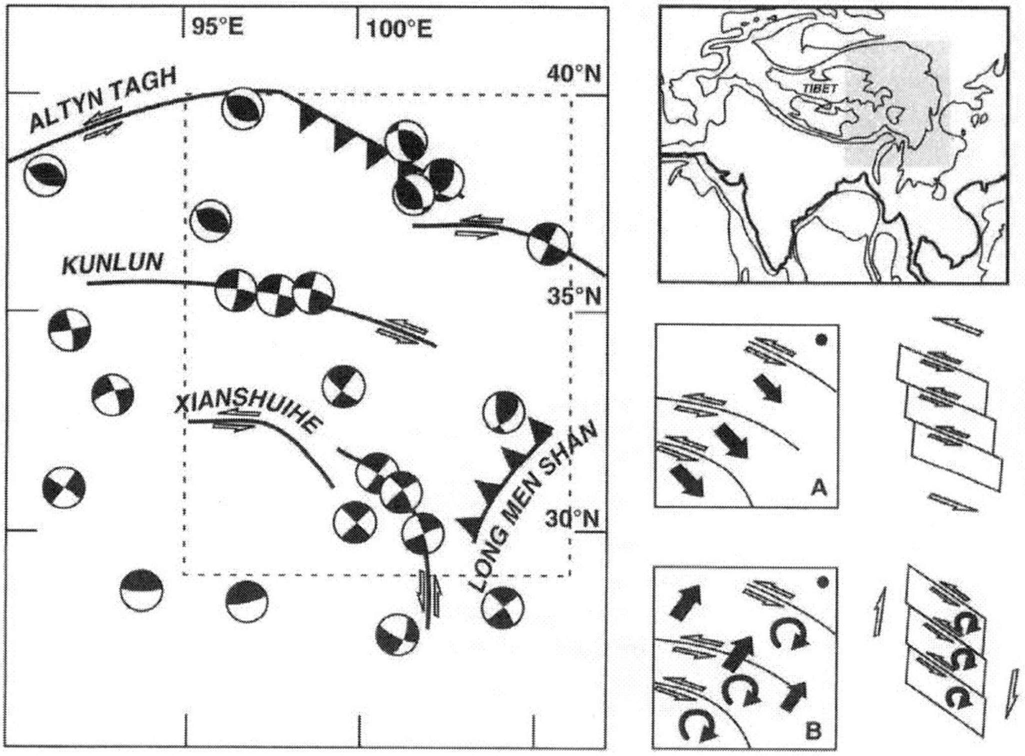

Figure VIII.53
Principales failles et mécanismes au foyer dans l'est du Tibet et deux interprétations possibles en termes de déplacement d'un même régime de déformation selon qu'on introduit ou non une composante rotationelle qui ne peut pas se voir dans le champ de déformation (mais que l'on pourrait déterminer par des mesures paléomagnétiques). Selon l'interprétation l'est du Tibet est considéré soit comme une zone décrochante senestre est-ouest, soit comme une zone dextre nord-sud (England & Molnar, 1990).

Pour l'instant la discussion est conduite sur des bases différentes que nous avons déjà évoquées, en particulier sur les contributions relatives de l'épaississement et de l'extrusion sous forme de bilans de surface ou de volume estimés. Les estimations les plus fréquemment avancées aujourd'hui sont de 20 à 25 % pour l'extrusion, le reste étant pour le raccourcissement intracontinental.

Dans le prochain paragraphe nous décrirons les données sur la cinématique des différentes zones de déformation, instantanée et finie.

VIII.11.2 Déformation finie et cinématique instantanée

Cinématique instantanée

Les seules données de cinématique instantanée ou finie bien contraintes sont les vecteurs du mouvement relatif Inde-Eurasie. Ce mouvement de convergence de l'ordre de 5 cm/an est absorbé au travers d'une zone large qui comprend la zone de collision frontale, le Tibet, et les décrochements plus internes. Ces 5 cm/an sont distribués le long d'un transect N-S recoupant toutes ces structures. On doit donc pouvoir les retrouver. On doit pouvoir également faire la part de la déformation le long de la direction de convergence (raccourcissement intracontinental) et perpendiculairement à celle-ci (extrusion).

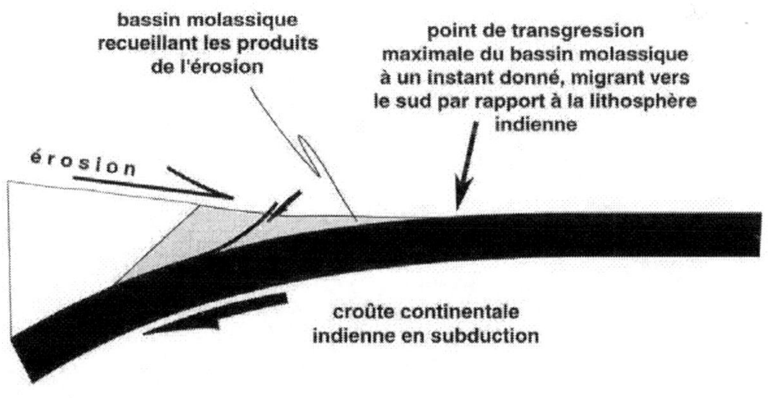

Figure VIII.54
Coupe du front d'une chaîne de montagnes où se développe le bassin molassique sous l'effet de la flexure de la plaque plongeante. Le point de transgression maximale du bassin molassique migre par rapport à la plaque plongeante comme la chaîne elle-même. La mesure de cette migration peut donner un ordre de grandeur de la vitesse de convergence au travers de la chaîne.

Le chevauchement frontal absorbe de manière évidente une part importante de la convergence. Un des moyens de l'estimer est l'analyse de la structure du bassin flexural d'avant-pays, la plaine molassique du Gange. Comme le montre la figure VIII.54, la propagation du front de chevauchement sur la plaque indienne fait avancer la flexure à la même vitesse vers le sud. La marge sud du bassin molassique se déplace donc progressivement vers le sud à une vitesse que l'on peut estimer à partir des discordance successives. Ce travail donne une estimation de 1.5 cm/an le long du chevauchement frontal. Compte tenu de la déformation interne à l'Himalaya, 1.8 cm/an sont absorbés par la convergence frontale.

Les autres domaines de déformation font l'objet d'estimation par des méthodes variées : décalage mesuré sur des failles, moment des séismes...(fig. VIII.55). Le raccourcissement N-S du Tibet n'absorbe pas plus de 0.5 cm/an. 1.1 et 1.3 cm/an sont absorbés en N-S au travers du système de l'Altyn Tagh et du Tien Shan. La somme de tous ces nombres assortis de larges erreurs (d'ailleurs difficile à estimer compte tenu des incertitudes sur les âges des objets décalés par exemple) se monte à 5.3 cm/an

Figure VIII.55
Topographie et cinématique dans la région tibétaine (Avouac & Tapponnier, 1993).

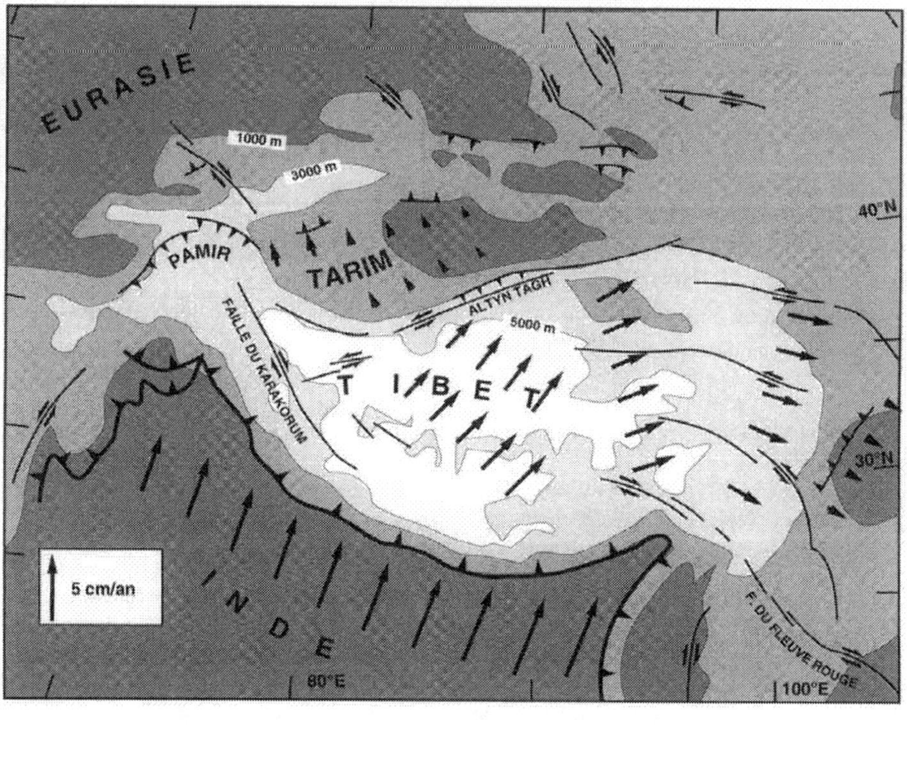

(+ 1.3) à comparer à la valeur de 5.8 cm/an déduit de la cinématique globale. On retrouve donc l'intégralité de ce mouvement dans la déformation distribuée à l'arrière de la zone de collision. On remarquera que la valeur du raccourcissement interne au Tibet est inférieure aux erreurs sur la valeur totale.

La quantité d'extrusion est dans ce processus très difficile à estimer. Le jeu senestre sur la faille de l'Altyn Tagh et la composante dextre le long des décrochements situés immédiatement au nord de la suture du Tsangpo conduisent à un déplacement d'ensemble du Tibet vers l'est (fig. VIII.55). La quantité d'extrusion réelle dépend ensuite du pourcentage de cette vitesse transmise au bloc de Chine du Sud et donc à la quantité de raccourcissement au travers de la zone de chevauchement de Long Men Shan. Cette donnée n'est pas du tout connue.

On peut aborder ce problème de l'extrusion d'une autre manière. La Chine du sud est limitée au nord par la zone décrochante senestre des Qin Ling située au sud des grabens du Shansi. Des 3 cm/an mesurés le long de l'Altyn Tagh, seule une partie est transmise aux Qin Ling puisque les chevauchements de Long Men Shan absorbent une partie de l'extrusion. La partie restante est absorbée le long du système des Qin Ling et des grabens de Chine du Nord par rotation de dominos (fig. VIII.32). Une valeur de 1 cm/an est un maximum.

Extruder ou pas, le rôle de la subduction, cinématique finie et déformation instantanée

Deux modèles cinématiques s'opposent sur la base de ces données fragmentaires. Le premier modèle est celui de l'extrusion selon lequel l'intégralité des jeux décrochants le long des failles majeures sert à évacuer les blocs vers l'est (fig. VIII.56). Le deuxième modèle considère des rotations de blocs importantes et suppose que les décrochements senestres comme la faille du Fleuve Rouge constituent en fait une zone décrochante dextre (comme sur la fig. VIII.53) le long de la bordure orientale du piston. Il n'y a pas d'extrusion du tout dans ce schéma.

On doit de plus intégrer les données sur le nord-est de l'Asie et en particulier les décrochements dextres de la bordure Pacifique. En comparaison avec les modèles ana-

>

Figure VIII.56

Deux modèles différents d'évolution de la zone de collision. En haut : modèle d'extrusion de blocs rigides en séquence du sud au nord et formation de bassins comme la mer de Chine méridionale le long de décrochements senestres comme la Faille du Fleuve Rouge (Tapponnier *et al.*, 1982). En bas : déformation distribuée dans tout le domaine grisé, les décrochements senestres comme la Faille du Fleuve Rouge font partie d'une zone de déformation dextre qui limite le poinçon indien à l'est (Dewey *et al.*, 1989). Ces deux modèles ne prennent pas en compte l'ouverture des bassins marginaux le long de décrochements dextres comme la mer du Japon (voir la figure VIII-52 pour un modèle alternatif).

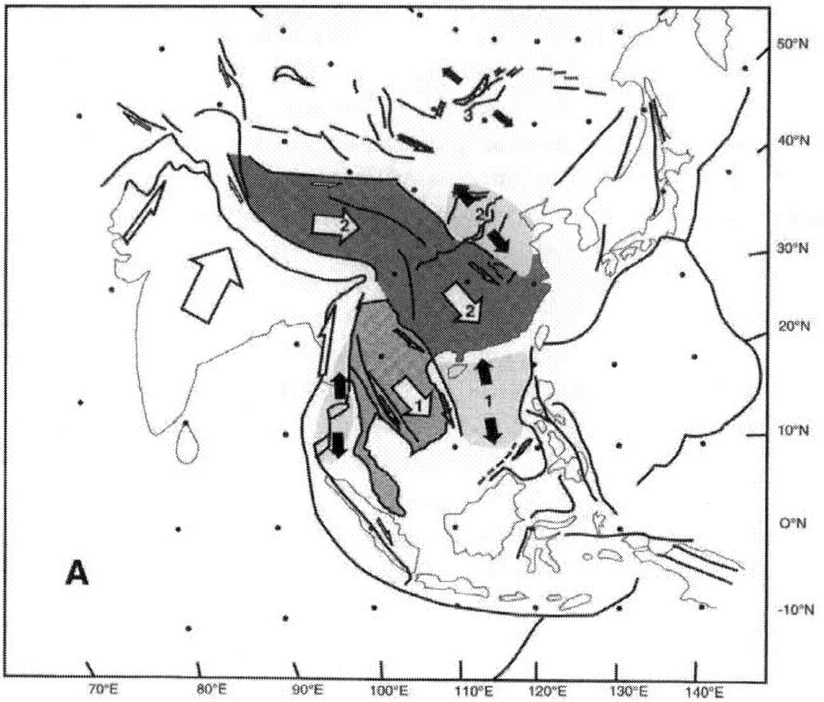
A
50°N
40°N
30°N
20°N
10°N
0°N
-10°N
70°E
80°E
90°E
100°E
110°E
120°E
130°E
140°E
1
2
3

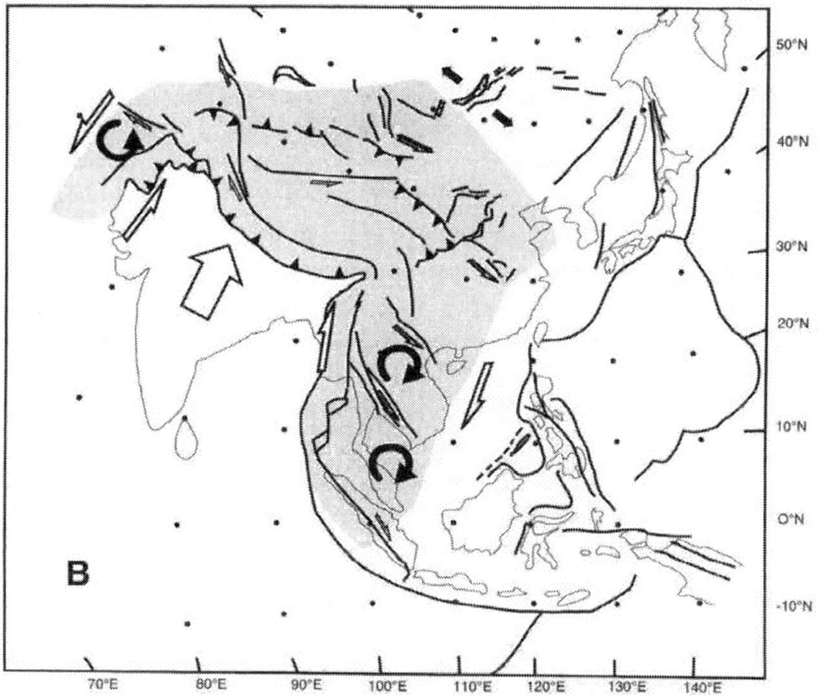
B
50°N
40°N
30°N
20°N
10°N
0°N
-10°N
70°E
80°E
90°E
100°E
110°E
120°E
130°E
140°E

logiques décrits plus haut (fig. VIII.52), ces décrochements peuvent être interprétés comme limitant des dominos tournant dans le sens antihoraire et accommodant un cisaillement senestre le long d'une zone de cisaillement qui occupe toute la région du nord-est de l'Asie. Dans ce contexte la composante décrochante de l'ouverture de la mer du Japon serait liée également à la collision Inde-Asie ce qui étend considérablement le champ d'influence de la collision. Pourtant, comme nous l'avons vu plus haut, il semble que la composante extensive de l'ouverture de la mer du Japon soit strictement liée à l'environnement arrière-arc puisqu'elle disparaît dès que le régime de la subduction change.

Sur un ensemble de reconstructions de la déformation des marges de l'Asie, à partir des différentes reconstructions décrites plus haut le lien entre les reconstructions de l'Indonésie et celles du Japon est fait au travers de la géométrie décrite plus haut (fig. VIII.57). Ces reconstructions fournissent une image très imprécise de la déformation du continent et de la manière dont les conditions aux limites ont évolué dans le temps.

(1) La déformation de l'Asie est apparemment aussi importante sur les bordures sud-est et est qu'à l'intérieur du continent (en particulier les jeux décrochants sont au moins aussi importants). Ceci suggère un rôle majeur de la composante d'extension arrière-arc introduite par la subduction.

(2) Les conditions aux limites du côté est et sud-est ont changé totalement depuis le Miocène inférieur. On passe d'une géométrie simple avec une zone de collision au sud et une bordure extensive sur tout le pourtour de l'Asie à une géométrie beaucoup plus contraignante après la collision de l'Australie, la montée vers le nord de la plaque Philippine et la collision des Bonins. Ce changement intervient à partir de 20 Ma, date du début de la collision de l'Australie, et se propage vers le nord jusqu'à 10-12 Ma. Après ce changement tous les bassins marginaux sont en court de fermeture (sauf l'ouverture récente du bassin d'Okinawa derrière la subduction des Ryukyu). Le régime de déformation de la zone de collision proprement dite change également à 20 Ma (arrêt du jeu de la Faille du Fleuve Rouge, pic de température le long du MCT, exhumation des roches métamorphiques de la dalle du Tibet et du Zanskar...). Il apparaît donc difficile de discuter de la déformation finie de l'Asie (par exemple le lien entre l'ouverture de la mer de Chine méridionale et l'extrusion) à partir des données sur les taux de déplacements actuels sur les différentes failles. Il reste un travail très important de reconstitution des déplacements instantanés par les méthodes de positionnement par satellite et finis le long des principales zones de déformation.

Figure VIII.57
Reconstruction de la forme de l'Asie avant la collision et quantification approximative des déplacements de ses marges depuis 45 Ma (Jolivet *et al.*, 1994).

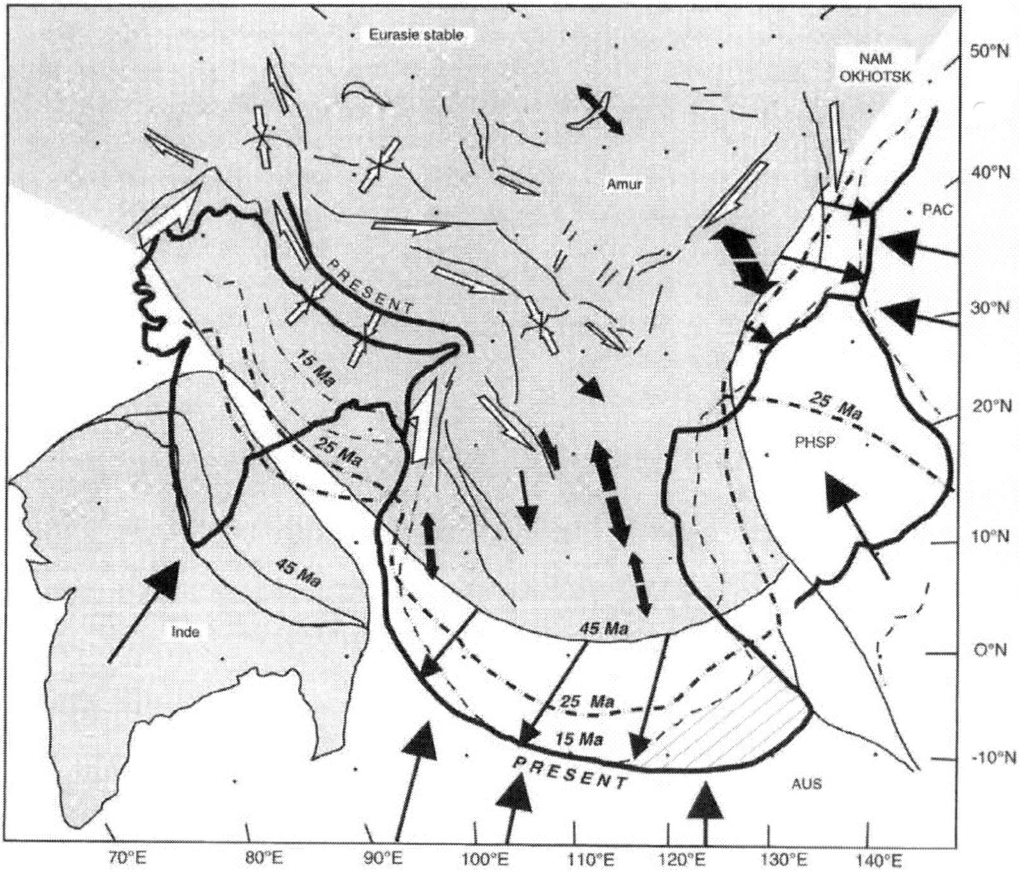

IX

L'évolution tectonique récente de la Méditerranée

Le destin d'une chaîne de montagnes est de disparaître, en partie par érosion, et surtout par écroulement dès que les conditions aux limites cinématiques et les forces de volume le permettent. Le cas de la Méditerranée permet d'illustrer ce phénomène dans différents contextes. La zone de collision Eurasie-Afrique possède une géométrie complexe qui fait que la collision a atteint des stades différents selon les coupes. Certaines chaînes sont en cours de construction, d'autres en sont au stade d'ébauche, parfois la subduction y est encore active, et dans d'autres régions enfin les chaînes sont déjà soumises à l'extension post-orogénique.

IX.1 La Méditerranée, zone de collision inachevée

Comme le montre la figure IX.1 la déformation associée à la convergence entre les plaques Eurasie et Afrique est distribuée sur une vaste surface. La sismicité (fig. I.21) est distribuée depuis le nord de l'Afrique jusqu'au nord de l'Europe occidentale. La direction de convergence (fig. I.22) est partout N-S et la vitesse augmente régulièrement depuis le pôle de rotation à l'est des Açores jusqu'à la Turquie où elle atteint 1.7 cm/an. Le déplacement rapide vers l'ouest de l'Anatolie (Turquie occidentale) et de la région égéenne conduit à une convergence Anatolie/Afrique plus rapide au travers de la zone de subduction Hellénique où elle atteint 4 cm/an.

On rencontre des fonds océaniques dans deux types de bassins : (1) les bassins Liguro-Provençal et Tyrrhénien sont formés de croûte océanique récente (Miocène), installée sur la zone de collision après la formation des chaînes de collision alpines, (2) la Méditerranée orientale au sud des fosses Helléniques est formée de croûte océanique mésozoïque, reste de l'océan Téthysien *s.l.* qui séparait Afrique et Eurasie avant la collision. La collision est donc inachevée à l'est où on rencontre de véritables zones de subduction.

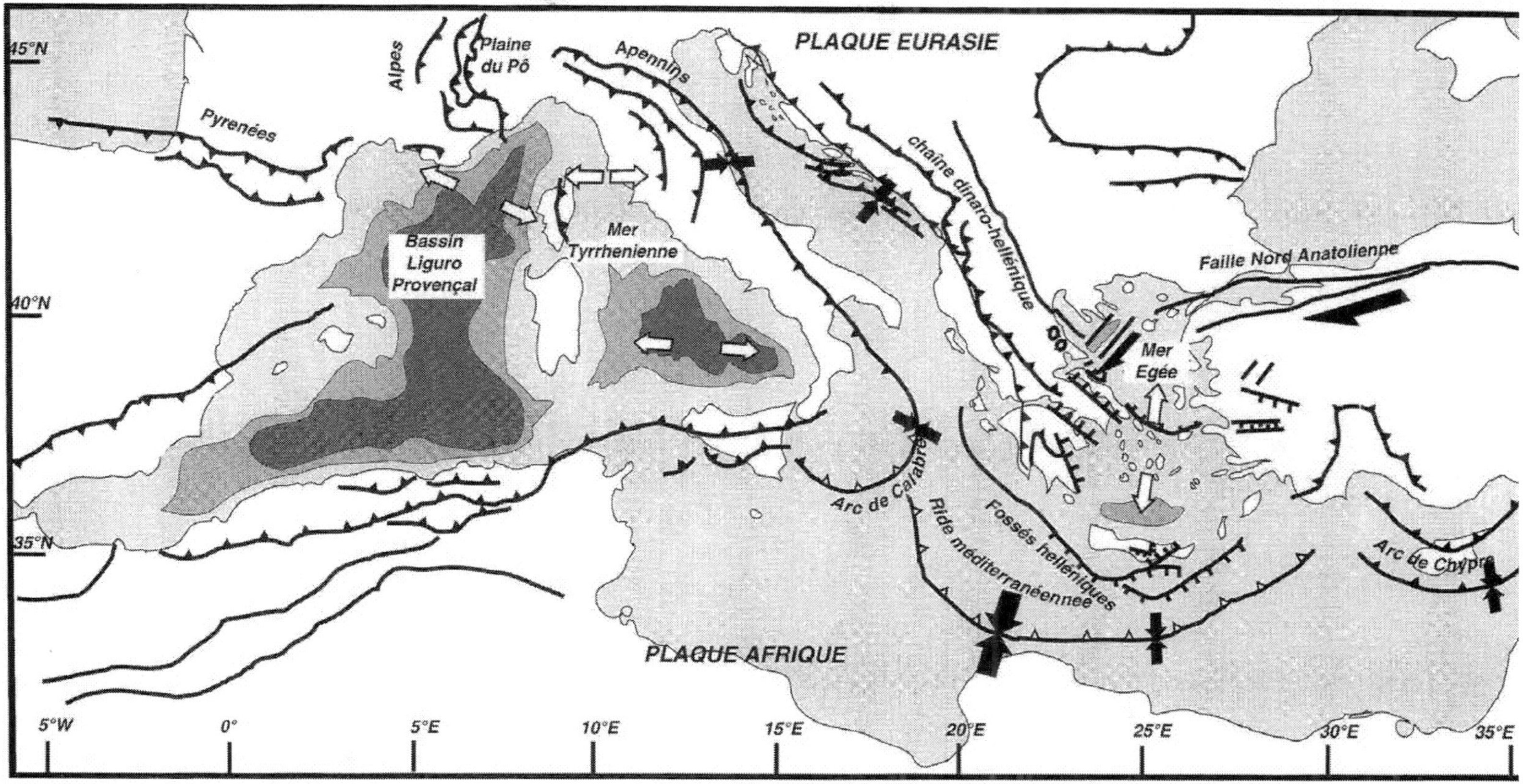
45°N
40°N
35°N
Pyrenées
Alpes
Plaine du Pô
Apennins
PLAQUE EURASIE
chaîne dinaro-hellénique
Bassin Liguro Provençal
Mer Tyrrhenienne
Faille Nord Anatolienne
Mer Egée
Arc de Calabre
Ride méditerranéennee
Fossés helléniques
Arc de Chypre
PLAQUE AFRIQUE
5°W
0°
5°E
10°E
15°E
20°E
25°E
30°E
35°E

<
Figure IX.1
Carte tectonique de la Méditerranée. Les domaines de croûte océanique récente sont représentés en grisé foncé.

IX.1.1 Subductions

La lithosphère océanique de la Méditerranée orientale passe en subduction sous les deux arcs Hellénique et Calabrais. Dans les deux cas un arc volcanique est actif en arrière, l'arc des Cyclades (Centaurin) au nord des fosses Helléniques et l'arc Éolien pour la subduction Calabraise. Un prisme d'accrétion de grande taille constitue la structure marquante de la Méditerranée orientale : la ride Méditerranéenne. Les fosses Helléniques ne représentent pas le front de subduction mais des fossés d'avant-arc en extension. Le front lui-même est reporté au pied de la marge de Libye au front du prisme d'accrétion de la ride méditerranéenne. Les deux zones de subduction passent latéralement à des zones de collision au débouché de la mer Adriatique et au sud de la Turquie.

La subduction Hellénique est bien marquée dans la sismicité, mais le panneau sismique ne descend pas à plus de 200 km. Les données récentes de la tomographie sismique ont permis d'imager un panneau de lithosphère froide plongeant à plus de 600 km (fig. IX.2).

Figure IX.2
Image tomographique en Méditerranée orientale montrant le panneau plongeant de la subduction hellénique. Cette image représente des anomalies de vitesses des ondes sismiques par rapport à un modèle de terre concentrique, exprimées en %, que l'on peut corréler à des variations de densité et de température (Spakman *et al.*, 1988).

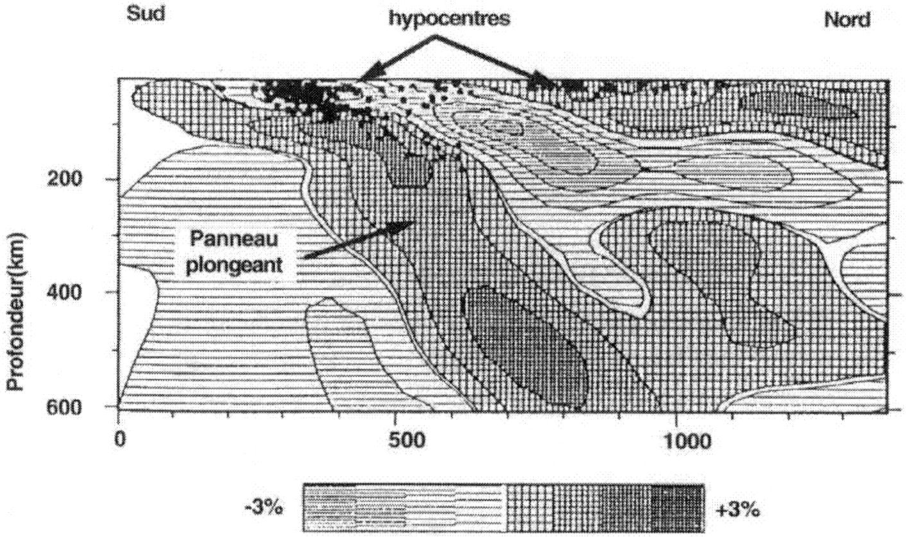

IX.1.2 Collisions

Si le régime actuel de la convergence au sud de l'arc Hellénique est la subduction, il n'en était pas de même il y a 40 Ma puisque qu'un autre bassin océanique venait de se fermer à l'emplacement actuel de la mer Égée donnant lieu à une chaîne de collision, la chaîne Dinaro-Hellénique. Cette chaîne se prolonge à l'est dans la chaîne des Taurides en Turquie et plus loin encore rejoint la ceinture péri-Arabe (Zagros et Oman) et l'Himalaya. Son histoire est complexe, nous n'en verrons que les aspects les plus récents. Le long du tronçon Dinarique en Yougoslavie, en Albanie et en Grèce occidentale (îles ioniennes), la collision est active comme elle l'est au front de la chaîne des Apennins qui borde l'autre rive de l'Adriatique. Ces deux zones de collision sont reliées au nord par la chaîne des Alpes. L'ensemble entoure un promontoire d'origine paléogéographique africaine, le promontoire apulien.

Au sud des Apennins, la convergence est aujourd'hui absorbée par la subduction de Calabre. Mais celle-ci est surimposée à une chaîne de collision qui se prolonge en Afrique du Nord, connue sous le nom général de Maghrébides et qui borde toute la marge nord-africaine depuis les rives de l'Atlantique jusqu'à la Tunisie. En avant de cette chaîne alpine, un orogène intra-continental se développe, il s'agit de l'Atlas. Les Maghrébides subissent enfin une virgation brusque dans le détroit de Gibraltar. On retrouve dans le sud de la péninsule ibérique une chaîne de vergence opposée, les Cordillères Bétiques.

La dernière zone de déformation importante est la chaîne des Pyrénées, résultant de la fermeture d'un rift Crétacé entre la péninsule ibérique et la plateforme européenne à l'Éocène.

IX.1.3 Extrusion

À l'extrême est du domaine méditerranéen le bloc anatolien coulisse très rapidement vers l'ouest le long de la Faille Nord Anatolienne. On compare souvent cette situation à celle de la péninsule indochinoise expulsée vers l'est le long de décrochements senestres lors de la collision Inde-Asie dans l'un des deux modèles discutés dans le chapitre précédent. C'est d'ailleurs sur cet exemple anatolien que fut proposé pour la première fois ce mécanisme d'extrusion. Ici le bloc anatolien est expulsé vers les zones de subduction helléniques par la collision Arabie-Eurasie dans l'est de l'Anatolie.

IX.1.4 Extension post-collision

De grands bassins sédimentaires actifs sont superposés à certaines parties de ces chaînes de collision. Dans la Méditerranée occidentale, les bassins Liguro-Provençal et Tyrrhénien, ainsi que la Mer d'Alboran, sont situés sur l'emplacement des zones internes des Apennins et des Maghrébides. L'extension de la Mer Tyrrhénienne est en particulier surimposée aux structures compressives des Apennins internes et de la Corse alpine. L'ouverture de ces bassins a débuté à la fin de l'Oligocène et se poursuit aujourd'hui dans le sud de la Tyrrhénienne au nord de la Sicile. De même, la Mer Égée est située sur l'emplacement d'une chaîne de collision faisant le lien entre les Hellénides et les Taurides. La Mer Égée, en ouverture active depuis le début du Miocène correspond à l'effondrement d'une portion de chaîne vers la zone de subduction adjacente. Nous étudierons la géométrie des structures à échelle crustale dans ces deux domaines et nous interrogerons sur les raisons d'un tel changement cinématique local, de l'épaississement crustal à l'extension.

IX.2 Contexte cinématique et mécanique actuel

La rotation Afrique-Europe autour du pôle situé entre Gibraltar et les Açores conduit à une direction de convergence N-S partout le long du domaine méditerranéen. Mais cette convergence est absorbée par de nombreuses zones de déformation d'orientation variée, ce qui conduit à des fluctuations très importantes des directions locales de raccourcissement. La cinématique actuelle est résumée sur la figure I.21 : on y a reporté la direction de convergence le long de différents points de la frontière Afrique-Eurasie calculée d'après les modèles cinématique globaux. On constate une augmentation régulière de la vitesse de convergence depuis 0.5 jusqu'à 1 cm/an environ. La direction de convergence évolue également régulièrement depuis une convergence oblique NW-SE jusqu'à un mouvement relatif N-S. Dans la région de la ride méditerranéenne il faut rajouter au vecteur AF-EU le vecteur Anatolie-Eurasie. Les modèles récents déduits des mesures géodésiques attribuent un mouvement d'extrusion très rapide de l'Anatolie de l'ordre de 3-4 cm/an le long de la faille Nord Anatolienne. Compte tenu de la position du pôle de rotation la direction devient proche de N-S dans la région de la ride méditerranéenne. La composition des deux mouvements donne une convergence NNE-SSW à une vitesse de 4-5 cm/an. Il faudrait faire le même exercice pour la subduction de Calabre et rajouter la vitesse d'ouverture actuelle de la mer Tyrrhénienne. Il n'existe cependant pas de données fiables pour l'instant, et les vitesses sont sans doute beaucoup plus lentes que dans le cas de l'Égée. Cette analyse cinématique montre que dans un contexte convergent simple, avec des contrastes de vitesse importants, la déformation dans la plaque Eurasie est très complexe, collision, subduction, extension...

Les deux anomalies majeures dans ce domaine convergent sont la Mer Égée et la Mer Tyrrhénienne où prédomine un régime d'extension dans ce système globalement en raccourcissement. Ces deux régions sont situées à l'arrière des deux seules zones de subduction de la Méditerranée et un lien clair apparaît entre ces deux phénomènes, subduction et extension. On peut traiter la dynamique de ces deux régions comme celle de bassins arrière-arc analogues à ceux de l'ouest Pacifique évoqués dans un chapitre précédent. Mais cette extension est ici superposée à un épisode d'épaississement crustal antérieur. Les conditions aux limites mécaniques au départ de l'extension ne sont donc pas les mêmes que dans un arc classique. La grande épaisseur crustale à l'initiation de l'extension conduit à une forte influence des forces de volume sur le régime de déformation, à une plus grande distribution de la déformation et à un taux d'extension instantané et fini plus élevé.

IX.3 Évolution depuis le Jurassique

Nous ne traiterons dans ce chapitre que de l'évolution récente de cette région et en particulier de la région Alpes-Apennins et du domaine égéen, mais il est important de connaître succinctement le cadre général de l'histoire antérieure de la collision. Pour ce faire, nous utiliserons une série de reconstructions réalisées à partir d'une synthèse de l'ensemble des données géologiques et cinématiques de la région méditerranéenne depuis le Jurassique supérieur. Il serait impossible de décrire dans le détail ces reconstructions et les données sur lesquelles elles reposent dans le cadre de ce manuel. Nous nous contenterons d'une description succincte des phénomènes majeurs (fig. IX.3) :

Plienbachien (190 Ma) : l'océan Téthysien est largement ouvert vers l'est sur le domaine Pacifique. La marge passive méridionale de cet océan comprend tous les domaines situés aujourd'hui au sud de la ceinture ophiolitique téthysienne depuis la plateforme arabe jusqu'au domaine pélagonien dans les zones internes des Hellénides. La Téthys subducte sous sa marge nord depuis le Trias. Un arc volcanique très important s'y est développé, il court depuis le bloc de Lhasa jusqu'au domaine du Rhodope au confins de la Grèce et de la Bulgarie. Des phénomènes compressifs sont déjà connus à cette époque dans le domaine arrière-arc dans la région du Caucase.

Callovien (155 Ma) : la Téthys tente à cette époque sa jonction avec l'Océan Atlantique par l'ouverture d'un petit bassin océanique vers l'ouest, c'est l'océan alpin proprement dit qui va séparer les domaines Briançonnais et Austro-Alpin. La subduction se poursuit sous la marge nord de la Téthys.

Jurassique-Crétacé (130 Ma) : la jonction Atlantique-Téthys est réalisée sous la forme de bassins océaniques étroits. Un bassin subsidiaire s'est ouvert au nord de l'océan alpin, c'est le domaine Valaisan. La subduction est toujours active sous la marge sud de l'Eurasie. Déjà, près de la zone de fermeture de la Téthys, une première nappe ophiolitique de grande ampleur se met en place sur la marge sud. C'est le premier événement significatif enregistré dans la chaîne des Dinarides et des Hellénides.

Aptien (110 Ma) : alors que la subduction continue et restreint de plus en plus le domaine téthysien, l'ouverture océanique progresse dans le domaine sud-téthysien ouvrant un bassin qui est aujourd'hui préservé en partie en Méditerranée orientale. Il isole de la masse principale sud-téthysienne les domaines du Pélagonien, du Gavrovo et Ionien qui constituent aujourd'hui les nappes Helléniques. La collision démarre dans la partie nord de l'océan alpin encore jeune, les premiers événements compressifs se font sentir dans les Alpes orientales.

Santonien-Campanien (80 Ma) : comme le domaine téthysien se restreint de plus en plus, une nouvelle zone de subduction s'initie au large de la marge sud le long de la plateforme arabe. Selon les interprétations (voir le chapitre sur l'obduction) cette subduction démarre le long d'une ride nouvellement formée ou à l'intérieur de la lithosphère océanique ancienne. Elle prélude à l'obduction omanaise. Celle-ci résulte donc soit du charriage d'une croûte océanique nouvelle crée à l'axe de cette ride, ou dans un domaine arrière-arc à l'aplomb de la zone de subduction. Dans le domaine alpin, le domaine océanique a disparu et le raccourcissement continue en domaine intracontinental. Une branche du rift médio-atlantique pénètre dans le Golfe de Gascogne et la péninsule ibérique dérive vers le sud. Cette ouverture se prolonge à l'est par un domaine décrochant sur lequel s'installeront les Pyrénées.

Crétacé-Paléocène (65 Ma) : toutes les nappes ophiolitiques depuis l'Himalaya jusqu'à l'Oman et la Turquie se mettent en place dans un bref laps de temps sur la marge sud-téthysienne, pendant que la subduction se poursuit sous la marge nord. Cette tectonique se poursuit jusque dans le domaine du Pinde dans les Hellénides. L'ensemble du domaine alpin est en compression, frontale dans les Alpes septentrionales et orientales et oblique dans les Alpes franco-italiennes.

Priabonien-Oligocène (35 Ma) : tout le domaine occidental est en compression et les premiers événements compressifs affectent le domaine océanique qui donnera les Maghrébides. La chaîne des Pyrénées voit le jour depuis l'Éocène à l'emplacement du rift qui prolongeait le Golfe de Gascogne. Depuis l'Éocène également, l'océan du Pinde est fermé et les différents domaines de la chaîne Hellénique se mettent en place par accrétion progressive et migration des chevauchements vers le sud. À l'est, la compression se généralise comme le domaine océanique restant à subducter devient de plus en plus réduit.

Aquitanien (20 Ma) : le changement majeur dans la région méditerranéenne est l'ouverture progressive des bassins Liguro-Provençal et Tyrrhénien à l'arrière de la zone de collision des Apennins et des Maghrébides. Comme nous le verrons plus loin, l'ouverture de la mer Égée débute également à ce stade contrairement à ce que montre ces reconstructions. Dans les Alpes, le Miocène inférieur est caractérisé par la propagation des chevauchements vers l'ouest sur le domaine de la Bresse.

Tortonien (8 Ma) à Actuel : l'ouverture des bassins de la Méditerranée occidentale est maintenant localisée dans la partie sud-est de la mer Tyrrhénienne à l'arrière des Apennins. L'ouverture de la mer Rouge active au sud du domaine d'étude est associée à une montée plus rapide de la plaque Arabie le long de la Faille de la Mer Morte

Figure IX.3
Reconstructions de l'évolution du domaine téthysien depuis 190 Ma (Dercourt *et al.*, 1986).

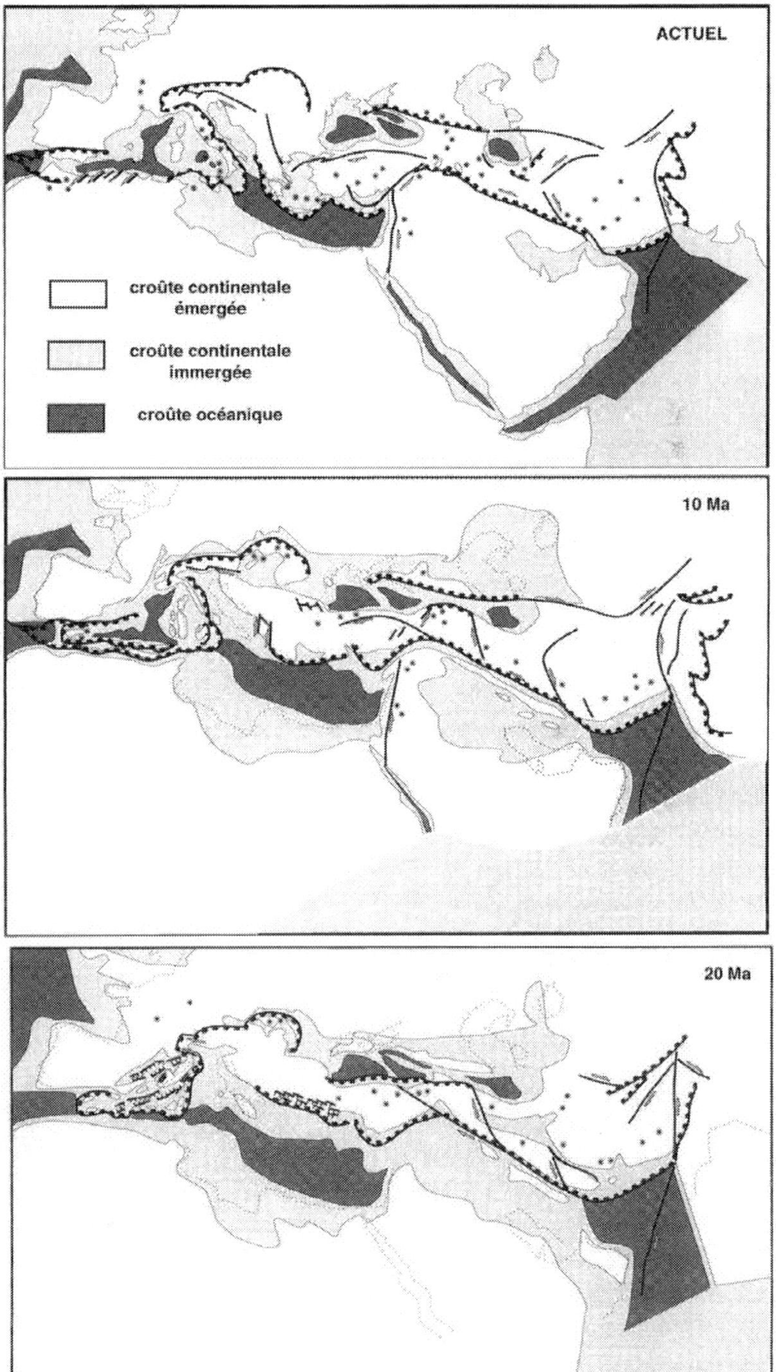

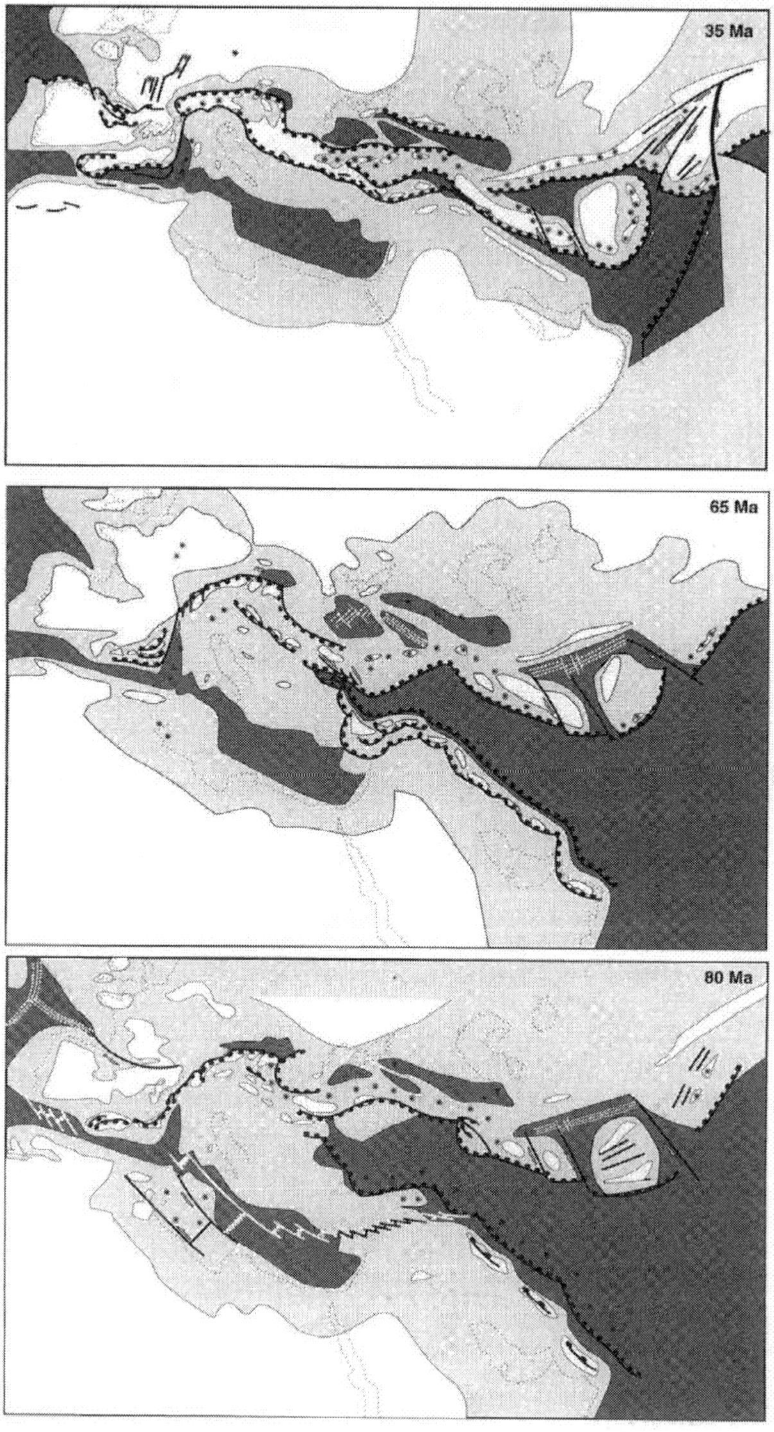
35 Ma
65 Ma
80 Ma

>>>

>>>

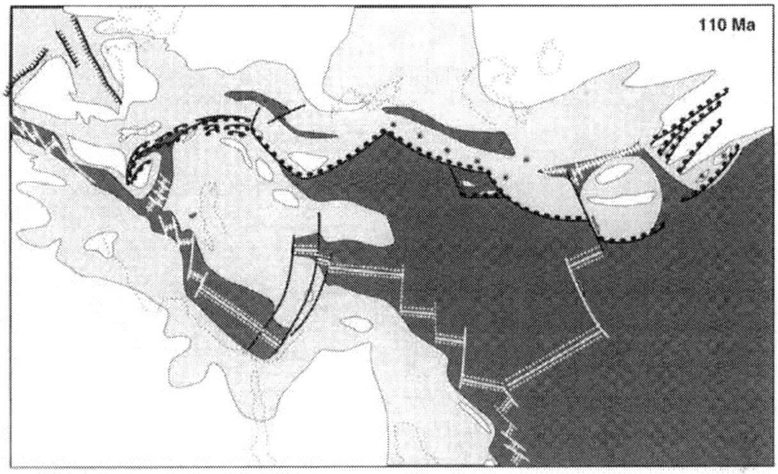

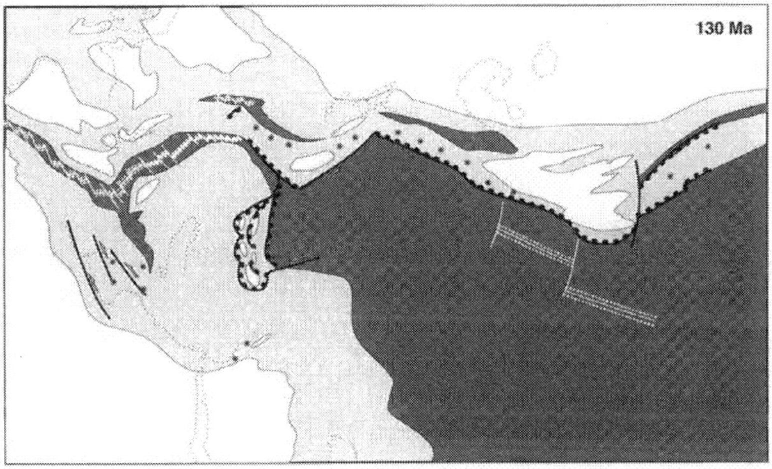

et à une accélération des processus de collision le long de la frontière nord, Zagros et est-Anatolie. Il s'ensuit également l'initiation de la faille Nord-Anatolienne le long de laquelle l'Anatolie est extrudée vers le domaine égéen en extension.

IX.4 La chaîne des Alpes

Nous étudierons tout d'abord les Alpes comme exemple d'une chaîne méditerranéenne « classique » parce qu'elle en montre toutes les grandes caractéristiques, et n'a pas encore subi l'écroulement final que nous verrons dans la région égéenne. La chaîne des Alpes permet d'illustrer les processus précoces dans la formation d'une chaîne de

>>>

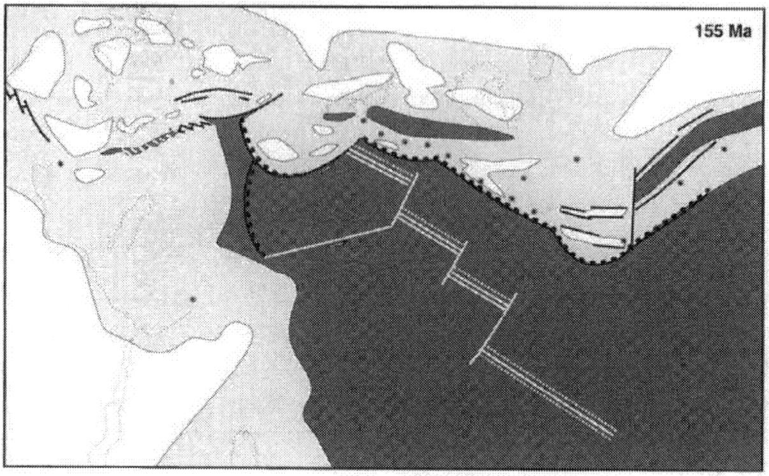

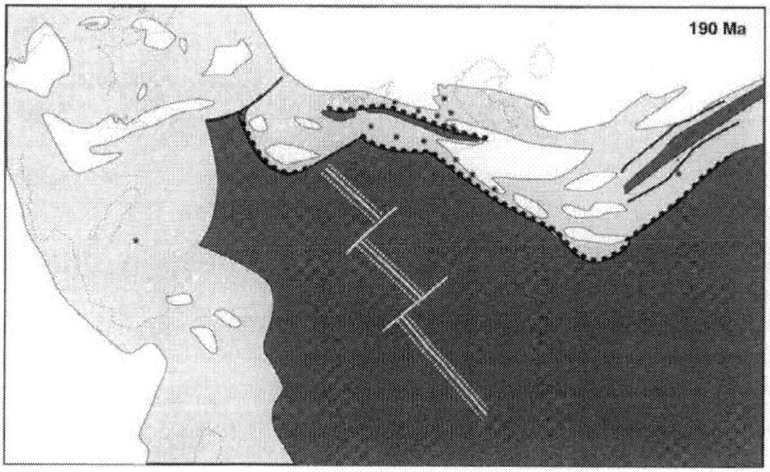

montagnes, ces processus qui sont un peu oblitérés dans l'Himalaya par les grands cisaillement crustaux récents et le métamorphisme haute température. Comme l'Oman, les Alpes montrent bien la déformation précoce de la marge passive et le métamorphisme HP-BT qui l'affecte. La différence fondamentale entre les Alpes et l'Himalaya est, si l'on excepte l'échelle, l'état «d'avancement» de la construction de la chaîne. En Himalaya toute la marge passive a été intégrée à la chaîne de montagnes et les chevauchements comme le MCT ou le MBT affectent maintenant une portion de croûte indienne épaisse. C'est donc la base chaude de la croûte qui vient chevaucher sur les sédiments de la plaine molassique donnant le fameux métamorphisme inverse. Les fluides tirés de ces sédiments amènent les matériaux de la plaque chevauchante à fondre partiellement. Dans le cas des Alpes, ce type de chevauchement affectant une croûte épaisse concerne les derniers stades de l'évolution, ce sont les chevauchements qui soulèvent les massifs cristallins externes. La majeure partie de la chaîne montre la structure précoce bien préservée, celle qui s'est formée au cours de l'Éocène par raccourcissement et enfouissement rapide de la croûte amincie de la marge passive, donnant lieu au métamorphisme HP-BT caractéristique.

IX.4.1 Jonction Alpes-Apennins

La chaîne des Alpes dessine un arc dont la branche N-S est connue sous le nom d'Alpes franco-italiennes (fig. IX.4). C'est cette branche que nous détaillerons ici en utilisant en particulier les résultats du profil de sismique réflexion Ecors qui l'a traversée de part en part.

Le front de chevauchement alpin est double. Une de ses branches est située le long de la limite est du fossé de la Bresse dont les sédiments sont pris dans les chevauchements. Dans les Alpes septentrionales le front est situé plus en arrière sur la limite sud du bassin molassique suisse. La chaîne proprement dite correspond au chevauchement du domaine sud-alpin ou austro-alpin sur la marge continentale européenne par l'intermédiaire d'un (ou deux) domaine (s) océanique (s) (océan piémontais ou schistes lustrés, et Valaisan). Le domaine sud-alpin est inégalement représenté suivant les régions. Dans les Alpes franco-italiennes et les Alpes suisses il n'est connu que sous forme de grandes klippes désolidarisées de leur zone de racine (Dent Blanche). Les unités sous-jacentes affleurent donc largement. Dans le nord des Alpes par contre le domaine sud alpin fait la majeure partie des affleurements. Les schistes lustrés n'affleurent qu'au sein de grandes fenêtres comme celles des Tauern ou de l'Engadine. On n'a donc pas la même vision des Alpes selon que l'on étudie un transect septentrional ou méridional.

Le domaine situé à l'arrière de la chaîne est le bassin d'effondrement de la plaine du Pô. Ce domaine est aujourd'hui soumis à un raccourcissement intense sous la forme de rétro-chevauchements connus soit à l'affleurement soit en sondage. Leur front est très proche du front de chevauchement des Apennins qui affectent toute la bordure sud du bassin avec une vergence nord. La déformation active du front des Apennins vient donc à la rencontre des rétrochevauchements alpins au centre de la plaine du Pô.

IX.4.2 La structure d'ensemble des Alpes occidentales, une paléomarge passive

On reconnaît dans la structure des Alpes des «zones» isopiques qui sont autant d'unités tectoniques d'échelle crustale, et qui sont caractérisées par leurs séries sédimentaires et leur évolution tectonique et métamorphique. Le parallélisme entre la divi-

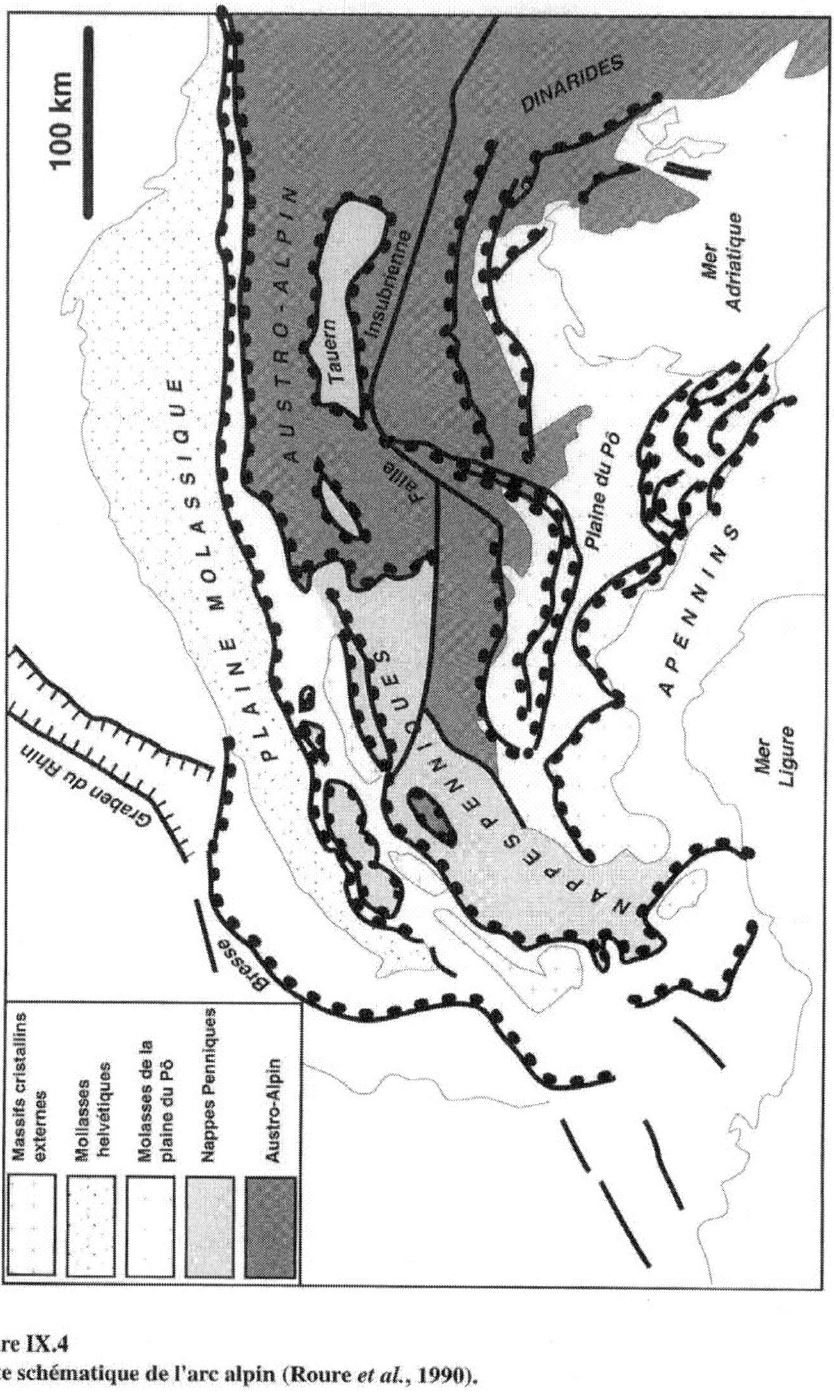

Figure IX.4
Carte schématique de l'arc alpin (Roure *et al.*, 1990).

sion paléogéographique des Alpes et le découpage tectonique montre en première approche que les déformations compressives ont «inversé» les structures extensives datant du rifting de l'océan alpin. Nous nous en tiendrons ici à une description succincte de ces différentes zones (fig. IX.5) pour nous intéresser de plus près à la structure à l'échelle de la croûte.

Zones externes

Elles composent le domaine occidental (Dauphinois) dans les Alpes franco-italiennes et le domaine septentrional (Helvétique) dans les Alpes suisses et autrichiennes. Elles représentent le domaine peu aminci de la marge passive, la plateforme (fig. IX.6). Une série mésozoïque épaisse repose sur un socle semblable à celui du Massif Central qui affleure dans les Massifs Cristallins Externes (Mont Blanc, Aiguilles Rouges, Belledonne, Pelvoux, Argentera). Ce domaine est déformé par des chevauchements récents à vergence occidentale. On ne rencontre pas de métamorphisme alpin notable.

Zones internes

Elles sont séparées des premières par le chevauchement pennique frontal. Elles se caractérisent par un métamorphisme intense et une déformation pénétrative. Toutes ces déformations ont été transportées passivement vers l'ouest au-dessus du front pennique récemment. Le front pennique juxtapose une chaîne «profonde», elle-même composite, et une chaîne superficielle et frontale.

On y reconnaît (1) le domaine Briançonnais et une partie du Piémontais, qui représentent la partie très amincie de la marge passive, les faciès sédimentaires y évoluent vers des environnements de plus en plus profonds d'ouest en est. Une série mésozoïque réduite repose sur un socle continental; (2) le domaine Piémontais et le domaine Ligure, qui représentent l'océan alpin avec ses ophiolites et les sédiments océaniques associés (schistes lustrés). Le Briançonnais le plus interne affleure au cœur de fenêtres perçant la nappe des schistes lustrés, ces massifs sont connus sous le nom de Massifs Cristallins Internes (Mont Rose, Grand Paradis, Dora Maira).

Les zones internes ont subit partout un métamorphisme HP-BT au cours de l'Éocène et les domaines les plus internes ont subit un métamorphisme éclogitique daté du Crétacé supérieur.

Le domaine sud-alpin ou austro-alpin n'est préservé dans cette région que dans la nappe de la Dent Blanche et dans le domaine d'Ivrée, en bordure de la plaine du Pô. On y reconnaît surtout un socle polymétamorphique qui n'a subit le métamorphisme HP-BT Crétacé que dans les unités les plus basses. La zone de Sesia fait l'objet de discussions quant à son origine paléogéographique. Pour certains auteurs il s'agit d'un équivalent du Briançonnais très interne, la pointe de la marge européenne, pour d'autres il

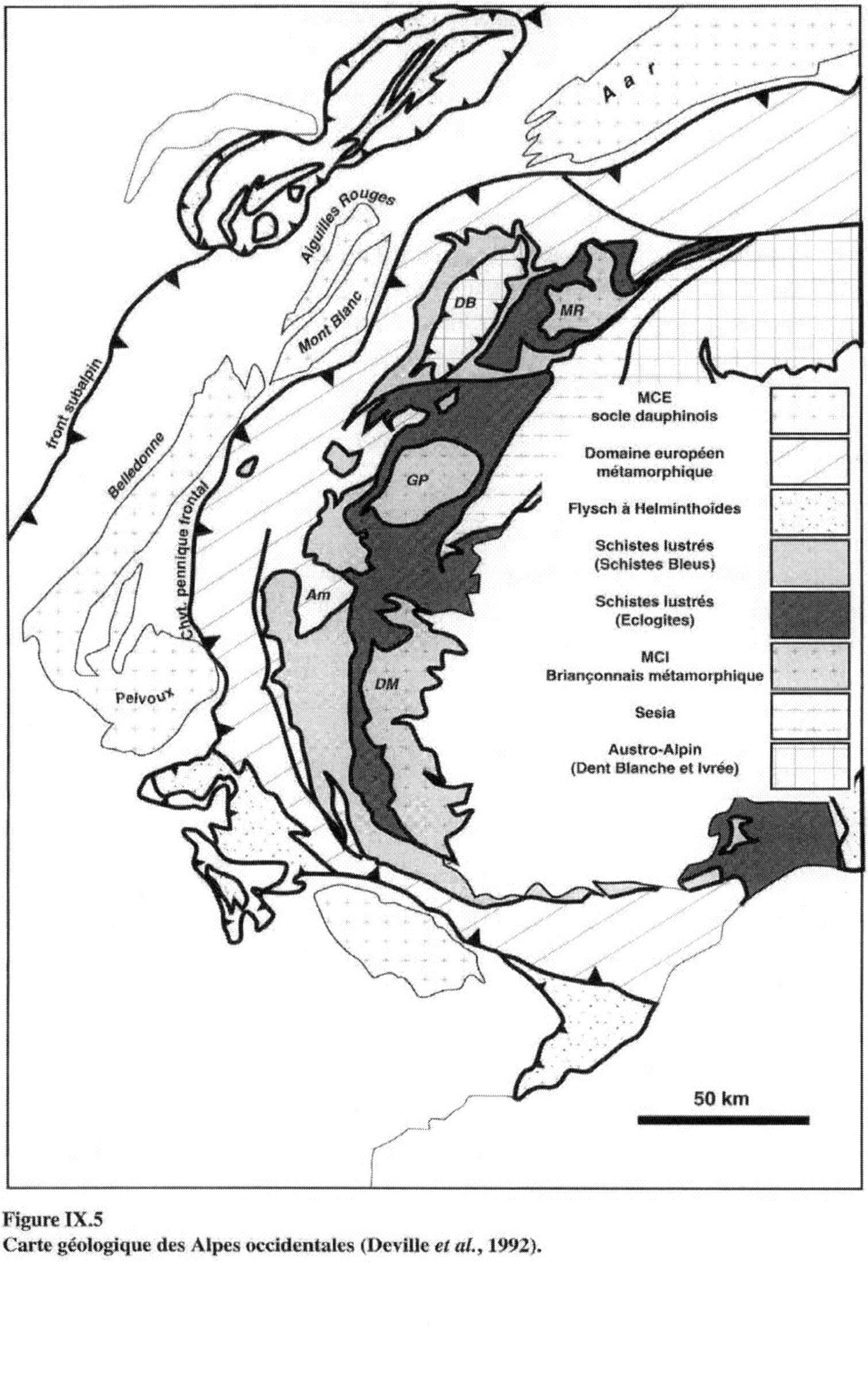

Figure IX.5
Carte géologique des Alpes occidentales (Deville *et al.*, 1992).

s'agit déjà d'un morceau de sud-alpin. Nous n'entrerons pas dans cette discussion mais supposerons que Sesia fait partie de la marge européenne, reportant la suture ophiolitique entre Sesia et Ivrée. Cette hypothèse a l'avantage de la simplicité, mais de nombreux arguments s'y opposent. Cette alternative n'est pas très importante pour la discussion qui suivra.

IX.4.3 Structure en coupe

Les nombreuses études géologiques conduites depuis une centaine d'années dans les Alpes, ainsi que les données plus récentes de la géophysique fournissent aujourd'hui une image de la structure superficielle et profonde de la chaîne, à l'échelle de la croûte et du sommet du manteau. Cette coupe représente la structure finie, c'est-à-dire

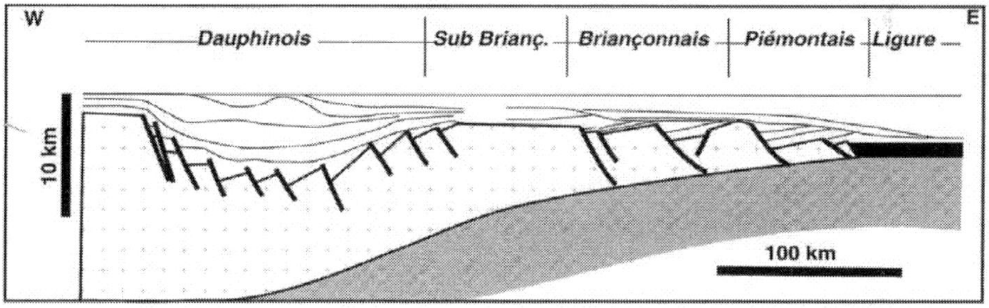

Figure IX.6
Reconstruction de l'état de la marge européenne avant son incorporation dans la chaîne des Alpes (Mascle *et al.*, 1986).

Figure IX.7
Pointé du profil de sismique réflexion Ecors au travers des Alpes (Nicolas *et al.*, 1990).

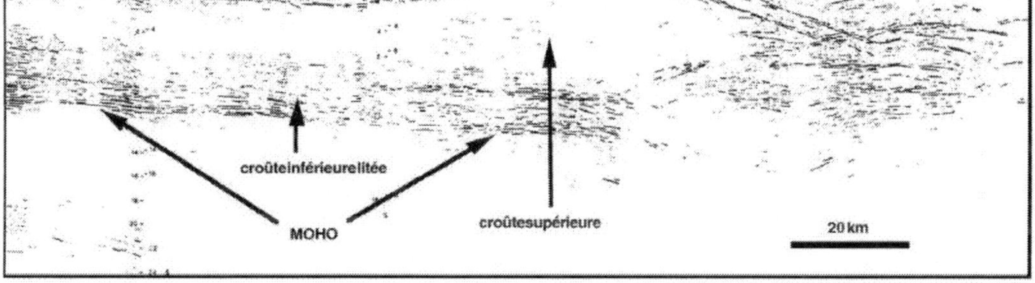

qu'elle est le résultat d'une succession de déformations depuis le rifting initial jusqu'à la mise en place des nappes qui continue jusque dans la période très récente.

La figure IX.7 est le pointé du profil sismique Ecors qui montre un ensemble de réflecteurs jusqu'à la profondeur de 60-70 km. La figure IX.8 montre une version simplifiée de ce même profil à laquelle on a superposé les données de la sismique réfraction et de la gravimétrie, et la figure IX.9 une interprétation géologique de ces données. Différentes interprétations sont possibles à partir des mêmes données. Nous avons choisi celle-ci parce qu'elle donne une image à l'échelle de la croûte.

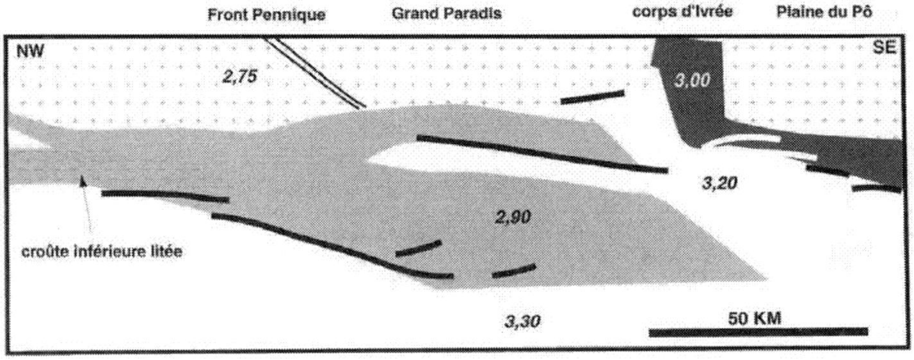

Figure IX.8
Profil de densités au travers des Alpes et données sur la profondeur du Moho (traits épais) (Nicolas *et al.*, 1990).

Figure IX.9
Coupe au travers de la chaîne des Alpes occidentales basée sur une interprétation du profil Ecors (Roure *et al.*, 1990).

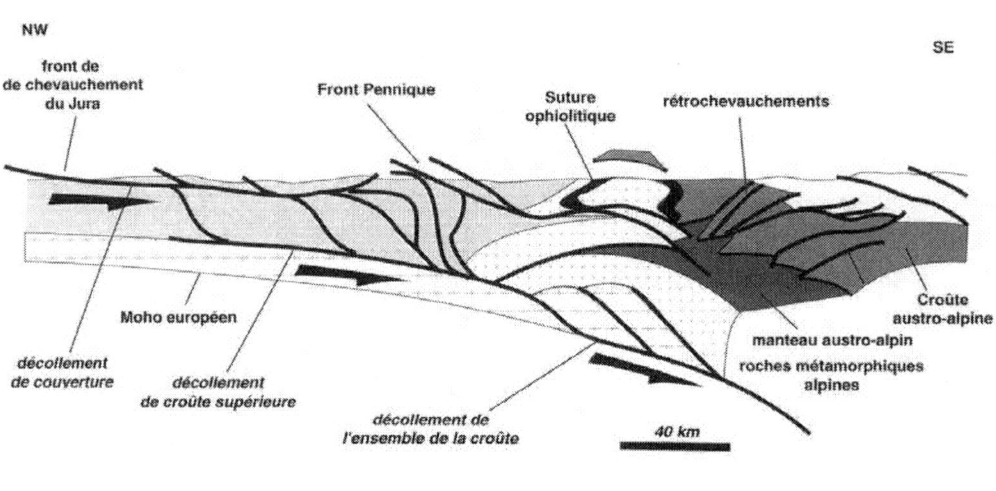

Plusieurs interfaces de type Moho sont visibles à différents niveaux de la coupe, suggérant un écaillage de la croûte et d'une partie du manteau. Dans la partie occidentale du profil, on constate que le Moho est situé à la base d'une unité de croûte très réflective (nombreuses réflexions courtes) qui se prolonge jusqu'au front pennique sans déformation majeure. Cette allure de la croûte inférieure est très classique aujourd'hui sur tous les grands profils intracontinentaux. La nature de ces réflexions fait encore l'objet de discussions et aucun consensus n'a été atteint sur ce sujet. Il peut s'agir soit d'intrusions basiques sous forme de sills, soit de zones de mylonites résultant d'une déformation extensive antérieure ou contemporaine du rifting (voir le chapitre II). La croûte supérieure présente un faciès sismique très transparent. Les niveaux sédimentaires qui la recouvrent sont bien visibles quand ils ne sont pas trop déformés.

Zones externes

D'ouest en est on observe un approfondissement du Moho sans modification d'épaisseur de la croûte litée. Par contre la croûte supérieure s'épaissit progressivement jusqu'au front pennique. Cet épaississement correspond aux chevauchements observés en surface dans les zones externes (Jura, Massifs subalpins, comme les Bornes ou les Bauges). Un réflecteur proéminent est bien visible sous le massif de Belledonne. Il s'agit d'une zone de cisaillement qui traverse l'ensemble de la croûte supérieure et qui est interprétée comme un chevauchement déplaçant Belledonne vers l'ouest.

Cette géométrie dans les zones externes révèle un découplage entre la déformation de la croûte supérieure qui s'épaissit par chevauchement et la croûte inférieure qui plonge sous ce premier ensemble sans déformation majeure apparente. On doit donc dessiner un décollement à l'interface croûte inférieure-croûte supérieure.

Les données géologiques de surface montrent le même type de géométrie à l'échelle de la colonne sédimentaire. Le socle n'est en général pas impliqué dans les chevauchements qui n'affectent que la colonne sédimentaire au-dessus d'un niveau de décollement, souvent localisé dans les évaporites du Trias. Cette géométrie correspond à l'ancienne terminologie de «tectonique de couverture» et «tectonique de socle». La couverture sédimentaire est raccourcie par des chevauchements alors que le socle sous-jacent est indemne de déformation (fig. III.11). Seuls certains chevauchements s'enfoncent dans le socle sous Belledonne et rejoignent le décollement de la croûte moyenne.

Zones internes

A l'arrière de Belledonne une série de réflecteurs très brillants est visible sur le profil Ecors dans la partie supérieure. En profondeur, le Moho européen s'approfondit brutalement et se dédouble. Les réflecteurs les plus forts correspondent au front pennique qui apparaît comme une structure majeure à l'échelle de la croûte ; les réflecteurs typiques de la croûte inférieure apparaissent en position plus élevée. Comme le montre les données de la sismique réfraction, le Moho est affecté par des chevauchements qui descendent donc dans le manteau supérieur. La déformation affecte donc au moins la partie sommitale du manteau, on est passé à une déformation lithosphérique. La coupe de la figure IX.9 propose une géométrie complexe du front pennique en profondeur, déformé par des rétrochevauchements, nécessaires d'après les auteurs pour équilibrer la coupe. Ces rétrochevauchements deviennent dominants sous la plaine du Pô.

Ces chevauchements crustaux et lithosphériques sont récents et en tous cas postérieurs aux structures synmétamorphes des zones internes. La coupe que nous décrivons ici est donc le résultat des déformations les plus récentes. Pour retrouver l'histoire précoce des zones internes il faut étudier les contacts et la déformation synmétamorphes.

IX.4.4 Calendrier tectonique depuis l'Éocène, propagation du front de chevauchement

Dans un premier temps nous détaillerons le calendrier tectonique du front de chevauchement alpin depuis l'Éocène. Le bassin molassique suisse correspond à un bassin flexural formé au front de la chaîne par réponse élastique de la lithosphère européenne soumise au poids de la colonne dans la chaîne en progression ; on peut comparer ce bassin au bassin de la plaine du Gange au front de l'Himalaya. On observe une progression très nette du front de chevauchement enregistré dans les différents bassins de flysch ou de molasses successifs depuis l'Éocène. Les premiers chevauchements affectent le flysch pennique d'âge Éocène (flysch noir). Les flysch oligocènes du domaine subalpin (Grès de Taveyannaz et du Val d'Illiez) sont mobilisés au cours de l'Oligocène inférieur. Puis, au Miocène inférieur, c'est au tour de la molasse rouge continentale de l'Oligocène supérieur et du Miocène inférieur. La molasse marine du Miocène moyen et supérieur est mobilisée par les chevauchements au cours du Miocène supérieur et du Pliocène. Les produits de destruction de la chaîne se déposent dans le bassin frontal flexural et sont donc progressivement incorporés à la chaîne. On peut également les comparer aux turbidites déposées dans les fosses de subduction. Au fur et à mesure de l'avancée de la chaîne vers l'avant-pays les sédiments nouvellement déposés sont incorporés au système d'écailles.

IX.4.5 Prisme d'accrétion crustal et lithosphérique

Les deux précédents paragraphes illustrent deux points fondamentaux :

La convergence finie est accommodée principalement le long de deux décollements majeurs, l'un à la base de la couverture sédimentaire, l'autre dans la croûte moyenne. Ces décollements séparent des domaines d'écailles d'échelle variable, qui impliquent soit uniquement la couverture sédimentaire, la croûte supérieure, ou encore l'ensemble de la croûte, et qui alors décalent le Moho. En schématisant à l'extrême, on observe la tectonique de couverture au front de la chaîne et la tectonique de socle en arrière. Cette géométrie est caractéristique de la progression d'un décollement depuis la profondeur vers la surface le long des interfaces les moins compétents comme dans un prisme d'accrétion sédimentaire semblable à celui de la fosse de Nankai (chapitre VI). La progression vers l'ouest du front de déformation rentre très bien dans ce cadre du prisme d'accrétion. Ici la déformation n'intéresse que la couverture sédimentaire au front de la chaîne. On peut parler de prisme d'accrétion sédimentaire. Plus en arrière le décollement descend dans la croûte profonde impliquant la croûte supérieure dans la déformation, on parle alors de prisme crustal. Sous les zones internes le décollement descend dans le manteau supérieur, on peut parler de prisme d'accrétion lithosphérique.

Cette étude rapide fournit l'image d'une chaîne en progression constante vers l'ouest aux dépends de la croûte européenne qui est incorporée à la chaîne par progression d'un décollement le long des niveaux les moins compétents. Si ce régime de déformation se poursuit, on doit s'attendre dans le futur à incorporer des écailles de la croûte européenne non amincie et à la formation d'une chaîne comme l'Himalaya avec son régime thermique particulier et plus chaud.

IX.4.6 Déformation actuelle

La déformation actuelle dans la chaîne alpine peut être décrite grâce à ses manifestations sismiques et par les déformations les plus récentes superficielles (plis et chevauchements Plio-Quaternaire). La figure III.10 montre les directions de compression déduites des mécanismes au foyer des séismes et des axes de plis récents. On constate une géométrie radiale, les directions de la contrainte principale horizontale compressive étant toujours perpendiculaires à la chaîne. Dans l'ensemble de l'arc alpin, la direction est relativement constante NNE-SSW. La virgation n'intéresse donc que l'arc franco-italien. La direction de compression NNW-SSE est le résultat de la convergence Afrique-Eurasie, on en observe les effets sous forme de déformations plus mineures dans le Bassin Parisien. La compression radiale dans l'arc franco-italien est pourtant compatible avec les directions de raccourcissement finies depuis le début du Miocène. La géométrie de cette partie des Alpes n'est donc pas liée de manière simple à la direction de la convergence Europe-Afrique mais est plutôt le résultat d'un mécanisme de déformation complexe impliquant une torsion de l'arc à l'échelle de la croûte.

IX.4.7 Tectoniques superposées et reconstructions, la signification d'une coupe actuelle

Reconstituer l'évolution des Alpes depuis le début du Cénozoïque revient à déplier les structures compressives formées depuis cette date à partir d'un jeu de données de nature variée. On travaille pour cela le long de profils perpendiculaires à la chaîne, c'est-à-dire en gros parallèles à la direction moyenne de raccourcissement. Il faut pourtant être conscient que les structures qui sont aujourd'hui juxtaposées le long d'un profil, comme celui décrit plus haut, ne se trouvaient pas nécessairement sur une même transversale avant la déformation, en d'autres termes la déformation n'est pas plane et implique d'importants transferts latéraux de matière.

La figure IX.10 montre l'évolution d'une coupe perpendiculaire à l'arc sur des reconstructions paléocinématiques de la région du poinçon apulien. On peut proposer différentes reconstructions pour cette région, et celles présentées ici pourraient sans doute être modifiées. Le but de cet exercice est de montrer les effets de la cinématique en carte sur un profil aujourd'hui continu et rectiligne au travers de la chaîne.

Seules deux étapes clefs de l'évolution géodynamique de la région sont montrées ici. La première étape date du Crétacé supérieur (80 Ma). A cette époque la position de l'Afrique par rapport à l'Europe est contrainte par les anomalies magnétiques de l'Atlantique, et celle de la péninsule ibérique par celles du golfe de Gascogne et de l'Atlantique. La position du poinçon apulien est moins bien contrainte : les données utilisées sont les informations sur la déformation dans les chaînes de montagnes, et le paléomagnétisme. Pour atteindre cette géométrie on a déplié les Alpes franco-italiennes en deux étapes : (1) déplié le raccourcissement E-W Miocène à actuel qui affecte l'ensemble de la chaîne et surtout le domaine externe et (2) déplié le raccour-

Figure IX.10
Évolution schématique en carte d'une coupe au travers des Alpes (trait épais) au fur et à mesure des reconstructions. Ce qui est situé le long d'une même coupe aujourd'hui ne l'était pas forcément avant la formation de la chaîne (D'après une idée de C. Grandjacquet).

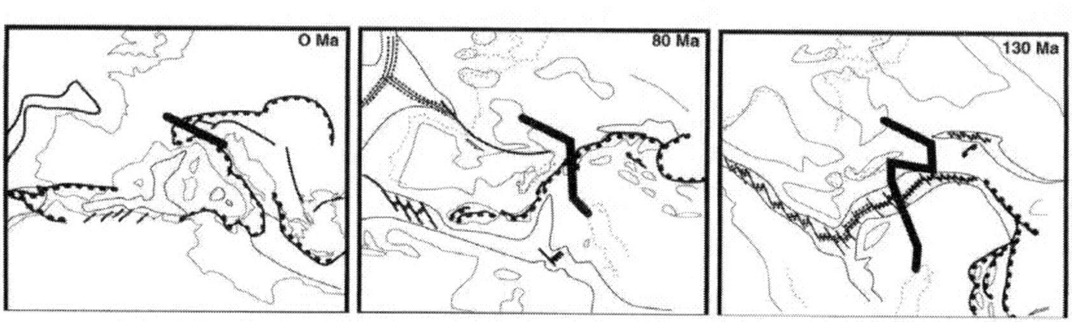

cissement N-S des zones internes. La coupe dont nous sommes partis est devenue une ligne brisée : deux segments sont restés parallèles à la coupe actuelle (zones externes et domaine sud-alpin-apulien) séparés par un segment N-S correspondant aux zones internes. La deuxième étape (130-140 Ma) montre un océan alpin en cours d'ouverture. Le jeu décrochant le long de la faille Nord Pyrénéenne a été annulé et, dans l'option choisie ici la coupe originelle prend une forme de plus en plus complexe. Les objets aujourd'hui alignés le long de la coupe choisie ne l'étaient pas il y a 140 Ma.

Il est facile de constater que (1) tout dépend de l'option cinématique choisie mais que (2) quelqu'elle soit on aboutira au même type de conclusion, parce que la géométrie de la chaîne alpine n'est pas cylindrique (donc la déformation finie n'est pas plane) et on connaît plusieurs phases cinématiques différentes dans l'histoire de la chaîne. Il est important de garder cette conclusion à l'esprit lorsqu'on travaille sur une coupe d'une chaîne en général.

IX.4.8 Déformation et métamorphisme de la marge européenne

Les paragraphes précédents nous ont montré le résultat des déformations les plus récentes sur la structure de la chaîne, en particulier la formation d'un prisme d'accrétion crustal mobilisant la croûte européenne de plus en plus épaisse le long de chevauchements d'échelle crustale. Mais ces chevauchements reprennent des structures plus anciennes, formées dans des conditions de plus grande profondeur pendant les premiers stades de la collision. La déformation dans ces zones est ductile et associée à un

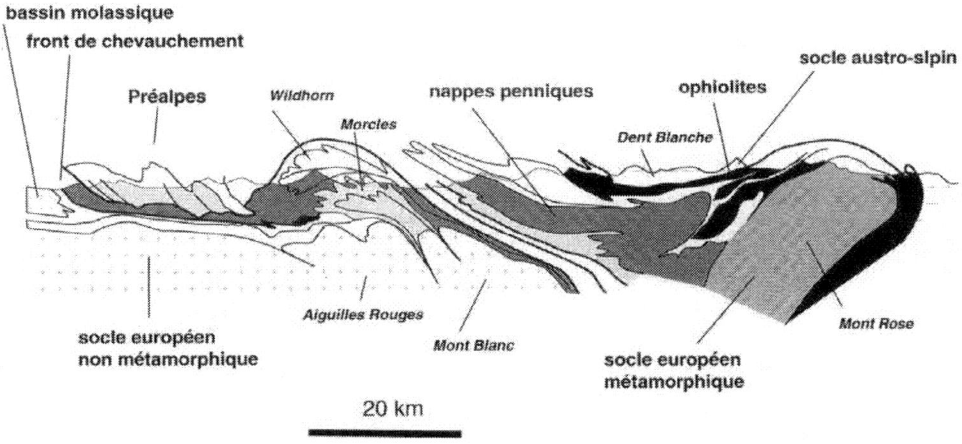

Figure IX.11
Coupe au travers des Alpes suisses (Esher *et al.*, 1988).

métamorphisme intense. Les chevauchements précoces se marquent par des zones de cisaillement où la déformation a été localisée.

La déformation finie des zones internes peut être illustrée d'abord par des coupes d'ensemble à différentes latitudes. La coupe la plus complète est sans conteste celle du nord à la latitude de la Dent Blanche (figures IX.11 et IX.12). Ces différentes coupes montrent la géométrie des contacts de nappe dans le domaine métamorphique. Ceux-ci sont replissés par de grands plis couchés qui sont le résultat de cisaillements très intenses à l'échelle de la croûte. Certains de ces plis ont été décrits comme des plis en fourreaux d'échelle kilométrique. Contrairement aux zones externes, la déformation n'est pas uniquement localisée le long des contacts entre nappes, mais elle est distribuée dans la masse des différentes unités même si elle présente un maximum le long des contacts. Les techniques d'études sont donc celles de la déformation ductile brièvement décrites dans le chapitre III. Comme le montrent les coupes d'ensemble, le domaine océanique (schistes lustrés et ophiolites) repose sur le domaine interne de la marge européenne au sein d'un grand synforme de nappes, faisant resurgir le domaine briançonnais interne à l'est (massifs cristallins internes : Dora Maira, Mont Rose, Grand Paradis). L'ensemble des deux domaines est métamorphique et très déformé pendant plusieurs épisodes successifs. La reconnaissance sur le terrain des différents épisodes passe souvent par une étude conjointe du métamorphisme.

La figure III.19 montre la déformation finie dans l'arc alpin sous forme d'une carte des linéations d'étirement. Comme le montre cette figure l'axe d'allongement de

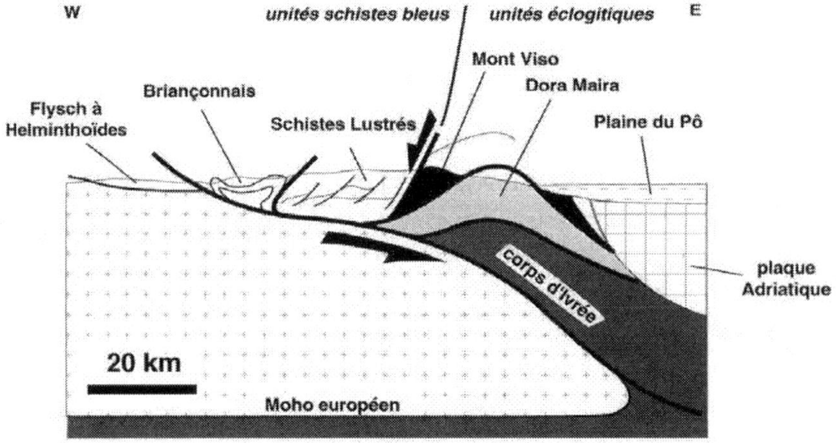

Figure IX.12
Coupe au travers des Alpes du Sud à la latitude du Mont Viso (Ballèvre *et al.*, 1990).

la matière, donc la direction de cisaillement, dans la plupart des cas est radiale par rapport à l'arc impliquant un flux de matière radial. Mais ces linéations correspondent à différents épisodes successifs qu'on doit séparer avant toute interprétation à l'échelle de la chaîne. On remarquera en outre que dans les zones internes on trouve des linéations N-S et des linéations E-W. La compréhension des différents événements passe par une étude du métamorphisme.

Métamorphisme HP-BT alpin

Plusieurs cartes du métamorphisme alpin sont disponibles, aujourd'hui. Une des plus récentes est celle de Goffé (communication personnelle, 1994) (fig. IX.13). Contrairement à d'autres auteurs on considère ici que les différentes unités tectoniques ont leur propre histoire métamorphique, et les différents figurés de cette carte représentent des trajets différents dans le champ P-T (pression-température), ce qui n'empêche pas qu'une partie du chemin puisse être commun à plusieurs unités. Sur la même carte nous avons reporté des chemins P-T-t (pression-température-temps) typiques des différentes unités. Ces deux types de données permettent, lorsqu'on les associe à l'étude de la déformation, de contraindre l'histoire tectonique des parties internes de la chaîne. Dans le cadre de ce manuel nous nous en tiendrons aux conclusions fondamentales :

1 : il existe un gradient de pression maximale d'ouest en est. On passe de roches non métamorphiques au front de la chaîne à des éclogites dans le domaine des schistes lustrés et des massifs cristallins internes. Ce dispositif montre que les unités orientales ont été enfouies plus profondément que les unités occidentales. Ce passage n'est pas progressif et au contraire les contacts entre unités correspondent à des sauts importants de métamorphisme. Les unités externes ne présentent pas de recristallisations métamorphiques notables. Les unités briançonnaises externes ont subi un métamorphisme HP-BT mais sans jamais atteindre le domaine de stabilité de la carpholite ou du glaucophane. Le saut de pression entre les unités externes et les unités briançonnaises externes est de l'ordre de plusieurs kilobars, de part et d'autre du chevauchement pennique frontal. Cette observation montre que ce chevauchement est une structure post-métamorphique. C'est en fait le cas pour tous les contacts de nappe des Alpes, qui sont tous, ou presque, des structures tardives par rapport au métamorphisme de haute pression. La structure actuelle de la chaîne est donc le résultat de l'évolution récente.

Les unités briançonnaises internes ont subi un métamorphisme HP-BT jusque dans le domaine de stabilité de la carpholite ou du glaucophane. Mais à l'intérieur de

>

Figure IX.13
Carte métamorphique des Alpes occidentales et chemins P-T-t de différentes unités continentales ou océaniques (Goffé, communication personnelle, 1994 ; Lardeaux & Spalla, 1991 ; Chopin *et al.*, 1991 ; Monié & Chopin, 1991 ; Ballèvre & Merle, 1993 ; Goffé & Velde, 1984).

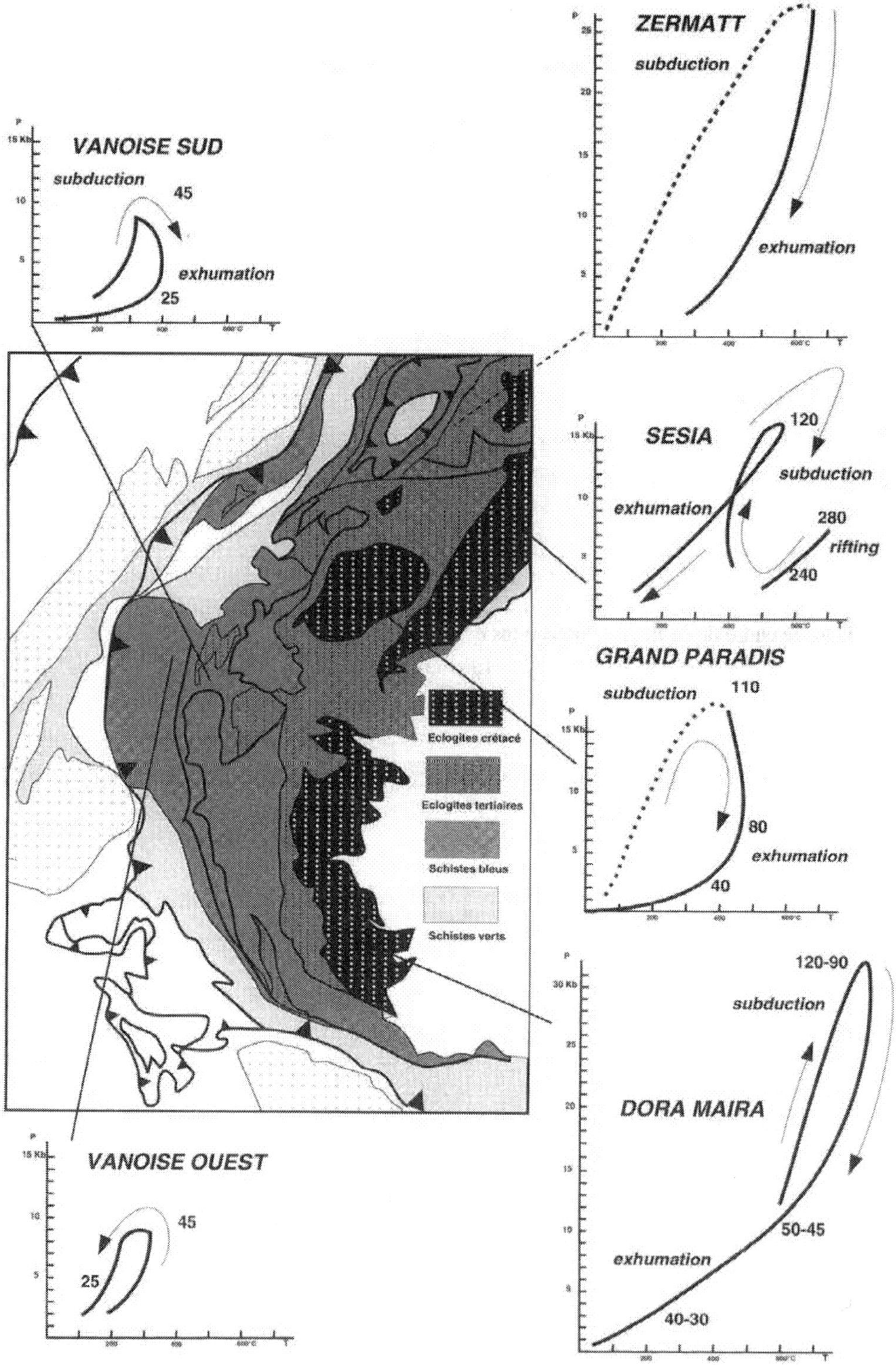
VANOISE SUD
subduction
45
exhumation
25
ZERMATT
subduction
exhumation
SESIA
120
subduction
exhumation
280
rifting
240
GRAND PARADIS
subduction
110
80
exhumation
40
Eclogites crétacé
Eclogites tertiaires
Schistes bleus
Schistes verts
120-90
subduction
DORA MAIRA
50-45
exhumation
40-30
VANOISE OUEST
45
25

cet ensemble il convient de distinguer différents trajets de retour vers la surface. Certaines unités (les plus basses) ont subi un refroidissement rapide pendant la chute de pression, quand d'autres (les plus hautes) ont subi un réchauffement. Les premières ont conservé les associations HP-BT qui ont été remplacées par d'autres associations de moins haute pression dans les secondes. On interprète ce dispositif comme la signature de l'avancée du domaine briançonnais sur les unités frontales plus froides qui imposent un refroidissement permanent près du contact chevauchant. L'âge de ce métamorphisme est daté de l'Éocène (45 Ma). Cet épisode de haute pression est donc contemporain de l'épaississement crustal et de la formation de l'ensemble des nappes des domaines internes. Nous verrons plus loin que l'étude de la déformation confirme cette conclusion.

Les unités les plus internes (partie interne des schistes lustrés et domaines cristallins internes) ont subi un métamorphisme éclogitique. Dans le massif de Dora Maira les unités les plus profondes contiennent des associations de très haute pression à coesite (30 Kb, 100 km). Ce métamorphisme éclogitique s'est produit en deux épisodes distincts : le premier au Crétacé supérieur (100 Ma, massifs cristallins internes), le second à l'Éocène (schistes lustrés et ophiolite du Viso) pendant que les unités plus externes subissaient des pressions moindres.

Le massif de Dora Maira est constitué de plusieurs unités superposées qui ont toutes subi le métamorphisme HP-BT mais n'ont pas toutes atteint les très fortes pressions typiques de ce massif (fig. IX.14). L'unité la plus profonde (Pinerolo) est la moins métamorphique. Elle montre des paragénèses du domaine des schistes bleus mais n'a jamais atteint le domaine des éclogites. L'unité sus-jacente (Gilba) est celle qui contient la coesite et les autres minéraux de très haute pression. Les conditions P-T maximales sont de l'ordre de 30 Kb et 750 °C. L'unité immédiatement sus-jacente a été équilibrée dans le domaine des éclogites (20 kb, 600 °C) mais très en-dessous des conditions atteintes par l'unité de Gilba. Il existe un différentiel de pression maximale de l'ordre de 10 Kb, soit une différence de profondeur de 30 km. L'unité la plus haute n'a subi que des conditions de moindre pression typiques du domaine des schistes bleus. Comme le montre cette coupe les contacts correspondent à chaque fois à des sauts importants de pression ; la structure du massif est donc le résultat d'une déformation tardive post-haute pression. Le champ de déformation est assez simple à l'échelle du massif. Le grand axe de l'ellipsoïde de la déformation finie (la linéation d'étirement) est toujours orienté grossièrement E-W et la majeure partie de sens de cisaillement observés sont vers l'ouest. Un point fondamental est l'observation que cette déformation est contemporaine de la rétromorphose des faciès haute pression dans le faciès Schiste Vert, donc bien loin des conditions de très haute pression enregistrées dans l'unité de Val Gilba. Le sens de cisaillement vers l'ouest est compatible avec l'histoire régionale de chevauchement dans les Alpes, et avec le chevauchement des

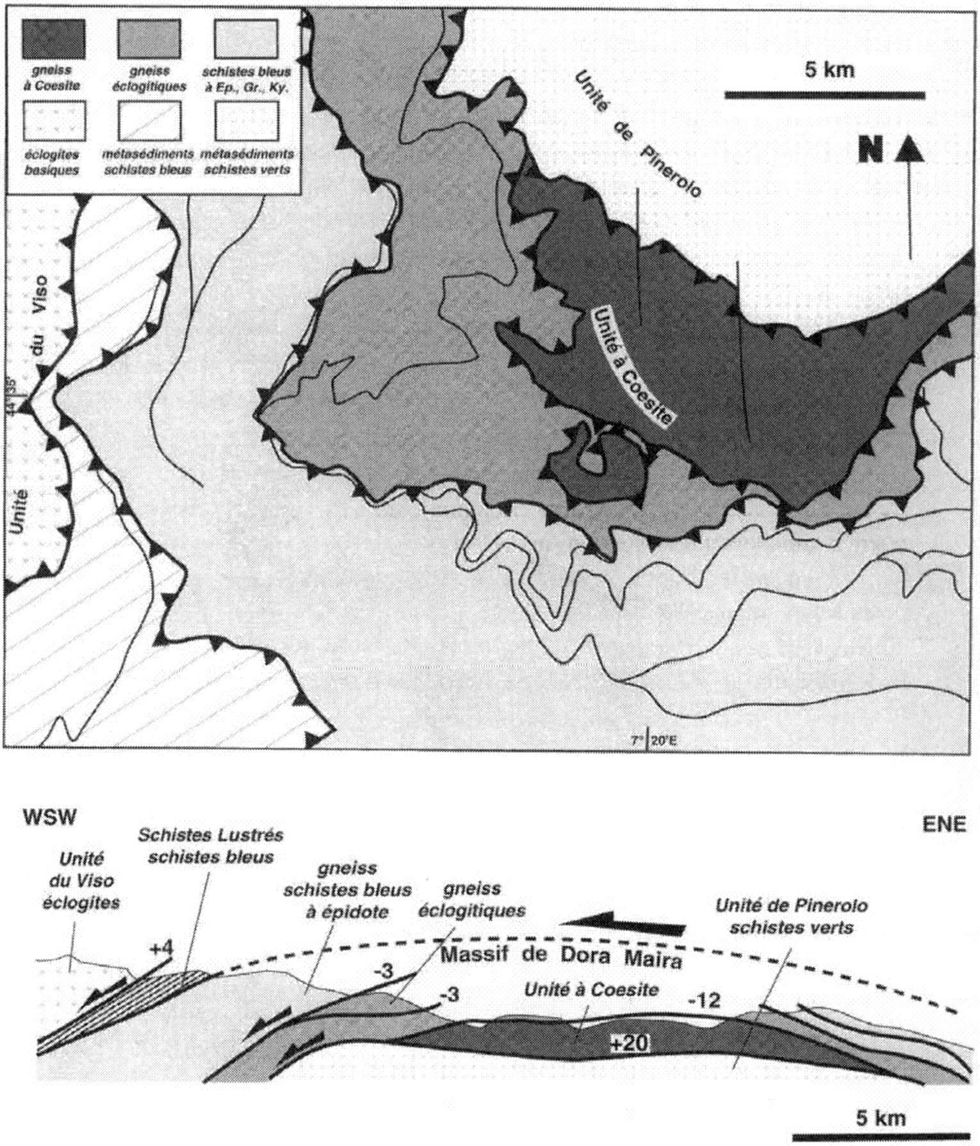

Figure IX.14
Carte et coupe de la partie sud du massif de Dora Maira montrant les principaux contacts et les faciès métamorphiques. Sur la coupe les chiffres portés le long des contacts représentent le saut de pression maximale enregistrée au travers de ces contacts en kilobars (Michard *et al.*, 1993).

unités de haute et très haute pression sur les unités moins métamorphiques comme l'unité de Pinerolo. Cette histoire est également en accord avec la géométrie des contacts : le contact entre les deux unités éclogitiques est recoupé par le contact de base de l'unité de Val Gilba. L'ensemble du massif a donc subi une histoire progressive de chevauchement vers l'ouest qui a d'abord entraîné les unités continentales à grande profondeur. La déformation associée à cet événement est très mal préservée. La suite de l'histoire consiste à faire remonter cette unité sur les unités plus frontales et moins profondes comme l'unité de Pinerolo tout en amincissant la pile métamorphique située au-dessus de l'unité de Val Gilba. Ce processus complexe implique donc un chevauchement à la base et un système de détachements au sommet. Cette géométrie (fig. IX.15) a été déduite d'autres exemples par J. Platt par comparaison avec la structure de la partie frontale des zones de subduction. L'extension en surface pendant la formation de chevauchements en profondeur est un moyen sûr de remonter rapidement les roches de haute pression, et d'expliquer les superpositions apparemment anormales d'un point de vue métamorphique. Nous reverrons un exemple de ce type dans le cas de la Crète où nous pourrons le relier au contexte géodynamique actuel, donc en discuter plus en détail.

Métamorphisme HT-BP lépontin

L'histoire HP-BT est suivie dans les Alpes suisses par un épisode de haute température connu sous le nom de métamorphisme lépontin. Il est daté d'environ 35-40 Ma. Il se caractérise par un dôme thermique centré sur les zones internes helvétiques derrière le massif de l'Aar. Sa forme est donnée sur la figure IX.16 par les

Figure IX.15
Coupe d'un prisme d'accrétion crustal en formation avec amincissement des unités en haut du prisme par extension (Platt, 1986).

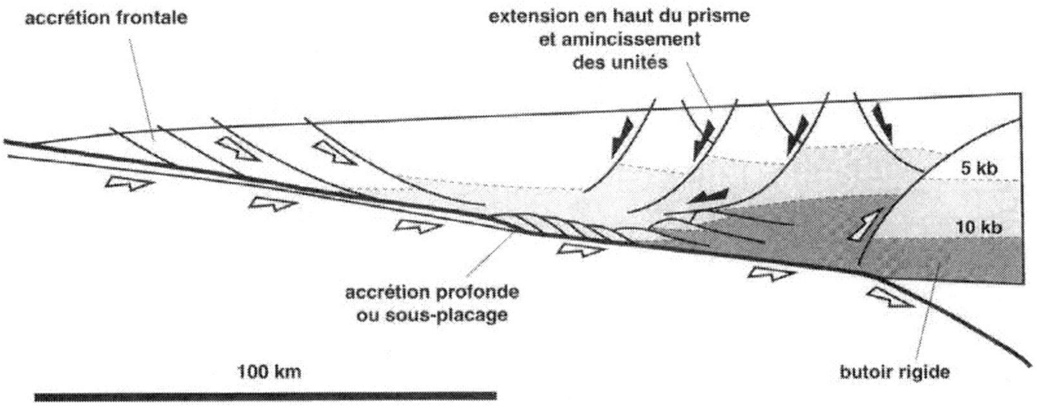

différentes isogrades métamorphiques et des indications de température. Contrairement aux paragénèses décrites précédemment celles-ci se trouvent sur un gradient haute température - basse pression. La température maximale atteinte dans le cœur du dôme est de 650 °C à une pression qui ne dépasse pas 6 kbar. On se trouve alors dans le faciès amphibolite. Cette évolution tardive de haute température, postérieure à la haute pression, est associée à l'intrusion de granitoïdes de même âge. La fin de l'histoire métamorphique des Alpes se produit donc dans un régime thermique totalement différent de l'histoire précoce, beaucoup plus chaud.

Histoire HT anté-alpine, extension

L'histoire métamorphique antérieure à la haute pression est bien documentée dans le massif de Sesia. On y observe (fig. IX.13) avant l'épisode de haute pression (éclogites), une histoire de haute température datée de 240 Ma. Cette histoire démarre dans des conditions proche du faciès des granulites (7 Kb, 800°C) et suit un chemin de décompression restant sur un gradient HT-BP. L'âge mésozoïque de cet épisode permet de le rattacher à la formation du rift qui prélude à l'ouverture de l'océan alpin. La remontée depuis des conditions qui sont celles de la base de la croûte continentale, est liée à l'extension et l'amincissement rapide pendant le rifting.

Figure IX.16
Carte de la région du dôme lépontin et les champs de déformation superposés (Merle *et al.*, 1989).

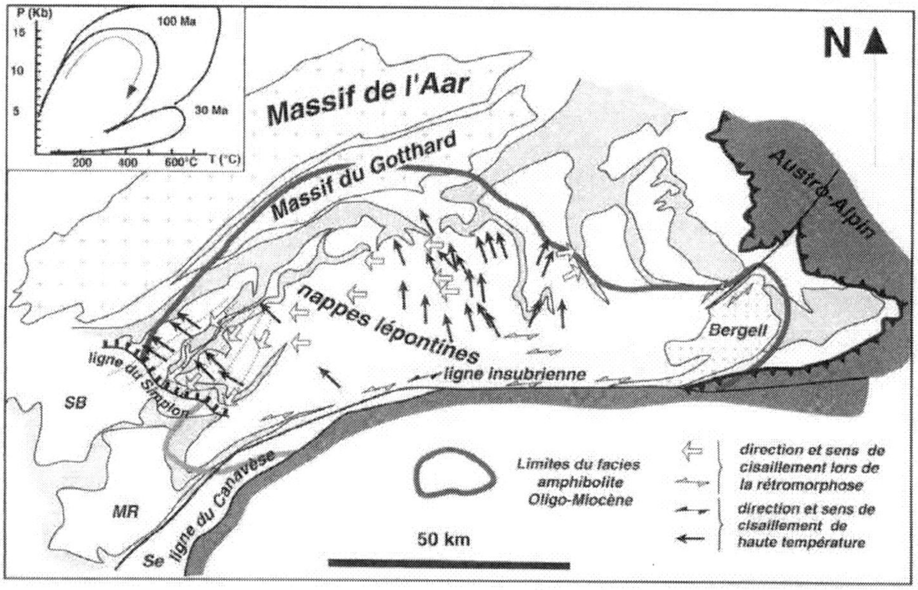

Déformation ductile et les liens métamorphisme-déformation

Les techniques d'études de la déformation ductile ont pour une part été mises au point dans les Alpes qui fournissent donc de nombreux exemples d'école. L'exemple classique des nappes helvétiques (fig. III.17) montre la géométrie de la déformation à grande échelle et illustre le sens de cisaillement vers l'extérieur de la chaîne. Comme le montre la figure III.19 la direction de mise en place des nappes dans le domaine externe est toujours radial par rapport à l'arc alpin.

Dans le domaine interne proprement dit de nombreuses études ont été réalisées. Le cas de la fenêtre d'Ambin a déjà été illustré dans le chapitre III. Une étude de détail réalisée dans le dôme lépontin donne une idée de la déformation associée à l'épisode de haute température tardif qui caractérise cette région (fig. IX.16). Deux événements majeurs sont distingués sur la base des paragénèses métamorphiques. Le premier événement correspond à la haute température proprement dite et le deuxième à une phase plus tardive de décroissance de la température et de la pression. Nous ne rentrerons pas dans les détails ni ne donnerons la signification de ces événements à l'échelle de la chaîne, ceux-ci étant pour l'instant mal compris. Cet exemple est là pour illustrer une succession de deux phases de déformation distinguées grâce au métamorphisme. La phase 2 correspond à un étirement moyen E-W et une concentration de la déformation le long de la ligne du Canavese et de la ligne Tonalitique, deux décrochements ayant joué tardivement dans l'histoire de la chaîne. La phase 1 correspond à un jeu cisaillant vers le NO radial par rapport à la chaîne et compatible avec la mise en place des nappes.

La figure IX.17 est un essai de synthèse de ces différentes données à l'échelle des Alpes occidentales. On y a distingué trois épisodes distincts. Le premier correspond au

Figure IX.17
Événements tectonométamorphiques successifs dans les Alpes occidentales (Choukroune *et al.*, 1986).

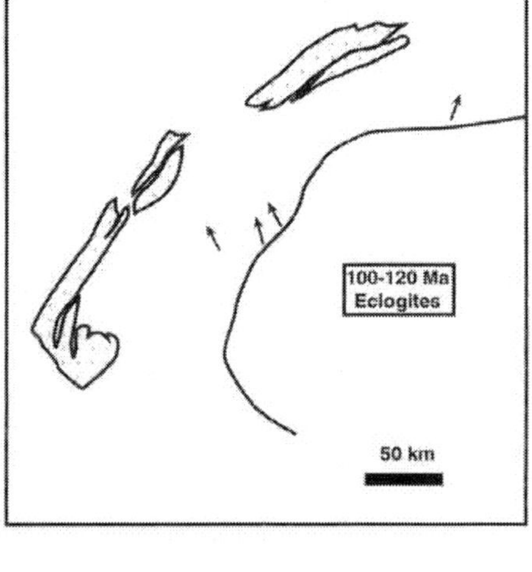

stade éclogitique. Quelques observations dans le domaine interne suggère que la direction d'étirement à la fin du Crétacé était N-S. Cet épisode est le moins bien documenté. Compte tenu de la direction moyenne de convergence Afrique-Eurasie, cette direction est raisonnable, mais les données très parcellaires, car, comme nous l'avons vu dans le cas du massif de Dora Maira, la déformation contemporaine de la très haute pression est souvent oblitérée par les épisodes plus tardifs. L'épisode suivant commence avec des faciès HP-BT au cours du Paléocène et de l'Éocène et se termine par les faciès HT du dôme lépontin à la fin de l'Éocène. On observe un changement progressif de direction dans le domaine briançonnais méridional depuis une direction SSE-NNW jusqu'à une direction E-W. On aurait là le passage progressif de la phase Crétacé à la phase tertiaire. L'épisode le plus récent est en général post-métamorphique et correspond à la propagation de la chaîne vers l'ouest et le nord sur son avant-pays (chevauchement des massifs cristallins externes, décollement du Jura sur la molasse Miocène) et à des rétrochevauchements dans le domaine interne. Cet épisode est à rattacher à la dynamique actuelle.

La difficulté dans la chaîne alpine est l'absence de corrélation simple entre la déformation observée sur le terrain dans le domaine interne et la cinématique aux limites de la zone déformée parce que cette dernière est mal contrainte. Sans doute les Alpes franco-italiennes ne représentent-elles pas fidèlement la succession des événements de l'arc alpin dans son ensemble, eu égard à leur position en extrémité de l'arc, mais c'est là que les études de la déformation et du métamorphisme ont été poussées le plus loin.

IX.4.9 Déformation et métamorphisme de l'Austro-Alpin

L'Austro-Alpin montre également une histoire complexe qui débute avec la formation des structures extensives pendant le rifting de l'Océan Ligure ou Pennique et se

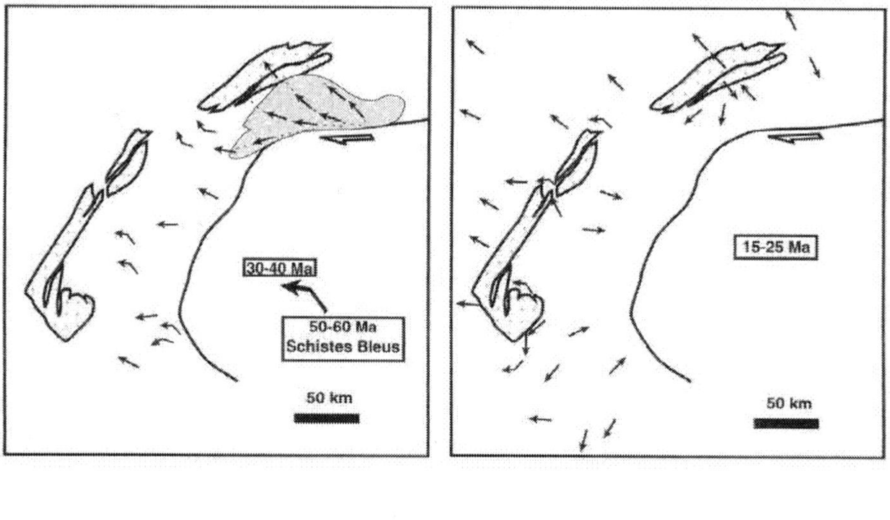

poursuit par la formation de chevauchements à partir de la fin du Jurassique. La formation des chevauchements est plus précoce que sur la marge européenne. On attribue cette compression précoce au début de la fermeture de l'océan nouvellement créé. Toute l'histoire HP-BT semble cantonnée au Crétacé supérieur puisque le flysch du Gosau (Crétacé terminal) remanie déjà des minéraux de haute pression. L'interprétation de la figure IX.18 suggère que le dépôt de ce flysch se fasse dans des bassins en extension après écroulement d'une chaîne Crétacé. C'est la notion d'Eo-alpin. On aurait dans la chaîne des Alpes la superposition de deux chaînes, l'Eo-Alpin Crétacé et l'Alpin Eocène-Actuel. On attribue également à l'Eo-Alpin la formation des associations de très haute température et d'une partie des éclogites des zones internes.

IX.4.10 Différents modèles d'évolution en coupes

La synthèse à échelle crustale de ces données est souvent présentée sous forme de coupes évolutives de la chaîne. En gardant à l'esprit le danger qu'il y a à raisonner de manière uniquement cylindrique puisque des structures aujourd'hui sur une même coupe ne l'étaient pas forcément au début de l'histoire de la chaîne, cette méthode de synthèse est sans doute la plus efficace car elle fournit un modèle simple que l'on peut tester par d'autres observations. Bien sûr il faut d'abord se mettre d'accord sur les attributions paléogéographiques des différentes unités. Dans les Alpes l'accord est fait sur la plupart des unités en présence sauf sur une d'entre elle, le massif de Sesia qui selon les auteurs fait partie soit du domaine briançonnais interne, c'est-à-dire de la marge européenne, soit du domaine Austro-Alpin, c'est-à-dire de la marge africaine. Compte tenu de l'étroitesse vraisemblable de l'océan alpin, cette discussion est très délicate. Les deux marges faisaient avant ouverture partie du même ensemble, et n'ont évolué séparément que pendant un laps de temps très bref. Il n'y a donc pas de caractères distinctifs très nets en l'absence d'une couverture sédimentaire. Pour certains auteurs Sesia était un bloc indépendant des deux blocs majeurs, isolé au milieu de l'océan alpin.

La figure IX.19 montre un scénario possible d'évolution de la chaîne depuis le Jurassique supérieur, dans l'hypothèse où Sesia est un morceau de la marge européenne. Cette hypothèse a l'avantage que tout le domaine ayant subit le métamorphisme HP-BT sur le transect considéré ici se trouve dans la marge européenne. La marge africaine n'est donc pas impliquée dans la subduction. Ce schéma est plus simple, il n'en est pas pour autant plus vrai. L'élégance de ce schéma est de faire de l'ensemble du domaine des Alpes franco-italiennes un prisme d'accrétion à échelle crustale. Les éléments de croûte supérieure de la région amincie de la marge européenne sont d'abord entraînés en profondeur où ils prennent le faciès éclogite ou schiste bleu. Quand la lithosphère moins amincie arrive dans la zone de convergence celle-ci devient plus difficile et seule la partie profonde, croûte inférieure (qui sert de niveau de décollement) et manteau supérieur continuent à s'enfoncer. La partie supé-

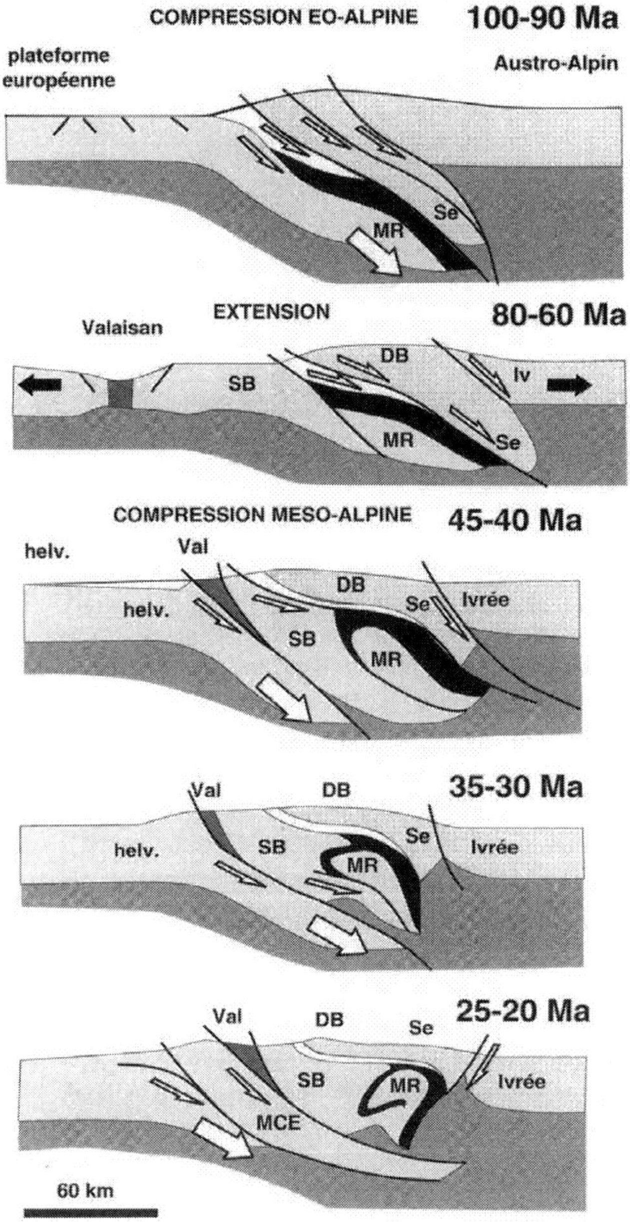

Figure IX.18
Schéma d'évolution des Alpes incluant une phase d'extension à la fin du Crétacé (Ballèvre et Merle, 1993).

rieure de la croûte est alors intégrée à un prisme d'accrétion dont le front migre vers l'avant comme dans les fosses de subduction.

Ce modèle, tout simple et élégant qu'il soit, ne prend pas en compte l'existence de paragénèses de très haute pression indiquant que la marge européenne s'est enfoncée jusqu'à au moins 90-100 km. Mais la plupart des modèles publiés jusqu'à aujourd'hui éludent ce problème. La figure IX.18 montre un modèle plus récent prenant en compte ces données. La marge amincie est emmenée dans la zone de convergence jusqu'aux profondeurs requises pour stabiliser la coesite. Mais le mécanisme de la remontée de ces unités n'est pas clairement décrit.

Ce tour d'horizon de quelques modèles récents montre clairement que la présence de ces unités de très haute pression pose un problème au tectonicien. Si on n'accepte pas l'idée d'une croûte épaisse de 100 km au-dessus de ces unités à la fin du Crétacé, il faut les enfouir sous plusieurs dizaines de kilomètres de manteau, et ensuite trouver un mécanisme pour les faire remonter indépendamment de ce manteau. Pour l'instant aucun mécanisme satisfaisant n'a été proposé.

IX.4.11 Régime de déformation Néogène, compression-extension

La déformation Néogène des Alpes comporte deux types de régimes différents. Tout le domaine frontal est soumis à un régime compressif avec mise en place de nappes jusque dans l'époque récente. C'est le dernier stade de la propagation du front de chevauchement vers l'avant-pays. Le domaine interne, en particulier dans les Alpes suisses et autrichiennes est soumis à une tectonique extensive qui se marque par des zones de cisaillement normales comme celle qui limite le dôme lépontin à l'ouest (Simplon fault zone) (fig. IX.16) ou celle qui limite la fenêtre des Tauern (Brenner fault). L'arrière-pays est soumis à une déformation compressive conduisant aux rétrochevauchements sur les dépôts récents de la plaine du Pô. On retrouve une géométrie semblable à celle du Tibet, avec cependant une échelle très différente. Cette extension contribue à faire remonter des unités métamorphiques comme celle du dôme lépontin mais sa signification cinématique et son origine dynamique sont mal comprises. Les exemples suivants vont nous montrer comment l'extension peut remodeler une chaîne de montagnes, quelles sont les déformations qu'elle implique, et ceci dans un cadre cinématique mieux défini.

IX.5 La Méditerranée occidentale

Nous traiterons séparément les deux moitiés de la Méditerranée parce que la compréhension de la géométrie extensive de ces deux ensembles nécessite une approche assez détaillée de la géologie régionale, et parce que les problèmes posées sont

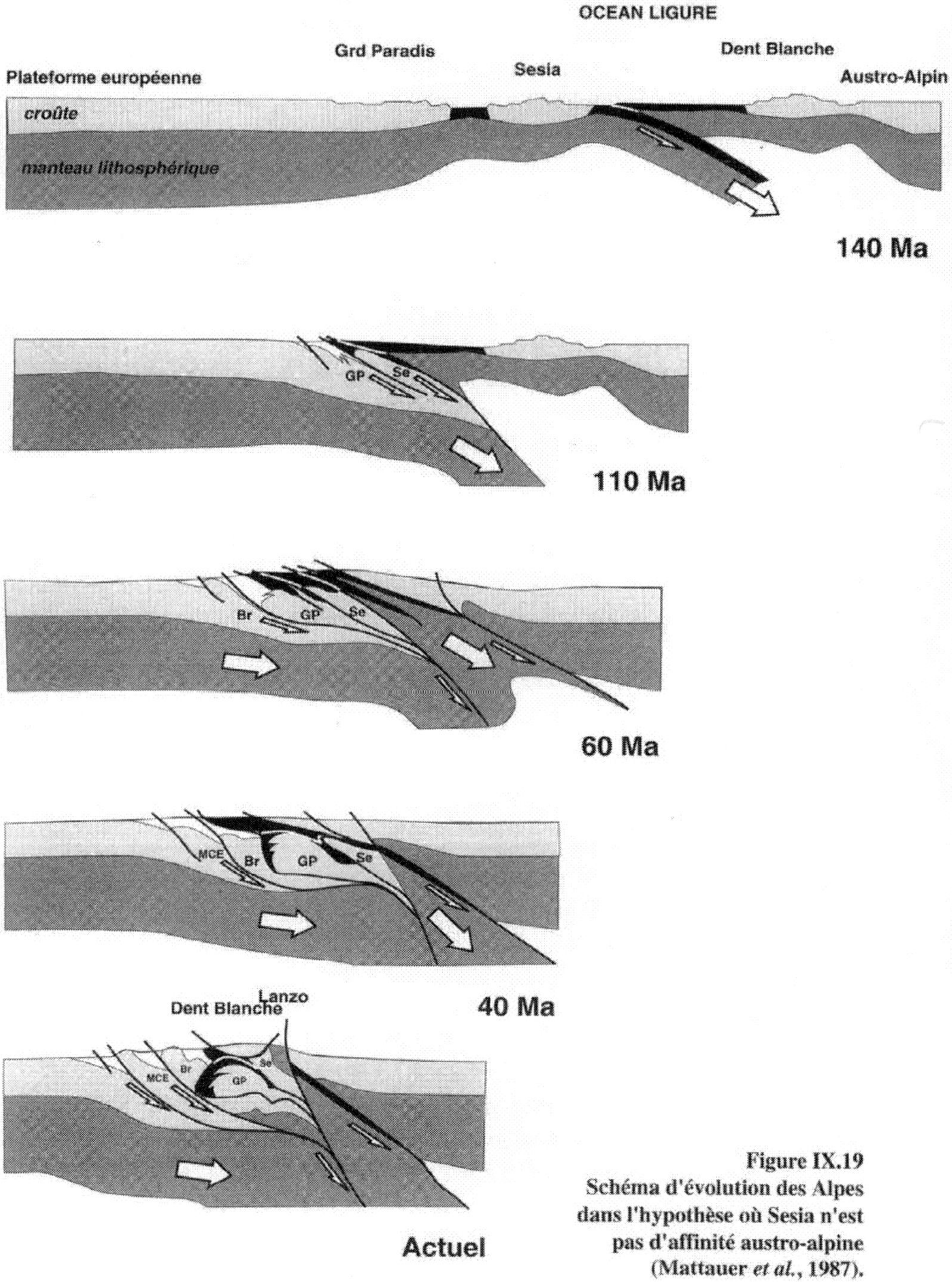

Figure IX.19
Schéma d'évolution des Alpes dans l'hypothèse où Sesia n'est pas d'affinité austro-alpine (Mattauer *et al.*, 1987).

légèrement différents. Dans les deux cas une extension généralisée a suivi de près une phase d'épaississement crustal. Dans le cas de la Méditerranée occidentale l'extension a affecté à la fois le domaine épaissi (aujourd'hui la mer Tyrrhénienne) et l'avant-pays (aujourd'hui le bassin Liguro-Provençal). Dans les deux régions l'extension est encore active aujourd'hui.

IX.5.1 Le bassin Liguro-Provençal

La structure crustale du bassin Liguro-Provençal (fig. IX.20) est le résultat de l'extension Oligocène supérieur et de l'ouverture océanique Miocène inférieur. Les premiers travaux avaient permis la mise en évidence d'anomalies magnétiques dans l'axe du bassin, sa partie la plus profonde (profondeur supérieure à 2500 m). La géométrie de ces anomalies permet de conclure à un pôle d'ouverture situé dans le Golfe de Gènes et à une ouverture par rotation anti-horaire du bloc Corso-Sarde. Cette rotation avait d'abord été suggérée par les données paléomagnétiques. On discute la rigidité de ce bloc, et certains auteurs proposent une rotation indépendante de la Corse et de la Sardaigne.

L'ouverture s'est produite entre 24 et 19 Ma. Ce calendrier satisfait à la fois les données paléomagnétiques, la structure magnétique du bassin et l'âge du rifting sur les marges. Le rifting du bassin Liguro-provençal est contemporain de la formation des grands grabens de l'Europe occidentale à la fin de l'Oligocène et du Miocène. L'ouverture océanique et la rotation de l'ensemble Corso-Sarde suivent le rifting et ne durent qu'un laps de temps très court.

Les marges du bassin sont asymétriques. Les données de la sismique révèlent un amincissement très important des deux côtés, mais plus abrupte du côté Sarde. La croûte supérieure et la croûte inférieure sont amincies dans des proportions égales et la partie profonde de la marge du Golfe du Lion est extrêmement amincie sur plus de 50 km, où son épaisseur n'est pas différente de celle de la croûte océanique adjacente. Ceci suggère une part importante d'extension ductile après le rifting classique qui forme les grabens du sommet de la marge. La sismique réflexion fournit une image différente de ce bassin. Elle montre également l'asymétrie des deux marges, très allongée et riche en blocs basculés le long de failles normales pendant vers l'océan à l'ouest, très courte et avec des réflecteurs profonds vers le continent à l'est. Selon les équipes ayant travaillé sur ce profil il est encore trop tôt pour interpréter cette asymétrie en termes de détachement lithosphérique. La marge ouest montre une structure classique de blocs basculés où les dépôts syn-rifts (Oligocène à Aquitanien) sont cachetés par la discordance du Burdigalien. L'histoire postérieure est celle classique de la subsidence thermique.

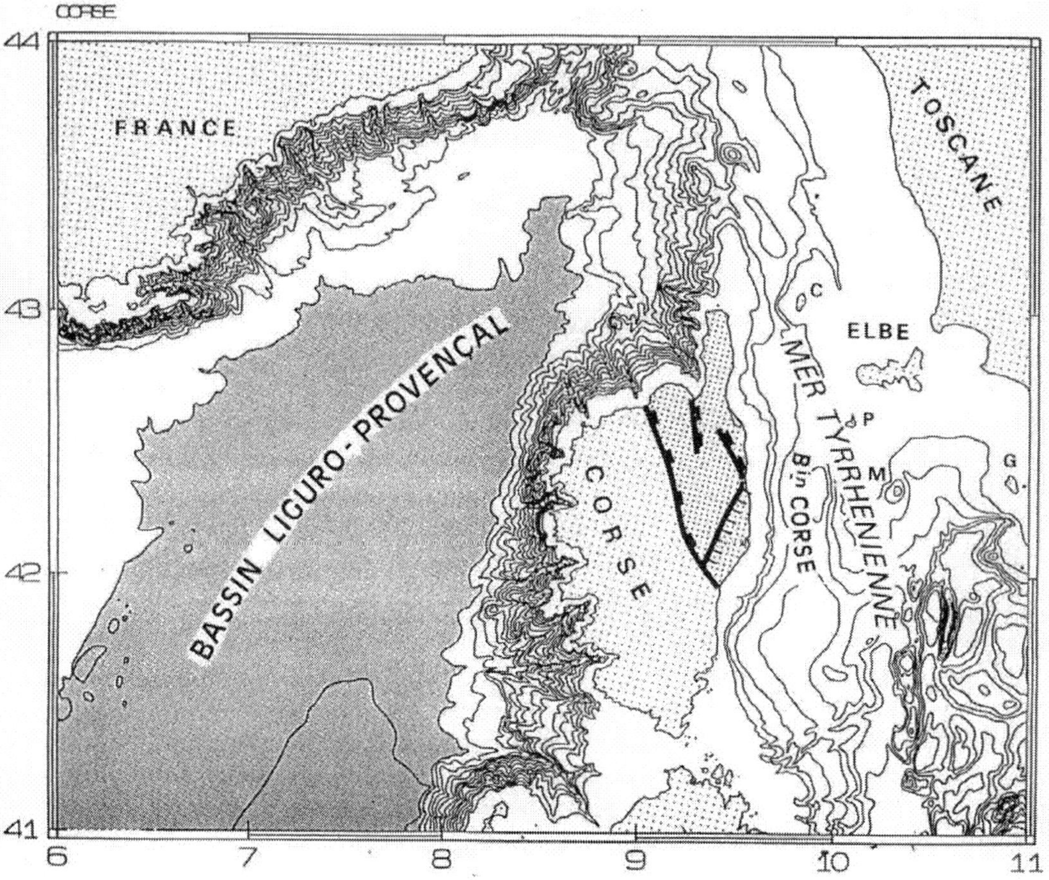

Figure IX.20
Bathymétrie autour de la Corse.

IX.5.2 La mer Tyrrhénienne

La structure crustale de la mer Tyrrhénienne est essentiellement celle d'une croûte continentale amincie sauf dans la partie méridionale où les bassins de Vavilov et de Marsili ont un soubassement océanique (figs IX.21 et IX.22). La partie continentale

Figure IX.21
Les principales structures autour de la Mer Tyrrhénienne, compressives dans l'Apennin et extensive dans le bassin. Les âges de l'extension sont reportés sur la carte ainsi que les directions de migration de l'extension (Sartori, 1990 ; Jolivet *et al.*, 1994).

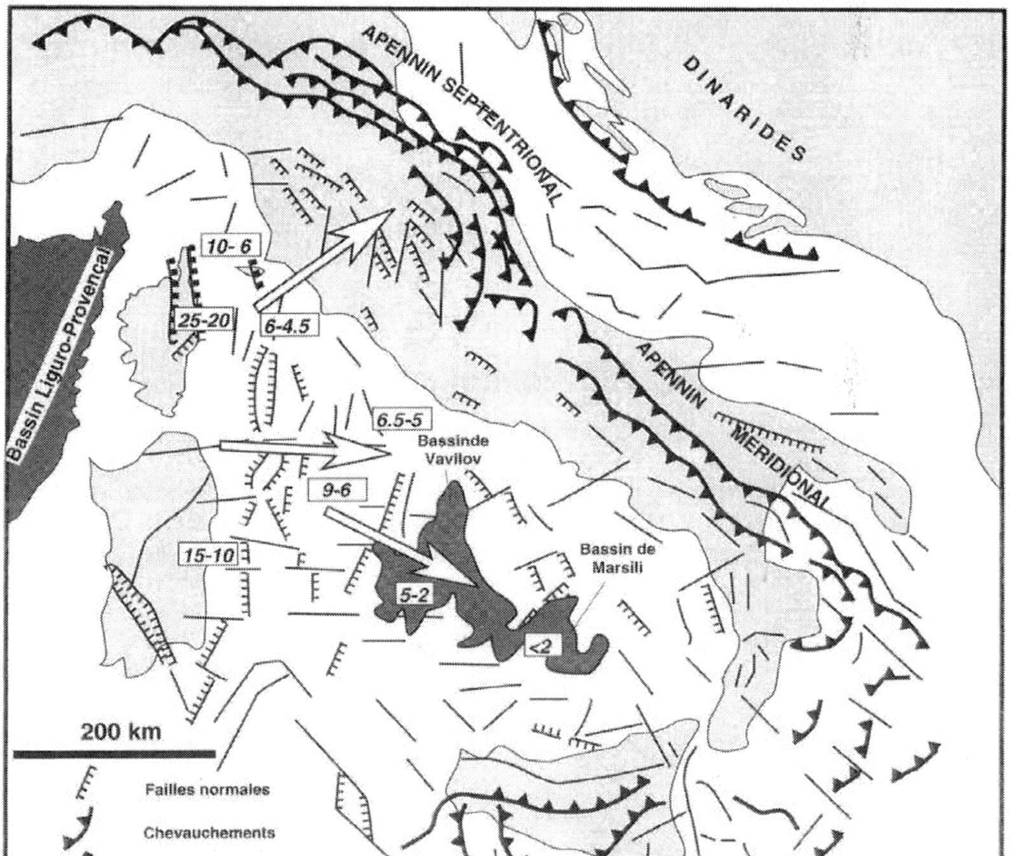

amincie est formée d'une succession de rides et de bassins N-S parallèles à la marge Corso-Sarde. Le domaine océanique correspond à deux bassins profonds situés au centre du domaine le plus aminci.

Une caractéristique importante de cette histoire extensive est qu'elle est concomitante à la formation de la chaîne des Apennins sur la marge orientale de la péninsule italienne. En fait l'extension tyrrhénienne correspond à l'écroulement de la chaîne des Apennins au fur et à mesure de sa formation. L'extension suit la compression en arrière, à quelques 100 ou 150 km. C'est la géométrie de ce processus couplé compression frontale - extension en arrière qui fait l'objet de ce chapitre.

L'événement extensif qui conduit à la rupture de la lithosphère et à l'installation de la croûte océanique du sud de la mer Tyrrhénienne au Plio-Quaternaire est assez récent. La formation de la croûte océanique débute il y a 5 Ma et s'arrête il y a 2 Ma dans le bassin de Vavilov ; elle saute ensuite dans le bassin de Marsili où elle est toujours active. La majeure partie du rifting débute il y a 9 Ma si l'on en croit les données des forages dans le sud de ce bassin. Il existe cependant des évidences d'extension plus anciennes dans l'ouest et le nord de la Tyrrhénienne. La bordure sarde montre des structures extensives datant du Miocène moyen ainsi que la bordure Corse. Un bassin profond, le bassin Corse, date de cette époque. En fait, les données de forage ne prennent en compte que la phase sous-marine de l'évolution de la marge. L'extension débute avant en domaine émergé. Comme le montre la figure IX.22, le front de chevau-

Figure IX.22
Le nord de la Mer Tyrrhénienne entre la Corse et l'archipel toscan. Les flèches représentent les sens de cisaillement observés dans les roches métamorphiques et les âges indiqués sont ceux de l'extension et du magmatisme contemporain. Les dépots Miocène inférieur sont représentés par un figuré pointillé (Jolivet *et al.*, 1994).

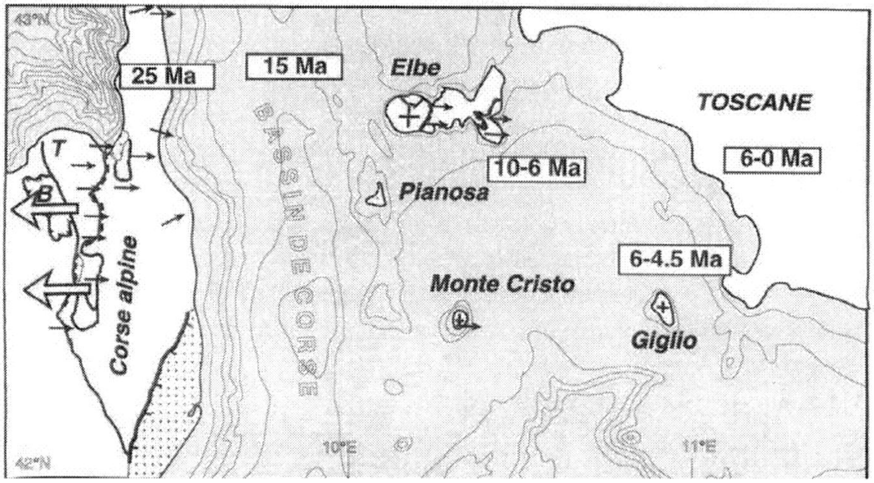

chement alpin affleure dans la partie orientale de la Corse. Il se prolongeait sans doute le long de la marge orientale de la Sardaigne. Le domaine aminci est donc situé entre le front de chevauchement alpin et le front de chevauchement apennin. C'est un domaine épaissi entre ces deux fronts qui s'écroule et donne les structures extensives. La partie précoce de l'extension, avant invasion par la mer, n'est pas enregistrée dans les colonnes sédimentaires forées. Elle est par contre enregistrée à terre dans les grabens Miocène inférieur de Sardaigne ou de Corse.

La figure IX.21 montre la migration du front de chevauchement apennin et celle de l'extension depuis le Miocène inférieur (et sans doute l'Oligocène supérieur) en Corse jusqu'à l'actuel en Toscane. Cette migration vers l'est affecte aussi la formation des bassins océaniques de Vavilov et de Marsili. Nous verrons également que la migration de l'extension est associée à celle du magmatisme, depuis le volcanisme Miocène moyen de Corse jusqu'au volcanisme actuel de Toscane.

L'extension débute au Miocène inférieur dans l'arrière-pays du front de chevauchement apennin. Elle se poursuit jusqu'à aujourd'hui en migrant vers l'est derrière le front de chevauchement. Les roches déformées profondément sont mises à l'affleurement au sein de complexes métamorphiques (*metamorphic core complex* des Anglo-Saxons) comme celui des Alpes Apuanes.

Nous étudierons ces domaines métamorphiques dans le nord de la mer Tyrrhénienne parce qu'ils montrent la géométrie des structures extensives dans la croûte moyenne et la croûte profonde. Il faudra coupler étude de la déformation et étude du métamorphisme. Les exemples choisis sont ceux où l'auteur a acquis une expérience personnelle, la Corse alpine, l'île de Monte Cristo et l'île d'Elbe (fig. IX.22).

Corse Alpine

La structure d'ensemble de la Corse (figures IX.23, IX.24 et IX.25) est le résultat de la succession de deux épisodes, (1) compression et formation d'une chaîne de montagnes, et (2) extension et écroulement de celle-ci. La Corse et la Sardaigne sont installées sur un bourrelet lithosphérique supportant une croûte continentale moins amincie que de part et d'autre dans le bassin liguro-provençal et la mer Tyrrhénienne. Avant l'ouverture du bassin liguro-provençal, la Corse jouxtait le massif des Maures et de L'Esterel, dont on retrouve l'histoire pré-Permienne ainsi que le magmatisme Permien en Corse occidentale. On y observe également le front de chevauchement des unités alpines (schistes lustrés) sur la plateforme européenne. On a donc en Corse un stade précoce des Alpes préservé puisque la compression s'y est arrêtée à la fin de l'Oligocène. Si le front de chevauchement est bien intact tel qu'il était à la fin de l'Éocène, nous verrons que la structure de la chaîne a été fortement perturbée par l'extension Oligo-Miocène. Cette extension affecte aussi bien le domaine superficiel que le domaine profond. On retrouve en effet une déformation extensive dans le domaine du

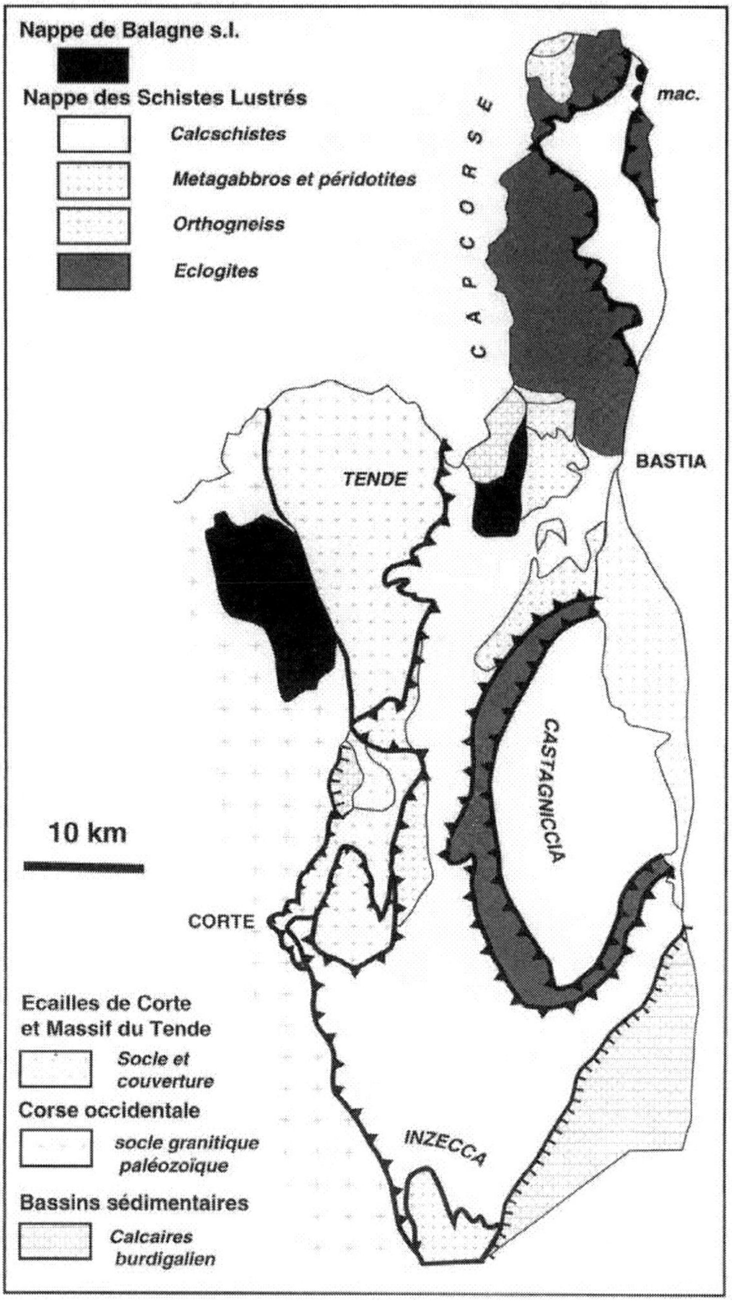

Figure IX.23
Carte géologique schématique de la Corse alpine.

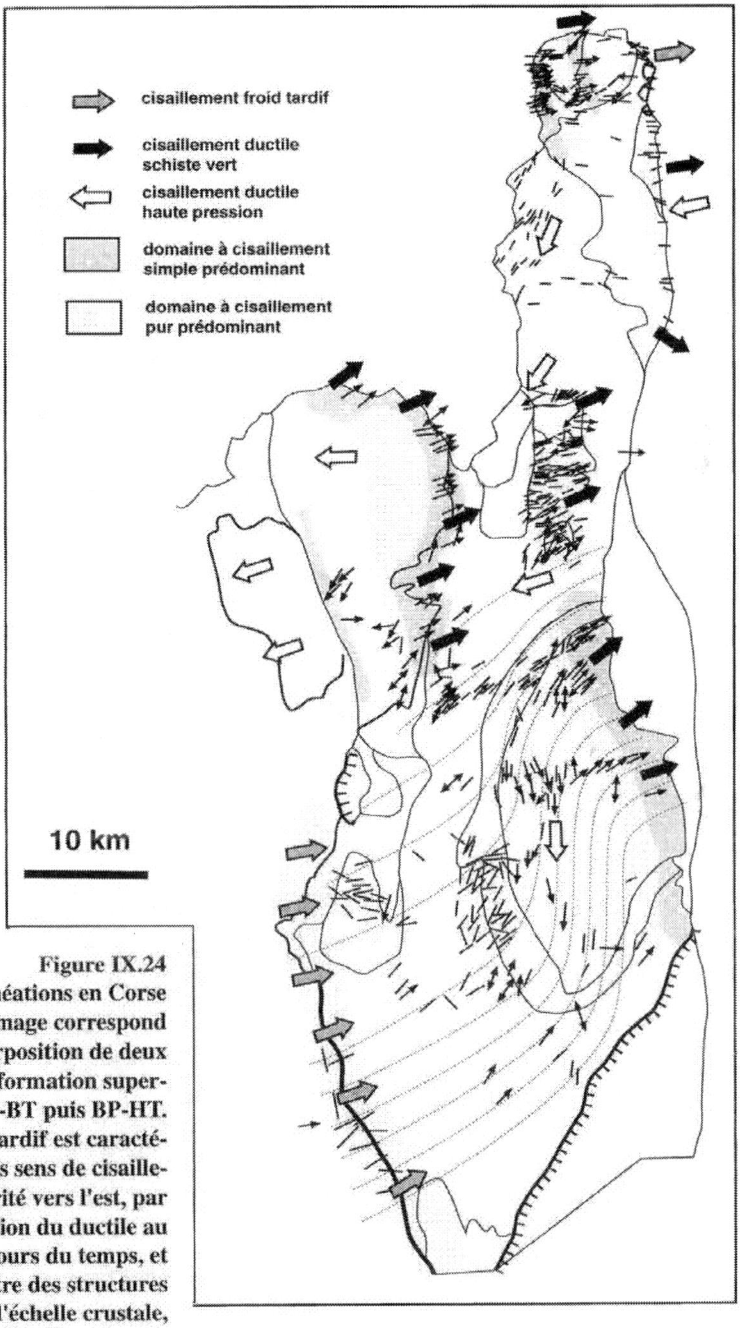

Figure IX.24
Carte des linéations en Corse alpine. Cette image correspond à la superposition de deux champs de déformation superposés, HP-BT puis BP-HT. L'événement tardif est caractérisé par des sens de cisaillement en majorité vers l'est, par une transition du ductile au cassant au cours du temps, et un partage entre des structures cisaillantes d'échelle crustale, séparées par des domaines où l'aplatissement prédomine (Daniel *et al.*, 1996).

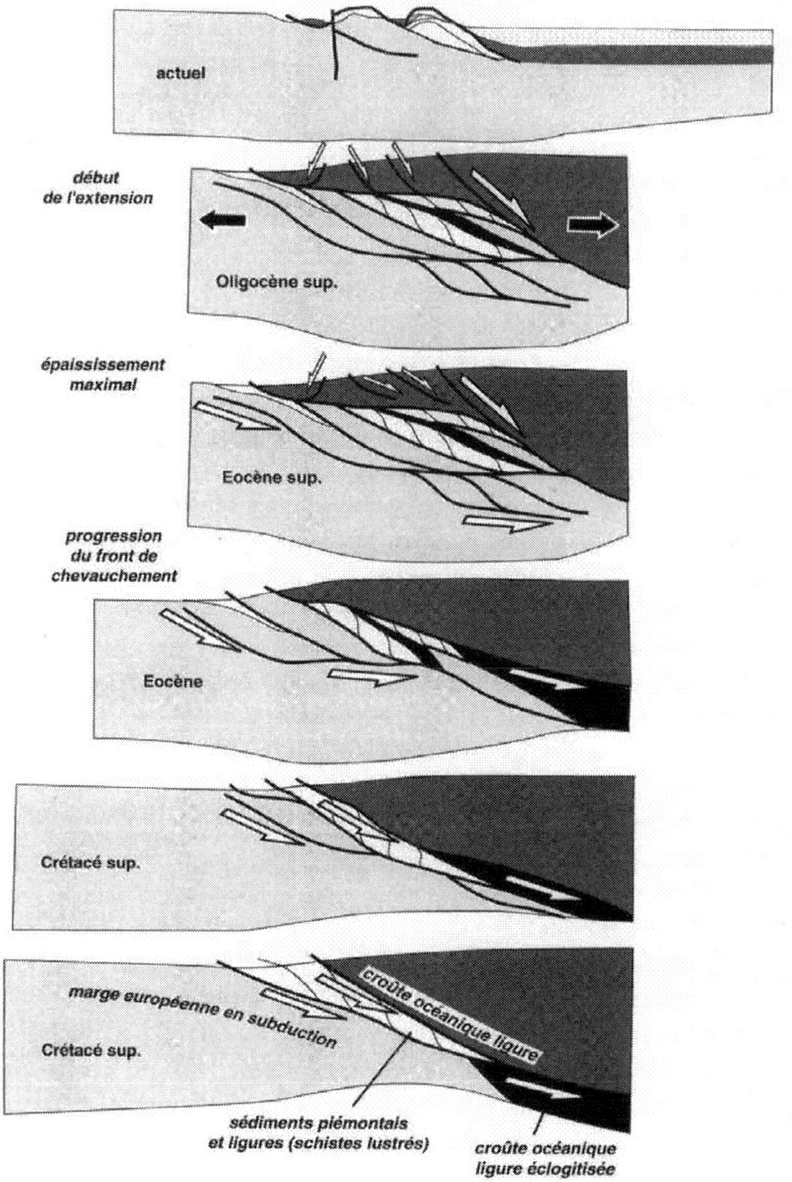

Figure IX.25
Évolution en coupe de la Corse alpine depuis la fin du Crétacé (Fournier *et al.*, 1991).

faciès schiste vert, c'est-à-dire celui de la transition cassant-ductile. La Corse est pour cela exemplaire en ce qu'elle montre de manière très claire la géométrie de la déformation extensive dans la région de la transition cassant-ductile.

La Corse occidentale, à l'ouest du front de chevauchement alpin, est constituée d'un socle paléozoïque polymétamorphique, intrudé de batholithes calco-alcalins carbonifères et de plutons annulaires alcalins permiens. L'activité volcanique permienne forme de grandes caldeiras rhyolitiques qui forment les plus hauts sommets de l'île.

La Corse alpine rappelle les Alpes occidentales étudiées plus haut. On y retrouve la même succession d'unités structurales et d'événements métamorphiques. Des unités de marge, comme le Briançonnais, constituent la zone de chevauchement frontale. Les massifs du Tende, la nappe de Santa Lucia ou les unités de Corte comportent un socle continental recouvert d'une série sédimentaire réduite mésozoïque. Ces unités sont pour partie métamorphiques et déformées ductilement. Le métamorphisme de moyenne pression et de basse température et la déformation associée affectent l'Éocène inférieur. La nappe des schistes lustrés est assez semblable à celle des Alpes avec son cortège de sédiments flyschoïdes (les schistes lustrés sensu stricto) et des éléments de croûte océanique dispersés. La série ophiolitique la plus complète étant celle de l'Inzecca au sud de la Corse alpine.

On peut reconnaître dans la nappe des schistes lustrés trois unités majeures. La plus profonde est constituée principalement de calcschistes et de quelques lambeaux de roches basiques. Cette unité a subi un métamorphisme HP-BT qui reste dans le faciès schiste bleu. Elle est recouverte par un ensemble essentiellement ophiolitique à éclogites. On trouve enfin une unité complexe qui comprend de bas en haut des schistes lustrés ayant subi le métamorphisme schiste bleu, des lambeaux de croûte continentale contenant des paragénèses schistes bleus et éclogitiques, et enfin des lambeaux de croûte océanique métamorphiques mais peu déformés. Cette nappe est donc un mélange d'unités océaniques et continentales, de degrés métamorphiques variés du schiste bleu à l'éclogite.

L'ensemble de la nappe des schistes lustrés et la Corse occidentale est recouvert par une nappe superficielle non métamorphique, la nappe de Balagne. Elle est formée d'un substratum ophiolitique et d'une couverture mésozoïque océanique. On la trouve dans la zone de chevauchement frontale reposant sur un bassin Éocène autochtone. La présence d'un olistostrome ophiolitique sous la nappe, dans le bassin Éocène atteste de la mise en place de la nappe pendant le dépôt du bassin. On trouve des lambeaux de la même nappe sur la nappe des schistes lustrés dans la klippe du Nebbio et sur la côte est du Cap Corse.

Un détachement

L'ensemble des nappes de la Corse alpine montre donc la superposition d'ensembles de degré métamorphiques très différents, par des contacts très francs. L'âge de mise en place de la nappe de Balagne (Éocène supérieur) et l'âge du métamorphisme HP-BT sont les mêmes. Le contact franc observé entre ces unités aujourd'hui impliquent la soustraction d'une épaisseur importante de croûte depuis (la différence entre un domaine non métamorphique donc superficiel et un domaine à schistes bleus, 10 Kb, métamorphisé à 30 km de profondeur). Cette situation est typique de nombreuses chaînes de montagnes. On invoque en général des déformations extensives le long d'un détachement plat pour expliquer cette situation (fig. IX.25). Ici le détachement serait la base des unités non métamorphique de Balagne et du Nebbio. Nous verrons un exemple plus spectaculaire de détachement dans le centre de la mer Égée plus loin dans cet ouvrage. La déformation extensive en Corse est cependant intéressante. On observe dans la succession des déformations le passage de la compression à l'extension par une inversion du sens de cisaillement.

Champ de déformation ductile et métamorphisme.

Le champ de déformation est en première approche assez simple (fig. IX.24). La direction de l'étirement est majoritairement E-W depuis le contact entre les unités continentales (massif du Tende) et les unités océaniques (schistes lustrés) vers l'est. Mais les sens de cisaillement sont variables, soit vers l'ouest soit vers l'est.

On peut mettre en évidence une relation entre le régime de déformation et le métamorphisme. Nous ne traiterons ici que du faciès schiste bleu et de la rétromorphose vers des conditions de pression plus faibles. Nous laisserons de côté le faciès éclogite pour l'instant.

La déformation syn-schiste bleu est très simple. Elle correspond en général à un cisaillement vers l'ouest bien clair dans le nord de la Corse alpine. Plus au sud les linéations précoces préservées sont souvent orientées N-S (au cœur de la Castagniccia par exemple). Cette déformation et le métamorphisme associé sont bien préservés au centre des unités tectoniques loin des contacts entre nappes. Lorsqu'on se rapproche des contacts la rétromorphose dans le faciès schiste vert devient importante et une nouvelle déformation apparaît avec un cisaillement en majorité vers l'est.

Sur un diagramme P-T tiré de l'observation des roches métamorphiques de la nappe des schistes lustrés, on peut placer approximativement le changement de sens de cisaillement au sommet du faciès schiste vert (fig. IX.26). Le cisaillement vers l'est correspond à un rejeu des chevauchements vers l'est. Nous attribuons ce changement au début de l'extension. Plusieurs arguments vont dans ce sens :

La rétromorphose dans le faciès schiste vert augmente vers le Nord pour devenir totale à la pointe nord du Cap Corse. On constate alors que la déformation tardive vers l'est est la seule observée. Cette évolution du sud au nord s'accompagne d'une réduction de l'épaisseur crustale, donc du taux d'extension finie. L'association entre rétromorphose (donc exhumation) et cisaillement vers l'est à toute échelle, en parallèle avec

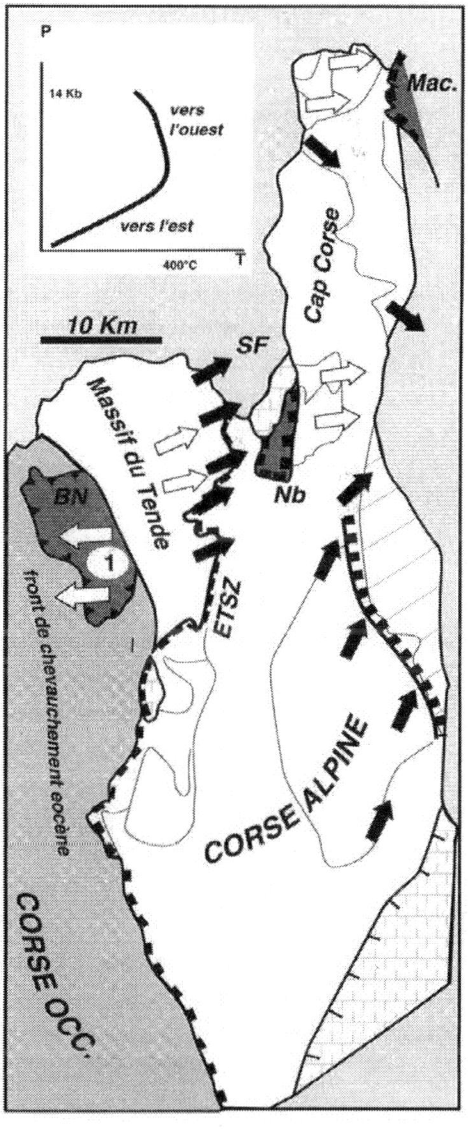

Figure IX.26
Distribution de la déformation extensive en Corse alpine (voir aussi figure IX-24) et chemin P-T. Dans la région de la nappe de Balagne seul l'événement précoce est observé (Daniel *et al.*, 1996).

la réduction de l'épaisseur crustale, est un bon argument en faveur de l'extension. La forme du chemin P-T comprenant une part de décompression isotherme milite également dans le même sens. Le passage progressif pendant le même régime cisaillant vers l'est du ductile au cassant suggère également une remontée vers la surface. Cette déformation se termine par la formation de failles normales pentées vers l'est et le dépôt de sédiments marins dans des demi-grabens (le bassin de St Florent et le bassin de Francardo) (fig. IX.27).

Évolution dans le temps

On peut reconstituer l'évolution en coupe de la Corse alpine depuis le Crétacé comme le montre la figure IX.25. La première partie de l'histoire est le raccourcissement de la marge européenne et l'épaississement crustal. Les parties les plus amincies de la marge atteignent le faciès éclogite. Elles sont ensuite remontées vers la surface par raccourcissement de l'ensemble et sous charriage d'unités plus externes et moins métamorphiques pendant que le front de déformation progresse vers l'ouest jusqu'à la fin de l'Éocène. Cette période se caractérise par des conditions HP-BT et les éclogites sont remaniées dans le faciès schiste bleu. L'extension dessinée en surface permet la remontée rapide mais n'est pas argumentée par des faits de terrain en Corse (voir la suite). A partir de la fin de l'Oligocène les conditions aux limites deviennent extensives et la croûte épaissie s'écroule. Les chevauchements sont réactivés en failles normales pendant la remontée. On passe ainsi d'un gradient froid pendant la phase convergente à un gradient plus chaud pendant l'extension.

Déstabilisation et étalement gravitaire

Même en l'absence de conditions aux limites extensives, simplement en arrêtant la convergence, on doit s'attendre à une déformation extensive dans la zone préalablement épaissie. En effet, l'épaississement conduit à une croûte épaisse et froide, donc résistante. Deux mécanismes fondamentaux vont conjuguer leur effets pour déstabiliser la croûte et induire une tectonique extensive.

Le premier point est le réchauffement progressif de la lithosphère dès lors que la compression cesse. La convergence a eu tendance à créer un gradient plus froid que la normale puisqu'elle conduisait à enfoncer en permanence des unités froides en profondeur, plus rapidement que les échanges de chaleur ne pouvaient se faire par conduction. Dès que la convergence cesse, la croûte tend à retrouver son état thermique normal. Le gradient froid conduisait à une transition cassant-ductile assez profonde et donc à une croûte (et un manteau) résistante qui pouvait supporter une topographie élevée. L'augmentation du gradient thermique fait remonter la transition cassant-ductile et donc diminue la résistance totale de la croûte qui ne peut plus supporter la même épaisseur. La croûte déstabilisée va donc s'écrouler si les conditions cinématiques latérales permettent un étalement.

>
Figure IX.27
Coupe schématique des structures extensives en Corse alpine (comparer avec la carte de la figure IX-24) à différentes échelles (Daniel *et al.*, 1996).

Le deuxième effet est la moins grande résistance des matériaux en extension qu'en compression. Donc en additionnant ces deux effets on comprend facilement comment l'arrêt de la compression et l'instauration d'un régime extensif aux limites du domaine déformé induit un écroulement rapide de la croûte épaissie de la région Tyrrhénienne.

Distribution de la déformation extensive dans la transition cassant-ductile

La distribution de cette déformation tardive est intéressante également car elle pourrait permettre d'en faire de l'extension crustale en l'absence de tout autre argument. Elle éclaire d'autre part la géométrie de la déformation dans le domaine de la transition cassant-ductile.

La présence de sens de cisaillement vers l'est, donc a priori non compatibles avec le chevauchement vers l'ouest, n'est pas a priori suffisant pour conclure en termes d'extension. Nous avons besoin en plus des arguments développés plus haut sur le lien avec la rétromorphose et le bassin asymétrique de St Florent pour conclure. Mais une observation plus détaillée de la déformation tardive révèle une structuration typiquement extensive à l'échelle de la croûte.

On observe une distribution très hétérogène de la déformation extensive entre des domaines à fort taux de cisaillement pentés vers l'est et des domaines à fort raccourcissement vertical avec une composante mineure de cisaillement vers l'est (figures IX.24 et IX.27). Les domaines en raccourcissement vertical correspondent au cœur des grands antiformes du Tende et du Cap Corse. La limite est du massif du Tende localise le cisaillement vers l'est comme une grande bande de cisaillement ductile qui jouerait en faille normale vers l'est. L'évolution tardive de cette bande de cisaillement lorsqu'elle rentre dans le domaine cassant est celle d'une faille normale. Ce sont en fait les contacts précoces entre les nappes majeures qui rejouent en failles normales et localisent la déformation cisaillante. Le jeu le plus important a lieu le long du contact de base de la nappe supérieure puisqu'on y observe le plus fort contraste de métamorphisme. Comme le montre la figure IX.27 cette distribution entre des domaines cisaillants (cisaillement simple) et des domaines en raccourcissement vertical (cisaillement pur) est vraie à toutes échelles depuis quelques centimètres jusqu'à l'échelle de la croûte. On a donc une assymétrie de la déformation et des bandes de cisaillement vers l'est d'échelle crustale. Il devient difficile d'en faire autre chose qu'une tectonique en extension.

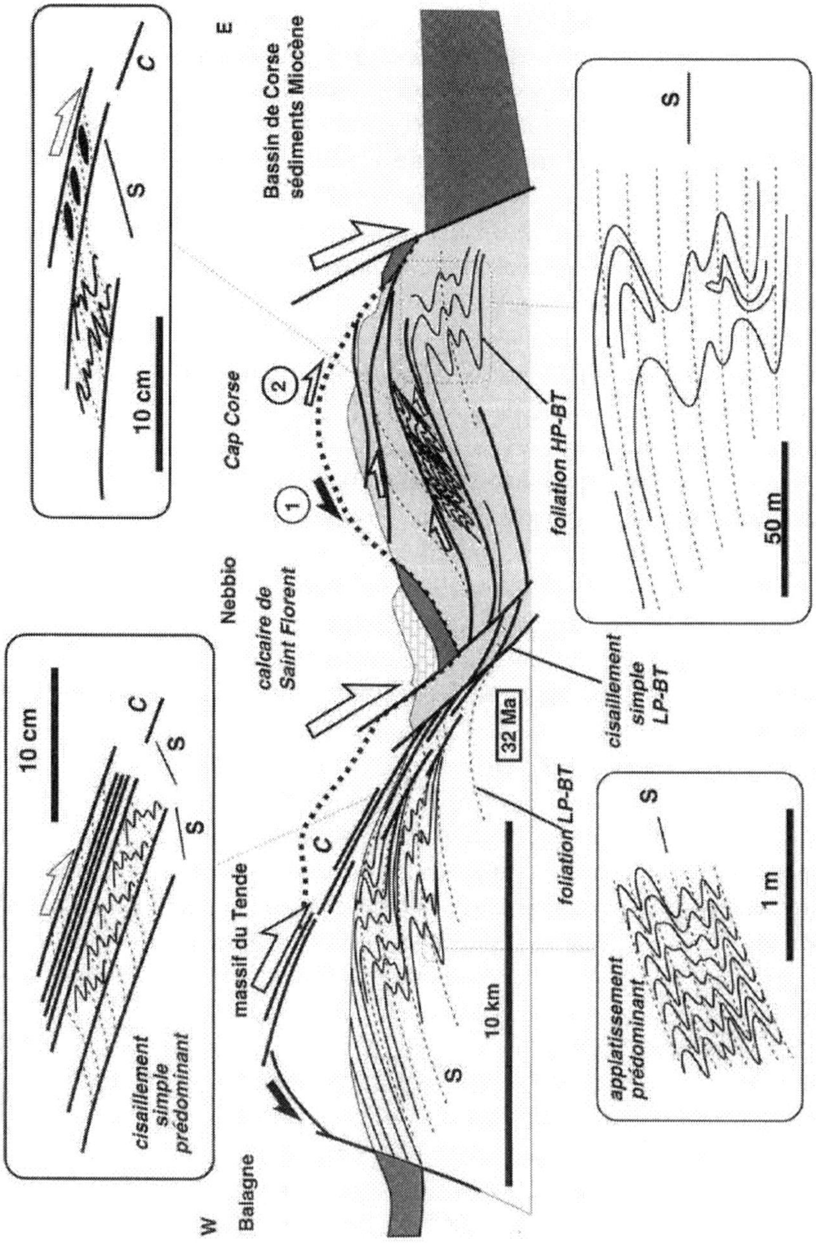
W
E
Balagne
massif du Tende
Nebbio
calcaire de Saint Florent
Cap Corse
Bassin de Corse sédiments Miocène
1
2
C
S
10 km
32 Ma
foliation LP-BT
cisaillement simple LP-BT
foliation HP-BT
cisaillement simple prédominant
10 cm
C
S
S
10 cm
S
C
applatissement prédominant
1 m
S
50 m
S

Les études sismologiques, en particulier en Grèce (voir plus loin) ont montré que les failles normales actives se prolongent en profondeur, dans le domaine de la transition cassant-ductile par une zone de cisaillement, normale, faiblement sismique, et plate. La zone qui limite le massif du Tende est sans doute une de ces zones de cisaillement fragile-ductile. Ici les études de terrain permettent de visualiser ce qu'avaient suggéré les observations sismologiques dans des contextes actifs.

La figure IX.28 illustre cette situation sous forme d'un bloc diagramme schématique de la Corse alpine. Le gradient d'extension observé du sud au nord correspond à un passage de structures essentiellement cassantes à des structures ductiles. La zone de cisaillement qui borde le massif du Tende à l'est peut être interprétée comme la prolongation en profondeur des failles normales qui longent le front alpin plus au sud. Dans cette région en effet la Corse occidentale présente un relief beaucoup plus élevé que la Corse alpine et la transition correspond à un escarpement de faille normale. Cette faille a un pendage vers l'est, et elle contrôle la formation du bassin assymétrique de Francardo. Le passage cassant-ductile pourrait donc être observé en Corse alpine avec une exhumation progressive des structures ductiles vers le nord.

Structures extensives à l'île d'Elbe et à Monte Cristo

De l'autre côté du bassin de Corse, rempli de sédiments à partir du Miocène moyen, deux îles affleurent au sommet d'une ride allongée N-S, l'île d'Elbe et l'île de Monte Cristo (fig. IX.22). Elles sont connues pour la présence de deux plutons granitiques, celui de Monte Cristo et celui du Monte Capanne. Les deux sont datés du Miocène supérieur, autour de 9 Ma. Ils sont intrusifs dans les séries de nappes toscanes et ligures.

Le domaine ligure est l'équivalent de la nappe de Balagne de Corse et au domaine des schistes lustrés des Alpes, donc le domaine océanique alpin. Le domaine toscan correspond au domaine Austro-Alpin des Alpes occidentales, c'est-à-dire au promontoire apulien. L'édifice de nappes comprend à la base les unités toscanes et au sommet les unités ligures. Nous ne discuterons pas ici de la mise en place de ces nappes ni des relations entre l'édifice Corse et celui de l'Apennin. Nous ne ferons que décrire son évolution tardive.

La géologie de l'île d'Elbe peut être résumée simplement de la manière suivante (fig. IX.29). On distingue deux unités tectoniques majeures séparées par un contact plat qui est un détachement extensif. L'unité inférieure est constituée de schistes montrant des paragénèses métamorphiques de haute température. L'unité supérieure est formée d'une série d'écailles non métamorphiques, à la base des unités toscanes et au sommet des unités ligures. Le détachement recoupe ces contacts chevauchants précoces qui rejouent également en failles normales. Le détachement lui même est une faille plate très localisée qui sépare donc deux domaines dont les histoires métamorphiques sont très différentes. Les deux unités sont traversées par des filons granitiques, eux-mêmes recoupés par le détachement. Dans l'unité inférieure la mise en place des filons est contemporaine d'une déformation ductile et de la déformation cassante qui la suit. L'âge Miocène supérieur de ces filons permet de dater la déformation ductile. Le régime de déformation est simple : on observe un étirement E-O très constant et un sens de cisaillement vers l'est. L'évolution vers la déformation cassante est progressive. On observe alors des failles normales assez plates qui effondrent le compartiment est. Le long du détachement, la déformation indique un sens de cisaillement vers l'est également.

Les deux unités sont traversées par un pluton granodioritique qui produit un métamorphisme de contact dans l'unité supérieure. L'étude de la déformation dans cette enveloppe métamorphique révèle également un cisaillement vers l'est pendant le métamorphisme donc pendant la mise en place du pluton. La déformation finie est asymétrique : cisaillement simple le long d'une zone de cisaillement à pendage est sur la bordure orientale du pluton et aplatissement et étirement horizontal sur le flanc ouest. Au sein du granite lui-même des bandes de cisaillement vers l'est ont été observées.

Figure IX.28
Bloc diagramme schématique de l'extension en Corse alpine montrant l'exhumation progressive de la déformation ductile du sud au nord.

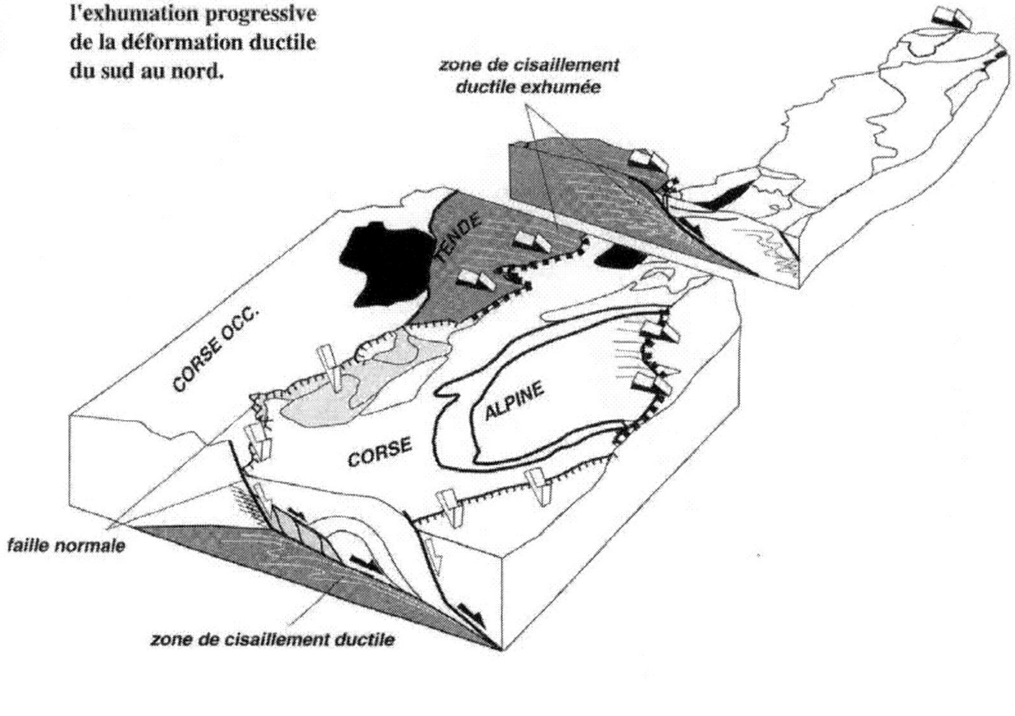

Figure IX.29
Carte tectonique de l'île d'Elbe (Jolivet *et al.*, 1994).

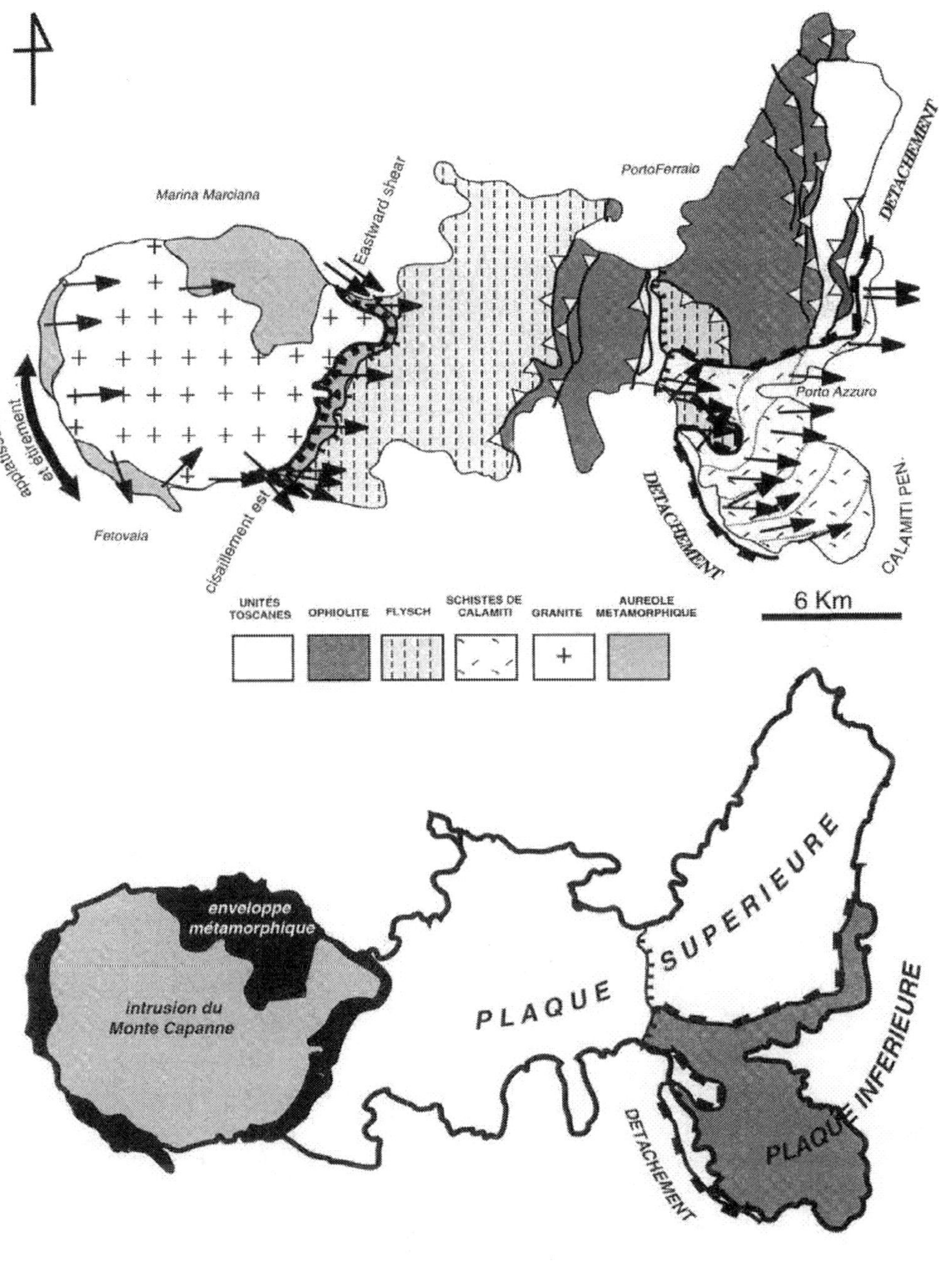

Elles sont beaucoup mieux exprimées dans le pluton de Monte Cristo où l'on peut voir qu'elles correspondent à une phase tardive de la mise en place de filons très riches en fluides.

La figure IX.30 illustre un mécanisme possible de mise en place du pluton et des filons pendant l'extension. Le pluton du Monte Capanne monte au travers de la croûte supérieure à la faveur d'un ou plusieurs détachements qui amincissent le domaine cassant résistant. Cette géométrie induit un cisaillement de sa bordure orientale sous le détachement. Sur sa bordure occidentale le pluton se met en place en force dans la croûte et la déformation suit un régime différent où l'aplatissement prédomine. La montée du pluton fait localement remonter la transition cassant-ductile et crée une auréole de métamorphisme de contact. Les filons précurseurs du pluton se mettent en place puis sont déformées par le passage du pluton.

On retrouve donc dans cette région, à une époque plus récente, le même cisaillement régional vers l'est que nous avons observé en Corse (fig. IX.31). Cette fois l'amincissement total est beaucoup plus important et l'évolution tectonique beaucoup plus avancée. On ne retrouve plus aucune paragénèse de haute pression et le métamorphisme est cette fois de haute température et de basse pression. Plus qu'une simple rétromorphose dans le faciès schiste vert, on observe cette fois une remontée importante des températures qui conduit à la fusion crustale et la mise en place de granites. Comme nous le verrons également sur l'exemple des Cyclades, ce type d'évolution est très caractéristique de l'extension post-épaississement. Dans les Alpes la remontée des roches de très haute pression se fait pendant la phase de chevauchement dans un contexte de haute pression et basse température. Si on doit invoquer une tectonique extensive pour éliminer rapidement la surcharge, on doit également limiter cette exten-

Figure IX.30
Modèle des relations granite-zones de cisaillement dans le cas de l'île d'Elbe (Jolivet *et al.*, 1994).

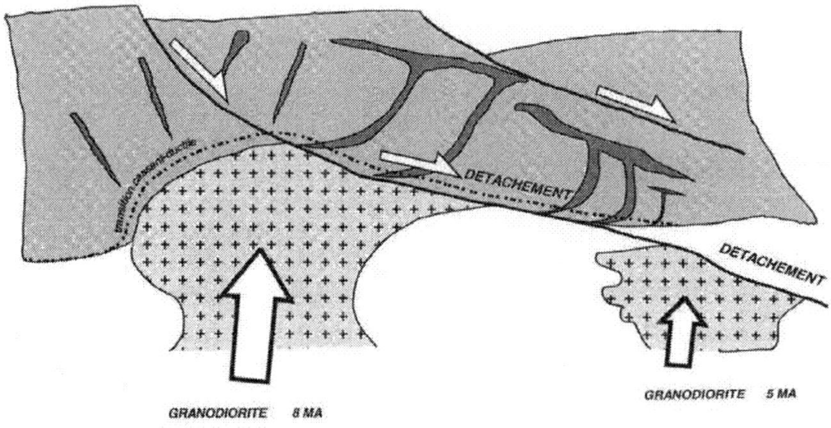

>
Figure IX.31
Schéma d'évolution du transect Corse-Elbe depuis l'Oligocène supérieur pendant l'amincissement crustal de la mer Tyrrhénienne (Jolivet *et al.*, 1994).

sion à la partie supérieure de la croûte puisqu'on ne la voit pas dans les roches. En Corse la rétromorphose est plus importante et elle est associée à un sens de cisaillement inverse lié à une extension à l'échelle de la croûte. A l'île d'Elbe également l'ensemble de la croûte épaissie s'écroule. Dans le cas du centre de la mer Tyrrhénienne l'extension finie est plus importante. Si nous supposons que la pression maximale atteinte pendant la convergence est similaire à celle de la Corse (ce qui n'est pas démontré ici mais le sera pour le centre des Cyclades) une augmentation de température importante accompagne l'extension et conduit à la mise en place de granites.

La migration du front d'extension vers l'est suit de près la migration du front de chevauchement (fig. IX.31). La croûte épaisse formée au front des Apennins s'écroule en arrière à courte distance. Nous retrouverons cette géométrie en Méditerranée orientale.

IX.6 La Méditerranée orientale

Cette région montre un exemple où les roches métamorphiques formées à grande profondeur dans la zone frontale dans des conditions de haute pression et de basse température ont été remontées en surface dans des contextes différents. Au front, en Crète, la remontée se produit au Miocène Supérieur pendant la convergence comme dans les Alpes, alors qu'en arrière, dans les Cyclades les roches métamorphiques de haute pression formées antérieurement à l'Éocène remontent au Miocène en contexte extensif. Les deux régimes thermiques sont totalement différents et les structures associées à la remontée sont également différentes.

IX.6.1 Structure d'ensemble

Les bassins océaniques de l'océan téthysien sont en partie préservés entre les côtes africaines et la Crète et le Péloponnèse. Les données de la géophysique ont permis de reconnaître la présence de croûte océanique sous l'épaisse colonne sédimentaire de la ride méditerranéenne (fig. IX.1). Le front de déformation lié à la subduction est situé au sud de cette ride près des côtes libyennes. L'ensemble de la ride est un prisme d'accrétion construit aux dépens des sédiments Crétacé à Quaternaire portés par la croûte océanique. Les fosses helléniques proprement dites, situées immédiatement au sud de la Crète correspondent à des structures extensives sur le mur interne de la fosse de subduction. Cette extension se manifeste sous forme de grandes failles normales pa-

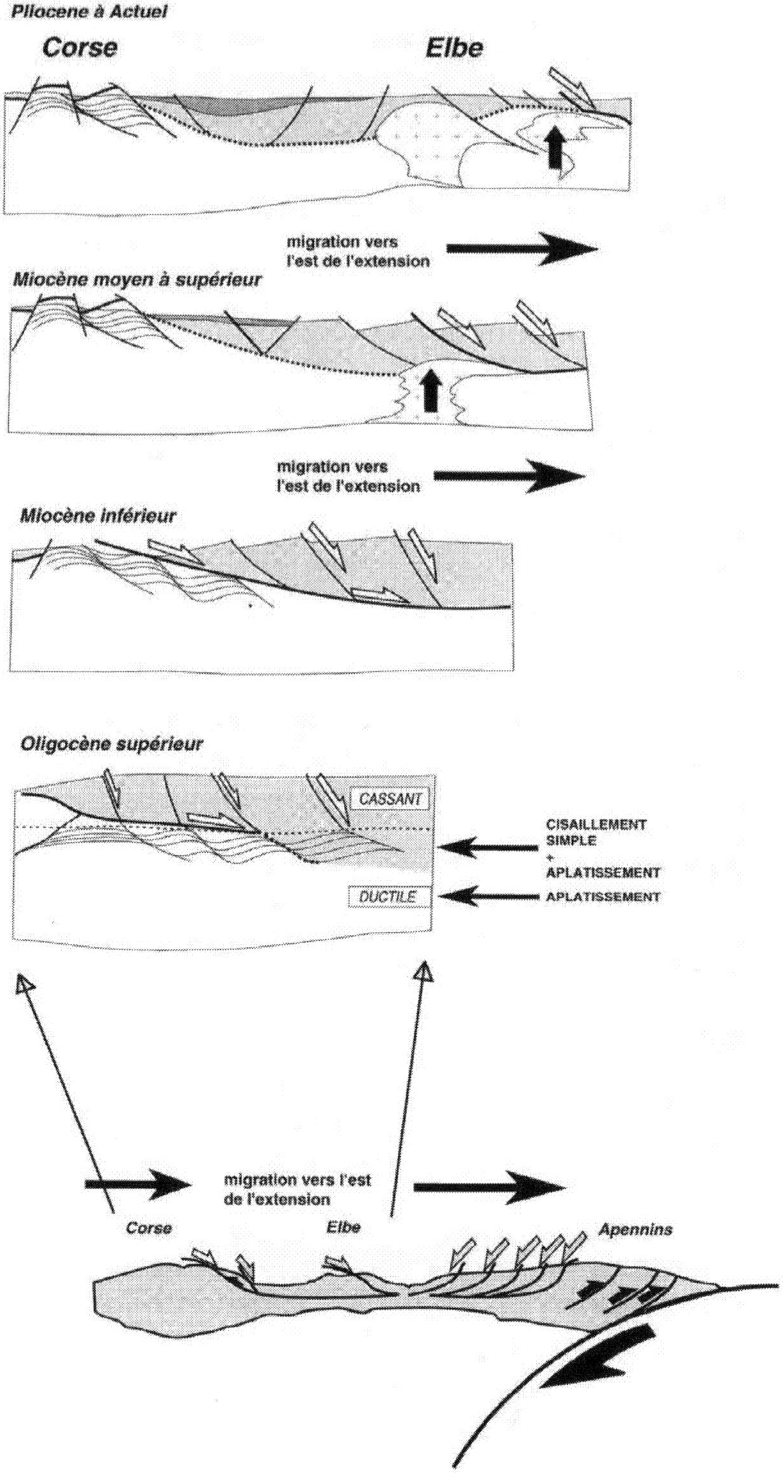
Pliocene à Actuel
Corse
Elbe
migration vers
l'est de l'extension
Miocène moyen à supérieur
migration vers
l'est de l'extension
Miocène inférieur
Oligocène supérieur
CASSANT
CISAILLEMENT
SIMPLE
+
APLATISSEMENT
DUCTILE
APLATISSEMENT
migration vers l'est
de l'extension
Corse
Elbe
Apennins

rallèles à celles connues à terre en Crète. En fait tout le domaine égéen, y compris la Crète et une partie de la marge, sont en extension (fig. IX.32). Cette tectonique extensive a débuté dès le Miocène inférieur dans la région des Cyclades alors que se mettaient en place des nappes dans la région frontale en Crète. L'extension, comme dans l'exemple précédent, a migré vers la zone de chevauchement frontal. Elle affecte dans le domaine des Cyclades une chaîne de montagnes d'âge Éocène-Oligocène. C'est la croûte épaissie encore visible de part et d'autre, en Grèce continentale et en Turquie, qui s'écroule en mer Égée.

Figure IX.32
Les principales structures actives de la région égéenne.

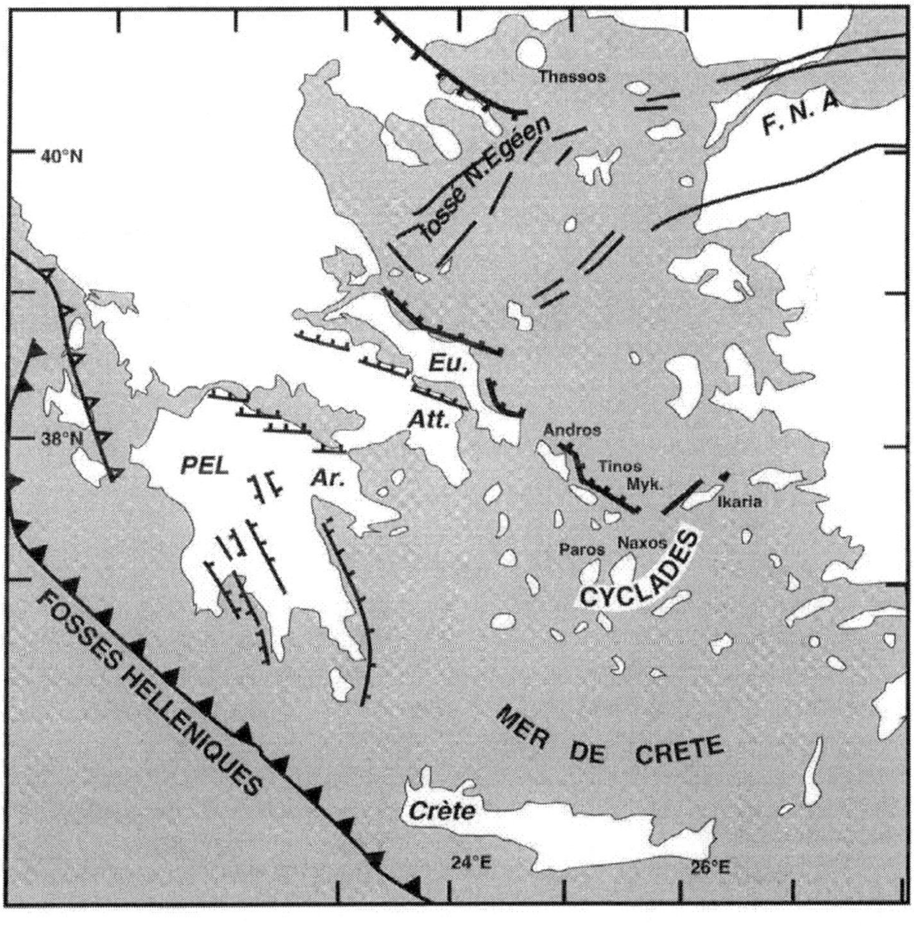

IX.6.2 Les chaînes anté-extension

L'histoire de cette chaîne débute à la fin du Jurassique par la mise en place des ophiolites des Dinarides et des Hellénides (fig. IX.1). La figure IX.33 montre une carte synthétique de cette chaîne depuis la Yougoslavie (Dinarides) jusqu'au Péloponnèse. La nappe ophiolitique repose sur le dos d'une unité continentale, la zone pélagonienne. C'est ce contact précoce qui est daté de la fin du Jurassique. Le mécanisme de l'obduction (fig. IX.34) peut être comparé à celui décrit plus haut en Oman. À partir de l'Éocène la déformation progresse vers l'ouest et le domaine continental apulien, compris entre l'océan du Pinde et la Téthys est progressivement incorporé à la chaîne de montagnes. L'ensemble Pélagonien-Ophiolite est passivement transporté au sommet de l'édifice de nappes pendant ce processus. Dans la région des Hellénides cet épisode débute à l'Éocène par la fermeture d'un bassin océanique, la zone du Pinde, dont la croûte océanique n'est aujourd'hui préservée que dans la nappe des schistes bleus cycladiques. La couverture sédimentaire océanique de ce bassin, décollée de son substratum a échappé au métamorphisme et forme la nappe du Pinde. Le raccourcissement atteint aujourd'hui les régions les plus externes, la zone ionienne en bordure de l'Adriatique où il est actif. L'ampleur du raccourcissement Cénozoïque n'est pas connu avec précision mais il est sans doute très important comme en témoi-

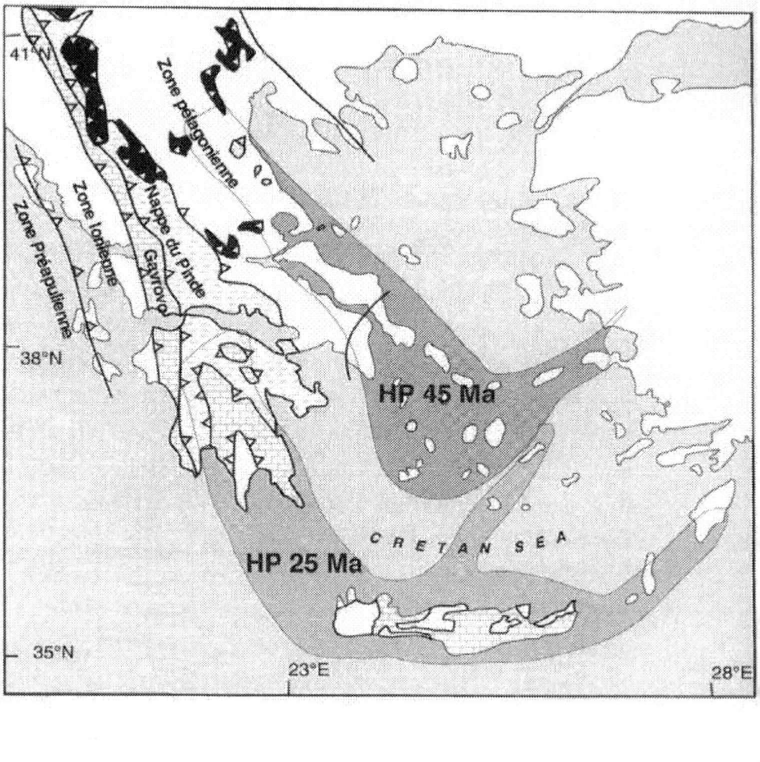

Figure IX.33 Structure de la chaîne hellénique anté-extension et les deux ceintures métamorphiques de haute pression (Bonneau & Kienast, 1982).

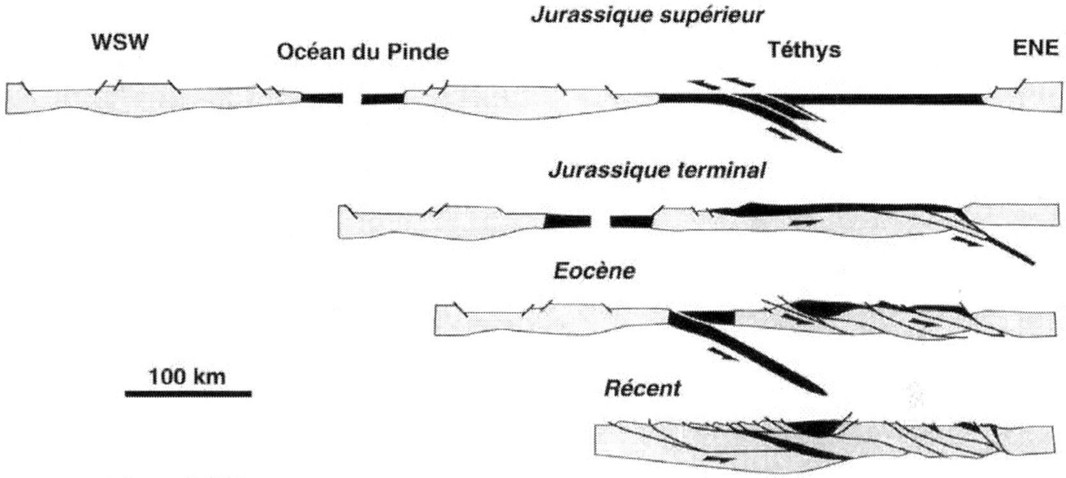

Figure IX.34
Évolution schématique des Hellénides depuis le Jurassique supérieur (Bonneau, 1982 ; Collaku *et al.*, 1992).

gnent les fenêtres d'unité externes sous le Pélagonien interne, comme les fenêtres de l'Olympe ou de l'Ossa.

C'est sur cet édifice bâti depuis l'Éocène que s'installe la tectonique extensive à partir du Miocène inférieur dans la région des Cyclades. Nous étudierons en détail cette déformation extensive dans les paragraphes suivants.

IX.6.4 La mer Égée

Contexte géodynamique actuel, volcanisme, extrusion, extension

La cinématique de la région Turquie-Égée est gouvernée par deux moteurs principaux. Le premier est l'extrusion de l'Anatolie le long de la faille nord-anatolienne (fig. IX.35) en réponse à la poussée de la plaque Arabie. Celle-ci se déplace vers le nord à une vitesse de 4 cm/an le long de la faille du Levant et la majeure partie de ce mouvement est transférée le long de la faille nord-anatolienne. Les données de la géodésie spatiale montre qu'il est possible de décrire le mouvement de l'Anatolie comme celui d'un bloc rigide en rotation autour d'un pôle situé dans le coin sud-est de la Méditerranée.

Dans le détail la déformation actuelle est concentrée dans la région Eubée-Attique-Péloponèse comme l'illustre la figure IX.36. Les déplacements les plus rapides (à Eurasie fixe) sont observés dans la région qui présente la plus forte sismicité. On constate d'autre part une accélération des déplacements vers le sud-ouest. Cette ac-

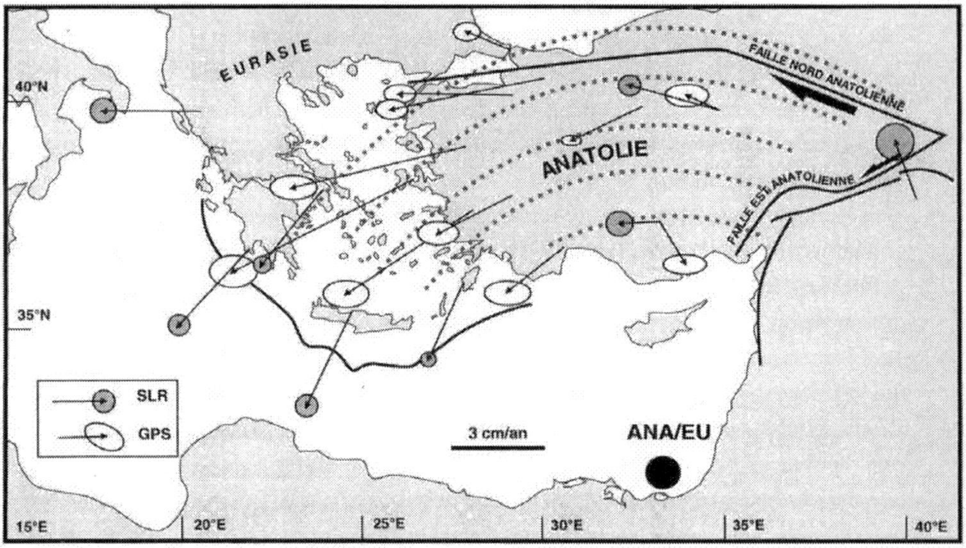

Figure IX.35
Extrusion rigide de l'Anatolie d'après les données de la géodésie spatiale (SLR : satellite laser ranging, GPS : global positionning system). Les lignes pointillées sont les petits cercles de la rotation rigide autour du pôle Anatolie-Eurasie (Le Pichon *et al.*, 1993).

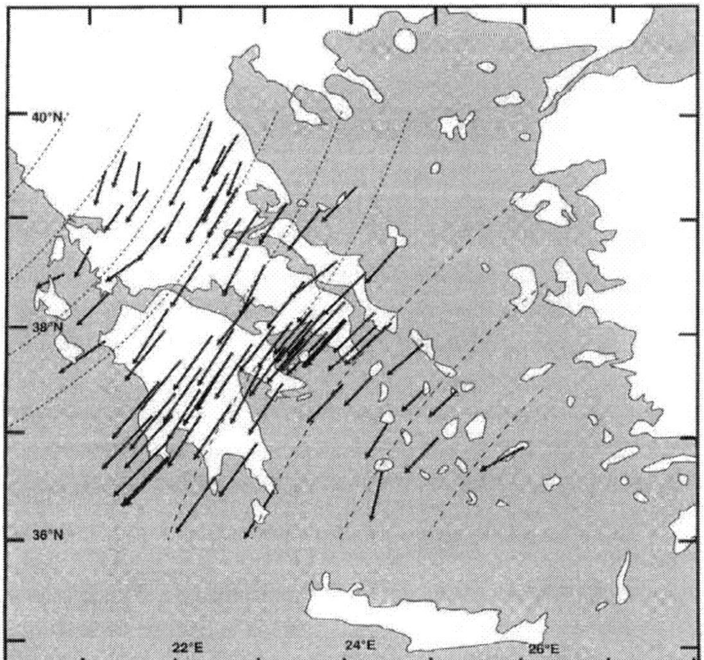

Figure IX.36
Détail du champ de déplacement instantané dans la région égéenne par rapport à l'Eurasie après remesure par le système GPS d'un réseau géodésique classique (Le Pichon *et al.*, 1994).

célération est le fait de la déformation interne en extension de la région égéenne. Cet exemple montre très bien les deux échelles des déplacements. À l'échelle de l'Anatolie on peut considérer le déplacement comme rigide et négliger la déformation interne. À l'échelle de la Mer Égée, les variations de la vitesse d'extrusion sont symptomatiques de la déformation interne.

Le deuxième moteur est le retrait de la fosse de subduction conduisant à une extension arrière-arc dans le domaine égéen. Le déplacement vers le sud-ouest du Péloponnèse est la somme du mouvement d'extrusion rigide de l'Anatolie et de l'extension distribuée en Égée. Les données géodésiques récentes montrent que la Crète se déplace vers le sud. Les vitesses atteintes par rapport à l'Eurasie sont de l'ordre de 5 cm/an, ce qui est considérablement plus que le mouvement de convergence entre l'Afrique et l'Eurasie, de l'ordre de 1,7 cm/an. Comme dans le cas de l'Ouest Pacifique on ne comprend pas le moteur de cette extension arrière-arc. Comme nous le verrons elle est sans doute accélérée ici par l'écroulement de la croûte épaissie égéenne.

L'extension égéenne est contemporaine de la subduction de croûte océanique (fig. IX.37). On sait en effet que la subduction actuelle date au moins de 30 à 35 Ma. Elle est donc postérieure à la phase de collision majeure de l'Éocène. La subduction du bassin

Figure IX.37
Deux coupes depuis la ride méditerranéenne jusqu'au centre du domaine égéen (Jolivet *et al.*, 1994).

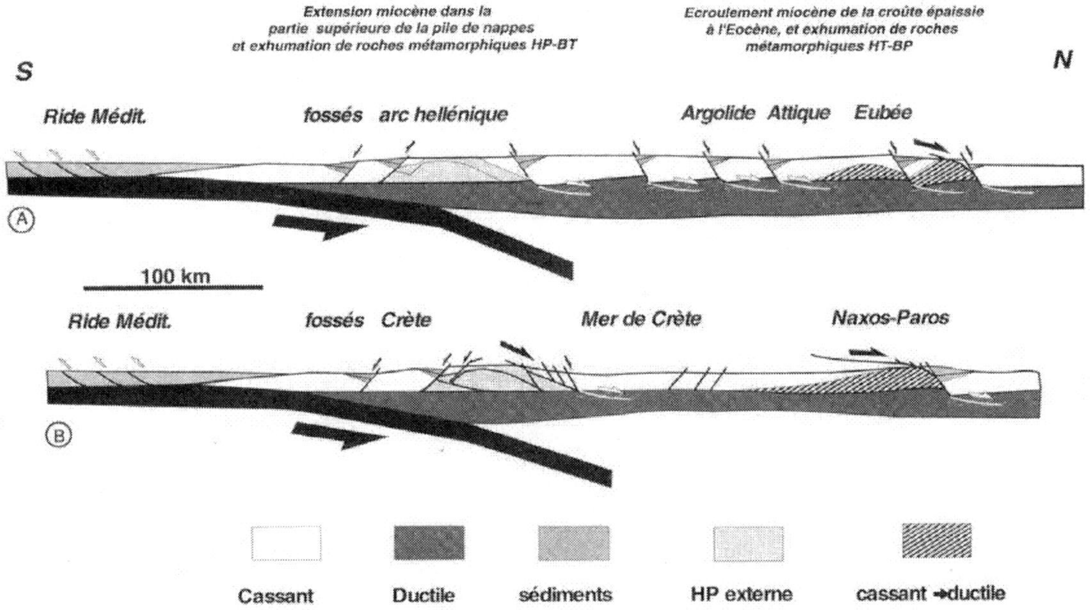

océanique le plus méridional fut donc initiée à la fin de cette période de collision, et l'extension a débuté peu de temps après. Il apparaît donc que l'extension égéenne est liée, au moins dans le temps, sinon de manière mécanique, à la subduction de croûte océanique. La preuve en est que cette extension n'existe plus de manière aussi intense le long d'une transversale septentrionale, là où la collision est encore active.

La déformation extensive finie a créé des bassins profonds à soubassement de croûte continentale amincie, la mer de Crète et la Fosse Nord Égéenne. La déformation actuelle est distribuée sur une vaste région qui va du nord de l'Égée à la Crète. Elle se manifeste sous forme de failles normales au sud et de failles décrochantes au nord. La région centrale des Cyclades montre des déformations extensives ductiles Miocène inférieur.

La direction d'extension actuelle est N-S dans le Péloponnèse et devient plutôt multidirectionnelle en Crête (Figures IX.38 à IX.40). Les directions d'extension ont varié de manière importante depuis le Miocène supérieur, mais l'ensemble de la région est restée en extension.

La distribution de la topographie dans cette région est symptomatique de la déformation. Les blocs allongés de l'Eubée, de l'Attique et les différents «doigts» du Péloponnèse correspondent à autant de blocs basculés limités par des failles normales majeures. La figure IX.37 montre le sens systématique de basculement vers le sud des sédiments piégés dans les bassins entre ces blocs. Des études très détaillées de la déformation active et de la sismicité dans la région du Golfe de Corinthe montrent une géométrie très systématique des failles normales compatibles avec ce basculement. On constate que les failles les plus importantes sont celles qui bordent le Golfe au sud et qui ont un pendage nord. Ces failles sont planes depuis la surface jusqu'à la profondeur de 10 km, c'est-à-dire à la base du domaine sismogénique, ou la transition cassant-ductile. On peut souvent prolonger la faille active connue en surface avec son pendage jusqu'au foyer du séisme correspondant par un plan. Les failles ne sont donc pas listriques dans la croûte supérieure. Elles se prolongent ensuite en profondeur par une zone faiblement sismique et les mécanismes au foyer indiquent un déplacement du compartiment supérieur vers le nord, c'est-à-dire un cisaillement vers le nord le long de cette zone à faible pendage. On retrouve ici la relation vue en Corse entre la déformation cassante et la déformation ductile. Nous avions fait la même observation à partir des modèles analogiques en extension dans le chapitre II. Que peut-on maintenant observer dans les roches remontées pendant l'extension dans le centre des Cyclades ?

Évolution P–T des schistes bleus cycladiques et des Phyllades

Comme nous l'avons vu plus haut la déformation extensive est surimposée à une déformation liée à la mise en place des nappes. La figure IX.33 montre la distribution des roches de haute pression. On observe deux ceintures d'âge différents. La plus au

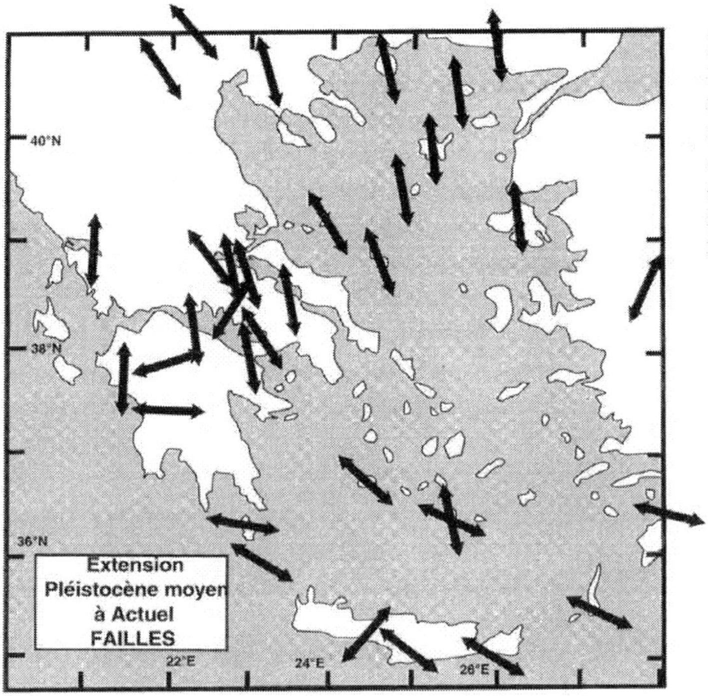

Figure IX.38 Directions d'extension Pléistocène moyen à actuel déduites de l'analyse de la fracturation (Mercier *et al.*, 1987).

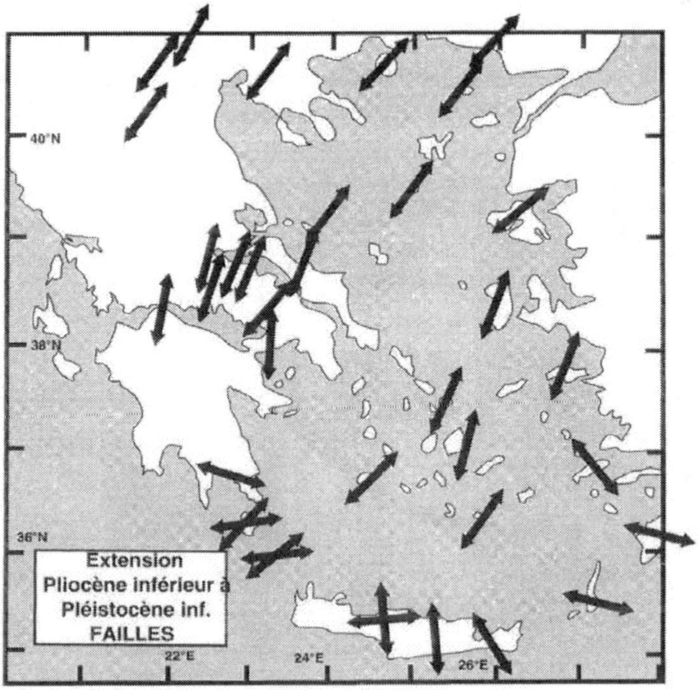

Figure IX.39 Directions d'extension Pliocène inférieur à Pléistocène inférieur déduites de l'analyse de la fracturation (Mercier *et al.*, 1987).

nord date de 45 Ma, elle correspond aux schistes bleus cycladiques évoqués dans un paragraphe précédent. La plus au sud date de 25 Ma, elle correspond à la mise en place des nappes dans le domaine plus externe. Les pressions maximales atteintes dans les deux ceintures sont de l'ordre de 10 à 15 kb. La formation des nappes en Crète et le métamorphisme de haute pression associé sont contemporains du début de l'extension dans les régions plus internes des Cyclades.

Les chemins P-T enregistrés dans les roches des Cyclades sont assez différents selon les îles (fig. IX.41). Les îles de Tinos, Syros et Sifnos montrent des chemins assez semblables à ceux obtenus en Corse, caractérisés par une décompression pratiquement isotherme. Les îles de Naxos et de Ios montrent au contraire un pic vers les hautes températures pendant la décompression. Cette remontée des températures est associée à la fusion partielle des matériaux crustaux (formation de migmatites) et à l'intrusion de granites. La rétromorphose est beaucoup plus intense dans le centre des Cyclades. On observe en fait un gradient de rétromorphose depuis la région de l'Eubée (schiste vert) jusqu'à Naxos (anatexie). Les roches métamorphiques plus récentes de Crète montrent un chemin de retour vers la surface entre 20 et 12 Ma en refroidissement. Il y a donc au Miocène inférieur un domaine soumis à un gradient HT-BP (les Cyclades) et un domaine frontal (la Créte) sousmis à un régime HT-BP.

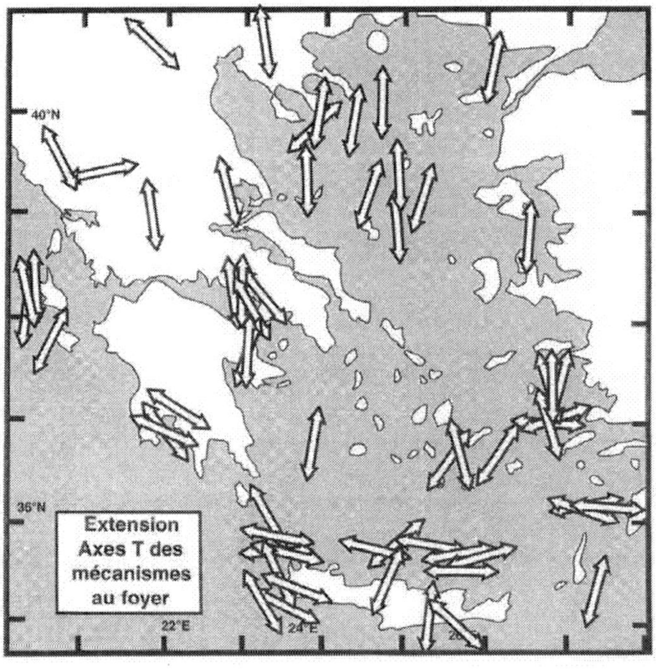

Figure IX.40 Directions d'extension actuelle déduites des mécanismes au foyer des séismes (Hatzfeld *et al.*, 1993).

Déformation ductile et extension miocène

La déformation ductile Miocène associée à la rétromorphose est distribuée sur une vaste région (fig. IX.42). La direction du grand axe de l'ellipsoïde est très constante et on observe toujours le même sens de cisaillement vers le nord. La géométrie de la déformation dans les domaines les moins rétromorphosés est assez semblable à celle que nous avons décrite en Corse. Nous ne la détaillerons donc pas ici. Par contre les îles de Naxos et de Paros montrent un stade plus avancé de la déformation puisque des roches fondues partiellement dans la croûte inférieure ont été remontées par extension.

Figure IX.41
Chemins P-T-t de différentes îles des Cyclades et de la Crète (Avigad *et al.*, 1992 ; Jolivet *al.*, 1994).

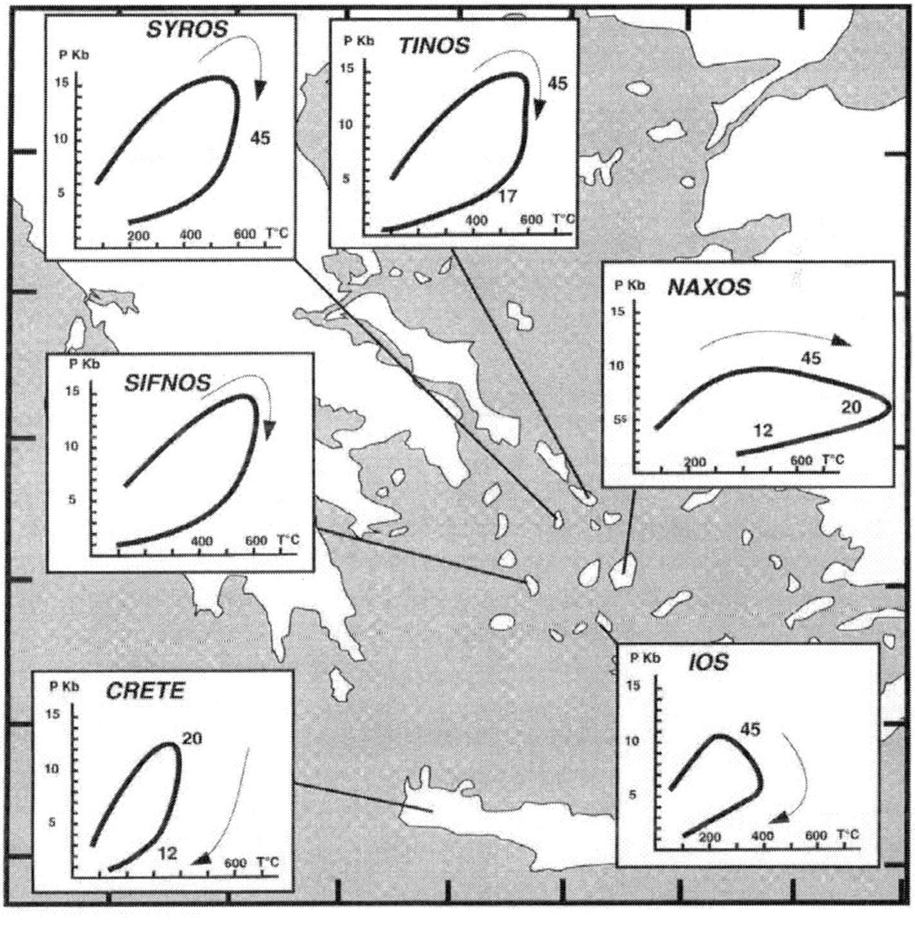

La géologie de ces deux îles est au premier abord assez simple (fig. IX.43 et IX.44). Un contact ondulé à faible pendage sépare une unité supérieure non métamorphique d'une unité inférieure métamorphique. Il s'agit d'un détachement. L'unité supérieure est composée de débris d'ophiolites et d'une couverture sédimentaire peu déformée. La déformation y est cassante sous forme de failles normales qui pendent en général vers le nord. La densité des ces failles devient plus grande vers la base de l'unité. Le contact lui-même est très franc. Les unités inférieures sont très déformées et montrent des évidences de métamorphisme haute température et de fusion partielle. La déformation est principalement concentrée sous le détachement dans une zone d'une

Figure IX.42
Les principales structures extensives en Égée, ductiles et cassantes et les petits cercles décrivant le mieux les trajectoires de directions d'extension. Les domaines en grisé sombre sont ceux où la déformation ductile est exhumée dans le domaine égéen (Jolivet *et al.*, 1994).

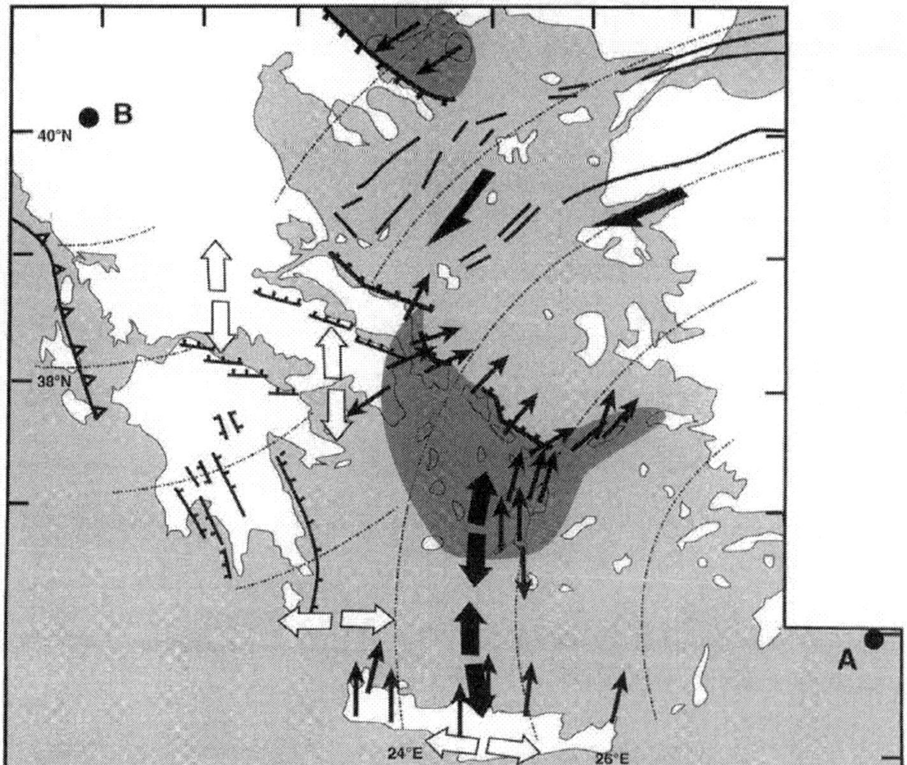

centaine de mètres d'épaisseur. Du haut en bas on observe un passage graduel d'une brèche cataclastique à des roches déformées ductilement d'abord dans le faciès schiste vert, puis amphibolite. L'étirement fini est très fort et les sens de cisaillement toujours vers le nord. Plus profondément dans la structure on observe toujours ces cisaillements vers le nord mais une déformation finie moins importante. On observe donc toutes les étapes de la remontée de ces roches profondes vers la surface concentrées en un centaine de mètres sous le détachement. Les âges radiométriques du métamorphisme haute température sont de 25 Ma. Tardivement dans l'histoire de la déformation, à 11 Ma, un granite traverse l'unité inférieure et subit le même type de cisaillement vers le nord, surtout concentré dans la région proche du détachement. Nous sommes donc en présence d'une zone de cisaillement, active au Miocène inférieur, encore active au Miocène moyen qui affecte l'ensemble de la croûte depuis les faciès chauds profonds, jusqu'à un domaine non métamorphique superficiel. La coupe de la figure IX.44

Figure IX.43
Carte géologique et tectonique des îles de Naxos et Paros au centre des Cyclades. Le champ de déformation est représenté par les directions d'étirement et les sens de cisaillement. Le dôme métamorphique de Naxos est illustré par les isogrades du métamorphisme croissant vers le coeur migmatitique (Gautier *et al.*, 1993).

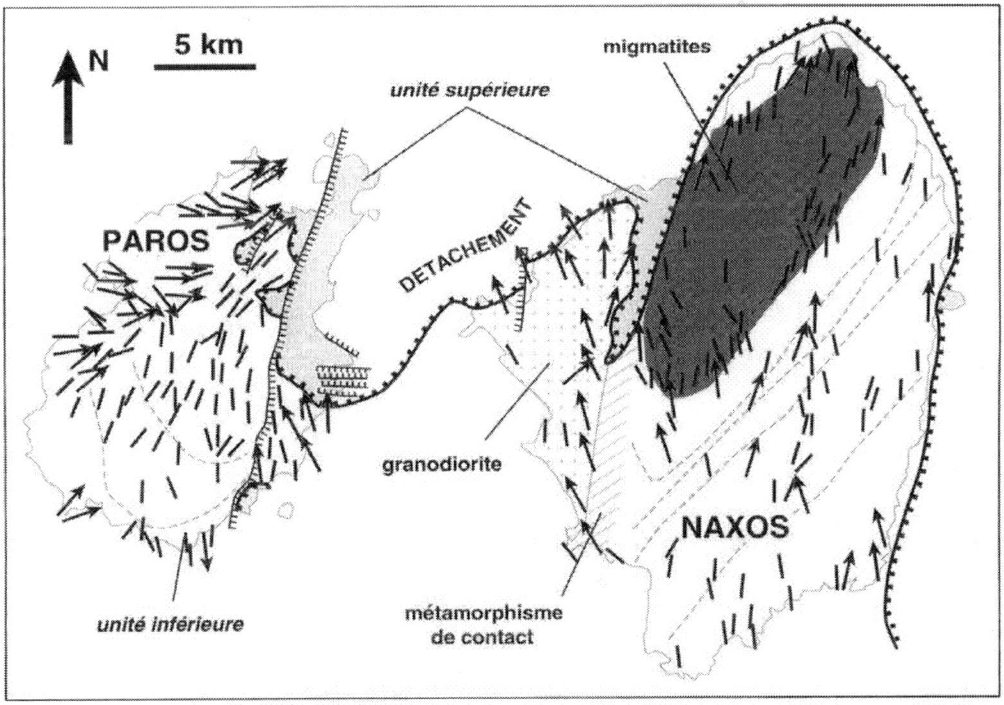

montre une géométrie possible de cette zone de cisaillement, caractéristique de ce type de contexte. On rencontre le même type de géométrie dans l'ouest des USA, dans la région du *Basin and Range*, qui correspond à l'écroulement de la Chaîne Laramienne, et où ces grands détachements furent décrits pour la première fois.

Le jeu de ce détachement fait donc remonter les unités de la croûte inférieure ductile au contact des unités superficielles cassantes. Le sens de cisaillement est toujours vers le nord, quelque soit la profondeur échantillonnée sur le terrain. On remar-

Figure IX.44
Coupe interprétative du dôme de Naxos-Paros (Gautier *et al.*, 1993).

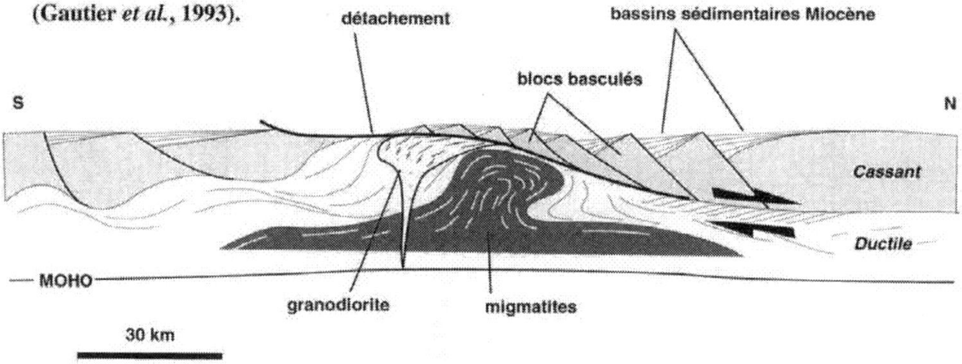

Figure IX.45
Bloc diagramme de la région égéenne montrant les relations entre déformation cassante et déformation ductile (Jolivet *et al.*, 1994).

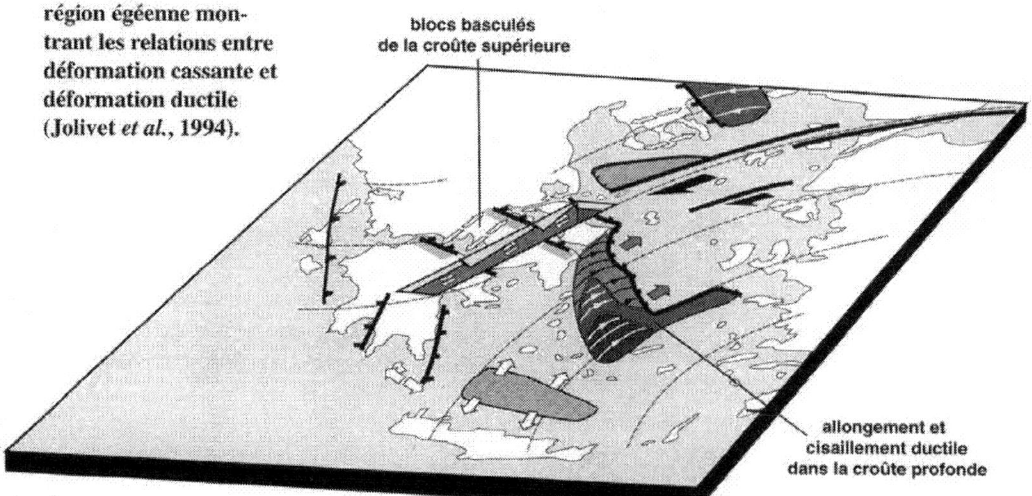

quera d'autre part que la direction d'allongement du dôme de Naxos est parallèle à la linéation d'étirement régionale, ce qui suggère que cet étirement est significatif de l'échelle crustale. On observe donc sur les roches déformées le même sens de cisaillement que celui déduit de la géométrie des failles normales actives dans la région du Golfe de Corinthe (fig. IX.37). C'est à la faveur d'un taux d'extension finie plus important que l'on peut observer au cœur des Cyclades les phénomènes qui se produisent en profondeur dans la région d'extension plus active de Corinthe. La figure IX.45 montre également une vision tridimensionnelle de ce système. La région de Paros et de Naxos peut être vue comme une fenêtre ouverte sur la croûte inférieure à la faveur de la déformation extensive.

Extension en Crète

On retrouve en Crète une pile de nappes semblables à celle connue dans le Péloponnèse (fig. IX.46). Le raccourcissement total y est sans doute plus important puisqu'on retrouve sur une même verticale des unités les plus internes et les plus externes de l'édifice Hellénique. On peut diviser cette pile de nappe en deux ensembles : une unité inférieure métamorphique et une unité supérieure non métamorphique. On

Figure IX.46
Carte schématique de la Crète montrant les principales unités sur et sous le détachement ainsi que les bassins néogènes et les linéations d'étirement et sens de cisaillement post-haute pression (Jolivet *et al.*, 1994).

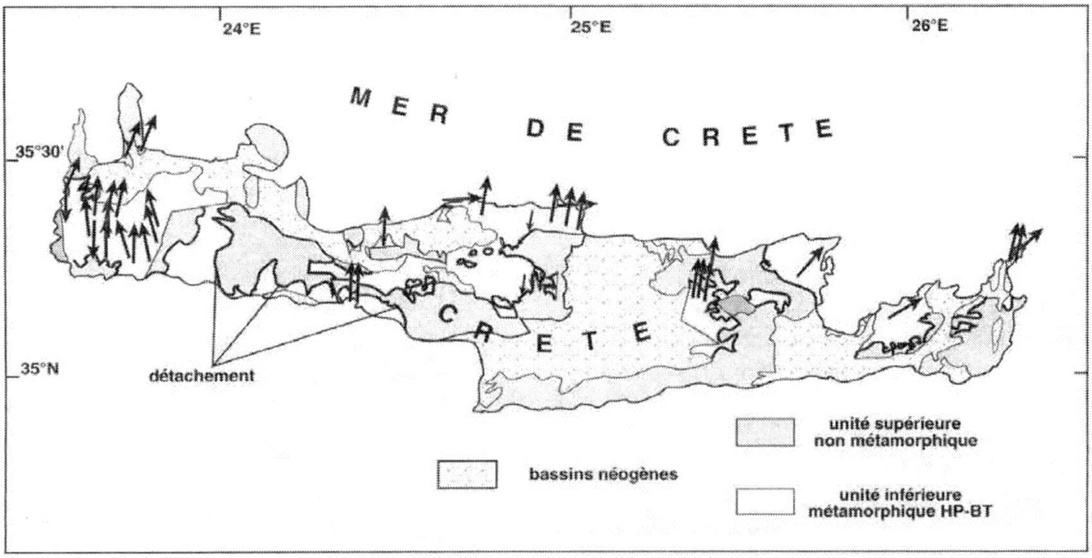

retrouve ici un contact plat qui correspond à une soustraction importante d'épaisseur crustale. Le métamorphisme HP-BT associé à la mise en place des nappes est très bien préservé. On l'observe dans les unités inférieures, nappe des Phyllades et nappe de l'Ida. La nappe des Phyllades est conservée de manière très inégale suivant les coupes. Elle est parfois très épaisse, parfois réduite à quelques mètres, parfois encore totalement absente. Les unités métamorphiques montrent une déformation assez intense mais jamais de faciès chauds ni de déformation très ductile. En fait la majeure partie des structures observées sur le terrain sont postérieures à la cristallisation des minéraux de haute pression et contemporaines de la remontée des unités, comme dans l'exemple de Dora Maira. Et, de manière surprenante, tous les indices de déformation montrent un étirement très important N-S à toutes échelles et un sens de cisaillement prédominant vers le nord. Cette déformation est principalement localisée dans la nappe des Phyllades (fig. IX.47). L'amincissement de cette nappe, qui peut parfois conduire à sa disparition complète, est le résultat de cet étirement. L'unité plus profonde de l'Ida est déformée de manière moins pénétrative. C'est la nappe des Phyllades de par sa lithologie moins résistante qui a localisé la déformation tardive.

On constate une évolution du ductile vers le cassant pendant le même régime de déformation. La déformation la plus superficielle correspond à la mise en place de bassins sédimentaires au-dessus des détachements principaux au cours du Miocène moyen.

Figure IX.47
Coupe schématique de la Crète au Miocène inférieur. Au-dessus du chevauchement de base la pile de nappe s'amincit. La déformation est principalement localisée au sein de la nappe des Phyllades (Jolivet *et al.*, 1994).

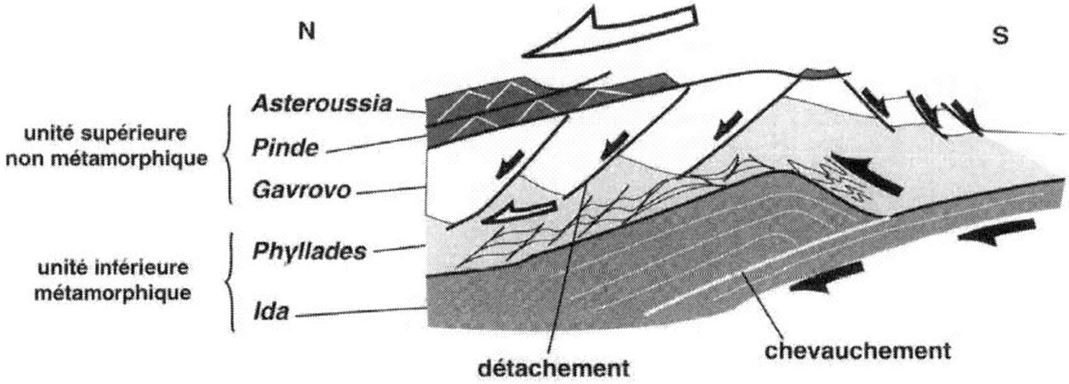

La différence majeure avec les Cyclades est la bonne préservation des associations métamorphiques de haute pression. On n'observe pas de rétromorphose complète et le chemin P-T est sans doute du type de celui déjà décrit pour Dora-Maira avec un refroidissement permanent pendant la remontée des unités métamorphiques. Ce qui suggère que le régime froid lié à la convergence était toujours actif pendant la remontée et l'extension au Miocène inférieur et moyen.

D'autres observations conduisent à proposer le schéma de la figure IX.47 où l'extension et l'amincissement des unités des phyllades, ainsi que l'amincissement des unités plus superficielles se fait pendant le sous-charriage d'unités plus frontales, c'est-à-dire au-dessus de la pile de nappe en formation.

On observe donc ici un phénomène tout à fait différent de celui décrit plus haut dans les Cyclades où la déformation extensive correspond à un effondrement de l'ensemble de la croûte. L'extension de Crète a débuté plus tardivement que celle des Cyclades.

Il y a donc sur cette transversale juxtaposition au Miocène inférieur et moyen d'un domaine interne en extension et d'un domaine frontal en convergence où la croûte s'épaissit par addition de matériel nouveau plus frontal et s'amincit au-dessus par glissement d'unités vers le domaine en extension.

IX.7 Modèle d'évolution d'ensemble extension arrière-arc et remontée des roches métamorphiques

Les deux exemples que nous venons de voir en mer Tyrrhénienne et mer Égée montrent une migration vers les zones externes d'un couple compression-extension. Cette évolution conduit à la formation de détachements en deux temps (fig. IX.48) : le premier stade est la remontée rapide d'unités profondes dans la zone frontale par addition d'unités légères en-dessous selon une géométrie de prisme d'accrétion. Cette remontée rapide est compensée par une extension superficielle qui dénude rapidement le domaine profond. Les chemins P-T restent sur un gradient froid et les associations P-T sont bien préservées. On retrouve ce type d'évolution dans les Alpes dans le massif de Dora Maira. Là, la remontée est très spectaculaire puisque les associations à coésite sont aujourd'hui à l'affleurement. Cette géométrie est sans doute responsable de la plus grande partie de la remontée des roches de haute pression et donc de la disparition de la plus grande partie de la colonne crustale manquante sous les grands détachements. Le deuxième stade, pas toujours présent, correspond à une extension généralisée qui affecte l'ensemble de la croûte. Elle permet de remonter des roches depuis les profondeurs de la croûte inférieure (20-25 km) et est associée à une rétromorphose intense des associations de haute pression. Dans le cas des Cyclades les deux stades se sont sans doute succédé dans le temps.

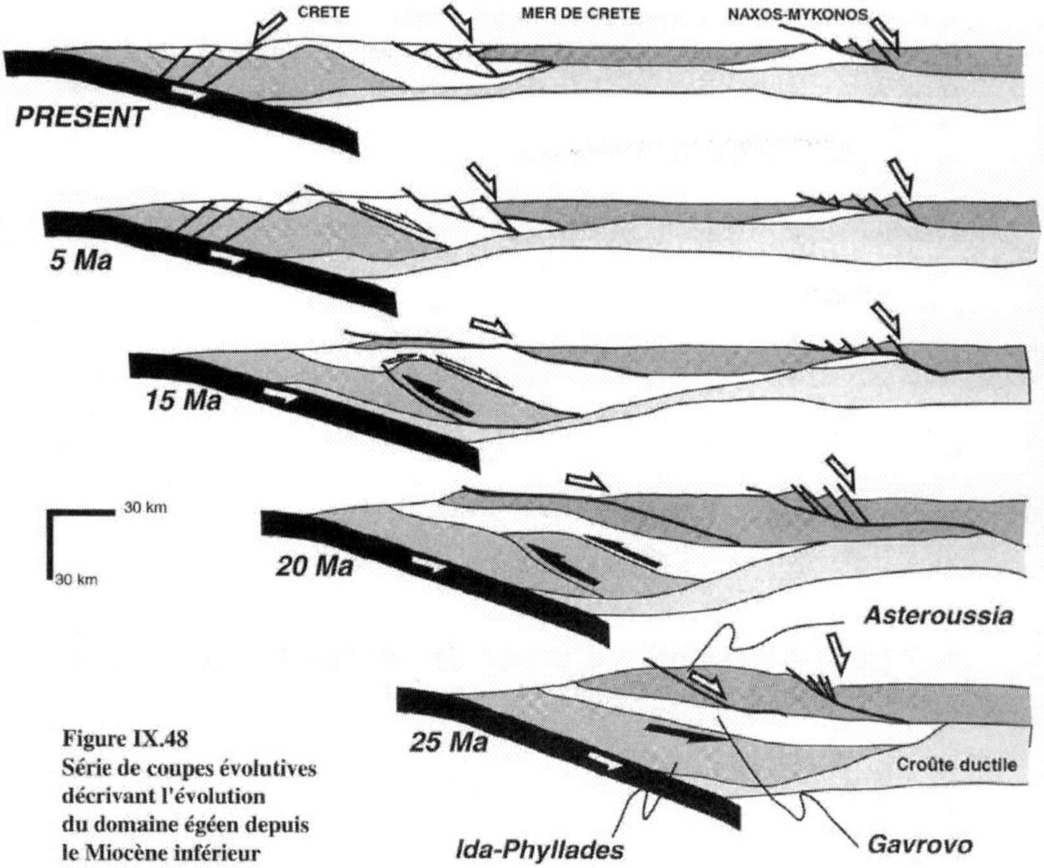

Figure IX.48
Série de coupes évolutives décrivant l'évolution du domaine égéen depuis le Miocène inférieur (Jolivet *et al.*, 1994).

La figure IX.49 montre un modèle possible expliquant ce type d'évolution. Le sous-charriage frontal d'unités froides, ou la subduction d'un panneau froid, engendre un géotherme froid. Ce régime thermique conduit à la formation d'une croûte froide, donc résistante qui peut supporter une topographie élevée, et donc former une chaîne de montagnes. Plus en arrière, au fur et à mesure que l'on s'éloigne de la zone de convergence le géotherme devient de plus en plus chaud parce que (1) on s'éloigne du panneau plongeant froid et (2) parce qu'on se rapproche de l'arc volcanique. Par incorporation d'unités tectoniques nouvelles au front, la chaîne de montagnes gagne vers les zones externes comme dans un prisme d'accrétion. Durant ce processus les zones plus internes épaissies auparavant s'éloignent relativement de la zone frontale et donc du domaine froid. La croûte épaissie se réchauffe progressivement, la transition cassant-ductile, dont la profondeur dépend essentiellement du régime thermique, remonte, et la croûte devient moins résistante. Elle a alors tendance à s'écrouler pour retrouver une épaisseur stable. Cette évolution permet d'écrouler progressivement le prisme d'accrétion crustal vers l'arrière au cours de sa formation.

Figure IX.49
Modèle des relations compression-extension au travers d'un système fosse - arc - arrière-arc (Jolivet *et al.*, 1994).

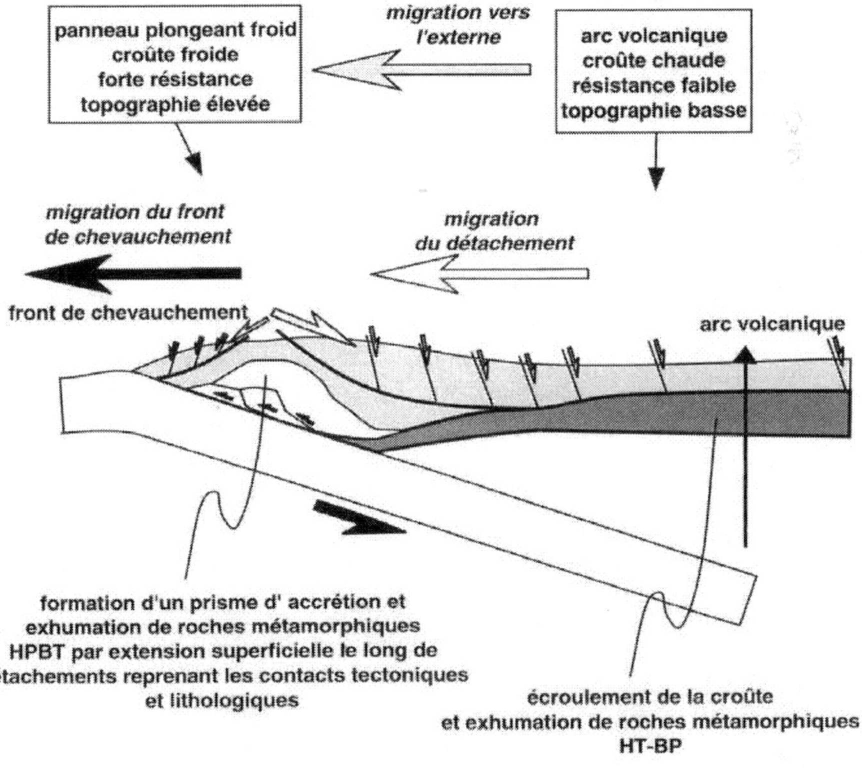

X

Synthèse sur l'extension de la croûte continentale

Au cours de cet exposé nous avons été amenés à décrire de nombreux exemples de tectoniques extensives, depuis la formation d'une marge passive jusqu'à l'écroulement d'une chaîne de montagnes. Ce dernier court chapitre a pour but de synthétiser les différents points abordés jusqu'ici. De nombreux modèles d'extension ont été proposés dans la littérature et depuis quelques années, le principal point de discussion concerne les rôles respectifs du cisaillement pur (amincissement homogène) et du cisaillement simple (détachement) dans la formation des rifts. Il est important de retourner aux données pour faire la part des choses. Nous reviendrons d'abord sur les points fondamentaux de la géométrie des zones en extension, tout d'abord dans les domaines où l'extension est localisée (rifts) puis dans ceux où elle est distribuée sur de grandes largeurs (zones d'écroulement gravitaire).

La géométrie de l'extension est contrôlée par l'équilibre des forces en présence, forces aux limites et forces de volume (fig. X.1). Le rifting concerne classiquement une croûte continentale d'épaisseur normale, c'est-à-dire environ 30-35 km. Comme nous l'avons vu dans le chapitre II, l'étirement d'une telle croûte conduit à la formation d'un rift très rapidement envahi par la mer et les structures extensives sont alors couvertes par une épaisse série sédimentaire. Seules les études géophysiques permettent de visualiser les déformations profondes. L'amincissement d'une croûte continentale épaissie avec une épaisseur importante de ductile conduit au contraire à la mise à l'affleurement des niveaux profonds. Il est alors possible d'étudier la déformation ductile mais dans une situation qui n'est pas obligatoirement représentative des marges passives classiques. Si la notion de détachement et la théorie de l'amincissement localisé le long de failles normales d'échelle crustale, voire lithosphérique, sont nées dans l'ouest des USA, c'est bien parce que la structure de cette région résulte de l'écroulement de la croûte épaissie pendant l'orogène laramien.

Les forces de volume ont des effets tectoniques différents selon le régime des forces aux limites. L'étalement gravitaire dans une région dont les limites sont libres (contrainte nulle) ou en extension conduit à un amincissement crustal distribué sur une vaste surface. C'est le cas du *Basin and Range*, de la Mer Tyrrhénienne ou de la mer Égée. Par contre dans une région où les limites sont en compression comme le plateau du Tibet ou la Cordillère des Andes, l'étalement gravitaire maintient constante l'épaisseur crustale, et le volume de la chaîne augmente par migration latérale des chevauchements. Cette situation conduit à un haut plateau d'altitude à peu près constante, limité par des chevauchements sur les bords.

X.1 Asymétrie des rifts, sens de basculement des blocs

Le Golfe de Suez est un exemple très étudié à cause de ses potentialités pétrolières. La figure X.2 a été construite à partir de nombreux profils sismiques et forages. Elle montre de manière frappante l'asymétrie de la déformation finie le long des différentes coupes à l'échelle de la croûte supérieure. On reconnaît la structure en blocs basculés déjà évoquée en plusieurs occasions. Sur une même coupe le sens de basculement des blocs ne change pas d'un côté à l'autre du domaine aminci. La région est

Figure X.1
Schéma des forces dirigeant l'extension.

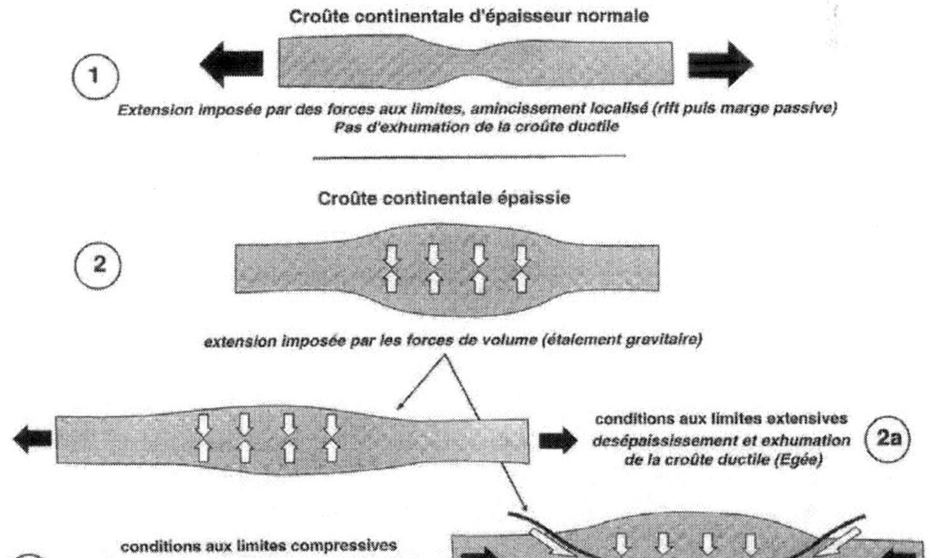

Figure X.2
Coupes sériées obtenues à partir de profils sismiques au travers du golfe de Suez (Colletta *et al.*, 1989).

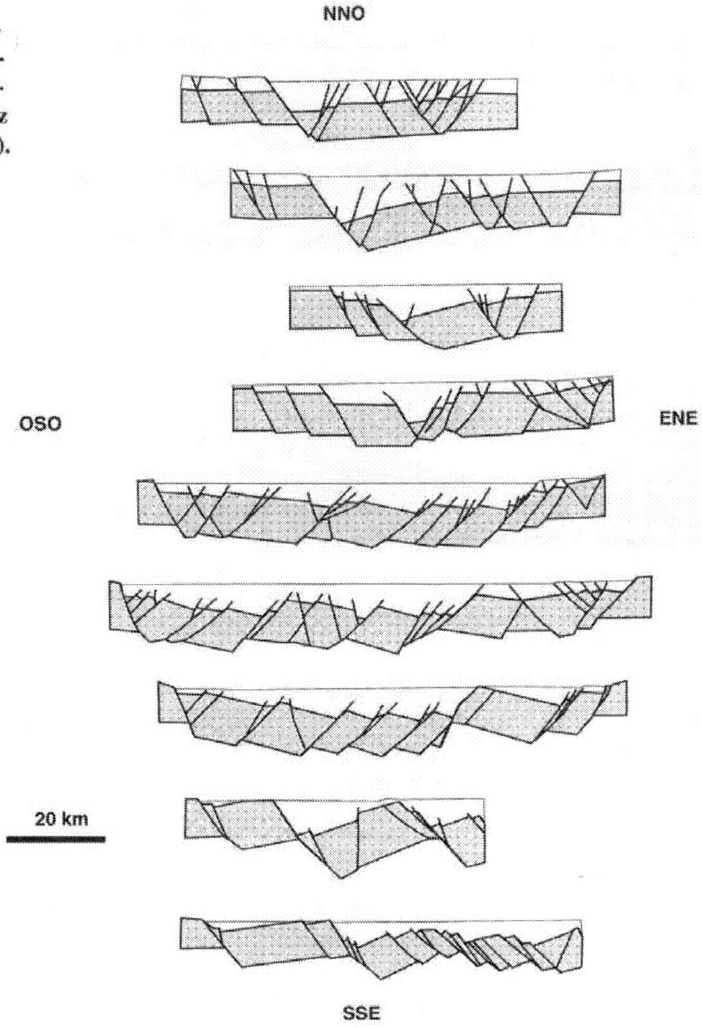

d'autre part divisée en grands domaines où le sens de basculement est constant. On passe brutalement d'un domaine à l'autre par des zones de transfert assez étroites. Cette géométrie implique le long d'un même profil un sens de cisaillement constant par tronçons dans la croûte inférieure pour accommoder la déformation de la croûte supérieure (voir chapitre II et figure X.3). La marge sud-armoricaine, vue dans le chapitre II, montre également cette asymétrie dans le sens de basculement des blocs. Toutes les marges passives montrent le même type de structure.

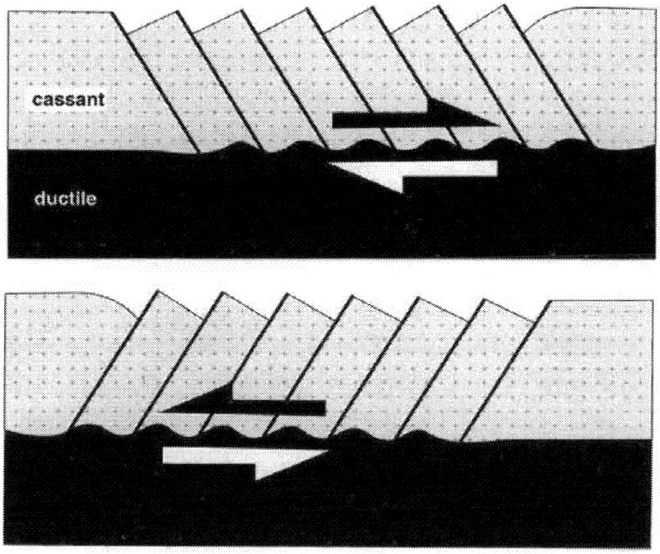

Figure X.3
Schéma des relations entre le sens de basculement des blocs de la croûte supérieure et le sens de cisaillement entre domaines ductile et cassant (Faugères & Brun, 1984).

X.2 Asymétrie des bassins de collapse et détachement

Comme les exemples développés dans le chapitre précédent l'ont montré, on retrouve cette asymétrie dans les régions d'écroulement de croûte épaissie. Les paragraphes suivants traitent d'exemples plus anciens, correspondant à l'écroulement de la chaîne calédonienne à partir du Dévonien.

X.2.1 Calédonides, le profil MOIST

Un profil de sismique réflexion de grande qualité a été tiré au nord de l'Écosse au travers des chevauchements calédoniens connus à terre, comme le chevauchement du Moine. Cette région n'a pas subi l'influence de l'orogenèse hercynienne et après la fin du Calédonien a subi plusieurs épisodes extensifs jusqu'au Mésozoïque. Les figures II.15 et II.16 montrent le profil. Plusieurs observations importantes peuvent être tirées de ce profil :

La première constatation est que les chevauchements calédoniens sont réactivés en failles normales dont l'activité a formé des bassins sédimentaires asymétriques depuis le Dévonien jusqu'au Permo-Trias.

La deuxième observation est l'asymétrie générale du système avec des bassins tous basculés dans le même sens. Il y a ici de manière évidente un contrôle de la déformation de la croûte supérieure par les chevauchements préexistants.

Aucune des failles normales de la croûte supérieure ne passent sous la croûte inférieure litée. Nous visualisons ici encore la transition entre le régime cassant de la croûte supérieure et le régime ductile de la croûte inférieure.

Des réflecteurs à pendage est très marqués sont visibles dans le manteau supérieur. L'interprétation la plus courante est qu'il s'agit également de failles normales. On aurait donc ici une image du comportement cassant du manteau supérieur dans certaines conditions (voir chapitre II). Cette faille n'est pas connectée aux failles de la croûte supérieure, il y aurait donc indépendance de comportement entre les deux niveaux résistants de la lithosphère, croûte supérieure et manteau supérieur, la croûte inférieure agissant comme un niveau de décollement.

X.2.2 Calédonides de Norvège

Il est possible d'observer cette extension Dévonienne sur le terrain dans une autre partie de la chaîne, en Norvège (figs X.4 à X.6). On y observe sans doute le plus spectaculaire des détachements. Il sépare une unité supérieure sans métamorphisme haute pression calédonien et une unité inférieure à éclogites calédoniennes. Ces éclogites contiennent la coésite un peu plus au nord et correspondent à des pressions de 25 à 30 Kb, soit des profondeurs de 80 à 100 km. La déformation de la plaque supérieure est caractérisée par des failles normales s'enracinant sur le détachement. Dans cette unité on retrouve également la déformation antérieure, c'est-à-dire les chevauchements calédoniens qui sont légèrement repris en extension. Pendant l'extension se forment des bassins de conglomérats très épais et asymétriques indiquant un sens de déplacement de la plaque supérieure vers l'ouest.

L'unité inférieure se compose de roches métamorphiques acides et basiques mélangées. Les éclogites sont préservées entre les roches mylonitiques de la zone du détachement et des granites intrusifs plus profonds. En quelques centaines de mètres on passe de la déformation cassante sous le détachement à une déformation ductile synmétamorphe. Elle est contemporaine de la rétromorphose des éclogites, de plus en plus intense quand on se rapproche du détachement. La déformation est d'abord très non coaxiale avec un sens de cisaillement toujours vers l'ouest. Puis dans le domaine où les éclogites sont mieux préservées, la déformation devient plus coaxiale et aucun sens de cisaillement préférentiel n'est clair. La direction de l'étirement est par contre toujours E-O. L'étirement E-O commence alors que les conditions du faciès éclogite sont encore actives. L'amphibolitisation ne se produit que plus tard. Ces relations suggèrent que la totalité de l'exhumation des roches métamorphiques de Norvège est le résultat de l'extension post-orogénique, ce qui n'était pas le cas des Alpes.

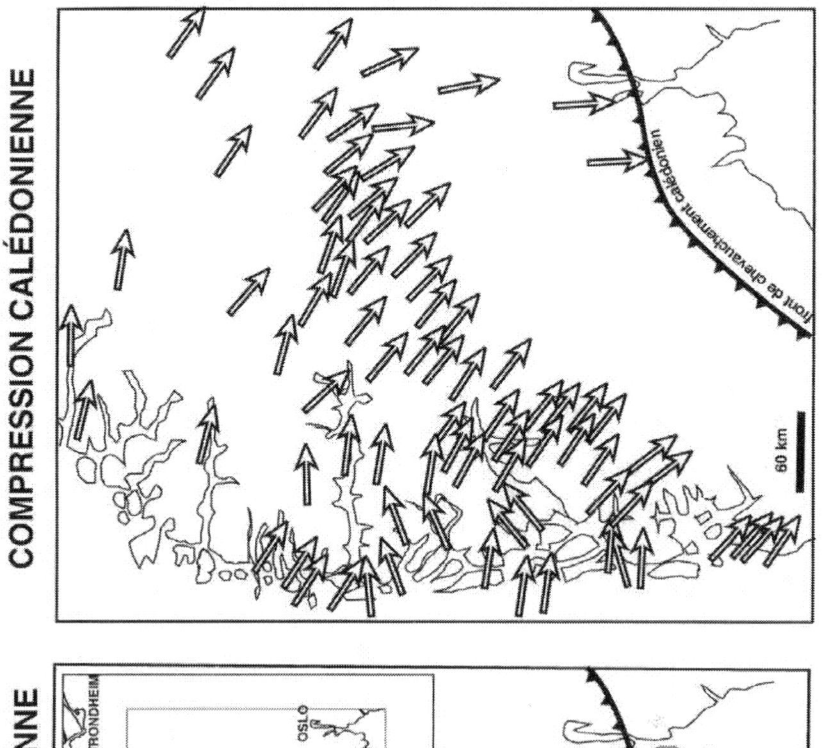

Figure X.4
Les deux champs de déformation successifs des Calédonides de Norvège (Fossen, 1992).

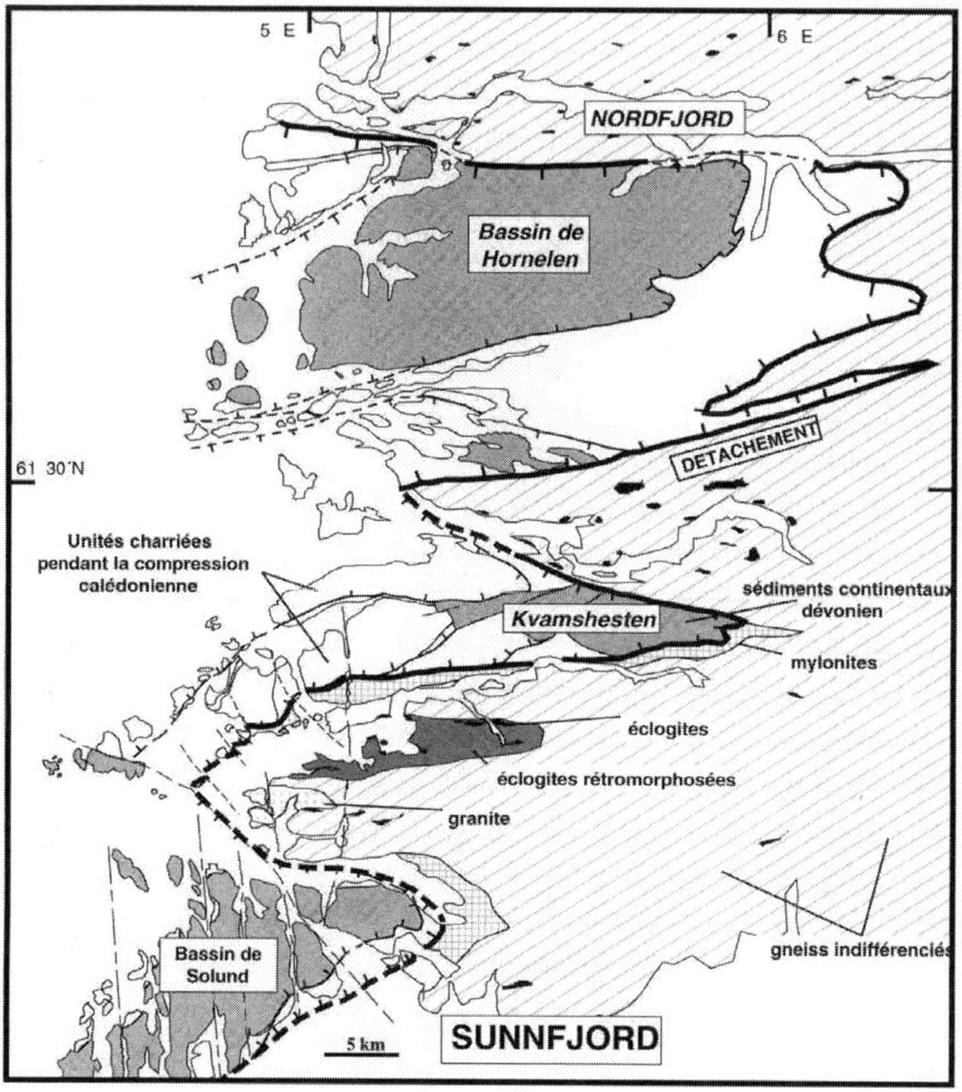

Figure X.5
Carte tectonique schématique de la région de l'ouest de la Norvège (Andersen *et al.*, 1994). (localisation sur la figure précédente).

Figure X.6
Bloc diagramme des structures observées dans l'ouest de la Norvège dans la région du bassin de Kvamshesten (Andersen *et al.*, 1994).

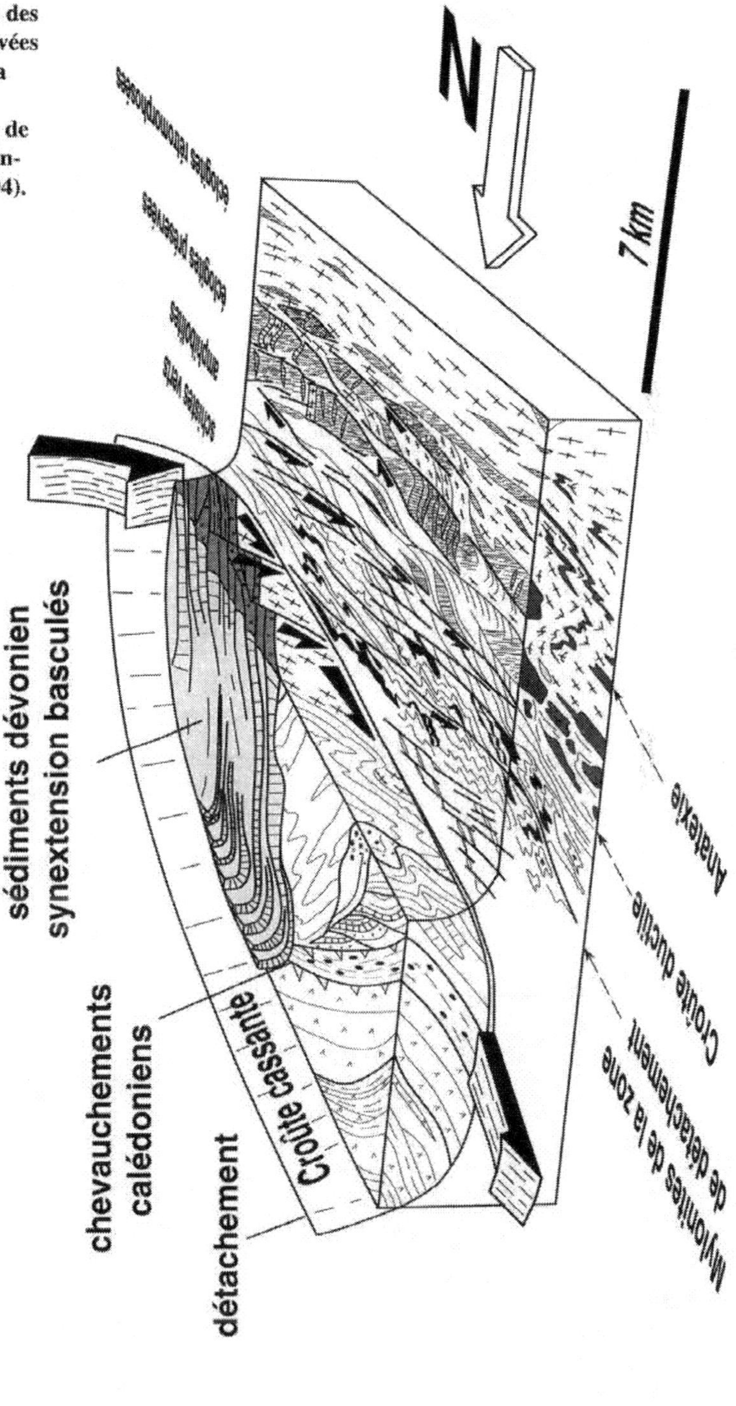

X.3 Discussion cisaillement pur – cisaillement simple

Les premières observations de ce type furent faites dans la région du *Basin and Range* dans l'ouest américain. L'écroulement de la chaîne laramienne à partir de l'Oligocène conduit à une extension distribuée sur plus de mille kilomètres. On y retrouve la géométrie décrite à propos de l'île de Naxos au centre des Cyclades. L'évolution d'un des dômes métamorphiques de cette région est décrit sur la figure X.7. On remarquera qu'ici le décollement se produit à l'interface cassant-ductile. Le détachement résultant est, comme à Naxos, une faille plate séparant deux domaines à évolution métamorphique contrastée. Les structures associées à ce type de contact sont assez similaires d'un exemple à l'autre, de la Norvège au *Basin and Range* en passant par la Montagne Noire et différentes géométries à l'échelle de la croûte sont possibles. Une des observations les plus importantes est la relation constante entre le sens de déplacement de l'unité supérieure le long du détachement, la polarité des failles normales au-

Figure X.7
Évolution d'un "metamorphic core complex" de l'ouest des USA (Lister & Davis, 1989).

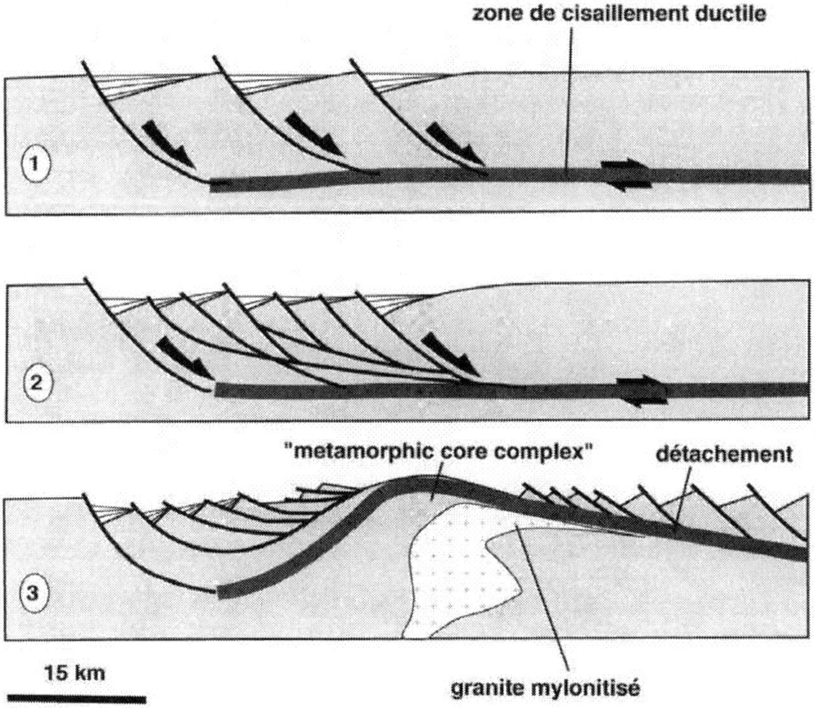

dessus du détachement et le sens de cisaillement dans les niveaux ductiles. On retrouve la même relation que dans les modèles analogiques décrits dans le chapitre II ou illustrée par un modèle plus récent sur la figure X.8.

L'existence de telles failles plates avait conduit Brian Wernicke à proposer un modèle de formation des marges passives à partir d'un détachement d'échelle lithosphérique (fig. X.9). Ce modèle a été appliqué avec succès à l'exemple de la marge atlantique de Galice. Une grande faille normale traverse l'ensemble de la croûte et de la lithosphère et conduit *in fine* à la mise en place de péridotites mantelliques à l'axe du rift. On retrouve aujourd'hui ces péridotites sous forme d'une ride de serpentines courant le long de la transition continent-océan.

Un autre modèle très utilisé de formation des marges passives est celui de l'amincissement homogène (voir chapitre IV) qui explique de manière quantitative la subsidence thermique post-rift des marges passives (fig. X.9). Ce modèle ne suppose a priori aucune géométrie précise de la déformation dans la croûte. On suppose seulement qu'à l'échelle de la lithosphère l'amincissement fini (on considère un amincissement très rapide quelque soit son mécanisme précis) est homogène. Le modèle de Wernicke au contraire localise la déformation le long d'un détachement qui traverse l'ensemble de la lithosphère. La figure X.9 illustre les différences conceptuelles entre les deux modèles en cisaillement simple (détachement) et cisaillement pur (amincissement homogène).

L'observation de l'asymétrie systématique de la déformation de la croûte supérieure et l'existence de détachements prouvés comme celui de Norvège militent en faveur du modèle en cisaillement simple. Mais le bon accord quantitatif entre les données de la subsidence des marges et le modèle en cisaillement pur milite en faveur de ce dernier. De même, le fait que l'on n'observe jamais de failles normales recoupant la croûte inférieure et se connectant aux failles du manteau est opposition avec le modèle de cisaillement simple.

Figure X.8
Un modèle analogique sable-silicone des relations cassant-ductile en extension (Malavieille, 1993).

Des observations sismiques en mer du Nord (fig. X.10) montrent une géométrie plus complexe où la déformation asymétrique de la croûte supérieure fait place à une déformation symétrique dans le manteau totalement découplée l'une de l'autre. Les réflecteurs profonds interprétés comme des failles normales sont toujours à pendage continental, symétriquement par rapport à l'axe du domaine aminci. On peut alors penser à un modèle intermédiaire (fig. X.9) asymétrique à l'échelle de la croûte et symétrique à l'échelle de la lithosphère. L'asymétrie dans la croûte étant sans doute très liée à la présence d'hétérogénéités planaires comme les chevauchements hérités des phases antérieures.

On conclura ce chapitre en remarquant premièrement que les deux modèles ne sont pas forcément incompatibles et qu'ils peuvent coexister à des échelles différentes. On notera ensuite que le modèle en cisaillement simple est argumenté principalement par des exemples de chaînes de montagnes écroulées, par opposition au modèle en cisaillement pur qui correspond à des observations sur les marges passives des océans. Ces deux contextes sont a priori assez différents, il n'est donc pas étonnant de constater des régimes de déformations différents également. Cela étant dit seul l'exemple de

Figure X.9
Trois moyens d'étirer la lithosphère continentale (Keen *et al.*, 1989).

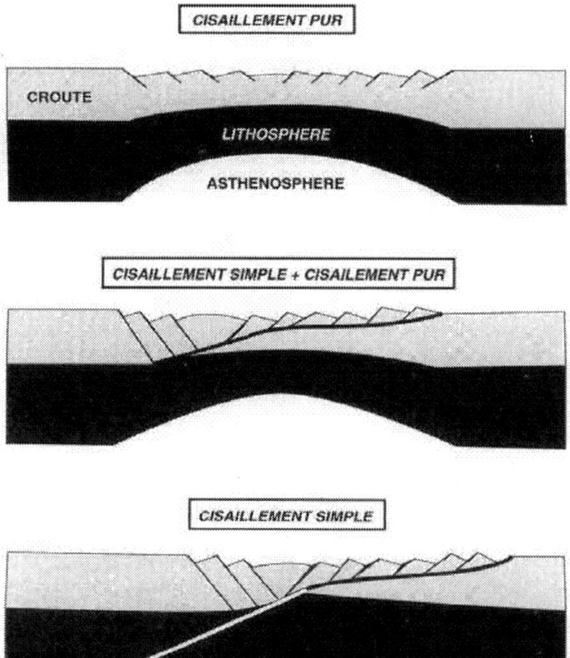

la Norvège suggère l'existence d'un détachement d'échelle lithosphérique, utilisé dans certains modèles de marges passives. La plupart des détachements observés sur le terrain n'intéressent que la croûte, voire seulement la croûte supérieure.

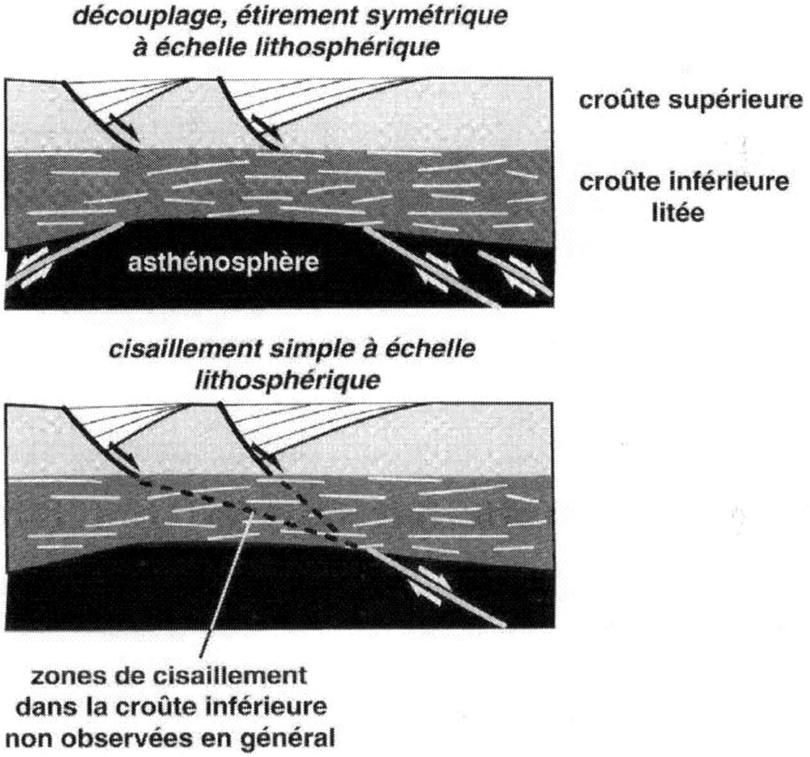

Figure X.10
Les structures observées sous la Mer du Nord en sismique et deux interprétations possibles. La croûte inférieure agit comme niveau de découplage (Klemperer, 1988).

Conclusion générale

Grâce à l'intervention récente dans le débat des données de la géodésie spatiale, la cinématique des zones à déformation distribuée au sein des continents peut pour la première fois être décrite de manière objective. La tectonique se trouve donc aujourd'hui à un tournant majeur. Le tectonicien dans l'avenir pourra se consacrer entièrement à l'étude des déformations et comparer les champs de déformation qu'il déduit de ses observations de terrain aux champs de déplacements déduits de la géodésie. Jusqu'ici les deux types de données n'étaient souvent pas clairement séparés, puisqu'on essayait de déduire le champ de déplacement du champ de déformation. Comme le montre l'exemple de la Mer Égée traité dans cet ouvrage, la comparaison des deux types de données est riche d'enseignement.

À l'issue de cet exposé il est bon de revenir aux données de premier ordre sur les mécanismes de la déformation crustale et d'en dégager les conclusions majeures.

1. Les caractéristiques de la déformation continentale

La stratification rhéologique de la lithosphère continentale

La concentration de la sismicité dans la partie superficielle de la croûte continentale, ainsi que les données expérimentales sur la résistance des matériaux crustaux, suggèrent que la lithosphère continentale est stratifiée en une croûte supérieure cassante, une croûte inférieure ductile et un manteau supérieur très résistant sinon parfois cassant. Les deux niveaux les plus résistants, croûte supérieure et manteau supérieur vont jouer le rôle de guide de contraintes, tandis que le niveau intermédiaire ductile va agir comme niveau de décollement entre ces deux niveaux résistants. La localisation de la déformation dans la croûte profonde est la caractéristique majeure de la tectonique continentale. L'indépendance relative entre le régime de déformation de la croûte supérieure et de la lithosphère en général (plutôt contrôlé par la résistance du manteau supérieur) en découle.

Cette stratification des propriétés rhéologiques dépend fortement de la distribution des températures en profondeur. Le gradient géothermique étant par ailleurs directement lié au contexte géodynamique (divergence, convergence...), la rhéologie et la distribution de la déformation dépendent dans de fortes proportions du contexte cinématique instantané et de l'histoire cinématique antérieure. Par exemple le rôle de la croûte ductile devient prépondérant pour affaiblir la croûte entière dans les domaines épaissis où le gradient géothermique est fort.

La distribution de la déformation

Si une carte de la sismicité de l'Asie montre indubitablement que la déformation est distribuée sur des milliers de kilomètres, on n'en constate pas moins la formation de grandes structures bien localisées comme la faille de l'Altyn Tagh. La région de la faille de San Andreas nous a montré le même type de localisation le long de failles majeures. La distribution de la déformation est contrôlée par la rhéologie de la lithosphère. Le plateau tibétain est un exemple où la grande épaisseur crustale (>70 km) conduit à une prépondérance du fluage de la croûte ductile. L'ensemble de la croûte acquiert ici un comportement dominé par la déformation ductile de la croûte profonde. Par contre dans la région de la faille de San Andreas, la croûte ductile est moins épaisse et la déformation cassante de la croûte supérieure prend le pas. On y observe malgré tout une distribution de la déformation sur plus de 500 km de largeur de part et d'autre de la faille, et ceci est une conséquence du rôle de la croûte profonde. La discussion à l'échelle lithosphérique est plus délicate : selon les modèles invoqués, les auteurs considèrent la localisation de la déformation ou, au contraire, sa distribution comme la caractéristique principale (modèle d'extrusion ou modèle visqueux). Dans un cas les structures telles que les failles décrochantes orientent la cinématique et délimitent des blocs rigides, dans l'autre cas elles n'ont que peu d'influence sur les déplacements qui sont au contraire contrôlés par un fluage visqueux de l'ensemble de la lithosphère. La réponse à ce dilemne se trouve dans la cinématique si l'on peut l'obtenir de manière indépendante.

Les relations cassant-ductile

Le mécanisme de couplage entre la déformation cassante de la croûte supérieure et la déformation ductile de la croûte profonde n'est pas encore totalement élucidé, mais de nombreux exemples dans les régions en extension ont permis d'approcher la solution. L'extension d'une croûte épaissie conduit à la mise à l'affleurement des niveaux crustaux profonds. Les coupes observées dans ces régions montrent la géométrie des structures dans la zone de transition cassant-ductile. Les structures les plus marquantes sont les détachements qui limitent les complexes métamorphiques comme ceux de la mer Égée ou de l'ouest des USA. Ces détachements sont l'aboutissement ultime de l'amincissement et ne sont pas l'image de la transition cassant-ductile telle qu'elle est active en profondeur. Ces structures permettent néanmoins d'échantillonner sur une faible distance l'ensemble des structures que l'on rencontrerait en traversant cette transition en position de vie. Un des faits les plus marquants est la relation quasi constante entre l'assymétrie des bassins sédimentaires en surface et le sens de cisaillement dans la croûte profonde. Des structures moins évoluées comme celle que nous avons décrites en Corse alpine montrent le passage de failles normales cassantes à des zones de cisaillement ductile à faible pendage dans le domaine de pression et température des schistes verts. Dans cette fenêtre de profondeur (entre 10 et 15 km selon le gradient géothermique) le régime de déformation comprend une part importante de cisaillement simple. Les exemples tels que ceux des Calédonides de Norvège suggèrent que le cisaillement pur prédomine dans les niveaux les plus profonds de la croûte en extension. On a donc tendance à la délocalisation de la déformation vers la profondeur.

Le métamorphisme, outil essentiel de la tectonique

Le métamorphisme est un outil indispensable pour contraindre les conditions P-T de la déformation et les déplacements le long de l'axe vertical au sein de la croûte. Les trajets P-T-t des différentes unités sont symptomatiques du contexte tectonique et renseignent sur la vitesse relative des déplacements verticaux et des transferts de chaleurs. Le métamorphisme et la datation des phases métamorphiques apportent la dimension verticale et la dimension temporelle au débat.

Le rôle des forces de volume et des forces aux limites

La déformation est contrôlée au premier ordre par les forces aux limites, conséquences de la cinématique relative des plaques, mais aussi par les forces de volume. Celles-ci jouent avec ou contre les forces aux limites. Elles jouent contre dans le cas de la formation d'une chaîne de montagnes en limitant l'épaississement . Leur action sera facilitée par une rhéologie faible et donc un gradient géothermique fort. Elles jouent dans le même sens que les forces aux limites dans le cas d'une divergence de plaques. Une divergence appliquée aux limites d'une zone épaissie au préalable va conduire à un amincissement rapide. Dans le cas où une des frontières du domaine déformé est libre les forces de volume pourront être seules actives et pourront conduire à une cinématique locale plus ou moins indépendante de la cinématique des plaques alentour (l'étalement du Tibet).

2. Les différents étapes de la déformation continentale

La rupture continentale, le rifting

La première étape de la déformation continentale est la formation d'un rift, prélude à l'ouverture océanique. C'est pendant le rifting que la croûte continentale est déformée et que se forment les failles normales et les blocs basculés aujourd'hui classiques des marges passives. La structure de la marge est héritée de la période du rifting, plus aucune déformation significative ne se produisant pendant l'expansion océanique. La marge est alors inerte d'un point de vue tectonique et n'est soumise qu'à une subsidence thermique.

Une des caractéristiques majeures de cette déformation est son assymétrie. Les failles normales majeures ont toutes un pendage vers l'océan. Si la croûte supérieure s'amincit par le jeu de blocs basculés, la croûte inférieure s'amincit de manière ductile et on ne voit jamais les failles normales passer dans la croûte inférieure. Selon les modèles, différents degrés d'assymétrie sont proposés aujourd'hui. Les modèles d'amincissement homogène n'impliquent a priori aucune zone de cisaillement à l'échelle lithosphèrique. La déformation n'est localisée que dans la croûte supérieure le long des failles normales. Ce type de modèle explique bien l'évolution post-rift des marges, et en particulier la subsidence thermique. Les autres modèles sont assymétriques soient à l'échelle de la lithosphère soit à l'échelle de la croûte. Les modèles les plus assymétriques comportent une seule grande zone de cisaillement découpant l'ensemble de la lithosphère. L'évolution ultime de ce type de géométrie est la mise à l'affleurement de manteau lithosphèrique sous-continental avant la formation de la première croûte océanique. Ces affleurements de manteau à la transition continent-océan sont aujourd'hui bien connus le long de la marge de Galice. Le fait que les failles normales vues en sismique ne passent en général pas dans la croûte inférieure rend pourtant difficile l'application de ce type de modèle. D'autres modèles impliquent seulement une zone de cisaillement majeure dans la croûte, la déformation à l'échelle de la lithosphère étant par ailleurs symétrique.

Formation d'une marge active, la subduction

Les grandes caractéristiques géométriques de la subduction sont bien comprises aujourd'hui. L'opposition de style tectonique entre les deux rives du Pacifique, Cordillères à l'est et bassins marginaux à l'ouest, est à relier à la différence de pendage du panneau plongeant, faible sous les Andes, très fort sous les Mariannes. La subduction conduit à la formation de chaînes de montagnes dont la géométrie et l'évolution dans le temps ressemble à celles formées dans les zones de collision. L'épaississement y est dû pour une grande part à des raccourcissements intracontinentaux le long de grands chevauchements à vergence continentale. Une fois atteinte une épaisseur maximale, la chaîne a tendance à s'étaler et son volume augmente par migration des chevauchements sur l'avant-pays. Une tectonique en extension s'installe alors dans les régions de haute altitude.

Les conditions cinématiques aux limites jouent d'autre part un rôle prépondérant dans la géométrie des structures de la chaîne. L'exemple des Andes montre très clairement que la moindre obliquité entre le vecteur convergence et la marge conduit à la formation de failles décrochantes parallèles à la chaîne. Le partage de la déformation entre une composante parallèle à la chaîne et une composante perpendiculaire est très caractéristique des zones convergentes et des zones de subduction en particulier. La formation des grands décrochements le long de l'arc volcanique, comme la faille de Sumatra ou celle des Philippines en témoigne.

La déformation extensive de l'Ouest Pacifique conduit à la formation de rifts puis de bassins océaniques qui peuvent atteindre des largeurs imposantes (bassin de Shikoku par exemple). Les forces de volume ne jouent ici qu'un rôle mineur pour localiser l'extension là où la croûte est la plus faible et la plus épaisse, c'est-à-dire au niveau de l'arc volcanique. L'extension est principalement le fait de la cinématique particulière de ces régions où la convergence s'accompagne du retrait de la plaque plongeante vers l'océan. Les raisons dynamiques de ce retrait sont mal comprises aujourd'hui. Si l'âge de la plaque plongeante semble jouer un rôle important, la dynamique mantellique au sens large semble être également de première importance. La composante de dérive est-ouest de l'ensemble de la lithosphère (ou le flux asthénosphérique dans le sens opposé) peut à lui seul induire les différences dans le pendage des panneaux plongeants, ceux subductant à contre-courant étant verticalisés, les autres étant supportés par le courant. La tectonique des marges serait alors sous contrôle de la dynamique mantellique.

Annonce de la collision, l'obduction

Les premiers stades de la formation d'une chaîne de montagnes de type alpin (par opposition au type andin) comprennent en général l'obduction d'une nappe ophiolitique. La nappe ophiolitique d'Oman est la plus spectaculaire parce que l'évolution s'est arrêtée à ce stade dans cette région. Les structures de l'obduction ne sont donc pas perturbées par la collision ultérieure. Une des caractéristiques fondamentales est que la nappe ophiolitique arrive sur la marge passive du continent sans subir de déformations de grande ampleur. Les structures de la croûte océanique sont bien préservées et ces nappes sont de bonnes opportunités d'études de la croûte océanique. La nappe ne présente jamais de métamorphisme de haute pression montrant qu'elle n'a jamais été enfouie profondément. Des unités océaniques minces métamorphisées à haute température et basse pression jalonnent la base de la nappe. Cette déformation et ce métamorphisme sont les témoins de la première partie du voyage de la nappe en milieu océanique.

La marge continentale est par contre très déformée lors de l'obduction. Un épaississement important se produit aux dépens de la partie amincie du continent. Les données du métamorphisme suggèrent un enfouissement maximal très important qui ne peut qu'être le résultat d'une subduction. Toute l'évolution tectonique de la marge se fait dans des conditions de haute pression et de basse température, depuis l'enfouissement jusqu'à l'exhumation. La structure finale de la pile tectonique située sous la nappe ophiolitique résulte principalement de l'évolution post-métamorphique en conditions superficielles. Le contraste de degré métamorphique entre la nappe ophiolitique et les unités continentales sous-jacentes implique un amincissement post-métamorphique important. De même les sauts de pression entre les différents unités continentales suggèrent cet amincissement. Les structures conduisant à cet amincissement ne sont pas encore clairement élucidées.

On retrouve dans les chaînes alpines des déformations et des épisodes métamorphiques assez semblables à ceux vus en Oman, et il n'y a aucun doute aujourd'hui que l'obduction est un des faits majeurs de l'histoire de ces chaînes.

La collision et ses différents effets

La collision est le phénomène le plus spectaculaire en apparence par ses effets sur les continents. La formation de la chaîne himalayenne et la déformation du continent asiatique en arrière en sont les témoins.

L'effet le plus évident est la formation d'un prisme d'accrétion crustal dans la zone de collision proprement dite. En Himalaya, ce prisme se forme aux dépens de la croûte continentale indienne sans que la croûte asiatique soit impliquée. Les chevauchements majeurs émergent dans le bassin molassique qui se nourrit de la destruction de la chaîne par érosion. Le décollement est d'abord superficiel puis s'enfonce dans les niveaux plus profonds de la croûte. Le MCT est l'exemple le plus frappant d'un grand chevauchement ayant atteint la croûte profonde. La déformation est associée à un métamorphisme de haute température et de basse pression aussi bien dans l'unité charriée que dans l'unité inférieure. L'augmentation de pression et de température dans l'unité inférieure vers le contact chevauchant conduit au «métamorphisme inverse» classique de cette chaîne. C'est l'effet «fer à repasser». Les recristallisations métamorphiques dans l'unité inférieure métasédimentaire provoquent un départ d'eau, qui à son tour va provoquer la fusion partielle des gneiss de l'unité supérieure. L'anatexie génère un magma leucogranitique qui migre alors vers le haut et intrude les séries sédimentaires du sommet de la pile tectonique.

La chaîne himalayenne est séparée du plateau du Tibet par la suture ophiolitique du Tsang Po. L'histoire de ces ophiolites n'est pas connue dans le même détail que celle de la nappe d'Oman. Les données disponibles suggèrent cependant une histoire très semblable antérieure à la collision, accompagnée de métamorphisme haute pression – basse température.

L'épaississement de la croûte en arrière de la suture semble être le résultat d'un doublement de l'épaisseur crustale par des chevauchements du type MCT. Les données les plus récentes suggèrent que la croûte tibétaine repose sur une croûte indienne sous-charriée. L'épaisseur atteinte est de 70 km. La rhéologie moyenne de cette région est très faible et toute la région est soumise à une tectonique en extension qui résulte de l'étalement latéral de cette croûte épaissie. Le raccourcissement est pris en compte par les chevauchements himalayens et par des chevauchements de moindre ampleur sur les bords nord et est du plateau. L'extension conduit à un étalement vers l'est essentiellement, c'est-à-dire vers la bordure Pacifique de l'Asie.

Une part importante de la convergence Inde-Eurasie est prise en compte par des structures importantes au nord du plateau du Tibet. De grandes failles décrochantes et des bassins en extension comme le graben du Baïkal ou la mer du Japon sont les conséquences directes de la collision. Différents modèles expliquent les relations entre ces structures et le raccourcissement. Les différences entre ces modèles tiennent au degré de localisation de la déformation. Tous comprennent une part d'extrusion rigide plus ou moins importante. L'influence de la subduction sur la marge orientale est prépondérante pour créer les conditions aux limites extensives nécessaires à l'extrusion.

3. L'approche du tectonicien

Les exemples régionaux que nous avons décrits dans ce manuel sont tous caractérisés par la prééminence d'un phénomène géodynamique fondamental, comme la subduction ou l'obduction. Nous les avons choisis parce qu'ils sont en apparence relativement simples et permettent de traiter des mécanismes de ces événements majeurs sans interférence avec d'autres événements parasites. De par leur exemplarité ces cas de terrain sont relativement rares ; en général les faits sont plus complexes. L'exemple de la Méditerranée montre déjà la complexité de certaines régions où différents épisodes se succèdent dans le temps.

Le géologue de terrain qui travaille dans les Hellénides est confronté à la superposition d'épisodes tectoniques en collision, en obduction et finalement en extension. Comment choisir parmi tous ces événements celui qui a structuré la région au premier ordre ? Un événement majeur pour certains, deviendra mineur pour d'autres et la discussion sur ce point précis sera souvent impossible.

Pour cette raison il est fondamental de faire la part de ce qui relève de l'événement géodynamique sur lequel on travaille. Cela peut paraître simple mais est souvent une gageure, d'où d'interminables discussions. Il faut donc accepter le fait que la vérité n'est pas univoque en géologie et que différents schémas d'évolution, différents mécanismes soient proposés pour une même région, à partir des mêmes observations de bases. Au cours du temps un consensus se fait jour dans les meilleurs cas.

La tectonique pratiquée sur le terrain est donc un art difficile, parce que souvent ambigu dans les interprétations que l'on fait des données. Ceci est lié à la complexité de l'objet étudié et à l'impossibilité de quantifier la plupart des observations. Le bon sens, la logique sont donc très importants dans le travail de terrain.

Le tectonicien aujourd'hui a la chance que ses collègues géophysiciens lui fournissent des bornes entre lesquelles il peut laisser libre cours à ses interprétations. La cinématique globale en est le meilleur exemple. Il est alors fondamental qu'il ne se laisse pas aller à sortir de ces limites imposées.

Il est également fondamental que le tectonicien ne cherche pas forcément à expliquer toutes les observations dont il dispose, et qu'il sache faire le choix du premier ordre (en fonction du problème posé). Il faut s'en tenir aux mécanismes fondamentaux sous peine d'enlisement.

Le modèle fourni par le tectonicien est souvent un modèle cinématique, en trois dimensions, décrivant des déformations dans l'espace et dans le temps. Il est ensuite capital que ce modèle soit testé d'un point de vue plus physique. Les questions qu'il doit se poser sont les suivantes : existe-t-il aujourd'hui des exemples actifs de la géométrie que je propose ? et quelles sont les conséquences thermiques, gravimétriques, magnétiques ... de cette évolution ? et enfin, qu'ai-je appris sur le mécanisme de déformation de la croûte en général ?

Un modèle de terrain entièrement ou partiellement validé par d'autres approches pourra ensuite servir de point de départ à d'autres recherches en ouvrant de nouvelles questions.

4. L'évolution récente de la tectonique et les progrès à attendre

Les progrès en tectonique viendront dans les années à venir des nouvelles données acquises sur les déplacements instantanés par les techniques géodésiques. Comme nous l'avons déjà noté au début de cette conclusion la géodésie spatiale permet de déterminer le champ de déplacements sans interférence avec les données sur la déformation. C'était jusqu'ici impossible. C'est une nouvelle étape de la tectonique qui commence aujourd'hui. On peut en attendre des progrès pour deux raisons principales. La première est que les conditions cinématiques aux limites des zones déformées seront déterminées avec précision. On savait déjà le faire avec les modèles cinématiques classiques mais sur une échelle de temps de l'ordre de 2 millions d'années. L'accord entre les observations sur quelques années seulement et la cinématique classique est frappant pour ce qui est des déplacements des plaques majeures. Pour les plaques moins importantes il faudra attendre encore quelques années. Mais il est d'ors et déjà certain que, pour ce qui est de la tectonique active, il est plus intéressant de connaître les conditions cinématiques véritablement instantanées. La deuxième raison concerne la déformation interne des zones déformées, et les progrès à en attendre sur le plan tectonique sont plus importants. Par exemple le débat entre tenants de l'extrusion rigide en Asie et tenants de la déformation distribuée implique de nombreuses considérations a priori sur la rhéologie de la lithosphère continentale à grande échelle. Pour que le débat progresse il est nécessaire que les déplacements soient connus avec précision. La connaissance de manière indépendante du champ de déplacements à l'intérieur des zones déformées était tout simplement impossible jusqu'ici sauf dans des régions très surveillées comme la Californie où les réseaux géodésiques à terre remplissaient déjà cet office. Il est en théorie possible aujourd'hui de déterminer la distribution des déplacements de manière simple dans toutes les régions du globe. Connaissant de manière indépendante les déplacements et la déformation, il est possible de raisonner en termes de mécanique et donc d'accéder aux causes des déformations observées. Ce type d'analyse associé à l'étude de la déformation de l'ensemble de la croûte, y compris ses niveaux ductiles exhumés doit permettre de comprendre le régime de déformation crustale en trois dimensions.

Bibliographie

Alvarez, F., Virieux, J. & Le Pichon, 1984, Thermal consequences of lithosphere extension over continental margins, the initial stretching phase, *Geophys. J. R. Astr. Soc., 78,* 389-411.

Amato, A., Alessandrini, B., Cimini, G., Frepoli, A. & Selvaggi, G., 1993, Active and remnant subducted slabs beneath Italy: evidence from seismic tomography and seismicity, *Annali di Geofisica, 26,* 201-214.

Andersen, T.B., Osmundsen, P.T. & Jolivet, L., 1994, Deep crustal fabric and a model for the extensional collapse of the southwest Norwegian Caledonides, *J. Struct. Geol., 16,* 1191-1203.

Argus, D.F. & Gordon, R.G., 1990, Pacific-North American plate motion from Very Long Baselin Interferometry compared with motion inferred from magnetic anomalies, transform faults and earthquake slip vectors, *J. Geophys. Res., 95,* 17315-17324.

Armijo, R., Tapponnier P.,. Mercier J.L, & Tonglin H., 1986, Quaternary extension in southern Tibet: field observations and tectonic implications, *J. Geophys. Res., 91,* 13,803-13,872.

Avigad, D., Matthews, A., Evans, B.W. & Garfunkel, Z., 1992, Cooling during the exhumation of a blueschist terrane: sifnos (Cyclades), Greece, *Eur. J. Mineral., 4,* 619-634.

Avouac, J.P. & Tapponnier P., 1993, Kinematic model of active deformation in central Asia, *Geophys. Res. Lett., 20,* 895-898.

Ballèvre, M., Lagabrielle, Y. & Merle, O., 1990, Tertiary ductile normal faulting as a consequence of lithospheric stacking in the Western Alps, *Mèm. Soc. Géol. France, 156,* 227-236.

Ballèvre, M. & Merle, O., 1993, The Combin Fault: copressional reactivation of a Late Cretaceous-Early Tertiary detachement fault in the Western Alps, *Schweizerisches Mineralogische und Petrographische Mitteilungen, 73,* 205-227.

Barbier, F., 1986, Etude de la structure profonde de la marge nord-Gascogne, imlications sur la formation des marges passives, Thèse, Université Pierre et Marie Curie, Paris.

Barazangi, M. & Ni, J., 1982, Velocities and propagation characteristics of Pn and Sn beneath the Himalayan arc and Tibetan plateau: possible evidence for underthrusting of Indian continental lithosphere beneath Tibet, *Geology, 10,* 179-185.

Barker, J.S. & Salzberg, D.H., 1990, Long-period and broad-band teleseimic body-wave modelling of the October 18, 1989 Loma Prieta earthquake, *Geophys. Res. Lett., 17,* 1409-1412.

Barr, T.D., Dahlen, F.A. & McPhail, D.C., 1991, Brittle frictional mountain building, 3. Low grade metamorphism, *J. Geophys. Res., 96,* 10319-10338.

Barrier, E., Huchon P. & Aurelio M., 1991, Philippine fault: a key for Philippine kinematics, *Geology, 19,* 32-35.

Bonneau, M., 1982, Evolution géodynamique de l'arc égéen depuis le Jurassique supérieur jusqu'au Miocène, *Bull. Soc. Géol. France, 7,* 24, 229-242

Bonneau M. & Kienast J.R., 1982. Subduction, collision et schistes bleus : exemple de l'Egée, Grèce. *Bull. Soc. Géol. France, 7,* 785-791.

Bergerat, F., 1985, Déformations cassantes et champs de contraintes tertiaires dans la plateforme européenne, Thèse d'état, Université Pierre et Marie Curie, Paris, 315 p.

Brewer, J.A. & Smythe, D.K., 1984, MOIST and the continuity of crustal reflector geometry along the Caledonian-Appalachian orogen, *J. Geol. Soc. London, 141,* 105-120.

Briais A., Patriat P., & Tapponnier, P., 1993, Updated interpretation of magnetic anomalies and seafloor spreading stages in the South China Sea: implications for the tertiary tectonics of southeast Asia, *J. Geophys. Res., 98,* 6299-6328.

Brunel, M., 1986, Ductile thrusting in the Himalayas, shear sense criteria and stretching lineations, *Tectonics, 5,* 247-265.

Bull, J.M. & Scrutton, R.A., 1990, Sediment velocities and deep structure from wide-angle reflexion data around Leg 116 sites. In : Cochran J.R., Stow, D.A.V. *et al.*, eds, *Proc. ODP, Sci. Res., Ocean Drilling Program,* College Station, Texas, 116, 31316.

Burg, J.P., 1983, Tectogénèse comparée de deux chaînes de collision, le sud du Tibet (suture du Tsang Po), la chaîne hercynienne en Europe (sutures du Massif Central), Thèse, Université des Sciences et Techniques du Languedoc.

Burg, J.P., Guiraud, M., Chen, G.M. & Li, G.C., 1984, Himalayan metamorphism and deformations in the North Himalayan Belt (southern Tibet, China), *Earth Planet. Sci. Lett., 69,* 391-400.

Caby, R., Pecher, A. & Lefort, P., 1983, Le grand chevauchement central himalayen : nouvelles données sur le métamorphisme inverse à la base de la Dalle du Tibet, *Revue de Géologie Dynamique et de Géographie Physique, 24,* 89-100.

Cadet, J.P., Kobayashi, K., Aubouin, J., Boulegue, J., Deplus, C., Dubois, Von Huene, R., Jolivet, L., Kanazawa, T., Kasahara, J., Koizumi, K., Lallemand, S., Nakamura, Y., Pautot, G., Suyehiro, K., Tani, S., Tokuyama, H. & Yamazaki, T., 1987. The Japan trench and its juncture with the Kuril trench, cruise results of the Kaiko project, Leg 3. *Earth Planet. Sci. Lett., 83,* 267-284.

Center for analysis and prediction, State Seismological Bureau of China, 1992, Carte de la distribution de la seismicité en Chine.

Chamot-Rooke, N., Renard, V, & Le Pichon, X., 1987, Magnetic anomalies in the Shikoku basin: a new interpretation, *Earth Planet. Sci. Lett., 83,* 214-228.

Chapman M.C. & Solomon S.C., 1976, North American-Eurasian plate boundary in northeast Asia, *J. Geophys. Res., 81,* 921-930.

Chase, C.G., 1978, Extension behind island arcs and motion relative to hot-spots, *J. Geophys. Res., 83,* 5385-5387.

Chopin, C., Henry, C. & Michard, A., 1991, Geology and petrology of the coesite-bearing terrain, Dora Maira massif, Western Alps. *Eur. J. Mineral., 3,* 263-291.

Choukroune, P., Ballèvre, M., Cobbold, P., Gautier, Y., Merle, O., & Vuichard, J.P., 1986, Deformation and motion in the western alpine arc, *Tectonics, 5,* 215-226.

Cox, A. & Hart, R.B., 1986, *Plate tectonics, how it works,* Blackwell Scientific Publications, Londres, 392 p.

Coleman, R.G., 1981, Tectonic setting for ophiolite obduction in Oman, *J. Geophys. Res., 86,* 2497-2508.

Collaku, A. H., Cadet, J.P., Bonneau, M., & Jolivet, L., L'édifice structural de l'Albanie septentrionale : des élements de réponse sur les modalités de la mise en place des ophiolites, *Bull. Soc. Géol. France, 163,* 445-468, 1992.

Colletta, B., Le Quellec, P., Letouzey, J. & Moretti, I., 1987, Longitudinal evolution of the Suez rift (Egypt), *Tectonophysics, 153,* 221-233.

Daniel, J.M., Jolivet, L., Goffé, B. & Poinssot, C., 1996, Strain partitioning and crustal-scale S-C fabric: footwall deformation below the Alpine Corsica Miocene detachment. *J. Struct. Geol.* , 18, 41-59.

Davy, P. & P.R. Cobbold, 1988, Indentation tectonics in nature and experiment. 1. Experiments scaled for gravity, *Bull. Geol. Inst. Univ. Uppsala, 14,* 129-141.

DeMets, C., Gordon, R.G., Argus, D.F. & Stein, S., 1990, Current plate motions, *Geophys. J. Int., 101,* 425-478.

Dercourt, J., Zonenshain, L.P., Ricou, L.E., Kazmin, V.G., Le Pichon, X., Knipper, A.L., Grand-Jacquet, C., Sbortshikov, I.M., Geyssant, J., Lepvrier, C., Pechersky, D.H., Boulin, J., Sibuet, J.C., Savostin, L.A., Sorokhtin, O., Westphal, M., Bazhenov, M.L., Lauer, J.P. & Biju-Duval,

B., 1986, Geological evolution of the Tethys belt from the Atlantic to the Pamir since the Lias, Tectonophysics, 123, 241-315.

Deville, E., Fudral, S., Lagabriele, Y., Marthaler, M. & Sartori, M., 1992, From oceanic closure to continental collision: a synthesis of the "Schistes lustrés" metamorphic complex of the Western Alps, *Geol. Soc. Am. Bull., 104,* 127-139.

Dewey, J.F., S. Cande & W.C. Pitman, 1989, Tectonic evolution of the India/Eurasia collision zone, *Eclogae Geol. Helv., 82,* 717-734.

Dewey, J.F., & Lamb, S.H., 1992, Active tectonics of the Andes, *Tectonophysics, 205,* 79-95.

Dietz, L.D., & Ellsworth, W.L., 1990, The October 17, 1989, Loma Prieta, California, earthquake and its aftershocks: geometry of the sequence from high-resolution locations, *Geopys. Res. Lett., 17,* 1417-1420.

Droop, G.T.R., 1985, Alpine metamorphism in the southeast Tauern window, Austria: 1. P-T variations in space and time, *J. Metamorphic Geol., 3,* 371-402.

Dunne, L.A., Manoogian, P.R. & Pierini, D.F., 1990, Structural styles and domains of the northern Oman moutains (Oman and United Arab Emirates), in Robertson, A.H.F., Searle, M.P. & Ries, A.C., eds, 1990, *The Geology and Tectonics of the Oman Region,* Geol. Soc. Spec. Publ., 49, 375-386.

England, P. & Houseman G., 1986, Finite strain calculations of continental deformation 2. Comparison with the India-Asia collision zone, *J. Geophys. Res., 91,* 3664-3676.

England, P. & Houseman, G., 1989, Extension during continental convergence with application to the Tibetan plateau, *J. Geophys. Res., 94,* 17561-17579.

England, P. & Molnar P., 1990, Right-lateral shear and rotation as the explanation for strike-slip faulting in eastern Tibet, *Nature, 344,* 140-142.

Esher, A., Masson, H. & Steck, A., Coupes géologiques des Alpes occidentales suisses, *Mémoires de Géologie,* Lausanne, n°2.

Faugère E., 1985, La tectonique en extension intracontinentale : étude de terrain (le sud du Nevada, U.S.A.) et modèlisation analogique, Thèse, Université Paris 6, 194 p.

Faugère E. & Brun J.P. , 1984, Modèlisation expérimentale de la distension continentale, *C. R. Acad. Sci. Paris, 299,* 365-370.

Forsyth, D.W. & Uyeda, S., 1977, On the relative importance of the driving forces of plate motion, *Geophys. J. Roy. Astr. Soc., 43,* 163-200.

Fossen, H., 1992, The role of extensional tectonics in the Caledonides of South Norway, *J. Struct. Geol., 14,* 1033-1046.

Fournier, M., 1994, Collision continentale et ouverture des bassins marginaux, l'exemple de la Mer du Japon, Thèse, Université Pierre et Marie Curie, Paris.

Fournier M., Jolivet L., Goffé B. & Dubois R., 1991. The Alpine Corsica metamorphic core complex. *Tectonics, 10,* 1173-1186.

Fournier, M., Jolivet L., Huchon P., Sergeyev K.F. & Oscorbin L.S., 1994, Neogene strike-slip faulting in Sakhalin and the Japan Sea opening, *J. Geophys. Res., 99,* 2701-2725.

Gautier, P., Brun, J.P. & Jolivet, L., 1993, Structure and kinematics of upper Cenozoic extensional detachment on Naxos and Paros (Cyclades islands, Greece),*Tectonics, 12,* 1180-1194.

Goff, J.A., Bergman, E.A. & Solomon, S.C., 1987, Earthquake source mechanisms and transform fault tectonics in the Gulf of California, *J. Geophys. Res., 92,* 10485-10510.

Goffé, B., Michard, A., Kienast, J.R. & Le Mer, O., 1988, A case of obduction-related high pressure, low-temperature metamorphism in upper crustal nappes, Arabian continental margin, Oman; P-T paths and kinematic interpretation, *Tectonophysics, 151,* 363-386.

Goffé, B. & Velde, B., 1984, Contrasted metamorphic evolution in thrusted cover units of the Briançonnais zone (French Alps): a model for the conservation of HP-LT metamorphic assemblages. *Earth Planet. Sci. Let.*, *68*, 351-360.

Gordon, R.G. & Jurdy, D.M., 1986. Cenozoic global plate motions. *J. Geophys. Res.*, *91*, 12389-12406.

Guellec, S., Mugnier; J.L., Tardy, M. & Roure, F., 1990, Neogene evolution of the western alpine foreland in the light of Ecors data and balanced cross-sections, *Mèm. Soc. Géol. France*, *156*, 165-184.

Guillot, S., Pecher, A., Rochette, P. & Le Fort, P., 1993, The emplacement of the Manaslu granite of Central Nepal: field and magnetic susceptibility constraints, in Treloar, P.J; & Searle, M.P., eds, *Himalayan Tectonics*, Geological Society special publication, 74, 413-428.

Hacker, B.R., 1991, The role of deformation in the formation of metamorphic gradients, ridge subduction beneath the Oman ophiolite, *Tectonics*, *10*, 455-474.

Hall, R., Fuller, M., & Ali, J.A. 1995, *The Philippine Sea Plate: magnetism and reconstructions*, AGU Monograph, Active Margins and Marginal Basins of the Western Pacific Drilling Results, sous presse.

Hatzfeld, D., Pedotti, G., Hatzidimitriou, P., & Makropoulos, K., 1990, The strain pattern in the western Hellenic arc deduced from a microearthquake survey, *Geophys. J. Int.*, *101*, 181-202.

Hatzfeld, D., Besnard, M., Makropoulos, K. & Hatzidimitriou, P., 1993, Microearthquake seismicity and fault-plane solutions in the southern Aegean and its geodynamic implications, *Geophys. J. Int.*, *115*, 799-818.

Hilde, T.W.C., Uyeda, S. & Kroenke, L., 1977. Evolution of the western Pacific and its margins. *Tectonophysics*, *38*, 145-165.

Houseman, G. & England P., 1993, Crustal thickening versus lateral expulsion in the Indian-Asian continental collision, *J. Geophys. Res.*, *98*, 12233-12249.

Isacks, B.L. & Barazangi, M., 1981, Geometry of Benioff zones, lateral segmentation and downward bending of the subducted lithosphere, In : *Island Arcs, Deep Sea Trenches and Back-Arc Basins*, Talwani, M. & Pitman III, W.C. eds, Maurice Ewing Series, 1, American Geophysical Union, Washington D.C., 99-114.

Jackson, J. & McKenzie, D., 1988, The relationship between plate motions and seismic moment tensors, and the rates of active deformation in the Mediterranean and Middle East, *Geophys. J.*, 93, 45-73.

Jackson, J. & Molnar, 1990, Active faulting and block rotations in the western Transverse Ranges, California, *J. Geophys. Res.*, *95*, 22073-22087.

Jestin, F., 1994, Cinématique rigide et déformations dans la jonction triple Afar et dans le bassin Indien Central, Thèse, Université Pierre et Marie Curie, paris, 220 p.

Jolivet, L., Brun, J.P., Gautier, P., Lallemant, S. & Patriat M., 1994, 3-D kinematics of extension in the Aegean from the Early Miocene to the Present, insight from the ductile crust, *Bull. Soc.Géol. France*, *165*, 195-209.

Jolivet, L., Daniel, J.M., Truffert, J.M. & Goffé, B., 1994, Exhumation of deep crustal metamorphic rocks and crustal extension in back-arc regions, *Lithos*, *33*, 3-30.

Jolivet, L., Fournier M., Huchon P., Rozhdestvensky V.S., Sergeyev K.F. & Oscorbin L., 1992, Cenozoic intracontinental dextral motion in the Okhotsk-Japan Sea region, *Tectonics*, *11*, 968-977.

Jolivet, L., Huchon P., & Rangin C., 1989, Tectonic setting of Western Pacific marginal basins, *Tectonophysics*, *160*, 23-47.

Jolivet., L., Shibuya H. & Fournier M., 1995, Paleomagnetic rotations and the Japan Sea opening, AGU Monograph, Active margins and marginal basins of the Western Pacific, édité par B. Taylor et J. Natland, 88, 355-369.

Jolivet, L., Tamaki, K. & Fournier, M., 1994, Japan Sea, opening history and mechanism, a synthesis, *J. Geophys. Res.*, 99, 22237-22259.

Jolivet, L. & Tamaki K., 1992, Neogene kinematics in the Japan Sea region and volcanic activity of the northeast-Japan arc, Tamaki *et al.*, eds. Proc. Ocean Drill. Program, Sci. Results, 127/128, 1311-1331.

Kanamori, H., 1986, Rupture process of subduction zone earthquakes, *Ann. Rev. Earth Planet. Sci., 14*, 293-322.

Kao, H. & Chen, W.P., 1991, Earthquakes along the Ryukyu-Kyushu arc: strain segmentation, lateral compression, and the thermomechanical state of the plate interface, *J. Geophys. Res., 96*, 21443-21485.

Keen, C., Peddy, C., de Voogd, B. & Matthews, D., 1989, Conjugate margins of Canada and Europe: results from deep reflection profiling, *Geology, 17*, 173-176.

Klemperer, S.L., 1988, Crustal thinning and nature of extension in the northern North Sea from deep seismic reflection profiling, *Tectonics, 4*, 803-821.

Lallemand, S., Von Huene, R. & Culotta, R., 1989, Subduction of the Dai-Ichi Kashima seamount in the Japan Trench, *Tectonophysics, 160*, 231-247.

Lallemant, S., 1992, Déformations et contraintes dans les prismes d'accrétion actifs : le rôle des fluides, Mémoire d'Habilitation, Université Pierre et Marie Curie, paris.

Lardeaux, J.M. & Spalla, M.I., 1991, From granulites to eclogites in the Sesia zone (Italian Western Alps): a record of the opening and closure of the Piedmont ocean, *J. Metamorphic Geol., 9*, 35-59.

Le Fort, P., 1981, Manaslu leucogranite: a collision signature of the Himalaya, a model for its genesis and emplacement, *J. Geophys. Res., 86*, 10545-10568.

Le Pichon, X. & Barbier, F., 1987, Passive margin formation by low-angle faulting within the upper crust: the northern Bay of Biscay margin, *Tectonics, 6*, 133-150.

Le Pichon, X. & Chamot-Rooke, N., 1991, Extension of continental crust, In : *Controversies in Modern Geology*, Academic Press, Londres, 314-338

Le Pichon, X., Chamot-Rooke, N., Huchon, P. & Luxey, P., 1993, Implications des nouvelles mesures de géodésie spatiale en Grèce et en Turquie sur l'extrusion latérale de l'Anatolie et de l'Egée, *C. R. Acad. Sci., Paris, 316*, 983-990.

Le Pichon, X., Chamot-Rooke, N., Noomen, R. & Veis, G., 1993, Cinématique de l'Anatolie-Egée par rapport à l'Europe à partir d'une comibnaison des mesures de triangulation géodésique sur 80 ans aux mesures SLR récentes, *C.R. Acad. Sci. Paris, 316*, 983-990.

Le Pichon, X., Fournier M. & Jolivet L., 1993, Kinematics, topography, shortening and extrusion in the India-Eurasia collision, *Tectonics, 11*, 1085-1098..

Lisowski, M., Savage, J.C. & Prescott, W.H., 1991, The velocity field along the San Andreas Fault in Central and Southern California, *J. Geophys. Res., 96*, 8369-8389.

Lister, G.S. & Davis, G.A., 1989, The origin of metamorphic core complexes and detachment faults formed during Tertiary continental extension in the northern Colorado River region, U.S.A., *J. Struct. Geol, 11*, 65-94.

Luyendyk, B.P., Kamerling M.J., Terres R.R. & Hornafius J.S., 1985, Simple shear of southern California during Neogene time suggested by paleomagnetic rotations, *J. Geophys. Res., 90*, 12,454-12,466.

Malahoff, A., Feden, R.H. & Fleming, H.S., 1982, Magnetic anomalies and tectonic fabric of marginal basins north of New Zealand, *J. Geophys. Res., 87*, 4019-4125.

Malavieille, J., 1982, Etude tectonique et microtectonique de la déformation ducrile dans de grands chevauchements crustaux : exemples des Alpes franco-italiennes et de la Corse, Thèse, Université des Sciences et Techniques du Languedoc.

Malavieille, J., 1989, Late orogenic extension in mountain belts: insights from the Basin and Range and the Late Paleozoic Variscan belt, *Tectonics, 12,* 1115-1130.

Mann, P. & Burke, K., 1984, Neotectonics of the Carribean, *Reviews of Geophysics and Space Physics, 22,* 309-362.

Marthelot, J.M. & Bano, M., 1990, Lateral variations in crustal reflectivity benetah the Paris Basin, *Tectonophysics, 173,* 42434.

Mascle, G., Arnaud, H., Dardeau, G., Debelmas, J., Dubois, P., Gidon, M., Graciansky, P.C. de, Kerckhove, C. & Lemoine, M., 1986, Halocinèse précoce sur la marge téthysienne alpine : vers une réinterprétation des zones de gypses des Alpes, *C.R. Acad. Sci. Paris, 302,* 963-968.

Matsuda, T & Kinugasa, Y., 1991, Active faults in Japan, *Episodes, 14,* 199-204.

Mattauer, M., 1986, Les subductions intracontinentales des chaînes tertiaires d'Asie, *Bull. Soc. Géol. France, 2,* 143-158.

Mattauer, M., Malavieille, J. & Monié, P., 1987, Une coupe lithosphérique des Alpes occidentales dans l'hypothèse où Sesia n'est pas d'origine sud-alpine, *C.R. Acad, Sci. Paris, 304,* 43-48.

Mercier, J.L., Sorel, D. & Simeakis, K., 1987, Changes in the state of stress in the overriding plate of a subduction zone: the Aegean Arc from the Pliocene to the present, *Annales Tectonicae, 1,* 20-39.

Mercier, J.L. & Vergely, P., 1992, *Tectonique*, Dunod, Paris, 214 p.

Merle, O., Cobbold, P.R. & Schmid, S., 1989, Tertiary kinematics in the Lepontine dome. In : *Alpine Tectonics*, Coward, M.P., Dietrich, D. & Park, R.G., eds, Geol. Soc. Special Publication, 45, 113-134.

Meyer, B., 1991, Mécanismes des grands tremblements de terre et du raccourcissement crustal oblique au bord nord-est du Tibet, Thèse, Université Pierre et Marie Curie, Paris.

Michael, A.J., Ellsworth, W.L. & Oppenheimer, D.H., 1990, Coseismic stress changes induced by the 1989 Loma Prieta, California earthquake, *Geophys. Res. Lett., 17,* 1441-1444.

Michard, A., Chopin, C. & Henry, C., 1993, Compression versus extension in the exhumation of the Dora-Maira coesite-bearing unit, Western Alps, Italy, *Tectonophysics, 221,* 173-193.

Molnar, P. & Chen W.-P., 1983, Focal depths and fault plane solutions of earthquakes under the Tibetan plateau, *J. Geophys. Res., 88,* 1180-1196.

Molnar, P. & Lyon-Caen H., 1988, Some simple physical aspects of the support, structure and evolution of mountain belts. In : *Process in Continental Lithospheric Deformation*, Clark, S.P. Jr., Burchfield, B.C. & Suppe, J., eds, Geol. Soc. Am. special paper, 218, 179-208.

Molnar, P. & H. Lyon-Caen, 1989, Fault plane solutions of earthquakes and active tectonics of the Tibetan plateau and its margins, *Geophys. J. Int., 99,* 123-153.

Mogi, K. & Oyagi, N., 1991, Prediction and prevention of geological hazards, *Episodes, 14,* 294-298.

Monié, P. & Chopin, C., 1991, 40Ar-39Ar ages through high-pressure low-temperature metamorphism in the Western Alps, *Eur. J. Mineral., 2,* 343-361.

Moore, G.F., Shipley, T.H., Stoffa, P.L., Karig, D.E., Taira, A., Kuramoto, S., Tokuyama, H., & Suyehiro, K., 1990, Structure of the Nankai trough accretionnary zone from multichannel seismic reflection data. *J. Geophys. Res., 95,* 8753-8765.

Nakanishi, M., Tamaki, K. & Kobayashi, K., 1992, A new mesozoic isochron chart of the northwest Pacific ocean: paleomagnetic and tectonic implications, *Geopys. Res. Lett., 19,* 693-696.

Nicolas, A, 1989, *Structures of ophiolites and dynamic of oceanic lithosphere,* Kluwer Acad. Publ., Dordrecht, 368 p.

Nicolas, A., Polino, R., Hirn, A., Rinaldo, N., & ECORS-CROP working group, ECORS-CROP traverse and deep structure of the Western Alps: a synthesis, *Mèm. Soc. Géol. France, 156,* 15-27.

Olson, J.A., 1990, Seismicity in the twenty years preceding the Loma Prieta, California earthquake, *Geophys. Res. Lett., 17,* 1429-1432.

Otofuji, Y., Matsuda T. & Nohda S., 1985, Paleomagnetic evidence for the Miocene counterclockwise rotation of Northeast Japan - rifting process of the Japan arc, *Earth Planet. Sci. Lett., 75,* 265-277.

Parsons, B. & Sclater, J.G., 1977, An analysis of the variation of the ocean floor bathymetry and heat flow with age, *J. Geopys. Res, 32,* 803-827.

Patriat, P. & Achache J., 1984, Indian-Asia collision chronology has implications for crustal shortening and driving mechanism of plates, *Nature, 311,* 615-621.

Pavoni, N. & Roth, P., 1990, Seismicity and seismotectonics of the Swiss Alps : results of microearthquake investigations 1983-1988, *Mèm. Soc. Géol. France, 156,* 129-134.

Pearce, J.A., Alabaster, T., Shelton, A.W., & Searle, M.P., 1981, The Oman ophiolite as a Cretaceous arc-basin complex: evidence and implications, *Phil. Transact. Roy. Soc., 300,* 299-317.

Pecher, A., 1989, The metamorphism in the central Himalaya, *J. Metam. Geol., 7,* 31-42.

Pelletier, B. & Louat, R., 1989, Mouvements relatifs des plaques dans le sud-ouest Pacifique, *C.R. Acad. Sci. Paris, 308,* 123-130.

Pelletier, B. & Louat, R., 1989b, Seismotectonics and present-day relative plate motions in the Tonga-Lau and Kermadec-Havre region, *Tectonophysics, 165,* 237-250.

Platt, J.P., 1986, Dynamics of orogenic wedges and the uplift of high-pressure metamorphic rocks, *Geol. Soc. Am. Bull., 97,* 1037-1053.

Platt, J.P. & England, P.C., 1994, Convective removal of lithosphere beneath mountain belts: thermal and mechanical consequences, *Am. J. Sci., 294,* 307-336.

Ramsay, J.G. & Huber, M.I., 1989, *The techniques of modern structural geology,* Academic Press, Londres.

Rangin, C., Jolivet, L., Pubellier, M. and the Tethys Pacific working group, 1990, A simple model for the tectonic evolution of southeast Asia and Indonesia region for the past 43 m.y., *Bull. Soc. Geol. France, 6,* 889-905.

Ranken, B., Cardwell, R.K. & Karig, D.E., 1984. Kinematics of the Philippine sea plate. *Tectonics, 3,* 555-575.

Reston, T.J., 1990, Shear in the lower crust during extension, not so pure and simple, *Tectonophysics, 173,* 175-183.

Ricard, Y., Doglioni, C. & Sabadini, R., 1991, Differential rotation between lithosphere and mantle: a consequence of lateral mantle viscosity variations, *J. Geophys. Res., 96,* 8407-8415.

Ricard, Y. & Vigny, C., 1989, Mantle dynamics with induced plate tectonics, *J. Geophys. Res., 94,* 17543-17559.

Ron, H., Freund R., Garfunkel Z. & Nur A., 1984, Block rotation by strike slip faulting, structural and paleomagnetic evidence, *J. Geophys. Res., 89,* 6256-6270.

Roure, F., Polino, R. & Nicolich, R., 1990, Early Neogene deformation beneath the Po Plain: constraints of the post-collisional Alpine evolution, *Mèm. Soc. Géol. France, 156,* 309-322.

Ruppel, C., Royden, L. & Hodges, K.V., 1988, Thermal modelling of extensional tectonics: applications to temperature-pressures-time history of metamorphic rocks, *Tectonics, 7,* 947-957.

Sartori, R., 1990, The main results of ODP Leg 107 in the frame of neogene to recent geology of peri-Tyrrhenian areas, In : Kastens, K.A., Mascle, J., *et al.*, 1990, Proc. ODP, Scientific Results, 107, 715-730.

Searle, M.P., 1985, Sequence of thrusting and origin of culminations in the northern and central Oman mountains, *J. Struct. Geol., 7,* 129-143.

Searle, M.P., Cooper, D.J.W., & Rex A.J., 1988, Collision tectonics of the Ladakh-Zanskar Himalaya, *Phil. Trans. R. Soc. Lond., 326,* 117-150.

Searle, M.P. & Tirrul, R., 1991, Structural and thermal evolution of the Karakoram crust, *J. Geol. Soc. London, 148,* 65-82.

Searle, M.P., Windley, B.F., Coward, M.P., Cooper, D.J.W., Rex, A.J., Li Tingdong, Xiao Xuchang, Jan, M.Q., Thakur, V.C. & Kumar, S., 1987, The closing of Tethys and the tectonics of the Himalaya, *Geol. Soc. Am. Bull., 9,* 678-701.

Sébrier, M., Mercier, J.L., Mégard, F., Laubacher, G. & Carey-Gailhardes, E., 1985, Quaternary normal and reverse faulting and the state of stress in the Central Andes of South Peru, *Tectonics, 4,* 739-780.

Shi, Y. & Wang, C.Y., 1987, Two-dimensional modeling of the P-T-t paths of regional metamorphism in simple overhrust terrains, *Geology, 15,* 1048-1051.

Shubert, G., Yuen, D.A. & Turcotte, D.L., 1975, Role of phase transition in a dynamic mantle, *Geophys. J.R. Astr. Soc., 42,* 705-735.

Spakman, W., Wortel, M.J.R. & Vlaar, N.J., 1988, The Hellenic subduction zone: a tomographic image and its geodynamic implications, *Phys. Earth Planet. Int., 79,* 3-74.

Tamaki, K. & Honza, E., 1991, Global tectonics and formation of marginal basins: role of the western Pacific, *Episodes, 14,* 224-230.

Tapponnier, P. & Molnar P., 1979, Active faulting and Cenozoic tectonic of the Tien Shan, Mongolia, and Baykal regions, *J. Geophys. Res., 84,* 3425-3459.

Tapponnier, P., Peltzer G., Le Dain A.Y. & Armijo R., 1982, Propagating extrusion tectonics in Asia: new insights from simple experiments with plasticine, *Geology, 10,* 611-616.

Taylor, B., 1992, Rifting and the volcanic-tectonic evolution of the Izu-Bonin-Mariana arc, Proc. ODP, Scientific Results, US Gov. Printing Office, Washington D.C., 126, 627-651.

Taylor, B. & Hayes, D.E., 1980, The tectonic evolution of the south China basin. In : Hayes, D.E., ed., *The tectonic and geologic evolution of southeast Asian seas and islands,* Geophys. Monogr., AGU, Washington, 27, 89-104.

Taylor, B., Klaus, A., Brown, G.R., Moore, G.F., Okamura, Y. & Murakami, F., 1991, Structural development of Sumisu rift, Izu-Boni arc, *J. Geophys. Res., 96,* 16,113-16,129.

Uyeda, S., 1991, The Japanese island arc and the subduction process, *Episodes, 14,* 190-198.

Uyeda, S. & Kanamori, H., 1979, Back-arc opening and the mode of subduction, *J. Geophys. Res., 84,* 1049-1061.

Van der Hilst, R.D., Engdhal, E.R. & Spakman, W., 1993, Tomographic inversion of P and pP data for aspherical mantle structure below the northwest Pacific region, *Geophys. J. Int., 115,* 264-302.

Vidal, O., Goffé, B. & Theye, T., 1992, Experimental study of the stability of sudoite and magnesiocarpholite and calculation of a new petrogenetic grid for the system FeO-MgO-Al_2O_3-SiO_2-H_2O, *J. Metam. Geol., 10,* 603-614.

Von Huene, R., Bourgois, J., Miller, J. & Pautot, G., 1989, A large-scale tsunamigenic landslide and debris flow along the Peru Trench, *J. Geophys. Res., 94,* 1703-1714.

Von Huene, R. & Lallemand, S., 1990, Tectonic erosion along the Japan and Peru convergent margins, *Geol. Soc. Am. Bull., 102,* 704-720.

Walcott, R.I., 1984, The kinematics of the plate boundary zone through New Zealand: a comparison of short- and long-term deformations, *Geophys. J.R. Astr. Soc., 79,* 613-633.

Walcott, R.I., 1987, Geodetic strain and the deformational history of the north island of New Zealand during the Cainozoic, *Phil. Trans. R. Soc. London, 321,* 163-181.

Walcott R.I., 1978, Present tectonics and Late Cenozoic evolution of New Zealand, *Geophys. J.R. Astr. Soc.*, *52*, 137-164.

Walcott, D., 1993, Neogene tectonics and kinematics of western North America, *Tectonics, 12,* 326-333.

Wallace, R.E., 1990, The San Andreas fault system, US Geological Survey, Professional Paper, 1515.

Wang, C.Y. & Shi, Y., 1984, On the thermal structure of subduction complexes: a preliminary study, *J. Geophys. Res., 89,* 7709-7718.

Warburton, J., Burnhill, T.J., Graham, R.H. & Isaac, K.P., 1990, The evolution of the Oman moutains foreland basin, in Robertson, A.H.F., Searle, M.P. & Ries, A.C., eds, *The Geology and Tectonics of the Oman Region*, Geol. Soc. Spec. Publ., 49, 419-427.

Warner, M., 1990, Absolute reflection coefficients from deep seismic reflections, *Tectonophysics, 173,* 123.

Wijbrans J.R. & McDougall I., 1988, Metamorphic evolution of the Attic-Cycladic metamorphic belt on Naxos (Cyclades, Greece) utilizing $^{40}Ar/^{39}Ar$ age sprectrum measurements, *J. Metamorphic Geol.*, 6, 571-594.

Wilson, M., 1989, *Igneous petrogenesis, a global tectonic approach,* Unwin Hyman, Londres.

Yardley, B.C.D., 1989, *An introduction to metamorphic petrology,* Longman Earth Sciences Series, Longman Scientific and Technical, Harlow.

Yeats, R.S. & Lillie, R.J., 1991, Contemporary tectonics of the Himalayan frontal fault system: folds, blind thrusts and the 1905 Kangra earthquake, *J. Struct. Geol., 13*, 215-225.

Zhao, W., Nelson, K.D. and team, T.I., 1993, Deep seismic reflection evidence for continental underthrusting beneath southern Tibet, *Nature, 366,* 557-559.

Zoback, M.L., 1992, First- and second-order patterns of stress in the lithosphere: the world stress map project, *J. Geophys. Res., 97,* 11,703-11,728.

Index

Printed in Dunstable, United Kingdom

91335480R00241